# 疯狂Java面试讲义

## 数据结构、算法与技术素养

李 刚 编著

電子工業出版社
Publishing House of Electronics Industry
北京•BEIJING

## 内容简介

本书归纳了 Java 学习者、工作者在工作和面试中最容易遭遇的技术短板和算法基础，本书把 Java 编程中的要点、难点和 Java 程序员必备的算法基础知识收集在一起，旨在帮助读者有针对性地提高这些看似“司空见惯”的基本功。

本书内容分为四个部分，其中第一部分主要介绍 Java 内存管理，这部分是大多数 Java 程序员最容易忽略的地方——因为 Java 不像 C 语言，而且 Java 提供了垃圾回收机制，因此导致许多 Java 程序员对内存管理重视不够；第二部分主要介绍 Java 编程过程中各种常见的陷阱，这些陷阱有的来自李刚老师早年的痛苦经历，有的来自他的众多学生的痛苦经历，都是 Java 程序员在编程过程中的“前车之鉴”，希望读者能引以为戒；第三部分主要介绍学习 Java 必备的算法基础知识，包括常用数据结构的各种算法实现，这部分内容是大多数 Java 程序员重视不够的地方，也是大厂面试的常考面试题；第四部分主要介绍 Java 程序开发的方法、经验等，它们是李刚老师多年的实际开发经验、培训经验的总结，符合初学者的习惯，更能满足初学者的需要，因此掌握这些开发方法、经验可以更有效地进行开发。

本书提供了微信交流群（通过扫描本书封面上的二维码可加入），读者在阅读本书过程中遇到技术问题可通过该微信群与李刚老师进行交流，也可与疯狂 Java 体系图书庞大的读者群进行交流。

本书不是一本包含所有技术细节的手册，而是承载了无数过来人的谆谆教导的宝典，书中内容为有一定 Java 基础的读者而编写，尤其适合有一到三年的 Java 学习经验的读者和参加工作一年以上的初级 Java 程序员阅读，希望能够帮助他们突破 Java 基本功的瓶颈。



**图书在版编目（CIP）数据**

疯狂 Java 面试讲义：数据结构、算法与技术素养 / 李刚编著. —北京：电子工业出版社，2021.4
ISBN 978-7-121-40937-0

Ⅰ. ①疯… Ⅱ. ①李… Ⅲ. ①JAVA 语言－程序设计②数据结构③算法分析 Ⅳ. ①TP312.8②TP311.12

中国版本图书馆 CIP 数据核字（2021）第 062630 号

责任编辑：张月萍
印　　刷：三河市双峰印刷装订有限公司
装　　订：三河市双峰印刷装订有限公司
出版发行：电子工业出版社
　　　　　北京市海淀区万寿路 173 信箱　　　邮编：100036
开　　本：787×1092　1/16　　印张：28.25　　字数：836 千字
版　　次：2021 年 4 月第 1 版
印　　次：2021 年 4 月第 1 次印刷
印　　数：3500 册　　定价：108.00 元

凡所购买电子工业出版社图书有缺损问题，请向购买书店调换。若书店售缺，请与本社发行部联系，联系及邮购电话：（010）88254888，88258888。
质量投诉请发邮件至 zlts@phei.com.cn，盗版侵权举报请发邮件至 dbqq@phei.com.cn。
本书咨询联系方式：010-51260888-819，faq@phei.com.cn。

# 前　言

Java语言拥有的开发人群越来越庞大，大量程序员已经进入或正打算进入Java编程领域。这当然和Java语言本身的优秀不无关系，却也和Java编程入门简单有关。很多Java初学者，往往只通过快餐式的方式学了一下SSM或Spring Boot，说不定就可以找到一份Java编程的工作了。

问题是：这种“快餐式”的程序员、“突击式”的程序员真的满足要求吗？如果仅仅满足于一些简单的、重复式的开发工作，也许他们没有太多的问题，但他们可能很少有突破的机会，工作内容总停留在简单的CRUD层次，求职面试的工作岗位也总停留在初中级阶段。每当他们试图找一些大厂职位或面试一些更高级的职位时，往往得到的结果就是“回家等消息”。对他们而言，与其说Java是一种面向对象的语言，不如说更像一种脚本；他们从源代码层次来看程序运行（甚至只会从IntelliJ IDEA或Eclipse等集成开发环境中看程序运行），完全无法从底层内存管理的角度来看程序运行；他们天天在用Java类库、用SSM、用Spring Boot，但对这些东西的源代码实现知之甚少——这又如何突破自己、获得职业提升呢？

本书则致力于补齐“快餐式”的程序员、“突击式”的程序员的技术短板，针对Java开发偏底层的内存管理知识、常用算法实现、实际开发中的各种“坑”，以及软件开发的实践经验进行系统的归纳和整理。

这些内容其实就是我多年在软件行业积累的经验和总结，希望通过将这些经验、心得表达出来，把自己走过的弯路“标”出来，让后来者尽量少走弯路。

这些经验、心得不仅能帮开发者迅速补齐技术短板、提升实际项目的开发实力，还能让开发者更加从容地面对技术面试，敲开通往大厂职位的大门。

## 本书内容

本书第一部分主要介绍Java内存管理相关知识。内存管理既是Java程序员容易忽视的地方，也是Java编程的重点，这部分内容也是不少大厂面试的必考知识点。此外，有一定编程经验的Java开发者，自然而然就会关心垃圾回收、内存管理、性能优化等相关内容。无论学习哪种语言，只有真正从程序运行的底层机制、内存分配细节、内存回收细节把握程序运行过程，才能有豁然开朗的感觉。本书第一部分正是旨在帮助大家更好地掌握Java内存管理相关知识。

本书第二部分则来自无数Java学习者和工作者所踩过的“坑”。如果你曾经被一个“莫名其妙”的Bug折腾了很久，最后解决时却有一种想爆粗的冲动，这部分内容会帮你解决此类痛点，因为这部分知识都是广大开发者踩过的“坑”。这部分内容既是Java程序员的避“坑”指南，也是爬“坑”手册。

本书第三部分介绍Java算法知识。这部分内容介绍如何用Java实现各种数据结构，以及常用排序算法的Java实现，这部分也是大厂面试的常考内容，完全可称为大厂面试的敲门砖。此外，掌握这些内容也能极好地训练自己的编程思维，提升开发者在实际开发中解决问题的把控能力。

本书第四部分则是 Java 开发的实用心法，包括程序开发、调试的经验，比如如何分析软件的组件模型，如何创建数据模型，如何厘清程序的实现流程，以及程序出现错误后的调试思路，具体 Bug 的调试方法等，这些内容可能并不是某个具体的知识点，却会让软件开发者终身受益；这也是开发者具有良好工作经验的有效证明，若你在面试中能自信、从容地介绍这些内容，一定会让面试官对你刮目相看。这部分内容也包括 Eclipse 和 IntelliJ IDEA 两个主流 IDE 工具的使用说明，但介绍这两个 IDE 工具的用法不是主要目的，主要目的是通过这种方式让大家明白所有 IDE 工具的通用功能，从而做到"一法通、万法通"。这部分内容还包括软件测试和 JUnit 5.x 的内容，都是学习者容易忽略，但对实际开发非常重要的基本技能。

## 本书有什么特点

归纳来说，本书具有以下两个特点。

### 1. 针对技术痛点，补齐面试短板

本书第一部分的 Java 内存管理和第三部分的 Java 算法实现，可以说是绝大多数初中级程序员以前注意不够的地方，也是限制其职业提升的主要短板，认真掌握这两部分内容，不仅能有效地解决技术痛点，也能迅速提高面试成功率，敲开进入大厂的大门。

### 2. 从实践中来，回归实践本身

无论是本书第二部分的避"坑"指南，还是本书第四部分的实用心法，它们都是实践性非常强的内容，并不是某个具体的理论知识点，这些内容不仅能让开发者终身受益，而且，如果开发者能在面试中自信、从容地介绍它们，一定会让面试官刮目相看。

## 本书写给谁看

如果你想从零开始学习 Java 编程，本书不适合你。如果你已经学会了 Java 编程，找工作时却屡屡被回复"回去等消息"，本书归纳的知识点将可帮你突破面试关；或者你已经是一个 Java 程序员了，在实际开发中却感觉力不从心，本书将非常适合你。本书会帮助你找出并补齐自己的 Java 编程的技术短板。

2021-3-12

# 目录 CONTENTS

CHAPTER

1

# 第 1 章 数组及其内存管理

## 引言

一家国际著名软件企业的面试。

“你的简历我看了，你会使用 Java？”面试官面无表情地问道。

“是的。”参加面试的人，成竹在胸地回答。

“那好，你给我叙述一下，在 Java 中，声明并创建数组的过程中，内存是如何分配的。”

“……”

“Java 数组的初始化一共有哪几种方式，你能说一说吗？”

“……”

“你知道基本类型数组和引用类型数组之间，在初始化时的内存分配机制有什么区别吗？”

“……”

过了一会儿，房间的门打开了，可怜的面试者狼狈地走了出来。

离开的时候，他喃喃自语：“原来，小小的数组，也有这么多的知识。”

## 本章要点

- Java 数组的基本语法
- Java 数组的静态特性
- Java 数组的内存分配机制
- 初始化 Java 数组的两种方式
- 初始化基本类型数组的内存分配
- 初始化应用类型数组的内存分配
- 数组引用变量和数组对象
- 何时是数组引用变量，何时是数组对象
- 数组元素等同于变量
- 多维数组的内存分配

Java 数组并不是很难的知识，如果单从用法角度来看，数组的用法并不难，只是很多程序员虽然一直使用 Java 数组，但他们往往对 Java 数组的内存分配把握并不准确。本章正是为了弥补程序员的这部分基本功而做的深入探讨。

本章将会深入探讨 Java 数组的静态特征。在使用 Java 数组之前必须先对数组对象进行初始化。当数组的所有元素都被分配了合适的内存空间，并指定了初始值时，数组初始化完成，程序以后将不能重新改变数组对象在内存中的位置和大小。从用法角度来看，数组元素相当于普通变量，程序既可把数组元素的值赋给普通变量，也可把普通变量的值赋给数组元素。

本章还将深入分析多维数组的实质，深入讲解多维数组和一维数组之间的关联，并通过程序示范如何将一维数组扩展成多维数组。

## 1.1 数组初始化

数组是大多数编程语言都提供的一种复合结构，如果程序需要多个类型相同的变量，就可以考虑定义一个数组。Java 语言的数组变量是引用类型的变量，因此具有 Java 引用变量的特性。

### 1.1.1 Java 数组是静态的

Java 语言是典型的静态语言，因此 Java 数组是静态的，即当数组被初始化之后，该数组所占的内存空间、数组长度都是不可变的。Java 程序中的数组必须经过初始化才可使用。所谓初始化，即创建实际的数组对象，也就是在内存中为数组对象分配内存空间，并为每个数组元素指定初始值。

数组的初始化有以下两种方式。

- 静态初始化：初始化时由程序员显式指定每个数组元素的初始值，由系统决定数组长度。
- 动态初始化：初始化时程序员只指定数组长度，由系统为数组元素分配初始值。

不管采用哪种方式初始化 Java 数组，一旦初始化完成，该数组的长度就不可改变，Java 语言允许通过数组的 length 属性来访问数组的长度。示例如下。

程序清单：codes\01\1.1\ArrayTest.java

```
public class ArrayTest
{
    public static void main(String[] args)
    {
        // 采用静态初始化方式初始化第一个数组
        String[] books = new String[]
        {
            "疯狂 Java 讲义",
            "轻量级 Java EE 企业应用实战",
            "疯狂 Python 讲义",
            "疯狂 XML 讲义"
        };
        // 采用静态初始化的简化形式初始化第二个数组
        String[] names =
        {
            "孙悟空",
            "猪八戒",
            "白骨精"
        };
        // 采用动态初始化的语法初始化第三个数组
        String[] strArr = new String[5];
        // 访问三个数组的长度
        System.out.println("第一个数组的长度：" + books.length);
```

```
        System.out.println("第二个数组的长度：" + names.length);
        System.out.println("第三个数组的长度：" + strArr.length);
    }
}
```

上面程序中的粗体字代码声明并初始化了三个数组。这三个数组的长度将会始终不变，程序输出三个数组的长度依次为 4、3、5。

前面已经指出，Java 语言的数组变量是引用类型的变量，books、names、strArr 这三个变量，以及各自引用的数组在内存中的分配示意图如图 1.1 所示。

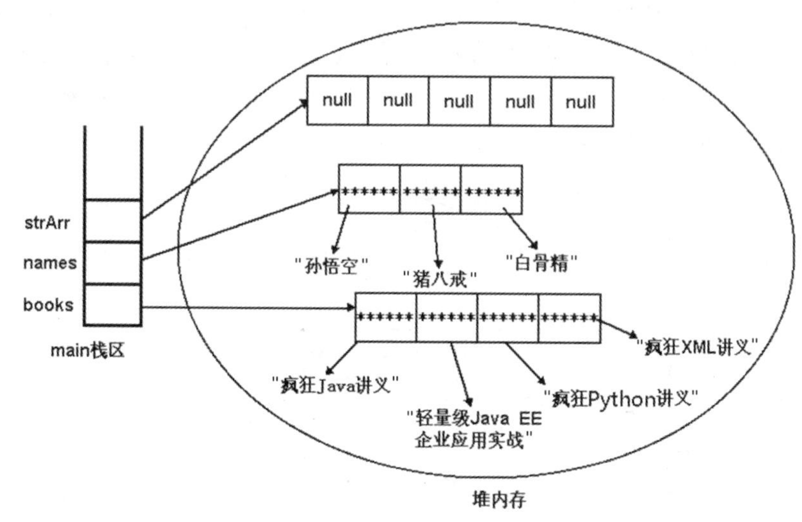


图 1.1　数组在内存中的分配示意图 1

从图 1.1 可以看出，对于静态初始化方式而言，程序员无须指定数组长度，指定该数组的数组元素，由系统来决定该数组的长度即可。例如 books 数组，为它指定了四个数组元素，它的长度就是 4；对于 names 数组，为它指定了三个元素，它的长度就是 3。

执行动态初始化时，程序员只需指定数组的长度，即为每个数组元素指定所需的内存空间，系统将负责为这些数组元素分配初始值。指定初始值时，系统将按如下规则分配初始值。

- 数组元素的类型是基本类型中的整数类型（byte、short、int 和 long），则数组元素的值是 0。
- 数组元素的类型是基本类型中的浮点类型（float、double），则数组元素的值是 0.0。
- 数组元素的类型是基本类型中的字符类型（char），则数组元素的值是'\u0000'。
- 数组元素的类型是基本类型中的布尔类型（boolean），则数组元素的值是 false。
- 数组元素的类型是引用类型（类、接口和数组），则数组元素的值是 null。

不要同时使用静态初始化和动态初始化方式。也就是说，不要在进行数组初始化时，既指定数组的长度，又为每个数组元素分配初始值。

Java 数组是静态的，一旦数组初始化完成，数组元素的内存空间分配即结束，程序只能改变数组元素的值，而无法改变数组的长度。

需要指出的是，Java 的数组变量是一种引用类型的变量，数组变量并不是数组本身，它只是指向堆内存中的数组对象。因此，可以改变一个数组变量所引用的数组，这样可以造成数组长度可变的假象。例如，在上面程序的后面增加如下几行。

程序清单：codes\01\1.1\ArrayTest2.java

```
// 让 books 数组变量、strArr 数组变量指向 names 所引用的数组
books = names;
strArr = names;
System.out.println("--------------");
System.out.println("books 数组的长度：" + books.length);
System.out.println("strArr 数组的长度：" + strArr.length);
// 改变 books 数组变量所引用的数组的第二个元素值
books[1] = "唐僧";
System.out.println("names 数组的第二个元素是：" + books[1]);
```

上面程序中粗体字代码将让books数组变量、strArr数组变量都指向names数组变量所引用的数组，这样做的结果就是books、strArr、names这三个变量引用同一个数组对象。此时，三个引用变量和数组对象在内存中的分配示意图如图1.2所示。

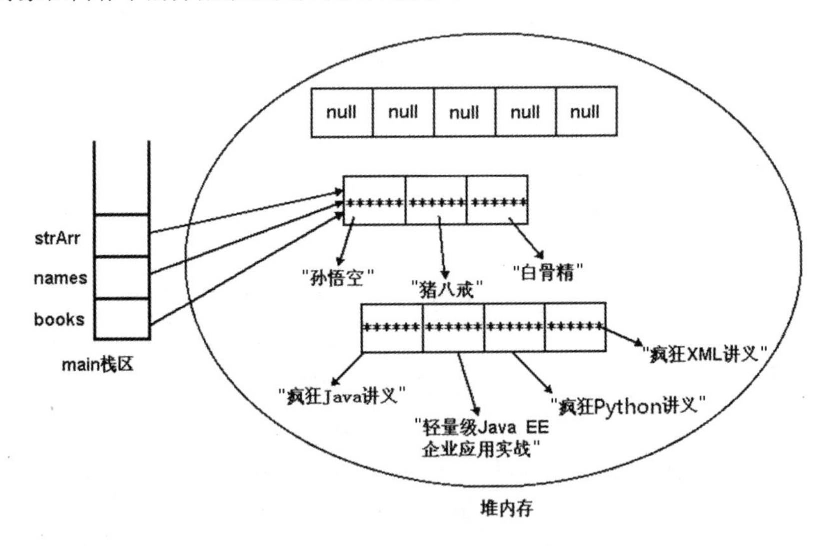


图1.2　数组在内存中的分配示意图2

从图1.2可以看出，此时strArr、names和books数组变量实际上引用了同一个数组对象。因此，当访问books数组、strArr数组的长度时，将看到输出3。这很容易造成一个假象：books数组的长度从4变成了3。实际上，数组对象本身的长度并没有发生改变，只是books数组变量发生了改变。books数组变量原本指向图1.2下面的数组，当执行了books = names;语句之后，books数组将改为指向图1.2中间的数组，而原来books变量所引用的数组的长度依然是4。

从图1.2还可以看出，原来books变量所引用的数组的长度依然是4，但不再有任何引用变量引用该数组，因此它将会变成垃圾，等着垃圾回收机制来回收。此时，程序使用books、names和strArr这三个变量时，将会访问同一个数组对象，因此把books数组的第二个元素赋值为“唐僧”时，names数组的第二个元素的值也会随之改变。

与Java这种静态语言不同的是，JavaScript这种动态语言的数组长度是可以动态改变的，示例如下。

程序清单：codes\01\1.1\ArrTest.html

```
<script type="text/javascript">
    let arr = [];
    console.log("arr 的长度是：" + arr.length);
    // 为 arr 数组的两个数组元素赋值
    arr[2] = 6;
```

```
    arr[4] = "孙悟空";
    // 再次访问 arr 数组的长度
    console.log("arr 的长度是: " + arr.length);
</script>
```

上面是一个简单的 JavaScript 程序。它先定义了一个名为 arr 的空数组，因为它不包含任何数组元素，所以它的长度是 0。接着，为 arr 数组的第三个、第五个元素赋值，该数组的长度也自动变为 5。这就是 JavaScript 里动态数组和 Java 里静态数组的区别。

## 1.1.2　数组一定要初始化吗

阅读过疯狂 Java 体系的《疯狂 Java 讲义》的读者一定还记得：在使用 Java 数组之前必须先初始化数组（即在使用数组之前，必须先创建数组）。实际上，如果真正掌握了 Java 数组在内存中的分配机制，那么完全可以换一个方式来初始化数组。

始终记住：Java 的数组变量只是引用类型的变量，它并不是数组对象本身，只要让数组变量指向有效的数组对象，程序中即可使用该数组变量。示例如下。

程序清单：codes\01\1.1\ArrayTest3.java

```
public class ArrayTest3
{
    public static void main(String[] args)
    {
        // 定义并初始化 nums 数组
        int[] nums = new int[]{3, 5, 20, 12};
        // 定义一个 prices 数组变量
        int[] prices;
        // 让 prices 数组指向 nums 所引用的数组
        prices = nums;
        for (int i = 0; i < prices.length; i++ )
        {
            System.out.println(prices[i]);
        }
        // 将 prices 数组的第 3 个元素赋值为 34
        prices[2] = 34;
        // 访问 nums 数组的第 3 个元素，将看到输出 34
        System.out.println("nums 数组的第 3 个元素的值是: " + nums[2]);
    }
}
```

从上面粗体字代码可以看出，程序定义了 prices 数组之后，并未对 prices 数组进行初始化。当执行 int[] prices;之后，数组的内存分配示意图如图 1.3 所示。

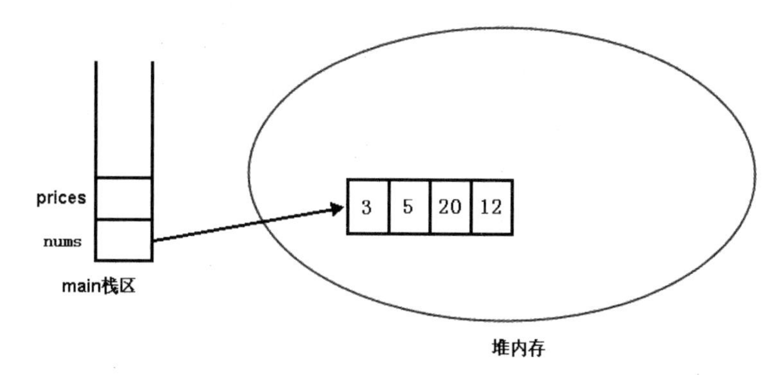


图 1.3　数组在内存中的分配示意图 3

从图 1.3 可以看出，此时的 prices 数组变量还未指向任何有效的内存，未指向任何数组对象，因此程序还不可使用 prices 数组变量。

当程序执行 prices = nums;之后，prices 变量将指向 nums 变量所引用的数组，此时 prices 变量和 nums 变量引用同一个数组对象。执行这条语句之后，prices 变量已经指向有效的内存及一个长度为 4 的数组对象，因此程序完全可以正常使用 prices 变量了。

**注意**

在使用 Java 数组之前必须先进行初始化！可是现在 prices 变量却无须初始化，这不是互相矛盾吗？其实一点都不矛盾。关键是大部分时候，我们把数组变量和数组对象搞混了，数组变量只是一个引用变量（有点类似于 C 语言里的指针）；而数组对象就是保存在堆内存中的连续内存空间。对数组执行初始化，其实并不是对数组变量执行初始化，而是在堆内存中创建数组对象——也就是为该数组对象分配一块连续的内存空间，这块连续的内存空间的长度就是数组的长度。虽然上面程序中的 prices 变量看似没有经过初始化，但执行 prices = nums;就会让 prices 变量直接指向一个已经存在的数组，因此 prices 变量即可使用。

对于数组变量来说，它并不需要进行所谓的初始化，只要让数组变量指向一个有效的数组对象，程序即可正常使用该数组变量。

**提示：**

Java 程序中的引用变量并不需要经过所谓的初始化操作，需要进行初始化的是引用变量所引用的对象。比如，数组变量不需要进行初始化操作，而数组对象本身需要进行初始化；对象的引用变量也不需要进行初始化，而对象本身才需要进行初始化。需要指出的是，Java 的局部变量必须由程序员提供初始值，因此如果定义了局部变量的数组变量，程序必须对局部的数据变量进行赋值，即使将它赋值为 null 也行。

### 1.1.3　基本类型数组的初始化

对于基本类型数组而言，数组元素的值直接存储在对应的数组元素中，因此基本类型数组的初始化比较简单：程序直接先为数组分配内存空间，再将数组元素的值存入对应内存里。

下面程序采用静态初始化方式初始化了一个基本类型的数组对象。

**程序清单：codes\01\1.1\PrimitiveArrayTest.java**

```
public class PrimitiveArrayTest
{
    public static void main(String[] args)
    {
        // 定义一个 int[]类型的数组变量
        int[] iArr;
        // 静态初始化数组，数组长度为 4
        iArr = new int[]{2, 5, -12, 20};
    }
}
```

上面代码的执行过程代表了基本类型数组初始化的典型过程。下面将结合示意图详细介绍这段代码的执行过程。

执行第一行代码 int[] iArr;时，仅定义一个数组变量，此时内存中的存储示意图如图 1.4 所示。

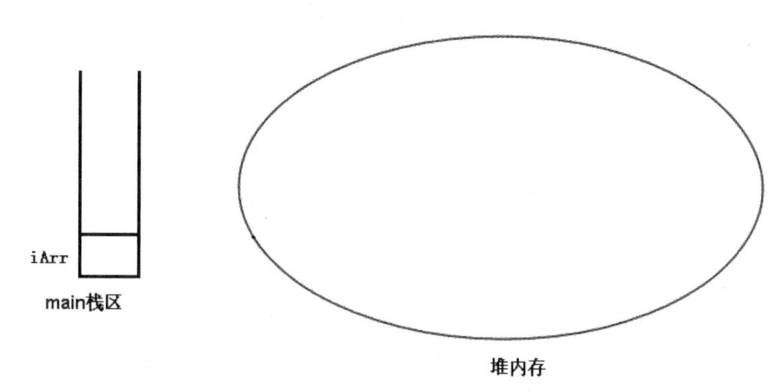


图 1.4 定义 iArr 数组变量后的存储示意图

执行了 int[] iArr;代码后，仅在 main 方法栈中定义了一个 iArr 数组变量，它是一个引用类型的变量，并未指向任何有效的内存，没有真正指向实际的数组对象。此时还不能使用该数组对象。

当执行 iArr = new int[]{2, 5, -12, 20};静态初始化后，系统会根据程序员指定的数组元素来决定数组的长度。此时指定了 4 个数组元素，系统将创建一个长度为 4 的数组对象，一旦该数组对象创建成功，该数组的长度将不可改变，程序只能改变数组元素的值。此时内存中的存储示意图如图 1.5 所示。

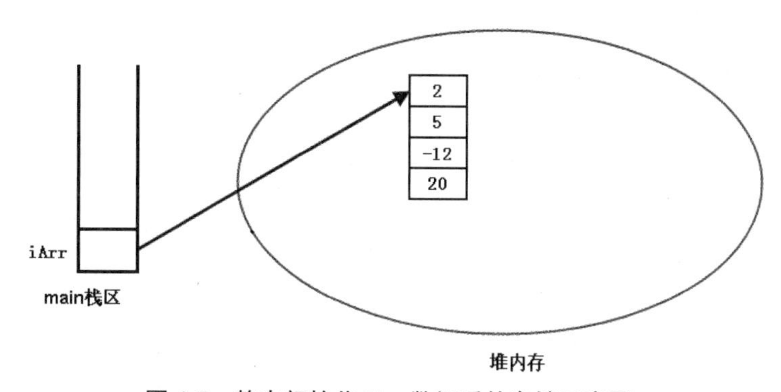


图 1.5 静态初始化 iArr 数组后的存储示意图

静态初始化完成后，iArr 数组变量引用的数组所占用的内存空间被固定下来，程序员只能改变各数组元素内的值。既不能移动该数组所占用的内存空间，也不能扩大该数组对象所占用的内存，或缩减该数组对象所占用的内存。

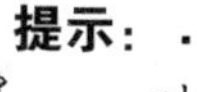

**提示：**

对于程序运行过程中的变量，可以将它们形容为具体的瓶子——瓶子可以存储水，而变量用于存储值，也就是数据。对于强类型语言如 Java，它有一个要求：怎样的瓶子只能装怎样的水，也就是说，指定类型的变量只能存储指定类型的值。

有些书中总是不断地重复：基本类型变量的值被存储在栈内存中，其实这句话是完全错误的。例如，图 1.5 中的 2、5、-12、20，它们都是基本类型的值，但实际上它们却被存储在堆内存中。实际上应该说：所有局部变量都是放在栈内存里保存的，不管其是基本类型的变量，还是引用类型的变量，都是存储在各自的方法栈内存中的；但引用类型的变量所引用的对象（包括数组、普通的 Java 对象）则总是存储在堆内存中。

对于 Java 语言而言，堆内存中的对象（不管是数组对象，还是普通的 Java 对象）通常不允许直接访问，为了访问堆内存中的对象，通常只能通过引用变量。这也是很容易混淆的地方。例如，iArr 本质上只是 main 栈区的引用变量，但使用 iArr.length、iArr[2]时，系统将会自动变为访问堆内存中的数组对象。

对于很多 Java 程序员而言，他们最容易混淆的是：引用类型的变量何时只是栈内存中的变量本身，何时又变为引用实际的 Java 对象。其实规则很简单：引用变量本质上只是一个指针，只要程序通过引用变量访问属性，或者通过引用变量来调用方法，该引用变量就会由它所引用的对象代替。

看如下程序。

程序清单：codes\01\1.1\PrimitiveArrayTest2.java

```
public class PrimitiveArrayTest2
{
    public static void main(String[] args)
    {
        // 定义一个 int[]类型的数组变量
        int[] iArr = null;
        // 只要不访问 iArr 的属性和方法，程序完全可以使用该数组变量
        System.out.println(iArr);            // ①
        // 动态初始化数组，数组长度为 5
        iArr = new int[5];
        // 只有当 iArr 指向有效的数组对象后，下面才可访问 iArr 的属性
        System.out.println(iArr.length);     // ②
    }
}
```

上面程序中两行粗体字代码两次访问 iArr 变量。对于①号代码而言，虽然此时的 iArr 数组变量并未引用到有效的数组对象，但程序在①号代码处并不会出现任何问题，因为此时并未通过 iArr 访问属性或调用方法，因此程序只是访问 iArr 引用变量本身，并不会去访问 iArr 所引用的数组对象。对于②号代码而言，此时程序通过 iArr 访问了 length 属性，程序将自动变为访问 iArr 所引用的数组对象，这就要求 iArr 必须引用一个有效的对象。

**注意**

如果读者有过一些编程经验，应该经常看到一个 Runtime 异常：NullPointerException（空指针异常）。当通过引用变量来访问实例属性，或者调用非静态方法时，如果该引用变量还未引用一个有效的对象，程序就会引发 NullPointerException 运行时异常。

## 1.1.4 引用类型数组的初始化

引用类型数组的数组元素依然是引用类型的，因此数组元素里存储的还是引用，它指向另一块内存，这块内存里存储了该引用变量所引用的对象（包括数组和 Java 对象）。

为了说明引用类型数组的运行过程，下面程序先定义一个 Person 类，然后定义一个 Person[]数组，并动态初始化该 Person[]数组，再显式地为数组的不同数组元素指定值。该程序代码如下。

程序清单：codes\01\1.1\ReferenceArrayTest.java

```
class Person
{
    // 年龄
    public int age;
    // 身高
    public double height;
    // 定义一个 info 方法
    public void info()
```

```
    {
        System.out.println("我的年龄是：" + age
            + "，我的身高是：" + height);
    }
}
public class ReferenceArrayTest
{
    public static void main(String[] args)
    {
        // 定义一个 students 数组变量，其类型是 Person[]
        Person[] students;
        // 执行动态初始化
        students = new Person[2];
        System.out.println("students 所引用的数组的长度是："
            + students.length);          // ①
        // 创建一个 Person 实例，并将这个 Person 实例赋给 zhang 变量
        Person zhang = new Person();
        // 为 zhang 所引用的 Person 对象的属性赋值
        zhang.age = 15;
        zhang.height = 158;
        // 创建一个 Person 实例，并将这个 Person 实例赋给 lee 变量
        Person lee = new Person();
        // 为 lee 所引用的 Person 对象的属性赋值
        lee.age = 16;
        lee.height = 161;
        // 将 zhang 变量的值赋给第一个数组元素
        students[0] = zhang;
        // 将 lee 变量的值赋给第二个数组元素
        students[1] = lee;
        // 下面两行代码的结果完全一样，
        // 因为 lee 和 students[1]指向的是同一个 Person 实例
        lee.info();
        students[1].info();
    }
}
```

上面代码的执行过程代表了引用类型数组的初始化的典型过程。下面将结合示意图详细介绍这段代码的执行过程。

执行 Person[] students;代码时，这行代码仅仅在栈内存中定义了一个引用变量，也就是一个指针，这个指针并未指向任何有效的内存区。此时内存中的存储示意图如图 1.6 所示。

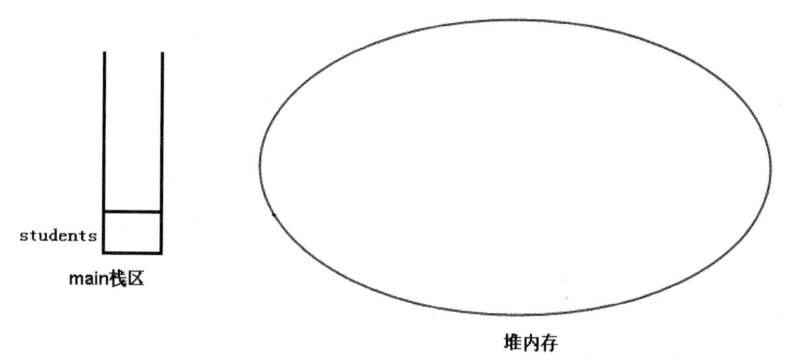


图 1.6　定义一个 students 数组变量后的存储示意图

在图 1.6 所示的栈内存中定义了一个 students 变量，它仅仅是一个空引用，并未指向任何有效的内存，直到执行初始化，本程序对 students 数组执行动态初始化。动态初始化由系统为数组元素分配默认的初始值 null，即每个数组元素的值都是 null。执行动态初始化后的存储示意图如图 1.7 所示。

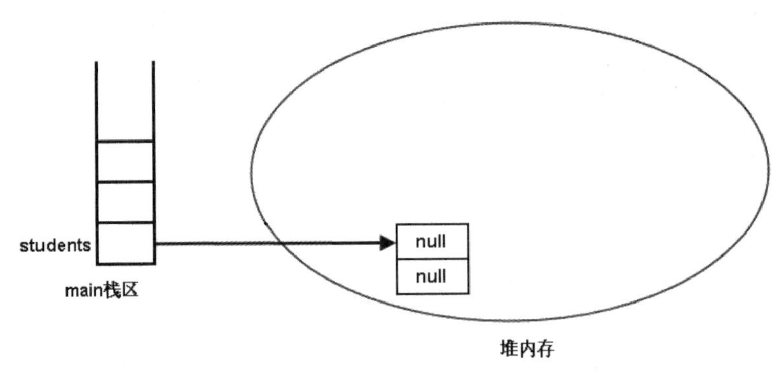


图 1.7　动态初始化 students 数组后的存储示意图

从图 1.7 可以看出，students 数组的两个数组元素都是引用，而且这两个引用并未指向任何有效的内存，因此，每个数组元素的值都是 null。此时，程序可以通过 students 来访问它所引用的数组的属性，因此在①号代码处通过 students 访问了该数组的长度，此时将输出 2。

students 数组是引用类型的数组，因此 students[0]、students[1]两个数组元素相当于两个引用类型的变量。如果程序只是直接输出这两个引用类型的变量，那么程序完全正常。但程序依然不能通过 students[0]、students[1]来调用属性或方法，因此它们还未指向任何有效的内存区，所以这两个连续的 Person 变量（students 数组的数组元素）还不能被使用。

接着，程序定义了 zhang 和 lee 两个引用变量，并让它们指向堆内存中的两个 Person 对象，此时的 zhang、lee 两个引用变量存储在 main 方法栈区中，而两个 Person 对象则存储在堆内存中。此时的内存存储示意图如图 1.8 所示。

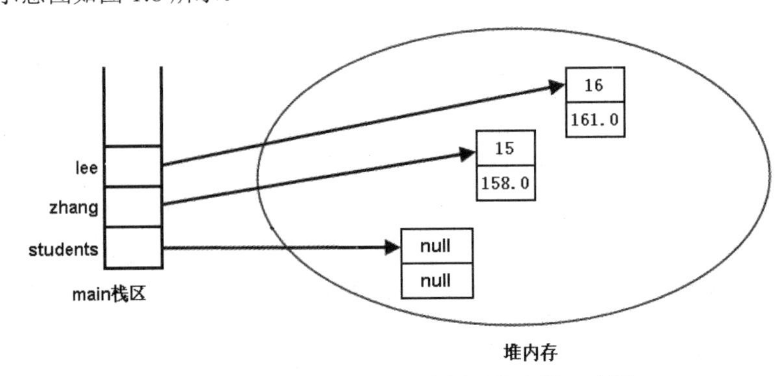


图 1.8　创建两个 Person 实例后的存储示意图

对于 zhang、lee 两个引用变量来说，它们可以指向任何有效的 Person 对象，而 students[0]、students[1]也可以指向任何有效的 Person 对象。从本质上来看，zhang、lee、students[0]、students[1]能够存储的内容完全相同。接下来，程序执行 students[0] = zhang;和 students[1] = lee;两行代码，也就是让 zhang 和 students[0]指向同一个 Person 对象，让 lee 和 students[1]指向同一个 Person 对象。此时的内存存储示意图如图 1.9 所示。

从图 1.9 可以看出，此时 zhang 和 students[0]指向同一个内存区，而且它们都是引用类型的变量，因此通过 zhang 和 students[0]来访问 Person 实例的属性和方法的效果完全一样。不论修改 students[0]所指向的 Person 实例的属性，还是修改 zhang 变量所指向的 Person 实例的属性，所修改的其实是同一个内存区，所以必然互相影响。同理，lee 和 students[1]也是引用同一个 Person 对象，也有相同的效果。

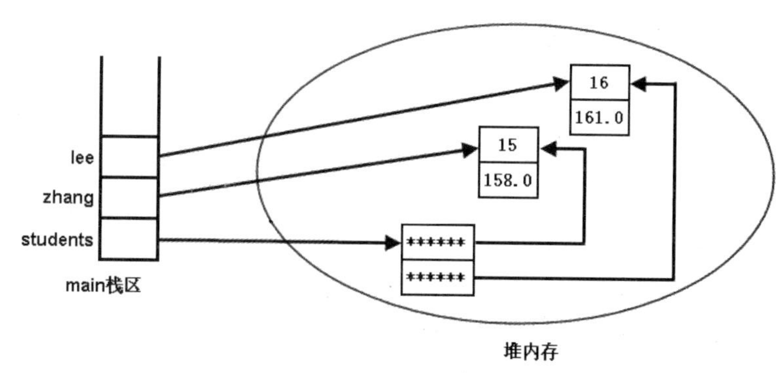


图 1.9　为数组元素赋值后的存储示意图

前面已经提到，对于引用类型的数组而言，它的数组元素其实就是一个引用类型的变量，因此可以指向任何有效的内存——此处“有效”的意思是指强类型的约束。比如，对 Person[]类型的数组而言，它的每个数组元素都相当于 Person 类型的变量，因此它的数组元素只能指向 Person 对象。

## 1.2　使用数组

当数组引用变量指向一个有效的数组对象之后，程序就可以通过该数组引用变量来访问数组对象。Java 语言不允许直接访问堆内存中的数据，因此无法直接访问堆内存中的数组对象，只能通过数组引用变量来访问数组。

**提示：**

Java 语言避免直接访问堆内存中的数据可以保证程序更加健壮，如果程序直接访问并修改堆内存中数据，可能会破坏内存中的数据完整性，从而导致程序崩溃。

### 1.2.1　数组元素就是变量

只要在已有数据类型之后增加方括号，就会产生一个新的数组类型。示例如下。

- int → int[]：在 int 类型后增加[]即变为 int[]数组类型。
- Person → Person[]：在 Person 类型后增加[]即变为 Person[]数组类型。
- int[] → int[][]：在 int[]类型后增加[]即变为 int[][]数组类型。

当程序需要多个类型相同的变量来保存程序状态时，可以考虑使用数组来保存这些变量。当一个数组初始化完成后，就相当于定义了多个类型相同的变量。

无论哪种类型的数组，其数组元素其实都相当于一个普通变量，把数组类型去掉一组方括号后得到的类型就是该数组元素的类型。示例如下。

- int[] → int：int[]数组的元素相当于 int 类型的变量。
- Person[] → Person：Person[]数组的元素相当于 Person 类型的变量。
- int[][] → int[]：int[][]数组的元素相当于 int[]类型的变量。

当通过索引来使用数组元素时，将该数组元素当成普通变量使用即可，包括访问该数组元素的值，为数组元素赋值，等等。下面程序示范了数组元素和普通变量相互赋值的情形。

**程序清单：codes\01\1.2\ArrayTest.java**

```
class Cat
{
    double weight;
```

```
    int age;
    public Cat(double weight, int age)
    {
        this.weight = weight;
        this.age = age;
    }
}
public class ArrayTest
{
    public static void main(String[] args)
    {
        // 定义并动态初始化一个int[]数组
        int[] pos = new int[5];
        // 采用循环为每个数组元素赋值
        for (int i = 0; i < pos.length; i++)
        {
            pos[i] = (i + 1) * 2;
        }
        // 对于pos数组的元素来说，用起来完全等同于普通变量
        // 下面即可将数组元素的值赋给int变量
        // 也可将int变量的值赋给数组元素
        int a = pos[1];
        int b = 20;
        pos[2] = b;                 // ①
        // 定义并动态初始化一个Cat[]数组
        Cat[] cats = new Cat[2];
        cats[0] = new Cat(3.34, 2);
        // 将cats数组的第1个元素的值赋给c1
        Cat c1 = cats[0];
        Cat c2 = new Cat(4.3, 3);
        // 将c2的值赋给cats数组的第2个元素
        cats[1] = c2;               // ②
    }
}
```

上面程序中的4行粗体字代码分别示范了数组元素和普通变量相互赋值的情况。可以看出，数组元素和普通变量在用法上几乎没有任何区别。

需要指出的是，main方法声明的变量都属于局部变量，因此它们都被保存在main方法栈区中；但数组元素则作为数组对象的一部分，总是保存在堆内存中，不管它们是基本类型的数组元素，还是引用类型的数组元素。

对于上面程序，当执行完①号代码之前的所有代码之后，程序的内存分配示意图如图1.10所示。

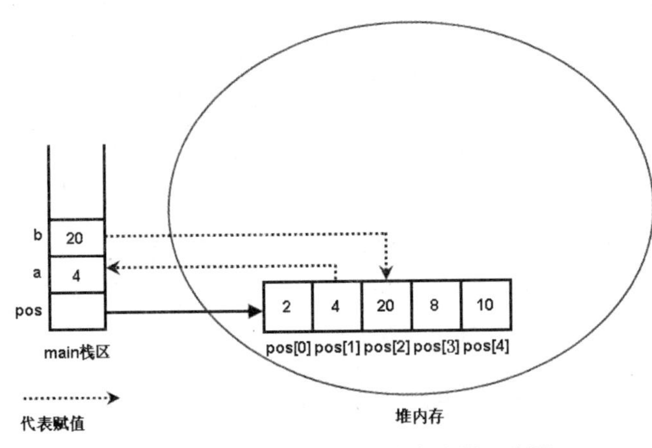


图1.10　执行①号代码之后的内存分配示意图

执行完②号代码之后，内存中再次增加一个长度为 2 的 Cat[]数组，而栈内存中则增加了 c1、c2 两个引用类型的变量，此时程序的内存分配示意图如图 1.11 所示。

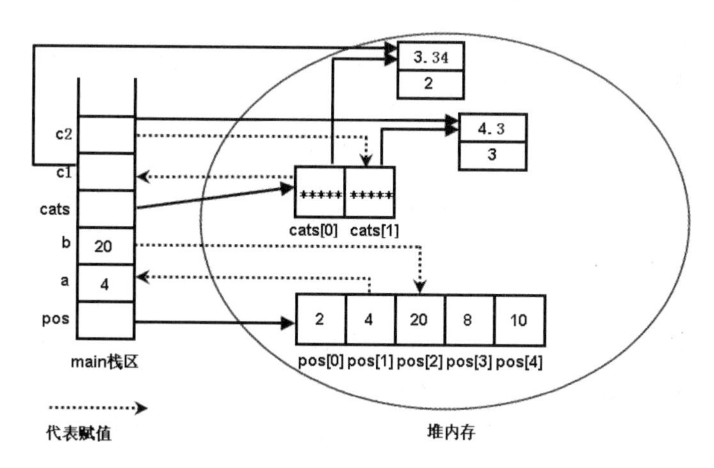


图 1.11　执行②号代码之后的内存分配示意图

从图 1.11 可以看出，虽然 cats[0]、cats[1]数组元素也相当于引用类型的变量，用于指向实际的 Cat 对象，但它们与 c1、c2 两个引用类型的变量不同的是，cats[0]、cats[1]作为数组的一部分，会被集中保存在系统的堆内存中。

## 1.2.2　没有多维数组

前面已经指出，只要在已有数据类型之后增加方括号，就会产生一个新的数组类型。如果已有的类型是 int，增加方括号后是 int[]类型，这是一个数组类型；如果再以 int[]类型为已有类型，增加方括号后就得到 int[][]类型，这依然是数组类型；如果再以 int[][]类型为已有类型，增加方括号后就得到 int[][][]类型，这依然是数组类型。

反过来，将数组类型最后的一组方括号去掉就得到了数组元素的类型。对于 int[][][]类型的数组，其数组元素就相当于 int[][]类型的变量；对于 int[][]类型的数组，其数组元素就相当于 int[]类型的变量；对于 int[]类型的数组，其数组元素就相当于 int 类型的变量。

从上面的分析可以看出，所谓多维数组，其实就是数组元素依然是数组的一维数组，二维数组是数组元素是一维数组的数组，三维数组是数组元素是二维数组的数组……*N* 维数组是数组元素是 *N*–1 维数组的数组。

Java 允许将多维数组当成一维数组处理。初始化多维数组时可以先只初始化最左边的维数，此时该数组的每个元素都相当于一个数组引用变量，这些数组元素还需要进一步初始化。如下程序示范了多维数组的用法。

程序清单：codes\01\1.2\TwoDimensionTest.java

```
public class TwoDimensionTest
{
    public static void main(String[] args)
    {
        // 定义一个二维数组
        int[][] a;
        // 把 a 当成一维数组进行初始化，初始化 a 是一个长度为 3 的数组
        // a 数组的数组元素又是引用类型
        a = new int[4][];
        // 把 a 数组当成一维数组，遍历 a 数组的每个数组元素
        for (int i = 0; i < a.length; i++)
```

```
            {
                System.out.println(a[i]);
            }
            // 初始化a数组的第一个元素
            a[0] = new int[2];
            // 访问a数组的第一个元素所指数组的第二个元素
            a[0][1] = 6;
            // a数组的第一个元素是一个一维数组，遍历这个一维数组
            for (int i = 0; i < a[0].length; i++)
            {
                System.out.println(a[0][i]);
            }
        }
    }
```

上面程序中的粗体字代码把a这个二维数组当成一维数组处理，只是每个数组元素都是null，所以输出结果都是null。下面结合示意图来说明这个程序的运行过程。

程序的第一行int[][] a;将在栈内存中定义一个引用变量，这个变量并未指向任何有效的内存空间，此时的堆内存中还未为这行代码分配任何存储区。

程序对a数组执行初始化：a = new int[4][];。这行代码让a变量指向一块长度为4的数组内存，这个长度为4的数组里的每个数组元素都是引用类型（数组类型），系统为这些数组元素分配默认的初始值null。此时a数组在内存中的存储示意图如图1.12所示。

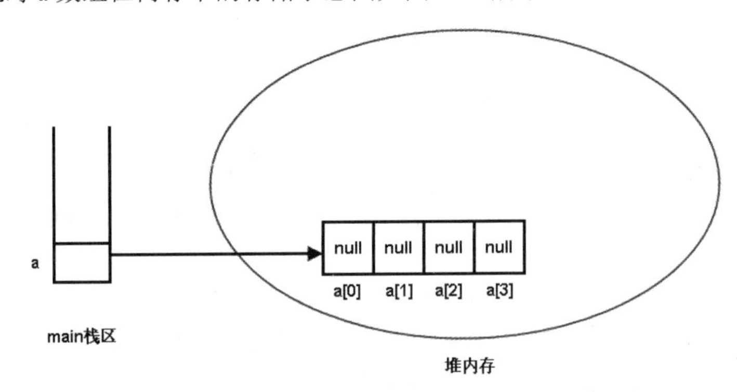


图1.12　将二维数组当成一维数组初始化后的存储示意图

从图1.12来看，虽然声明a是一个二维数组，但这里丝毫看不出它是一个二维数组，而完全是一维数组的样子。这个一维数组的长度是4，只是这四个数组元素都是引用类型，它们的默认值是null。所以，在程序中可以把a数组当成一维数组处理，依次遍历a数组的每个元素，将看到每个数组元素的值都是null。

很多书上都介绍说：通过数组的length属性可以获取数组的长度，这个说法的前提就是，把*N*维数组当成数组元素是*N*–1维数组的一维数组。例如，图1.12所示的a数组，它是一个传统意义上的“二维数组”，那它的长度应该怎样算呢？准确的说法是，数组的length属性应该返回系统为该数组所分配的连续内存空间的长度。例如，图1.12所示的a数组，不管它是一维数组还是二维数组，因为系统为该数组分配的连续内存空间的长度为4，所以a.length将返回4。

由于a数组的元素只能是int[]数组，所以接下来程序对a[0]元素执行初始化，也就是让图1.12所示堆内存中的第一个数组元素指向一个有效的int[]数组对象——一个长度为2的int数组。因为程序采用动态初始化a[0]数组，所以系统将为a[0]的每个数组元素分配默认的初始值0，然后程序显式地为a[0]数组的第二个元素赋值6。此时内存中的存储示意图如图1.13所示。

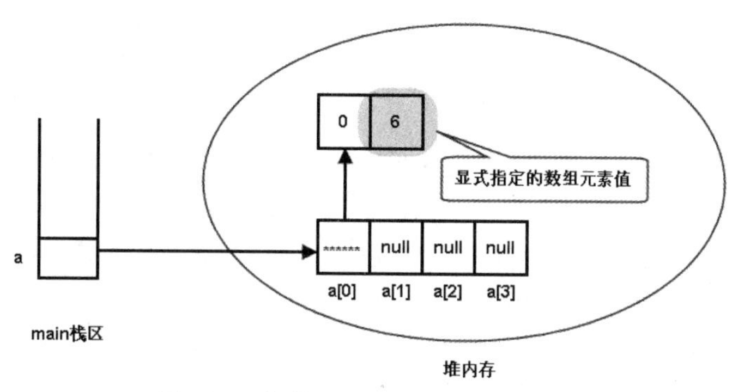


图 1.13　初始化 a[0]后的存储示意图

图 1.13 中灰色覆盖的数组元素就是程序显式指定的数组元素值。最后，程序迭代输出 a[0]数组的每个数组元素，将看到输出 0 和 6。

从理论上看，如果让图 1.13 中灰色覆盖的数组元素再次指向另一个数组，就可以将其扩展成三维数组，甚至可以扩展到更多维的数组；但在实际编程中，这样则行不通。因为 Java 语言是强类型的语言，a[0]数组元素相当于 int[]类型的数组，所以 a[0][1]数组元素（也就是图 1.13 中灰色覆盖的数组元素）的值只能是 int 类型的值。

如果定义一个 Object[]类型的数组，会出现怎样的情况呢？此时，每个数组元素都相当于一个 Object 类型的引用变量，因此可以指向任何对象（包括数组对象和普通的 Java 对象）。下面有一个“极端”的程序需要读者认真体会。

程序清单：codes\01\1.2\ObjectArrayTest.java

```
public class ObjectArrayTest
{
    public static void main(String[] args)
    {
        // 定义并初始化一个 Object 数组
        Object[] objArr = new Object[3];
        // 让 objArr 所引用数组的第二个元素再次
        // 指向一个长度为 2 的 Object[]数组
        objArr[1] = new Object[2];                  // ①
        // 将 objArr[1]的值赋给 objArr2，即让 objArr2
        // 和 objArr[1]指向同一个数组对象
        Object[] objArr2 = (Object[]) objArr[1]; // ②
        // 让 objArr2 所引用数组的第二个元素再次
        // 指向一个长度为 3 的 Object[]数组
        objArr2[1] = new Object[3];                 // ③
        // 将 objArr2[1]的值赋给 objArr3，即让 objArr3
        // 和 objArr2[1]指向同一个数组对象
        Object[] objArr3 = (Object[]) objArr2[1];// ④
        // 让 objArr3 所引用数组的第二个元素再次
        // 指向一个长度为 5 的 int[]数组
        objArr3[1] = new int[5];                   // ⑤
        // 将 objArr3[1]的值赋给 iArr，即让 iArr 和
        // objArr3[1]指向同一个数组对象
        int[] iArr = (int[]) objArr3[1];            // ⑥
        // 依次为 iArr 数组的每个元素赋值
        for (int i = 0; i < iArr.length; i++)
        {
            iArr[i] = i * 3 + 1;
        }
        // 直接通过 objArr 访问 iArr 数组的第三个元素
```

```
        System.out.println( ((int[]) ((Object[]) ((Object[])
            objArr[1])[1])[1])[2] );            // ⑦
    }
}
```

这个程序有些“极端”，绝大部分时候不会编写这样的程序，但这个程序可以很好地帮助理解数组在内存中的分配机制。

当程序执行了①号代码 objArr[1] = new Object[2];后，objArr 引用变量将指向长度为 3 的 Object[]数组，而 objArr[1]（也就是 objArr 数组的第二个元素）将再次指向长度为 2 的 Object[]数组。此时的内存分配示意图如图 1.14 所示。

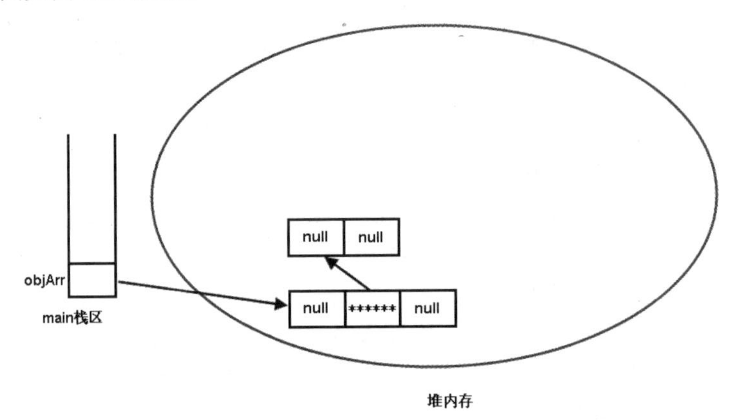


图 1.14　执行①号代码后的内存分配示意图

当程序执行了②号代码 Object[] objArr2 = (Object[]) objArr[1];之后，系统将在栈内存中再次定义一个 objArr2 引用变量，该引用变量和 objArr[1]指向同一个数组对象。此时的内存分配示意图如图 1.15 所示。

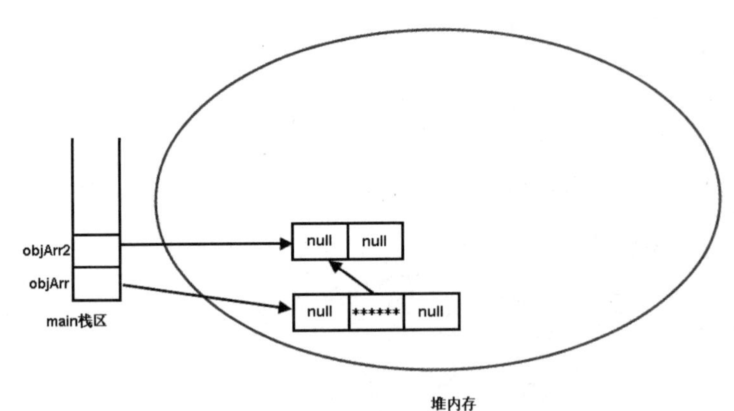


图 1.15　执行②号代码后的内存分配示意图

当程序执行了③号代码 objArr2[1] = new Object[3];后，objArr2 所引用数组的第二个元素将再次指向一个长度为 3 的 Object[]数组。此时的内存分配示意图如图 1.16 所示。

当程序执行了④号代码 Object[] objArr3 = (Object[]) objArr2[1];后，系统将在栈内存中再次定义一个 objArr3 引用变量，该引用变量和 objArr2[1]指向同一个数组对象。此时的内存分配示意图如图 1.17 所示。

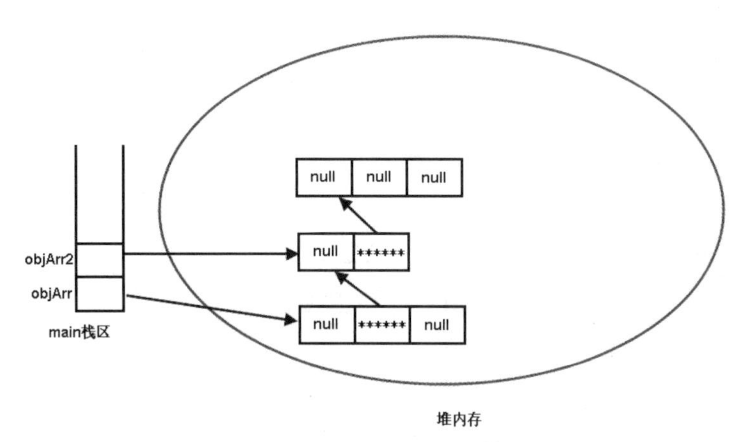


图 1.16　执行③号代码后的内存分配示意图

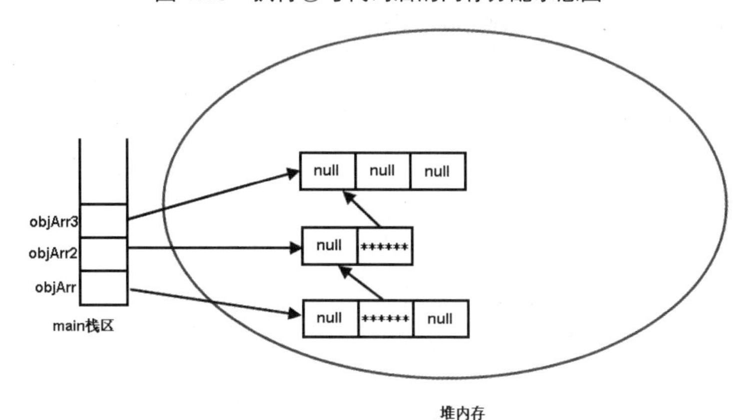


图 1.17　执行④号代码后的内存分配示意图

当程序执行了⑤号代码 objArr3[1] = new int[5];之后，objArr3 所引用数组的第二个元素将再次指向一个长度为 5 的 int[]数组。此时的内存分配示意图如图 1.18 所示。

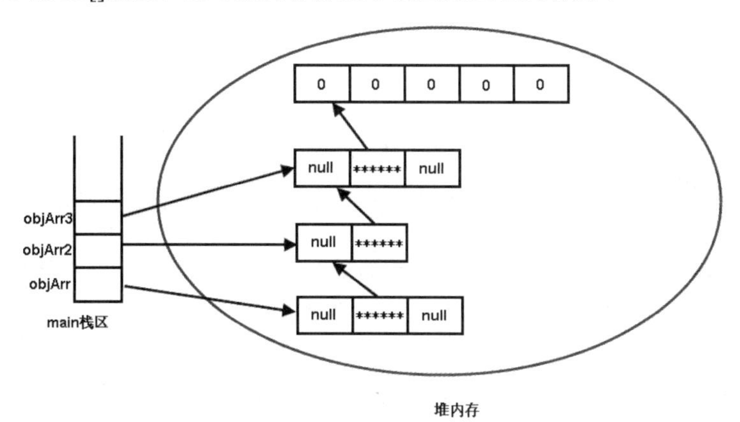


图 1.18　执行⑤号代码后的内存分配示意图

当程序执行了⑥号代码 int[] iArr = (int[]) objArr3[1];后，系统将在栈内存中再次定义一个 iArr 引用变量，该引用变量和 objArr3[1]指向同一个数组对象。此时的内存分配示意图如图 1.19 所示。

此时的 objArr 到底是什么？它还是简单的一维数组吗？很明显，它不再是一个简单的一维数组，它甚至可以被当成四维数组来使用，只要程序多次进行强制类型转换。这也就是在程序⑦号代码处看到的效果。

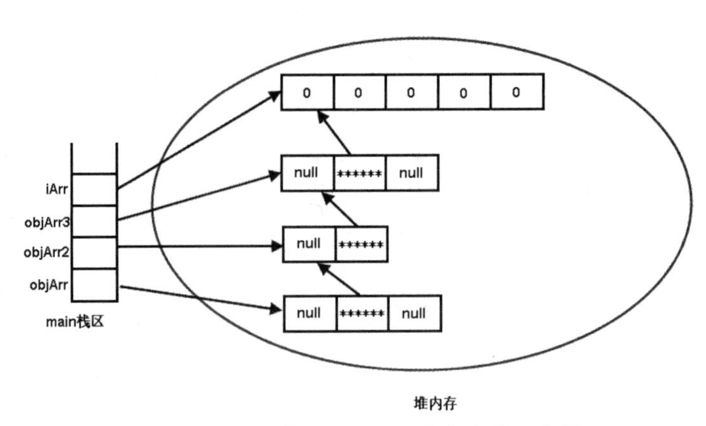


图 1.19　执行⑥号代码后的内存分配示意图

在⑦号代码处，为了把 objArr 当成四维数组来使用，需要经过多次强制类型转换，这是因为 Java 是强类型语言。如果使用 JavaScript（弱类型语言）来改写这个程序，它就会变得简洁多了，代码如下。

程序清单：codes\01\1.2\ObjectArrayTest.html

```
<script type="text/javascript">
    // 定义并初始化一个数组
    let objArr = [];
    // 将 objArr 数组的第二个元素赋值成一个数组
    objArr[1] = [];
    // 将 objArr[1]的值赋给 objArr2 变量
    let objArr2 = objArr[1];
    // 再次将 objArr2 的第二个元素赋值成一个数组
    objArr2[1] = [];
    // 将 objArr2[1]的值赋给 objArr3 变量
    let objArr3 = objArr2[1];
    // 再次将 objArr3 的第二个元素赋值成一个数组
    objArr3[1] = [];
    // 将 objArr3[1]的值赋给 iArr 变量
    let iArr = objArr3[1];
    // 为 iArr 数组的数组元素赋值
    for (let i = 0; i < 5; i++)
    {
        iArr[i] = i * 3 + 1;
    }
    // 直接将 objArr 当成四维数组使用
    console.log(objArr[1][1][1][2]);
</script>
```

通过上面的分析可以看出，多维数组的本质依然是一维数组。在 Java 程序中使用数组时，应该多从内存控制的角度来把握程序，而不要仅仅停留在代码层面上。

## 1.3　本章小结

本章主要介绍了 Java 数组在内存分配方面的知识，并没有涉及数组基本语法、基本用法，还介绍了 Java 数组的静态特征，即 Java 数组一旦初始化完成，该数组长度将不可改变。此外，也详尽地介绍了 Java 数组静态初始化、动态初始化的内存分配细节。对于数组变量而言，一定要区分它何时只是数组变量，何时代表数组对象本身。本章还详细分析了 Java 多维数组的实质，并通过示例示范将 Object[]类型的数组（看似一维数组）扩展成四维数组，以使读者更好地把握多维数组和一维数组之间的关系。

CHAPTER

2

# 第2章 对象及其内存管理

## 引言

这是小明第一天上班，从现在开始，他的头衔是一名 Java 程序员。

“这是谁写的代码？”快下班的时候，开发团队的领导大声嚷了起来。

小明赶忙凑过来仔细看了看。

“是我写的，怎么了？”小明并不想否认，事实上，这是他花了很多心思写出来的程序。

“你为什么要创建这么多的实例？”

“啊？”

“你难道不考虑对象创建时的系统开销吗？”

“但是，Java 不是自动分配内存的吗？这是我们老师说的。”

“那种老学究，他怎么知道真实的开发是什么场景！你的任务，不仅仅要停留在代码层次写程序，还要考虑每行代码对系统内存的影响！”

“啊？”

“这样吧，你先别写代码了，回家认真学习一下 Java 对象的内存分配机制！还有，你老师教给你的那套学院派的知识，离实际开发还有不小的距离，在实际开发中还需要进一步的思考！”

## 本章要点

- 实例变量属于 Java 对象
- 类变量属于类本身
- 实例变量的初始化细节
- 类变量的初始化细节
- 子类构造器调用父类构造器
- 避免在构造器中访问子类的实例变量
- 避免在构造器中调用被子类重写的方法
- Java 继承对成员变量和方法的区别
- 父、子实例的实例变量的内存分配机制
- 父、子类的类变量的内存分配
- final 修饰符的作用
- 系统对哪些 final 变量执行“宏替换”
- final 方法注意点
- 使用 final 修饰被匿名、局部内部类访问的局部变量

Java 的内存管理看上去比较深奥且难于理解，大部分开发者会觉得 Java 内存管理与实际开发距离太远。造成这样一种错误理解的原因在于，Java 向程序员许下了一个美好的承诺：无须关心内存回收，Java 提供了优秀的垃圾回收机制来回收已经分配的内存。在这样的承诺下，大部分 Java 开发者肆无忌惮地挥霍着 Java 程序的内存分配，从而造成 Java 程序的运行效率低下。

Java 内存管理分为两个方面：内存分配和内存回收。这里的内存分配特指创建 Java 对象时 JVM 为该对象在堆内存中所分配的内存空间；内存回收指的是当该 Java 对象失去引用，变成垃圾时，JVM 的垃圾回收机制自动清理该对象，并回收该对象所占用的内存。由于 JVM 内置了垃圾回收机制回收失去引用的 Java 对象所占用的内存，所以很多 Java 开发者认为 Java 不存在内存泄漏、资源泄漏的问题。实际上这是一种错觉，Java 程序依然会有内存泄漏。关于 Java 内存泄漏的知识将在第 4 章介绍。

由于 JVM 的垃圾回收机制由一条后台线程完成，本身也是非常消耗性能的，因此如果肆无忌惮地创建对象，让系统分配内存，那么这些分配的内存都将由垃圾回收机制进行回收。这样做有两个坏处：

- 不断分配内存使得系统中可用的内存减少，从而降低程序的运行性能。
- 大量已分配内存的回收使得垃圾回收的负担加重，降低程序的运行性能。

本章主要介绍创建 Java 对象时的内存分配细节，也就是内存管理中关于内存分配方面的知识。至于内存回收，将在第 4 章进一步介绍。

## 2.1 实例变量和类变量

Java 程序的变量大体可分为成员变量和局部变量。其中局部变量可分为如下三类。

- 形参：在方法签名中定义的局部变量，由方法调用者负责为其赋值，随方法的结束而消亡。
- 方法内的局部变量：在方法内定义的局部变量，必须在方法内对其进行显式初始化。这种类型的局部变量从初始化完成后开始生效，随方法的结束而消亡。
- 代码块内的局部变量：在代码块内定义的局部变量，必须在代码块内对其进行显式初始化。这种类型的局部变量从初始化完成后开始生效，随代码块的结束而消亡。

局部变量的作用时间很短暂，它们都被存储在栈内存中。

类体内定义的变量被称为成员变量（英文是 Field）。如果定义该成员变量时没有使用 static 修饰，该成员变量又被称为非静态变量或实例变量；如果使用了 static 修饰，则该成员变量又被称为静态变量或类变量。

**提示：**

对于 static 关键字而言，从词义上来看，它是“静态”的意思；但从 Java 程序的角度来看，static 就是一个标志，static 的作用是将实例成员变为类成员。static 只能修饰在类里定义的成员部分，包括成员变量、方法、内部类（枚举与接口）、初始化块。如果没有使用 static 修饰类里的这些成员，这些成员属于该类的实例；如果使用了 static 修饰，这些成员就属于类本身。由此可见，static 只能修饰类里的成员，不能修饰外部类，不能修饰局部变量、局部内部类。

从表面上看，Java 类里定义成员变量时没有先后顺序，但实际上 Java 要求定义成员变量时必须采用合法的前向引用。示例如下。

程序清单：codes\02\2.1\ErrorDef.java

```
public class ErrorDef
{
    // 下面代码将提示：非法前向引用
    int num1 =  num2 + 2;
    int num2 = 20;
}
```

上面程序中定义 num1 成员变量的初始值时，需要根据 num2 变量的值进行计算，这就是“非法前向引用”。因此，编译上面程序将提示“非法前向引用”的错误。

类似地，两个类变量也不允许采用这种“非法前向引用”，示例如下。

程序清单：codes\02\2.1\ErrorDef2.java

```
public class ErrorDef2
{
    // 下面代码将提示：非法前向引用
    static int num1 =  num2 + 2;
    static int num2 = 20;
}
```

但如果一个是实例变量，一个是类变量，则实例变量总是可以引用类变量，示例如下。

程序清单：codes\02\2.1\RightDef.java

```
public class RightDef
{
    // 下面代码将完全正常
    int num1 = num2 + 2;
    static int num2 = 20;
}
```

上面程序中 num1 是一个实例变量，而 num2 是一个类变量。虽然 num2 位于 num1 之后被定义，但 num1 的初始值却可根据 num2 计算得到。

这是因为：static 修饰的成员变量属于类，类变量会随着类初始化得到初始化，因此上面程序中的 num2 将会随着 RightDef 类的初始化而初始化；没有 static 修饰的成员变量则属于实例，实例变量随着对象的初始化而初始化，上面程序中的 num1 必须等到创建 RightDef 对象时才会初始化。在初始化一个对象之前，肯定得先初始化该对象所属的类，因此上面程序中的 num2 的初始化时机总是处于 num1 的初始化时机之前。

所以，虽然上面程序中先定义了 num1，再定义了 num2，但 num2 的初始化时机总是位于 num1 之前，因此 num1 变量的初始化可根据 num2 的值计算得到。

## 2.1.1　实例变量和类变量的属性

使用 static 修饰的成员变量是类变量，属于该类本身；没有使用 static 修饰的成员变量是实例变量，属于该类的实例。在同一个 JVM 内，每个类只对应一个 Class 对象，但每个类可以创建多个 Java 对象。

由于同一个 JVM 内每个类只对应一个 Class 对象，因此同一个 JVM 内的一个类的类变量只需一块内存空间；但对于实例变量而言，该类每创建一次实例，就需要为实例变量分配一块内存空间。也就是说，程序中有几个实例，实例变量就需要几块内存空间。

下面程序可以很好地表现出实例变量属于对象，而类变量属于类的特性。

程序清单：codes\02\2.1\FieldTest.java

```
class Person
```

```
{
    String name;
    int age;
    static int eyeNum;
    public void info()
    {
        System.out.println("我的名字是：" + name
            + "， 我的年龄是：" + age);
    }
}
public class FieldTest
{
    public static void main(String[] args)
    {
        // 类变量属于该类本身，只要该类初始化完成
        // 程序即可使用类变量
        Person.eyeNum = 2;          // ①
        // 通过 Person 类访问 eyeNum 类变量
        System.out.println("Person 的 eyeNum 属性："
            + Person.eyeNum);
        // 创建第一个 Person 对象
        Person p = new Person();
        p.name = "猪八戒";
        p.age = 300;
        // 通过 p 访问 Person 类的 eyeNum 类变量
        System.out.println("通过 p 变量访问 eyeNum 类变量："
            + p.eyeNum);            // ②
        p.info();
        // 创建第二个 Person 对象
        Person p2 = new Person();
        p2.name = "孙悟空";
        p2.age = 500;
        p2.info();
        // 通过 p2 修改 Person 类的 eyeNum 类变量
        p2.eyeNum = 3;              // ③
        // 分别通过 p、p2 和 Person 访问 Person 类的 eyeNum 类变量
        System.out.println("通过 p 变量访问 eyeNum 类变量："
            + p.eyeNum);
        System.out.println("通过 p2 变量访问 eyeNum 类变量："
            + p2.eyeNum);
        System.out.println("通过 Person 类访问 eyeNum 类变量："
            + Person.eyeNum);
    }
}
```

上面程序中①号代码直接对 Person 类的 eyeNum 类变量赋值，这没有任何问题，因为 eyeNum 类变量是属于 Person 类的，当 Person 类初始化完成后，eyeNum 类变量也随之初始化完成。因此，程序既可对该类变量赋值，也可访问该类变量的值。

执行①号代码之后，程序的内存分配示意图如图 2.1 所示。

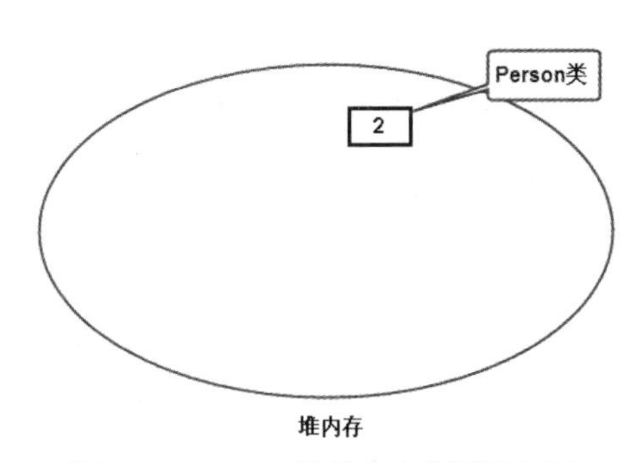


图 2.1　Person 类的内存分配示意图

注意

大部分时候会把类和对象严格地区分开，但从另一个角度来看，类也是对象，所有类都是 Class 的实例。每个类初始化完成之后，系统都会为该类创建一个对应的 Class 实例，程序可以通过反射来获取某个类所对应的 Class 实例。例如，要获取 Person 类对应的 Class 实例，通过 Person.class;或 Class.forName("Person");一条代码即可。

一旦 Person 类初始化完成，程序即可通过 Person 类访问 eyeNum 类变量。此外，Java 还允许通过 Person 类的任意实例来访问 eyeNum 类变量——这是笔者认为 Java 设计得非常不合理的地方——既然 eyeNum 本质上属于 Person 类，而不是属于 Person 类的实例，那就应该禁止通过 Person 实例来访问 eyeNum 类变量。

虽然 Java 允许通过 Person 对象来访问 Person 类的 eyeNum 类变量，但由于 Person 对象本身并没有 eyeNum 类变量（实例变量才属于 Person 实例），因此程序通过 Person 对象来访问 eyeNum 类变量时，底层依然会转换为通过 Person 访问 eyeNum 类变量。也就是说，不管通过哪个 Person 对象来访问 eyeNum 类变量，与通过 Person 类访问 eyeNum 类变量的效果完全相同。因此，在②号代码处通过 p 来访问 eyeNum 变量将再次输出 2。

执行完②号代码后，程序的内存分配示意图如图 2.2 所示。

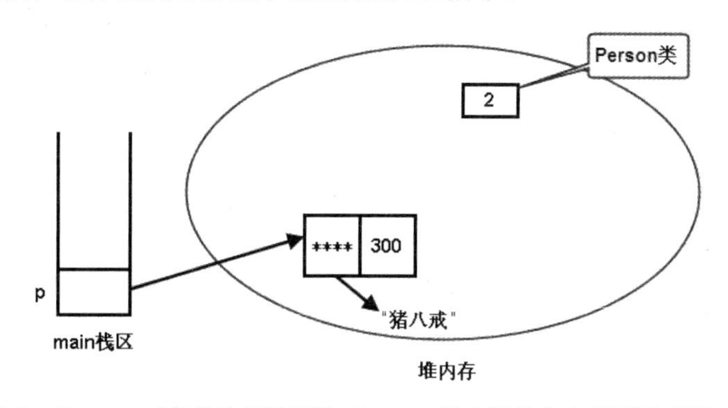


图 2.2　Person 对象的实例变量和 Person 类变量的内存分配示意图 1

从图 2.2 可以看出，当程序创建 Person 对象时，系统不再为 eyeNum 类变量分配内存空间，并执行初始化，而只为 Person 对象的实例变量执行初始化——因为实例变量才属于 Person 实例，而类变量属于 Person 类本身。

当 Person 类初始化完成之后，类变量也随之初始化完成，以后不管程序创建多少个 Person 对象，系统都不再为 eyeNum 类变量分配内存；但程序每创建一个 Person 对象，系统将再次为 name、age 实例变量分配内存，并执行初始化。

当程序执行完③号代码之后，内存中再次增加了一个 Person 对象。当程序通过 p2 对 eyeNum 类变量进行赋值时，实际上依然是对 Person 类的 eyeNum 类变量进行赋值。此时程序的内存分配示意图如图 2.3 所示。

当 Person 类的 eyeNum 类变量被改变之后，程序通过 p、p2、Person 类访问 eyeNum 类变量都将输出 3。这是因为：不管通过哪个 Person 对象来访问 eyeNum 类变量，底层都将转换为通过 Person 类访问 eyeNum 类变量。由于 p 和 p2 两个变量指向不同的 Java 对象，当通过它们访问实例变量时，程序将输出不同的结果。

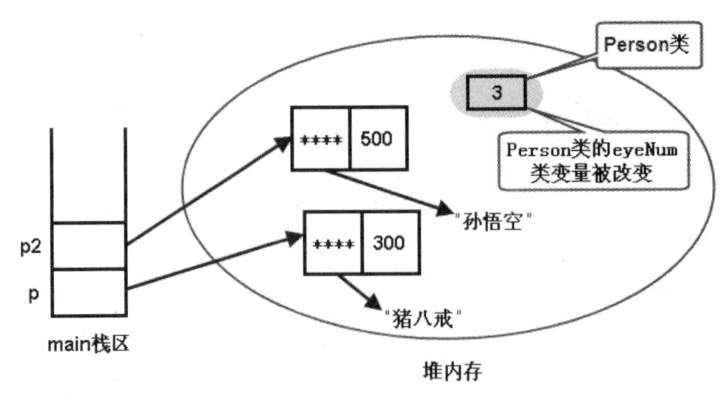


图 2.3 Person 对象的实例变量和 Person 类变量的内存分配示意图 2

## 2.1.2 实例变量的初始化时机

对于实例变量而言，它属于 Java 对象本身。从程序运行的角度来看，每次程序创建 Java 对象时都需要为实例变量分配内存空间，并对实例变量执行初始化。

从语法角度来看，程序可以在三个地方对实例变量执行初始化。

- 定义实例变量时指定初始值。
- 非静态初始化块中对实例变量指定初始值。
- 构造器中对实例变量指定初始值。

其中前两种方式（定义时指定初始值和非静态初始化块中指定初始值）比第三种方式（构造器中指定初始值）更早执行，但前两种方式的执行顺序与它们在源程序中的排列顺序相同。

下面程序示范了实例变量的初始化时机。

程序清单：codes\02\2.1\InitTest.java

```
class Cat
{
    // 定义 name、age 两个实例变量
    String name;
    int age;
    // 使用构造器初始化 name、age 两个实例变量
    public Cat(String name, int age)
    {
        System.out.println("执行构造器");
        this.name = name;
        this.age = age;
    }
    {
        System.out.println("执行非静态初始化块");
        weight = 2.0;
    }
    // 定义时指定初始值
    double weight = 2.3;
    public String toString()
    {
        return "Cat[name=" + name
            + ", age=" + age + ", weigth=" + weight + "]";
    }
}
public class InitTest
{
    public static void main(String[] args)
    {
        Cat cat = new Cat("kitty", 2);        // ①
```

```
        System.out.println(cat);
        Cat c2 = new Cat("Garfield", 3);      // ②
        System.out.println(c2);
    }
}
```

上面程序中的粗体字代码代表 Java 对象的三种初始化方式：构造器、初始化块和定义变量时指定初始值。每当程序调用指定的构造器来创建 Java 对象时，该构造器必然会获得执行的机会。此外，该类所包含的非静态初始化块将会获得执行的机会，而且总是在构造器执行之前获得执行。

当程序执行①号代码创建第一个 Cat 对象时，程序将会先执行 Cat 类的非静态初始化块，再调用该 Cat 类的构造器来初始化该 Cat 实例。执行完①号代码后的内存分配示意图如图 2.4 所示。

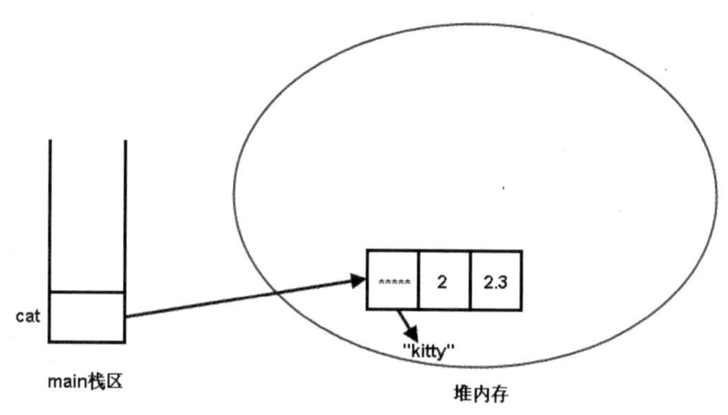


图 2.4　初始化第一个 Cat 对象后的内存分配示意图

从图 2.4 可以看出，该 Cat 对象的 weight 实例变量的值为 2.3，而不是初始化块中指定的 2.0。这是因为：初始化块中指定初始值，定义 weight 时指定初始值，都属于对该实例变量执行的初始化操作，它们的执行顺序与它们在源程序中的排列顺序相同。在本程序中，初始化块中对 weight 的赋值位于定义 weight 语句之前，因此程序将先执行初始化块中的初始化操作，执行完成后 weight 实例变量的值为 2.0；然后再执行定义 weight 时指定的初始值，执行完成后 weight 实例变量的值为 2.3。从这个意义上来看，初始化块中对 weight 所指定的初始值每次都将被 2.3 所覆盖。

**提示：**

很多读者在看这个程序时可能会感到奇怪，会认为执行创建 Cat 对象后 weight 实例变量的值应该是 2.0，而不是 2.3。因为他们认为，double weight = 2.3;代码应该先获得执行。但实际上，定义变量时指定的初始值和初始化块中指定的初始值的执行顺序，与它们在源程序中的排列顺序相同。

当执行②号代码再次创建一个 Cat 对象时，程序将再一次调用非静态初始化块，相应的构造器来初始化 Cat 对象。执行完②号代码后，程序的内存分配示意图如图 2.5 所示。

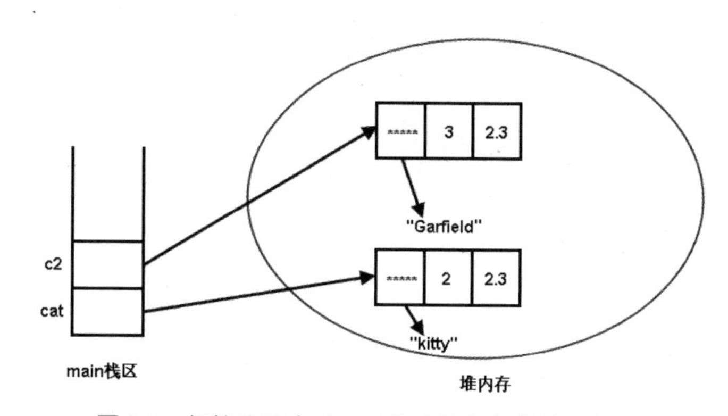


图 2.5　初始化两个 Cat 对象后的内存分配示意图

定义实例变量时指定初始值、初始化块中为实例变量指定初始值的语句的地位是平等的，经过编译器处理后，它们都将被提取到构造器中。也就是说，对于如下代码：

```
double weight = 2.3;
```

实际上会被分成两次执行。

1. double weight;：创建 Java 对象时系统根据该语句为该对象分配内存。
2. weight = 2.3;：这条语句将会被提取到 Java 类的构造器中执行。

看如下示例程序。

程序清单：codes\02\2.1\JavapToolTest.java

```
public class JavapToolTest
{
    // 定义 count 实例变量，并为之指定初始值
    int count = 20;
    {
        // 初始化块中为 count 实例变量指定初始值
        count = 12;
    }
    // 定义两个构造器
    public JavapToolTest()
    {
        System.out.println(count);
    }
    public JavapToolTest(String name)
    {
        System.out.println(name);
    }
}
```

上面程序定义了一个 count 实例变量，既在定义该变量时指定了默认初始值，也在非静态初始化块中为该变量指定了初始值。这个程序本身已经非常简单了，无须进行太多讲解。

此处将介绍 JDK 提供的 javap 工具的用法。javap 主要用于帮助开发者深入了解 Java 编译器的机制，其语法格式如下：

```
javap <options> <classes>...
```

该工具支持如下常用选项。

- -c：分解方法代码，也就是显示每个方法具体的字节码。
- -l：用于指定显示行号和局部变量列表。
- -public | protected | package | private：用于指定显示哪种级别的类成员，分别对应 Java 的四种访问控制权限。
- -verbose：用于指定显示更进一步的详细信息。

对于上面提供的 JavapToolTest.java 程序，首先编译该程序得到一个 JavapToolTest.class 文件，接下来执行如下命令：

```
javap -c JavapToolTest
```

运行该命令，即可看到编译器对 JavapToolTest 所做的处理，输出结果如图 2.6 所示。

从图 2.6 所示的分析结果可以看出，JavapToolTest 类经过编译器处理之后，初始化块消失了，两个构造器里分别包含了初始化块里的语句（count=12;）。而且还可发现，该类中定义 count 实例变量时不再有初始值，为 count 指定初始值的代码也被提取到了构造器里。

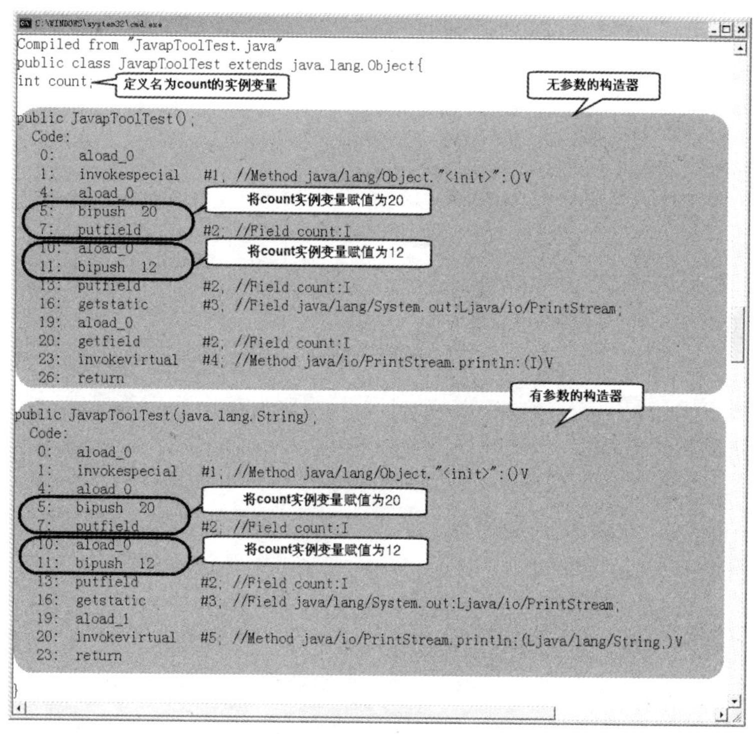


图 2.6　使用 javap 分析类

经过上面分析不难发现：定义实例变量时指定初始值、初始化块中为实例变量指定初始值、构造器中为实例变量指定初始值，三者的作用完全类似，都用于对实例变量指定初始值。经过编译器处理之后，它们对应的赋值语句都被合并到构造器中。在合并过程中，定义变量语句转换得到的赋值语句、初始化块里的语句转换得到的赋值语句，总是位于构造器的所有语句之前；合并后，两种赋值语句的顺序保持为它们在源代码中的顺序。

## 2.1.3　类变量的初始化时机

类变量属于 Java 类本身。从程序运行的角度来看，每个 JVM 对一个 Java 类只初始化一次，因此只有每次运行 Java 程序时，才会初始化该 Java 类，才会为该类的类变量分配内存空间，并执行初始化。

从语法角度来看，程序可以在两个地方对类变量执行初始化。

- 定义类变量时指定初始值。
- 静态初始化块中对类变量指定初始值。

这两种方式的执行顺序与它们在源程序中的排列顺序相同。下面程序示范了类变量的初始化时机。

**程序清单：codes\02\2.1\StaticInitTest.java**

```
public class StaticInitTest
{
    // 定义 count 类变量，定义时指定初始值
    static int count = 2;
    // 通过静态初始化块为 name 类变量指定初始值
    static {
        System.out.println("StaticInitTest 的静态初始化块");
        name = "Java 编程";
    }
    // 定义 name 类变量时指定初始值
```

```
    static String name = "疯狂 Java 讲义";
    public static void main(String[] args)
    {
        // 访问该类的两个类变量
        System.out.println("count 类变量的值："
            + StaticInitTest.count);
        System.out.println("name 类变量的值："
            + StaticInitTest.name);
    }
}
```

上面程序中的粗体字代码代表了对类变量的两种初始化方式，包括定义类变量时指定初始值和静态初始化块中为类变量指定初始值。每次运行该程序时，系统都会对 StaticInitTest 类执行初始化：先为所有类变量分配内存空间，再按源代码中的排列顺序执行静态初始化块中所指定的初始值和定义类变量时所指定的初始值。

对于本程序而言，静态初始化块中对 name 变量指定的初始值位于定义 name 变量时指定的初始值之前，因此系统先将 name 类变量赋值为“Java 编程”，然后将该 name 类变量赋值为“疯狂 Java 讲义”。每运行该程序一次，这个初始化过程只执行一次，因此运行上面程序将看到输出 name 类变量的值为“疯狂 Java 讲义”。

下面程序更清楚地表现了类变量的初始化过程。首先定义了 Price 类，该 Price 类里有一个静态的 initPrice 变量，用于代表初始价格。每次创建 Price 实例时，系统都会以 initPrice 为基础，减去当前打折价格（由 discount 参数代表），即得到该 Price 的 currentPrice 变量值。

程序清单：codes\02\2.1\PriceTest.java

```
class Price
{
    // 类成员是 Price 实例
    final static Price INSTANCE = new Price(2.8);
    // 定义一个类变量
    static double initPrice = 20;
    // 定义该 Price 的 currentPrice 实例变量
    double currentPrice;
    public Price(double discount)
    {
        // 根据静态变量计算实例变量
        currentPrice = initPrice - discount;
    }
}
public class PriceTest
{
    public static void main(String[] args)
    {
        // 通过 Price 的 INSTANCE 访问 currentPrice 实例变量
        System.out.println(Price.INSTANCE.currentPrice); // ①
        // 显式创建 Price 实例
        Price p = new Price(2.8);
        // 通过显式创建的 Price 实例访问 currentPrice 实例变量
        System.out.println(p.currentPrice);              // ②
    }
}
```

上面程序中①、②号代码都访问 Price 实例的 currentPrice 实例变量，而且程序都是通过 new Price(2.8);来创建 Price 实例的。从表面上看，程序输出两个 Price 的 currentPrice 都应该返回 17.2（由 20 减去 2.8 得到），但实际上运行程序并没有输出两个 17.2，而是输出-2.8 和 17.2。

如果仅仅停留在代码表面来看这个问题，往往很难得到正确的结果，下面将从内存角度来分析这个程序。第一次用到 Price 类时，程序开始对 Price 类进行初始化，初始化分成以下两个阶段。

（1）系统为 Price 的两个类变量分配内存空间。

（2）按初始化代码（定义时指定初始值和初始化块中执行初始值）的排列顺序对类变量执行初始化。

初始化第一阶段，系统先为 INSTANCE、initPrice 两个类变量分配内存空间，此时 INSTANCE、initPrice 的值为默认值 null 和 0.0。接着初始化进入第二个阶段，程序按顺序依次为 INSTANCE、initPrice 进行赋值。对 INSTANCE 赋值时要调用 Price(2.8)，创建 Price 实例，此时立即执行程序中的粗体字代码为 currentPrice 赋值，此时 initPrice 类变量的值为 0，因此赋值的结果是 currentPrice 等于–2.8。接下来，程序再次将 initPrice 赋值为 20，但此时对 INSTANCE 的 currentPrice 实例变量已经不起作用了。

当 Price 类初始化完成后，INSTANCE 类变量引用到一个 currentPrice 为–2.8 的 Price 实例，而 initPrice 类变量的值为 20.0。当再次创建 Price 实例时，该 Price 实例的 currentPrice 实例变量的值才等于 20.0–discount。

## 2.2 父类构造器

当创建任何 Java 对象时，程序总会先依次调用每个父类的非静态初始化块、构造器（总是从 Object 开始）执行初始化，然后才调用本类的非静态初始化块、构造器执行初始化。

### 2.2.1 隐式调用和显式调用

当调用某个类的构造器来创建 Java 对象时，系统总会先调用父类的非静态初始化块进行初始化。这个调用是隐式执行的，而且父类的静态初始化块总是会被执行。接着会调用父类的一个或多个构造器执行初始化，这个调用既可以通过 super 进行显式调用，也可以隐式调用。

当所有父类的非静态初始化块、构造器依次调用完成后，系统调用本类的非静态初始化块、构造器执行初始化，最后返回本类的实例。

假设有图 2.7 所示的类继承结构。

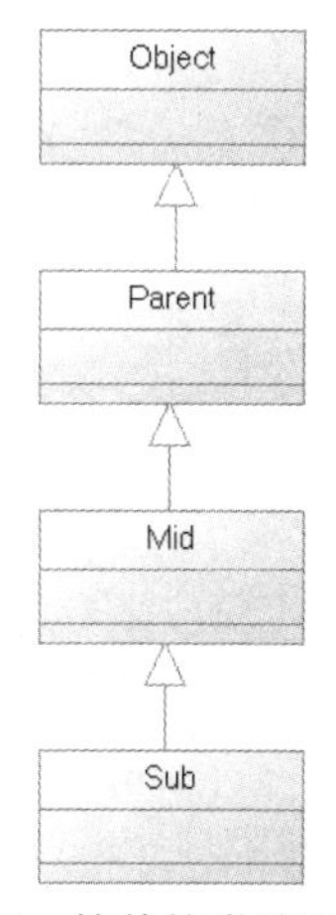

图 2.7　简单的类继承结构

对于图 2.7 所示的类继承结构（Java 程序里所有类的最终父类都是 java.lang.Object 类），如果在程序中创建 Sub 对象，程序会按如下步骤进行初始化。

① 执行 Object 类的非静态初始化块（如果有的话）。

② 隐式或显式调用 Object 类的一个或多个构造器执行初始化。

③ 执行 Parent 类的非静态初始化块（如果有的话）。

④ 隐式或显式调用 Parent 类的一个或多个构造器执行初始化。

⑤ 执行 Mid 类的非静态初始化块（如果有的话）。

⑥ 隐式或显式调用 Mid 类的一个或多个构造器执行初始化。

⑦ 执行 Sub 类的非静态初始化块（如果有的话）。

⑧ 隐式或显式调用 Sub 类的一个或多个构造器执行初始化。

下面程序演示了创建 Java 对象时的初始化过程。

程序清单：codes\02\2.2\InitTest.java

```
class Creature
{
    {
        System.out.println("Creature 的非静态初始化块");
    }
    // 下面定义两个构造器
    public Creature()
    {
        System.out.println("Creature 无参数的构造器");
    }
    public Creature(String name)
    {
        // 使用 this 调用另一个重载的、无参数的构造器
        this();
        System.out.println("Creature 带有 name 参数的构造器，name 参数："
            + name);
    }
}
class Animal extends Creature
{
    {
        System.out.println("Animal 的非静态初始化块");
    }
    public Animal(String name)
    {
        super(name);
        System.out.println("Animal 带一个参数的构造器，name 参数：" + name);
    }
    public Animal(String name, int age)
    {
        // 使用 this 调用另一个重载的构造器
        this(name);
        System.out.println("Animal 带两个参数的构造器，其 age：" + age);
    }
}
class Wolf extends Animal
{
    {
        System.out.println("Wolf 的非静态初始化块");
    }
    public Wolf()
    {
        // 显式调用父类的带两个参数的构造器
        super("灰太狼", 3);
        System.out.println("Wolf 无参数的构造器");
    }
    public Wolf(double weight)
    {
        // 使用 this 调用另一个重载的构造器
        this();
        System.out.println("Wolf 的带 weight 参数的构造器，weight 参数："
            + weight);
    }
}
public class InitTest
{
    public static void main(String[] args)
    {
```

```
        new Wolf(5.6);
    }
}
```

上面程序定义了 Creature、Animal、Wolf 这三个类，其中 Animal 是 Creature 的子类，Wolf 是 Animal 的子类。三个类都包含了非静态初始化块、构造器成员。当程序的粗体字代码调用 Wolf 的指定构造器创建 Wolf 实例时，程序会按上面介绍的初始化步骤执行初始化。执行上面的程序，运行过程如图 2.8 所示。

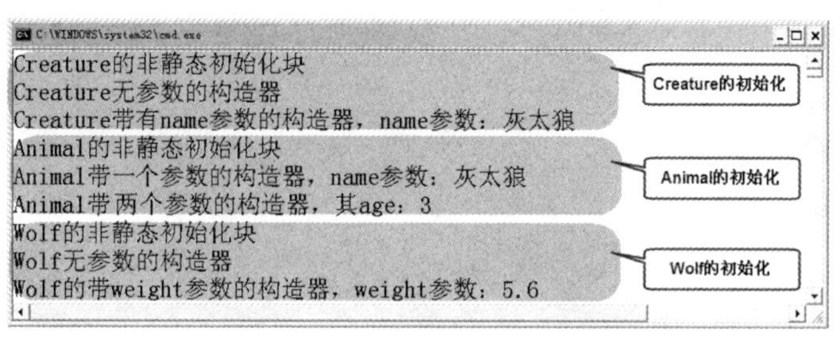


图 2.8　调用父类的初始化块和构造器

只要在程序中创建 Java 对象，系统总是先调用顶层父类的初始化操作，包括初始化块和构造器，然后依次向下调用所有父类的初始化操作，最终执行本类的初始化操作返回本类的实例。至于调用父类的哪个构造器执行初始化，则分为如下几种情况。

- 子类构造器执行体的第一行代码使用 super 显式调用父类构造器，系统将根据 super 调用里传入的实参列表来确定调用父类的哪个构造器。
- 子类构造器执行体的第一行代码使用 this 显式调用本类中重载的构造器，系统将根据 this 调用里传入的实参列表来确定本类的另一个构造器（执行本类中的另一个构造器时即进入第一种情况）。
- 子类构造器执行体中既没有 super 调用，也没有 this 调用，系统将会在执行子类构造器之前，隐式调用父类无参数的构造器。

super 调用用于显式调用父类构造器，this 调用用于显式调用本类中另一个重载的构造器。super 调用和 this 调用都只能在构造器中使用，而且 super 调用和 this 调用都必须作为构造器的第一行代码，因此构造器中的 super 调用和 this 调用最多只能使用其中之一，而且最多只能调用一次。

## 2.2.2　访问子类对象的实例变量

子类的方法可以访问父类的实例变量，这是因为子类继承父类就会获得父类的成员变量和方法；但父类的方法不能访问子类的实例变量，因为父类根本无从知道它将被哪个子类继承，它的子类将会增加怎样的成员变量。

但是，在极端情况下，可能出现父类访问子类变量的情况。下面的示例程序来自笔者的一个已经参加工作的学生的提问。

程序清单：codes\02\2.2\Test.java

```
class Base
{
    // 定义了一个名为 i 的实例变量
    private int i = 2;
```

```
    public Base()
    {
        this.display();
    }
    public void display()
    {
        System.out.println(i);
    }
}
// 继承Base的Derived子类
class Derived extends Base
{
    // 定义了一个名为i的实例变量
    private int i = 22;
    // 构造器，将实例变量i初始化为222
    public Derived()
    {
        i = 222;            // ②
    }
    public void display()
    {
        System.out.println(i);
    }
}
public class Test
{
    public static void main(String[] args)
    {
        // 创建Derived的构造器创建实例
        new Derived();       // ①
    }
}
```

上面程序的main方法里只有一行代码：new Derived();，这行代码将会调用Derived里的构造器。由于Derived类继承了Base父类，而且Derived构造器里没有显式使用super来调用父类的构造器，因此系统将会自动调用Base类中无参数的构造器来执行初始化。

在Base类的无参数构造器中，只是简单地调用了this.display()方法来输出实例变量i的值，那么这个程序将会输出多少呢？2？22？222？运行该程序，会发现实际输出结果为0。也就是说，实例变量i的值既不是2，也不是22，更不是222，而是0，这看上去很奇怪。

下面将详细介绍这个程序的运行过程，从内存分配的角度来分析程序的输出结果，从而更好地把握程序运行的真实过程。

当程序在①号代码处创建Derived对象时，系统开始为这个Derived对象分配内存空间。需要指出的是，这个Derived对象并不是只有一个实例变量i，它将拥有两个实例变量i。

关于一个Java对象怎样拥有多个同名的实例变量，子类定义的成员变量并不能完全覆盖父类中成员变量的知识，请参考2.3节的深入介绍。

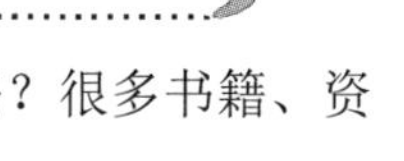

为了解释这个程序，首先需要澄清一个概念：Java对象是由构造器创建的吗？很多书籍、资料中会说，是的。

但实际情况是，构造器只是负责对Java对象实例变量执行初始化（也就是赋初始值），在执行构造器代码之前，该对象所占的内存已经被分配出来了，也就是为这些实例变量都分配了内存空间，这些内存中存的值都默认是空值——对于基本类型的变量，默认的空值就是0或false；对于引用类型的变量，默认的空值就是 null。

当程序调用①号代码时，系统会先为 Derived 对象分配内存空间。此时系统内存需要为这个 Derived 对象分配两块内存，它们分别用于存放 Derived 对象的两个实例变量 i，其中一个属于 Base 类定义的实例变量 i，另一个属于 Derived 类定义的实例变量 i，此时这两个实例变量 i 的值都是 0。

接下来程序在执行 Derived 类的构造器之前，首先会执行 Base 类的构造器。从表面上看，Base 类的构造器内只有一行代码 this.display();，但由于 Base 类定义实例变量 i 时指定了初始值 2，因此经过编译器处理后，该构造器应该包含如下两行代码：

```
i = 2;
this.display();
```

因此，程序先将 Base 类中定义的实例变量 i 赋值为 2，再调用 this.display()方法。此处有一个关键：this 代表谁？

在回答这个问题之前，先进行一些简单的修改，将 Base 类的构造器改为如下形式。

**程序清单：codes\02\2.2\Test2.java**

```
public Base()
{
    // 直接输出 this.i
    System.out.println(this.i);
    this.display();
}
```

现在，Base 构造器里表面上只有两行代码，实际上应该有三行代码，如下所示。

```
i = 2;
System.out.println(this.i);
this.display();
```

再次运行该程序，将看到输出 2、0。看到这样的结果，可能有人会更加混乱了：此时的 this 到底代表谁？

《疯狂 Java 讲义》一书中指出：当 this 在构造器中时，this 代表正在初始化的 Java 对象。此时的情况是，从源代码来看，this 位于 Base()构造器内，但这些代码实际放在 Derived()构造器内执行——是 Derived()构造器隐式调用了 Base()构造器的代码。由此可见，此时的 this 应该是 Derived 对象，而不是 Base 对象。

现在问题又出现了，既然 this 引用代表了 Derived 对象，那怎么在直接输出 this.i 时会输出 2 呢？这是因为：这个 this 虽然代表 Derived 对象，但它却位于 Base 构造器中，它的编译时类型是 Base，而它实际引用一个 Derived 对象。为了证实这一点，再次改写程序。

为 Derived 类增加一个简单的 sub()方法，然后将 Base 构造器改为如下形式。

**程序清单：codes\02\2.2\Test3.java**

```
public Base()
{
    // 直接输出 this.i
    System.out.println(this.i);
    this.display();
    // 输出 this 实际的类型，将看到输出 Derived
    System.out.println(this.getClass());
    // 因为 this 的编译时类型是 Base，所以依然不能调用 sub()方法
    // this.sub();
}
```

上面程序调用 this.getClass()来获取 this 代表对象的类，将看到输出 Derived 类，这表明此时 this

引用代表的是 Derived 对象。但接下来，程序通过 this 调用 sub()方法时，则无法通过编译，这就是因为 this 的编译时类型是 Base 的缘故。

当变量的编译时类型和运行时类型不同时，通过该变量访问它引用的对象的实例变量时，该实例变量的值由声明该变量的类型决定。但通过该变量调用它引用的对象的实例方法时，该方法行为将由它实际所引用的对象来决定。因此，当程序访问 this.i 时，将会访问 Base 类中定义的实例变量 i，也就是将输出 2；但执行 this.display();代码时，则实际表现出 Derived 对象的行为，也就是输出 Derived 对象的实例变量 i，即 0。

**注意**

当变量的编译时类型和运行时类型不同时，系统在调用它的实例变量和实例方法时存在这种差异的原因，将在 2.3 节进行更深入的分析。

## 2.2.3 调用被子类重写的方法

在访问权限允许的情况下，子类可以调用父类方法，这是因为子类继承父类会获得父类定义的成员变量和方法；但父类不能调用子类方法，因为父类根本无从知道它将被哪个子类继承，它的子类将会增加怎样的方法。

但有一种特殊情况，当子类方法重写了父类方法之后，父类表面上只是调用属于自己的方法，但由于该方法已经被子类重写，随着调用上下文的改变，将会出现父类调用子类方法的情形。

下面程序中定义了两个具有父子关系的类 Animal 和 Wolf，其中 Wolf 重写了 Animal 的 getDesc()方法。

程序清单：codes\02\2.2\Wolf.java

```
class Animal
{
    // desc 实例变量保存对象 toString 方法的返回值
    private String desc;
    public Animal()
    {
        // 调用 getDesc()方法初始化 desc 实例变量
        this.desc = getDesc();             // ②
    }
    public String getDesc()
    {
        return "Animal";
    }
    public String toString()
    {
        return desc;
    }
}
public class Wolf extends Animal
{
    // 定义 name、weight 两个实例变量
    private String name;
    private double weight;
    public Wolf(String name, double weight)
    {
        // 为 name、weight 两个实例变量赋值
        this.name = name;                  // ③
        this.weight = weight;
```

```
    }
    // 重写父类的 getDesc()方法
    @Override
    public String getDesc()
    {
        return "Wolf[name=" + name + ", weight="
            + weight + "]";
    }
    public static void main(String[] args)
    {
        System.out.println(new Wolf("灰太狼", 32.3)); // ①
    }
}
```

上面程序中，Animal 类的②号代码将 desc 实例变量的值赋为 getDesc()方法的返回值，Animal 的 Wolf 子类重写了 Animal 类的 getDesc()方法。其中，Animal 的 getDesc()方法只是返回一个"Animal"字符串，但 Wolf 的 getDesc()方法则返回形如 Wolf[name=value, weight=value]的字符串。

程序在①号代码处创建一个 Wolf 对象，并为 Wolf 对象的 name 实例变量、weight 实例变量指定值。运行该程序，输出结果是什么呢？Wolf[name=灰太狼, weight=32.3]？实际上会发现输出 Wolf[name=null, weight=0.0]，那么为 name、weight 实例变量指定的值呢？

理解这个程序的关键在于②号代码。表面上此处是调用父类中定义的 getDesc()方法，但在实际运行过程中，此处会变为调用被子类重写的 getDesc()方法。

程序从①号代码处开始执行，也就是调用 Wolf 类对应的构造器来初始化该 Wolf 对象。但在执行 Wolf 构造器里的代码（即③号代码）之前，系统会隐式执行其父类无参数的构造器，也就是说，程序在执行③号代码之前会先执行②号代码。执行②号代码时，不再是调用父类的 getDesc()方法，而是调用 Wolf 类的 getDesc()方法。此时，程序还没有执行③号代码，因此 Wolf 的 name、weight 实例变量将保持默认值：name 的值为 null，weight 的值为 0.0。因此，Wolf 的 getDesc()方法返回值是 Wolf[name=null, weight=0.0]，于是 desc 实例变量将被赋值为 Wolf[name=null, weight=0.0]，这就是看到的输出结果。

当执行完②号代码的赋值语句之后，程序会对 Wolf 对象的 name、weight 两个实例变量进行赋值，也就是说，最终得到 Wolf 对象的 name 实例变量的值是“灰太狼”，weight 实例变量的值是 32.3，只是它的 desc 实例变量的值是 Wolf[name=null, weight=0.0]。

通过上面的分析可以看到，该程序产生这种输出的原因在于：②号代码处调用的 getDesc()方法是被子类重写的方法。这样使得对 Wolf 对象的实例变量赋值的语句 this.name = name;、this.weight = weight;在 getDesc()方法之后被执行，因此 getDesc()方法不能得到 Wolf 对象的 name、weight 实例变量的值。

为了避免出现这种不希望看到的结果，应该避免在 Animal 类的构造器中调用被子类重写的方法，因此将 Animal 类改为如下形式即可。

**程序清单：codes\02\2.2\Wolf2.java**

```
class Animal
{
    public String getDesc()
    {
        return "Animal";
    }
    public String toString()
    {
        return getDesc();
    }
}
```

经过改写的 Animal 类不再提供构造器（系统会为之提供一个无参数的构造器），程序改由 toString()方法来调用被重写的 getDesc()方法。这就保证了对 Wolf 对象的实例变量赋值的语句 this.name = name;、this.weight = weight;在 getDesc()方法之前被执行，从而使得 getDesc()方法得到 Wolf 对象的 name、weight 实例变量的值。

**注意**

如果父类构造器调用了被子类重写的方法，且通过子类构造器来创建子类对象，调用（不管是显式还是隐式）了这个父类构造器，就会导致子类的重写方法在子类构造器的所有代码之前被执行，从而导致出现子类的重写方法访问不到子类的实例变量值的情形。

## 2.3 父、子实例的内存控制

继承是面向对象的三大特征之一，也是 Java 语言的重要特性，而父子继承关系则是 Java 编程中需要重点注意的地方。下面将继续深入分析父、子实例的内存控制。

### 2.3.1 继承成员变量和继承方法的区别

几乎所有的 Java 书籍、资料都会介绍：当子类继承父类时，子类会获得父类中定义的成员变量和方法。在访问权限允许的情况下，子类可以直接访问父类中定义的成员变量和方法。这种介绍其实稍显笼统，因为 Java 继承中对成员变量和方法的处理是不同的，示例如下。

程序清单：codes\02\2.3\FieldAndMethodTest.java

```
class Base
{
    int count = 2;
    public void display()
    {
        System.out.println(this.count);
    }
}
class Derived extends Base
{
    int count = 20;
    @Override
    public void display()
    {
        System.out.println(this.count);
    }
}
public class FieldAndMethodTest
{
    public static void main(String[] args)
    {
        // 声明并创建一个 Base 对象
        Base b = new Base();            // ①
        // 直接访问 count 实例变量和通过 display 访问 count 实例变量
        System.out.println(b.count);
        b.display();
        // 声明并创建一个 Derived 对象
        Derived d = new Derived();        // ②
```

```
        // 直接访问 count 实例变量和通过 display 访问 count 实例变量
        System.out.println(d.count);
        d.display();
        // 声明一个 Base 变量，并将 Derived 对象赋给该变量
        Base bd = new Derived();          // ③
        // 直接访问 count 实例变量和通过 display 访问 count 实例变量
        System.out.println(bd.count);
        bd.display();
        // 让 d2b 变量指向原 d 变量所指向的 Derived 对象
        Base d2b = d;                     // ④
        // 访问 d2b 所指对象的 count 实例变量
        System.out.println(d2b.count);
    }
}
```

上面程序中定义了两个类：Base 和 Derived。在 Base 类里定义了一个 count 实例变量，并提供了一个 display()方法来输出该 count 实例变量的值；接着在 Dervied 类里也定义了一个 count 实例变量，并重写了 display()方法来输出 count 实例变量的值。

程序的①号代码声明一个 Base 变量 b，并将一个 Base 对象赋给该变量。由于 Base 对象的 count 实例变量的值是 2，因此直接访问 b 变量的 count 实例变量，或者通过 b 变量调用 display()方法都将输出 2。这应该是毫无疑问的。

程序的②号代码声明了一个 Derived 变量 d，并将一个 Derived 对象赋给该变量。因此不管是直接通过 d 访问 count 实例变量，还是通过 d 调用 display()方法都将输出 20。这应该也没有问题。

程序的③号代码声明了一个 Base 变量 bd，却将一个 Derived 对象赋给该变量。此时系统将会自动进行向上转型来保证程序正确。问题是，当程序通过 db 来访问 count 实例变量时输出多少？通过 db 调用 display()方法时又输出多少呢？读过《疯狂 Java 讲义》的读者应该知道：直接通过 db 访问 count 实例变量，输出的将是 Base（声明时类型）对象的 count 实例变量的值；如果通过 db 来调用 display()方法，该方法将表现出 Derived（运行时类型）对象的行为方式。

程序的④号代码直接将 d 变量赋值给 d2b 变量，只是 d2b 变量的类型是 Base。这意味着 d2b 和 d 两个变量指向同一个 Java 对象，因此如果在程序中判断 d2b == d，将返回 true。但是，访问 d.count 时输出 20，访问 d2b.count 时却输出 2。这一点看上去很诡异：两个指向同一个对象的变量，分别访问它们的实例变量时却输出不同的值。这表明：d2b、d 变量所指向的 Java 对象中包含了两块内存，分别存放值为 2 的 count 实例变量和值为 20 的 count 实例变量。

但不管是 d 变量，还是 bd 变量、d2b 变量，也不管声明它们时用什么类型，只要它们实际指向一个 Derived 对象，当通过这些变量调用方法时，方法的行为总是表现出它们实际类型的行为；但如果通过这些变量来访问它们所指对象的实例变量，这些实例变量的值总是表现出声明这些变量所用类型的行为。由此可见，Java 继承在处理成员变量和方法时是有区别的。

再看如下示例程序。

**程序清单：codes\02\2.3\Wolf.java**

```
class Animal
{
    public String name;
    public void info()
    {
        System.out.println(name);
    }
}
// 继承 Animal
public class Wolf extends Animal
```

```
{
    private double weight;
}
```

上面程序中，Wolf 类继承了 Animal 类，因此它会获得 Animal 类中声明的成员变量和方法，但这种“获得”是有区别的。用 javap 工具来分析 Wolf 类，在命令行窗口运行如下命令：

```
javap -c -private Wolf
```

其效果如图 2.9 所示。

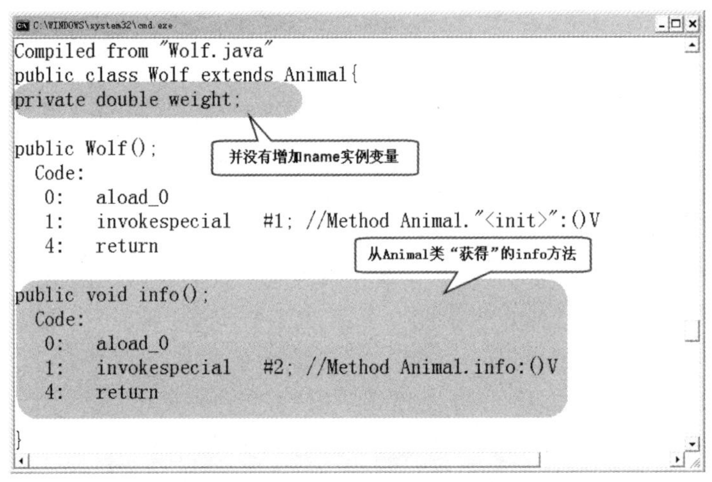


图 2.9 使用 javap 分析 Wolf 类

从图 2.9 可以看出，当 Wolf 类继承 Animal 类时，编译器会直接将 Animal 里的 void info()方法转移到 Wolf 类中。这意味着，如果 Wolf 类也包含了 void info()方法，就会导致编译器无法将 Animal 的 void info()方法转移到 Wolf 类中。

**注意**

当子类使用 public 访问控制符修饰，而父类不使用 public 修饰符修饰时，才可以通过 javap 看到编译器将父类的 public 方法直接转移到子类中。

从图 2.9 中可以看出编译器在处理方法和成员变量时存在的区别。对于 Animal 中定义的 public 成员变量 name 而言，系统依然将其保留在 Animal 类中，并不会将它转移到其子类 Wolf 类中。这使得 Animal 类和 Wolf 类可以同时拥有同名的实例变量。

如果子类重写了父类方法，就意味着子类里定义的方法彻底覆盖了父类里的同名方法，系统将不可能把父类里的方法转移到子类中。对于实例变量则不存在这样的现象，即使子类中定义了与父类完全同名的实例变量，这个实例变量也依然不可能覆盖父类中定义的实例变量。

因为继承成员变量和继承方法之间存在这样的差别，所以对于一个引用类型的变量而言，当通过该变量访问它所引用的对象的实例变量时，该实例变量的值取决于声明该变量时的类型；当通过该变量来调用它所引用的对象的方法时，该方法行为取决于它所实际引用的对象的类型。

## 2.3.2 内存中子类实例

介绍本节的 FieldAndMethodTest.java 程序时，可以看到一种非常极端的情况：两个引用变量引用同一个对象，但程序通过这两个引用变量访问同名的 count 实例变量时，居然输出不同的结果。下面把几条关键代码抽取出来。

```
// 声明并创建一个 Derived 对象
Derived d = new Derived();
// 通过 d 变量来访问它所引用对象的 count 实例变量
System.out.println(d.count);
// 让 d2b 变量指向原 d 变量指向的 Derived 对象
Base d2b = d;
// 访问 d2b 所指向对象的 count 实例变量
System.out.println(d2b.count);
```

可以看到，程序中只创建了一个 Derived 对象，不管是 d 变量，还是 d2b 变量，它们都指向该 Derived 对象，但通过 d 变量、d2b 变量来访问 count 实例变量时，一个输出 20，一个输出 2。关于这一点，前面已有介绍：当通过引用变量来访问它所引用对象的实例变量时，该实例变量的值取决于声明该变量时所用的类型。

现在的问题是，Derived 对象在内存中到底如何存储？很明显它有两个不同的 count 实例变量，这意味着必须用两块内存保存它们。

为了更好地说明这个问题，下面再提供一个更极端的程序。

**程序清单：codes\02\2.3\Sub.java**

```
class Base
{
    int count = 2;
}
class Mid extends Base
{
    int count = 20;
}
public class Sub extends Mid
{
    int count = 200;
    public static void main(String[] args)
    {
        // 创建一个 Sub 对象
        Sub s = new Sub();
        // 将 Sub 对象向上转型后赋值为 Mid、Base 类型的变量
        Mid s2m = s;
        Base s2b = s;
        // 分别通过三个变量来访问 count 实例变量
        System.out.println(s.count);
        System.out.println(s2m.count);
        System.out.println(s2b.count);
    }
}
```

上面程序中定义了三个带有父子关系的类：Base 派生了 Mid，Mid 派生了 Sub，而且这三个类中都定义了名为 count 的实例变量。程序创建了一个 Sub 对象，并将这个 Sub 对象向上转型。

估计大家都猜到了，程序将会输出 200、20 和 2。这意味着 s、s2m、s2b 这三个变量所引用的 Java 对象拥有三个 count 实例变量，也就是说，需要三块内存存储它们。

s、s2m、s2b 这三个变量所引用的 Java 对象在内存中的存储示意图如图 2.10 所示。

从图 2.10 可以看出，这个 Sub 对象不仅存储了它自身的 count 实例变量，还需要存储从 Mid、Base 两个父类那里继承的 count 实例变量。但这三个 count 实例变量在底层是有区别的，程序通过 Base 型变量来访问该对象的 count 实例变量时，将输出 2；通过 Mid 型变量来访问该对象的 count 实例变量时，将输出 20。

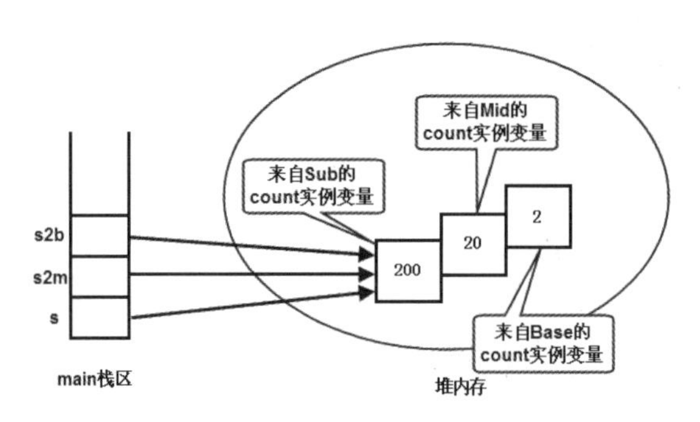


图 2.10　Sub 对象在内存中的存储示意图

当直接在 Sub 类中访问 count 实例变量时，程序显然会输出 200，即访问到 Sub 类中定义的 count 实例变量。为了在 Sub 类中访问 Mid 类定义的 count 实例变量，可以在 count 实例变量之前增加 super 关键字作为限定。例如，在 Sub 类中增加如下方法。

程序清单：codes\02\2.3\Sub2.java

```
public void accessMid()
{
    System.out.println(super.count);
}
```

上面的 accessMid()方法就可以访问到父类中定义的 count 实例变量。那么此处的 super 代表什么？绝大部分 Java 图书中都会说：super 代表父类的默认实例。这个说法含糊而笼统，如果 super 代表父类的默认实例，那么这个默认实例在哪里？

对于前面介绍的 Base、Mid、Sub 这三个具有父子关系的 Java 类，当创建一个 Sub 对象之后，该对象在内存中的存储如图 2.10 所示。而 Sub 类实际上只定义了一个 count 实例变量，另外两个 count 实例变量是 Mid、Base 所定义的，因此可以尝试按图 2.11 所示的分配方式来理解 Sub 对象。

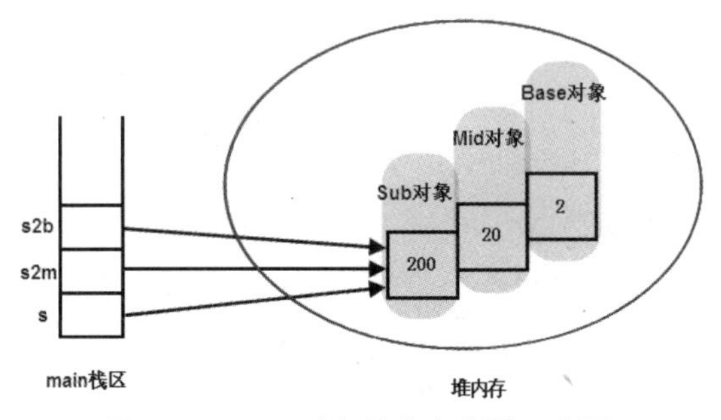


图 2.11　Sub 对象的内存分配示意图

如果图 2.11 所示的内存分配是事实，那么内存中应该保存了三个 Java 对象：Sub 对象、Mid 对象和 Base 对象。这三个对象各有一个 count 实例变量，而 Sub 类中的 super 正是引用该 Sub 对象关联的 Mid 对象，因此通过 super 来访问 count 实例变量时输出 20。

但实际上系统中只有一个 Sub 对象，只是该 Sub 对象持有三个 count 实例变量，因为通过 s、s2m、s2b 变量访问 count 实例变量时，可以分别输出 200、20、2 这三个值。

**注意**

系统内存中并不存在 Mid 和 Base 两个对象，系统内存中只有一个 Sub 对象，只是这个 Sub 对象中不仅保存了在 Sub 类中定义的所有实例变量，还保存了它的所有父类所定义的全部实例变量。

既然内存中并不存在所谓的 Mid 对象、Base 对象，那么某些 Java 图书所宣称的“super 代表父类的默认实例”自然就是错误的。那么 super 关键字的作用到底是什么？再看下面一个程序。

程序清单：codes\02\2.3\Apple.java

```
class Fruit
{
    String color = "未确定颜色";
    // 定义一个方法，该方法返回调用该方法的实例
    public Fruit getThis()
    {
        return this;
    }
    public void info()
    {
        System.out.println("Fruit 方法");
    }
}
public class Apple extends Fruit
{
    // 重写父类的方法
    @Override
    public void info()
    {
        System.out.println("Apple 方法");
    }
    // 通过 super 调用父类的 Info()方法
    public void AccessSuperInfo()
    {
        super.info();
    }
    // 尝试返回 super 关键字代表的内容
    public Fruit getSuper()
    {
        return super.getThis();
    }
    String color = "红色";
    public static void main(String[] args)
    {
        // 创建一个 Apple 对象
        Apple a = new Apple();
        // 调用 getSuper()方法获取 Apple 对象关联的 super 引用
        Fruit f = a.getSuper();
        // 判断 a 和 f 的关系
        System.out.println("a 和 f 所引用的对象是否相同：" + (a == f));
        System.out.println("访问 a 所引用对象的 color 实例变量：" + a.color);
        System.out.println("访问 f 所引用对象的 color 实例变量：" + f.color);
        // 分别通过 a、f 两个变量来调用 info 方法
        a.info();
        f.info();
        // 调用 AccessSuperInfo 来调用父类的 info()方法
        a.AccessSuperInfo();
    }
}
```

上面程序中，Fruit 类的粗体字代码定义了一个 getThis()方法，该方法直接返回调用该方法的对象；接着 Apple 类的粗体字代码又定义了一个 getSuper()方法，该方法返回 super.getThis()。程序试图通过这种方式达到一种效果：当一个 Apple 对象调用 getSuper()方法时，该方法返回该 Apple 对象的所谓的“默认父类对象”。

**注意**

Java 程序允许某个方法通过 return this;返回调用该方法的 Java 对象，但不允许直接使用 return super;，甚至不允许直接将 super 当成一个引用变量使用。关于这些语法规则，接下来还会有更深入的分析。

主程序先创建了一个 Apple 对象 a，然后调用 Apple 对象的 getSuper()方法返回一个 Fruit 对象 f。接着，程序分别判断 a 和 f 之间的关系，并通过 a、f 来访问 color 实例变量，调用 info()方法。执行该程序会看到如图 2.12 所示的效果。

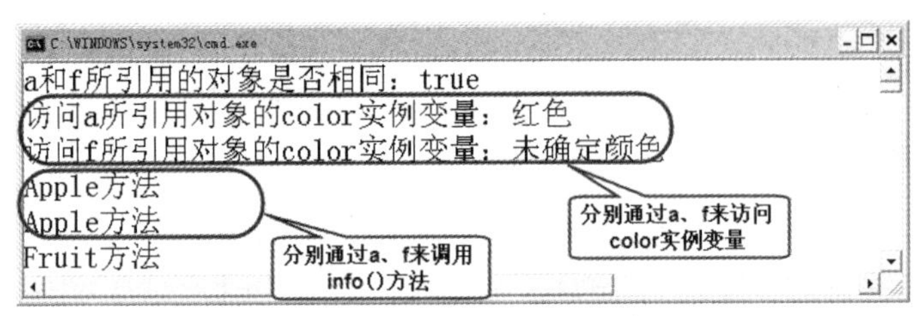


图 2.12　super 关键字的作用

从图 2.12 可以看出，通过 Apple 对象的 getSuper()方法所返回的依然是 Apple 对象本身，只是它的声明类型是 Fruit，因此通过 f 变量访问 color 实例变量时，该实例变量的值由 Fruit 类决定；但通过 f 变量调用 info()方法时，该方法的行为由 f 变量实际所引用的 Java 对象决定，因此程序输出“Apple 方法”。

当程序在 Apple 类的 AccessSuperInfo()方法中使用 super.作为限定调用 info()方法时，该 info()才真正表现出 Fruit 类的行为。

通过上面的分析可以看出，super 关键字本身并没有引用任何对象，它甚至不能被当成一个真正的引用变量来使用，主要有如下两个原因。

- 子类方法不能直接使用 return super;，但使用 return this;返回调用该方法的对象是允许的。
- 程序不允许直接把 super 当成变量使用，例如，试图判断 super 和 a 变量是否引用同一个 Java 对象：super == a;，这条语句将引起编译错误。

至此，对父、子对象在内存中的存储有了准确的结论：当程序创建一个子类对象时，系统不仅会为该类中定义的实例变量分配内存，也会为其父类中定义的所有实例变量分配内存，即使子类定义了与父类同名的实例变量。也就是说，当系统创建一个 Java 对象时，如果该 Java 类有两个父类（一个直接父类 A，一个间接父类 B），假设 A 类中定义了 2 个实例变量，B 类中定义了 3 个实例变量，当前类中定义了 2 个实例变量，那么这个 Java 对象将会保存 2+3+2 个实例变量。

如果在子类里定义了与父类中已有变量同名的变量，那么子类中定义的变量会隐藏父类中定义的变量。注意：不是完全覆盖，因此系统在创建子类对象时，依然会为父类中定义的、被隐藏的变量分配内存空间。

为了在子类方法中访问父类中定义的、被隐藏的实例变量，或者为了在子类方法中调用父类中定义的、被覆盖（Override）的方法，可以使用 super.作为限定来修饰这些实例变量和实例方法。

因为子类中定义与父类中同名的实例变量并不会完全覆盖父类中定义的实例变量，它只是简单地隐藏了父类中的实例变量，所以会出现如下特殊的情形。

**程序清单：codes\02\2.3\HideTest.java**

```
class Parent
{
```

```
    public String tag = "疯狂 Java 讲义";          // ①
}
class Derived extends Parent
{
    // 定义一个私有的 tag 实例变量来隐藏父类的 tag 实例变量
    private String tag = "轻量级 Java EE 企业应用实战"; // ②
}
public class HideTest
{
    public static void main(String[] args)
    {
        Derived d = new Derived();
        // 程序不可访问 d 的私有变量 tag，所以下面语句引起编译错误
        // System.out.println(d.tag);          // ③
        // 将 d 变量显式地向上转型为 Parent 后，即可访问 tag 实例变量
        // 程序将输出"疯狂 Java 讲义"
        System.out.println(((Parent) d).tag);   // ④
    }
}
```

上面程序的①号代码为父类 Parent 定义了一个 tag 实例变量，②号代码为其子类定义了一个 private 的 tag 实例变量，子类中定义的这个实例变量将会隐藏父类中定义的 tag 实例变量。

程序的入口 main 方法中先创建了一个 Derived 对象，这个 Derived 对象将会保存两个 tag 实例变量，其中一个是在 Parent 类中定义的 tag 实例变量，另一个是在 Derived 类中定义的 tag 实例变量。

接着，程序将 Derived 对象赋给 d 变量，当在③号代码处试图通过 d 来访问 tag 实例变量时，程序将提示访问权限不允许。这是因为访问哪个实例变量由声明该变量的类型决定，所以系统将会试图访问在②号代码处定义的 tag 实例变量；程序在④号代码处先将 d 变量强制向上转型为 Parent 类型，再通过它来访问 tag 实例变量是允许的，因为此时系统将会访问在①号代码处定义的 tag 实例变量，也就是输出"疯狂 Java 讲义"。

### 2.3.3 父、子类的类变量

理解了上面介绍的父、子实例在内存中的分配之后，接下来要介绍的父、子类的类变量基本与此类似。不同的是，类变量属于类本身，而实例变量则属于 Java 对象；类变量在类初始化阶段完成初始化，而实例变量则在对象初始化阶段完成初始化。

由于类变量本质上属于类本身，因此通常不会涉及父、子实例变量那样复杂的情形，但由于 Java 允许通过对象来访问类变量，因此也可以使用 super.作为限定来访问父类中定义的类变量。下面程序示范了这种用法。

程序清单：codes\02\2.3\StaticSub.java

```
class StaticBase
{
    // 定义一个 count 类变量
    static int count = 20;
}
public class StaticSub extends StaticBase
{
    // 子类再定义一个 count 类变量
    static int count = 200;
    public void info()
    {
        System.out.println("访问本类的 count 类变量:"
            + count);
```

```
        System.out.println("访问父类的 count 类变量:"
            + StaticBase.count);
        System.out.println("访问父类的 count 类变量:"
            + super.count);
    }
    public static void main(String[] args)
    {
        StaticSub sb = new StaticSub();
        sb.info();
    }
}
```

上面程序中定义了一个 StaticBase 类，该类中定义了一个 count 类变量。接着由该 StaticBase 类派生了一个 StaticSub 子类，该子类里也定义了一个 count 类变量，子类的类变量会隐藏父类的类变量。如果在子类中直接访问 count 类变量，程序将输出当前类中定义的 count 类变量的值。如果需要访问父类中定义的 count 类变量，程序有两种方式。

- 直接使用父类的类名作为主调来访问 count 类变量，如程序中第 2 条粗体字代码所示。
- 使用 super.作为限定来访问 count 类变量，如程序中第 3 条粗体字代码所示。

因此建议采用第一种方式来访问类变量，因为类变量属于类本身，总是使用类名作为主调来访问 count 类变量，能保持最好的代码可读性。

## 2.4 final 修饰符

final 修饰符是 Java 语言中比较简单的一个修饰符，但也是一个被“误解”较多的修饰符。对很多 Java 程序员来说，何时使用 final 修饰符，使用 final 修饰符后对程序有何影响……这些问题其实他们并不清楚，即使把某些书上的概念背诵得很流利。

- final 可以修饰变量，被 final 修饰的变量被赋初始值之后，不能对它重新赋值。
- final 可以修饰方法，被 final 修饰的方法不能被重写。
- final 可以修饰类，被 final 修饰的类不能派生子类。

但是，仅仅记住这些“语法口诀”对于真正掌握 final 修饰符的用法依然不够。下面将从几个方面来分析 final 修饰符的功能。

### 2.4.1 final 修饰的变量

首先回顾一下关于 final 实例变量的知识。被 final 修饰的实例变量必须显式指定初始值，而且只能在如下三个位置指定初始值。

- 定义 final 实例变量时指定初始值。
- 在非静态初始化块中为 final 实例变量指定初始值。
- 在构造器中为 final 实例变量指定初始值。

对于普通的实例变量，Java 程序可以对它执行默认的初始化，也就是将实例变量的值指定为默认的初始值 0 或 null；但对于 final 实例变量，则必须由程序员显式指定初始值。

下面程序示范了在三个地方对 final 实例变量进行初始化。

程序清单：codes\02\2.4\FinalInstanceVaribaleTest.java

```
public class FinalInstanceVaribaleTest
{
    // 定义 final 实例变量时赋初始值
    final int var1 = "疯狂 Java 讲义".length();
    final int var2;
```

```
    final int var3;
    // 在初始化块中为 var2 赋初始值
    {
        var2 = "轻量级 Java EE 企业应用实战".length();
    }
    // 在构造器中为 var3 赋初始值
    public FinalInstanceVaribaleTest()
    {
        this.var3 = "疯狂 XML 讲义".length();
    }
    public static void main(String[] args)
    {
        FinalInstanceVaribaleTest fiv
            = new FinalInstanceVaribaleTest();
        System.out.println(fiv.var1);
        System.out.println(fiv.var2);
        System.out.println(fiv.var3);
    }
}
```

上面程序中定义了三个 final 实例变量 var1、var2 和 var3，分别在定义 var1 时为其赋初始值，在初始化块中为 var2 指定初始值，在构造器中为 var3 指定初始值。需要指出的是，经过编译器的处理，这三种方式都会被抽取到构造器中赋初始值。如果使用 javap 工具来分析该程序，在命令行窗口执行如下命令：

```
javap -c FinalInstanceVaribaleTest
```

将看到如下输出：

```
Compiled from "FinalInstanceVaribaleTest.java"
public class FinalInstanceVaribaleTest extends java.lang.Object{
final int var1;
final int var2;
final int var3;
// 下面就是构造器代码
public FinalInstanceVaribaleTest();
  Code:
      0: aload_0
      1: invokespecial     #1; // Method java/lang/Object."<init>":()V
      4: aload_0
      5: ldc               #2; // String 疯狂 Java 讲义
      7: invokevirtual     #3; // Method java/lang/String.length:()I
      10: putfield         #4; // Field var1:I
      13: aload_0
      14: ldc              #5; // String 轻量级 Java EE 企业应用实战
      16: invokevirtual    #3; // Method java/lang/String.length:()I
      19: putfield         #6; // Field var2:I
      22: aload_0
      23: ldc              #7; // String 疯狂 XML 讲义
      25: invokevirtual    #3; // Method java/lang/String.length:()I
      28: putfield         #8; // Field var3:I
      31: return
...
```

从上面的分析结果可以看出，final 实例变量必须显式地被赋初始值，而且本质上 final 实例变量只能在构造器中被赋初始值。当然，就程序员编程来说，还可以在定义 final 实例变量时指定初始值，也可以在初始化块中为 final 实例变量指定初始值，但它们本质上是一样的。此外，final 实例变量将不能被再次赋值。

对于 final 类变量而言，同样必须显式地指定初始值，而且 final 类变量只能在两个地方指定初始值。

- 定义 final 类变量时指定初始值。
- 在静态初始化块中为 final 类变量指定初始值。

下面程序中示范了在两个地方对 final 类变量进行初始化。

程序清单：codes\02\2.4\FinalClassVaribaleTest.java

```
public class FinalClassVaribaleTest
{
    // 定义 final 类变量时赋初始值
    final static int var1 = "疯狂 Java 讲义".length();
    final static int var2;
    // 在静态初始化块中为 var2 赋初始值
    static {
        var2 = "轻量级 Java EE 企业应用实战".length();
    }
    public static void main(String[] args)
    {
        System.out.println(FinalClassVaribaleTest.var1);
        System.out.println(FinalClassVaribaleTest.var2);
    }
}
```

上面程序中定义了两个 final 类变量 var1 和 var2，在定义 var1 时为其赋初始值，在静态初始化块中为 var2 指定初始值。需要指出的是，经过编译器的处理，这两种方式都会被抽取到静态初始化块中赋初始值。如果使用 javap 工具来分析该程序，在命令行窗口执行如下命令：

```
javap -c FinalClassVaribaleTest
```

将看到如下输出：

```
Compiled from "FinalClassVaribaleTest.java"
public class FinalClassVaribaleTest extends java.lang.Object{
static final int var1;
static final int var2;
// 系统为该类增加的无参数的构造器
public FinalClassVaribaleTest();
  Code:
     0: aload_0
     1: invokespecial    #1; // Method java/lang/Object."<init>":()V
     4: return
...
static {};
  Code:
     0: ldc              #6; // String 疯狂 Java 讲义
     2: invokevirtual    #7; // Method java/lang/String.length:()I
     5: putstatic        #3; // Field var1:I
     8: ldc              #8; // String 轻量级 Java EE 企业应用实战
     10: invokevirtual   #7; // Method java/lang/String.length:()I
     13: putstatic       #5; // Field var2:I
     16: return
}
```

上面程序中的粗体字代码就是为 final 类变量赋初始值的代码。可以看到，var1、var2 两个类变量的赋初始值过程都是在静态初始化块内完成的。由此可见，final 类变量必须显式地被赋初始值，而且本质上 final 类变量只能在静态初始化块中被赋初始值。当然，就程序员编程来说，还可以在定义 final 类变量时指定初始值，也可以在静态初始化块中为 final 类变量指定初始值，但它们本质上是一样的。此外，final 类变量将不能被再次赋值。

final 修饰局部变量的情形则比较简单——Java 本来就要求局部变量必须被显式地赋初始值，final 修饰的局部变量一样需要被显式地赋初始值。与普通的初始变量不同的是，final 修饰的局部变量被赋初始值之后，以后再也不能对 final 局部变量重新赋值。

经过上面介绍，大致可以发现 final 修饰符的第一个简单功能：被 final 修饰的变量一旦被赋初始值，final 变量的值以后将不会被改变。

此外，final 修饰符还有一个功能。先回顾 2.1 节介绍的 PriceTest.java 程序，当时看到程序访问 Price.INSTANCE.currentPrice 时输出–2.8，也就是出现打折价格为负数的情形。但可以对程序稍做修改，将类变量 initPrice 增加 final 修饰，即将程序改为如下形式。

**程序清单：codes\02\2.4\PriceTest.java**

```
class Price
{
    // 类成员是 Price 实例
    final static Price INSTANCE = new Price(2.8);
    // 定义一个类变量
    final static double initPrice = 20;
    // 定义该 Price 的 currentPrice 实例变量
    double currentPrice;
    public Price(double discount)
    {
        // 根据静态变量计算实例变量
        currentPrice = initPrice - discount;
    }
}
public class PriceTest
{
    public static void main(String[] args)
    {
        // 通过 Price 的 INSTANCE 访问 currentPrice 实例变量
        System.out.println(Price.INSTANCE.currentPrice); // ①
        // 显式创建 Price 实例
        Price p = new Price(2.8);
        // 通过显式创建的 Price 实例访问 currentPrice 实例变量
        System.out.println(p.currentPrice);             // ②
    }
}
```

再次运行上面的程序，可以看到，程序在①号代码处输出 Price.INSTANCE.currentPrice 时不再输出–2.8，而是正常地输出了 17.2。很明显，这是程序中增加了 final 修饰符的缘故。难道 final 修饰符改变了程序的初始化过程？再次使用 javap 工具来分析此处的 PriceTest 类，运行如下命令：

```
javap -c Price
```

将看到如下输出：

```
class Price extends java.lang.Object{
static final Price INSTANCE;
static final double initPrice;
double currentPrice;
public Price(double);
  Code:
     0: aload_0
     1: invokespecial    #1; // Method java/lang/Object."<init>":()V
     4: aload_0
     5: ldc2_w           #2; // double 20.0d
     8: dload_1
```

```
        9: dsub
        10: putfield        #4; // Field currentPrice:D
        13: return
static{};
    Code:
        0: new             #5; // class Price
        3: dup
        4: ldc2_w          #6; // double 2.8d
        7: invokespecial   #8; // Method "<init>":(D)V
        10: putstatic      #9; // Field INSTANCE:LPrice;
        13: return
}
```

如果不使用 final 修饰程序中的 initPrice 类变量，或者直接使用 javap 分析 2.1 节的 Price 类，将会看到如下输出：

```
class Price extends java.lang.Object{
static final Price INSTANCE;
static double initPrice;
double currentPrice;
public Price(double);
    Code:
        0: aload_0
        1: invokespecial   #1; // Method java/lang/Object."<init>":()V
        4: aload_0
        5: getstatic       #2; // Field initPrice:D
        8: dload_1
        9: dsub
        10: putfield       #3; // Field currentPrice:D
        13: return
static {};
    Code:
        0: new             #4; // class Price
        3: dup
        4: ldc2_w          #5; // double 2.8d
        7: invokespecial   #7; // Method "<init>":(D)V
        10: putstatic      #8; // Field INSTANCE:LPrice;
        13: ldc2_w         #9; // double 20.0d
        16: putstatic      #2; // Field initPrice:D
        19: return
}
```

对比上面两个输出结果不难发现，当使用 final 修饰类变量时，如果定义该 final 类变量时指定了初始值，而且该初始值可以在编译时就被确定下来（如 2、3.4、“疯狂 Java”等直接量都可在编译时就确定下来），系统将不会在静态初始化块中对该类变量赋初始值，而是在类定义中直接使用该初始值代替该 final 变量。

对于一个使用 final 修饰的变量而言，如果定义该 final 变量时就指定初始值，而且这个初始值可以在编译时就确定下来（如 2、2.3、“crazyit.org”这样的直接量），那么这个 final 变量将不再是一个变量，系统会将其当成“宏变量”处理。也就是说，所有出现该变量的地方，系统将直接把它当成对应的值处理。

对于上面的 Price 类而言，由于使用了 final 关键字修饰 initPrice 类变量，因此在 Price 类的构造器中执行 currentPrice = initPrice – discount;代码时，程序会直接将 initPrice 替换成 20。因此，执行该代码的效果相当于 currentPrice = 20 – discount;。

## 2.4.2 执行“宏替换”的变量

对于一个 final 变量，不管它是类变量、实例变量，还是局部变量，只要定义该变量时使用了

final 修饰符修饰，并在定义该 final 类变量时指定了初始值，而且该初始值可以在编译时就被确定下来，那么这个 final 变量本质上已经不再是变量，而是相当于一个直接量。示例如下。

程序清单：codes\02\2.4\FinalLocalTest.java

```
public class FinalLocalTest
{
    public static void main(String[] args)
    {
        // 定义一个普通的局部变量
        int a = 5;
        System.out.println(a);
    }
}
```

上面程序中的粗体字代码定义了一个局部变量，并在定义该变量时指定初始值为 5。如果使用 javap 工具来分析这个类文件，即执行如下命令：

```
javap -c FinalLocalTest
```

将看到如下输出：

```
public class FinalLocalTest extends java.lang.Object{
public FinalLocalTest();
  Code:
     0: aload_0
     1: invokespecial   #1; // Method java/lang/Object."<init>":()V
     4: return
public static void main(java.lang.String[]);
   Code:
     0: iconst_5
     1: istore_1
     2: getstatic       #2; // Field java/lang/System.out:Ljava/io/PrintStream;
     5: iload_1
     6: invokevirtual   #3; // Method java/io/PrintStream.println:(I)V
     9: return
}
```

从经过 javap 处理过的代码可以看出，如果没有使用 final 修饰变量 a，系统会把它当成一个变量来处理。但如果使用 final 修饰它，再次编译产生对应的 Test.class 文件，然后使用 javap 来分析它，将看到如下输出：

```
public class FinalLocalTest extends java.lang.Object{
public FinalLocalTest();
   Code:
     0: aload_0
     1: invokespecial   #1; // Method java/lang/Object."<init>":()V
     4: return
public static void main(java.lang.String[]);
   Code:
     0: getstatic       #2; // Field java/lang/System.out:Ljava/io/PrintStream;
     3: iconst_5
     4: invokevirtual   #3; // Method java/io/PrintStream.println:(I)V
     7: return
}
```

从上面的分析代码可以看出，此时变量 a 完全消失了，程序中根本不存在这个变量，当程序执行 System.out.println(a);代码时，实际转换为执行 System.out.println(5)。

注意

final 修饰符的一个重要用途就是定义“宏变量”。当定义 final 变量时就为该变量指定了初始值，而且该初始值可以在编译时就确定下来，那么这个 final 变量本质上就是一个“宏变量”，编译器会把程序中所有用到该变量的地方直接替换成该变量的值。

除了上面那种为 final 变量赋值时赋直接量的情况，如果被赋值的表达式只是基本的算术表达式或字符串连接运算，没有访问普通变量，调用方法，Java 编译器同样会将这种 final 变量当成“宏变量”来处理。示例如下。

程序清单：codes\02\2.4\FinalTest.java

```
public class FinalTest
{
    public static void main(String[] args)
    {
        // 下面定义了四个 final“宏变量”
        final int a = 5 + 2;
        final double b = 1.2 / 3;
        final String str = "疯狂" + "Java";
        final String book = "疯狂 Java 讲义：" + 99.0;
        // 下面的 book2 变量的值因为调用了方法，所以无法在编译时确定下来
        final String book2 = "疯狂 Java 讲义："
            + String.valueOf(99.0);    // ①
        System.out.println(book == "疯狂 Java 讲义：99.0");
        System.out.println(book2 == "疯狂 Java 讲义：99.0");
    }
}
```

上面程序中的粗体字代码定义了四个 final 变量，程序为这四个变量赋初始值，指定的初始值要么是算术表达式，要么是字符串连接运算。即使字符串连接运算中包含隐式类型（将数值转换为字符串）转换，编译器依然可以在编译时就确定 a、b、str、book 这四个变量的值，因此它们都是“宏变量”。

从表面上看，①号代码定义的 book2 与 book 没有太大的区别，只是定义 book2 变量时显式将数值 99.0 转换为字符串。但由于该变量的值需要调用 String 类的方法，因此编译器无法在编译时确定 book2 的值，book2 不会被当成“宏变量”来处理。

程序的最后两行代码分别判断 book、book2 和“疯狂 Java 讲义：99.0”是否相等。由于 book 是一个“宏变量”，它将被直接替换成“疯狂 Java 讲义：99.0”，因此 book 和“疯狂 Java 讲义：99.0”相等，但 book2 和该字符串不相等。

注意

Java 会缓存所有曾经用过的字符串直接量。例如，执行 String a = "java";语句之后，系统的字符串池中就会缓存一个字符串“java”；如果程序再次执行 String b = "java";，系统将会让 b 直接指向字符串池中的“java”字符串，因此 a==b 将会返回 true。

为了加深对 final 修饰符的印象，再看如下简单的程序。

程序清单：codes\02\2.4\StringJoinTest.java

```
public class StringJoinTest
{
```

```
    public static void main(String[] args)
    {
        String s1 = "疯狂Java";
        String s2 = "疯狂" + "Java";
        System.out.println(s1 == s2);
        // 定义两个字符串直接量
        String str1 = "疯狂";
        String str2 = "Java";
        // 将str1和str2进行连接运算
        String s3 = str1 + str2;
        System.out.println(s1 == s3);
    }
}
```

上面程序中的两行粗体字代码分别判断 s1 和 s2 是否相等，以及 s1 和 s3 是否相等。s1 是一个普通的字符串直接量“疯狂 Java”，s2 的值是两个字符串直接量进行连接运算，由于编译器可以在编译阶段就确定 s2 的值为“疯狂 Java”，所以系统会让 s2 直接指向字符串池中缓存的“疯狂 Java”字符串。由此可见，s1==s2 将输出 true。

对于 s3 而言，它的值由 str1 和 str2 进行连接运算后得到。由于 str1、str2 只是两个普通变量，编译器不会执行“宏替换”，因此编译器无法在编译时确定 s3 的值，不会让 s3 指向字符串池中缓存的“疯狂 Java”。由此可见，s1==s3 将输出 false。

让 s1==s3 输出 true 也很简单，只要编译器可以对 str1、str2 两个变量执行“宏替换”，这样编译器即可在编译阶段就确定 s3 的值，就会让 s3 指向字符串池中缓存的“疯狂 Java”。即把程序改为如下形式。

**程序清单：codes\02\2.4\StringJoinTest2.java**

```
public class StringJoinTest2
{
    public static void main(String[] args)
    {
        String s1 = "疯狂Java";
        String s2 = "疯狂" + "Java";
        System.out.println(s1 == s2);
        // 定义两个字符串直接量
        final String str1 = "疯狂";
        final String str2 = "Java";
        // 将str1和str2进行连接运算
        String s3 = str1 + str2;
        System.out.println(s1 == s3);
    }
}
```

对于实例变量而言，除了可以在定义该变量时赋初始值，还可以在非静态初始化块、构造器中对它赋初始值，而且在这三个地方指定初始值的效果基本一样。但对于 final 实例变量而言，只有在定义该变量时指定初始值才会有“宏变量”的效果，在非静态初始化块、构造器中为 final 实例变量指定初始值则不会有这种效果。程序如下。

**程序清单：codes\02\2.4\FinalInitTest.java**

```
public class FinalInitTest
{
    // 定义三个final实例变量
    final String str1;
    final String str2;
    final String str3 = "Java";
```

```
    // str1、str2 分别放在非静态初始化块、构造器中初始化
    {
        str1 = "Java";
    }
    public FinalInitTest()
    {
        str2 = "Java";
    }
    // 判断 str1、str2、str3 是否执行“宏替换”
    public void display()
    {
        System.out.println(str1 + str1 == "JavaJava");
        System.out.println(str2 + str2 == "JavaJava");
        System.out.println(str3 + str3 == "JavaJava");
    }
    public static void main(String[] args)
    {
        FinalInitTest fit = new FinalInitTest();
        fit.display();
    }
}
```

上面程序中定义了三个final实例变量，但只有str3在定义该变量时指定了初始值，另外的str1、str2分别在非静态初始化块、构造器中指定初始值，因此系统不会对str1、str2执行“宏替换”，但会对str3执行“宏替换”。

上面程序里的三条粗体字代码中只有第3条才会输出true，因为系统会对str3执行“宏替换”，也就是说，第3条粗体字代码相当于：

```
System.out.println("Java" + "Java"== "JavaJava");
```

上面代码会输出true。

与此类似的是，对于普通的类变量，在定义时指定初始值、在静态初始化块中赋初始值的效果基本一样。但对于final类变量而言，只有在定义final类变量时指定初始值，系统才会对该final类变量执行“宏替换”。示例如下。

**程序清单：codes\02\2.4\FinalStaticTest.java**

```
public class FinalStaticTest
{
    // 定义两个 final 类变量
    final static String str1;
    final static String str2 = "Java";
    // str1 放在静态初始化块中初始化
    static {
        str1 = "Java";
    }
    public static void main(String[] args)
    {
        System.out.println(str1 + str1 == "JavaJava");
        System.out.println(str2 + str2 == "JavaJava");    // ①
    }
}
```

上面程序中定义了两个final类变量，但只有str2在定义该变量时指定了初始值，str1则在静态初始化块中指定初始值，因此系统不会对str1执行“宏替换”，但会对str2执行“宏替换”。

上面程序里的两条粗体字代码中只有第2条才会输出true，因为系统会对str2执行“宏替换”，也就是说，①号代码相当于：

```
System.out.println("Java" + "Java"== "JavaJava");
```

上面代码会输出 true。

### 2.4.3 final 方法不能被重写

有 Java 基础的读者应该都知道：当 final 修饰某个方法时，用于限制该方法不可被它的子类重写。例如，如下的简单程序就是错误的。

```
class A
{
    final void info(){}
}
class B extends A
{
    // 试图重写父类的 final 方法出现错误
    void info(){}
}
```

不过，有些情况需要指出：如果父类中某个方法使用了 final 修饰符进行修饰，那么这个方法将不可能被它的子类访问到，因此这个方法也不可能被它的子类重写。从这个意义上来说，private 和 final 同时修饰某个方法没有太大意义，但是被 Java 语法允许的。示例如下。

**程序清单：codes\02\2.4\FinalMethodTest.java**

```
class Base
{
    private final void info()
    {
        System.out.println("Base 的 info 方法");
    }
}
public class FinalMethodTest extends Base
{
    // 这个 info 方法并不是覆盖父类方法
    // @Override
    public void info()
    {
        System.out.println("FinalMethodTest 的 Info 方法");
    }
}
```

上面程序的 Base 类中定义了一个 final 修饰的 info()方法，但由于该方法使用了 private 修饰符修饰，因此这个方法不可能在子类中被访问，当然也就不能被子类重写了。

接着，程序从 Base 派生了一个 FinalMethodTest 子类，该子类中也定义了一个 info()方法，由于 FinalMethodTest 子类根本不可能访问到父类中 private 修饰的 info()方法，所以 FinalMethodTest 子类中定义的 info()方法只是一个普通方法，并不是重写父类的方法。

为了更好地证实上面 FinalMethodTest 子类中的 info()方法只是普通方法，而不是重写父类的 info()方法，可以为 FinalMethodTest 子类中的 info()方法增加@Override 注释——该注释用于强制该方法必须重写父类方法。

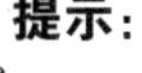

**提示：**

Java 编程中有一个比较有用的工具注释——@Override，被该注释修饰的方法必须重写父类方法。为了避免在编程过程中出现手误，每当希望某个方法重写父类方法时，总应该为该方法添加@Override 注释。如果被@Override 修饰的方法没有重写父类的方法，编译器会在编译该程序时提示编译错误。

使用@Override修饰FinalMethodTest子类中的info()方法，再次编译上面的Java程序，可以看到编译器提示该info()方法并没有重写父类方法。

与此类似的是，如果父类和子类没有处于同一个包下，父类中包含的某个方法不使用访问控制符（相当于包访问权限）或者仅使用private访问控制符，那么子类也是无法重写该方法的。首先看如下Java程序。

程序清单：codes\02\2.4\Base.java

```
package org.crazyit;
public class Base
{
    final void info()
    {
        System.out.println("Base类的info方法");
    }
}
```

上面的info()方法没有使用任何访问控制符修饰，如果该父类的子类没有位于org.crazyit包下，则该子类将无法访问到Base类中定义的info()方法，也就无法重写info()方法。也就是说，如下子类中定义的info()方法没有任何问题。

程序清单：codes\02\2.4\Derived.java

```
package org.leegang;
public class Derived extends Base
{
    // 这个info方法并不覆盖父类方法
    // @Override
    private void info()
    {
        System.out.println("Derived类的info方法");
    }
}
```

上面的Derived类中定义了一个info()方法，虽然该方法与其父类中的info()方法具有相同的方法名、相同的形参列表，但由于它与其父类（Base类）位于不同的包下，而且父类的info()方法没有使用访问控制符修饰，因此Derived类无法访问父类的info()方法。也就是说，Derived类中的info()方法只是一个普通的方法，而不是重写父类的方法。如果对Derived类中info()方法使用@Override修饰，则可看到编译器提示编译错误。

## 2.4.4　内部类中的局部变量

对Java基础掌握比较好的读者应该还有印象：如果程序需要在匿名内部类中使用局部变量，那么这个局部变量默认有final修饰（不管写不写，这个final修饰符都在）。示例如下。

程序清单：codes\02\2.4\CommandTest.java

```
interface IntArrayProductor
{
    // 接口里定义的product方法用于封装“处理行为”
    int product();
}
public class CommandTest
{
    // 定义一个方法，该方法生成指定长度的数组
    // 但每个数组元素由cmd负责产生
    public int[] process(IntArrayProductor cmd, int length)
```

```
    {
        int[] result = new int[length];
        for (int i = 0; i < length; i++)
        {
            result[i] = cmd.product();
        }
        return result;
    }
    public static void main(String[] args)
    {
        CommandTest ct = new CommandTest();
        int seed = 5;
        // 生成数组，具体生成方式取决于 IntArrayProductor 接口的匿名实现类
        int[] result = ct.process(new IntArrayProductor()
        {
            public int product()
            {
                return (int) Math.round(Math.random() * seed);
            }
        }, 6);
        System.out.println(Arrays.toString(result));
    }
}
```

上面程序的 CommandTest 类中定义了一个 process()方法，该方法生成指定长度的数组，当调用该方法时该方法需要接收一个 IntArrayProductor 对象，该对象的 product()方法将负责生成每个数组元素。

上面程序中的后一段粗体字代码定义了一个匿名内部类，这个匿名内部类实现了 IntArrayProductor 接口，该匿名内部类内实现的 product()方法访问了局部变量 seed。因此，这个局部变量默认就有 final 修饰。如果尝试在内部类里面对局部变量赋值，那么编译该程序时，将提示："错误：从内部类引用的局部变量必须是最终变量或实际上的最终变量"。

根据错误提示信息不难发现：不仅是匿名内部类，即使是普通内部类，在任何内部类中访问的局部变量默认也都有 final 修饰，即使把程序改为如下形式。

**程序清单：codes\02\2.4\CommandTest2.java**

```
interface IntArrayProductor
{
    // 接口里定义的 product 方法用于封装"处理行为"
    int product();
}
public class CommandTest2
{
    // 定义一个方法，该方法生成指定长度的数组
    // 但每个数组元素由 cmd 负责产生
    public int[] process(IntArrayProductor cmd, int length)
    {
        int[] result = new int[length];
        for (int i = 0; i < length; i++)
        {
            result[i] = cmd.product();
        }
        return result;
    }
    public static void main(String[] args)
    {
        CommandTest2 ct = new CommandTest2();
        int seed = 5;
        class IntArrayProductorImpl implements IntArrayProductor
```

```
        {
            public int product()
            {
//              seed = 20;   // ①
                return (int) Math.round(Math.random() * seed);
            }
        }
        // 生成数组，具体生成方式取决于 IntArrayProductor 接口的匿名实现类
        int[] result = ct.process(new IntArrayProductorImpl(), 6);
        System.out.println(Arrays.toString(result));
    }
}
```

上面程序里的普通内部类访问了 seed 局部变量，那么该变量默认也使用 final 修饰，因此程序中①号代码一样会引起编译错误。

**注意**

此处所说的内部类指的是局部内部类，因为只有局部内部类（包括匿名内部类）才可以访问局部变量，普通静态内部类、非静态内部类不可能访问方法体内的局部变量。

掌握上面的语法之后，再想一个问题：为什么 Java 要求内部类访问的局部变量必须带 final 修饰符？

**提示：**

千万不要以为哪种编程语言的语法是设计者故意在“刁难”开发者，任何编程语言的设计者设计一门语言的初衷都大致相同——对开发者尽量简单，但又可以保证语言本身没有问题。因此各种编程语言中看似“千奇百怪”的语法，总有其存在的理由——即使有些理由可能已经稍显过时。如果能理解语言设计者制订该语法的原因，对掌握该语言，甚至提高编程水平，都会有很大的帮助。

Java 对所有被内部类访问的局部变量都使用 final 修饰也是有原因的。对于普通的局部变量而言，它的作用域就停留在该方法内，当方法执行结束后，该局部变量也随之消失；但内部类则可能产生隐式的“闭包（Closure）”，闭包将使得局部变量脱离它所在的方法继续存在。

下面程序是局部变量脱离它所在方法继续存在的例子。

程序清单：codes\02\2.4\ClosureTest.java

```
public class ClosureTest
{
    public static void main(String[] args)
    {
        // 定义一个局部变量
        final String str = "Java";
        // 在内部类里访问局部变量 str
        new Thread(new Runnable()
        {
            public void run()
            {
                for (int i = 0; i < 100; i++)
                {
                    // 此处将一直可以访问到 str 局部变量
                    System.out.println(str + " " + i);
                    // 暂停 0.1 秒
```

```
                try
                {
                    Thread.sleep(100);
                }
                catch (Exception ex)
                {
                    ex.printStackTrace();
                }
            }
        }
    }).start();              // ①
    // 执行到此处，main 方法结束
  }
}
```

上面程序中的第 1 条粗体字代码定义了一个局部变量 str。在正常情况下，当程序执行完①号代码之后，main 方法的生命周期就结束了，局部变量 str 的作用域也会随之结束。但实际上这个程序中只要新线程里的 run 方法没有执行完，匿名内部类的实例的生命周期就不会结束，将一直可以访问 str 局部变量的值，这就是内部类会扩大局部变量作用域的实例。

由于内部类可能会扩大局部变量的作用域，如果被内部类访问的局部变量没有使用 final 修饰，也就是说，该变量的值可以随意改变，那么将引起极大的混乱，因此 Java 编译器要求被内部类访问的局部变量必须带 final 修饰符（如果不写，Java 会自动加上）。

与此类似，Lambda 表达式访问的局部变量也会自动带上 final 修饰符。例如，如下程序试图通过流式编程来统计某个字符串流中长度大于 5 的字符串的个数。

程序清单：codes\02\2.4\LambdaFinal.java

```
public class LambdaFinal
{
    public static void main(String[] args)
    {
        int count = 0;
        // 试图通过流式编程统计长度大于 5 的字符串的个数
        Stream.of("Java", "Python", "Swift", "Kotlin")
            .forEach(s -> {
                if (s.length() > 5)
                {
                    count++;    // ①
                }
            });
        System.out.printf("长度大于 5 的字符串有%d 个%n", count);
    }
}
```

上面程序中的①号粗体字代码会引起编译错误，这是因为被 Lambda 表达式访问的局部变量自动带有 final 修饰符。

这里就产生了一个需求，有时候程序确实需要使用局部变量来保存内部类（或 Lambda 表达式）所返回的数据，那该怎么办呢？请别忘了 Java 只是不允许 final 变量被重新赋值，但变量所引用的对象是可以改变的，因此只要将上面的程序改为如下形式即可。

程序清单：codes\02\2.4\LambdaFinal2.java

```
public class LambdaFinal2
{
    public static void main(String[] args)
    {
        int[] count = new int[1];
```

```
        // 试图通过流式编程统计长度大于 5 的字符串的个数
        Stream.of("Java", "Python", "Swift", "Kotlin")
            .forEach(s -> {
                if (s.length() > 5)
                {
                    count[0]++;   // ①
                }
            });
        System.out.printf("长度大于 5 的字符串有%d 个%n", count[0]);
    }
}
```

上面程序将 count 定义成长度为 1 的 int[]数组，该 count 变量依然有 final 修饰，但只要 Lambda 表达式不对该 count 变量重新赋值即可，因此 Lambda 表达式依然可以对 count 所引用的数组元素重新赋值。因此，上面的①号粗体字代码完全没问题，这个程序也就完全正常了。

## 2.5 本章小结

本章主要介绍了 Java 面向对象知识中比较容易混淆的部分，并没有介绍面向对象中那些基本的语法知识，而主要从内存运行的角度来分析面向对象中类、对象的细节，包括 Java 对类变量、实例变量的初始化细节，内存中子类实例的实例变量的存储，以及程序如何访问它们，父、子类的类变量的存储，以及程序如何访问它们。由于子类实例在内存中存储的复杂性，而且调用子类构造器创建对象时，父类构造器总会被调用一次，因此应该尽量避免在父类构造器中访问子类实例变量，调用被子类重写的方法。本章最后深入分析了 final 修饰符的功能，具体讲解了哪些 final 变量相当于“宏变量”，也深入分析了 final 修饰方法的几个注意点。

CHAPTER

3

# 第3章 常见 Java 集合的实现细节

## 引言

一家国际著名软件企业的面试。

“Java 基础知识应该没什么问题吧？”面试官轻描淡写地问。

“嗯，我有多年的 Java 编程经验，Java 基础都相当熟悉了。”面试者庆幸地想：“早就听人说大公司反而注重基础，幸亏我有备而来。”

“请介绍一下 Set 接口和 Map 接口的关系。”

“啊？Set 接口和 Map 接口？它们都是 Java 集合框架的成员吧……”

“那说说 HashSet 和 HashMap 的关系吧。”面试官耐心地说。

“……”

“知道 TreeSet 和 TreeMap 之间的联系吗？”面试官有点不耐烦了。

“……”

“看来你对 JDK 集合框架的很多类只是停留在用的层次，甚至还不能算懂……”

没多久，沮丧的面试者垂头丧气地走了出来，心里想：“看来光学会使用 Java 集合框架中的类还不够，还应该多掌握它们底层的实现细节。”

## 本章要点

- Set 和 Map 关联之处
- HashMap 底层的 Hash 存储机制
- Hash 存储机制的快速存取原理
- TreeMap 底层的红黑树存储机制
- 红黑树的快速访问机制
- Set 实现的底层依然是 Map
- Map 和 List 的相似性
- Map 的 values()方法的返回值
- List 集合代表线性表
- ArrayList 集合底层的数组实现
- LinkedList 集合底层的链表实现
- ArrayList 和 LinkedList 在不同场景下的性能差异
- 不同集合类对 Iterator 提供的实现类
- 不同集合在 Iterator 迭代时删除元素的行为差异

本章不会涉及 Java 集合的简单知识。如果对 Java 集合体系继承图还不太熟悉，对 Set、List 和 Map 还容易混淆，对 Set、List、Map 常见的实现类还不熟悉，则建议先阅读疯狂 Java 体系的《疯狂 Java 讲义》一书。

本章将主要从底层深入分析 Java 集合如何保存集合元素，以及集合元素在内存中的存储机制。在更好地理解 Java 集合元素的存储之后，本章还会带领读者理解 Java 集合中 Set 和 Map 的关系：从表面上看，Set 代表无序集合，Map 代表 key-value 对集合（也被称为关联数组），但 Set 和 Map 之间其实存在很大的类比性，关键是需要转换思维来对待它们。

除了介绍 Set 和 Map 之间的关系，本章还会深入分析 Java 的 List 集合，包括 List 集合的两个常见的实现类：ArrayList 和 LinkedList。本章会深入分析这两个 List 实现类在存储机制上的差异，并根据存储机制分析这两种集合在性能上的差异。类似地，Map 和 List 之间也有某种相似性，本章也将带领读者理解这种相似性。

## 3.1 Set 和 Map

Set 代表一种元素无序、不可重复的集合，Map 则代表一种由多个 key-value 对组成的集合，Map 集合类似于传统的关联数组。从表面上看，它们之间的相似性很少，但实际上 Map 和 Set 之间有莫大的关联，可以说，Map 集合是 Set 集合的扩展。

### 3.1.1 Set 和 Map 的关系

在介绍 Set 和 Map 之间的关系之前，先来看看 Set 集合的继承体系，如图 3.1 所示。

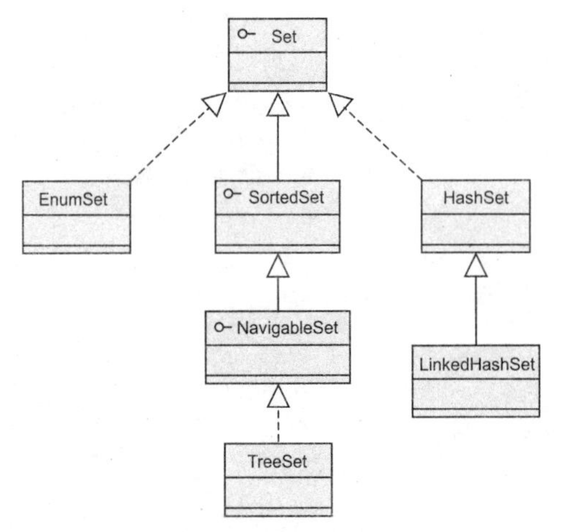


图 3.1　Set 集合的继承体系

再来看看 Map 集合的继承体系，如图 3.2 所示。

仔细观察图 3.2 中 Map 集合的继承体系里被灰色覆盖的区域，可以发现，这些 Map 集合的接口、实现类的类名与 Set 集合的接口、实现类的类名相似，把 Map 后缀改为 Set 后缀即可。Set 集合和 Map 集合的对应关系如下：

- Set←→Map
- EnumSet←→EnumMap
- SortedSet←→SortedMap
- TreeSet←→TreeMap
- NavigableSet←→NavigableMap

- HashSet←→HashMap
- LinkedHashSet←→LinkeHashMap

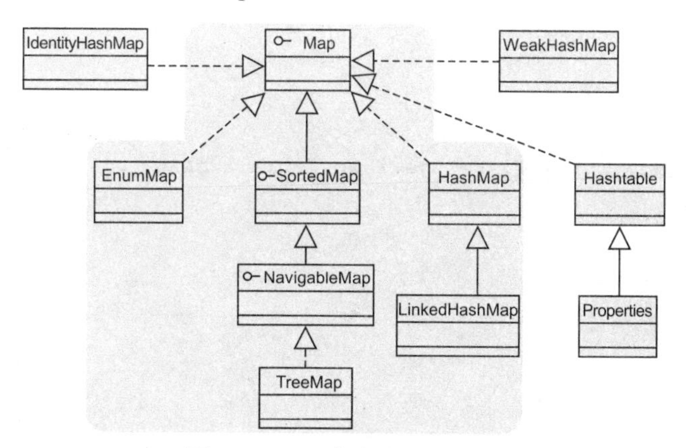


图 3.2　Map 集合的继承体系

这些接口和类名如此相似绝不是偶然的现象，肯定有其必然的原因。

从表面上看，这两种集合并没有太多的相似之处，但如果只考察 Map 集合的 key，不难发现，这些 Map 集合的 key 具有一个特征：所有的 key 不能重复，key 之间没有顺序。也就是说，如果将 Map 集合的所有 key 集中起来，那么这些 key 就组成了一个 Set 集合。实际上，Map 集合提供了 Set<K> keySet()方法来返回所有 key 组成的 Set 集合。

由此可见，Map 集合的所有 key 将具有 Set 集合的特征，只要把 Map 的所有 key 集中起来看，它就是一个 Set，这实现了从 Map 到 Set 的转换。其实，还可以实现从 Set 到 Map 的扩展——对于 Map 而言，相当于每个元素都是 key-value 对的 Set 集合。

**提示：**

换一种思维来理解 Map 集合，如果把 Map 集合中的 value 当成 key 的“附属物”（实际上也是，对于一个 Map 集合而言，只要给出指定的 key，Map 总是可以根据该 key 快速查询到对应的 value），那么 Map 集合在保存 key-value 对时只要考虑 key 即可。

对于一个 Map 集合而言，它本质上是一个关联数组，如图 3.3 所示。

对于图 3.3 所示的关联数组，其实可以改为使用一个 Set 集合来保存它们，反正上面关联数组中的 key-value 对之间有严格的对应关系，那么干脆将 key-value 对捆绑在一起对待，如图 3.4 所示。

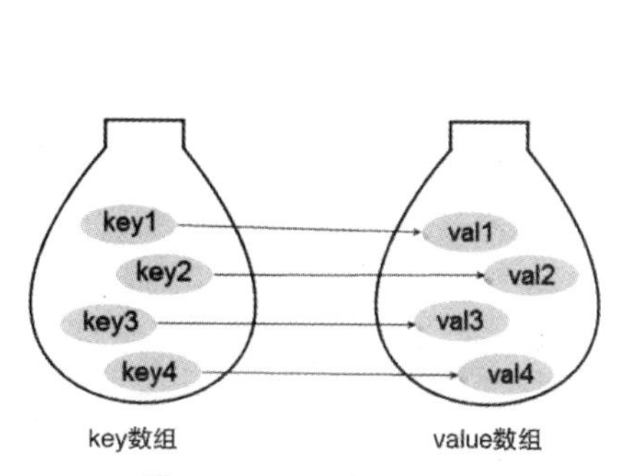


图 3.3　Map 集合示意图

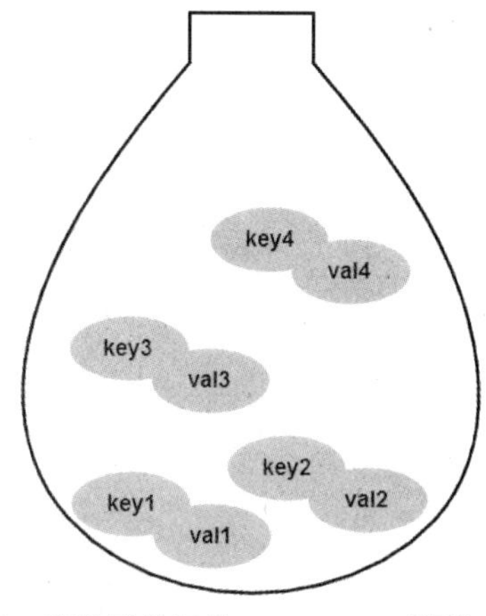


图 3.4　将关联数组的 key-value 对捆绑在一起

为了把Set扩展成Map，可以考虑新定义一个SimpleEntry类，该类代表一个key-value对；当Set集合的元素都是SimpleEntry对象时，该Set集合就能被当成Map使用。下面程序示范了如何将一个Set集合扩展成Map集合。

程序清单：codes\03\3.1\Set2Map.java

```
class SimpleEntry<K, V>
    implements Map.Entry<K, V>, java.io.Serializable
{
    private final K key;
    private V value;
    // 定义如下两个构造器
    public SimpleEntry(K key, V value)
    {
        this.key = key;
        this.value = value;
    }
    public SimpleEntry(Map.Entry<? extends K, ? extends V> entry)
    {
        this.key = entry.getKey();
        this.value = entry.getValue();
    }
    // 获取key
    public K getKey()
    {
        return key;
    }
    // 获取value
    public V getValue()
    {
        return value;
    }
    // 改变该key-value对的value值
    public V setValue(V value)
    {
        V oldValue = this.value;
        this.value = value;
        return oldValue;
    }
    // 根据key比较两个SimpleEntry是否相等
    public boolean equals(Object o)
    {
        if (o == this)
        {
            return true;
        }
        if (o.getClass() == SimpleEntry.class)
        {
            SimpleEntry se = (SimpleEntry) o;
            return se.getKey().equals(getKey());
        }
        return false;
    }
    // 根据key计算hashCode
    public int hashCode()
    {
        return key == null ? 0 : key.hashCode();
    }
    public String toString()
    {
```

```
        return key + "=" + value;
    }
}
// 继承 HashSet 实现一个 Map
public class Set2Map<K, V>
    extends HashSet<SimpleEntry<K, V>>
{
    // 实现清空所有 key-value 对的方法
    public void clear()
    {
        super.clear();
    }
    // 判断是否包含某个 key
    public boolean containsKey(K key)
    {
        return super.contains(
            new SimpleEntry<K, V>(key, null));
    }
    // 判断是否包含某个 value
    boolean containsValue(Object value)
    {
        for (SimpleEntry<K, V> se : this)
        {
            if (se.getValue().equals(value))
            {
                return true;
            }
        }
        return false;
    }
    // 根据指定的 key 取出对应的 value
    public V get(Object key)
    {
        for (SimpleEntry<K, V> se : this)
        {
            if (se.getKey().equals(key))
            {
                return se.getValue();
            }
        }
        return null;
    }
    // 将指定的 key-value 对放入集合中
    public V put(K key, V value)
    {
        add(new SimpleEntry<K, V>(key, value));
        return value;
    }
    // 将另一个 Map 的 key-value 对放入该 Map 中
    public void putAll(Map<? extends K, ? extends V> m)
    {
        for (K key : m.keySet())
        {
            add(new SimpleEntry<K, V>(key, m.get(key)));
        }
    }
    // 根据指定的 key 删除 key-value 对
    public V removeEntry(Object key)
    {
        for (Iterator<SimpleEntry<K, V>> it = this.iterator();
            it.hasNext(); )
```

```
        {
            SimpleEntry<K, V> en = (SimpleEntry<K, V>) it.next();
            if (en.getKey().equals(key))
            {
                V v = en.getValue();
                it.remove();
                return v;
            }
        }
        return null;
    }
    // 获取该 Map 中包含多少个 key-value 对
    public int size()
    {
        return super.size();
    }
}
```

上面程序中的粗体字代码定义了一个 SimpleEntry<K, V>类。当一个 Set 的所有集合元素都是 SimpleEntry<K, V>对象时，该 Set 就变成了一个 Map<K,V>集合。

接下来，程序以 HashSet<SimpleEntry<K, V>>为父类派生了一个子类 Set2Map<K, V>，这个 Set2Map<K, V>扩展类完全可以被当成 Map 使用，因此上面程序中的 Set2Map<K, V>类中也提供了 Map 集合应该提供的绝大部分方法。

下面程序简单测试了扩展出来的“Map”集合。

**程序清单：codes\03\3.1\Set2MapTest.java**

```
public class Set2MapTest
{
    public static void main(String[] args)
    {
        Set2Map<String, Integer> scores = new Set2Map<>();
        // 将 key-value 对放入集合中
        scores.put("语文", 89);
        scores.put("数学", 83);
        scores.put("英文", 80);
        System.out.println(scores);
        // 访问 Map 集合里包含的 key-value 对
        System.out.println(scores.size());
        scores.removeEntry("数学");
        System.out.println("删除 key 为\"数学\"的 Entry 之后：" + scores);
        // 根据 key 取出 value
        System.out.println("语文成绩：" + scores.get("语文"));
        // 判断是否包含指定的 key
        System.out.println("是否包含\"英文\"key :"
            + scores.containsKey("英文"));
        // 判断是否包含指定的 value
        System.out.println("是否包含 82 value :"
            + scores.containsValue(82));
        // 清空集合
        scores.clear();
        System.out.println("执行 clear()方法之后的集合：" + scores);
    }
}
```

上面程序完全将 Set2Map 当成一个 Map 集合来使用，包括将 key-value 对放入该集合中，根据

key 获取 value，等等。运行上面的程序，结果如图 3.5 所示。

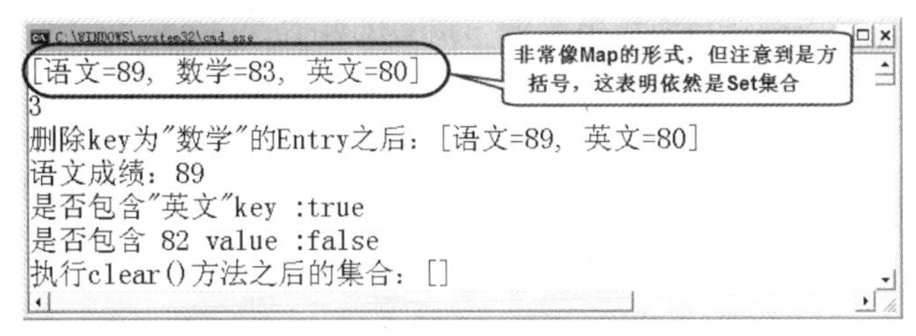


图 3.5　将扩展的 Set 集合当成 Map 使用

根据此处介绍的这个程序不难看出，只要对传统的 Set 稍做改造，就可以将 Set 改造成 Map 集合，而且，这个 Map 集合在功能上几乎可以与系统提供的 Map 类媲美。

## 3.1.2　HashMap 和 HashSet

前面将一个 Set 集合扩展成了 Map 集合，由于这个 Set 采用了 HashSet 作为实现类，HashSet 会使用 Hash 算法来保存集合中的每个 SimpleEntry 元素，因此扩展出来的 Map 本质上是一个 HashMap。

实际上，HashSet 和 HashMap 之间有很多相似之处。对于 HashSet 而言，系统采用 Hash 算法决定集合元素的存储位置，这样可以保证快速存取集合元素；对于 HashMap 而言，系统将 value 当成 key 的“附属物”，系统根据 Hash 算法来决定 key 的存储位置，这样可以保证快速存取集合 key，而 value 总是紧随 key 存储。

在介绍集合存储之前需要指出一点：虽然集合号称存储的是 Java 对象，但实际上并不会真正将 Java 对象放入 Set 集合中，而只是在 Set 集合中保留这些对象的引用而已。也就是说，Java 集合实际上是多个引用变量所组成的集合，这些引用变量指向实际的 Java 对象。

**提示：**

就像引用类型的数组一样，当把 Java 对象放入数组中时，并不是真正把 Java 对象放入数组中，而只是把对象的引用放入数组中，每个数组元素都是一个引用变量。

对于每个 Java 集合来说，其实它只是多个引用变量的集合，下面程序可以证明这一点。

**程序清单：codes\03\3.1\ListTest.java**

```
class Apple
{
    double weight;
    public Apple(double weight)
    {
        this.weight = weight;
    }
}
public class ListTest
{
    public static void main(String[] args)
    {
        // 创建两个 Apple 对象
        Apple t1 = new Apple(2.2);
        Apple t2 = new Apple(1.8);
        List<Apple> list = new ArrayList<>(4);
        // 将两个 Apple 对象放入 List 集合中
        list.add(t1);
        list.add(t2);
```

```
        // 判断从集合里取出的引用变量和原有引用变量是否指向同一个元素
        System.out.println(list.get(0) == t1);     // ①
        System.out.println(list.get(1) == t2);     // ②
    }
}
```

上面程序先创建两个 Apple 对象，其中 t1 指向第 1 个 Apple 对象，t2 指向第 2 个 Apple 对象。此时系统内存的分配示意图如图 3.6 所示。

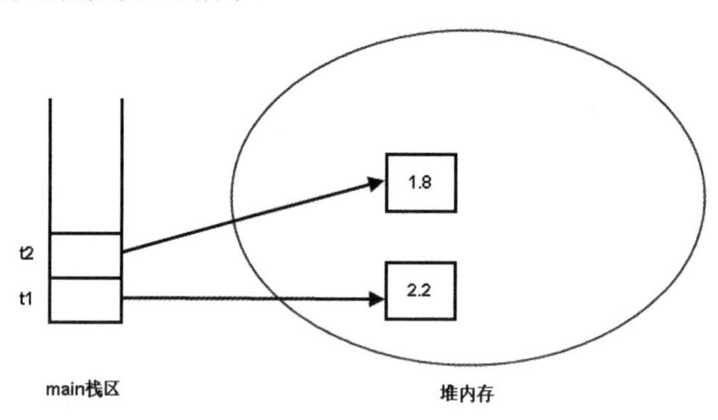


图 3.6　内存中包含的两个 Apple 对象

接下来，程序创建了一个 List 集合，并定义了一个 list 变量指向该 List 集合。因此，程序创建的实际上是一个初始长度为 4 的 ArrayList。也就是说，这个 List 集合的底层长度为 4。

**提示：**

ArrayList 底层是基于数组实现的。也就是说，ArrayList 底层封装的是数组，每次创建 ArrayList 时，传入的 int 参数就是它所封装的数组的长度；如果创建 ArrayList 时没有传入 int 参数，那么 ArrayList 的初始长度为 10，也就是它底层所封装的数组的长度为 10。关于 ArrayList 更深入的介绍，可以参考 3.3 节。

程序创建了一个初始长度为 4 的 ArrayList 之后，接着开始尝试将 Java 对象放入 ArrayList 中。这与把 Java 对象放入数组中是完全相同的效果：系统不会真正把 Java 对象放入 ArrayList 中，只是向 ArrayList 集合中存入这些 Java 对象的引用。当执行两条 add 语句之后，系统内存的分配示意图如图 3.7 所示。

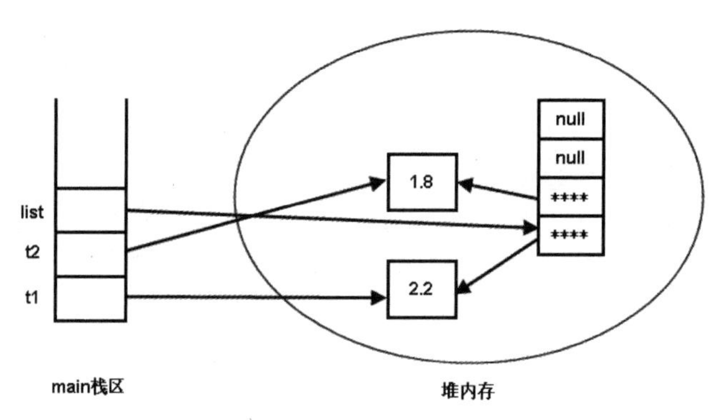


图 3.7　将两个 Apple 对象放入 ArrayList 集合中

从图 3.7 可以看出，此时 t1 和 list 集合的第 1 个元素指向同一个 Java 对象，t2 和 list 集合的第 2 个元素也指向同一个 Java 对象，因此程序在①、②号代码处都输出 true。

下面将详细介绍 HashSet、HashMap 对集合元素的存储方式。当程序试图将多个 key-value 对放入 HashMap 中时，示例代码片段如下：

```
HashMap<String, Double> map = new HashMap<>();
map.put("语文", 80.0);
map.put("数学", 89.0);
map.put("英语", 78.2);
```

对于 HashMap 而言，它的存储方式要比 ArrayList 复杂一些——采用一种所谓的“Hash 算法”来决定每个元素的存储位置。

当程序执行 map.put("语文", 80.0);时，系统将调用“语文”的 hashCode()方法得到其 hashCode 值——每个 Java 对象都有 hashCode()方法，都可通过该方法获得它的 hashCode 值。得到这个对象的 hashCode 值之后，系统会根据该 hashCode 值来决定该元素的存储位置。

HashMap 类的 put(K key, V value)方法的源代码如下：

```
public V put(K key, V value) {
    return putVal(hash(key), key, value, false, true);
}
```

上面方法调用了 putVal()方法来添加 key-value 对，putVal()的代码如下：

```
final V putVal(int hash, K key, V value, boolean onlyIfAbsent,
            boolean evict) {
    Node<K,V>[] tab; Node<K,V> p; int n, i;
    // 如有必要，对底层 Hash 表（数组）执行初始化
    if ((tab = table) == null || (n = tab.length) == 0)
        n = (tab = resize()).length;
    // 将 Hash 表的目标位置的 Node 赋给变量 p，如果变量 p 为 null（还未存入元素）
    // 直接将该 Node 存入指定位置
    if ((p = tab[i = (n - 1) & hash]) == null)
        tab[i] = newNode(hash, key, value, null);
    else {
        Node<K,V> e; K k;
        // 如果 p 的 hash 值与要保存的 hash 值相同，且 p 的 key 与要保存的 key 相同或相等
        // 将 p 赋值给 e，即用 e 保存原有的 Node（以便后面返回该节点）
        if (p.hash == hash &&
            ((k = p.key) == key || (key != null && key.equals(k))))
            e = p;
        // 如果 p 是 TreeNode，说明此处已经形成了红黑树
        else if (p instanceof TreeNode)
            e = ((TreeNode<K,V>)p).putTreeVal(this, tab, hash, key, value);
        // 使用添加链表的方式添加节点
        else {
            // 使用 binCount 记录链表中节点的数量
            for (int binCount = 0; ; ++binCount) {
                // 将 p 的下一个节点赋给 e，如果 e 为 null
                // 表明已经到了链表的尾端
                if ((e = p.next) == null) {
                    // 在链表的尾端添加新节点
                    p.next = newNode(hash, key, value, null);
                    // 如果 binCount 大于或等于阈值，将链表转换为红黑树
                    if (binCount >= TREEIFY_THRESHOLD - 1)
                        treeifyBin(tab, hash);    // ①
                    break;
                }
                // 如果找到与要存入节点相同或相等的节点，跳出循环
                if (e.hash == hash &&
                    ((k = e.key) == key || (key != null && key.equals(k))))
                    break;
                p = e;
            }
```

```
            }
            if (e != null) {
                V oldValue = e.value;
                if (!onlyIfAbsent || oldValue == null)
                    e.value = value;
                afterNodeAccess(e);
                return oldValue;
            }
        }
        ++modCount;
        // 如果Map中的key-value对的数量超过了极限
        if (++size > threshold)
            resize();      // ②
        afterNodeInsertion(evict);
        return null;
    }
```

**提示：**

在 JDK 11 安装目录的 lib 目录下可以找到一个 src.zip 压缩文件，该文件里包含了 Java 基础类库的所有源文件。只要读者有学习兴趣，随时可以打开这个压缩文件来阅读 Java 类库的源代码，这对提高编程能力非常有帮助。需要指出的是，src.zip 中包含的源代码并没有包含如上文中所示的中文注释，这些注释是本书添加进去的。

上面程序用到了两个重要的内部类：Node 和 TreeNode，它们都实现了 Map 的内部接口 Map.Entry，每个 Map.Entry 其实就是一个 key-value 对。

从 Java 8 开始，由于 HashMap 得到了重大改进，HashMap 已经不再是简单的 Hash 表实现，而是 Hash 表和红黑树的结合体，因此 Java 8 之后的 HashMap 使用 Node 类作为 Map.Entry 的实现，普通 Node 就是简单的 Map.Entry 实现、封装了 key-value 对，并增加了一个 next 成员变量，用于指向它的下一个节点。但它的子类 TreeNode 则不同，它代表了红黑树的节点，因此增加了大量的方法。

**提示：**

Java 的 TreeMap 是更纯粹的红黑树实现，后面介绍 TreeMap 时会详细讲解红黑树的具体实现和代码操作。

从上面的程序可以看出，当系统决定存储 HashMap 中的 key-value 对时，完全没有考虑 Node 中的 value，而仅仅是根据 key 来计算并决定每个 Node 的存储位置。这也说明了前面的结论：完全可以把 Map 集合中的 value 当成 key 的“附属物”，当系统决定了 key 的存储位置之后，value 随之保存在那里即可。

从上面 put 方法的源代码可以看出，当程序试图将一个 key-value 对放入 HashMap 中时，首先根据该 key 的 hashCode()返回值决定该 Node 的存储位置——如果两个 Node 的 key 的 hashCode()返回值相同，那么它们的存储位置相同；如果这两个 Node 的 key 通过 equals 比较返回 true，则新添加 Node 的 value 将覆盖集合中原有 Node 的 value，但 key 不会覆盖；如果这两个 Node 的 key 通过 equals 比较返回 false，则新添加的 Node 将与集合中原有的 Node 形成红黑树或 Node 链，当添加 Node 链时，新添加的 Node 位于 Node 链的尾端——具体请看 putVal()方法的说明。

从上面代码可以看出，当 Node 链所包含的节点数（链表长度）大于或等于 TREEIFY_THRESHOLD-1（TREEIFY_THRESHOLD 是一个链表树化的阈值，其值为 8）时，HashMap 就会将该链表转换为红黑树。

当向 HashMap 中添加 key-value 对时，由其 key 的 hashCode()返回值决定该 key-value 对（就是 Node 对象）的存储位置。当两个 Node 对象的 key 的 hashCode()返回值相同时，将由 key 通过 equals()比较值决定是采用覆盖行为（返回 true），还是产生红黑树或 Node 链（返回 false）。

上面程序还用到了 HashMap 实现类中的以下两个变量。

- size：该变量保存了该 HashMap 中所包含的 key-value 对的数量。
- threshold：该变量包含了 HashMap 能容纳的 key-value 对的极限，它的值等于 HashMap 的容量乘以负载因子（load factor）。

从上面程序中的②号代码可以看出，当++size > threshold 时，HashMap 会自动调用 resize()方法扩充 HashMap 的容量。每扩充一次，HashMap 的容量就增大一倍。下面是 resize()方法的代码。

```
final Node<K,V>[] resize() {
    // 缓存原有的数组
    Node<K,V>[] oldTab = table;
    int oldCap = (oldTab == null) ? 0 : oldTab.length;
    int oldThr = threshold;
    int newCap, newThr = 0;
    // 计算 newCap（新数组的长度）
    ...
    // 创建数组
    Node<K,V>[] newTab = (Node<K,V>[])new Node[newCap];
    ...
    return newTab;
}
```

从上面的粗体字代码可以看出，HashMap 底层存储数据的就是一个数组。

上面程序中使用的 table 其实就是一个普通数组，每个数组都有一个固定的长度，这个数组的长度就是 HashMap 的容量。HashMap 包含如下几个构造器。

- HashMap()：构建一个初始容量为 16、负载因子为 0.75 的 HashMap。
- HashMap(int initialCapacity)：构建一个初始容量为 initialCapacity、负载因子为 0.75 的 HashMap。
- HashMap(int initialCapacity, float loadFactor)：以指定的初始容量、负载因子创建一个 HashMap。

当创建一个 HashMap 时，系统会设置或计算 loadFactor 和 threshold 两个成员变量的值，当程序调用 putVal()方法添加 key-value 对时，它会根据需要创建一个 table 数组来保存 HashMap 中的 Node。下面是 HashMap 中一个构造器的代码。

```
public HashMap(int initialCapacity, float loadFactor) {
    // 初始容量不能为负数
    if (initialCapacity < 0)
        throw new IllegalArgumentException("Illegal initial capacity: "
            + initialCapacity);
    // 如果初始容量大于最大容量，则让初始容量等于最大容量
    if (initialCapacity > MAXIMUM_CAPACITY)
        initialCapacity = MAXIMUM_CAPACITY;
    // 负载因子必须是大于 0 的值
    if (loadFactor <= 0 || Float.isNaN(loadFactor))
        throw new IllegalArgumentException("Illegal load factor: "
            + loadFactor);
```

```
        this.loadFactor = loadFactor;
        this.threshold = tableSizeFor(initialCapacity);
    }
```

上面方法先对 initialCapacity、loadFactor 这两个参数执行了检查，然后将 loadFactor 参数赋值给 loadFactor 成员变量。接下来调用了 tableSizeFor()方法计算 threshold。下面是该方法的代码。

```
    static final int tableSizeFor(int cap) {
        int n = -1 >>> Integer.numberOfLeadingZeros(cap - 1);
        // 返回大于 cap 的最小的 2 的 n 次方值
        return (n < 0) ? 1 : (n >= MAXIMUM_CAPACITY) ? MAXIMUM_CAPACITY : n + 1;
    }
```

上面代码中的粗体字代码包含了一个简洁的代码实现：找出大于 cap 的最小的 2 的 *n* 次方值，并将其作为 HashMap 的实际容量。例如，给定 initialCapacity 为 10，那么该 HashMap 的实际容量就是 16。

**注意**

从上面代码可以看出，创建 HashMap 时指定的 initialCapacity 并不等于 HashMap 的实际容量。通常来说，HashMap 的实际容量总比 initialCapacity 大一些，除非指定的 initialCapacity 参数值恰好是 2 的 *n* 次方。当然，掌握了 HashMap 容量分配的知识之后，应该在创建 HashMap 时将 initialCapacity 参数值指定为 2 的 *n* 次方，这样可以减少系统的计算开销。

对于 HashMap 及其子类而言，它们采用 Hash 算法来决定集合中元素的存储位置。当系统开始初始化 HashMap 时，系统会创建一个长度为 capacity 的 Node 数组。这个数组里可以存储元素的位置被称为“桶（bucket）”，每个“桶”都有其指定索引，系统可以根据其索引快速访问该桶里存储的元素。

无论何时，HashMap 的每个“桶”只存储一个元素（即一个 Node）。由于 Node 对象可以包含一个 next 引用变量（就是 Node 构造器的最后一个参数）用于指向下一个 Node，因此可能出现：HashMap 的 bucket 中只有一个 Node，但这个 Node 指向另一个 Node——这就形成了一个 Node 链，如图 3.8 所示。

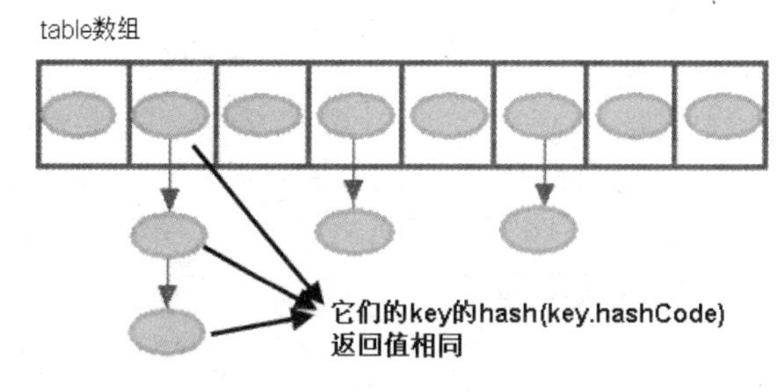


图 3.8　HashMap 的存储示意图

如果某个“桶”处的 Node 链太长（会显著降低节点的查找性能），HashMap 会自动对这条 Node 链执行“树化”——将链表转换成查找性能非常优秀的红黑树，这就是 putVal()方法中①号代码所做的事情。具体来说，当某个“桶”处的 Node 链的长度大于或等于 7 时，就会触发 HashMap 的“树化”操作。

正是因为 Java 8 之后的 HashMap 对 Node 链增加了“树化”的优化，所以 HashMap 的性能再次得到了提升，不仅在没有“桶冲突”的情况下能保证高速存取，而且即使有“桶冲突”也能保证高速存取。

**提示：**

在 HashMap 中多个元素需要被保存到 table 数组的同一个位置（桶）的情况，被称为“桶冲突”。

当 HashMap 的每个“桶”里存储的 Node 只是单个 Node，即没有通过指针产生 Node 链时，此时的 HashMap 具有最好的性能。当程序通过 key 取出对应的 value 时，系统只需要先计算出该 key 的 hashCode()返回值，再根据该 hashCode()返回值找出该 key 在 table 数组中的索引，然后取出该索引处的 Node，最后返回该 key 对应的 value。HashMap 类的 get(Object key)方法代码如下：

```
public V get(Object key) {
    Node<K,V> e;
    return (e = getNode(hash(key), key)) == null ? null : e.value;
}
```

上面方法调用了 getNode()方法来获取节点，如果 getNode()方法的返回值为 null，则意味着没有找到目标 key 对应的节点，直接返回 null；否则就返回找到 Node 节点的 value——即目标 key 对应的 value。

下面是 getNode()方法的源代码。

```
final Node<K,V> getNode(int hash, Object key) {
    Node<K,V>[] tab; Node<K,V> first, e; int n; K k;
    // 先将保存所有 Node 的 table 数组赋值给 tab 变量
    // 如果 tab 数组不为 null，且 tab 数组长度大于 0
    // 而且根据 hash 值找到目标位置的“桶”不为 null（即有元素、链或二叉树）
    if ((tab = table) != null && (n = tab.length) > 0 &&
        (first = tab[(n - 1) & hash]) != null) {
        // 首先判断第一个 Node 是否为要查找的目标 Node
        if (first.hash == hash &&
            ((k = first.key) == key || (key != null && key.equals(k))))
            return first;
        if ((e = first.next) != null) {
            // 如果 first 节点是 TreeNode，则表明此处是红黑树
            if (first instanceof TreeNode)
                // 调用红黑树的快速查找方法
                return ((TreeNode<K,V>)first).getTreeNode(hash, key);
            // 如果不是红黑树（就是链表），则不断搜索下一个节点，直到找到目标节点
            do {
                if (e.hash == hash &&
                    ((k = e.key) == key || (key != null && key.equals(k))))
                    return e;
            // 将 e.next 赋值给 e，就代表搜索下一个节点
            } while ((e = e.next) != null);
        }
    }
    // 如果找不到，则直接返回 null
    return null;
}
```

从上面代码中可以看出，如果 HashMap 的每个“桶”里只有一个 Node，那么 HashMap 可以根据索引快速地取出该桶里的 Node。在发生“Hash 冲突”的情况下，单个“桶”里存储的不是一个 Node，而是一个 Node 链或红黑树，HashMap 会先判断该 Node 的类型：如果该 Node 是 TreeNode 实例，则表明该桶处保存的是红黑树，调用 getTreeNode()方法执行红黑树的高速查找；否则，按顺序依次遍历每个 Node，直到找到想搜索的 Node 为止。如果恰好要搜索的 Node 位于该 Node 链

的末端（该Node最后才被放入该桶中），那么系统必须循环到最后才能找到该元素。

在Java 8以前，HashMap会在极端情况下导致某个“桶”处形成很长的Node链，这样会大大降低目标Node的查找性能；在Java 8以后，Node链的最大长度不可能超过7，否则就会变成红黑树，因此进一步提高了HashMap的性能。

归纳起来，简单地说，HashMap在底层将key-value对当成一个整体进行处理，这个整体就是一个Node对象。HashMap底层采用一个Node[]数组来保存所有的key-value对，当需要存储一个Node对象时，会根据Hash算法来决定其存储位置；当需要取出一个Node时，也会根据Hash算法找到其存储位置，直接取出该Node。由此可见，HashMap能快速存取它所包含的Node，完全类似于现实生活中的：不同的东西要放在不同的位置，需要时才能快速找到它。

当创建HashMap时，有一个默认的负载因子（load factor），其默认值为0.75。这是时间和空间成本上的一种折中：增大负载因子可以减少Hash表（就是那个Node数组）所占用的内存空间，但会增加查询数据的时间开销，而查询是最频繁的操作（HashMap的get()与put()方法都要用到查询）；减小负载因子会提高数据查询的性能，但会增加Hash表所占用的内存空间。

掌握了上面知识之后，可以在创建HashMap时根据实际需要适当地调整负载因子的值。如果程序比较关心空间开销，内存比较紧张，则可以适当地增加负载因子；如果程序比较关心时间开销，内存比较宽裕，则可以适当减少负载因子。在通常情况下，程序员无须改变负载因子的值。

如果一开始就知道HashMap会保存多个key-value对，则可以在创建时就使用较大的初始容量，如果HashMap中Node的数量一直不会超过极限容量（capacity * load factor），HashMap就无须调用resize()方法重新分配table数组，从而保证有较好的性能。当然，一开始就将初始容量设置太高可能会浪费空间（系统需要创建一个长度为capacity的Node数组），因此创建HashMap时初始容量的设置也需要小心对待。

对于HashSet而言，它是基于HashMap实现的。HashSet底层采用HashMap来保存所有元素，因此HashSet的实现比较简单，查看HashSet的源代码，如下所示。

```
public class HashSet<E> extends AbstractSet<E>
    implements Set<E>, Cloneable, java.io.Serializable
{
    // 使用 HashMap 的 key 保存 HashSet 中的所有元素
    private transient HashMap<E, Object> map;
    // 定义一个虚拟的 Object 对象作为 HashMap 的 value
    private static final Object PRESENT = new Object();
    ...
    // 初始化 HashSet，底层会初始化一个 HashMap
    public HashSet()
    {
        map = new HashMap<>();
    }
    // 以指定的 initialCapacity、loadFactor 创建 HashSet
    // 其实就是以相应的参数创建 HashMap
    public HashSet(int initialCapacity, float loadFactor)
    {
        map = new HashMap<>(initialCapacity, loadFactor);
    }
    public HashSet(int initialCapacity)
    {
        map = new HashMap<>(initialCapacity);
    }
    HashSet(int initialCapacity, float loadFactor, boolean dummy)
    {
        map = new LinkedHashMap<>(initialCapacity, loadFactor);
    }
```

```
    // 调用map的keySet返回所有的key
    public Iterator<E> iterator()
    {
        return map.keySet().iterator();
    }
    // 调用HashMap的size()方法返回Node的数量，得到该Set里元素的个数
    public int size()
    {
        return map.size();
    }
    // 调用HashMap的isEmpty()判断该HashSet是否为空
    // 当HashMap为空时，对应的HashSet也为空
    public boolean isEmpty()
    {
        return map.isEmpty();
    }
    // 调用HashMap的containsKey判断是否包含指定的key
    // HashSet的所有元素就是通过HashMap的key来保存的
    public boolean contains(Object o)
    {
        return map.containsKey(o);
    }
    // 将指定元素放入HashSet中，也就是将该元素作为key放入HashMap中
    public boolean add(E e)
    {
        return map.put(e, PRESENT) == null;
    }
    // 调用HashMap的remove方法删除指定的Node，也就删除了HashSet中对应的元素
    public boolean remove(Object o)
    {
        return map.remove(o) == PRESENT;
    }
    // 调用Map的clear方法清空所有的Node，也就清空了HashSet中的所有元素
    public void clear()
    {
        map.clear();
    }
    ...
}
```

由上面的源代码可以看出，HashSet的实现其实非常简单，它只是封装了一个HashMap对象来存储所有的集合元素。所有放入HashSet中的集合元素实际上由HashMap的key来保存，而HashMap的value则存储了一个PRESENT，它是一个静态的Object对象。

HashSet的绝大部分方法都是通过调用HashMap的方法来实现的，因此HashSet和HashMap两个集合在实现本质上是相同的。

由于HashSet的add()方法在添加集合元素时，实际上转变为调用HashMap的put()方法来添加key-value对，当新放入HashMap的Node中的key与集合中原有Node的key相同（hashCode()返回值相等，通过equals比较也返回true）时，新添加的Node的value将覆盖原来Node的value，但key不会有任何改变。因此，如果向HashSet中添加一个已经存在的元素，新添加的集合元素（底层由HashMap的key保存）不会覆盖已有的集合元素。

掌握上面的理论知识之后，接下来看一个程序，测试是否真正掌握了HashMap和HashSet集

合的功能。

程序清单：codes\03\3.1\HashSetTest.java

```
class Name
{
    private String first;
    private String last;
    public Name(String first, String last)
    {
        this.first = first;
        this.last = last;
    }
    public boolean equals(Object o)
    {
        if (this == o)
        {
            return true;
        }
        if (o.getClass() == Name.class)
        {
            Name n = (Name) o;
            return n.first.equals(first)
                && n.last.equals(last);
        }
        return false;
    }
}
public class HashSetTest
{
    public static void main(String[] args)
    {
        Set<Name> s = new HashSet<>();
        s.add(new Name("abc", "123"));
        System.out.println(
            s.contains(new Name("abc", "123")));
    }
}
```

上面程序中向HashSet里添加了一个new Name("abc", "123")对象之后，立即通过程序判断该HashSet是否包含一个new Name("abc", "123")对象。粗看上去，很容易以为该程序会输出true。

实际运行上面程序，将看到程序输出false，这是因为HashSet判断两个对象相等的标准除了要求通过equals()方法比较返回true，还要求两个对象的hashCode()返回值相同。而上面程序没有重写Name类的hashCode()方法，两个Name对象的hashCode()返回值并不相同，因此HashSet会把它们当成两个对象处理，程序返回false。

由此可见，当试图把某个类的对象当成HashMap的key，或者试图将这个类的对象放入HashSet中保存时，重写该类的equals(Object obj)方法和hashCode()方法很重要，而且这两个方法的返回值必须保持一致。当该类的两个hashCode()返回值相同时，它们通过equals()方法比较也应该返回true。通常来说，所有参与计算hashCode()返回值的关键属性，都应该用于作为equals()比较的标准。

**提示：**

关于如何正确地重写某个类的hashCode()方法和equals()方法，请参考疯狂Java体系的《疯狂Java讲义》的相关内容。

如下程序就正确重写了Name类的hashCode()方法和equals()方法。

**程序清单：codes\03\3.1\HashSetTest2.java**

```
class Name
{
    private String first;
    private String last;
    public Name(String first, String last)
    {
        this.first = first;
        this.last = last;
    }
    // 根据 first 判断两个 Name 是否相等
    public boolean equals(Object o)
    {
        if (this == o)
        {
            return true;
        }
        if (o.getClass() == Name.class)
        {
            Name n = (Name) o;
            return n.first.equals(first);
        }
        return false;
    }
    // 根据 first 计算 Name 对象的 hashCode()返回值
    public int hashCode()
    {
        return first.hashCode();
    }
    public String toString()
    {
        return "Name[first=" + first + ", last=" + last + "]";
    }
}
public class HashSetTest2
{
    public static void main(String[] args)
    {
        HashSet<Name> set = new HashSet<>();
        set.add(new Name("abc", "123"));
        set.add(new Name("abc", "456"));
        System.out.println(set);    // ①
    }
}
```

上面程序中提供了一个 Name 类，该 Name 类重写了 equals()和 toString()两个方法。这两个方法都是根据 Name 类的 first 实例变量来判断的，当两个 Name 对象的 first 实例变量相等时，这两个 Name 对象的 hashCode()返回值也相同，通过 equals()比较也会返回 true。

程序主方法先将第一个 Name 对象添加到 HashSet 中，该 Name 对象的 first 实例变量值为“abc”。接着程序再次试图将一个 first 为“abc”的 Name 对象添加到 HashSet 中。很明显，此时没法将新的 Name 对象添加到该 HashSet 中，因为此处试图添加的 Name 对象的 first 也是“abc”，HashSet 会判断此处新增的 Name 对象与原有的 Name 对象相同，因此无法添加进去。在①号代码处输出 set 集合时将看到，该集合里只包含一个 Name 对象，就是第一个，即 last Field 值为“123”的 Name 对象。

### 3.1.3　TreeMap 和 TreeSet

TreeMap 和 TreeSet 类似于前面介绍的 HashMap 和 HashSet 之间的关系，HashSet 底层依赖于

HashMap 实现，TreeSet 底层则采用一个 NavigableMap 来保存 TreeSet 集合的元素。但实际上，由于 NavigableMap 只是一个接口，因此底层依然是使用 TreeMap 来包含 Set 集合中的所有元素。

下面是 TreeSet 类的部分源代码。

```
public class TreeSet<E> extends AbstractSet<E>
    implements NavigableSet<E>, Cloneable, java.io.Serializable
{
    // 使用 NavigableMap 的 key 来保存 Set 集合的元素
    private transient NavigableMap<E, Object> m;
    // 使用一个 PRESENT 作为 Map 集合的所有 value
    private static final Object PRESENT = new Object();
    // 包访问权限的构造器，以指定的 NavigableMap 对象创建 Set 集合
    TreeSet(NavigableMap<E, Object> m)
    {
        this.m = m;
    }
    public TreeSet()                          // ①
    {
        // 以自然排序方式创建一个新的 TreeMap，根据该 TreeMap 创建一个 TreeSet
        // 使用该 TreeMap 的 key 来保存 Set 集合的元素
        this(new TreeMap<>());
    }
    public TreeSet(Comparator<? super E> comparator)       // ②
    {
        // 以定制排序方式创建一个新的 TreeMap，根据该 TreeMap 创建一个 TreeSet
        // 使用该 TreeMap 的 key 来保存 Set 集合的元素
        this(new TreeMap<>(comparator));
    }
    public TreeSet(Collection<? extends E> c)
    {
        // 调用①号构造器创建一个 TreeSet，底层以 TreeMap 保存集合元素
        this();
        // 向 TreeSet 中添加 Collection 集合 c 里的所有元素
        addAll(c);
    }
    public TreeSet(SortedSet<E> s)
    {
        // 调用②号构造器创建一个 TreeSet，底层以 TreeMap 保存集合元素
        this(s.comparator());
        // 向 TreeSet 中添加 SortedSet 集合 s 里的所有元素
        addAll(s);
    }
    // TreeSet 的其他方法都只是直接调用 TreeMap 的方法来提供实现
    ...
    public boolean addAll(Collection<? extends E> c)
    {
        if (m.size() == 0 && c.size() > 0 &&
            c instanceof SortedSet && m instanceof TreeMap)
        {
            // 把 c 集合强制转换为 SortedSet 集合
            SortedSet<? extends E> set = (SortedSet<? extends E>) c;
            // 把 m 集合强制转换为 TreeMap 集合
            TreeMap<E,Object> map = (TreeMap<E, Object>) m;
            Comparator<? super E> cc = (Comparator<? super E>) set.comparator();
            Comparator<? super E> mc = map.comparator();
            // 如果 cc 和 mc 两个 Comparator 相等
            if (cc == mc || (cc != null && cc.equals(mc)))
            {
                // 把 Collection 中的所有元素添加成 TreeMap 集合的 key
                map.addAllForTreeSet(set, PRESENT);
```

```
                return true;
            }
        }
        // 直接调用父类的 addAll()方法来实现
        return super.addAll(c);
    }
    ...
}
```

从上面代码可以看出，TreeSet 的①号和②号构造器都是新建一个 TreeMap 作为实际存储 Set 元素的容器，而另外两个构造器则分别依赖于①号和②号构造器。由此可见，TreeSet 底层实际使用的存储容器就是 TreeMap。

与 HashSet 完全类似的是，TreeSet 里绝大部分方法都是直接调用 TreeMap 的方法来实现的，这一点请自行参阅 TreeSet 的源代码。

对于 TreeMap 而言，它采用一种被称为“红黑树”的排序二叉树来保存 Map 中的每个 Entry——每个 Entry 都被当成红黑树的一个节点来对待。示例如下。

**程序清单：codes\03\3.1\TreeMapTest.java**

```
public class TreeMapTest
{
    public static void main(String[] args)
    {
        TreeMap<String, Double> map = new TreeMap<>();
        map.put("ccc", 89.0);
        map.put("aaa", 80.0);
        map.put("zzz", 80.0);
        map.put("bbb", 89.0);
        System.out.println(map);
    }
}
```

当程序执行 map.put("ccc", 89.0);时，系统将直接把"ccc"-89.0 这个 Entry 放入 Map 中，这个 Entry 就是该红黑树的根节点。接着程序执行 map.put("aaa", 80.0);时，会将"aaa"-80.0 作为新节点添加到已有的红黑树中。

以后每向 TreeMap 中放入一个 key-value 对，系统都需要将该 Entry 当成一个新节点，添加到已有的红黑树中，通过这种方式就可保证 TreeMap 中所有的 key 总是由小到大排列。例如，输出上面程序，将看到如下结果（所有的 key 由小到大排列）。

```
{aaa = 80.0, bbb = 89.0, ccc = 89.0, zzz = 80.0}
```

**提示：**

可以形象地归纳 HashMap、HashSet 与 TreeMap、TreeSet 两类集合。HashMap、HashSet 存储集合元素的方式类似于“妈妈放东西”，不同的东西放在不同的位置，需要时就可以快速找到它们；TreeMap、TreeSet 存储集合元素的方式类似于“体育课站队”，第一个人（相当于元素）自成一队，以后每添加一个人都要先找到这个人应该插入的位置（队伍头端的所有人比新插入的人矮，队伍尾端的所有人比新插入的人高），然后在该位置插入此人即可。这样可以保证该队伍总是由矮到高排列——当然，红黑树的算法比“体育课站队”排序方式高效多了。

对于 TreeMap 而言，由于它底层采用一棵红黑树来保存集合中的 Entry，这意味着 TreeMap 添加元素、取出元素的性能都比 HashMap 低。当 TreeMap 添加元素时，需要通过循环找到新增 Entry 的插入位置，因此比较耗性能；当从 TreeMap 中取出元素时，需要通过循环才能找到合适的 Entry，也比较耗性能。但TreeMap、TreeSet相比HashMap、HashSet的优势在于：TreeMap中的所有Entry总是按key根据指定的排序规则保持有序状态，TreeSet中的所有元素总是根据指定的排序规则保持有序状态。

**提示：**

红黑树是一种自平衡二叉查找树，树中每个节点的值，都大于或等于它的左子树中的所有节点的值，并且小于或等于它的右子树中的所有节点的值，这确保红黑树运行时可以快速地在树中查找和定位所需的节点。关于红黑树的实现细节，请参考本书第 11 章的介绍。

对于TreeMap集合而言，其关键就是put(K key, V value)，该方法实现了将Entry放入TreeMap的Entry红黑树，并保证该Entry红黑树总是处于有序状态。下面是该方法的源代码。

```
public V put(K key, V value)
{
    // 先以t保存红黑树的root节点
    Entry<K,V> t = root;
    // 如果t == null，则表明是一个空树，即该TreeMap里没有任何Entry
    if (t == null)
    {
        // 将新的key-value对创建一个Entry，并将该Entry作为root
        root = new Entry<K,V>(key, value, null);
        // 设置该Map集合的size为1，代表包含一个Entry
        size = 1;
        // 记录修改次数为1
        modCount++;
        return null;
    }
    int cmp;
    Entry<K,V> parent;
    Comparator<? super K> cpr = comparator;
    // 如果比较器cpr不为null，即表明采用定制排序方式
    if (cpr != null)
    {
        do {
            // 使用parent上次循环后的t所引用的Entry
            parent = t;
            // 拿新插入的key和t的key进行比较
            cmp = cpr.compare(key, t.key);
            // 如果新插入的key小于t的key，那么t等于t的左边节点
            if (cmp < 0)
                t = t.left;
            // 如果新插入的key大于t的key，那么t等于t的右边节点
            else if (cmp > 0)
                t = t.right;
            // 如果两个key相等，那么新的value覆盖原有的value，并返回原有的value
            else
                return t.setValue(value);
        } while (t != null);
    }
    else
    {
        if (key == null)
            throw new NullPointerException();
        Comparable<? super K> k = (Comparable<? super K>) key;
        do {
            // 使用parent上次循环后的t所引用的Entry
```

```
            parent = t;
            // 拿新插入的key和t的key进行比较
            cmp = k.compareTo(t.key);
            // 如果新插入的key小于t的key，那么t等于t的左边节点
            if (cmp < 0)
                t = t.left;
            // 如果新插入的key大于t的key，那么t等于t的右边节点
            else if (cmp > 0)
                t = t.right;
            // 如果两个key相等，那么新的value覆盖原有的value，并返回原有的value
            else
                return t.setValue(value);
        } while (t != null);
    }
    // 将新插入的节点作为parent节点的子节点
    Entry<K,V> e = new Entry<K,V>(key, value, parent);
    // 如果新插入的key小于parent的key，则e作为parent的左子节点
    if (cmp < 0)
        parent.left = e;
    // 如果新插入的key大于parent的key，则e作为parent的右子节点
    else
        parent.right = e;
    // 修复红黑树
    fixAfterInsertion(e);                    // ①
    size++;
    modCount++;
    return null;
}
```

上面程序中的粗体字代码就是实现“排序二叉树”的关键算法。每当程序希望添加新节点时，总是从树的根节点开始比较，即将根节点当成当前节点。如果新增节点大于当前节点且当前节点的右子节点存在，则以右子节点作为当前节点；如果新增节点小于当前节点且当前节点的左子节点存在，则以左子节点作为当前节点；如果新增节点等于当前节点，则用新增节点覆盖当前节点，并结束循环——直到某个节点的左、右子节点不存在，将新节点添加为该节点的子节点。如果新节点比该节点大，则添加其为右子节点；如果新节点比该节点小，则添加其为左子节点。

**提示：**

学习Java之前是不是应该必须先学好算法？由于大学课程总是强调“算法 + 数据结构 = 程序”等式，所以导致很多编程爱好者对算法、数据结构十分重视。当然笔者并不是说算法、数据结构不重要，但可能并没有大家想象得那么紧急。这个等式是很早以前提出的，那时候还没有很多高级语言可以使用，很多事情都必须由程序员自己来做，如实现一个关联数组的结构等，因此对算法、数据结构的要求很高。今天有很多高级语言、基础类库可以使用，因此对算法、数据结构的要求没有那么高。

对于大部分初学者而言，其实没有必要一开始就把算法、数据结构搞得很熟，完全可以先从语言本身开始。使用语言这个工具由浅入深不断地编写程序，随着代码量的积累，再配合各种算法、数据结构的理论，可能更容易上手。从这个意义上来讲，本章内容也不是为Java集合初学者准备的，真正把Java集合用熟之后再阅读本章会更合适。

当TreeMap根据key取出value时，TreeMap对应的方法如下：

```
public V get(Object key)
{
    // 根据指定的key取出对应的Entry
    Entry<K,V> p = getEntry(key);
```

```
        // 返回该 Entry 所包含的 value
        return (p = =null ? null : p.value);
    }
```

从上面程序的粗体字代码可以看出，get(Object key)方法实质上是由 getEntry()方法实现的。这个 getEntry()方法的代码如下：

```
    final Entry<K,V> getEntry(Object key)
    {
        // 如果 comparator 不为 null，则表明程序采用定制排序方式
        if (comparator != null)
            // 调用 getEntryUsingComparator 方法取出对应的 key
            return getEntryUsingComparator(key);
        // 如果 key 形参的值为 null，则抛出 NullPointerException 异常
        if (key == null)
            throw new NullPointerException();
        @SuppressWarnings("unchecked")
            // 将 key 强制类型转换为 Comparable 实例
            Comparable<? super K> k = (Comparable<? super K>) key;
        // 从树的根节点开始
        Entry<K,V> p = root;
        while (p != null)
        {
            // 拿 key 与当前节点的 key 进行比较
            int cmp = k.compareTo(p.key);
            // 如果 key 小于当前节点的 key，则向左子树搜索
            if (cmp < 0)
                p = p.left;
            // 如果 key 大于当前节点的 key，则向右子树搜索
            else if (cmp > 0)
                p = p.right;
            // 如果既不大于也不小于，就是找到了目标 Entry
            else
                return p;
        }
        return null;
    }
```

上面的 getEntry(Object obj)方法也是充分利用排序二叉树的特征来搜索目标 Entry。程序依然从二叉树的根节点开始，如果被搜索节点大于当前节点，则程序向右子树搜索；如果被搜索节点小于当前节点，则程序向左子树搜索；如果相等，那就是找到了指定节点。

若 TreeMap 里的 comparator != null，即表明该 TreeMap 采用定制排序方式。在采用定制排序方式下，TreeMap 采用 getEntryUsingComparator(Object key)方法根据 key 来获取 Entry。下面是该方法的代码。

```
    final Entry<K,V> getEntryUsingComparator(Object key)
    {
        @SuppressWarnings("unchecked")
            K k = (K) key;
        // 获取该 TreeMap 的 comparator
        Comparator<? super K> cpr = comparator;
        if (cpr != null)
        {
            // 从根节点开始
            Entry<K,V> p = root;
            while (p != null)
            {
                // 拿 key 与当前节点的 key 进行比较
                int cmp = cpr.compare(k, p.key);
```

```
                // 如果 key 小于当前节点的 key，则向左子树搜索
                if (cmp < 0)
                    p = p.left;
                // 如果 key 大于当前节点的 key，则向右子树搜索
                else if (cmp > 0)
                    p = p.right;
                // 如果既不大于也不小于，就是找到了目标 Entry
                else
                    return p;
            }
        }
        return null;
    }
```

其实 getEntry、getEntryUsingComparator 这两个方法的实现思路完全类似，只是前者对自然排序的 TreeMap 获取有效，后者对定制排序的 TreeMap 有效。

通过上面源代码的分析不难看出，TreeMap 这个工具类的实现其实很简单。或者说，从内部结构来看，TreeMap 本质上就是一棵红黑树，而 TreeMap 的每个 Entry 就是该红黑树的一个节点。

## 3.2　Map 和 List

前面介绍了 Map 和 Set 的相似之处，当把 Map 中的 key-value 对当成单独的集合元素来对待时，Map 和 Set 也就统一起来了。接下来依然把 Map 的 key-value 对分开来对待，从另外一个角度来看，就可把 Map 和 List 统一起来。

### 3.2.1　Map 的 values()方法

Map 集合是一个关联数组，它包含两组值：一组是所有 key 组成的集合，因为 Map 集合的 key 不允许重复，而且 Map 不会保存 key 加入的顺序，因此这些 key 可以组成一个 Set 集合；另外一组是 value 组成的集合，因为 Map 集合的 value 完全可以重复，而且 Map 可以根据 key 来获取对应的 value，所以这些 value 可以组成一个 List 集合。

实际上，Map 的 values 方法并未返回一个 List 集合，示例如下。

**程序清单：codes\03\3.2\MapValueTest.java**

```
public class MapValueTest
{
    public static void main(String[] args)
    {
        HashMap<String, Double> scores = new HashMap<>();
        scores.put("语文", 89.0);
        scores.put("数学", 83.0);
        scores.put("英文", 80.0);
        // 输出 scores 集合的 values()方法返回值
        System.out.println(scores.values());
        System.out.println(scores.values().getClass());
        TreeMap<String, Double> health = new TreeMap<>();
        health.put("身高", 173.0);
        health.put("体重", 71.2);
        // 输出 health 集合的 values()方法返回值
        System.out.println(health.values());
        System.out.println(health.values().getClass());
    }
}
```

上面程序中定义了两个 Map，其中一个是 HashMap，另一个是 TreeMap。接着，依次向两个 Map 集合中添加多个 key-value 对，然后输出两个 Map 集合的 values()方法返回值和 values()方法返回值的类型。运行上面程序，结果如图 3.9 所示。

```
[89.0, 83.0, 80.0]
class java.util.HashMap$Values
[71.2, 173.0]
class java.util.TreeMap$Values
```

图 3.9　Map 的 values()方法返回值

从图 3.9 可以看出，HashMap 和 TreeMap 两个集合的 values()方法返回值确实是包含 Map 中所有 value 的集合，但它们并不是 List 对象，而分别是 HashMap$Values 对象和 TreeMap$Values 对象。

先来看 HashMap 的 values()方法的源代码，如下所示。

```
public Collection<V> values() {
    // 获取 values 实例变量
    Collection<V> vs = values;
    // 如果 vs == null，将 new Values()赋给 vs、values 变量
    if (vs == null) {
        vs = new Values();
        values = vs;
    }
    return vs;
}
```

再来看 TreeMap 的 values()方法的源代码，如下所示。

```
public Collection<V> values() {
    // 获取 values 实例变量
    Collection<V> vs = values;
    // 如果 vs == null，将 new Values()赋给 vs、values 变量
    if (vs == null) {
        vs = new Values();
        values = vs;
    }
    return vs;
}
```

由此可见，HashMap 和 TreeMap 这两个 Map 类的 values()方法的实现完全相同。当程序第一次调用这两个 Map 对象的 values()方法时，它们会新建一个 Values 对象，并将该 Values 对象赋给 values 实例变量；当程序下次调用 values()方法时，将直接以 values 实例变量作为返回值。

由此可见，对于 HashMap 和 TreeMap 而言，它们的 values()方法返回值的区别主要体现在各自 Values 内部类的实现上。

下面先来看 HashMap 的 Values 内部类的源代码，如下所示。

```
final class Values extends AbstractCollection<V> {
    // 返回外部类实例的 size 实例变量作为 size()方法的返回值
    public final int size()                 { return size; }
    // 调用其外部类实例的 clear()方法来实现 clear()方法
    public final void clear()               { HashMap.this.clear(); }
    // 创建 ValueIterator 对象作为返回值
    public final Iterator<V> iterator()     { return new ValueIterator(); }
    // 返回外部类实例的 containsValue(o)的返回值作为本方法的返回值
    public final boolean contains(Object o) { return containsValue(o); }
    public final Spliterator<V> spliterator() {
        return new ValueSpliterator<>(HashMap.this, 0, -1, 0, 0);
    }
```

```
    // 为Values集合实现forEach()方法
    public final void forEach(Consumer<? super V> action) {
        Node<K,V>[] tab;
        if (action == null)
            throw new NullPointerException();
        if (size > 0 && (tab = table) != null) {
            int mc = modCount;
            for (Node<K,V> e : tab) {
                for (; e != null; e = e.next)
                    action.accept(e.value);
            }
            if (modCount != mc)
                throw new ConcurrentModificationException();
        }
    }
}
```

注意上面这个 Values 集合类，它虽然继承了 AbstractCollection 抽象类，但并不是一个真正的 Collection 集合。因为它并未实现 add(Object e)方法，而且 AbstractCollection 抽象类也没有实现 add(Object e)方法。也就是说，这个 Values 集合对象并没有真正盛装任何 Java 对象。

上面 Values 内部类的 iterator()方法直接创建并返回一个 ValueIterator 对象，ValueIterator 类的实现非常简单，它是通过调用 HashMap 的 nextNode()方法来实现的。下面是该类的源代码。

```
final class ValueIterator extends HashIterator
    implements Iterator<V> {
    // 返回nextNode()方法返回的Node的value
    public final V next() { return nextNode().value; }
}
```

**提示：**

在 Java 8 以前，HashMap 源代码在实现 Values 类的 iterator()方法中还调用了 newValueIterator()方法，而该方法内只有一行 return new ValueIterator()，因此本书第 1 版就曾指出那个方法纯属画蛇添足。Java 8 之后的 HashMap 已经删除了该方法。

经过上面的系列讲解可以发现，HashMap 的 values()方法表面上返回了一个 Values 集合对象，但这个集合对象并不能添加元素。它的主要功能是用于遍历 HashMap 里的所有 value，而遍历集合的所有 value 则主要依赖于 HashIterator 的 nextNode()方法来实现。对于 HashMap 而言，每个 Node 都持有一个引用变量指向下一个 Node，因此 HashMap 实现 nextNode()方法非常简单。下面是 HashIterator 的 nextNode()方法的源代码。

```
final Node<K,V> nextNode() {
    Node<K,V>[] t;
    Node<K,V> e = next;
    if (modCount != expectedModCount)
        throw new ConcurrentModificationException();
    if (e == null)
        throw new NoSuchElementException();
    if ((next = (current = e).next) == null && (t = table) != null) {
        do {} while (index < t.length && (next = t[index++]) == null);
    }
    return e;
}
```

与 HashMap 类似的是，TreeMap 的 values()方法同样返回了一个 Values 对象。此处的 Values 类是 TreeMap 的内部类，该内部类的代码如下：

```
class Values extends AbstractCollection<V> {
```

```
    public Iterator<V> iterator() {
        // 以 TreeMap 中最小的节点创建一个 ValueIterator 对象
        return new ValueIterator(getFirstEntry());
    }
    public int size() {
        // 调用外部类的 size()实例方法的返回值作为返回值
        return TreeMap.this.size();
    }
    public boolean contains(Object o) {
        // 调用外部类的 containsValue(o)实例方法的返回值作为返回值
        return TreeMap.this.containsValue(o);
    }
    public boolean remove(Object o) {
        // 从 TreeMap 中最小的节点开始搜索，不断搜索下一个节点
        for (Entry<K,V> e = getFirstEntry()
            ; e != null; e = successor(e)) {
            // 如果找到指定节点
            f (valEquals(e.getValue(), o)) {
                // 执行删除
                deleteEntry(e);
                return true;
            }
        }
        return false;
    }
    public void clear() {
        // 调用外部类的 clear()实例方法来清空该集合
        TreeMap.this.clear();
    }
}
```

上面 Values 类与 HashMap 中 Values 类的区别不是太大，其中 size()、contains(Object o)和 clear()等方法也依赖于外部类 TreeMap 的方法来提供实现。不过，由于 TreeMap 是通过红黑树来实现的，因此上面程序中还用到了 TreeMap 提供的以下两个简单的工具方法。

- getFirstEntry()：获取 TreeMap 底层红黑树中最左边的叶子节点，也就是红黑树中最小的节点，即 TreeMap 中的第一个节点。
- successor(Entry<K,V> t)：获取 TreeMap 中指定 Entry(t)的下一个节点，也就是红黑树中大于 t 节点的最小节点。

getFirstEntry()方法的实现比较简单：程序不断搜索左子树，直到找到最左边的叶子节点。该方法的实现代码如下：

```
final Entry<K,V> getFirstEntry() {
    Entry<K,V> p = root;
    // 不断搜索左子节点，直到 p 成为最左子树的叶子节点
    if (p != null)
        while (p.left != null)
            p = p.left;
    return p;
}
```

successor(Entry<K,V> t)方法的实现稍稍复杂一点，该方法实现了搜索红黑树中大于指定节点的最小节点，其代码如下：

```
static <K,V> TreeMap.Entry<K,V> successor(Entry<K,V> t) {
    if (t == null)
        return null;
    // 如果其右子树存在，则搜索右子树中最小的节点（也就是右子树中最左的叶子节点）
    else if (t.right != null) {
```

```
        // 先获取其右子节点
        Entry<K,V> p = t.right;
        // 不断搜索左子节点，直到找到最左的叶子节点
        while (p.left != null)
            p = p.left;
        return p;
    }
    // 如果右子树不存在
    else {
        Entry<K,V> p = t.parent;
        Entry<K,V> ch = t;
        // 只要父节点存在，且 ch 是父节点的右节点
        // 表明 ch 大于其父节点，循环一直继续
        // 直到父节点为 null，或者 ch 变成父节点的子节点——此时父节点大于被搜索节点
        while (p != null && ch == p.right) {
            ch = p;
            p = p.parent;
        }
        return p;
    }
}
```

通过 TreeMap 提供的这个 successor(Entry<K,V>t)静态方法，可以非常方便、由小到大地遍历 TreeMap 底层的二叉树。实际上，完全可以通过这个静态方法由小到大地遍历 TreeMap 的所有元素。但 TreeMap 为了保持 Map 用法上的一致性，依然通过 Values 的 iterator()方法来遍历 Map 中的所有 value。Values 的 iterator()方法则由 ValueIterator 提供实现，ValueIterator 类的代码非常简单，如下所示。

```
final class ValueIterator extends PrivateEntryIterator<V> {
    ValueIterator(Entry<K,V> first) {
        super(first);
    }
    public V next() {
        // 调用其父类的 nextEntry()方法获取下一个 Entry，再返回该 Entry 的 value
        return nextEntry().value;
    }
}
```

对于 ValueIterator 而言，它只是简单地调用了其抽象父类 PrivateEntryIterator 的方法来实现 next()方法。该抽象父类的代码如下：

```
abstract class PrivateEntryIterator<T> implements Iterator<T> {
    Entry<K,V> next;
    Entry<K,V> lastReturned;
    int expectedModCount;
    PrivateEntryIterator(Entry<K,V> first) {
        expectedModCount = modCount;
        lastReturned = null;
        next = first;
    }
    public final boolean hasNext() {
        return next != null;
    }
    final Entry<K,V> nextEntry() {
        Entry<K,V> e = next;
        if (e == null)
            throw new NoSuchElementException();
        if (modCount != expectedModCount)
            throw new ConcurrentModificationException();
        // 获取 e 的下一个节点
```

```
            next = successor(e);
            lastReturned = e;
            return e;
        }
        final Entry<K,V> prevEntry() {
            Entry<K,V> e = next;
            if (e == null)
                throw new NoSuchElementException();
            if (modCount != expectedModCount)
                throw new ConcurrentModificationException();
            // 获取 e 的上一个节点
            next = predecessor(e);
            lastReturned = e;
            return e;
        }
        public void remove() {
            if (lastReturned == null)
                throw new IllegalStateException();
            if (modCount != expectedModCount)
                throw new ConcurrentModificationException();
            // deleted entries are replaced by their successors
            if (lastReturned.left != null && lastReturned.right != null)
                next = lastReturned;
            // 删除指定节点
            deleteEntry(lastReturned);
            expectedModCount = modCount;
            lastReturned = null;
        }
    }
```

上面的 PrivateEntryIterator 类中有以下两个重要方法。

- nextEntry()：获取当前节点的下一个节点。
- prevEntry()：获取当前节点的上一个节点。

这两个方法的实现其实很简单，它们只是对 successor(Entry<K,V> t)、predecessor (Entry<K,V> t)两个方法的包装。PrivateEntryIterator 采用 next 记录了当前正在处理的节点，然后将 next 作为参数传给 successor(Entry<K,V> t)、predecessor (Entry<K,V> t)两个方法即可实现 nextEntry()、prevEntry()两个方法。

归纳起来，可以发现：不管是 HashMap，还是 TreeMap，它们的 values()方法都可返回其所有 value 组成的 Collection 集合。按照通常理解，这个 Collection 集合应该是一个 List 集合，因为 Map 的多个 value 允许重复。

但实际上，HashMap、TreeMap 的 values()方法的实现要更巧妙。这两个 Map 对象的 values()方法返回的是一个不存储元素的 Collection 集合，当程序遍历 Collection 集合时，实际上就是遍历 Map 对象的 value。

HashMap 和 TreeMap 的 values()方法并未把 Map 中的 value 重新组合成一个包含元素的集合对象，这样可以降低系统内存开销。

## 3.2.2　Map 和 List 的关系

从底层实现来看，Set 和 Map 很相似；从用法的角度来看，Map 和 List 也有很大的相似之处。

- Map 接口提供了 get(K key)方法，允许 Map 对象根据 key 来获得 value。
- List 接口提供了 get(int index)方法，允许 List 对象根据元素索引来获得 value。

对于 List 接口而言，它仅按元素的加入顺序保存了系列 Java 对象。不过，可以换一种方式来看待 List 集合，如图 3.10 所示。

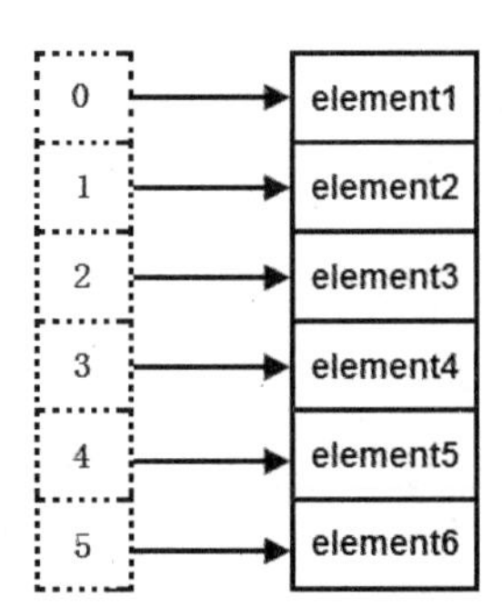


图 3.10　换一种方式来看待 List 集合

当换一种方式来看待 List 集合之后可以发现：List 集合也包含两组值，其中一组是虚拟的 int 类型的索引，另一组是 List 集合元素。从这个意义上来看，可以说 List 相当于所有 key 都是 int 类型的 Map。

Map 和 List 在底层实现上并没有太大的相似之处，只是在用法上存在一些相似之处——既可以说 List 相当于所有 key 都是 int 类型的 Map，也可以说 Map 相当于索引是任意类型的 List。

下面介绍 JavaScript 中一个对象的用法。JavaScript 的对象有点类似于 Java 的 Map 结构，也是由多个 key-value 对组成的，只是习惯上把 JavaScript 对象的 key-value 对称为属性名、属性值。对于 JavaScript 对象而言，除了可以使用属性语法来访问属性值，还完全可以用数组语法来访问它的属性值。

**提示：**

JavaScript 没有提供 List 之类的集合，也没有提供 Map 集合，如果需要在 JavaScript 编程中使用 List 集合，使用 JavaScript 的数组就可以了。也就是说，JavaScript 的数组既可代替 Java 的数组，也可代替 Java 的 List 集合。如果需要在 JavaScript 中使用 Map 集合，使用 JavaScript 的对象就可以了，JavaScript 的对象就是多个 key-value 对组成的关联数组。关于 JavaScript 更深入的讲解，请参考《疯狂 HTML 5/CSS 3/JavaScript 讲义》。

如下程序示范了在 JavaScript 中使用数组（相当于 Java 的 List）语法来访问对象（相当于 Java 的 Map 集合）的属性值（相当于 Map 集合的 value）。

**程序清单：codes\03\3.2\Object.html**

```
<script type="text/javascript">
    // 定义一个 JavaScript 对象，本质是一个 key-value 对
    let person =
    {
        name : "yeeku",
        age : 32,
        site: "www.crazyit.org"
    }
    console.log("person.name 值为:" + person.name);
    // 使用数组语法来访问 JavaScript 对象的属性值
    console.log("person['age']值为:" + person['age']);
    console.log("person['site']值为:" + person['site']);
</script>
```

## 3.3　ArrayList 和 LinkedList

在 List 集合的实现类中，主要有三个实现类：ArrayList、Vector 和 LinkedList。其中 Vector 还

有一个 Stack 子类，这个 Stack 子类仅在 Vectot 父类的基础上增加了五个方法，这五个方法就将一个 Vector 扩展成 Stack。本质上，Stack 依然是一个 Vector，它只是比 Vector 多了五个方法。

下面是 Stack 类的源代码。

```
public class Stack<E> extends Vector<E> {
    // 无参数的构造器
    public Stack() {
    }
    // 实现向栈顶添加元素的方法
    public E push(E item) {
        // 调用父类的方法来添加元素
        addElement(item);
        return item;
    }
    // 实现出栈的方法（位于栈顶的元素将被弹出栈，FILO）
    public synchronized E pop() {
        E obj;
        int len = size();
        // 取出最后一个元素
        obj = peek();
        // 删除最后一个元素
        removeElementAt(len - 1);
        return obj;
    }
    // 取出最后一个元素，但并不弹出栈
    public synchronized E peek() {
        int len = size();
        // 如果不包含任何元素，则直接抛出异常
        if (len == 0)
            throw new EmptyStackException();
        return elementAt(len - 1);
    }
    public boolean empty() {
        // 集合不包含任何元素就是空栈
        return size() == 0;
    }
    public synchronized int search(Object o) {
        // 获取 o 在集合中的位置
        int i = lastIndexOf(o);
        if (i >= 0) {
            // 用集合长度减去 o 在集合中的位置，就得到该元素到栈顶的距离
            return size() - i;
        }
        return -1;
    }
}
```

从上面代码可以看出，Stack 的本质依然是一个 Vector，只是增加了五个方法而已。读者可能已经发现，Stack 新增的五个方法中有三个使用了 synchronized 修饰——那些需要操作集合元素的方法都添加了 synchronized 修饰。也就是说，Stack 是一个线程安全的类，这也是为了让 Stack 和 Vector 保持一致——Vector 也是一个线程安全的类。

实际上，即使程序中需要栈这种数据结构，Java 也不再推荐使用 Stack 类，而是推荐使用 Deque 实现类。从 JDK 1.6 开始，Java 提供了一个 Deque 接口，并为该接口提供了一个 ArrayDeque 实现类。在无须保证线程安全的情况下，程序完全可以使用 ArrayDeque 来代替 Stack 类。

Deque 接口代表双端队列这种数据结构。双端队列已经不再是简单的队列了，它既具有队列的性质（FIFO），也具有栈的性质（FILO）。也就是说，双端队列既是队列，也是栈。Java 为 Deque

提供了一个常用的实现类 ArrayDeque。

就像 List 集合拥有 ArrayList 实现类一样，Deque 集合则拥有 ArrayDeque 实现类。ArrayList 和 ArrayDeque 底层都是基于 Java 数组来实现的，只是它们所提供的方法不同而已。

### 3.3.1 Vector 和 ArrayList 的区别

Vector 和 ArrayList 这两个集合类的本质并没有太大的不同，它们都实现了 List 接口，而且底层都是基于 Java 数组来存储集合元素的。

在 ArrayList 集合类的源代码中可以看到如下一行：

```
// 采用 elementData 数组来保存集合元素
transient Object[] elementData;
```

在 Vector 集合类的源代码中也可以看到类似的一行：

```
// 采用 elementData 数组来保存集合元素
protected Object[] elementData;
```

从上面代码可以看出，ArrayList 使用 transient 修饰了 elementData 数组。这保证系统序列化 ArrayList 对象时不会直接序列化 elementData 数组，而是通过 ArrayList 提供的 writeObject()、readObject()方法来实现定制序列化；Vector 没有使用 transient 修饰 elementData 数组，但它也提供了 writeObject()和 readObject()方法，因此也基本实现了定制序列化。

**提示：**

Java 的 Vector 也是 2018 年重新改进后的类，改进后的 Vector 增加了 readObject()方法。

此外，Vector 其实就是 ArrayList 的线程安全版本，ArrayList 和 Vector 绝大部分方法的实现都是相同的，只是 Vector 的方法增加了 synchronized 修饰。

下面先来看 ArrayList 中的 add(int index, E element)方法的源代码。

```
public void add(int index, E element) {
    rangeCheckForAdd(index);
    // 增加集合的修改次数
    modCount++;
    final int s;
    Object[] elementData;
    // 保证 ArrayList 底层的数组可以保存所有的集合元素
    if ((s = size) == (elementData = this.elementData).length)
        elementData = grow();
    // 将 elementData 数组中 index 位置之后的所有元素向后移动一位
    // 也就是将 elementData 数组的 index 位置的元素空出来
    System.arraycopy(elementData, index, elementData,
        index + 1, s - index);
    // 将新元素放入 elementData 数组的 index 位置
    elementData[index] = element;
    size = s + 1;
}
```

再来看 Vector 中 add(int index, E element)方法的源代码。

```
public void add(int index, E element) {
    insertElementAt(element, index);
}
```

从上面代码可以看出，Vector 的 add(int index, E element)方法其实就是 insertElementAt(E element, int index)方法。换句话说，add(int index, E element)和 insertElementAt(E element, int index)

是同一个方法拥有了两个名字。下面是 insertElementAt (E element, int index)方法的源代码。

```
public synchronized void insertElementAt(E obj, int index) {
    // 如果添加位置大于集合长度，则抛出异常
    if (index > elementCount) {
        throw new ArrayIndexOutOfBoundsException(index
            + " > " + elementCount);
    }
    // 增加集合的修改次数
    modCount++;
    final int s = elementCount;
    Object[] elementData = this.elementData;
    // 保证 Vector 底层的数组可以保存所有的集合元素
    if (s == elementData.length)
        elementData = grow();
    // 将 elementData 数组中 index 位置之后的所有元素向后移动一位
    // 也就是将 elementData 数组的 index 位置的元素空出来
    System.arraycopy(elementData, index, elementData,
        index + 1, s - index);
    // 将新元素放入 elementData 数组的 index 位置
    elementData[index] = obj;
    elementCount = s + 1;
}
```

将 ArrayList 中的 add(int index, E element)方法和 Vector 的 insertElementAt(E obj, int index)方法进行对比，可以发现 Vector 的 insertElementAt(E obj, int index)方法只是多了 synchronized 修饰，而且 ArrayList 调用了 rangeCheckForAdd()方法来检查 index 参数的合法性，该方法的源代码如下：

```
private void rangeCheckForAdd(int index) {
    // 如果 index 参数大于 size 或小于 0，则抛出异常
    if (index > size || index < 0)
        throw new IndexOutOfBoundsException(outOfBoundsMsg(index));
}
```

通过上面代码不难发现，ArrayList 对 index 参数的检查更严格，它不允许 index 参数小于 0。

**提示：**

ArrayList 中使用 size 实例变量来保存集合中元素的个数，而 Vector 中使用 elementCount 实例变量来保存集合元素的个数。两个变量的作用没有任何区别，只是 size 变量名更简洁。

ArrayList 的 add(int index, E element)方法和 Vector 的 insertElementAt(E obj, int index)方法都调用了 grow()方法来增加底层数组的长度，而这个方法在两个集合中的实现是完全一样的。其代码如下：

```
private Object[] grow(int minCapacity) {
    // 将 elementData 数组复制成具有 newCapacity 长度的副本
    return elementData = Arrays.copyOf(elementData,
        newCapacity(minCapacity));
}
// 调用上面的 grow()方法
private Object[] grow() {
    return grow(size + 1);
}
```

ArrayList 和 Vector 的 grow(int minCapacity)方法都需要 newCapacity()方法来增加底层数组的长度，但它们的实现却略有差异。

下面是 ArrayList 的 newCapacity(int minCapacity)方法的源代码。

```
private int newCapacity(int minCapacity) {
    // 保存原数组的长度
    int oldCapacity = elementData.length;
    // 将 newCapacity 设为原数组长度的 1.5 倍
    int newCapacity = oldCapacity + (oldCapacity >> 1);
    // 如果 newCapacity 小于或等于 minCapacity，则意味着发生了内存溢出
    if (newCapacity - minCapacity <= 0) {
        if (elementData == DEFAULTCAPACITY_EMPTY_ELEMENTDATA)
            return Math.max(DEFAULT_CAPACITY, minCapacity);
        if (minCapacity < 0)
            throw new OutOfMemoryError();
        return minCapacity;
    }
    // 如果 newCapacity 小于或等于 MAX_ARRAY_SIZE，则返回 newCapacity
    // 否则调用 hugeCapacity()方法计算数组长度
    return (newCapacity - MAX_ARRAY_SIZE <= 0)
        ? newCapacity : hugeCapacity(minCapacity);
}
```

类似地，Vector 的 newCapacity(int minCapacity)方法也完成类似的功能，如下所示。

```
private int newCapacity(int minCapacity) {
    // 保存原数组的长度
    int oldCapacity = elementData.length;
    // 如果 capacityIncrement 大于 0，则将 newCapacity 设为原数组长度+ capacityIncrement
    // 否则将 newCapacity 设为元数组长度的 2 倍
    int newCapacity = oldCapacity + ((capacityIncrement > 0) ?
        capacityIncrement : oldCapacity);
    // 如果 newCapacity 小于或等于 minCapacity，则意味着发生了内存溢出
    if (newCapacity - minCapacity <= 0) {
        if (minCapacity < 0)
            throw new OutOfMemoryError();
        return minCapacity;
    }
    // 如果 newCapacity 小于或等于 MAX_ARRAY_SIZE，则返回 newCapacity
    // 否则调用 hugeCapacity()方法计算数组长度
    return (newCapacity - MAX_ARRAY_SIZE <= 0)
        ? newCapacity: hugeCapacity(minCapacity);
}
```

将 ArrayList 中的 newCapacity(int minCapacity)方法和 Vector 的 newCapacity(int minCapacity)方法进行对比，可以发现这两个方法几乎完全相同，只是在扩充底层数组的容量时略有区别而已。ArrayList 总是将底层数组容量扩充为原来的 1.5 倍，但 Vector 则多了一个选择：当 capacityIncrement 实例变量大于 0 时，扩充后的容量等于原来的容量加上 capacityIncrement 的值。

Vector 在扩充底层数组容量时多了一个选择，是因为在创建 Vector 时可以传入一个 capacityIncrement 参数，如下面的构造器所示。

- Vector(int initialCapacity, int capacityIncrement)：以 initialCapacity 作为底层数组的初始长度，以 capacityIncrement 作为数组长度扩充时的增大步长来创建 Vector 对象。

但对于 ArrayList 而言，它的构造器最多只能指定一个 initialCapacity 参数。

ArrayList 和 Vector 的 newCapacity(int minCapacity)方法都调用了 hugeCapacity()方法，这两个类的该方法完全一样，其代码如下：

```
private static int hugeCapacity(int minCapacity) {
    // 内存溢出
    if (minCapacity < 0)
        throw new OutOfMemoryError();
    // 如果 minCapacity 大于 MAX_ARRAY_SIZE，则返回最大整数值作为新数组的长度
```

```
    // 否则返回 MAX_ARRAY_SIZE 作为新数组的长度
    return (minCapacity > MAX_ARRAY_SIZE) ?
        Integer.MAX_VALUE : MAX_ARRAY_SIZE;
}
```

此外，Vector 是一个非常古老的集合，它从 JDK 1.0 开始就存在了，那时候它已经包含了大量操作集合元素的方法，例如刚刚介绍的 insertElementAt (int index, E element)方法等，这些方法都具有方法名冗长、难于记忆的特征。随着 JDK 1.2 增加了 List 接口之后，Vector 改为实现了 List 接口，因此 Vector 将原有的方法（如 insertElementAt）进行了包装，包装成了遵循 List 接口规范的新方法（如 add）。

由于 Vector 包含的方法比 ArrayList 更多，因此 Vector 类的源代码比 ArrayList 的源代码要多，而且 ArrayList 的序列化实现比 Vector 的序列化实现更安全，因此 Vector 基本上已经被 ArrayList 所代替。Vector 唯一的好处是它是线程安全的。

**提示：**

即使需要在多线程环境下使用 List 集合，而且需要保证 List 集合的线程安全，也依然可以避免使用 Vector，而是考虑将 ArrayList 包装成线程安全的集合类。Java 提供了一个 Collections 工具类，通过该工具类的 synchronizedList 方法即可将一个普通的 ArrayList 包装成线程安全的 ArrayList。

### 3.3.2 ArrayList 和 LinkedList 的实现差异

List 代表一种线性表的数据结构，ArrayList 是一种顺序存储的线性表，其底层采用数组来保存每个集合元素，LinkedList 则是一种链式存储的线性表，其本质上就是一个双向链表，但它不仅实现了 List 接口，还实现了 Deque 接口。也就是说，LinkedList 既可以当成双向链表使用，也可以当成队列使用，还可以当成栈来使用（Deque 代表双端队列，既具有队列的特征，也具有栈的特征）。

前面已经看到，ArrayList 底层采用一个 elementData 数组来保存所有的集合元素，因此 ArrayList 在插入元素时需要完成下面两件事情。

- 保证 ArrayList 底层封装的数组长度大于集合元素的个数。
- 将插入位置之后的所有数组元素“整体搬家”，向后移动一“格”。

反过来，当删除 ArrayList 集合中指定位置的元素时，程序也要进行“整体搬家”，而且还需要将被删除索引处的数组元素赋值为 null。下面是 ArrayList 集合的 remove(int index)方法的源代码。

```
public E remove(int index) {
    // 检查 index 必须在 0 和 size 之间
    Objects.checkIndex(index, size);
    final Object[] es = elementData;
    @SuppressWarnings("unchecked")
    // 保存 index 索引处的元素，后面作为返回值
    E oldValue = (E) es[index];
    // 调用 fastRemove()方法删除元素
    fastRemove(es, index);
    return oldValue;
}
private void fastRemove(Object[] es, int i) {
    modCount++;
    final int newSize;
    if ((newSize = size - 1) > i)
        // 对数组元素执行“整体搬家”
        System.arraycopy(es, i + 1, es, i, newSize - i);
    // 释放被删除的元素，以便垃圾回收该元素
```

```
        es[size = newSize] = null;
    }
```

对于 ArrayList 集合而言，当程序向 ArrayList 中插入、删除集合元素时，ArrayList 底层都需要对数组进行“整体搬家”，因此性能较差。

但如果程序调用 get(int index)方法来取出 ArrayList 集合中的元素时，性能和数组几乎相同——非常快。下面是 ArrayList 集合的 get(int index)方法的源代码。

```
public E get(int index)
{
    // 检查 index 必须在 0 和 size 之间
    Objects.checkIndex(index, size);
    // 取出 index 索引处的元素
    return elementData[index];
}
```

LinkedList 本质上就是一个双向链表，因此它使用如下内部类来保存每个集合元素。

```
private static class Node<E>
{
    // 集合元素
    E item;
    // 保存指向下一个链表节点的引用
    Node<E> next;
    // 保存指向上一个链表节点的引用
    Node<E> previous;
    // 普通构造器
    Node(E element, Node<E> next, Node<E> previous)
    {
        this.item = element;
        this.next = next;
        this.previous = previous;
    }
}
```

从上面程序中的粗体字代码可以看出，一个 Node 对象代表双向链表的一个节点，该对象中 next 变量指向下一个节点，previous 则指向上一个节点。

由于 LinkedList 采用双向链表来保存集合元素，因此它在添加集合元素时，只要对链表进行如图 3.11 所示的操作即可添加一个新节点。

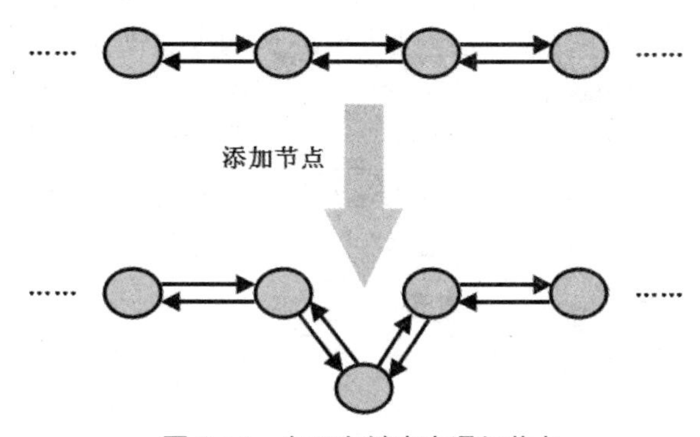


图 3.11　向双向链表中添加节点

下面是 LinkedList 添加节点的源代码。

```
// 在指定位置插入新节点
public void add(int index, E element) {
    // 检查 index 必须在 0 和 size 之间
    checkPositionIndex(index);
```

```
    // 如果index = =size，则调用 linkLast 插入新节点
    if (index == size)
        linkLast(element);
    // 否则，调用 linkBefore 在 index 索引处的节点之前插入新节点
    else
        linkBefore(element, node(index));
}
```

从上面代码可以看出，由于 LinkedList 本质上就是一个双向链表，因此它可以非常方便地在指定节点之前插入新节点，LinkedList 在指定位置添加新节点也是通过这种方式来实现的。

上面的 add(int index, E element)方法实现中用到了以下三个方法。

- node(int index)：搜索指定索引处的元素。
- linkLast(element)：在链表最后添加 element 节点。
- linkBefore(E element, Node ref)：在 ref 节点之前插入 element 新节点。

node(int index)实际上就是 get(int index)方法的底层实现。对于 ArrayList 而言，由于它底层采用数组来保存集合元素，因此可以直接根据数组索引取出 index 位置的元素；但对于 LinkedList 就比较麻烦，LinkedList 必须逐个元素地搜索，直到找到第 index 个元素为止。

下面是 node(int index)方法的源代码。

```
// 获取指定索引处的节点
Node<E> node(int index) {
    // 如果 index 小于 size/2
    if (index < (size >> 1)) {
        //从链表的头端开始搜索
        Node<E> x = first;
        for (int i = 0; i < index; i++)
            x = x.next;
        return x;
    // 如果 index 大于 size/2
    } else {
        //从链表的尾端开始搜索
        Node<E> x = last;
        for (int i = size - 1; i > index; i--)
            x = x.prev;
        return x;
    }
}
```

上面的 node(int index)方法就是逐个元素地找到 index 索引处的元素，只是由于 LinkedList 是一个双向链表，因此程序先根据 index 的值判断它到底离链表头端近（当 index < size/2 时），还是离链表尾端近。如果离头端近，则从头端开始搜索；如果离尾端近，则从尾端开始搜索。

LinkedList 的 get(int index)方法只是对上面的 node(int index)方法的简单包装。get(int index)方法的源代码如下：

```
public E get(int index)
{
    checkElementIndex(index);
    return node(index).element;
}
```

无论如何，LinkedList 为了获取指定索引处的元素都是比较麻烦的，系统开销也会比较大。

但单纯的插入操作就比较简单了，只要修改几个节点里的 previous、next 引用的值即可。下面是 linkBefore(E e, Node <E> succ)方法的源代码。

```
void linkBefore(E e, Node<E> succ) {
    // 获取 succ 的上一个节点
```

```
    final Node<E> pred = succ.prev;
    // 创建新节点，新节点的下一个节点指向 succ，上一个节点指向 succ 的上一个节点
    final Node<E> newNode = new Node<>(pred, e, succ);
    // 让 succ 的上一个节点向后指向新节点
    succ.prev = newNode;
    // 如果 pred 为 null，即 succ 是第一个节点
    if (pred == null)
        // 让新插入的 newNode 成为 first 节点
        first = newNode;
    else
        // 让 pred 的下一个节点指向新插入的 newNode
        pred.next = newNode;
    size++;
    modCount++;
}
```

如果只是单纯地添加某个节点，那么 LinkedList 的性能会非常好；但如果需要向指定索引处添加节点，LinkedList 必须先找到指定索引处的节点——这个搜索过程的系统开销并不小，因此 LinkedList 的 add(int index, E element)方法的性能并不是特别好。

当单纯地把 LinkedList 当成双向链表来使用，通过 addFirst(E e)、addList(E e)、offerFirst(E e)、offerLast(E e)、pollFirst()、pollLast()等方法来操作 LinkedList 集合元素时，LinkedList 的性能非常好——因为此时可以避免搜索过程。

如果希望从 LinkedList 中删除一个节点，则底层双向链表可按图 3.12 所示进行操作。

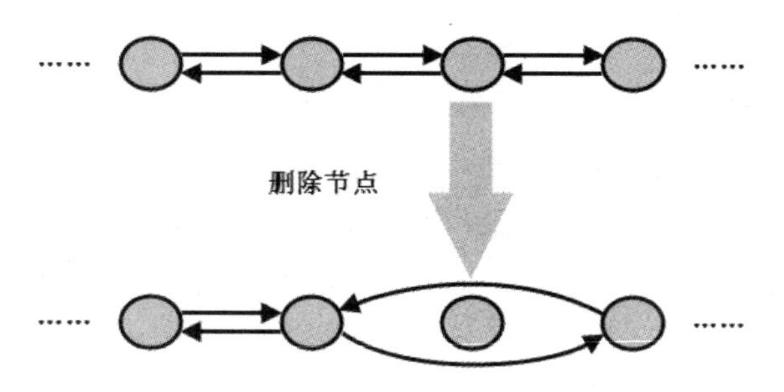


图 3.12　从双向链表中删除节点

类似地，LinkedList 为了实现 remove(int index)方法——删除指定索引处的节点，也必须先通过 node(int index)方法找到 index 索引处的节点，然后修改它的前一个节点的 next 引用，以及后一个节点的 previous 引用。下面是 LinkedList 的 remove(int index)方法的源代码。

```
public E remove(int index)
{
    checkElementIndex(index);
    // 搜索到 index 索引处的节点，然后删除该节点
    return unlink(node(index));
}
```

从上面代码可以看出，程序先调用 node(index)搜索到 index 索引处的节点，然后调用 unlink(Node node)方法删除指定节点。删除 node 节点时只需修改 node 的前一个节点的 next 引用、修改 node 的后一个节点的 previous 引用就行。下面是该方法的源代码。

```
E unlink(Node<E> x) {
    // 先保存 x 节点的元素
    final E element = x.item;
    // 获取 x 节点的后一个节点
    final Node<E> next = x.next;
    // 获取 x 节点的前一个节点
```

```
        final Node<E> prev = x.prev;
        // 如果前一个节点为null，则表明要删除头节点（first）
        if (prev == null) {
            // 将x的后一个节点设为头节点（原来的头节点就被删除了）
            first = next;
        } else {
            // 让x的前一个节点的next引用指向x的后一个节点，x就被删除了
            prev.next = next;
            // 将x的prev引用赋值为null，以便垃圾回收
            x.prev = null;
        }
        // 如果next为null，则表明要删除尾节点（last）
        if (next == null) {
            // 将x的前一个节点设为尾节点（原来的尾节点就被删除了）
            last = prev;
        } else {
            // 让x的后一个节点的prev引用指向x的前一个节点，x就被删除了
            next.prev = prev;
            // 将x的next引用赋值为null，以便垃圾回收
            x.next = null;
        }
        // 将x的item赋值为null，以便垃圾回收
        x.item = null;
        size--;
        modCount++;
        return element;
    }
```

### 3.3.3 ArrayList和LinkedList的性能分析及适用场景

经过上面对ArrayList和LinkedList底层实现的详细介绍，读者应该对ArrayList和LinkedList之间的优劣有了一个大致的印象。就笔者的经验来说，ArrayList的性能总体上优于LinkedList。

当程序需要以get(int index)方法获取List集合指定索引处的元素时，ArrayList性能大大地优于LinkedList。因为ArrayList底层以数组来保存集合元素，所以调用get(int index)方法获取指定索引处的元素时，底层实际上是调用elementData[index]来返回该元素，因此性能非常好。而LinkedList则必须逐个地搜索。

当程序调用add(int index, Object obj)向List集合中添加元素时，ArrayList必须对底层数组元素进行“整体搬家”。如果添加元素导致集合长度超过底层数组长度，ArrayList必须创建一个长度为原来长度1.5倍的数组，再由垃圾回收机制回收原有数组，因此系统开销较大。对于LinkedList而言，它的主要开销集中在entry(int index)方法上，该方法必须逐个地搜索，直到找到index处的元素，然后在该元素之前插入新元素。即使如此，执行该方法时LinkedList方法的性能依然高于ArrayList。

当程序调用remove(int index)方法删除index索引处的元素时，ArrayList同样也需要对底层数组元素进行“整体搬家”。但调用remove(int index)方法删除集合元素时，ArrayList无须考虑创建新数组，因此执行ArrayList的remove(int index)方法比执行add(int index,Object obj)方法略快一点。当LinkedList调用remove(int index)方法删除集合元素时，与调用add(int index, Object obj)方法添加元素的系统开销几乎完全相同。

当程序调用add(Object obj)方法向List集合尾端添加一个元素时，大部分时候ArrayList无须对底层数组元素进行“整体搬家”，因此也可以获得很好的性能（甚至比LinkedList的add(Object obj)方法的性能更好）；但如果添加这个元素导致集合长度超过底层数组长度，那么ArrayList必须创建一个长度为原来长度1.5倍的数组，再由垃圾回收机制回收原有数组——这样系统开销就比较大了。

但 LinkedList 调用 add(Object obj)方法添加元素时总可以获得较好的性能。

当程序把 LinkedList 当成双端队列、栈使用，调用 addFirst(E e)、addLast(E e)、getFirst(E e)、getLast(E e)、offer(E e)、offerFirst()、offerLast()等方法来操作集合元素时，LinkedList 可以快速地定位需要操作的元素，因此 LinkedList 总是具有较好的性能表现。

上面分析了 Array、LinkedList 各自的适用场景。大部分情况下，ArrayList 的性能总是优于 LinkedList，因此绝大部分都应该考虑使用 ArrayList 集合。但如果程序经常需要添加、删除元素，尤其是经常需要调用 add(E e)方法向集合中添加元素，则应该考虑使用 LinkedList 集合。

## 3.4　Iterator 迭代器

Iterator 是一个迭代器接口，它专门用于迭代各种 Collection 集合，包括 Set 集合和 List 集合。如果查阅 JDK 的 API 文档将发现，Iterator 迭代器接口只有一个 Scanner 实现类。显然 Scanner 并不能用于迭代 Set、List 集合，那迭代 List、Set 集合的 Iterator 迭代器实现类在哪里？

### 3.4.1　Iterator 实现类与迭代器模式

下面程序用来测试使用 Iterator 迭代各种集合所返回的 Iterator 对象。

**程序清单：codes\03\3.4\IteratorTest.java**

```
enum Gender
{
    MALE, FEMALE;
}
public class IteratorTest
{
    public static void main(String[] args)
    {
        // 创建一个 HashSet 集合
        HashSet<String> hashSet = new HashSet<>();
        // 获取 HashSet 集合的 Iterator
        System.out.println("HashSet 的 Iterator:"
            + hashSet.iterator());
        // 创建一个 LinkedHashSet 集合
        LinkedHashSet<String> linkedHashSet = new LinkedHashSet<>();
        // 获取 LinkedHashSet 集合的 Iterator
        System.out.println("LinkedHashSet 的 Iterator:"
            + linkedHashSet.iterator());
        // 创建一个 TreeSet 集合
        TreeSet<String> treeSet = new TreeSet<>();
        // 获取 TreeSet 集合的 Iterator
        System.out.println("TreeSet 的 Iterator:"
            + treeSet.iterator());
        // 创建一个 EnumSet 集合
        EnumSet<Gender> enumSet = EnumSet.allOf(Gender.class);
        // 获取 EnumSet 集合的 Iterator
        System.out.println("EnumSet 的 Iterator:"
            + enumSet.iterator());
        // 创建一个 ArrayList 集合
        ArrayList<String> arrayList = new ArrayList<>();
        // 获取 ArrayList 集合的 Iterator
        System.out.println("ArrayList 的 Iterator:"
            + arrayList.iterator());
        // 创建一个 Vector 集合
        Vector<String> vector = new Vector<>();
```

```
        // 获取Vector集合的Iterator
        System.out.println("Vector的Iterator:"
            + vector.iterator());
        // 创建一个LinkedList集合
        LinkedList<String> linkedList = new LinkedList<>();
        // 获取LinkedList集合的Iterator
        System.out.println("LinkedList的Iterator:"
            + linkedList.iterator());
        // 创建一个ArrayDeque集合
        ArrayDeque<String> arrayDeque = new ArrayDeque<>();
        // 获取ArrayDeque集合的Iterator
        System.out.println("ArrayDeque的Iterator:"
            + arrayDeque.iterator());
    }
}
```

上面程序创建了Java的各种集合，然后调用这些集合的iterator()方法来获取各种集合对应的Iterator对象。运行上面的程序，结果如图3.13所示。

```
C:\Windows\system32\cmd.exe
HashSet的Iterator:java.util.HashMap$KeyIterator@2eafffde
LinkedHashSet的Iterator:java.util.LinkedHashMap$LinkedKeyIterator@1761e840
TreeSet的Iterator:java.util.TreeMap$KeyIterator@1517365b
EnumSet的Iterator:java.util.RegularEnumSet$EnumSetIterator@7d4793a8
ArrayList的Iterator:java.util.ArrayList$Itr@449b2d27
Vector的Iterator:java.util.Vector$Itr@27082746
LinkedList的Iterator:java.util.LinkedList$ListItr@24273305
ArrayDeque的Iterator:java.util.ArrayDeque$DeqIterator@46f5f779
```

图3.13　各种集合对应的Iterator

从上面的运行结果来看，除EnumSet集合的Iterator就是RegularEnumSet的一个内部类之外，所有Set集合对应的Iterator都是它对应的Map类的内部类KeyIterator。这是因为，Set集合底层是通过Map来实现的。

ArrayList和Vector的实现基本相同，除了ArrayList是线程不安全的，而Vector是线程安全的。ArrayList对应的Iterator为ArrayList$Itr，Vector对应的Iterator为Vector$Itr，LinkedList集合对应的Iterator是其内部类LinkedList$ListItr，ArrayDeque集合对应的Iterator是ArrayDeque$DeqIterator。

通过上面的介绍不难发现，对于Iterator迭代器而言，它只是一个接口。Java要求各种集合都提供一个iterator()方法，该方法可以返回一个Iterator用于遍历该集合中的元素，至于返回的Iterator到底是哪种实现类，程序并不关心，这就是典型的“迭代器模式”。

**提示：**

Java的Iterator和Enumeration两个接口都是迭代器模式的代表之作，它们就是迭代器模式里的“迭代器接口”。所谓迭代器模式指的是，系统为遍历多种数据列表、集合、容器提供一个标准的“迭代器接口”，这些数据列表、集合、容器就可面向相同的“迭代器接口”编程，通过相同的迭代器接口访问不同数据列表、集合、容器里的数据。不同的数据列表、集合、容器如何实现这个“迭代器接口”，则交给各数据列表、集合、容器自己完成。

## 3.4.2　迭代时删除指定元素

由于Iterator迭代器只负责对各种集合所包含的元素进行迭代，它自己并没有保留集合元素，因此使用Iterator进行迭代时，通常不应该删除集合元素，否则将引发ConcurrentModificationException异常。当然，Java允许通过Iterator提供的remove()方法删除刚刚迭代的集合元素。

但实际上在某些特殊情况下，可以在使用 Iterator 迭代集合时直接删除集合中的某个元素。示例如下。

**程序清单：codes\03\3.4\ArrayListRemove.java**

```
public class ArrayListRemove
{
    public static void main(String[] args)
    {
        ArrayList<String> list = new ArrayList<>();
        list.add("111");
        list.add("222");
        list.add("333");
        for (Iterator<String> it = list.iterator(); it.hasNext(); )
        {
            String ele = it.next();
            System.out.println(ele);
            // 当迭代倒数第二个元素时
            if (ele.equals("222"))     // ①
            {
                // 直接删除集合中的倒数第二个元素
                list.remove(ele);
            }
        }
    }
}
```

上面程序中就尝试了使用 Iterator 遍历 ArrayList 集合时，直接调用 List 的 remove()方法删除指定的集合元素。运行上面的程序，发现该程序完全可以正常结束，并未引发任何异常。

实际上，对于 ArrayList、Vector、LinkedList 等 List 集合而言，当使用 Iterator 遍历它们时，如果正在遍历倒数第二个集合元素，那么使用 List 集合的 remove()方法删除集合的任意一个元素并不会引发 ConcurrentModificationException 异常，当正在遍历其他元素时删除其他元素就会引发该异常。也就是说，如果将程序中的①号代码改为等于其他元素，就会引发 ConcurrentModificationException 异常。

对于 Set 集合，同样有类似的现象。示例如下。

**程序清单：codes\03\3.4\TreeSetRemove.java**

```
public class TreeSetRemove
{
    public static void main(String[] args)
    {
        TreeSet<String> set = new TreeSet<>();
        set.add("111");
        set.add("222");
        set.add("333");
        System.out.println(set);
        for (Iterator<String> it = set.iterator(); it.hasNext(); )
        {
            String ele = it.next();
            System.out.println(ele);
            // 迭代到最后一个元素时
            if (ele.equals("333"))     // ①
            {
                // 直接删除集合中的某个元素
```

```
                set.remove("222");
            }
        }
    }
}
```

上面程序中就尝试了使用 Iterator 遍历 TreeSet 集合时，直接调用 Set 的 remove()方法删除指定的集合元素。运行上面程序，发现该程序完全可以正常结束，并未引发任何异常。

对于 TreeSet、HashSet 等 Set 集合而言，当使用 Iterator 遍历它们时，如果正在遍历最后一个集合元素，那么使用 Set 集合的 remove()方法删除集合的任意元素并不会引发 ConcurrentModificationException 异常，当正在遍历其他元素时删除集合的任意元素都将引发该异常。也就是说，如果将程序中的①号代码改为等于其他元素，就会引发 ConcurrentModificationException 异常。

为何使用 Iterator 遍历 List 集合的倒数第二个元素时，直接使用 List 集合的 remove()方法删除 List 集合的倒数第二个元素没有引发 ConcurrentModificationException 异常呢？关键在于 List 集合对应的 Iterator 实现类（Itr）的 hasNext()方法。下面是该方法的实现。

```
public boolean hasNext()
{
    // 如果下一步即将访问的集合元素的索引不等于集合的大小，则返回 true
    return cursor != size;
}
```

对于 Itr 遍历器而言，它判断是否还有下一个元素的标准很简单——如果下一步即将访问的元素的索引不等于集合的大小，就会返回 true，否则就会返回 false。当程序使用 Iterator 遍历 List 集合的倒数第二个元素时，下一步即将访问的元素的索引为 size-1。如果此时通过 List 删除集合的任意一个元素，则将导致集合的 size()变为 size()-1，这将导致 hasNext()方法返回 false。也就是说，遍历将提前结束，Iterator 不会访问 List 集合的最后一个元素。

可以在 ArrayListRemove.java 程序的①号代码之前添加如下代码来输出每个被遍历到的集合元素。

```
System.out.println(ele);
```

添加上面代码之后，可以看到 ArrayListRemove.java 永远不会访问到 ArrayList 的最后一个集合元素——这就是 Itr 类的 hasNext()方法导致的。

也就是说，如果使用 Itr 正在遍历 List 集合的倒数第二个元素，程序直接调用 List 集合的 remove()方法删除任意元素后，程序不会调用 Itr 的 next()方法访问集合的下一个元素；否则，Itr 总是会引发 ConcurrentModificationException 异常。在 Itr 的 next()方法中调用 checkForComodification()方法来检查集合是否被修改，该方法代码如下：

```
final void checkForComodification()
{
    // 如果集合的修改次数和遍历之前的修改次数不相等
    if (modCount != expectedModCount)
        throw new ConcurrentModificationException();
}
```

Itr 的 checkForComodification()实现非常简单——遍历之前使用 expectedModCount 保留该集合被修改的次数，每次获取集合的下一个元素之前检查集合的当前修改次数（modCount）与遍历之前的修改次数（expectedModCount）是否相等，如果不相等就直接抛出 ConcurrentModificationException 异常。

类似地，对于 Set 集合而言，如果当前正在遍历集合的最后一个元素，也就是集合遍历操作已经完成，此时删除 Set 集合的任意元素都不会引发异常——实际上该删除动作已经在遍历操作的范围之外了。

## 3.5 本章小结

本章并没有介绍关于 Java 集合用法的知识，而主要分析了 Java 集合的底层实现细节。由于 Java 集合是 Java 编程中最常用的工具类，因此掌握这些集合类的实现细节可以更高效地利用系统内存，从而提高程序运行效率。本章先分析了 Map 和 Set 之间的紧密联系，从底层实现上分别介绍了 HashMap 的 Hash 存储机制、TreeMap 的红黑树存储机制，并指出 HashSet 的底层就是 HashMap，TreeSet 的底层就是 TreeMap。也分析了 Map 和 List 之间的联系：List 可以被看作所有 key 都是 int 值的 Map。

对于 List 集合的两个实现类，本章也详细分析了它们的两个实现：ArrayList 和 LinkedList，它们分别代表线性表的顺序实现和链表实现，因此程序应该根据不同的场景选择不同的实现类，这样才能更好地提高程序运行效率。

最后还讲解了 Iterator 迭代器的实现细节。Iterator 接口有很多实现类，不同的集合类会为之提供不同的实现类，但应用程序面向 Iterator 接口就可以迭代不同的集合，如 List、Set 等。而 List、Set 在实现 Iterator 时存在一定的差异，因此导致了 List、Set 在迭代的同时删除集合元素会有不同的表现。

CHAPTER

4

# 第4章 Java 的内存回收

## 引言

一连几天的深夜，开发部总是灯火通明。

系统即将上线，测试组却反馈了一个问题：系统运行两个钟头以后，系统响应速度变得难以忍受。

……

一群开发人员辛苦“折腾”了一个多礼拜，系统性能依然没有得到实质性的改善。最后只好从外面找来一个“老程序员”帮忙，其实这个程序员看上去也并不太老。

“啊？这些数组元素怎么没有释放？”老程序员疑惑地问。

“Java 不是有垃圾回收吗？不用我们释放吧？”开发团队中有人不服气。

“哦，”老程序员轻声叹气，“啊，这里的也没有释放；哦，这里的也没有……”

“……”

“Java 一样会有内存泄漏！”老程序员肯定地说，“而且，由于 Java 向我们许下了垃圾回收的承诺，因此导致 Java 的内存泄漏更隐蔽，往往更不为人所注意。一个内存泄漏点导致的内存泄漏可能并不多，但并发用户一多，运行时间一长后，内存泄漏就显得比较可怕起来……”

一天以后，老程序员把系统中一些看上去很普通的代码稍做调整，系统性能得到了改善。

之后，开发团队的人开始重新研究与 Java 内存回收相关的问题。

## 本章要点

- Java 引用的功能和意义
- Java 引用与内存回收之间的关系
- Java 对象在内存中的不同状态
- 软引用的作用和使用软引用的注意点
- 弱引用的作用和使用弱引用的注意点
- 虚引用的作用和使用虚引用的注意点
- Java 内存泄漏的原因
- Java 内存泄漏和 C++内存泄漏的差别
- Java 垃圾回收机制的基本算法
- 堆内存的分代回收
- Young 代、Old 代和 Permanent 代各自存储的对象
- 常见的垃圾回收机制对堆内存的回收细节
- Young 代、Old 代和 Permanent 代的特定及适用的回收算法
- 设计开发中内存管理小技巧

本章可以与第 2 章的知识合为一个整体——Java 程序的内存管理。其中，第 2 章主要关注 Java 创建对象时内存分配的细节，本章则主要关注 JVM 如何回收那些无用的 Java 对象所占用的内存。内存的分配和回收构成了 Java 内存管理。

本章将会详细阐述 Java 内存回收的相关内容，如下所示。

- JVM 在何时决定回收一个 Java 对象所占用的内存？
- JVM 会不会漏掉回收某些 Java 对象，使之造成内存泄漏？
- JVM 回收 Java 对象所占用内存的实现细节。
- JVM 能否对不同的 Java 对象占用的内存区分对待、回收？
- 常见垃圾回收机制的实现细节是怎样的？

当一个开发者真正了解 JVM 在上面几个方面的实现之后，其开发出来的程序将可以更高效，可以更充分地利用有限的内存，更快地释放那些无用的 Java 对象所占用的内存，并避免 Java 程序的内存泄漏。

此外，本章还会就日常开发中常用的场景给出一些内存管理小技巧，通过应用这些内存管理小技巧，可以适当地提高 Java 程序的运行效率。

## 4.1　Java 引用的种类

Java 是面向对象的编程语言，一个 Java 程序往往需要创建大量的 Java 类，然后对各 Java 类创建大量的 Java 对象，再调用这些 Java 对象的属性和方法来操作它们。

程序员需要通过关键字 new 创建 Java 对象，即可视作为 Java 对象申请内存空间，JVM 会在堆内存中为每个对象分配空间；当一个 Java 对象失去引用时，JVM 的垃圾回收机制会自动清除它们，并回收它们所占用的内存空间。

Java 内存管理包括内存分配（创建 Java 对象时）和内存回收两个方面（回收 Java 对象时）。这两方面的工作都是由 JVM 自动完成的，因此降低了 Java 程序员的学习难度，以至让很多初级 Java 程序员不再关心程序的内存分配。但这两方面的工作也加重了 JVM 的工作，从而使 Java 程序运行较慢。

### 4.1.1　对象在内存中的状态

对于 JVM 的垃圾回收机制来说，是否回收一个对象的标准在于：是否还有引用变量引用该对象？只要有引用变量引用该对象，垃圾回收机制就不会回收它。

也就是说，当 Java 对象被创建出来之后，垃圾回收机制会实时地监控每个对象的运行状态，包括对象的申请、引用、被引用、赋值等。当垃圾回收机制实时地监控到某个对象不再被引用变量所引用时，垃圾回收机制就会回收它所占用的空间。

基本上，可以把 JVM 内存中的对象引用理解成一种有向图，把引用变量、对象都当成有向图的顶点，将引用关系当成图的有向边，有向边总是从引用端指向被引用的 Java 对象。因为 Java 的所有对象都是由一条条线程创建出来的，因此可以把线程对象当成有向图的起始顶点。

对于单线程程序而言，整个程序只有一条 main 线程，那么该图就是以 main 进程为顶点的有向图。在这个有向图中，main 顶点可达的对象都处于可达状态，垃圾回收机制不会回收它们；如果某个对象在这个有向图中处于不可达状态，那么就认为这个对象不再被引用，接下来垃圾回收机制就会主动回收它了。

以下面程序为例。

程序清单：codes\04\4.1\NodeTest.java

```
class Node
{
    Node next;
    String name;
    public Node(String name)
    {
        this.name = name;
    }
}
public class NodeTest
{
    public static void main(String[] args)
    {
        Node n1 = new Node("第一个节点");
        Node n2 = new Node("第二个节点");
        Node n3 = new Node("第三个节点");
        n1.next = n2;
        n3 = n2;
        n2 = null;
    }
}
```

上面程序中定义了三个 Node 对象，并通过合适的引用关系把这三个 Node 对象组织在一起，应该可以清楚地绘制出三个 Node 对象在内存中的引用关系图。接下来就可以把它们在 JVM 中对应的有向图绘制出来，如图 4.1 所示。

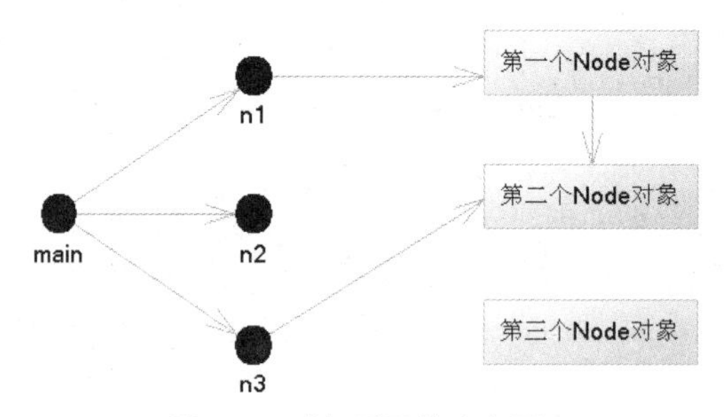


图 4.1　对象引用的有向图

从图 4.1 所示的有向图可以看出，从 main 顶点开始，有一条路径到达“第一个 Node 对象”，因此该对象处于可达状态，垃圾回收机制不会回收它；从 main 顶点开始，有两条路径到达“第二个 Node 对象”，因此该对象也处于可达状态，垃圾回收机制也不会回收它；从 main 顶点开始，没有路径可以到达“第三个 Node 对象”，因此这个 Java 对象就变成了垃圾，接下来垃圾回收机制就会回收它。

JVM 的垃圾回收机制采用有向图方式来管理内存中的对象，因此可以方便地解决循环引用的问题。例如，有三个对象相互引用，A 对象引用 B 对象，B 对象引用 C 对象，C 对象又引用 A 对象，它们都没有失去引用，但只要从有向图的起始顶点（也就是进程根）不可到达它们，垃圾回收机制就会回收它们。采用有向图来管理内存中的对象具有较高的精度，但缺点是效率较低。

当一个对象在堆内存中运行时，根据它在对应有向图中的状态，可以把它所处的状态分成如下三种。

➢ 可达状态：当一个对象被创建后，有一个以上的引用变量引用它。在有向图中可以从起始顶点导航到该对象，那么它就处于可达状态，程序可以通过引用变量来调用该对象的属性和方法。

- 可恢复状态：如果程序中某个对象不再有任何引用变量引用它，它将先进入可恢复状态，此时从有向图的起始顶点不能导航到该对象。在这种状态下，系统的垃圾回收机制准备回收该对象所占用的内存。在回收该对象之前，系统会调用可恢复状态的对象的 finalize 方法进行资源清理，如果系统调用 finalize 方法重新让一个以上的引用变量引用该对象，则这个对象会再次变为可达状态；否则，该对象将进入不可达状态。
- 不可达状态：当对象的所有关联都被切断，且系统调用所有对象的 finalize 方法依然没有使该对象变成可达状态后，这个对象将永久性地失去引用，最后变成不可达状态。只有当一个对象处于不可达状态时，系统才会真正回收该对象所占有的资源。

图 4.2 显示了对象的三种状态的转换。

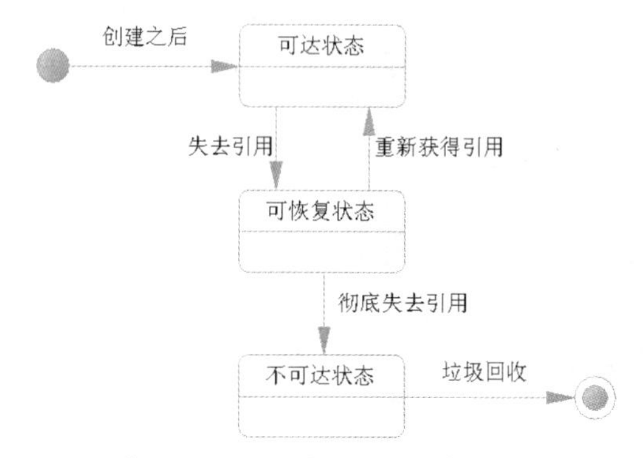


图 4.2　对象的状态转换

例如，下面程序简单地创建了两个字符串对象，并创建了一个引用变量依次指向两个对象。

程序清单：codes\04\4.1\StatusTranfer.java

```
public class StatusTranfer
{
    public static void test()
    {
        String a = new String("疯狂 Java 讲义");       // ①
        a = new String("轻量级 Java EE 企业应用实战");  // ②
    }
    public static void main(String[] args)
    {
        test();       // ③
    }
}
```

当程序执行 test 方法的①号代码时，代码定义了一个 a 变量，并让该变量指向“疯狂 Java 讲义”字符串。该代码执行结束后，“疯狂 Java 讲义”字符串对象处于可达状态。

当程序执行了 test 方法的②号代码后，代码再次定义了“轻量级 Java EE 企业应用实战”字符串对象，并让 a 变量指向该对象。此时，“疯狂 Java 讲义”字符串对象处于可恢复状态，而“轻量级 Java EE 企业应用实战”字符串对象处于可达状态。

一个对象可以被一个方法的局部变量引用，也可以被其他类的类变量引用，或者被其他对象的实例变量引用。当某个对象被其他类的类变量引用时，只有该类被销毁后，该对象才会进入可恢复状态；当某个对象被其他对象的实例变量引用时，只有当引用该对象的对象被销毁或变成不可达状态后，该对象才会进入不可达状态。

对垃圾回收机制来说，判断一个对象是否可回收的标准就在于该对象是否被引用，因此引用也是 JVM 进行内存管理的一个重要概念。为了更好地管理对象的引用，从 JDK 1.2 开始，Java 在

java.lang.ref 包下提供了三个类：SoftReference、PhantomReference 和 WeakReference，它们分别代表了系统对对象的三种引用方式：软引用、虚引用和弱引用。归纳起来，Java 语言对对象的引用有如下四种。

- 强引用
- 软引用
- 弱引用
- 虚引用

下面将分别介绍这几种引用方式。

### 4.1.2 强引用

这是 Java 程序中最常见的引用方式，程序创建一个对象，并把这个对象赋给一个引用变量，这个引用变量就是强引用。

Java 程序可通过强引用来访问实际的对象，前面介绍的程序中的所有引用变量都是强引用方式。当一个对象被一个或一个以上的强引用变量所引用时，它处于可达状态，它不可能被系统垃圾回收机制回收。

强引用是 Java 编程中广泛使用的引用类型，被强引用所引用的 Java 对象绝不会被垃圾回收机制回收，即使系统内存非常紧张；即使有些 Java 对象以后永远都不会被用到，JVM 也不会回收被强引用所引用的 Java 对象。

由于 JVM 肯定不会回收被强引用所引用的 Java 对象，因此强引用是造成 Java 内存泄漏的主要原因之一。

### 4.1.3 软引用

软引用需要通过 SoftReference 类来实现，当一个对象只具有软引用时，它有可能被垃圾回收机制回收。对于只有软引用的对象而言，当系统内存空间足够时，它不会被系统回收，程序也可使用该对象；当系统内存空间不足时，系统将会回收它。

软引用通常用于对内存敏感的程序中，软引用是强引用很好的替代。对于被强引用所引用的 Java 对象而言，无论系统的内存如何紧张，即使某些 Java 对象以后再也不可能使用，垃圾回收机制依然不会回收它所占用的内存。对于软引用则不同，当系统内存空间充足时，软引用与强引用没有太大的区别；当系统内存空间不足时，被软引用所引用的 Java 对象可以被垃圾回收机制回收，从而避免系统内存不足的异常。

当程序需要大量创建某个类的新对象，而且有可能重新访问已创建的老对象时，可以充分使用软引用来解决内存紧张的难题。

例如，需要访问 1000 个 Person 对象，可以有两种方式。

- 依次创建 1000 个 Person 对象，但只有一个 Person 引用指向最后一个 Person 对象。
- 定义一个长度为 1000 的 Person 数组，每个数组元素引用一个 Person 对象。

对于第一种情形而言，弱点很明显：程序不允许重新访问前面创建的 Person 对象，即使这个对象所占用的堆空间还没有被回收，但已经失去了这个对象的引用，因此也不得不重新创建一个新的 Person 对象（重新分配内存），而那个已有的 Person 对象（完整的、正确的、可用的）只能等待垃圾回收。

对于第二种情形而言，优势是可以随时重新访问前面创建的每个 Person 对象，但弱点也很大，如果系统堆内存空间紧张，而 1000 个 Person 对象都被强引用所引用，垃圾回收机制也不可能回收它们的堆内存空间，系统性能将变得非常差，甚至因内存不足而导致程序中止。

使用软引用是一种较好的方案。当堆内存空间足够时，垃圾回收机制不会回收 Person 对象，可以随时重新访问一个已有的 Person 对象，这和普通的强引用没有任何区别；但当堆内存空间不足时，系统也可以回收软引用所引用的 Person 对象，从而提高程序运行性能，避免垃圾回收。

例如，下面程序创建了一个 SoftReference 数组，通过 SoftReference 数组来保存 100 个 Person 对象，当系统内存充足时，SoftReference 引用和强引用并没有太大的区别。

程序清单：codes\04\4.1\SoftReferenceTest.java

```
class Person
{
    String name;
    int age;
    public Person(String name, int age)
    {
        this.name = name;
        this.age = age;
    }
    public String toString()
    {
        return "Person[name=" + name
            + ", age=" + age + "]";
    }
}
public class SoftReferenceTest
{
    public static void main(String[] args)
        throws Exception
    {
        @SuppressWarnings("unchecked")
        SoftReference<Person>[] people =
            new SoftReference[100000];
        for (var i = 0; i < people.length; i++)
        {
            people[i] = new SoftReference<>(new Person(
                "名字" + i, (i + 1) * 4 % 100));
        }
        System.out.println(people[2].get());
        System.out.println(people[4].get());
        // 通知系统进行垃圾回收
        System.gc();
        System.runFinalization();
        // 垃圾回收机制运行之后，SoftReference 数组里的元素保持不变
        System.out.println(people[2].get());
        System.out.println(people[4].get());
    }
}
```

**提示：**

如果对这些引用类的用法还不太熟悉，建议查阅 Java 提供的 API 文档，或者参考疯狂 Java 体系的《疯狂 Java 讲义》，该书简要介绍了这三种引用的基本用法。

上面程序创建了一个长度为 100 000 的 SoftReference 数组，程序使用这个数组来保存 100 000 个 Person 对象，当系统内存足够时，如上面程序所示，即使系统进行垃圾回收，垃圾回收机制也不会回收这些 Person 对象所占用的内存空间。在这种情况下，SoftReference 引用的作用与普通强引用的效果完全一样。运行上面的程序，将看到如图 4.3 所示的结果。

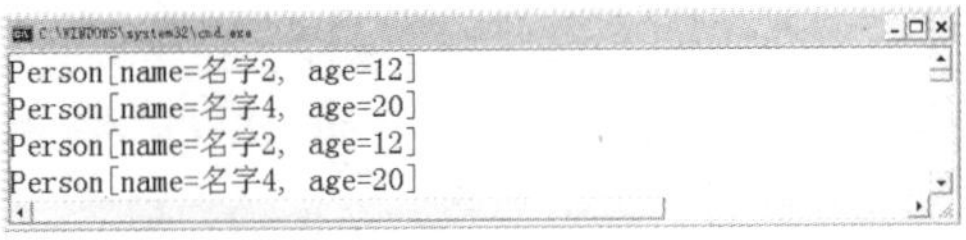

```
C:\WINDOWS\system32\cmd.exe
Person[name=名字2, age=12]
Person[name=名字4, age=20]
Person[name=名字2, age=12]
Person[name=名字4, age=20]
```

图 4.3　内存充足时，SoftReference 引用与强引用的功能类似

修改运行上面程序的命令（为 JVM 指定使用较小的堆内存）如下：

```
java -Xmx8m -Xms8m SoftReferenceTest
```

运行上面的命令，可以看到如图 4.4 所示的结果。

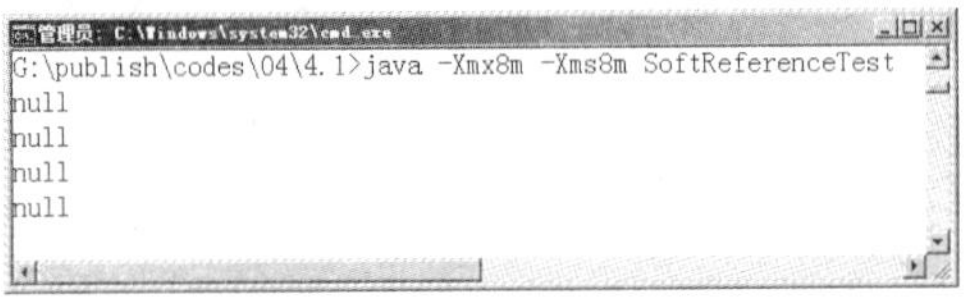

```
管理员: C:\Windows\system32\cmd.exe
G:\publish\codes\04\4.1>java -Xmx8m -Xms8m SoftReferenceTest
null
null
null
null
```

图 4.4　内存不足时，垃圾回收机制将回收 SoftReference 引用的对象

从图 4.4 可以看出，使用"java -Xmx8m -Xms8m SoftReferenceTest"命令强制堆内存只有 8MB，而且程序创建一个长度为 100 000 的数组，这将使得系统内存紧张。在这种情况下，软引用所引用的 Java 对象将会被垃圾回收，因此会看到如图 4.4 所示的运行结果。

对比一下强引用的程序，将主程序改为如下形式。

程序清单：codes\04\4.1\StrongReferenceTest.java

```java
public class StrongReferenceTest
{
    public static void main(String[] args)
        throws Exception
    {
        Person[] people =
            new Person[100000];
        for (var i = 0; i < people.length; i++)
        {
            people[i] = new Person(
                "名字" + i, (i + 1) * 4 % 100);
        }
        System.out.println(people[2]);
        System.out.println(people[4]);
        // 通知系统进行垃圾回收
        System.gc();
        System.runFinalization();
        // StrongReference 数组不受任何影响
        System.out.println(people[2]);
        System.out.println(people[4]);
    }
}
```

上面程序以传统方式创建了一个 Person 数组，该 Person 的长度为 100 000，即程序的堆内存将保存 100 000 个 Person 对象，这将使得程序因为系统内存不足而中止。依然使用 8MB 的内存来运行上面的程序，可以看到如图 4.5 所示的错误。

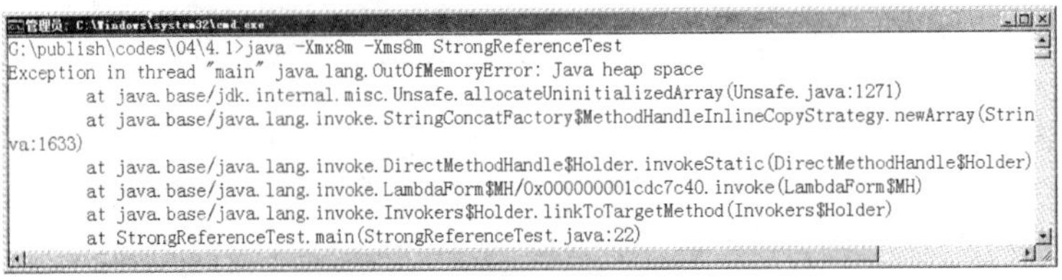

```
管理员: C:\Windows\system32\cmd.exe
G:\publish\codes\04\4.1>java -Xmx8m -Xms8m StrongReferenceTest
Exception in thread "main" java.lang.OutOfMemoryError: Java heap space
        at java.base/jdk.internal.misc.Unsafe.allocateUninitializedArray(Unsafe.java:1271)
        at java.base/java.lang.invoke.StringConcatFactory$MethodHandleInlineCopyStrategy.newArray(Strin
va:1633)
        at java.base/java.lang.invoke.DirectMethodHandle$Holder.invokeStatic(DirectMethodHandle$Holder)
        at java.base/java.lang.invoke.LambdaForm$MH/0x000000001cdc7c40.invoke(LambdaForm$MH)
        at java.base/java.lang.invoke.Invokers$Holder.linkToTargetMethod(Invokers$Holder)
        at StrongReferenceTest.main(StrongReferenceTest.java:22)
```

图 4.5　强引用导致的内存不足

从图 4.5 可以看出，当程序使用强引用时，无论系统堆内存如何紧张，JVM 垃圾回收机制都不会回收被强引用所引用的 Java 对象，因此最后导致程序因内存不足而中止。但如果程序把强引用改为使用软引用，就可完全避免这种情况，这就是软引用的优势所在。

## 4.1.4　弱引用

弱引用与软引用有点相似，区别在于弱引用所引用对象的生存期更短。弱引用通过 WeakReference 类实现，弱引用和软引用很像，但弱引用的引用级别更低。对于只有弱引用的对象而言，当系统垃圾回收机制运行时，不管系统内存是否足够，总会回收该对象所占用的内存。当然，并不是说当一个对象只有弱引用时，它就会立即被回收——正如那些失去引用的对象一样，必须等到系统垃圾回收机制运行时才会被回收。

下面程序示范了弱引用所引用的对象也会被系统垃圾回收的过程。

**程序清单：codes\04\4.1\WeakReferenceTest.java**

```
public class WeakReferenceTest
{
    public static void main(String[] args) throws Exception
    {
        // 创建一个字符串对象
        String str = new String("疯狂 Java 讲义");
        // 创建一个弱引用，让此弱引用引用"疯狂 Java 讲义"字符串
        WeakReference<String> wr = new WeakReference<>(str);  // ①
        // 切断 str 引用和"疯狂 Java 讲义"字符串之间的引用
        str = null;      // ②
        // 取出弱引用所引用的对象
        System.out.println(wr.get());  // ③
        // 强制垃圾回收
        System.gc();
        System.runFinalization();
        // 再次取出弱引用所引用的对象
        System.out.println(wr.get());  // ④
    }
}
```

上面程序创建了一个“疯狂 Java 讲义”字符串对象，并让 str 引用变量引用它。执行①号代码时，系统创建了一个弱引用对象，并让该对象和 str 引用同一个对象。当程序执行到②号代码时，切断了 str 和“疯狂 Java 讲义”字符串对象之间的引用关系，此时系统内存如图 4.6 所示。

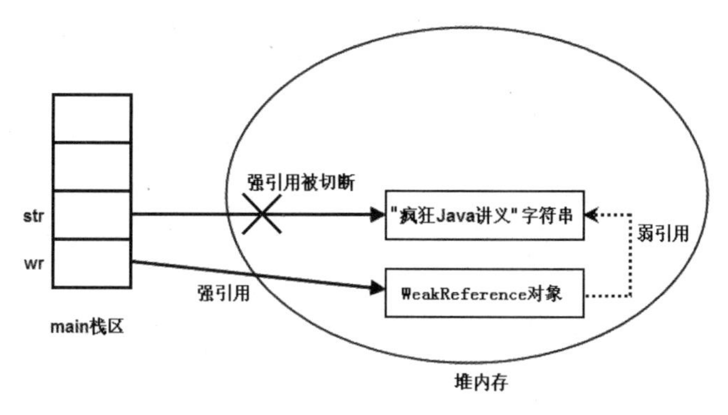


图 4.6　仅被弱引用所引用的字符串对象

从图 4.6 可以看出，此时“疯狂 Java 讲义”字符串对象只有一个弱引用对象引用它，程序依然可以通过这个弱引用对象来访问该字符串常量，程序中③号代码依然可以输出“疯狂 Java 讲义”。

接下来程序强制垃圾回收，如果系统垃圾回收机制启动，只有弱引用的对象就会被清理掉。当程序执行④号代码时，通常就会看到输出null，这表明该对象已经被清理了。

**注意**

上面程序创建"疯狂Java讲义"字符串对象时，不要使用 String str = "疯狂 Java 讲义";代码，这样将看不到运行效果。因为采用 String str = "疯狂 Java 讲义";代码定义字符串时，系统会缓存这个字符串常量（会使用强引用来引用它），系统不会回收被缓存的字符串常量。

弱引用具有很大的不确定性，因为每次垃圾回收机制执行时都会回收弱引用所引用的对象，而垃圾回收机制的运行又不受程序员的控制，因此程序获取弱引用所引用的 Java 对象时必须小心空指针异常——通过弱引用所获取的 Java 对象可能是 null。

由于垃圾回收的不确定性，当程序希望从弱引用中取出被引用对象时，可能这个被引用对象已经被释放了。如果程序需要使用那个被引用的对象，则必须重新创建该对象。这个过程可以采用两种风格的代码来完成，下面的代码显示了其中一种代码风格。

```
// 取出弱引用所引用的对象
obj = wr.get();
// 如果取出的对象为null
if (obj == null)
{
    // 重新创建一个新的对象，再次使用弱引用引用该对象
    wr = new WeakReference(recreateIt());    // ①
    // 取出弱引用所引用的对象，将其赋给 obj 变量
    obj = wr.get();   // ②
}
...// 操作 obj 对象
// 再次切断 obj 和对象之间的关联
obj = null;
```

下面的代码显示了取出被引用对象的另一种代码风格。

```
// 取出弱引用所引用的对象
obj = wr.get();
// 如果取出的对象为null
if (obj == null)
{
    // 重新创建一个新的对象，使用强引用来引用它
    obj = recreateIt();
    // 取出弱引用所引用的对象，将其赋给 obj 变量
    wr = new WeakReference(obj);
}
...// 操作 obj 对象
// 再次切断 obj 和对象之间的关联
obj = null;
```

上面两段代码采用的都是伪码，其中 recreateIt 方法用于生成一个 obj 对象。这两段代码都是先判断 obj 对象是否已经被回收，如果已经被回收则重新创建该对象。如果弱引用所引用的对象已经被垃圾回收释放了，则重新创建该对象。但第一段代码有一定的问题：当 if 块执行完成后，obj 还是有可能为 null。因为垃圾回收的不确定性，假设系统在①号和②号代码之间进行垃圾回收，则会再次将 wr 所引用的对象回收，从而导致 obj 依然为 null。第二段代码则不会存在这个问题，当 if 块执行结束后，obj 一定不是 null。

与 WeakReference 功能类似的还有 WeakHashMap。其实程序很少会考虑直接使用单个的 WeakReference 来引用某个 Java 对象，因此这个时候系统内存往往不会特别紧张。当程序有大量的 Java 对象需要使用弱引用来引用时，可以考虑使用 WeakHashMap 来保存它们，示例如下。

**程序清单：codes\04\4.1\WeakHashMapTest.java**

```
class CrazyKey
{
    String name;
    public CrazyKey(String name)
    {
        this.name = name;
    }
    // 重写 hashCode()方法
    public int hashCode()
    {
        return name.hashCode();
    }
    // 重写 equals 方法
    public boolean equals(Object obj)
    {
        if (obj == this)
        {
            return true;
        }
        if (obj != null && obj.getClass() == CrazyKey.class)
        {
            return name.equals(((CrazyKey) obj).name);
        }
        return false;
    }
    // 重写 toString()方法
    public String toString()
    {
        return "CrazyKey[name=" + name + "]";
    }
}
public class WeakHashMapTest
{
    public static void main(String[] args) throws Exception
    {
        WeakHashMap<CrazyKey, String> map = new WeakHashMap<>();
        // 循环放入 10 个 key-value 对
        for (var i = 0; i < 10; i++)
        {
            map.put(new CrazyKey(i + 1 + ""), "value" + (i + 11));
        }
        // 垃圾回收之前，WeakHashMap 与普通的 HashMap 并无区别
        System.out.println(map);
        System.out.println(map.get(new CrazyKey("2")));
        // 通知垃圾回收
        System.gc();
        // 暂停当前线程 50ms，让垃圾回收后台线程获得执行
        Thread.sleep(50);
        // 垃圾回收后，WeakHashMap 里的所有 Entry 全部清空
        System.out.println(map);
        System.out.println(map.get(new CrazyKey("2")));
    }
}
```

上面程序两次调用了 System.out.println(map)和 System.out.println(map.get(new CrazyKey("2")));，

分别用于查看 WeakHashMap 里的所有 key-value 对和获取指定 key 对应的 value。运行上面的程序，可以看到如图 4.7 所示的结果。

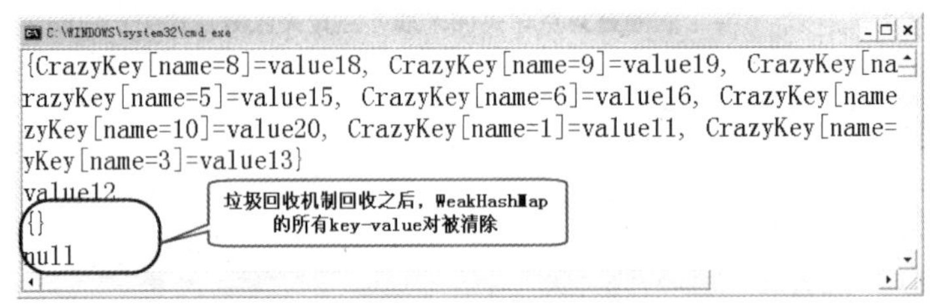


图 4.7　WeakHashMap 的运行结果

从图 4.7 可以看出，在垃圾回收机制运行之前，WeakHashMap 的功能与普通的 HashMap 并没有太大的区别，它们的功能完全相似。但一旦垃圾回收机制被执行，WeakHashMap 中的所有 key-value 对都会被清空，除非某些 key 还有强引用在引用它们。

### 4.1.5　虚引用

软引用和弱引用可以单独使用，但虚引用不能单独使用，单独使用虚引用没有太大的意义。虚引用的主要作用就是跟踪对象被垃圾回收的状态，程序可以通过检查与虚引用关联的引用队列中是否已经包含指定的虚引用，从而了解虚引用所引用的对象是否即将被回收。

引用队列由 java.lang.ref.ReferenceQueue 类表示，它用于保存被回收后对象的引用。当把软引用、弱引用和引用队列联合使用时，系统回收被引用的对象之后，将会把被回收对象对应的引用添加到关联的引用队列中。与软引用和弱引用不同的是，虚引用在对象被释放之前，将把它对应的虚引用添加到它关联的引用队列中，这使得可以在对象被回收之前采取行动。

虚引用通过 PhantomReference 类实现，它完全类似于没有引用。虚引用对对象本身没有太大影响，对象甚至感觉不到虚引用的存在。如果一个对象只有一个虚引用，那么它和没有引用的效果大致相同。虚引用主要用于跟踪对象被垃圾回收的状态，虚引用不能单独使用，虚引用必须和引用队列（ReferenceQueue）联合使用。

下面程序与上面程序基本相似，只是使用了虚引用来引用字符串对象，虚引用无法获取它引用的对象。下面程序还将虚引用和引用队列结合使用，可以看到，被虚引用所引用的对象被垃圾回收后，虚引用将被添加到引用队列中。

**程序清单：codes\04\4.1\PhantomReferenceTest.java**

```
public class PhantomReferenceTest
{
    public static void main(String[] args)
        throws Exception
    {
        // 创建一个字符串对象
        String str = new String("疯狂 Java 讲义");
        // 创建一个引用队列
        ReferenceQueue<String> rq = new ReferenceQueue<>();
        // 创建一个虚引用，让此虚引用引用"疯狂 Java 讲义"字符串
        PhantomReference<String> pr =
            new PhantomReference<>(str, rq);
        // 切断 str 引用和"Struts2 权威指南"字符串之间的引用
        str = null;
        // 试图取出虚引用所引用的对象
        // 程序并不能通过虚引用访问被引用的对象，所以此处输出 null
        System.out.println(pr.get());  // ①
```

```
        // 强制垃圾回收
        System.gc();
        System.runFinalization();
        // 取出引用队列中最先进入队列的引用与 pr 进行比较
        System.out.println(rq.poll() == pr);  // ②
    }
}
```

因为系统无法通过虚引用来获得被引用的对象，所以执行①号处的输出语句时，程序将输出 null（即使此时并未强制进行垃圾回收）。当程序强制垃圾回收后，只有虚引用所引用的字符串对象会被垃圾回收，当被引用的对象被回收后，对应的引用将被添加到关联的引用队列中，因而将在②号代码处看到输出 true。

使用这些引用类可以避免在程序执行期间将对象留在内存中。如果以软引用、弱引用或虚引用的方式引用对象，垃圾回收器就能够随意地释放对象。如果希望尽可能减小程序在其生命周期中所占用的内存大小，这些引用类就很有好处。

最后需要指出的是，要使用这些特殊的引用类，就不能保留对对象的强引用。如果保留了对对象的强引用，就会浪费这些类所提供的任何好处。

## 4.2　Java 的内存泄漏

Java 向程序员许下了一个美好的承诺：Java 程序员无须关心内存释放的问题，JVM 的垃圾回收机制会自动回收无用对象所占用的内存空间。这个承诺给很多 Java 初级程序员一个错觉：Java 程序不会有内存泄漏。但实际上，如果使用不当，Java 程序一样会存在内存泄漏的问题。

为了搞清楚 Java 程序是否存在内存泄漏，首先了解一下什么是内存泄漏——程序运行过程中会不断地分配内存空间，那些不再使用的内存空间应该即时被回收，从而保证系统可以再次使用这些内存，如果存在无用的内存没有被回收回来，那就是内存泄漏。

对于 C++程序而言，对象占用的内存空间都必须由程序员来显式回收，如果程序员忘记了回收它们，那么就会产生内存泄漏；对于 Java 程序来说，所有不可达的对象都由垃圾回收机制负责回收，因此程序员不需要考虑这部分的内存泄漏。但如果程序中有一些 Java 对象，它们处于可达状态，但程序以后永远都不会再访问它们，那么它们所占用的内存空间也不会被回收，它们所占用的空间也会产生内存泄漏。

如图 4.8 所示为 Java 和 C++内存泄漏的区别。

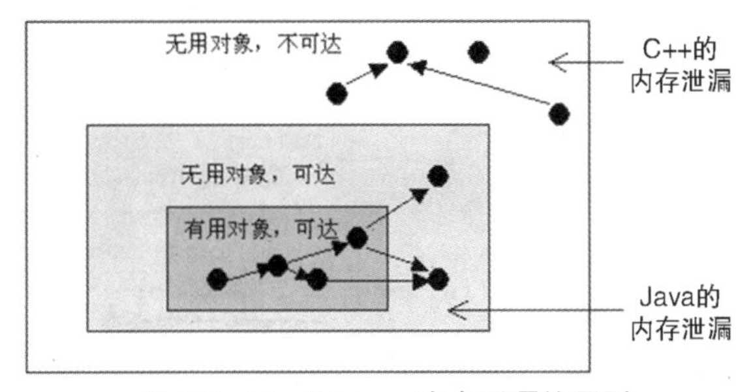


图 4.8　C++和 Java 内存泄漏的区别

相对来说，C++的内存泄漏更危险一些。对于图 4.8 中最外层方框中的对象，它们处于不可达状态，因此程序根本不可能访问它们，程序即使想释放它们所占用的空间也无能为力；但 JVM 的垃圾回收机制会自动回收这个方框中的对象所占用的内存空间，因为垃圾回收机制会实时监控每个对象的运行状态。

对于图4.8中间那个方框中的对象，它们依然处于可达状态，但程序以后永远也不会访问它们，按照正常情况，它们所占用的内存空间也应该被回收。对于 C++程序而言，程序员可以在合适的时机释放它们所占用的内存空间；但对于 Java 程序而言，只要它们一直处于可达状态，垃圾回收机制就不会回收它们——即使它们对于程序来说已经变成了垃圾（程序再也不需要它们了），而对于垃圾回收机制来说，它们还不是垃圾（还处于可达状态），因此不能回收。

回顾一下 ArrayList 中 remove(int index)方法调用的 fastRemove()方法的源代码，如下所示。

```
private void fastRemove(Object[] es, int i) {
    modCount++;
    final int newSize;
    if ((newSize = size - 1) > i)
        // 对数组元素执行“整体搬家”
        System.arraycopy(es, i + 1, es, i, newSize - i);
    // 释放被删除的元素，以便垃圾回收该元素
    es[size = newSize] = null;
}
```

上面程序中的粗体字代码“es[size = newSize] = null;”就是为了避免内存泄漏而书写的代码。如果没有这行代码，这个方法就会产生内存泄漏——删除一个对象，但该对象所占用的内存空间却不会被释放。

例如，试图删除 ArrayList 的最后一个元素，假设该 ArrayList 底层的数组长度为 8，该 ArrayList 里装有 4 个元素，即该 ArrayList 的长度为 4。该 ArrayList 在内存中的分配示意图如图 4.9 所示。

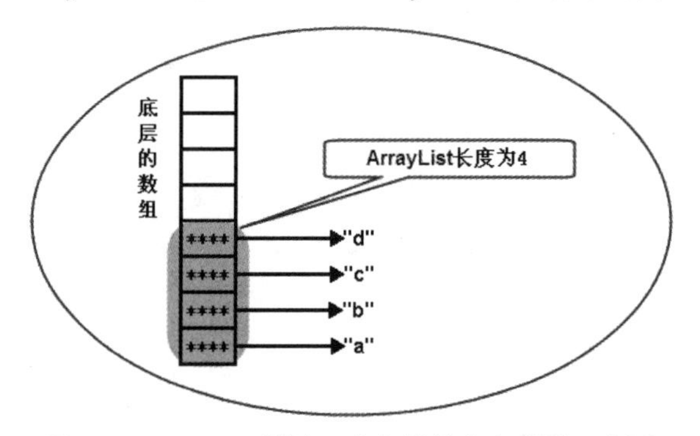


图 4.9　ArrayList 删除元素之前的内存分配示意图

当程序删除 ArrayList 的最后一个元素，也就是删除图 4.9 中指向"d"的那个集合元素时，要删除的元素所在的 index = size - 1，此时 ArrayList 无须整体搬家，程序只需将 ArrayList 的 size 减 1 即可。但如果不执行“es[size = newSize] = null;”这行代码，ArrayList 在内存中的分配示意图则如图 4.10 所示。

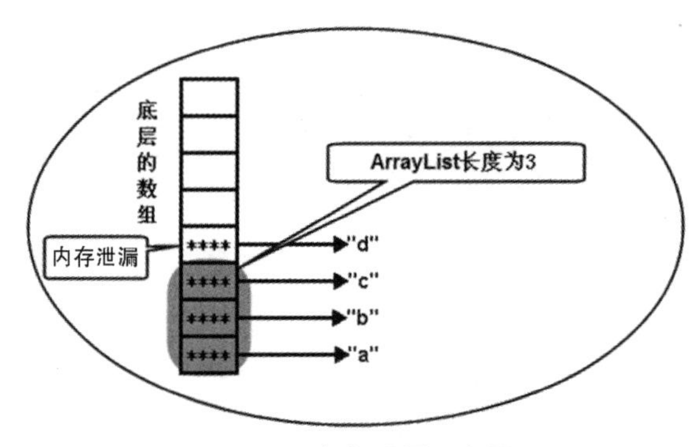


图 4.10　内存泄漏示意图

从图 4.10 可以看出，如果没有“es[size = newSize] = null;”这行代码，图 4.10 所示数组的第 4 个元素将一直引用内存中原来的对象，那么这个对象将一直处于可达状态。但对于 ArrayList 而言，它的 size 等于 3。也就是说，该 ArrayList 认为自己只有 3 个元素，因此它永远也不会去访问底层数组的第 4 个元素。对于程序本身来说，这个对象已经变成了垃圾；但对于垃圾回收机制来说，这个对象依然处于可达状态，因此不会回收它，这就产生了内存泄漏。

下面程序采用基于数组的方式实现了一个 Stack，大家可以找找这个程序中哪里会产生内存泄漏。

**程序清单：codes\04\4.2\Stack.java**

```
public class Stack<T>
{
    // 存放栈内元素的数组
    private Object[] elementData;
    // 记录栈内元素的个数
    private int size = 0;
    private int capacityIncrement;
    // 以指定初始化容量创建一个 Stack
    public Stack(int initialCapacity)
    {
        elementData = new Object[initialCapacity];
    }
    public Stack(int initialCapacity, int capacityIncrement)
    {
        this(initialCapacity);
        this.capacityIncrement = capacityIncrement;
    }
    // 向“栈”顶压入一个元素
    public void push(T object)
    {
        ensureCapacity();
        elementData[size++] = object;
    }
    @SuppressWarnings("unchecked")
    public T pop()
    {
        if (size == 0)
        {
            throw new RuntimeException("空栈异常");
        }
        return (T) elementData[--size];
    }
    public int size()
    {
        return size;
    }
    // 保证底层数组能容纳栈内所有元素
    private void ensureCapacity()
    {
        // 增加堆栈的容量
        if (elementData.length == size)
        {
            Object[] oldElements = elementData;
            int newLength = 0, oldLen = elementData.length;
            // 已经设置 capacityIncrement
            if (capacityIncrement > 0)
            {
                newLength = oldLen + capacityIncrement;
            }
```

```
            else
            {
                // 将长度扩充到原来的2倍
                newLength = oldLen << 1;
            }
            elementData = new Object[newLength];
            // 将原数组的元素复制到新数组中
            System.arraycopy(oldElements, 0, elementData, 0, size);
        }
    }
    public static void main(String[] args)
    {
        Stack<String> stack = new Stack<>(10);
        // 向栈顶压入10个元素
        for (var i = 0; i < 10; i++)
        {
            stack.push("元素" + i);
        }
        // 依次弹出10个元素
        for (var i = 0; i < 10; i++)
        {
            System.out.println(stack.pop());
        }
    }
}
```

上面程序实现了一个简单的Stack，并为这个Stack实现了push()、pop()两个方法，其中pop()方法可能产生内存泄漏。为了说明这个Stack导致的内存泄漏，程序的main方法创建了一个Stack对象，先向该Stack压入10个元素。注意：此时底层elementData数组的长度为10，每个数组元素都引用一个字符串。

接下来，程序10次调用pop()弹出栈顶元素。注意pop()方法产生的内存泄漏，它只做了两件事情。

- 修改Stack的size属性，也就是记录栈内元素减1。
- 返回elementData数组中索引为size-1的元素。

也就是说，每调用pop()方法一次，Stack会记录该栈的尺寸减1，但并未清除elementData数组最后一个元素的引用，这样就会产生内存泄漏。类似地，也应该按ArrayList类的源代码来改写此处pop()方法的源代码，如下所示。

```
public Object pop()
{
    if (size == 0)
    {
        throw new RuntimeException("空栈异常");
    }
    Object ele = elementData[--size];
    // 清除最后一个数组元素的引用，避免内存泄漏
    elementData[size] = null;
    return ele;
}
```

## 4.3 垃圾回收机制

垃圾回收机制主要完成下面两件事情。

- 跟踪并监控每个Java对象，当某个对象处于不可达状态时，回收该对象所占用的内存。

- 清理内存分配、回收过程中产生的内存碎片。

垃圾回收机制需要完成这两方面的工作，而这两方面的工作量都不算太小，因此垃圾回收算法就成为限制 Java 程序运行效率的重要因素。实现高效 JVM 的一个重要方面就是提供高效的垃圾回收机制，高效的垃圾回收机制既能保证垃圾回收的快速运行，避免内存的分配和回收成为应用程序的性能瓶颈，又不能导致应用程序产生停顿。

## 4.3.1　垃圾回收的基本算法

前面已经介绍了，JVM 垃圾回收机制判断某个对象是否可以回收的唯一标准是：是否还有其他引用指向该对象？如果存在引用指向该对象，垃圾回收机制就不会回收该对象；否则，垃圾回收机制就会尝试回收它。

实际上，垃圾回收机制不可能实时检测到每个 Java 对象的状态，因此当一个对象失去引用后，它也不会被立即回收，只有等垃圾回收机制运行时才会被回收。

对于一个垃圾回收器的设计算法来说，大致有如下可供选择的设计。

- 串行回收（Serial）和并行回收（Parallel）：串行回收就是不管系统有多少个 CPU，始终只用一个 CPU 来执行垃圾回收操作；而并行回收就是把整个回收工作拆分成多个部分，每个部分由一个 CPU 负责，从而让多个 CPU 并行回收。并行回收的执行效率很高，但复杂度增加，另外也有其他一些副作用，比如内存碎片会增加等。
- 并发执行（Concurrent）和应用程序停止（Stop-the-world）：Stop-the-world 的垃圾回收方式在执行垃圾回收的同时会导致应用程序暂停。并发执行的垃圾回收虽然不会导致应用程序暂停，但由于并发执行垃圾回收需要解决和应用程序的执行冲突（应用程序可能会在垃圾回收的过程中修改对象），因此并发执行垃圾回收的系统开销比 Stop-the-world 更大，而且执行时也需要更多的堆内存。
- 压缩（Compacting）/不压缩（Non-compacting）和复制（Copying）：为了减少内存碎片，支持压缩的垃圾回收器会把所有的活对象搬迁到一起，然后将之前占用的内存全部回收。不压缩的垃圾回收器只是回收内存，这样回收回来的内存不可能是连续的，因此将会有较多的内存碎片。相对于压缩垃圾回收机制，不压缩垃圾回收机制回收内存更快，而分配内存时就会更慢，而且无法解决内存碎片的问题。复制垃圾回收会将所有的可达对象复制到另一块相同的内存中，这种方式的优点是垃圾回收过程不会产生内存碎片，但缺点也很明显，需要复制数据和额外的内存。

上面介绍的复制、不压缩、压缩都是垃圾回收器回收已用内存空间的方式，关于这三种回收方式详述如下。

- 复制：将堆内存分成两个相同空间，从根（类似于前面介绍的有向图的起始顶点）开始访问每一个关联的可达对象，将空间 A 的可达对象全部复制到空间 B，然后一次性回收整个空间 A。

  对于复制算法而言，因为只需访问所有的可达对象，将所有的可达对象复制完成后就回收整个空间，完全不用理会那些不可达对象，所以遍历空间的成本较小，但需要巨大的复制成本和较多的内存。
- 标记清除（mark-sweep）：也就是不压缩回收方式。垃圾回收器先从根开始访问所有的可达对象，将它们标记为可达状态，然后再遍历一次整个内存区域，对所有的没有标记为可达的对象进行回收处理。

  标记清除无须进行大规模的复制操作，而且内存利用率高。但这种算法需要两次遍历堆内存空间，遍历的成本较大，因此造成应用程序暂停的时间随堆空间的大小线性增大。而且垃圾回收回来的内存往往是不连续的，因此整理后堆内存里的碎片很多。

➢ 标记压缩（mark-sweep-compact）：这是压缩回收方式，这种方式充分利用上述两种算法的优点，垃圾回收器先从根开始访问所有的可达对象，将它们标记为可达状态。接下来垃圾回收器会将这些活动对象搬迁在一起，这个过程也被称为内存压缩，然后垃圾回收机制再次回收那些不可达对象所占用的内存空间，这样就避免了回收产生内存碎片。

从上面的介绍可以看出，不论采用哪种机制实现垃圾回收，也不论采用哪种内存回收方式，具体实现起来总是利弊参半的。因此，实际实现垃圾回收时总会综合使用多种设计方式，也就是针对不同的情况采用不同的垃圾回收方式来实现。

现行的垃圾回收器采用分代的方式来进行不同的回收设计。分代的基本思路是根据对象生存时间的长短，把堆内存分成三代：

➢ Young（新生代）
➢ Old（老年代）
➢ Permanent（永生代）

垃圾回收器会根据不同代的特点采用不同的回收算法，从而充分利用各种回收算法的优点。

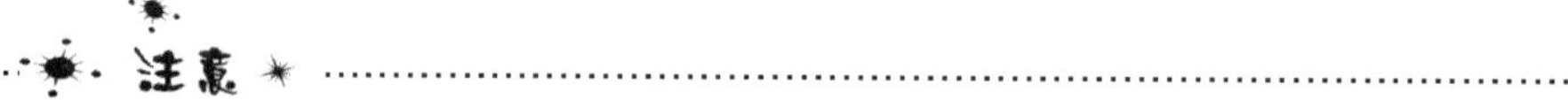

注意

此处将 Young 翻译为“新生代”，将 Old 翻译为“老年代”，将 Permanent 翻译为“永生代”感觉有点别扭，只是希望读者能大致理解垃圾回收器对堆内存进行分代的思路，至于这三代的名称并不重要，本书后文将直接采用英文说法。

## 4.3.2 堆内存的分代回收

分代回收的一个依据就是对象生存时间的长短，然后根据不同代采取不同的垃圾回收策略。采用这种“分代回收”的策略基于如下两点事实。

➢ 绝大对数对象不会被长时间引用，这些对象在其 Young 期间就会被回收。
➢ 很老的对象（生存时间很长）和很新的对象（生存时间很短）之间很少存在相互引用的情况。

上面两点事实不仅在 Java 语言中如此，其他面向对象的编程语言也大致遵循这两个事实。

根据上面两点事实，对于 Young 代的对象而言，大部分对象都会很快就进入不可达状态，只有少量的对象能熬到垃圾回收执行时，而垃圾回收器只需要保留 Young 代中处于可达状态的对象，如果采用复制算法只需要少量的复制成本，因此大部分垃圾回收器对 Young 代都采用复制算法。

### 1．Young 代

对 Young 代采用复制算法只需遍历那些处于可达状态的对象，而且这些对象的数量较少，可复制成本也不大，因此可以充分发挥复制算法的优点。

Young 代由一个 Eden 区和两个 Survivor 区构成。绝大多数对象先分配到 Eden 区中（有一些大的对象可能会直接被分配到 Old 代中），Survivor 区中的对象都至少在 Young 代中经历过一次垃圾回收，所以这些对象在被转移到 Old 代之前会先保留在 Survivor 空间中。同一时间两个 Survivor 空间中有一个用来保存对象，而另一个是空的，用来在下次垃圾回收时保存 Young 代中的对象。每次复制就是将 Eden 和第一个 Survivor 区的可达对象复制到第二个 Survivor 区，然后清空 Eden 与第一个 Survivor 区。Young 代的分区如图 4.11 所示。

Eden 和 Survivor 区的比例通过-XX:SurvivorRatio 附加选项来设置，默认为 32。如果 Survivor

区太大则会产生浪费，太小则会使一些 Young 代的对象提前进入 Old 代。

### 2. Old 代

如果 Young 代中的对象经过数次垃圾回收依然没有被回收掉，即这个对象经过足够长的时间还处于可达状态，垃圾回收机制就会将这个对象转移到 Old 代。图 4.12 显示了这个对象由 Young 代提升为 Old 代的过程。

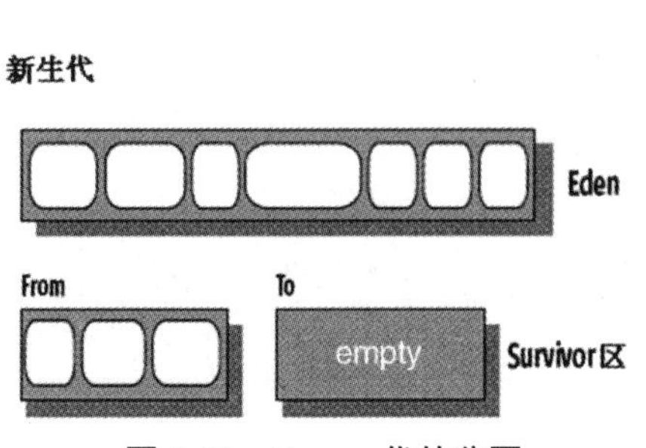


图 4.11　Young 代的分区

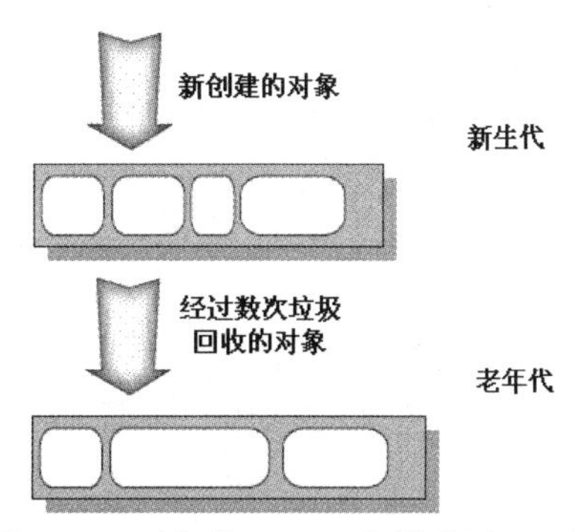


图 4.12　对象从 Young 代提升到 Old 代

Old 代的大部分对象都是“久经考验”的“老人”了，因此它们没那么容易死。而且随着时间的流逝，Old 代的对象会越来越多，因此 Old 代的空间要比 Young 代的空间更大。出于这两点考虑，Old 代的垃圾回收具有如下两个特征。

- Old 代垃圾回收的执行频率无须太高，因为很少有对象会死掉。
- 每次对 Old 代执行垃圾回收都需要更长的时间来完成。

基于以上考虑，垃圾回收器通常会使用标记压缩算法，这种算法可以避免复制 Old 代的大量对象，而且由于 Old 代的对象不会很快死亡，回收过程不会大量地产生内存碎片，因此相对比较划算。

### 3. Permanent 代

Permanent 代主要用于装载 Class、方法等信息，默认为 64MB，垃圾回收机制只在十分必要时才会回收 Permanent 代中的对象（以前 JVM 通常不回收 Permanent 代中的对象）。对于那些需要加载很多类的服务器程序，往往需要加大 Permanent 代的内存，否则可能会因为内存不足而导致程序终止。

对于像 Hibernate、Spring 这类喜欢 AOP 动态生成类的框架，往往会生成大量的动态代理类，因此需要更多的 Permanent 代内存，相信读者在调试、运行 Hibernate 和 Spring 程序时应该见过 java.lang.OutOfMemoryError: PermGen space 的错误，这就是由 Permanent 代内存耗尽所导致的错误。

当 Young 代的内存将要用完时，垃圾回收机制会对 Young 代进行垃圾回收，垃圾回收机制会采用较高的频率对 Young 代进行扫描和回收。因为这种回收的系统开销比较小，因此也被称为“次要回收”（minor collection）。当 Old 代的内存将要用完时，垃圾回收机制会进行全回收，也就是对 Young 代和 Old 代都要进行回收，此时回收成本就大得多了，因此也称为“主要回收”（major collection）。

通常来说，Young 代的内存会先被回收，而且会使用专门的回收算法（复制算法）来回收 Young 代的内存；对于 Old 代的回收频率则要低得多，因此也会采用专门的回收算法。如果需要进行内存压缩，那么每个代都独立地进行压缩。

### 4.3.3 与垃圾回收相关的附加选项

下面两个选项用于设置Java虚拟机的内存大小。

- -Xmx：设置Java虚拟机堆内存的最大容量，如java -Xmx256m XxxClass。
- -Xms：设置Java虚拟机堆内存的初始容量，如java -Xms128m XxxClass。

下面选项都是关于Java垃圾回收的附加选项。

- -XX:MinHeapFreeRatio=40：设置Java堆内存最小的空闲百分比，默认值为40，如java -XX:MinHeapFreeRatio=40 XxxClass。
- -XX:MaxHeapFreeRatio=70：设置Java堆内存最大的空闲百分比，默认值为70，如java -XX:MaxHeapFreeRatio=70 XxxClass。
- -XX:NewRatio=2：设置Young/Old内存的比例，如java -XX:NewRatio=1 XxxClass。
- -XX:NewSize=size：设置Young代内存的默认容量，如java -XX:NewSize=64m XxxClass。
- -XX:SurvivorRatio=8：设置Young代中Eden/Survivor的比例，如java -XX:SurvivorRatio=8 XxxClass。
- -XX:MaxNewSize=size：设置Young代内存的最大容量，如java -XX:MaxNewSize=128m XxxClass。

注意

当设置Young代的内存超过了-Xmx设置的大小时，Young代设置的内存大小将不会起作用，JVM会自动将Young代的内存设置为与-Xmx设置的大小相等。

- -XX:MetaspaceSize=size：设置Permanent代内存的默认容量，如java -XX:MetaspaceSize=128m XxxClass。
- -XX:MaxMetaspaceSize=64m：设置Permanent代内存的最大容量，如java -XX:MaxMetaspaceSize=128m XxxClass。

**提示：**

此处只是介绍了与垃圾回收相关的常用选项。关于Java垃圾回收的各选项，请参看Oracle官方站点https://docs.oracle.com/en/java/javase/11/gctuning/available-collectors.html的介绍。

### 4.3.4 常见的垃圾回收器

下面介绍一些常见的垃圾回收器。

#### 1. 串行回收器（Serial Collector）

串行回收器通过运行Java程序时使用-XX:+UseSerialGC附加选项启用。

串行回收器对Young代和Old代的回收都是串行的（只使用一个CPU），而且垃圾回收执行期间会使得应用程序产生暂停。具体策略为，Young代采用串行复制算法，Old代采用串行标记压缩算法。

假设程序Young代的内存分配示意图如图4.13所示。

在图4.13中所有画叉的区域代表不可达对象，空白区域代表可达对象。对于图4.13所示的内存分配示意图，垃圾回收器将会采用图 4.14 所示的方式进行回收。

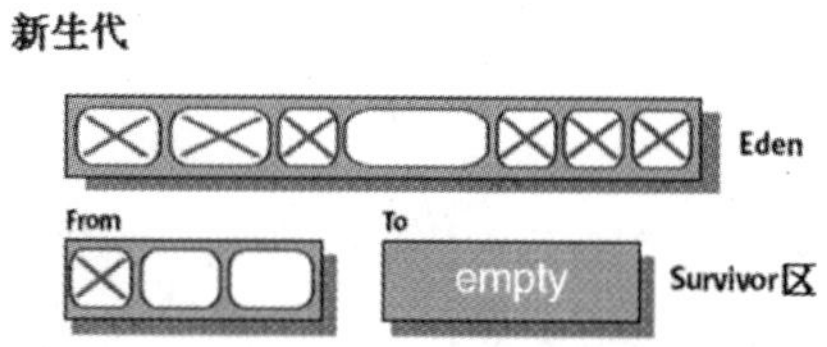

图 4.13　Young 代的内存分配示意图

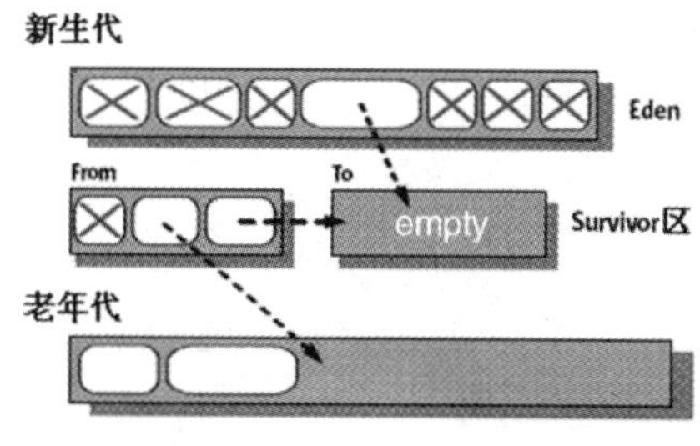


图 4.14　Young 代的串行回收示意图

如图 4.14 所示为 Young 代的串行回收示意图，系统将 Eden 区中的活动对象直接复制到初始为空的 Survivor 区（也就是 To 区）中，如果有些对象占用空间特别大，垃圾回收器会直接将其复制到 Old 代中。

对于 From Survivor 区中的活动对象（该对象至少经历过一次垃圾回收），到底是复制到 To Survivor 区中，还是复制到 Old 代中，则取决于这个对象的生存时间：如果这个对象的生存时间较长，它将被复制到 Old 代中；否则，将被复制到 To Survivor 区中。

完成上面复制之后，Eden 和 From Survivor 区中剩下的对象都是不可达对象，系统直接回收 Eden 区和 From Survivor 区的所有内存，而原来空的 To Survivor 区则保存了活动对象。在下一次回收时，原本的 From Survivor 区变为 To Survivor 区，原本的 To Survivor 区则变为 From Survivor 区。

串行回收完成后，Young 代的内存分配示意图如图 4.15 所示。

串行回收器对 Old 代的回收采用串行、标记压缩算法（mark-sweep-compact），这个算法有三个阶段：mark（标识可达对象）、sweep（清除）、compact（压缩）。在 mark 阶段，回收器会识别出哪些对象仍然是可达的，在 sweep 阶段将会回收不可达对象所占用的内存，在 compact 阶段回收器执行 sliding compaction，把活动对象往 Old 代的前端移动，而在尾部保留一块连续的空间，以便下次为新对象分配内存空间。如图 4.16 所示为 Old 代在执行垃圾回收前后的内存分配示意图。

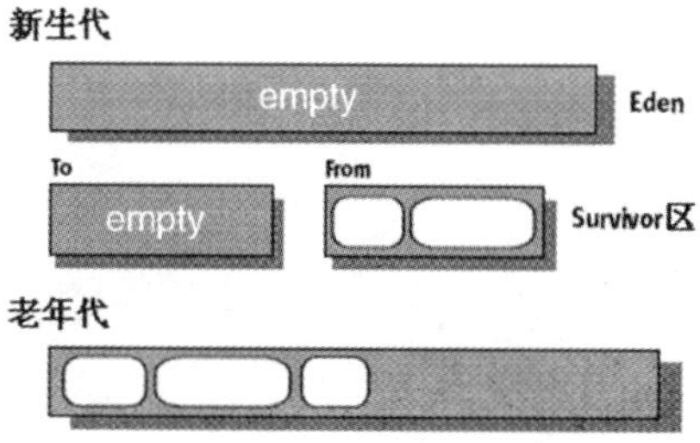

图 4.15　串行回收后 Young 代的内存分配示意图

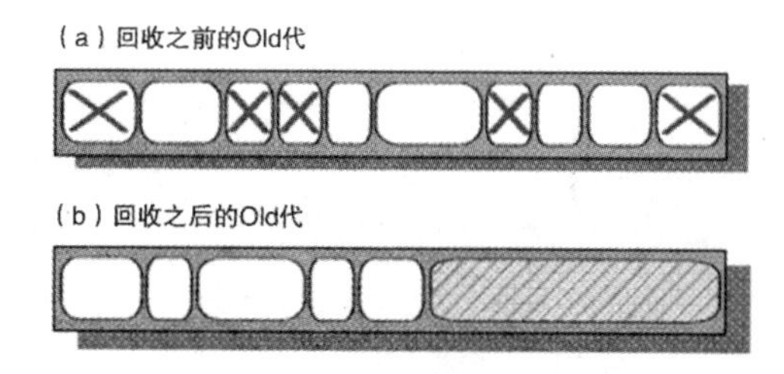


图 4.16　Old 代串行回收前后的内存分配示意图

根据介绍不难发现，串行回收器适合回收较小内存需求的应用。通常来说，如果应用程序的内存开销不超过 100MB，或者程序在单 CPU 的机器上运行，则可通过-XX:+UseSerialGC 选项启用串行回收器。

### 2．并行压缩回收器（Parallel Compacting Collector）

并行压缩回收器通过运行 Java 程序时使用-XX:+UseParallelGC 附加选项启用，它可以充分利用计算机的多 CPU 来提高垃圾回收吞吐量。

并行压缩回收器对于 Young 代采用与串行回收器基本相似的回收算法，只是增加了多 CPU 并行的能力，即同时启动多线程并行来执行垃圾回收。线程数默认为 CPU 的个数，当计算机中的 CPU 很多时，可以用-XX:ParallelGCThreads=size 来减少并行线程的数目。

对于并行压缩回收器而言，只有在多CPU的机器上才能发挥其优势。

并行压缩回收器默认总会启用多线程并行来完成主要的垃圾回收工作；但如果使用-XX:-UseParallelOldGC选项启用传统的并行回收器，那么JVM依然使用单独的线程来完成主要的垃圾回收工作，这样会显著地降低程序的可伸缩性。

并行压缩回收器对于Young代采用与并行回收器完全相同的回收算法，并行压缩回收器和传统的并行回收器最大的不同是对Old代的回收使用了不同的算法，建议使用并行压缩回收器。

并行压缩回收器的改变主要体现在对Old代的回收上。系统首先将Old代划分成几个固定大小的区域。在mark阶段，多个垃圾回收线程会并行标记Old代中的可达对象。当某个对象被标记为可达对象时，还会更新该对象所在区域的大小，以及该对象的位置信息。

接下来是summary阶段。summary阶段直接操作Old代的区域，而不是单个的对象。由于每次垃圾回收的压缩都会在Old代的左边部分存储大量的可达对象，对这样的高密度可达对象的区域进行压缩往往很不划算。所以summary阶段会从最左边的区域开始检测每个区域的密度，当检测到某个区域中能回收的空间达到了某个数值时（也就是可达对象的密度较小时），垃圾回收器会判定该区域，以及该区域右边的所有区域都应该进行回收，而该区域左边的区域都会被标识为密集区域，垃圾回收器既不会把新对象移动到这些密集区域中，也不会对这些密集区域进行压缩；该区域和其右边的所有区域都会被压缩并回收空间。summary阶段目前还是串行操作，虽然并行是可以实现的，但重要性不如对mark和compact阶段的并行重要。

最后是compact阶段。回收器利用summary阶段生成的数据识别出有哪些区域是需要装填的，多个垃圾回收线程可以并行地将数据复制到这些区域中。经过这个过程后，Old代的一端会密集地存在大量的活动对象，另一端则存在大块的空闲块。

### 3. 并发回收器

JVM提供了两种并发回收器。

- Concurrent Mark Sweep（并发标记、清除回收器）：这是JVM早期提供的一种并发回收器，它在回收时需要经过两次短暂的暂停，从JDK 9开始，这种并发回收器已经不再推荐使用。如果确实希望启用这种并发回收器，则可通过-XX:+UseConcMarkSweepGC选项来启用它。
- Garbage-First（G1回收器）：它是一种改进的并发回收器，特别适合在大内存、多CPU并行的服务器上执行垃圾回收。这种并发回收器在执行并行垃圾回收时有很大可能不需要暂停应用程序的线程，而且能实现高吞吐量的目标。

在服务器级别的硬件条件和某些操作系统上，G1回收器是默认开启的。你也可通过XX:+UseG1GC选项显式启用G1回收器。

### 4. Z垃圾回收器

Z垃圾回收器是伴随着JDK 11引入的，它是一种可伸缩的、低延迟的垃圾回收器。Z垃圾回收器可以并发地完成垃圾回收，完全不需要暂停应用程序的线程。

Z垃圾回收器可以实现极低延迟的高响应，但它对服务器的内存有极高的要求，它要求服务器的内存达到TB级别。Z垃圾回收器是专门为低延迟应用设计的垃圾回收器。

你可以通过-XX:+UseZGC选项启用Z垃圾回收器。

**提示：**

此处简要介绍了各垃圾回收器的特征与优势，关于JVM支持的各垃圾回收器的详情，请参看Oracle官方站点https://docs.oracle.com/en/java/javase/11/gctuning/available-collectors.html上的介绍。

## 4.4　内存管理小技巧

尽可能多地掌握 Java 的内存回收、垃圾回收机制是为了更好地管理 Java 虚拟机的内存，这样才能提高 Java 程序的运行性能。根据前面介绍的内存回收机制，下面给出 Java 内存管理的几个小技巧。

### 4.4.1　尽量使用直接量

当需要使用字符串，以及 Byte、Short、Integer、Long、Float、Double、Boolean、Character 包装类的实例时，程序不应该采用 new 的方式来创建对象，而应该直接采用直接量来创建它们。

例如，程序需要"hello"字符串，应该采用如下代码：

```
String str = "hello";
```

上面方式会创建一个"hello"字符串，而且 JVM 的字符串缓存池还会缓存这个字符串。但如果程序使用如下代码：

```
String str = new String("hello");
```

此时程序同样创建了一个缓存在字符串缓存池中的"hello"字符串。此外，str 所引用的 String 对象底层还包含一个 char[]数组，这个 char[]数组里依次存放了 h、e、l、l、o 等字符。

### 4.4.2　使用 StringBuilder 和 StringBuffer 进行字符串连接

String、StringBuilder、StringBuffer 都可代表字符串，其中 String 代表字符序列不可变的字符串，而 StringBuilder 和 StringBuffer 都代表字符序列可变的字符串。

如果程序使用多个 String 对象进行字符串连接运算，在运行时将生成大量的临时字符串，这些字符串会保存在内存中从而导致程序性能下降。

### 4.4.3　尽早释放无用对象的引用

大部分时候，方法的局部引用变量所引用的对象会随着方法的结束而变成垃圾，因为局部变量的生存期限很短，当方法运行结束时，该方法内的局部变量就结束了生存期限。因此，大部分时候程序无须将局部引用变量显式设为 null。

例如，下面的 info()方法。

```
public void info()
{
    Object obj = new Object();
    System.out.println(obj.toString());
    System.out.println(obj.hashCode());
    obj = null;
}
```

上面程序中的 info()方法里定义了一个 obj 变量，随着 info()方法执行完成，程序中 obj 引用变量的作用域就结束了，原来 obj 所引用的对象就会变成垃圾。因此，上面程序中的粗体字代码是没有必要的。

但换一种情况来看，如果上面程序中的 info()方法改为如下形式：

```
public void info()
{
    Object obj = new Object();
    System.out.println(obj.toString());
    System.out.println(obj.hashCode());
    obj = null;
```

```
        // 执行耗时、耗内存操作
        // 或者调用耗时、耗内存的方法
        ...
    }
```

对于上面程序所示的info()方法，如果在粗体字代码后还需要执行耗时、耗内存操作，或者还需要调用耗时、耗内存的方法，那么程序中的粗体字代码就是有必要的：可以尽早释放对 Object 对象的引用。可能的情况是，程序在执行粗体字代码之后的耗时、耗内存操作时，obj 之前所引用的 Object 对象可能被垃圾回收了。

### 4.4.4 尽量少用静态变量

从理论上说，Java 对象何时被回收由垃圾回收机制决定，对程序员来说是不确定的。由于垃圾回收机制判断一个对象是否是垃圾的唯一标准就是该对象是否有引用变量引用它,因此推荐尽早释放对象的引用。

最坏的情况是，某个对象被 static 变量所引用，那么垃圾回收机制通常是不会回收这个对象所占的内存的。示例如下：

```
class Person
{
    static Object obj = new Object();
}
```

对于上面的 Object 对象而言，只要 obj 变量还引用到它，它就不会被垃圾回收机制所回收。

obj 变量是 Person 类的静态变量，因此它的生命周期与 Person 类同步。在 Person 类不被卸载的情况下，Person 类对应的 Class 对象会常驻内存，直到程序运行结束。因此，obj 所引用的 Object 对象一旦被创建，也会常驻内存，直到程序运行结束。

根据前面介绍的分代回收机制，JVM 会将程序中 Person 类的信息存入 Permanent 代。也就是说，Person 类、obj 引用变量都将存在 Permanent 代里，这将导致 obj 对象一直有效，从而使得 obj 所引用的 Object 得不到回收。

### 4.4.5 避免在经常调用的方法、循环中创建 Java 对象

经常调用的方法和循环有一个共同特征：这些代码段会被多次重复调用。示例如下：

```
public class Test
{
    public static void main(String[] args)
    {
        for (var i = 0; i < 10; i + +)
        {
            Object obj = new Object();
            // 执行其他操作
        }
    }
}
```

上面代码在循环中创建了 10 个 Object 对象，虽然上面程序中的 obj 变量都是代码块的局部变量，当循环执行结束时这些局部变量都会失效，但由于这段循环导致 Object 对象会被创建 10 次，因此系统需要不断地为这 10 个对象分配内存空间，执行初始化操作。这 10 个对象的生存时间并不长，接下来系统又需要回收它们所占的内存空间。在这种不断的分配、回收操作中，程序的性能受到巨大的影响。

### 4.4.6　缓存经常使用的对象

如果有些对象需要被经常使用，则可以考虑把这些对象用缓存池保存起来，这样当下次需要时就可直接拿出这些对象来用。典型的缓存就是数据连接池，数据连接池里缓存了大量的数据库连接，每次程序需要访问数据库时都可直接取出数据库连接。

此外，如果系统中还有一些常用的基础信息，比如信息化信息里包含的员工信息、物料信息等，也考虑对它们进行缓存。实现缓存时通常有两种方式。

- 使用 HashMap 进行缓存。
- 直接使用某些开源的缓存项目。

如果直接使用 HashMap 进行缓存，程序员需要手动控制 HashMap 容器里的 key-value 对不至于太多，因为当 key-value 对太多时将导致 HashMap 占用过大的内存，从而导致系统性能下降。

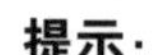

**提示：**

缓存设计本身就是一种以牺牲系统空间来换取运行时间的技术，不管是哪种缓存实现，都会使用容器来保存已用过的对象，方便下次再用。而这个保存对象的容器将占用一块不算太小的内存，如何控制该容器占用的内存不至于过大，而该容器又能保留大部分已用过的对象，这就是缓存设计的关键。

除了使用 HashMap 进行缓存，还可使用一些开源的缓存项目来解决这个问题。这些缓存项目都会主动分配一个具有一定大小的缓存容器，再按照一定算法来淘汰容器中不需要继续缓存的对象。这样，一方面可以通过缓存已用过的对象来提高系统的运行效率，另一方面又可以控制缓存容器的无限制扩大，从而减少系统的内存占用。对于这种开源的缓存实现有很多选择，如 OSCache、Ehcache 等，它们大都实现了 FIFO、MRU 等常见的缓存算法。

### 4.4.7　避免使用 finalize 方法

前面介绍垃圾回收机制时已经提到，在一个对象失去引用之后，垃圾回收器准备回收该对象之前，垃圾回收机制会先调用该对象的 finalize()方法来执行资源清理。出于这种考虑，可能有些开发者会考虑使用 finalize()方法来进行资源清理。

实际上，将资源清理放在 finalize()方法中完成是非常拙劣的选择。根据前面介绍的垃圾回收算法，垃圾回收机制的工作量已经够大了，尤其是回收 Young 代内存时，大都会引起应用程序暂停，使得用户难以忍受。

在垃圾回收器本身已经严重制约应用程序性能的情况下，如果再选择使用 finalize()方法进行资源清理，无疑是一种火上浇油的行为，这将导致垃圾回收器的负担更大，程序运行效率更差。

### 4.4.8　考虑使用 SoftReference

当程序需要创建长度很大的数组时，可以考虑使用 SoftReference 来包装数组元素，而不是直接让数组元素来引用对象。

SoftReference 是一个很好的选择：当内存足够时，它的功能等同于普通引用；当内存不够时，它会牺牲自己，释放软引用所引用的对象。

例如，4.1.3 节的程序创建了一个长度为 100 000 的 Person 数组，如果直接使用强引用数组，这个 Person 数组将会导致程序内存溢出；如果程序改为创建长度为 100 000 的软引用数组，程序将可以正常运行。当系统内存紧张时，系统会自动释放软引用所引用的对象，这样能保证程序继续运行。

使用软引用引用对象时不要忘记软引用的不确定性。程序通过软引用所获取的对象有可能为null。当系统内存紧张时，SoftReference所引用的Java对象将被释放。由于通过SoftReference获取的对象可能为null，因此应用程序取出SoftReference所引用的Java对象之后，应该显式判断该对象是否为null；当该对象为null时，应重建该对象。

## 4.5 本章小结

本章主要介绍了Java内存回收的相关知识。首先从Java引用开始讲起，Java引用和内存回收是紧密相关的，只有当一个Java对象失去引用时，JVM才会考虑回收这个Java对象。然后介绍了JDK提供的几个不同的引用：软引用、弱引用和虚引用，并详细介绍了不同引用类型的功能和用法差异。由于JVM是否回收一个对象的标准是该对象是否被引用，因此当一个无用对象的引用没有被释放时，将会导致内存泄漏，因此Java程序也会有内存泄漏的问题。

本章重点介绍了JVM垃圾回收细节，包括各种垃圾回收算法，堆内存的分代回收，堆内存中Young代、Old代和Permanent代的差异，以及它们所存放的不同对象，并详细介绍了JVM回收不同代中对象所采用的不同算法。最后，还介绍了JDK的几种常用的垃圾回收器，并详细讲解了这几种垃圾回收器底层的回收细节。

CHAPTER

5

# 第5章 表达式中的陷阱

## 引言

小王进公司已有半年，基本上算是一个合格的Java程序员。

小王又趴在屏幕前冥思苦想，神情非常苦恼。通常每隔一段时间，小王就会趴在屏幕前痛苦一次，这次他又“折腾”了一个上午，眉头依然紧皱。

中午的时候，Team Leader看着小王实在太痛苦了，主动过来帮他看了一下，然后说：“你看这里，对象的泛型信息被擦除了，你却还想使用泛型，当然有错啦。”

一经旁人指点，小王也恍然大悟：原来如此，泛型我也知道；泛型的擦除我也知道，只是一时没有想起来。

“其实不是这样的，对于大部分Java程序员来说，总有些难以绕过去的错误，也许你第一次犯了这个错误之后，第二次还会再犯，因为这些错误具有一定的隐蔽性，我把这种错误称为陷阱。”Team Leader很严肃地说：“为了避免这种错误一犯再犯，我通常会把这些错误收集起来，时刻警惕自己不要不小心陷下去。”

在后来的日子中，小王准备了一个精美的笔记本，专门记录那些曾经让他十分苦恼的“陷阱”。

## 本章要点

- Java字符串的特点
- 表达式类型自动提升的陷阱
- 输入法导致的陷阱
- 慎用字符的Unicode转义形式
- 原始类型带来的擦除
- 正则表达式中点号（.）匹配任意字符
- 静态同步方法的同步监视器是类
- String、StringBuilder和StringBuffer
- 复合赋值运算符隐含的类型转换
- 必须使用合法的注释字符
- 泛型中原始类型变量的赋值
- Java不支持泛型数组
- 不要调用线程对象的run方法
- 多线程执行环境的线程安全问题

表达式是 Java 程序里最基本的组成单元，各种表达式是 Java 程序员司空见惯的内容，也是很多 Java 程序员认为非常简单的东西。不可否认，Java 程序里的各种表达式并不复杂，使用起来也很容易，只是在简单的用法背后，依然有一些很容易让人出错的陷阱。

例如，当在程序中使用算术表达式时，表达式类型的自动提升、复合赋值运算符所隐含的类型转换，都会给程序带来一些潜在的陷阱；还有 JDK 1.5 新增的泛型支持也会带来一些陷阱。虽然泛型是一个好东西，但由于 Java 语言为了兼容以前不用泛型的程序，因此引入了原始类型的概念，而原始类型在泛型编程中也是一个重要的致错原因，开发者必须慎重对待。

本章将会逐项介绍作者早年在开发过程中收集的，以及后来在教学过程中从学生那里收集的关于 Java 表达式的各种陷阱，希望读者在了解这些陷阱之后可以更好地避开它们。

## 5.1 关于字符串的陷阱

字符串是 Java 程序中使用最广泛的一种对象，虽然它具有简单易用的特征，但实际上使用字符串也有一些潜在的陷阱，这些陷阱往往会给实际开发带来潜在的困扰。

### 5.1.1 JVM 对字符串的处理

在了解 JVM 对字符串的处理之前，首先来看如下一条简单的 Java 语句。

```
String java = new String("疯狂 Java");
```

常见的问题是，上面语句创建了几个字符串对象？上面语句实际上创建了两个字符串对象，其中一个是“疯狂 Java”这个直接量对应的字符串对象，另一个是由 new String()构造器返回的字符串对象。

**提示：**

在 Java 程序中创建对象的常见方式有如下 4 种。

- 通过 new 调用构造器创建 Java 对象。
- 通过 Class 对象的 newInstance()方法调用构造器创建 Java 对象。
- 通过 Java 的反序列化机制从 IO 流中恢复 Java 对象。
- 通过 Java 对象提供的 clone()方法复制一个新的 Java 对象。

此外，对于字符串以及 Byte、Short、Integer、Long、Character、Float、Double 和 Boolean 这些基本类型的包装类，Java 还允许以直接量的方式来创建 Java 对象，例如如下语句：

```
String str = "abc";
Integer in = 5;
```

此外，也可通过简单的算术表达式、连接运算来创建 Java 对象，例如如下语句：

```
String str2 = "abc" + "xyz";
Long price = 23 + 12;
```

对于 Java 程序中的字符串直接量，JVM 会使用一个字符串池来保存它们：当第一次使用某个字符串直接量时，JVM 会将它放入字符串池进行缓存。在一般情况下，字符串池中的字符串对象不会被垃圾回收，当程序再次需要使用该字符串时，无须重新创建一个新的字符串，而是直接让引用变量指向字符串池中已有的字符串。示例如下。

**程序清单：codes\05\5.1\StringTest.java**

```
public class StringTest
{
    public static void main(String[] args)
    {
        // str1 的值是字符串直接量
        // 因此 str1 指向字符串缓存池中的"Hello Java"字符串
        var str1 = "Hello Java";
        // str2 也指向字符串缓存池中的"Hello Java"字符串
        var str2 = "Hello Java";
        // 下面程序将输出 true
        System.out.println(str1 == str2);
    }
}
```

上面程序中 str1、str2 两个字符串变量的值都是直接量，它们都指向 JVM 字符串池里的"Hello Java"字符串，因此程序判断 str1 == str2 时将输出 true。

前面已经指出，除了通过字符串直接量创建字符串对象，还可以通过字符串连接表达式来创建字符串对象，因此可以将一个字符串连接表达式赋给字符串变量。如果这个字符串连接表达式的值可以在编译时确定下来，那么 JVM 会在编译时计算该字符串变量的值，并让它指向字符串池中对应的字符串。示例如下。

**程序清单：codes\05\5.1\StringJoinTest.java**

```
public class StringJoinTest
{
    public static void main(String[] args)
    {
        var str1 = "Hello Java 的长度:10";
        // 虽然 str2 的值不是直接量，但因为 str2 的值可以在编译时确定下来
        // 因此 str2 也会直接引用字符串池中对应的字符串
        var str2 = "Hello " + "Java" + "的长度:" + 10;
        System.out.println(str1 == str2);
    }
}
```

上面程序中的粗体字代码定义了一个 str2 变量。虽然它的值是一个字符串连接表达式，但由于这个字符串连接表达式的值可以在编译时就确定下来，因此 JVM 将在编译时计算 str2 的值，并让 str2 指向字符串池中对应的字符串。因此，上面程序判断 str1 == str2 时将输出 true。

注意上面程序中粗体字代码里的所有运算数，它们都是字符串直接量、整数直接量，没有变量参与，没有方法调用。因此，JVM 可以在编译时就确定该字符串连接表达式的值，可以让该字符串变量指向字符串池中对应的字符串。但如果程序使用了变量，或者调用了方法，那就只能等到运行时才可确定该字符串连接表达式的值，也就无法在编译时确定该字符串变量的值，因此无法利用 JVM 的字符串池。示例如下。

**程序清单：codes\05\5.1\StringJoinTest2.java**

```
public class StringJoinTest2
{
    public static void main(String[] args)
    {
        var str1 = "Hello Java 的长度:10";
        // 因为 str2 的值包含了方法调用，因此不能在编译时确定下来
        var str2 = "Hello " + "Java" + "的长度:"
            + "Hello Java".length();
```

```
        System.out.println(str1 == str2);
        var len = 10;
        // 因为str3的值包含了变量，因此不能在编译时确定下来
        var str3 = "Hello " + "Java" + "的长度:" + len;
        System.out.println(str1 == str3);
    }
}
```

上面字符串变量str2和str3的值也是字符串连接表达式，但由于str2变量对应的连接表达式中包含了一个方法调用，因此程序无法在编译时确定str2变量的值，也就不会让str2指向JVM字符串池中对应的字符串。类似地，str3的值也是字符串连接表达式，但由于这个字符串连接表达式中包含了一个len变量，因此str3变量也不会指向JVM字符串池中对应的字符串。因此，程序判断str1 == str2、str1 == str3时都将输出false。

当然，有一种情况例外，如果字符串连接运算中的所有变量都可执行“宏替换”，那么JVM一样可以在编译时就确定字符串连接表达式的值，一样会让字符串变量指向JVM字符串池中的对应字符串。示例如下。

程序清单：codes\05\5.1\StringJoinTest3.java

```
public class StringJoinTest3
{
    public static void main(String[] args)
    {
        var str1 = "Hello Java的长度:10";
        // 因为str2的值包含了方法调用，因此不能在编译时确定下来
        final var s1 = "Hello ";
        var str2 = s1 + "Java" + "的长度:10";
        System.out.println(str1 == str2);
        final var len = 10;
        // 因为str3的值包含了变量，因此不能在编译时确定下来
        var str3 = "Hello " + "Java" + "的长度:" + len;
        System.out.println(str1 == str3);
    }
}
```

上面程序中str2对应的字符串连接表达式中包含了s1变量，但由于编译器会对s1执行“宏替换”，JVM同样可以在编译时确定str2变量的值，因此可以让str2指向字符串池中对应的字符串。类似地，str3对应的字符串连接表达式中包含了len变量，但由于编译器会对len执行“宏替换”，JVM也会在编译时确定str3变量的值，因此会让str3指向字符串池中对应的字符串。因此，程序判断str1 == str2、str1 == str3时都将输出true。

**提示：** 关于编译器在怎样的情况下会对变量执行“宏替换”，请参考2.4节关于final修饰符的介绍。

最后有一个简单的问题：下面语句到底创建了几个字符串对象？

```
String str = "Hello " + "Java, " + "crazyit.org";
```

经常会在一些书籍、网上资料中看到关于上面代码的讨论，有人说创建了4个，分别是"Hello"、"Java, "、"crazyit.org"和"Hello Java, crazyit.org"，也有人说创建了5个，分别是"Hello"、"Java, "、"crazyit.org"、"Hello Java, "和"Hello Java, crazyit.org"。其实这条代码只创建了一个字符串对象，因为str的值可以在编译时确定下来，JVM会在编译时就计算出str的值为"Hello Java, crazyit.org"，然后将该字符串直接量放入字符串池中，并让str指向它。因此，并不存在所谓的"Hello"、"Java, "、 "crazyit.org"等字符串对象。

通过这里可以看出一点：当程序中需要使用字符串、基本类型包装类实例时，应该尽量使用字符串直接量、基本类型值的直接量，避免通过 new String()、new Integer()的形式来创建字符串、基本类型包装类实例，这样能保证有较好的性能。

## 5.1.2　不可变的字符串

String 类是一个典型的不可变类。当一个 String 对象创建完成后，该 String 类里包含的字符序列就被固定下来，以后永远都不能改变。示例如下。

**程序清单：codes\05\5.1\ImmutableString.java**

```
public class ImmutableString
{
    public static void main(String[] args)
    {
        // 定义一个字符串变量
        var str = "Hello ";        // ①
        System.out.println(System.identityHashCode(str));
        // 进行字符串连接运算
        str = str + "Java";          // ②
        System.out.println(System.identityHashCode(str));
        // 进行字符串连接运算
        str = str + ", crazyit.org"; // ③
        System.out.println(System.identityHashCode(str));
    }
}
```

前面说过，当一个 String 对象创建完成后，该 String 里包含的字符序列不能被改变。可能有些读者感到疑惑：上面 str 变量对应的字符序列不是一直在改变吗？开始等于“Hello”，第一次连接运算后等于“Hello Java”，第二次连接运算后等于“Hello Java, crazyit.org”，看起来 str 对应的字符序列可以发生改变。但是要记住，str 只是一个引用类型变量，它并不是真正的 String 对象，它只是指向 String 对象而已。

当程序执行①号代码后，str 指向字符串池中对应的字符串。此时程序在内存中的分配示意图如图 5.1 所示。

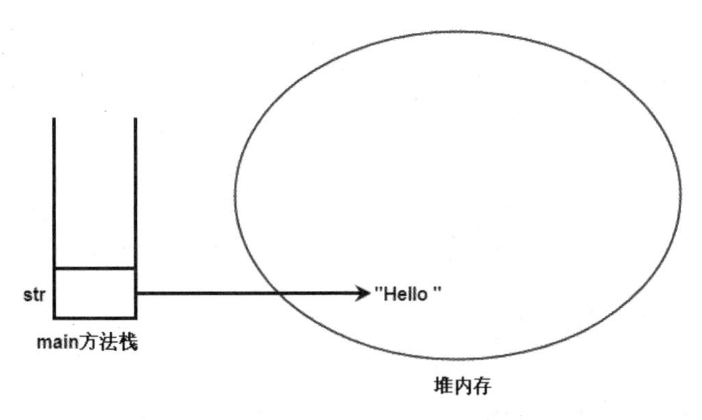


图 5.1　执行完①号代码后的内存分配示意图

接着程序执行②号代码的连接运算，此时的连接运算会把"Hello"、"Java"两个字符串连接起来得到一个新的字符串，并让 str 指向这个新的字符串。执行完②号代码后，程序在内存中的分配示意图如图 5.2 所示。

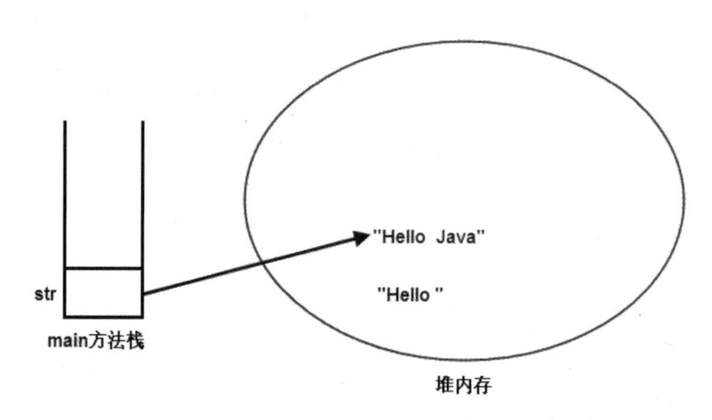


图 5.2　执行完②号代码后的内存分配示意图

从图 5.2 可以看出，str 变量原来指向的字符串对象并没有发生任何改变，它所包含的字符序列依然是"Hello"，只是 str 变量不再指向它而已。str 变量指向了一个新的 String 对象，因此看到 str 变量所引用 String 对象的字符序列发生了改变。也就是说，发生改变的不是 String 对象，而是 str 变量本身，它改变了指向，指向了一个新的 String 对象。

需要指出的是，图 5.2 中的"Hello"字符串也许以后永远都不会再被用到，但这个字符串并不会被垃圾回收，因为它将一直存在于字符串池中——这也算 Java 内存泄漏的原因之一。

类似地，当程序执行完③号代码后，将再次让 str 指向一个新的字符串对象，而"Hello Java"将变成一个可能永远不会再使用的 String 对象，但垃圾回收机制不会回收它。

上面程序中使用了 System 类的 identityHashCode()静态方法来获取 str 的 identityHashCode 值，将会发生三次返回的 identityHashCode 值并不相同的情况，这表明三次访问 str 时分别指向三个不同的 String 对象。

**提示：**

System 提供的 identityHashCode()静态方法用于获取某个对象唯一的 hashCode 值，这个 identityHashCode()方法的返回值与该类是否重写了 hashCode()方法无关。只有当两个对象相同时，它们的 identityHashCode 值才会相等。

对于 String 类而言，它代表字符序列不可改变的字符串，因此如果程序需要一个字符序列会发生改变的字符串，那么应该考虑使用 StringBuilder 或 StringBuffer。很多资料上都推荐使用 StringBuffer，那是因为这些资料都是 Java 5 问世之前的，这些资料过时了。

实际上，通常应该优先考虑使用 StringBuilder。StringBuilder 与 StringBuffer 的区别在于，StringBuffer 是线程安全的，也就是说，StringBuffer 类里的绝大部分方法都增加了 synchronized 修饰符。对方法增加 synchronized 修饰符可以保证该方法线程安全，但会降低该方法的执行效率。在没有多线程的环境下，应该优先使用 StringBuilder 类来表示字符串。示例如下。

程序清单：codes\05\5.1\MutableString.java

```
public class MutableString
{
    public static void main(String[] args)
    {
        var str = new StringBuilder("Hello ");
        System.out.println(str);
        System.out.println(System.identityHashCode(str));
        // 追加"Java"
        str.append("Java");
        System.out.println(str);
```

```
        System.out.println(System.identityHashCode(str));
        // 追加", crazyit.org"
        str.append(", crazyit.org");
        System.out.println(str);
        System.out.println(System.identityHashCode(str));
    }
}
```

上面程序中创建了一个 StringBuilder 对象，用该对象代表字符串。程序的两行粗体字代码调用 StringBuilder 的 append()方法为该字符串追加了另外的子串，程序中 str 引用变量没有发生改变，它一直指向同一个 StringBuilder 对象，但它所指向的 StringBuilder 所包含的字符序列发生了改变。程序三次打印 StringBuilder 对象将看到输出不同的字符串，但程序三次输出 str 的 identityHashCode 时将会完全相同，因为 str 依然引用同一个 StringBuilder 对象。

StringBuilder、StringBuffer 都代表字符序列可变的字符串，其中 StringBuilder 是线程不安全的版本，StringBuffer 是线程安全的版本。String 则代表字符序列不可改变的字符串，但 String 不需要线程安全、线程不安全两个版本，因为 String 本身是不可变类，而不可变类总是线程安全的。

### 5.1.3 字符串比较

如果程序需要比较两个字符串是否相同，用==进行判断就可以了；但如果要判断两个字符串所包含的字符序列是否相同，则应该用 String 重写过的 equals()方法进行比较。String 类重写的 equals()方法的代码如下：

```
public boolean equals(Object anObject) {
    // 如果两个字符串相同，则返回 true
    if (this == anObject) {
        return true;
    }
    // 如果 anObject 是 String 类型
    if (anObject instanceof String) {
        String aString = (String) anObject;
        // 如果两个字符串的 coder()相同
        if (coder() == aString.coder()) {
            // 如果两个字符串都采用 LATIN1 编码
            // 则使用 StringLatin1 的 equals 静态方法比较二者的字节内容
            // 否则使用 StringUTF16 的 equals 静态方法比较二者的字节内容
            return isLatin1() ? StringLatin1.equals(value, aString.value)
                : StringUTF16.equals(value, aString.value);
        }
    }
    return false;
}
```

改进后的 String 类不再使用字符数组保存字符串所包含的字符序列，而是采用编码后的字节数组来保存它们。String 提供了两种编码方式对字符序列进行编码：

- LATIN1
- UTF16

String 提供了 isLatin1()方法来返回它底层是否使用了 LATIN1 编码方式，正如上面程序中的粗体字代码所示，如果两个字符串都采用了 LATIN1 编码方式，则程序调用 StringLatin1 类的 equals()静态方法来比较两个字符串底层的字节数组是否相等；如果两个字符串都采用了 UTF16 编码方式，则程序调用 StringUTF16 类的 equals()静态方法来比较两个字符串底层的字节数组是否相等。

此外，由于 String 类还实现了 Comparable 接口，因此程序还可通过 String 提供的 compareTo()方法来判断两个字符串之间的大小。当两个字符串所包含的字符序列相同时，程序通过 compareTo()

比较，将返回 0。下面程序示范了字符串比较的效果。

程序清单：codes\05\5.1\StringCompare.java

```
public class StringCompare
{
    public static void main(String[] args)
    {
        var s1 = new String("abc");
        var s2 = new String("z");
        var s3 = new String("abc");
        // 通过 compareTo 比较字符串的大小
        if (s1.compareTo(s3) == 0)
        {
            System.out.println("s1 和 s3 包含的字符序列相同");
        }
        if (s1.compareTo(s2) < 0)
        {
            System.out.println("s1 小于 s2");
        }
        // 通过 equals 比较字符串包含的字符序列是否相同
        System.out.println("s1 和 s3 包含的字符序列是否相同:"
            + s1.equals(s3));
        // 通过==运算符比较两个字符串引用变量是否指向同一个字符串对象
        System.out.println("s1 和 s3 所指向的字符串是否相同:"
            + (s1 == s3));
    }
}
```

上面程序中的 equals()方法、==运算符的执行结果都比较清楚，问题是 compareTo()方法如何判断两个字符串的大小？它的比较规则是这样的：先将两个字符串左对齐，然后从左向右依次比较两个字符串所包含的每个字符，包含较大字符的字符串的值比较大。例如，要比较"abc"和"ax"两个字符串的大小，程序先将它们左对齐，然后从左向右比较每个字符，如图 5.3 所示。

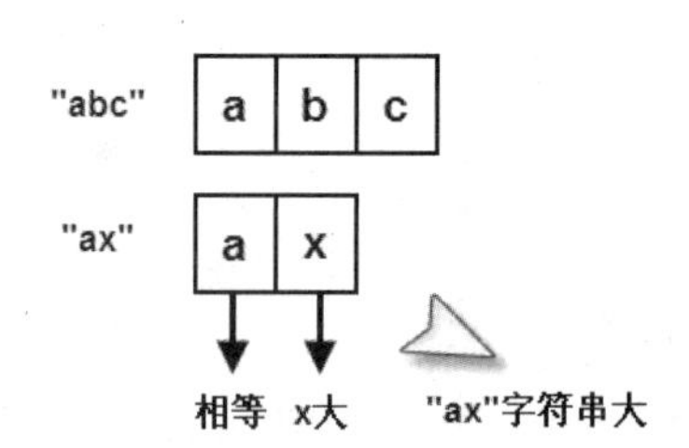


图 5.3　compareTo()对字符串比较大小的规则

从图 5.3 可以看出，如果两个字符串通过 compareTo()比较返回了 0，即说明两个字符串相同，也就是它们所包含的字符序列相同。

## 5.2　表达式类型的陷阱

Java 是一门强类型语言，不仅每个变量具有指定的数据类型，它的表达式也具有指定的数据类型。因此，使用表达式时一定要注意它的数据类型。

**提示：**

所谓强类型语言，通常具有如下两个基本特征。

- 所有的变量必须先声明、再使用，在声明变量时必须指定该变量的数据类型。
- 一旦某个变量的数据类型确定下来，这个变量就将永远只能接受该类型的值，不能“盛装”其他类型的值。

### 5.2.1　表达式类型的自动提升

Java 语言规定：当一个算术表达式中包含多个基本类型的值时，整个算术表达式的数据类型将自动提升。Java 语言中的自动提升规则如下：

- 所有的 byte 类型、short 类型和 char 类型将被提升到 int 类型。
- 整个算术表达式的数据类型自动提升到与表达式中最高等级操作数同样的类型。操作数的等级排列如图 5.4 所示，位于箭头右边的类型等级高于位于箭头左边的类型等级。

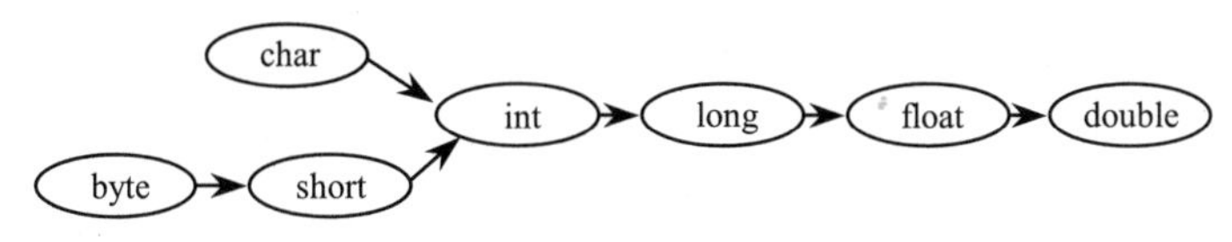


图 5.4　基本类型的等级图

下面程序演示了自动类型转换的几种情形。

程序清单：codes\05\5.2\AutoPromote.java

```
public class AutoPromote
{
    public static void main(String[] args)
    {
        // 定义一个 short 类型变量
        short sValue = 5;
        // 表达式中的 sValue 将自动提升到 int 类型，则右边的表达式类型为 int
        // 将一个 int 类型赋给 short 类型的变量将发生错误
        sValue = sValue - 2;        // ①
        byte b = 40;
        char c = 'a';
        int i = 23;
        double d = .314;
        // 右边表达式中的最高等级操作数为 d（double 类型）
        // 则右边表达式的类型为 double 类型，故赋给一个 double 类型变量
        double result = b + c + i * d;  // ②
        // 将输出 144.222
        System.out.println(result);
        int val = 3;
        // 右边表达式中的两个操作数的类型都是 int，故右边表达式的类型为 int
        // 因此，虽然 23/3 不能除尽，但依然得到一个 int 整数
        int intResult = 23 / val;       // ③
        // 将输出 7
        System.out.println(intResult);
        // 程序自动将 7、'a'等基本类型转换为字符串，输出字符串 Hello!a7
        System.out.println("Hello!" + 'a' + 7); // ④
        // 程序将把'a'当成 int 类型处理，因此'a' + 7 得到 104，输出字符串 104Hello!
        System.out.println('a' + 7 + "Hello!"); // ⑤
    }
}
```

上面程序中①号粗体字代码无法通过编译，因为 sValue 是一个 short 类型变量，但 sValue - 2 表达式的类型是 int 类型（与 2 的类型保持一致），因此该行代码编译时将提示“可能损失精度”的错误。

程序中②号代码完全正确，左边算术表达式中等级最高的是 d，它是 double 类型，因此该表达式的类型是 double 类型。

程序中③号代码也没有问题，虽然 23/val 不能整除，但由于 val 是 int 类型，因此 23/val 表达式也是 int 类型。即使程序无法整除，23/val 表达式的类型依然保持为 int 类型，因此 intResult 的值将等于 7。

程序中④、⑤号代码则示范了表达式自动转换为字符串的情形——当基本类型的值和 String 进行连接运算时（+也可作为连接运算符使用），系统会将基本类型的值自动转换为 String 类型，这样才可让连接运算正常进行。

## 5.2.2 复合赋值运算符的陷阱

经过前面介绍，可知下面语句将会引起编译错误。

```
short sValue = 5;
sValue = sValue - 2;
```

因为 sValue – 2 表达式的类型将自动提升为 int 类型，所以程序将一个 int 类型的值赋给 short 类型的变量（sValue）时导致了编译错误。

但如果将上面代码改为如下形式就没有任何问题了。

```
short sValue = 5;
sValue -= 2;
```

上面程序中使用了“-=”这个复合赋值运算符，此时将不会导致编译错误。

Java 语言几乎允许所有的双目运算符和=一起结合成复合赋值运算符，如+=、-=、*=、/=、%=、<<=、>>=、>>>=、&=、^=和|=等。根据 Java 语言规范，复合赋值运算符包含了一个隐式类型转换，也就是说，下面两条语句并不等价。

```
a = a + 5;
a += 5;
```

实际上，a += 5 等价于 a = (a 的类型) (a + 5);，这就是复合赋值运算符中包含的隐式类型转换。

对于复合赋值运算符而言，语句：

```
E1 op= E2（其中 op 可以是+、-、*、/、%、<<、>>、>>>、&、^、|等双目运算符）
```

并不等价于如下简单的语句：

```
E1 = E1 op E2
```

而是等价于如下语句：

```
E1 = (E1 的类型) ( E1 op E2 )
```

也就是说，复合赋值运算符会自动将它计算的结果值强制类型转换为其左侧变量的类型。如果结果的类型与该变量的类型相同，那么这个转型不会造成任何影响。

如果结果值的类型比该变量的类型大，那么复合赋值运算符将会执行一次强制类型转换，这个强制类型转换将有可能导致高位“截断”。示例如下。

**程序清单：codes\05\5.2\CompositeAssign.java**

```
public class CompositeAssign
{
    public static void main(String[] args)
    {
        short st = 5;
        // 没有任何问题，系统执行隐式类型转换
        st += 10;
        System.out.println(st);
        // 此时有问题了，因为系统有一个隐式类型转换，将会发生精度丢失
        st += 90000;
```

```
            System.out.println(st);
        }
    }
```

上面程序中的两行粗体字代码都使用了复合赋值运算符。对于第一行粗体字代码而言，程序没有任何问题，这条语句相当于如下语句：

```
st = (short) (st + 10);
```

执行完上面语句，可以看到 st 依然是一个 short 类型变量，该变量的值是 15。

上面程序的第二行粗体字代码会引起高位“截断”，此行代码相当于如下语句：

```
st = (short) (st + 90000);
```

也就是相当于如下语句：

```
st = (short) (90015);
```

问题是：short 类型的变量只能接受-32768~32767 之间的整数，因此上面程序会将 90015 的高位“截断”，程序最后输出 st 时将看到 24479。

由此可见，复合赋值运算符简单、方便，而且具有性能上的优势，但复合赋值运算符可能有一定的危险——它潜在的隐式类型转换可能在不知不觉中导致计算结果的高位被“截断”。为了避免这种潜在的危险，在如下几种情况下需要特别注意。

- 将复合赋值运算符运用于 byte、short 或 char 等类型的变量。
- 将复合赋值运算符运用于 int 类型的变量，而表达式右侧是 long、float 或 double 类型的值。
- 将复合赋值运算符运用于 float 类型的变量，而表达式右侧是 double 类型的值。

以上三种情况，复合赋值运算符的隐式类型转换都可能导致计算结果的高位被“截断”，从而导致实际数据丢失。

大部分时候，因为复合赋值运算符包含一个隐式类型转换，所以复合赋值运算符比简单赋值运算符更简洁。

## 5.2.3　二进制整数的陷阱

从 Java 7 开始，Java 增加了二进制整数支持，但这种二进制整数也引入了新的陷阱。例如如下程序。

程序清单：codes\05\5.2\BinaryTest.java

```
public class BinaryTest
{
    public static void main(String[] args)
    {
        // 采用二进制整数形式定义两个整数
        int it = 0b1010_1010;
        byte bt = (byte) 0b1010_1010;
        System.out.println(it == bt);   // ①
    }
}
```

上面程序中定义了两个二进制整数，它们的二进制码完全相同，而且两个二进制整数都只有 8 位，看上去并未超出 byte 类型的取值范围。但程序在①号代码处判断 it 与 bt 是否相等时并不会返回 true，这是为什么呢？

造成这种问题，原因在于如下两条规则。

- 直接使用整数直接量时，系统会将它当成 int 类型处理。
- byte 类型的整数虽然可以包含 8 位，但最高位是符号位。

这就是上面程序中第二行粗体字代码需要进行强制类型转换的原因——表面上看，0b1010_1010只占了8位，但它已经超出了byte的取值范围，因此程序将它强制转换为byte类型时会发生如图5.5所示的转换。

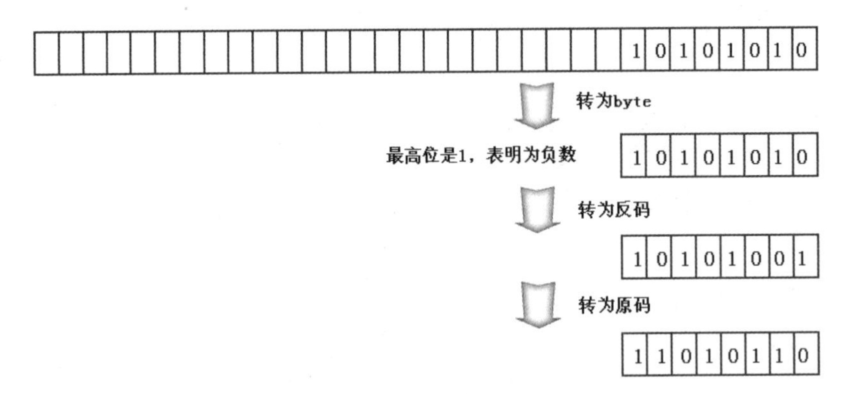


图5.5　二进制整数的陷阱

从图5.5不难看出，把0b1010_1010整数强制转换为byte类型时，其最高位的1表示它是一个负数。计算机以补码形式来保存所有的整数。

**提示：**

正数的补码与原码相同，负数的补码等于反码加1。把二进制数的除符号位之外的所有位按位取反，即可得到反码。

从上面的介绍可以看出，把0b1010_1010整数强制转换为byte类型后，得到的二进制整数的原码为0b11010110，它代表了-86。把0b1010_1010当成int类型处理时，它前面还有24个0，因此它的符号位是0，它代表了正数170。

## 5.3　输入法导致的陷阱

下面这个陷阱与Java编程似乎没有太大的关系，但这个陷阱往往会带给开发者巨大的挫败感，也是笔者在培训过程中多次帮助学员调试程序时遇到的问题。示例如下。

程序清单：codes\05\5.3\Hello.java

```
public class Hello
{
   public static void main(String[]  args)
   {
      System.out.println("Hello World!");
   }
}
```

大部分读者看到上面的程序可能会发笑，难道还想拿这个简单的“Hello World”来考我吗？这个程序确实非常简单，但如果直接编译Hello.java（读者可参考本书提供的代码），编译器会提示23个编译错误，而且错误信息都相似——“非法字符：\12288”。

这是输入法导致的错误。对于Java语言而言，它使用空格、Tab制表符（半角状态）作为分隔符，因此一个Java程序中通常需要包含大量空格。但如果不小心把输入法切换到了全角状态，那么输入的空格都会变成全角空格，编译该程序时将会提示“非法字符：\12288”的错误。

基本上，如果在编译Java程序时提示形如“非法字符：\xxxxx”的错误，那么就可断定该Java

程序中包含“全角字符”，逐个删除它们即可。

**提示：** 在 Java 程序中通常不能包含“全角字符”，但在 Java 程序的字符串中完全可以包含“全角字符”，在 Java 程序的注释中也可以包含“全角字符”。

## 5.4　注释字符必须合法

大部分时候，Java 编译器会直接忽略注释部分，但有一种情况例外：Java 要求注释部分的所有字符必须是合法的字符。示例如下：

**程序清单：codes\05\5.4\Hello.java**

```
/**
 * Description:
 * 网站: <a href="http://www.crazyit.org">疯狂 Java 联盟</a><br>
 * 源码位置: G:\codes\unit5\5.4\Hello.java <br>
 */
public class Hello
{
    public static void main(String[] args)
    {
        System.out.println("Hello World!");
    }
}
```

同样地，乍一看这个程序没有问题，但如果编译程序（读者可参考本书配套代码），编译器会提示如下错误。

```
Hello.java:6: 错误: 非法的 Unicode 转义
 * 源码位置: G:\codes\unit5\5.4\Hello.java <br>
```

也就是说，Java 程序并没有完全忽略注释部分的内容。编译器在上面程序的粗体字部分检测到一个非法字符，Java 程序允许直接使用\uXXXX 的形式代表字符，它要求\u 后面的 4 个字符必须是 0~F 字符，而上面注释中包含了\unit5，这不符合 Java 对 Unicode 转义字符的要求。

## 5.5　转义字符的陷阱

学习过《疯狂 Java 讲义》的读者应该还记得，Java 程序提供了三种方式来表示字符。

- 直接使用单引号括起来的字符值，如'a'。
- 使用转义字符，如'\n'。
- 使用 Unicode 转义字符，如'\u0062'。

Java 对待 Unicode 转义字符时不会进行任何处理，它会将 Unicode 转义字符直接替换成对应的字符，这将给 Java 程序带来一些潜在的陷阱。

### 5.5.1　慎用字符的 Unicode 转义形式

理论上，Unicode 转义字符可以代表任何字符（不考虑那些不在 Unicode 码表内的字符），因此很容易想到：所有字符都应该可以使用 Unicode 转义字符的形式。为了了解 Unicode 转义字符带来的危险，来看如下程序。

程序清单：codes\05\5.5\StringLength.java

```
public class StringLength
{
    public static void main(String[] args)
    {
        System.out.println("abc\u000a".length());
    }
}
```

上面程序试图计算“abc\u000a”字符串的长度，表面上看这个程序将输出4，但编译该程序时将发现程序无法通过编译，编译器提示如下编译错误。

```
StringLength.java:17: 错误: 未结束的字符串文字
        System.out.println("abc\u000a".length());
```

引起这个编译错误的原因是Java对Unicode转义字符不会进行任何特殊的处理，它只是简单地将Unicode转义字符替换成相应的字符。对于\u000a而言，它相当于一个换行符（相当于\n），因此对Java编译器而言，上面程序相当于如下程序。

```
public class StringLength
{
    public static void main(String[] args)
    {
        System.out.println("abc\
".length());
    }
}
```

看到上面程序，应该不难理解为何编译器会提示那样的编译错误了。

在极端情况下，完全可以将public、class等关键字使用Unicode转义字符来表示，如下的Java程序是完全正确的。

程序清单：codes\05\5.5\Hello.java

```
\u0070u\u0062lic \u0063l\u0061ss Hello
{
    public static void main(String[] args)
    {
        System.out.println("Hello World!");
    }
}
```

上面Java程序中包含了大量的Unicode转义字符，Java编译器将\u0070替换成p，将\u0062替换成b，将\u0063替换成c，将\u0061替换成a之后，上面程序中的粗体字代码就变成了如下形式。

```
public class Hello
```

## 5.5.2 中止行注释的转义字符

正如在前面程序中所看到的，在Java程序中使用\u000a时，它将被直接替换成换行符（相当于\n），因此在Java注释中使用这个Unicode转义字符时要特别小心。示例如下。

程序清单：codes\05\5.5\CommentError.java

```
public class CommentError
{
    public static void main(String[] args)
    {
        // \u000a代表一个换行符
```

```
        char c = 0x000a;
        System.out.println(c);
    }
}
```

上面程序中的粗体字代码只是一行简单的注释，但 Java 编译器会将程序中的\u000a 替换成换行符。也就是说，对于 Java 编译器而言，上面程序相当于如下程序。

```
public class CommentError
{
    public static void main(String[] args)
    {
        //
        代表一个换行符
        char c = 0x000a;
        System.out.println(c);
    }
}
```

因此，编译器自然提示如下错误。

```
CommentError.java:17: 错误: 不是语句
        // \u000a 代表一个换行符
```

## 5.6 泛型可能引起的错误

泛型允许在使用 Java 类、调用方法时传入一个类型实参，这样就可以让 Java 类、调用方法动态地改变类型。

### 5.6.1 原始类型变量的赋值

在严格的泛型程序中，使用带泛型声明的类时应该总是为之指定类型实参，但为了与老的 Java 代码保持一致，Java 也允许使用带泛型声明的类时不指定类型参数。如果使用带泛型声明的类时没有传入类型实参，那么这个类型参数默认是声明该参数时指定的第一个上限类型，这个类型参数也被称为 raw type（原始类型）。

当尝试把原始类型的变量赋给带泛型类型的变量时，会发生一些有趣的事情。示例如下。

**程序清单：codes\05\5.6\RawTypeTest.java**

```
public class RawTypeTest
{
    public static void main(String[] args)
    {
        // 创建一个 RawType 的 List 集合
        List list = new ArrayList();
        // 为该集合添加三个元素
        list.add("疯狂 Java 讲义");
        list.add("轻量级 Java EE 企业应用实战");
        list.add("疯狂 Ajax 讲义");
        // 将原始类型的 list 集合赋值给带泛型声明的 List 集合
        List<Integer> intList = list;
        // 遍历 intList 集合的每个元素
        for (var i = 0; i < intList.size(); i++)
        {
            System.out.println(intList.get(i));
        }
    }
}
```

上面程序中先定义了一个不带泛型信息的List集合，其中所有的集合元素都是String类型。然后尝试将该List集合赋给一个List<Integer>变量，如粗体字代码所示。那么，这行粗体字代码可以通过编译、运行吗？接着程序尝试遍历intList集合，有问题吗？

尝试编译上面程序，一切正常，可以通过编译；尝试运行上面程序，也可以正常输出intList集合的三个元素：它们都是普通字符串。

通过上面介绍可以看出，当程序把一个原始类型的变量赋给一个带泛型信息的变量时，只要它们的类型保持兼容——例如，将List变量赋给List<Integer>，无论List集合里实际包含什么类型的元素，系统都不会有任何问题。

不过需要指出的是，当把一个原始类型的变量（如List变量）赋给带泛型信息的变量（如List<Integer>）时会有一个潜在的问题：JVM会把集合里盛装的所有元素都当作Integer来处理。上面程序遍历List<Integer>集合时，只是简单地输出每个集合元素，并未涉及集合元素的类型，因此程序并没有出现异常；否则，程序要么在运行时出现ClassCastException异常，要么在编译时提示编译错误。

下面程序在遍历时试图将intList集合的每个元素赋给Integer变量。

**程序清单：codes\05\5.6\RawTypeTest2.java**

```
public class RawTypeTest2
{
    public static void main(String[] args)
    {
        // 创建一个RawType的List集合
        List list = new ArrayList();
        // 为该集合添加三个元素
        list.add("疯狂Java讲义");
        list.add("轻量级Java EE企业应用实战");
        list.add("疯狂Ajax讲义");
        // 将原始类型的list集合赋给带泛型声明的List集合
        List<Integer> intList = list;
        // 遍历intList集合的每个元素
        for (int i = 0; i < intList.size(); i++)
        {
            Integer in = intList.get(i);    // ①
            System.out.println(in);
        }
    }
}
```

上面程序遍历intList集合时，尝试将每个集合元素赋给Integer变量。由于intList集合的类型本身就是List<Integer>类型，因此编译器会将每个集合元素都当成Integer处理。也就是说，上面程序编译时不会有任何问题。尝试运行上面程序，将看到如下运行时异常。

```
Exception in thread "main" java.lang.ClassCastException:
class java.lang.String cannot be cast to class java.lang.Integer
at RawTypeTest2.main(RawTypeTest2.java:28)
```

这个异常信息非常明显，上面程序中①号粗体字代码试图把intList集合的每个元素都当成Integer类型处理，因此这行代码相当于

```
Integer in = (Integer) intList.get(i);
```

很明显，intList所引用的集合里包含的集合元素的类型是String，而不是Integer，因此程序在运行该行代码时将引发ClassCastException异常。

既然intList所引用的集合里包含的集合元素的类型是String，那么尝试把intList集合元素当成

String 类型处理。示例如下。

程序清单：codes\05\5.6\RawTypeTest3.java

```
public class RawTypeTest3
{
    public static void main(String[] args)
    {
        // 创建一个 RawType 的 List 集合
        List list = new ArrayList();
        // 为该集合添加三个元素
        list.add("疯狂 Java 讲义");
        list.add("轻量级 Java EE 企业应用实战");
        list.add("疯狂 Ajax 讲义");
        // 将原始类型的 list 集合赋给带泛型声明的 List 集合
        List<Integer> intList = list;
        // 遍历 intList 集合的每个元素
        for (var i = 0; i < intList.size(); i++)
        {
            String in = intList.get(i);   // ①
            System.out.println(in);
        }
    }
}
```

尝试编译上面程序，将发现编译器直接提示如下编译错误。

```
RawTypeTest3.java:28: 错误: 不兼容的类型: Integer 无法转换为 String
            String in = intList.get(i);   // ①
                                   ^
```

对于程序中的 intList 集合而言，它的类型是 List<Integer>类型，因此编译器会认为该集合的每个元素都是 Integer 类型，而上面程序尝试将该集合元素赋给一个 String 类型的变量，因此编译器提示编译错误。

上面程序给出的教训有三点。

- 当程序把一个原始类型的变量赋给一个带泛型信息的变量时，总是可以通过编译——只是会提示一些警告信息。
- 当程序试图访问带泛型声明的集合的集合元素时，编译器总是把集合元素当成泛型类型处理——它并不关心集合里集合元素的实际类型。
- 当程序试图访问带泛型声明的集合的集合元素时，JVM 会遍历每个集合元素自动执行强制类型转换，如果集合元素的实际类型与集合所带的泛型信息不匹配，运行时将引发 ClassCastException 异常。

## 5.6.2　原始类型带来的擦除

当把一个具有泛型信息的对象赋给另一个没有泛型信息的变量时，所有尖括号里的类型信息都将被丢弃。比如，将一个 List<String>类型的对象转型为 List，则该 List 对集合元素的类型检查变成了类型变量的上限（即 Object）。下面程序示范了这种擦除。

程序清单：codes\05\5.6\ErasureTest.java

```
class Apple<T extends Number>
{
    T size;
    public Apple()
    {
```

```
    }
    public Apple(T size)
    {
        this.size = size;
    }
    public void setSize (T size)
    {
        this.size = size;
    }
    public T getSize()
    {
         return this.size;
    }
}
public class ErasureTest
{
    public static void main(String[] args)
    {
        Apple<Integer> a = new Apple<>(6); // ①
        // a 的 getSize 方法返回 Integer 对象
        Integer as = a.getSize();
        // 把 a 对象赋给 Apple 变量，会丢失尖括号里的类型信息
        Apple b = a;              // ②
        // b 只知道 size 的类型是 Number
        Number size1 = b.getSize();
        // 下面代码引起编译错误
        Integer size2 = b.getSize();   // ③
    }
}
```

上面程序里定义了一个带泛型声明的 Apple 类，其类型形参的上限是 Number，这个类型形参用来定义 Apple 类的 size 实例变量。程序在①号代码处创建了一个 Apple<Integer>对象，该 Apple<Integer>对象传入了 Integer 作为类型实参，所以调用 a 的 getSize()方法时返回 Integer 类型的值。当把 a 赋给一个不带泛型信息的 b 变量时，编译器就会丢失 a 对象的泛型信息，即所有尖括号里的信息都将丢失；但因为 Apple 的类型形参的上限是 Number 类，所以编译器依然知道 b 的 getSize()方法返回 Number 类型，但具体是 Number 的哪个子类就不清楚了。

从上面程序可以看出，当把一个带泛型信息的 Java 对象赋给不带泛型信息的变量时，Java 程序会发生擦除，这种擦除不仅会擦除使用该 Java 类时传入的类型实参，而且会擦除所有的泛型信息，也就是擦除所有尖括号里的信息。示例如下。

**程序清单：codes\05\5.6\ErasureTest2.java**

```
class Apple<T extends Number>
{
    T size;
    public Apple()
    {
    }
    public Apple(T size)
    {
        this.size = size;
    }
    public void setSize (T size)
    {
        this.size = size;
    }
    public T getSize()
    {
```

```
        return this.size;
    }
    public List<String> getApples()
    {
        List<String> list = new ArrayList<>();
        for (var i = 0; i < 3; i++)
        {
            list.add(new Apple<Integer>(10 * i).toString());
        }
        return list;
    }
    public String toString()
    {
        return "Apple[size=" + size + "]";
    }
}
public class ErasureTest2
{
    public static void main(String[] args)
    {
        Apple<Integer> a = new Apple<>(6);
        for (String apple : a.getApples())
        {
            System.out.println(apple);
        }
        // 将 a 变量赋给一个没有泛型声明的变量
        // 系统将擦除所有泛型信息，也就是擦除所有尖括号里的信息
        // 也就是说，b 对象调用 getAppleSizes()方法不再返回 List<String>
        // 而是返回 List
        Apple b = a;                    // ①
        for (String apple : b.getApples())    // ②
        {
            System.out.println(apple);
        }
    }
}
```

上面程序中的 Apple 类也是一个带泛型声明的类，但这个类略有改变，它提供了一个 getApples()方法，该方法的返回类型是 List<String>，该方法的返回值带有泛型信息。

程序的 main()方法中先创建了一个 Apple<Integer>对象，程序调用该对象的 getApples()方法的返回值肯定是 List<String>类型的值。程序的①号代码将 Apple<Integer>对象赋给一个 Apple 变量，此时将发生擦除，该 Apple<Integer>对象将丢失所有的泛型信息，即尖括号里的所有信息，包括 getApples()方法的返回值类型 List<String>里的尖括号信息。因此，在②号代码处遍历 getApples()方法时将提示“不兼容的类型”编译错误。

### 5.6.3 创建泛型数组的陷阱

虽然 JDK 支持泛型，但不允许创建泛型数组。假设 Java 支持创建 List<String>[10]这样的泛型数组对象，则可以产生如下程序。

程序清单：codes\05\5.6\GenericArrayTest.java

```
public class GenericArrayTest
{
    public static void main(String[] args)
    {
        // 下面代码实际上是不允许的
        List<String>[] lsa = new List<String>[10];
```

```
        // 向上转换为一个 Object 数组
        List[] oa = lsa;
        // 创建一个 List 集合
        List<Integer> li = new ArrayList<Integer>();
        li.add(3);
        // 将 List<Integer>对象作为 oa 的第二个元素
        // 下面代码没有任何警告
        oa[1] = li;
        // 下面代码也不会有任何警告，但将引起 ClassCastException 异常
        String s = lsa[1].get(0);  // ①
    }
}
```

在上面代码中，如果粗体字代码是合法的，经过中间系列的程序运行，势必在①号代码处引起运行时异常，这就违背了 Java 泛型的设计原则——如果一段代码在编译时系统没有产生“[unchecked] 未经检查的转换”警告，则程序在运行时不会引发 ClassCastException 异常。

实际上，编译上面程序将在粗体字代码处提示“创建泛型数组”的错误，这正是由 Java 不支持泛型数组引起的错误。接下来看如下这个“简单”的程序。

**程序清单：codes\05\5.6\GenericArray.java**

```
public class GenericArray<T>
{
    class A { }
    public GenericArray()
    {
        // 试图创建内部类 A 的数组
        A[] as = new A[10];
    }
}
```

上面程序看似十分简单，程序只在定义 GenericArray 类时声明了一个泛型，除此之外没有任何地方使用到这个泛型声明。尝试编译这个程序，将看到如下错误提示。

```
GenericArray.java:19: 错误: 创建泛型数组
        A[] as = new A[10];
                 ^
```

看到这个错误，可能会让人感到困扰：粗体字代码处只是创建了 A[]数组，并未创建所谓的泛型数组，为何编译器会提示“创建泛型数组”的错误？这只能说 JDK 的设计非常谨慎。上面程序虽然没有任何问题，但由于内部类可以直接使用 T 类型形参，因此可能出现如下形式。

```
public class GenericArray<T>
{
    class A
    {
        T foo;
    }
    public GenericArray()
    {
        // 试图创建内部类 A 的数组
        A[] as = new A[10];
    }
}
```

这时，粗体字代码就会导致创建泛型数组了，这就违背了 Java 不能创建泛型数组的原则。

## 5.7　正则表达式的陷阱

下面的陷阱也是来自笔者的一个学生。

程序清单：codes\05\5.7\StringSplit.java

```
public class StringSplit
{
    public static void main(String[] args)
    {
        String str = "java.is.funny.www.crazyit.org";
        // 将这个字符串以点号（.）分割成多个字符
        String[] strArr = str.split(".");
        for (var s : strArr)
        {
            System.out.println(s);
        }
    }
}
```

上面的程序非常简单，提供了一个包含多个点号（.）的字符串，接着调用 String 提供的 split() 方法，以点号（.）作为分割符来分割这个字符串，希望返回该字符串被分割后得到的字符串数组。运行该程序，结果发现程序什么都没有输出。

对于上面程序的运行结果，要注意如下两点。

➢ String 提供的 split(String regex)方法需要的参数是正则表达式。

➢ 正则表达式中的点号（.）可匹配任意字符。

了解了上面这两点规律之后，不难理解运行上面程序后为何没有看到所希望的分割结果——因为正则表达式中的点号（.）可以匹配任意字符，所以上面程序实际上不是以点号（.）作为分割符，而是以任意字符作为分隔符的。为了实现以点号（.）作为分割符的目的，必须对点号进行转义，只要将上面的粗体字代码改为如下形式即可。

```
String[] strArr = str.split("\\.");
```

运行上面程序，就可以看到字符串以点号（.）分割的结果，这就是所需要的结果。由此可见，这并不是 Java 的 bug，只是对 Java 中某些特性掌握不够精准造成的误解。

此外，String 类也增加了一些方法用于支持正则表达式，具体有如下方法。

➢ matches(String regex)：判断该字符串是否匹配指定的正则表达式。

➢ String replaceAll(String regex, String replacement)：将字符串中所有匹配指定的正则表达式的子串替换成 replacement 后返回。

➢ String replaceFirst(String regex, String replacement)：将字符串中第一个匹配指定的正则表达式的子串替换成 replacement 后返回。

➢ String[] split(String regex)：以 regex 正则表达式匹配的子串作为分割符来分割该字符串。

以上四个方法都需要一个 regex 参数，这个参数就是正则表达式，因此使用这些方法时要特别小心。String 提供了一个与 replaceAll()功能相当的方法，如下所示。

➢ replace(CharSequence target, CharSequence replacement)：将字符串中所有的 target 子串替换成 replacement 后返回。

这个普通的 replace()方法不支持正则表达式，在开发中必须区别对待 replaceAll 和 replace()两个方法。示例如下。

程序清单：codes\05\5.7\StringReplace.java

```
public class StringReplace
{
    public static void main(String[] args)
    {
        String clazz = "org.crazyit.auction.model.Item";
        // 使用 replace 就比较简单
        String path1 = clazz.replace(".", "\\");
        System.out.println(path1);
        // 使用 replaceAll 复杂多了，需要对.和\进行转义
        String path2 = clazz.replaceAll("\\.", "\\\\");
        System.out.println(path2);
    }
}
```

上面程序中先提供了"org.crazyit.auction.model.Item"字符串，然后试图将该字符串中的点号(.)替换成反斜线（\\）。如果程序使用 replace()方法进行替换，因为 replace()方法的参数只是普通字符串，并不是正则表达式，所以使用 clazz.replace(".","\\");即可。如果使用 replaceAll()方法进行替换，因为 replaceAll()方法的参数是正则表达式，所以第一个参数需要写成“"\\."”，其中\\用于生成转义的反斜线；第二个参数为“"\\\\"”，其中前两条斜线用于生成转义的反斜线，后两条斜线用于生成要替换的反斜线。

## 5.8 多线程的陷阱

Java 语言提供了非常优秀的多线程支持，使得开发者能以简单的代码来创建、启动多线程，而且 Java 语言内置的多线程支持极好地简化了多线程编程。虽然如此，但 Java 多线程编程中依然存在一些容易混淆的陷阱。

### 5.8.1 不要调用 run 方法

Java 提供了三种方式来创建、启动多线程。

- 继承 Thread 类来创建线程类，重写 run()方法作为线程执行体。
- 实现 Runnable 接口来创建线程类，重写 run()方法作为线程执行体。
- 实现 Callable 接口来创建线程类，重写 call()方法作为线程执行体。

其中，第一种方式的效果最差，它有两点坏处。

- 线程类继承了 Thread 类，无法再继承其他父类。
- 因为每条线程都是 Thread 子类的实例，因此可以将多条线程的执行流代码与业务数据分离。

对于第二种和第三种方式，它们的本质是一样的，只是 Callable 接口里包含的 call()方法既可以声明抛出异常，也可以拥有返回值。

此外，如果采用继承 Thread 类的方式来创建多线程，程序还有一个潜在的危险。示例如下。

程序清单：codes\05\5.8\InvokeRun.java

```
public class InvokeRun extends Thread
{
    private int i;
    // 重写 run 方法，run 方法的方法体就是线程执行体
    public void run()
    {
        for ( ; i < 100; i++)
        {
```

```
            // 直接调用 run 方法时，Thread 的 this.getName 返回的是
            // 该对象名字，而不是当前线程的名字
            // 使用 Thread.currentThread().getName()总是获取当前线程名字
            System.out.println(Thread.currentThread().
                getName() + " " + i);
        }
    }
    public static void main(String[] args)
    {
        for (var i = 0; i < 100; i++)
        {
            // 调用 Thread 的 currentThread 方法获取当前线程
            System.out.println(Thread.currentThread().
                getName() + " " + i);
            if (i == 20)
            {
                // 直接调用线程对象的 run 方法
                // 系统会把线程对象当成普通对象，把 run 方法当成普通方法
                // 所以下面两行代码并不会启动两条线程，而是依次执行两个 run 方法
                new InvokeRun().run();
                new InvokeRun().run();
            }
        }
    }
}
```

上面程序试图在主线程中 i == 20 时创建并启动两条新线程。编译该程序，一切正常；运行该程序，发现该程序只有一条线程——main 线程。程序执行的大致过程如下：

1. 输出 main 20 之后，又重新开始输出 main 0。
2. 从 main 0 一直输出到 main 99，再次从 main 0 开始输出。
3. 从 main 0 一直输出到 main 99，再次从 main 22 开始输出，直到 main 99 结束。

上面程序始终只有一条线程，并没有启动任何新线程，关键是因为粗体字代码那里调用了线程对象的 run()方法，而不是 start()方法——启动线程应该使用 start()方法，而不是 run()方法。

如果程序从未调用线程对象的 start()方法来启动它，那么这个线程对象将一直处于“新建”状态，它永远也不会作为线程获得执行的机会，它只是一个普通的 Java 对象。当程序调用线程对象的 run()方法时，与调用普通 Java 对象的普通方法并无任何区别，因此绝对不会启动一条新线程。

## 5.8.2 静态的同步方法

Java 提供了 synchronized 关键字用于修饰方法，使用 synchronized 修饰的方法被称为同步方法。当然，synchronized 关键字除了修饰方法，还可以修饰普通代码块，使用 synchronized 修饰的代码块被称为同步代码块。

Java 语法规定：任何线程进入同步方法、同步代码块之前，必须先获取同步方法、同步代码块对应的同步监视器。

对于同步代码块而言，程序必须显式地为它指定同步监视器；对于同步非静态方法而言，该方法的同步监视器是 this——调用该方法的 Java 对象；对于静态的同步方法而言，该方法的同步监视器不是 this，而是该类本身。

下面程序提供了一个静态的同步方法及一个同步代码块。同步代码块使用 this 作为同步监视器，即这两个同步程序单元并没有使用相同的同步监视器，因此它们可以同时并发执行，相互之间不会有任何影响。

程序清单：codes\05\5.8\SynchronizedStatic.java

```
class SynchronizedStatic implements Runnable
{
    static boolean staticFlag = true;
    public static synchronized void test0()
    {
        for (var i = 0; i < 100; i++)
        {
            System.out.println("test0: " +
                Thread.currentThread().getName() + " " + i);
        }
    }
    public void test1()
    {
        synchronized (this)
        {
            for (var i = 0; i < 100; i++)
            {
                System.out.println("test1: " +
                    Thread.currentThread().getName() + " " + i);
            }
        }
    }
    public void run()
    {
        if (staticFlag)
        {
            staticFlag = false;
            test0();
        }
        else
        {
            staticFlag = true;
            test1();
        }
    }
    public static void main(String[] args)
        throws Exception
    {
        var ss = new SynchronizedStatic();
        new Thread(ss).start();
        // 保证第一条线程开始运行
        Thread.sleep(10);
        new Thread(ss).start();
    }
}
```

上面程序中定义了一个SynchronizedStatic类，该类实现了Runnable接口，因此可作为线程的target来运行。SynchronizedStatic类通过一个staticFlag旗标控制线程使用哪个方法作为线程执行体。

- 当staticFlag为真时，程序使用test0()方法作为线程执行体。
- 当staticFlag为假时，程序使用test1()方法作为线程执行体。

程序第一次执行SynchronizedStatic对象作为target的线程时，staticFlag初始值为true，因此程序将以test0()方法作为线程执行体，而且程序将会把staticFlag修改为false；这使得第二次执行SynchronizedStatic对象作为target的线程时，程序将以test1()方法作为线程执行体。

程序主方法以SynchronizedStatic对象作为target启动了两条线程，其中一条将以test0()方法作为线程执行体，另外一条将以test1()方法作为线程执行体。运行上面程序，将看到如图5.6所示的运行结果。

```
test0: Thread-0 30
test0: Thread-0 31
test0: Thread-0 32
test0: Thread-0 33
test1: Thread-1 0
test1: Thread-1 1
test1: Thread-1 2
test1: Thread-1 3
test1: Thread-1 4
```

test0 ()方法中切换执行test1()

图 5.6　静态同步方法和以 this 为同步监视器的同步代码块同时执行

从图 5.6 可以看出，静态同步方法可以和以 this 为同步监视器的同步代码块同时执行，当第一条线程（以 test0()方法作为线程执行体的线程）进入同步代码块执行以后，该线程获得了对同步监视器（SynchronizedStatic 类）的锁定；第二条线程（以 test1()方法作为线程执行体的线程）尝试进入同步代码块执行，进入同步代码块之前，该线程必须获得对 this 引用（也就是 ss 变量所引用的对象）的锁定。因为第一条线程锁定的是 SynchronizedStatic 类，而不是 ss 变量所引用的对象，所以第二条线程完全可以获得对 ss 变量所引用的对象的锁定，因此系统可以切换到执行第二条线程，效果如图 5.6 所示。

为了更好地证明静态同步方法的同步监视器是当前类，可以将上面程序中同步代码块的同步监视器改为 SynchronizedStatic 类，也就是将上面的 test1()方法定义改为如下形式。

```
public void test1()
{
    synchronized (SynchronizedStatic.class)
    {
        for (var i = 0; i < 100; i++)
        {
            System.out.println("test1: " +
                Thread.currentThread().getName() + " " + i);
        }
    }
}
```

将 test1()方法改为上面的形式之后，该同步代码块的同步监视器也是 SynchronizedStatic 类，也就是与同步静态方法 test0()具有相同的同步监视器。再次运行该程序，将看到如图 5.7 所示的效果。

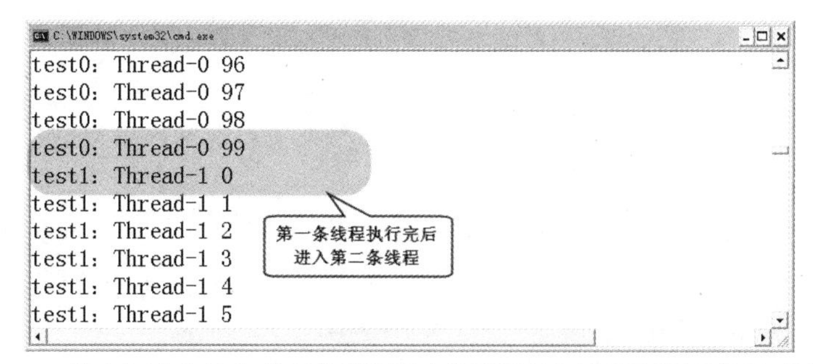


图 5.7　静态同步方法和以当前类为同步监视器的同步代码块不能同时执行

从图 5.7 可以看出，静态同步方法和以当前类为同步监视器的同步代码块不能同时执行，当第一条线程（以 test0()方法作为线程执行体的线程）进入同步代码块执行以后，该线程获得了对同步监视器（SynchronizedStatic 类）的锁定；第二条线程（以 test1()方法作为线程执行体的线程）尝试进入同步代码块执行，进入同步代码块之前，该线程必须获得对 SynchronizedStatic 类的锁定。因为第一条线程已经锁定了 SynchronizedStatic 类，在第一条线程执行结束之前，它不会释放对

SynchronizedStatic 类的锁定，所以第二条线程无法获得对 SynchronizedStatic 类的锁定，因此只有等到第一条线程执行结束后才可以切换到执行第二条线程，效果如图 5.7 所示。

### 5.8.3 静态初始化块启动新线程执行初始化

下面程序代表一种非常极端的情况，主要用于考察线程的 join 方法和类初始化机制。

程序清单：codes\05\5.8\StaticThreadInit.java

```
public class StaticThreadInit
{
    static
    {
        // 创建匿名内部类来启动新线程
        Thread t = new Thread()
        {
            // 启动新线程将 website 类变量设置为 www.fkjava.org
            public void run()
            {
                System.out.println("进入 run 方法");
                System.out.println(website);
                website = "www.fkjava.org";
                System.out.println("退出 run 方法");
            }
        };
        t.start();
        try
        {
            // 加入 t 线程
            t.join();
        }
        catch (Exception ex)
        {
            ex.printStackTrace();
        }
    }
    // 定义一个类变量，设置其初始值为 www.crazyit.org
    static String website = "www.crazyit.org";
    public static void main(String[] args)
    {
        System.out.println(StaticThreadInit.website);
    }
}
```

上面程序定义了一个 StaticThreadInit 类，为该类定义了一个静态的 website，并为其指定初始值 www.crazyit.org；但程序也在静态初始化块中将 website 赋值为 www.fkjava.org，且静态初始化块排在前面。如果只是保留这样的程序结构，那么程序的结果将非常清晰：静态初始化先将 website 成员变量的值初始化为 www.fkjava.org，然后初始化机制再将 website 的值赋值为 www.crazyit.org。

但上面程序的静态初始化块并不是简单地将 website 赋值为 www.fkjava.org，而是“别出心裁”地启动了一条新线程来执行初始化操作，那么程序会有怎样的结果？

尝试编译该程序，可以正常编译结束；尝试运行该程序，程序访问 StaticThreadInit.website 时，并没有直接输出 www.crazyit.org，只是简单地打印了“进入 run 方法”之后，即无法继续向下执行。

下面详细分析该程序的执行细节。程序总是从 main 方法开始执行，main 方法只有一行代码，访问 StaticThreadInit 类的 website 类变量的值。当某条线程试图访问一个类的类变量时，根据该类的状态可能出现如下四种情况。

➢ 该类尚未被初始化：当前线程开始对其执行初始化。
➢ 该类正在被当前线程执行初始化：这是对初始化的递归请求。
➢ 该类正在被其他线程执行初始化：当前线程暂停，等待其他线程初始化完成。
➢ 这个类已经被初始化：直接得到该类变量的值。

main 线程试图访问 StaticThreadInit.website 的值，此时 StaticThreadInit 尚未被初始化，因此 main 线程开始对该类执行初始化。初始化过程必须完成如下两个步骤。

① 为该类的所有类变量分配内存。
② 调用静态初始化块的代码执行初始化。

因此，首先 main 线程会为 StaticThreadInit 类的 website 类变量分配内存空间，此时的 website 的值为 null。接着，main 线程开始执行 StaticThreadInit 类的静态初始化块。该代码块创建并启动了一条新线程，并调用了新线程的 join()方法，这意味着 main 线程必须等待新线程执行结束后才能向下执行。

新线程开始执行之后，首先执行 System.out.println("进入 run 方法");代码，这就是运行该程序时看到的第一行输出。接着，程序试图执行 System.out.println(website);，问题出现了：StaticThreadInit 类正由 main 线程执行初始化，因此新线程会等待 main 线程对 StaticThreadInit 类执行初始化结束。

这时候满足了死锁条件：两条线程互相等待对方执行，因此都不能向下执行。因此程序执行到此处就出现了死锁，程序没法向下执行，也就是运行该程序时看到的结果。

经过上面分析可以看出，上面程序出现死锁的关键在于程序调用了 t.join()，这导致了 main 线程必须等待新线程执行结束才能向下执行。下面将 t.join()代码注释掉，也就是将静态初始化块代码改为如下形式。

```
static
{
    // 创建匿名内部类来启动新线程
    Thread t = new Thread()
    {
        // 启动新线程将 website 类变量设置为 www.fkjava.org
        public void run()
        {
            System.out.println("进入 run 方法");
            System.out.println(website);
            website = "www.fkjava.org";
            System.out.println("退出 run 方法");
        }
    };
    t.start();
}
```

编译、运行上面程序，将看到如图 5.8 所示的结果。

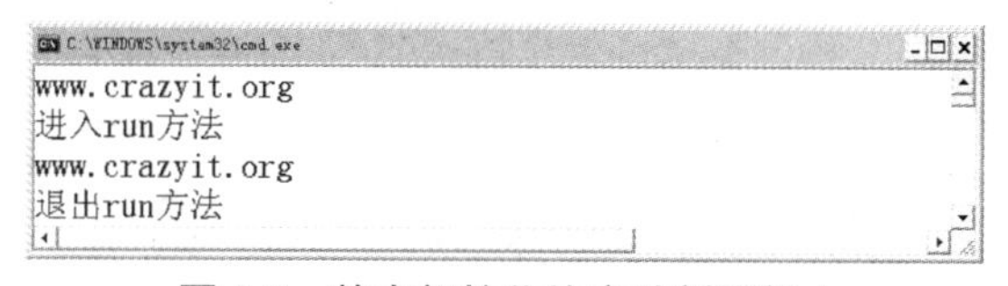


图 5.8　静态初始化块启动新线程 1

从图 5.8 所示的结果来看，两次访问 website 的值都是 www.crazyit.org，似乎新线程为 website 指定的初始值没有发生任何作用。

其实不然，main 线程进入 StaticThreadInit 的静态初始化块之后，同样也是创建并启动了新线程。由于此时并未调用新线程的 join()方法，因此主线程不会等待新线程，也就是说，此时新线程只是处于就绪状态，还未进入运行状态。main 线程继续执行初始化操作，它会将 website 的值初始化为 www.crazyit.org，至此 StaticThreadInit 类初始化完成。System.out.println(StaticThreadInit.website); 代码也可以执行完成了，程序输出 www.crazyit.org。

接下来新线程才进入运行状态，依次执行 run()方法里的每行代码，此时访问到的 website 的值依然是 www.crazyit.org；run()方法最后将 website 的值改为 www.fkjava.org，但程序已经不再访问它了。

很明显，产生上面运行结果的原因是调用一条线程的 start()方法后，该线程并不会立即进入运行状态，它只是保持在就绪状态。

为了改变这种状态，再次改变 StaticThreadInit 类的静态初始化块代码，如下所示。

```
static
{
    // 创建匿名内部类来启动新线程
    Thread t = new Thread()
    {
        // 启动新线程将website 类变量设置为www.fkjava.org
        public void run()
        {
            System.out.println("进入 run 方法");
            System.out.println(website);
            website = "www.fkjava.org";
            System.out.println("退出 run 方法");
        }
    };
    t.start();
    try
    {
        Thread.sleep(1);
    }
    catch (Exception ex)
    {
        ex.printStackTrace();
    }
}
```

上面程序调用新线程的 start()方法启动新线程后，立即调用 Thread.sleep(1)暂停当前线程，使得新线程立即获得执行的机会。

编译、运行上面程序，将看到如图 5.9 所示的结果。

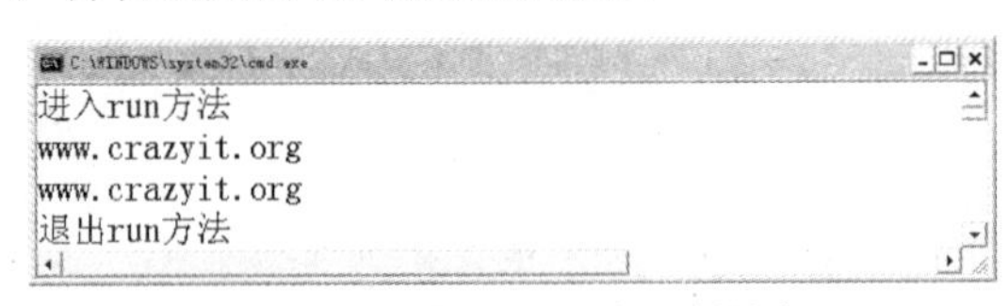


图 5.9　静态初始化块启动新线程 2

从图 5.9 可以看出，即使让新线程立即启动，新线程为 website 指定的值依然没有起作用，这又是为什么？

这依然和类初始化机制有关。当 main 线程进入 StaticThreadInit 类的静态初始化块后，main 线程创建、启动一条新线程，然后主线程调用 Thread.sleep(1)暂停自己，使得新线程获得执行机会，于是看到运行结果的第一行输出“进入 run 方法”。然后，新线程试图执行 System.out.println(website); 来输出 website 的值，但由于 StaticThreadInit 类还未初始化完成，因此新线程不得不放弃执行。线程调度器再次切换到 main 线程，main 线程于是将 website 初始化为 www.crazyit.org，至此 StaticThreadInit 类初始化完成。

通常 main 线程不会立即切换回来执行新线程，它会执行 main 方法里的第一行代码，也就是输出 website 的值，于是看到输出第一行 www.crazyit.org。

main 线程执行完后，系统切换回来执行新线程，新线程访问 website 时也会输出 www.crazyit.org，于是看到输出第二行 www.crazyit.org。run()方法最后将 website 的值改为 www.fkjava.org，但程序已经不再访问它了。

这里实际上有一个问题：在静态初始化块里启动新线程对类变量所赋的值根本不是初始值，它只是一次普通的赋值。示例如下。

**程序清单：codes\05\5.8\StaticThreadInit2.java**

```
public class StaticThreadInit2
{
    static
    {
        // 创建匿名内部类来启动新线程
        Thread t = new Thread()
        {
            // 启动新线程将 website 类变量设置为 www.fkjava.org
            public void run()
            {
                website = "www.fkjava.org";
            }
        };
        t.start();
    }
    // 定义一个类变量
    final static String website;
    public static void main(String[] args)
    {
        System.out.println(StaticThreadInit.website);
    }
}
```

以上程序定义了一个 final 类变量——website，没有为它指定初始值，接着试图在静态初始化块中为 website 指定初始值。在正常情况下，这个程序没有任何问题，不过当静态初始化块启动了一条新线程为 website 指定初始值时，就有问题了。

尝试编译上面程序，将看到如下错误提示。

```
StaticThreadInit2.java:23: 错误: 无法为最终变量 website 分配值
                website = "www.fkjava.org";
                ^
1 个错误
```

从上面的错误提示可以看出，静态初始化块启动的新线程根本不允许为 website 赋值。这表明，新线程为 website 赋值根本不是初始化操作，只是一次普通的赋值。

这个程序给出的教训是，分析一个程序不能仅仅停留在静态的代码上，而是应该从程序执行过程来把握程序的运行细节。

不要认为所有放在静态初始化块中的代码就一定是类初始化操作，静态初始化块中启动新线程的 run()方法代码只是新线程的线程执行体，并不是类初始化操作。类似地，不要认为所有放在非静态初始化块中的代码就一定是对象初始化操作，非静态初始化块中启动新线程的 run()方法代码只是新线程的线程执行体，并不是对象初始化操作。

### 5.8.4 注意多线程执行环境

在不考虑多线程环境的情况下，很多类代码都是完全正确的。但一旦将它们放在多线程环境下，这个类就变得非常脆弱而易错，这种类被称为线程不安全类。在多线程环境下使用线程不安全的类是危险的，多线程环境下应该使用线程安全的类。

下面程序定义了一个 Account 类，该类代表一个银行账户，程序可通过该银行账户进行取钱。

程序清单：codes\05\5.8\Account.java

```
public class Account
{
    private String accountNo;
    private double balance;
    public Account(){}
    public Account(String accountNo, double balance)
    {
        this.accountNo = accountNo;
        this.balance = balance;
    }
    // 访问该账户的余额
    public double getBalance()
    {
         return this.balance;
    }
    public void draw(double drawAmount)
    {
        // 账户余额大于取钱数目
        if (balance >= drawAmount)
        {        // ①
            // 吐出钞票
            System.out.println(Thread.currentThread().getName() +
                "取钱成功！吐出钞票:" + drawAmount);
            // 修改余额
            balance -= drawAmount;
            System.out.println("\t 余额为: " + balance);
        }
        else
        {
            System.out.println(Thread.currentThread().getName() +
                "取钱失败！余额不足！");
        }
    }
    // 重写hashCode()方法
    public int hashCode()
    {
        return accountNo.hashCode();
    }
    // 重写equals()方法
    public boolean equals(Object obj)
    {
        if (obj == this)
        {
            return true;
        }
        if (obj.getClass() == Account.class)
        {
            Account target = (Account) obj;
            return accountNo.equals(target.accountNo);
```

```
        }
        return false;
    }
}
```

上面程序中定义了 Account 类，实现了一个 draw()方法用于取钱。这个取钱从逻辑上看没有任何问题：系统先判断账户余额是否大于取款金额，当账户余额大于取款金额时，取钱成功；否则，系统提示余额不足。这个逻辑完全符合取钱的要求，但由于 Account 类只是一个线程不安全的类，因此它不能用于多线程环境。下面程序启用了两条线程模拟并发取钱。

**程序清单：codes\05\5.8\DrawTest.java**

```
class DrawThread extends Thread
{
    // 模拟用户账户
    private Account account;
    // 当前取钱线程所希望取的钱数
    private double drawAmount;
    public DrawThread(String name, Account account,
        double drawAmount)
    {
        super(name);
        this.account = account;
        this.drawAmount = drawAmount;
    }
    // 当多条线程修改同一个共享数据时，将涉及数据安全问题
    public void run()
    {
        account.draw(drawAmount);
    }
}
public class DrawTest
{
    public static void main(String[] args)
    {
        // 创建一个账户
        var acct = new Account("1234567", 1000);
        // 模拟两条线程对同一个账户取钱
        new DrawThread("甲", acct, 800).start();
        new DrawThread("乙", acct, 800).start();
    }
}
```

上面程序中创建了两条线程来模拟并发取钱操作。在绝大部分情况下，这个程序没有任何问题，运行上面程序，将看到如图 5.10 所示的结果。

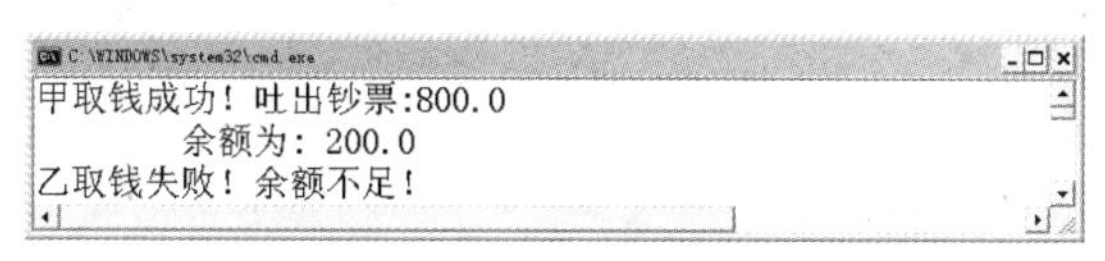


图 5.10　两条线程并发取钱 1

图 5.10 所示的取钱结果正是希望看到的结果，第一条线程取钱成功，将余额修改为 200；第二条线程因为余额不足而取钱失败。

多次运行上面程序将可以看到，该程序大部分时候都是正确的，偶尔可以看到出现两条线程同时取钱的结果——这是因为多线程调度具有不确定性。

为了让读者更好地看到多线程环境下该程序的危险，假设线程调度器会在程序 Account 类的①号代码处切换为执行另外一条线程。为了让线程在该处切换，将在此处插入一条 Thread.sleep(1)暂

停当前线程，让另一条线程获得执行的机会，也就是将 Account 的 draw(double drawAmount)方法改为如下形式。

```
public void draw(double drawAmount)
{
    // 账户余额大于取钱数目
    if (balance >= drawAmount)
    {        // ①
        // 暂停当前线程，切换为执行另一条线程
        try
        {
            Thread.sleep(1);
        }
        catch (Exception ex) { }
        // 吐出钞票
        System.out.println(Thread.currentThread().getName() +
            "取钱成功！吐出钞票:" + drawAmount);
        // 修改余额
        balance -= drawAmount;
        System.out.println("\t 余额为: " + balance);
    }
    else
    {
        System.out.println(Thread.currentThread().getName() +
            "取钱失败！余额不足！");
    }
}
```

将 Account 改为上面形式之后，再次运行 DrawTest，将可以看到如图 5.11 所示的结果。

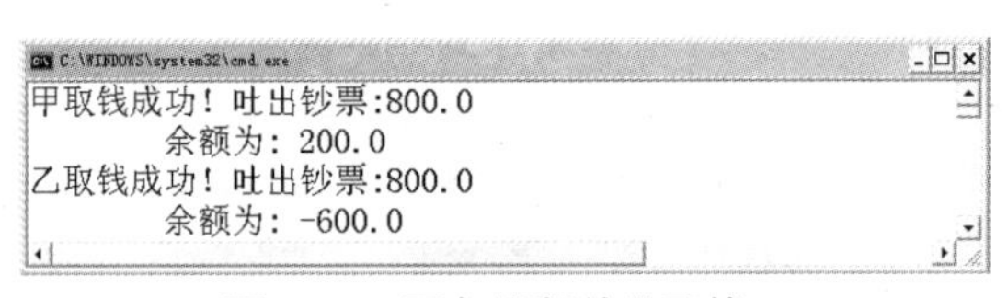


图 5.11　两条线程并发取钱 2

从图 5.11 可以看出，这个取款程序出现了问题，该账户的余额只有 1000 元，但两条线程各取走了 800 元，这就是由 Account 的线程不安全导致的。虽然上面程序中显式使用 Thread.sleep(1)来进行线程切换，但在实际运行过程中即使没有这行代码，线程也有可能在此处切换，那就会出现如图 5.11 所示的结果。

为了让 Account 能更好地使用多线程环境，可以将 Account 类修改为线程安全的形式。线程安全的类具有如下特征。

- 该类的对象可以被多个线程安全地访问。
- 每个线程调用该对象的任意方法之后都将得到正确结果。
- 每个线程调用该对象的任意方法之后，该对象状态依然保持合理状态。

**提示：**

前面介绍的 Vector、StringBuffer 都是线程安全的类。通过查看这些类的源代码可以发现线程安全类的大量方法都使用了 synchronized 关键字修饰，也就是说，通过同步方法可以得到线程安全类。

对于上面程序来说，Account 类的 balance 实例变量是“竞争资源”，多条线程可能并发访问它，因此应该将访问该“竞争资源”的方法变成同步方法。下面是 Account 类的线程安全版本。

程序清单：codes\05\5.8\AccountSyn.java

```
public class AccountSyn
{
    private String accountNo;
    private double balance;
    public AccountSyn(){}
    public AccountSyn(String accountNo, double balance)
    {
        this.accountNo = accountNo;
        this.balance = balance;
    }
    // 访问该账户的余额，使用 synchronized 修饰符将它变成同步方法
    public synchronized double getBalance()
    {
         return this.balance;
    }
    // 使用 synchronized 修饰符将它变成同步方法
    public synchronized void draw(double drawAmount)
    {
        // 账户余额大于取钱数目
        if (balance >= drawAmount)
        {
            // 暂停当前线程，切换为执行另一条线程
            try
            {
                Thread.sleep(1);
            }
            catch (Exception ex){}
            // 吐出钞票
            System.out.println(Thread.currentThread().getName() +
                "取钱成功！吐出钞票:" + drawAmount);
            // 修改余额
            balance -= drawAmount;
            System.out.println("\t 余额为: " + balance);
        }
        else
        {
            System.out.println(Thread.currentThread().getName() +
                "取钱失败！余额不足！");
        }
    }
    // 重写 hashCode()方法
    public int hashCode()
    {
        return accountNo.hashCode();
    }
    // 重写 equals()方法
    public boolean equals(Object obj)
    {
        if (obj == this)
        {
            return true;
        }
        if (obj.getClass() == AccountSyn.class)
        {
            AccountSyn target = (AccountSyn) obj;
            return accountNo.equals(target.accountNo);
        }
        return false;
    }
}
```

Account 类中的 getBalance()方法和 draw(double drawAmount)方法可以访问共享资源 balance，因此程序使用了 synchronized 关键字修饰这两个方法，这使得该类变成一个线程安全类。

将前面 DrawTest 程序中的 Account 改为使用 AccountSyn 类，程序就不会有任何问题了。

## 5.9 本章小结

本章重点分析了 Java 表达式中的潜在陷阱，这些陷阱包括使用字符串时可能出现的陷阱，使用算术表达式时可能出现的表达式类型自动提升、复合赋值运算符的隐含转换等陷阱。还介绍了使用中文输入法引入中文字符导致的错误，表达式中使用转义字符可能导致的错误，以及正则表达式中点号（.）可代表任意字符可能引起的错误。

本章还详细介绍了泛型编程和多线程编程可能存在的错误，尤其在泛型和原始类型混用时更容易导致错误。多线程编程中则需要注意不要调用线程对象的 run 方法、静态同步方法、多线程执行环境等。

CHAPTER

6

# 第6章 流程控制的陷阱

## 引言

小张学习 Java 已经有段时间了，最近他看了一本《疯狂 Java 讲义》，按书中提倡的“项目驱动”方式，他用 Java 语言开发了一个俄罗斯方块小游戏，并把这个小游戏发给同班几个同学“试玩”，这种感觉真好。

没多久，小张的同学向他反馈：当方块落到“底”之后，如果再按“转向”键，那个方块依然可以转动。

小张打开程序代码，找了好久，发现仅仅是程序中一个 else if 块的位置放置不对，稍做调整程序就正常了。

经过这件事情，小张发现了一个问题：看上去如此简单的 if...else 语句，但在实际开发中依然容易出错。那其他流程控制语句是不是也有这些问题呢？

小张是一个善于“举一反三”的好学生，他仔细研究 Java 语言中各种流程控制语句，结果他发现，不仅 if...else 语句有让人容易出错的地方，其他流程控制语句如 switch、for 循环等也都有一些容易被忽略的“小陷阱”。

## 本章要点

- switch 语句中的 default 语句
- switch 语句允许的表达式
- if 语句中 else 的隐含条件
- 尽量不要省略循环体的花括号
- 避免改变循环计数器的值
- map 与 flatMap 的区别
- switch 语句中 break 语句的作用
- 流程控制中的标签
- 空语句导致的隐藏错误
- 分号导致的空语句
- 流式编程的陷阱

流程控制是所有编程语言都会提供的基本功能。它来自结构化程序设计的成果，但实际上Java语言的方法内部一样需要进行流程控制，因此Java也提供了顺序结构、分支结构和循环结构三种流程。

上面三种最基本的流程控制里，顺序结构是最简单的，基本上出错的概率不大；但对于Java提供的两种分支语句：if语句和switch语句，如果开发者不小心就很容易导致程序出现错误。而且，有些错误还比较隐蔽，初次遇到时可能难以发现。Java总共提供了四种循环语句：while循环、do...while循环、for循环和foreach循环。在实际开发中，for循环、foreach循环的使用频率是最高的，但恰恰是这两种循环最容易引起错误。

本章将会逐项介绍笔者早年在开发过程中收集的，以及后来在教学过程中从学生那里收集的关于流程控制的各种陷阱，希望读者在了解这些陷阱之后可以更好地避开它们。

## 6.1 switch语句的陷阱

switch语句是Java提供的一种重要的分支语句，它用于判断某个表达式的值，根据不同的值执行不同的分支语句。需要指出的是，Java的switch语句限制较多，而且还有一个非常容易出错的陷阱，使用时要无比小心。

### 6.1.1 default分支永远会执行吗

switch语句之后可以包含一个default分支。从字面意义上看，这个分支是默认分支，似乎是无条件执行的分支，实际上不是。default分支的潜在条件是，表达式的值与前面分支的值都不相等。也就是说，在正常情况下，只有当switch语句的前面分支没有获得执行时，default分支才会获得执行的机会。示例如下。

程序清单：codes\06\6.1\DefaultTest.java

```
public class DefaultTest
{
    public static void main(String[] args)
    {
        // 声明变量score，并为其赋值'C'
        char score = 'C';
        // 执行switch分支语句
        switch (score)
        {
            case 'A':
                System.out.println("优秀.");
                break;
            case 'B':
                System.out.println("良好.");
                break;
            case 'C':
                System.out.println("中.");
                break;
            case 'D':
                System.out.println("及格.");
                break;
            case 'E':
                System.out.println("不及格.");
                break;
            // default分支有一个潜在的条件
            // 表达式的值与前面所有分支的值不相等
```

```
            // 只有不执行前面所有分支时才会执行该分支
            default:
                System.out.println("成绩输入错误.");
        }
    }
}
```

运行上面程序会发现，default 分支并没有获得执行的机会。也就是说，当 score 表达式的值为'A'、'B'、'C'、'D'、'E'这几个值时，程序的 default 分支都不会获得执行。只有当 score 表达式的值不等于所有分支中各表达式的值时，才满足 default 分支的潜在条件。

## 6.1.2　break 的重要性

在 case 分支后的每个代码块后都有一条 break;语句，这个 break;语句有极其重要的意义：用于终止当前分支的执行体。如果某个 case 分支之后没有使用 break;来终止这个分支的执行体，即使使用花括号来包围该分支的执行体也是无效的。Java 一旦找到匹配的 case 分支（表达式的值与 case 后的值相等），程序就开始执行这个 case 分支的执行体，不再判断与后面 case、default 标签的条件是否匹配，除非遇到 break;才会结束该执行体。示例如下。

**程序清单：codes\06\6.1\BreakTest.java**

```
public class BreakTest
{
    public static void main(String[] args)
    {
        // 声明变量 score，并为其赋值'C'
        char score = 'C';
        // 执行 switch 分支语句
        switch (score)
        {
            case 'A':
            {
                System.out.println("优秀");
            }
            case 'B':
            {
                System.out.println("良好");
            }
            case 'C':
            {
                System.out.println("中");
            }
            case 'D':
            {
                System.out.println("及格");
            }
            case 'E':
            {
                System.out.println("不及格");
            }
            default:
                System.out.println("成绩输入错误");
        }
    }
}
```

上面程序中省略了 case 分支之后的 break;语句，为每个 case 分支都增加了花括号（这个花括号通常没有太大的作用）用以表示执行体结束。运行上面程序，会看到如下的运行结果。

```
中
及格
不及格
成绩输入错误
```

从执行结果可以看出，当score表达式的值等于case 'C'分支的比较值之后，程序一直执行每个分支的执行体，不再与各分支的比较值进行比较，这是因为省略了case分支后的break;语句。

从逻辑意义上看，Java语法根本不应该允许省略break;的情形发生，因为省略break;给实际编程没有带来多大的实质好处，只是增加了引入陷阱的机会。

从JDK 1.5 开始，Java编译器增加了更严格的检查，只要在javac命令后增加-Xlint:fallthrough选项，Java编译器就会提示缺少break;的警告。使用如下命令来编译BreakTest.java程序：

```
javac -encoding utf-8 -Xlint:fallthrough BreakTest.java
```

运行上面命令，将看到如图6.1所示的编译警告。

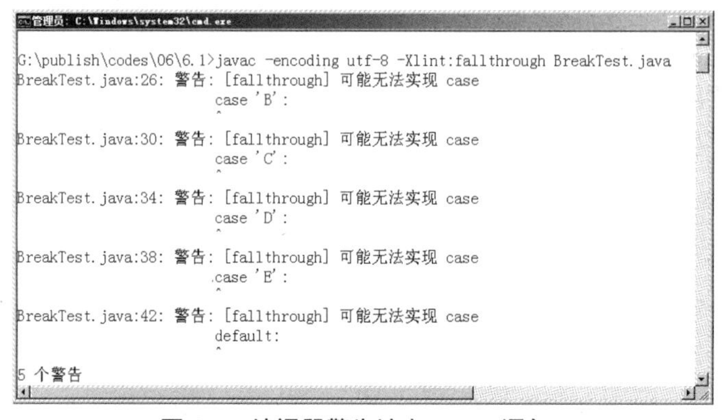


图6.1　编译器警告缺少break;语句

由于switch分支语句中绝大部分都不应该省略break;语句，因此建议使用javac命令时应该总是增加-Xlint:fallthrough选项。

**提示：**

如果需要了解javac命令具有哪些扩展选项，可以输入javac -X命令进行查看，执行该命令即可看到javac命令支持的全部扩展选项。

## 6.1.3　switch支持的数据类型

在Java 7以前，switch语句的表达式只能是如下5种数据类型。

- byte：字节整型。
- short：短整型。
- int：整型。
- char：字符型。
- enum：枚举型。

从Java 7开始，switch表达式的类型可以是String类型，但不能是long、float、double等其他基本类型。示例如下。

**程序清单：codes\06\6.1\SwitchTest.java**

```
public class SwitchTest
{
```

```
    public static void main(String[] args)
    {
        int a = 5;
        switch (a + 1.2 + 0.8)
        {
            case 6:
                System.out.println("结果等于 6");
                break;
            case 7:
                System.out.println("结果等于 7");
                break;
            case 8:
                System.out.println("结果等于 8");
                break;
            default:
                System.out.println("结果等于其他值");
        }
    }
}
```

上面的 switch 分支语句试图判断 a + 1.2 + 0.8 的结果。表面上看，程序应该打印"结果等于 7"，但如果尝试编译该程序，将发现编译器提示如下错误。

```
SwitchTest.java:6: 可能损失精度
```

这是因为 a + 1.2 + 0.8 表达式的类型自动提升为 double 类型，而 switch 表达式不允许使用 double 类型。为了让该程序输出希望的结果，可以将粗体字代码改为如下形式。

```
switch ((int) (a + 1.2 + 0.8))
```

从 JDK 1.5 开始，switch 表达式可以是 enum 类型。示例如下。

**程序清单：codes\06\6.1\EnumSwitch.java**

```
enum Season
{
    SPRING, SUMMER, FALL, WINTER
}
public class EnumSwitch
{
    public static void main(String[] args)
    {
        Season s = Season.FALL;
        switch (s)
        {
            case SPRING:
                System.out.println("春天不是读书天");
                break;
            case SUMMER:
                System.out.println("夏日炎炎正好眠");
                break;
            case FALL:
                System.out.println("秋多蚊蝇");
                break;
            case WINTER:
                System.out.println("冬日冷");
                break;
        }
    }
}
```

运行上面程序，可以看到，程序完全可以正常输出，这表明 switch 语句中的表达式完全可以是 enum 类型。

值得指出的是，程序在其他地方使用 enum 值时，通常应该使用枚举类名作为限定，例如程序中使用 Season.FALL、Season.SPRING 等；但在 case 分支中访问枚举值时不能使用枚举类名作为限定，例如 case SPRING:、case SUMMER:等。

## 6.2　标签引起的陷阱

Java 语句的标签是一个怪胎：它主要是为 C 语言中的 goto 语句而创建，但 Java 程序中根本没有 goto 语句。虽然 Java 一直将 goto 作为保留字，但估计 Java 也没有引入 goto 语句的打算。因此，Java 语句中的标签通常都没有太大的作用。

不过，Java 语句的标签可以与循环中的 break、continue 结合使用，让 break 直接终止标签所标识的循环，让 continue 语句忽略标签所标识的循环的剩下语句。从这个意义上来看，Java 程序中的标签只有放在循环之前才具有实际意义，但问题是，Java 的标签可以放在程序的任何位置，即使它没有任何实际意义。示例如下。

程序清单：codes\06\6.2\URLTest.java

```
public class URLTest
{
    public static void main(String[] args)
    {
        String book = "疯狂 Java 讲义";
        double price = 99.0;
        if (price > 90)
        {
            http://www.crazyit.org
            System.out.println(book + "的价格大于 90！");
        }
    }
}
```

上面程序是一个非常简单的程序，关键在于，程序中的那行粗体字代码有错误吗？大部分读者可能会说：编译器应该提示编译错误。

尝试着编译上面程序，会发现编译器正常结束；如果尝试着运行上面程序，甚至发现程序可以正常运行。难道 http://www.crazyit.org 真的具有魔力？答案是否定的。这只是一个非常普通的网址而已，对于 Java 而言，它并不认识这个网址，以后也不打算认识这个网址。Java 会把这个字符串分解成以下两个部分。

- http:：合法的标识符后紧跟英文冒号，这是一个标签。
- //www.crazyit.org：双斜线后的内容是注释。

对于 Java 来说，它允许 http:放在任意位置——它是一个标签，虽然没有任何实际意义。至于 //www.crazyit.org，则只是一行简单的单行注释。

## 6.3　if 语句的陷阱

if 语句也是 Java 程序广泛使用的分支语句，即使初学编程的人也会经常使用 if 分支语句。但实际上，if 语句中也存在一些需要小心回避的陷阱。

## 6.3.1　else 隐含的条件

else 的字面意义是“否则”，隐含的条件是前面条件都不符合，也就是 else 有一个隐含的条件，else if 的条件是 if 显式条件和 else 隐式条件的交集。示例如下。

程序清单：codes\06\6.3\IfErrorTest.java

```
public class IfErrorTest
{
    public static void main(String[] args)
    {
        int age = 45;
        if (age > 20)
        {
            System.out.println("青年人");
        }
        else if (age > 40)
        {
            System.out.println("中年人");
        }
        else if (age > 60)
        {
            System.out.println("老年人");
        }
    }
}
```

上面程序试图根据人的年龄来判断他属于青年人、中年人还是老年人。表面上看，这个程序没有任何问题：人的年龄大于 20 岁是青年人，年龄大于 40 岁是中年人，年龄大于 60 岁是老年人。但运行上面程序，发现打印结果是青年人，而实际上 45 岁应判断为中年人——这显然出现了一个问题。

造成这个问题的原因就是 else 后的隐含条件，else 的隐含条件就是不满足 else 之前的条件。也就是说，上面程序实质上等于如下代码。

```
public class IfErrorTest
{
    public static void main(String[] args)
    {
        int age = 45;
        if (age > 20)
        {
            System.out.println("青年人");
        }
        else if (age > 40 && !(age>20))
        {
            System.out.println("中年人");
        }
        else if (age > 60 && !(age > 20) && !(age > 40 && !(age>20))
        {
            System.out.println("老年人");
        }
    }
}
```

此时就比较容易看出为什么会发生上面的错误了。对于 age > 40 && !(age > 20)这个条件，可以改写成 age > 40 && age <= 20，这样的情况永远不会发生。对于 age > 60 && !(age > 20) && !(age > 40 && !(age > 20))这个条件，则更不可能发生了。因此，无论如何，程序永远都不可能打印出中年人和老年人。

为了让程序可以正确地根据年龄来判断“青年人”、“中年人”和“老年人”，可以把程序改写成如下形式。

程序清单：codes\06\6.3\IfRightTest.java

```
public class IfRightTest
{
    public static void main(String[] args)
    {
        int age = 45;
        if (age > 60)
        {
            System.out.println("老年人");
        }
        else if (age > 40)
        {
            System.out.println("中年人");
        }
        else if (age > 20)
        {
            System.out.println("青年人");
        }
    }
}
```

再次运行这个 IfRigthTest.java 程序，得到了正确的结果。上面程序实质如下：

```
public class IfRightTest
{
    public static void main(String[] args)
    {
        int age = 45;
        if (age > 60)
        {
            System.out.println("老年人");
        }
        else if (age > 40 && !(age > 60))
        {
            System.out.println("中年人");
        }
        else if (age > 20 && !(age > 60) && !( age > 40 && !(age > 60)))
        {
            System.out.println("青年人");
        }
    }
}
```

上面程序的判断逻辑即转为如下三种情形。

- age 大于 60 岁，判断为“老年人”。
- age 大于 40 岁，且 age 小于等于 60 岁，判断为“中年人”。
- age 大于 20 岁，且 age 小于等于 40 岁，判断为“青年人”。

上面的判断逻辑才是实际希望的判断逻辑。因此，当使用 if...else 语句进行流程控制时，一定不要忽略了 else 所带的隐含条件。

如果每次都去计算 if 条件和 else 条件的交集也是一件非常烦琐的事情，为了避免出现上面的错误，使用 if...else 语句有一条基本规则：**总是优先把包含范围小的条件放在前面处理。**例如 age > 60 和 age > 20 两个条件，明显 age > 60 的范围更小，所以应该先处理 age > 60 的情况。

这实际上是一个逻辑问题，如果使用 if ... else 语句时先处理范围大的条件，即有如图 6.2 所示的结果。

从图 6.2 可以看出，如果先处理范围大的条件，接下来的情况是对“后处理小范围”和“else 隐含条件：刨除大范围的小范围”计算交集，两个小范围求交就很难有交集了，这将导致后处理的分支永远都不会获得执行的机会。

换一种方式，如果先处理范围小的条件，也就有如图 6.3 所示的结果。

```
if 处理范围大的情况
    ...
    ...
后处理小范围 && else隐含条件：剩下的小范围
    ...
    ...
```

图 6.2　先处理大范围的情况

```
if 处理范围小的情况
    ...
    ...
后处理大范围 && else隐含条件：剩下的大范围
    ...
    ...
```

图 6.3　先处理小范围的情况

从图 6.3 可以看出，如果先处理范围小的条件，接下来的情况是拿“后处理大范围”和“else 隐含条件：刨除小范围的大范围”计算交集，两个大范围求交才会产生交集，这样后处理的分支才有可能获得执行的机会。

## 6.3.2　小心空语句

这个陷阱也是来自笔者的学生。

Java 允许使用单独一个分号作为空语句，空语句往往在“不经意”间产生。仔细检查下面程序，看看是否能发现其中的问题。

程序清单：codes\06\6.3\BlankStatement.java

```
public class BlankStatement
{
    public static void main(String[] args)
    {
        int age = 45;
        if (age > 60);
        {
            System.out.println("老年人");
        }
        else if (age > 40)
        {
            System.out.println("中年人");
        }
        else if (age > 20)
        {
            System.out.println("青年人");
        }
    }
}
```

表面上看，这个程序一切正常，程序先处理小范围的条件，后处理大范围的条件，应该输出“中年人”。尝试编译该程序，编译器提示如下错误。

```
BlankStatement.java:10: "else" 不带有 "if"
```

编译器提示 else 没有 if，但程序中的 else 前有 if 块，怎么还提示错误？再仔细点找，不难发现 if(age > 60);后有一个分号，这个分号就是一条空语句。也就是说，这个分号就是 if 语句的条件执行体，if 语句到这里就完全结束了。

需要指出的是，如果 if 语句后没有花括号括起来的条件执行体，那么这个 if 语句仅仅控制到该语句后的第一个分号处，后面部分将不再受该 if 语句的控制。如下程序示范了类似的错误。

**程序清单：codes\06\6.3\IfScopeTest.java**

```
public class IfScopeTest
{
    public static void main(String[] args)
    {
        int age = 45;
        if (age > 60)
            System.out.println("年龄大于 60");
            System.out.println("老年人");    // ①
        else if (age > 40)                // ②
            System.out.println("年龄在 40 到 60 之间");
            System.out.println("中年人");
        else if (age > 20)                // ③
            System.out.println("年龄在 20 到 40 之间");
            System.out.println("青年人");
    }
}
```

上面程序省略了条件执行体的花括号，对于 if 语句而言，它仅仅控制到紧跟该语句的第一个分号为止。也就是说，①号代码已经不再属于 if 语句的控制范围之内，这条语句属于一条总是会被执行的普通语句。在这样的情况下，上面程序中②、③号代码处的 else if 都没有对应的 if 语句，编译器将提示这两个地方具有“不带有‘if’”的编译错误。

**注意**

对于 if 语句而言，如果紧跟该语句的是花括号括起来的语句块，那么该 if 语句将控制花括号括起来的语句块；如果省略了 if 语句后条件执行体的花括号，那么它仅仅控制到紧跟该语句的第一个分号为止。

下面程序具有更隐蔽的陷阱。

**程序清单：codes\06\6.3\BlankStatement2.java**

```
public class BlankStatement2
{
    public static void main(String[] args)
    {
        var price = 109.0;
        // 判断价格小于 50 时购买图书
        if (price < 50);
        {
            System.out.println("价格挺便宜的，我想购买《疯狂 Java 讲义》");
        }
    }
}
```

上面程序中试图根据图书价格决定是否购买图书。当图书价格小于 50 时就购买该书，但《疯狂 Java 讲义》图书的价格是 109.0，因此应该放弃购买图书。

尝试编译这个程序，一切正常；再尝试运行这个程序，发现程序判断正常购买了图书，这是什么原因？同样，也是空语句造成的。上面程序中 if (price < 50);之后有一个分号，该分号对应的空语句就是这个 if 语句所控制的条件执行体。至于后面花括号里的代码部分，那是无论任何条件总是会执行的语句。

# 6.4 循环体的花括号

通常建议总是保留循环体的花括号，但总有一些开发者或者为了保持“代码简洁”，或者为了少写一些代码，总是喜欢省略循环体的花括号。下面将具体讨论循环体省略花括号的情形。

## 6.4.1 什么时候可以省略花括号

Java 对 if 语句、while 语句、for 语句的处理策略完全一样：如果紧跟该语句的是花括号括起来的语句块，那么该 if 语句、while 语句、for 语句将控制花括号括起来的语句块；如果 if 语句、while 语句、for 语句之后没有紧跟花括号，那么 if 语句、while 语句、for 语句的作用范围到该语句之后的第一个分号结束。

看看下面程序中存在的陷阱。

**程序清单：codes\06\6.4\WhileScopeTest.java**

```
public class WhileScopeTest
{
    public static void main(String[] args)
    {
        var i = 0;
        // 程序希望控制 i 输出 10 次
        while (i < 10)
            System.out.println(i);
            i++;
    }
}
```

上面程序试图用 i 控制循环，程序将输出 i 次。尝试编译该程序，一切正常；尝试运行该程序，发现程序一直输出 0，而且是一个死循环。

出现这样的输出结果是因为程序省略了 while 循环的循环体的花括号，那么受 while 循环控制的循环体只有一行代码 System.out.println(i);。接下来的 i++;并不在循环体之内，这将导致循环计数器 i 将一直保持 0，因此上面程序变成了一个死循环。

经过上面介绍不难发现，只有当循环体内只包含一条语句时才可以省略循环体的花括号，此时循环本身不会受到太大影响。当循环体有多条语句时，不可省略循环体的花括号，否则循环体将变成只有紧跟循环条件的那条语句。

在最极端的情况下，即使循环体只有一条语句，也依然不能省略循环体的花括号，关于这种情况请看下面介绍。

## 6.4.2 省略花括号的危险

下面程序的循环体只有一行代码，所以尝试省略该循环体的花括号。

**程序清单：codes\06\6.4\CatTest.java**

```
class Cat
{
    // 使用一个变量记录一共创建了多少个实例
    private static long instanceCount = 0;
    public Cat()
    {
        System.out.println("执行无参数的构造器");
        instanceCount++;
    }
    public static long getInstanceCount()
```

```
    {
        return instanceCount;
    }
}
public class CatTest
{
    public static void main(String[] args)
    {
        // 使用循环创建 10 个 Cat 对象
        for (var i = 0; i < 10; i++)
            Cat cat = new Cat();
        System.out.println(Cat.getInstanceCount());
    }
}
```

上面程序定义了一个 Cat 类，在该 Cat 类中定义一个 instanceCount 类变量来记录该 Cat 类一共创建了多少个实例。每当程序调用构造器创建 Cat 对象时，都将让 instanceCount 类变量的值加 1。

程序的 main 方法使用 for 循环创建了 10 个 Cat 对象——因为循环体只有一条语句，因此省略了循环体的花括号；接着程序调用 Cat 类的 getInstanceCount()方法来输出 Cat 类创建的实例个数。

这个程序看上去一切正常，没有任何问题，但如果尝试编译该程序，将看到编译器提示如下错误。

```
CatTest.java:33: 错误: 此处不允许使用变量声明
            Cat cat = new Cat();
                ^
1 个错误
```

这个错误提示甚至没有提供太多有效的信息。为什么会发生这样的情况？这是因为 Java 语言规定：for、while 或 do 循环中的重复执行语句不能是一条单独的局部变量定义语句；如果程序要使用循环来重复定义局部变量，这条局部变量定义语句必须放在花括号内才有效。因此，将上面程序中的 CatTest 类改为如下形式即可。

```
public class CatTest
{
    public static void main(String[] args)
    {
        // 使用循环创建 10 个 Cat 对象
        for (var i = 0; i < 10; i++)
        {
            Cat cat = new Cat();
        }
        System.out.println(Cat.getInstanceCount());
    }
}
```

由上面程序可知，当循环体只有一条局部变量定义语句时，仍然不可以省略循环体的花括号。

**注意**

大部分时候，如果循环体只包含一条语句，那么就可以省略循环体的花括号；但如果循环体只包含一条局部变量定义语句，则依然不可以省略循环体的花括号。

上面程序给出的教训非常明显：尽量保留循环体的花括号，这样写出来的程序会比较健壮。虽然省略循环体的花括号看上去比较简洁，但凭空增添了许多出错的可能。

# 6.5　for 循环的陷阱

for 循环是所有循环中最简洁、功能最丰富的循环，因此大部分时候 for 循环完全可以取代其他循环。在使用 for 循环时，一样可能存在一些危险。

## 6.5.1　分号惹的祸

下面程序可能有很多读者都曾经遇到过。

程序清单：codes\06\6.5\SemicolonError.java

```
public class SemicolonError
{
    public static void main(String[] args)
    {
        String[] books = {
            "疯狂 Java 讲义",
            "轻量级 Java EE 企业应用实战",
            "疯狂 Python 讲义"
        };
        // 遍历 books 数组
        for (var i = 0; i < books.length; i++);
        {
            System.out.println("第 i 个元素的值：" + books[i]);
        }
    }
}
```

上面程序先定义了一个 String[]数组，然后使用 for 循环来遍历这个数组，这看上去没有任何问题。尝试编译这个程序，发现编译器提示如下错误。

```
SemicolonError.java:25: 错误: 找不到符号
            System.out.println("第 i 个元素的值：" + books[i]);
                                                          ^
  符号:   变量 i
  位置: 类 SemicolonError
```

编译器提示遍历 books 数组时找不到循环计数器 i，看上去有点不可思议，for 循环里定义了 i 作为循环计数器。如果细心查看 for 语句的定义的后面可以发现，紧跟 for 语句的是一个分号。

与前面介绍的 if、while 语句相似的是，如果 for 语句后没有紧跟花括号，那么 for 语句的控制范围到紧跟该语句的第一个分号为止。也就是说，for 语句后面的花括号是一个普通的代码块，并不属于 for 循环控制之内，因此在这个代码块中找不到循环计数器 i。

如果把上面程序中对 i 的定义拿到 for 循环之外定义，也就是将程序改为如下形式。

程序清单：codes\06\6.5\SemicolonError2.java

```
public class SemicolonError2
{
    public static void main(String[] args)
    {
        String[] books = {
            "疯狂 Java 讲义",
            "轻量级 Java EE 企业应用实战",
            "疯狂 Python 讲义"
        };
        var i = 0;
```

```
        // 遍历books数组
        for ( ; i < books.length; i++);
        {
            System.out.println("第i个元素的值: " + books[i]);
        }
    }
}
```

乍一看，可能会觉得该程序不能通过编译，因为for语句的圆括号里的第一个分号之前没有任何代码——实际上这不是错误。对于for循环而言，圆括号里只有两个分号是必不可少的，其他部分都是可有可无的。那么编译、运行上面程序时会有怎样的结果呢？

尝试编译这个程序，发现这个程序完全可以通过编译；尝试运行这个程序，则看到程序没有任何输出，而是引发“ArrayIndexOutOfBoundsException”异常。这是什么原因导致的呢？下面将仔细分析这个程序的执行过程。

程序开始执行for循环，for循环的初始化语句为空，因此什么都不做；for循环的循环体也为空，因此执行for循环时也是什么都不做；for循环每循环一次，它的循环计数器i将增加1——直到最后一次i的值等于3，此时i < books.length为假，循环结束。此时i值为3，接着程序开始执行for语句之后的代码块，也就是执行System.out.println("第i个元素的值："+ books[i]);语句，books数组的长度为3，程序试图访问它的第四个元素（books[3]），当然就会引起数组索引越界异常了。

for循环的初始化语句可以定义多个初始化变量，示例如下。

程序清单：codes\06\6.5\SemicolonError3.java

```
public class SemicolonError3
{
    public static void main(String[] args)
    {
        for (int[] intArr = {5, 6, -10}; int i = 0;
            i < intArr.length; i++)
        {
            System.out.println("intArr数组的元素为" + intArr[i]);
        }
    }
}
```

上面程序中为for循环的初始化条件定义了两条语句。

➢ 定义了一个int[]数组。

➢ 定义了一个int类型的循环计数器。

编译、运行这个程序会有什么问题？尝试编译这个程序，看到编译器提示如图6.4所示的编译错误。

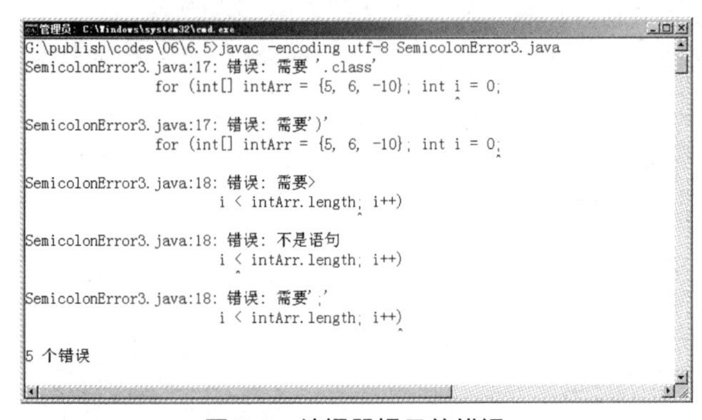


图6.4　编译器提示的错误

上面这些错误提示对改正这个程序并没有太大的帮助。

根据 Java 语言规范，for 循环里有且只能有两个分号作为分隔符。第一个分号之前的是初始化条件，两个分号中间的部分是一个返回 boolean 的逻辑表达式，当它返回 true 时 for 循环才会执行下一次循环；第二个分号之后的是循环迭代部分，每次循环结束后会执行循环迭代部分。

上面程序中的 for 循环包含了三个分号，这显然让 Java 编译器有点无所适从，因此程序会提示编译错误。由此可见，虽然 for 循环允许初始化条件定义多个变量，但初始化条件不能包括分号，因此只能拥有一条语句。如下程序中的 for 循环是正确的。

**程序清单：codes\06\6.5\SemicolonRight.java**

```
public class SemicolonRight
{
    public static void main(String[] args)
    {
        for (int j = 1, i = 0; i < 5 && j < 20; i++, j *= 2)
        {
            System.out.println(i + "-->" + j);
        }
    }
}
```

上面程序中 for 循环的初始化条件定义了两个变量 i 和 j。因为 i 和 j 的数据类型都是 int 类型，所以可以使用一条语句定义两个初始化变量。

for 循环的初始化条件可以同时定义多个变量，但由于它只能接受一条语句，因此这两个变量的数据类型应该相同。

上面 for 循环的循环条件是一个用&&符号连接的逻辑表达式，这没有任何问题，只要这个逻辑表达式能返回 boolean 值。

上面 for 循环的迭代部分包含了两条语句：i++和 j *= 2。需要指出的是，虽然迭代部分可以包含多条语句，但多条语句不能用分号作为分隔符，只能用逗号作为分隔符。

## 6.5.2　小心循环计数器的值

对于 for 循环而言，已经习惯了使用 for (var i = 0; i < 10; i++)这样的结构来控制循环。看到这样的结构，往往会很主观地断定：这个循环将会循环 10 次。是这样的吗？看下面的示例程序。

**程序清单：codes\06\6.5\CareForCount.java**

```
public class CareForCount
{
    public static void main(String[] args)
    {
        // 简单的循环，试图循环 10 次
        for (var i = 0; i < 10; i++)
        {
            System.out.println("i 的值为：" + i);
            i *= 0.1;
        }
    }
}
```

上面程序定义了一个简单的循环，试图控制程序循环 10 次。编译、运行上面程序，将发现程序是一个死循环，输出 i 时一直看到是 1。

其实不难发现这个循环的问题，程序开始 i=0，程序输出 i 的值为 0，然后程序执行 i *= 0.1。这行代码相当于

```
i = (int) i * 0.1;
```

得到的结果是，i 依然是 0。

接着 for 循环执行迭代条件，执行完迭代条件后 i = 1，因此程序输出 i 的值时可以看到 1。接下来程序执行 i *= 0.1，这行代码导致 i 再次变为 0。这样，每次执行完循环体之后 i 值总是 0，执行完循环迭代部分之后 i 的值总是 1，因此这个 for 循环就变成了一个死循环。

这个程序给出的教训是，不要仅根据习惯来判断一个循环会执行多少次，必须仔细对待循环执行过程中每个可能改变循环计数器的语句，才能正确掌握循环的执行次数。当然，最安全的做法就是尽量避免改变循环计数器的值。如果循环体内需要根据访问修改循环计数器的值，则可以考虑额外地定义一个新变量来保存修改过的值。

## 6.5.3 浮点数作为循环计数器

下面程序不再使用 int 类型整数作为循环计数器，而是改为使用 float 类型变量作为循环计数器，看看会发生什么情况？

**程序清单：codes\06\6.5\FloatCount.java**

```
public class FloatCount
{
    public static void main(String[] args)
    {
        final int START = 999999999;
        // 尝试循环 50 次
        for (float i = START; i < START + 50; i++)
        {
            System.out.println("i 的值：" + i +
                new java.util.Date());
        }
    }
}
```

上面程序定义的是一个简单的半开循环，循环变量 i 从 START 变化到 START + 50，循环变量每次增加 1，看起来这个循环应该循环 50 次。

尝试编译、运行上面程序，看到这个程序直接生成一个不断执行的死循环，程序每次输出 i 的值都是 1.0E9。

导致这个程序产生这么奇怪的结果，主要是因为程序定义的 START 是一个 int 类型整数，而且这个整数还比较大，当程序把这个 int 类型整数赋值给 float 类型变量时，float 类型变量无法精确记录这个值，会导致精度丢失。也就是说，float 类型变量无法精确记录 999999999 这个值。示例如下。

**程序清单：codes\06\6.5\FloatTest.java**

```
public class FloatTest
{
    public static void main(String[] args)
    {
        final float f1 = 999999999;
        System.out.println(f1);
        System.out.println(f1 + 1);
```

```
        System.out.println(f1 == f1 + 1);
    }
}
```

上面程序直接将 999999999 赋值给 float 变量，接着程序输出这个 float 变量的值，将看到输出 1.0E9。程序输出 f1 + 1 也将得到 1.0E9，甚至程序判断 f1 + 1== f1 时也会返回 true。

对于一个 float 类型变量而言，它很容易丢失部分数据，因此对于 999999999 这个值而言，float 会以 1.0E9 保存它，每次它加 1 之后，它的值依然是 1.0E9。因此，上面程序看上去会循环 50 次，但实际上却是一个死循环——因为循环计数器 i 从来不曾改变。

将上面的循环稍做改变，改为如下形式。

**程序清单：codes\06\6.5\FloatCount2.java**

```
public class FloatCount2
{
    public static void main(String[] args)
    {
        final int START = 999999999;
        // 尝试循环 20 次
        for (float i = START; i < START + 20; i++)
        {
            System.out.println("i 的值：" +
                i + new java.util.Date());
        }
    }
}
```

上面程序只是让循环变量 i 从 START 变化到 START + 20，循环变量每次增加 1，这个循环的结果是什么呢？

可能有读者会想：因为 float 类型的 999999999 会以 1.0E9 保存，每次加 1 后依然是 1.0E9，所以上面的循环依然是一个死循环。

再次尝试编译、运行上面程序，看到这个循环一次都不循环，程序直接结束了。这又是为什么？很显然，这个程序与前一个循环的区别仅仅在于 START + 50 和 START + 20，那么使用如下程序来看看 START + 50 和 START + 20 的区别。

**程序清单：codes\06\6.5\FloatTest2.java**

```
public class FloatTest2
{
    public static void main(String[] args)
    {
        final float f1 = 999999999;
        System.out.println(f1);
        System.out.println(f1 + 20);
        // 下面语句输出 true
        System.out.println(f1 == f1 + 20);
        System.out.println(f1 + 50);
        // 下面语句输出 false
        System.out.println(f1 == f1 + 50);
    }
}
```

运行上面程序，可以看到如图 6.5 所示的结果。

从图 6.5 可以看出，999999999 + 20 的结果依然是 1.0E9，也就是 f1 + 20 == f1 会输出 true。因此，上面循环中循环条件为 i < START + 20 时，这使得循环根本不能获得执行的机会。但对于 999999999 + 50 的结果就不同了，因为加 50 的幅度较大，已经引起了本质改变，所以看到 f1 + 50 == f1

输出 false，也就是 f1 + 50 > f1，从而使得第一个循环变成死循环。

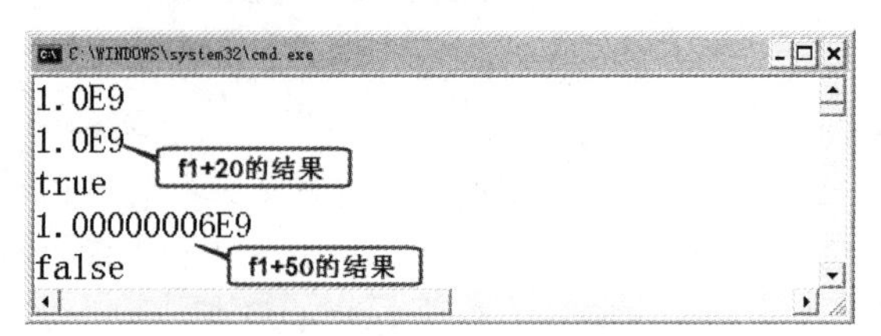


图 6.5　float 类型的精度丢失

## 6.6　foreach 循环的循环计数器

Java 提供了 foreach 循环用于遍历数组、集合的每个元素。使用 foreach 循环遍历数组和集合元素时，无须获得数组和集合长度，也无须根据索引来访问数组元素和集合元素，foreach 循环自动遍历数组和集合的每个元素。

foreach 循环的语法格式如下：

```
for(type|var variableName : array | collection)
{
    // variableName 自动迭代访问每个元素...
}
```

上面语法格式中，type 是数组元素或集合元素的类型（也可直接用 var 来声明元素的类型），variableName 是一个形参名，foreach 循环自动将数组元素、集合元素依次赋值给该变量。下面程序示范了如何使用 foreach 循环来遍历数组元素。

当使用 foreach 循环来迭代输出数组元素或集合元素时，系统将数组元素、集合元素的副本传给循环计数器——foreach 循环中的循环计数器并不是数组元素、集合元素本身。

由于 foreach 循环中的循环计数器本身并不是数组元素、集合元素，它只是一个中间变量，临时保存了正在遍历的数组元素、集合元素，因此通常不要对循环变量进行赋值，虽然这种赋值在语法上是允许的，但没有太大的实际意义，而且极容易引起错误。

**程序清单：codes\06\6.6\ForEachErrorTest.java**

```
public class ForEachErrorTest
{
    public static void main(String[] args)
    {
        List<String> books = new ArrayList<String>();
        books.add("疯狂 Java 讲义");
        books.add("轻量级 Java EE 企业应用实战");
        books.add("疯狂 Python 讲义");
        books.add("疯狂 XML 讲义");
        // 使用 foreach 循环来遍历数组元素，其中 book 作为循环计数器
        // book 的值等于当前正在遍历的集合元素的值
        // 但 book 并不是集合元素本身
        for (var book : books)
        {
            // 对循环计数器赋值
            book = "疯狂 Android 讲义";
            System.out.println(book);
        }
        System.out.println(books);
    }
}
```

上面程序在 foreach 循环内对循环计数器赋值，但由于这个循环计数器只是一个中间变量，它仅仅保存了当前正在遍历的集合元素，因此对其赋值并不会改变集合元素本身。尝试编译、运行上面程序，将看到如图 6.6 所示的结果。

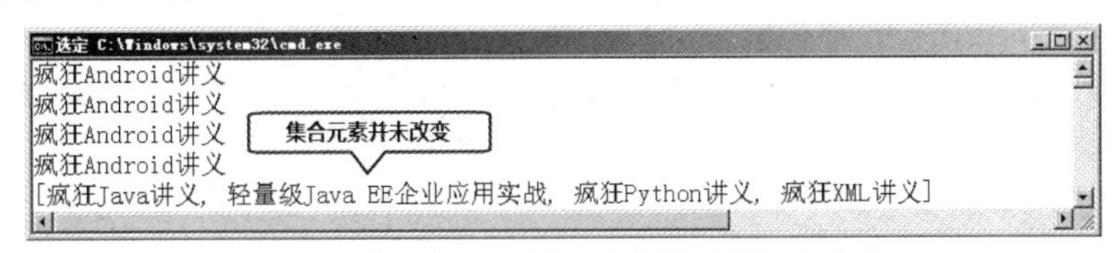


图 6.6　对 foreach 循环计数器赋值没有意义

从图 6.6 所示的运行结果来看，在 foreach 循环中对循环计数器赋值导致不能正确遍历集合，不能准确取出每个集合元素的值。而且，当再次访问集合本身时，会发现集合本身依然没有任何改变。

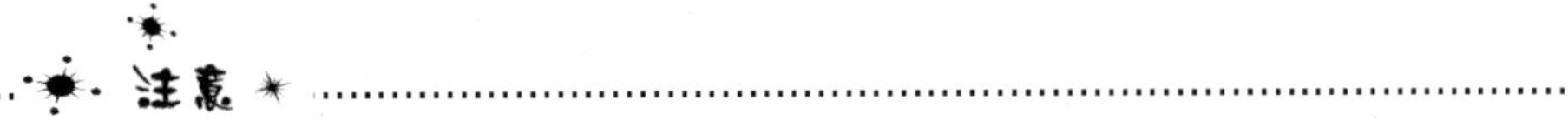


使用 foreach 循环迭代数组、集合时，循环计数器只是保存了当前正在遍历的数组元素、集合元素的值，并不是数组元素、集合元素本身，因此不要对 foreach 循环的循环计数器进行赋值。在很多支持 foreach 循环的编程语言中，编译器往往禁止在循环体内对循环计数器赋值，因为这种做法除了增加出错的可能，实在很难想出太多的实用价值。但 Java 编译器偏偏不禁止，在一些个别的地方，Java 编译器设计有点“故弄玄虚”，比如，switch 分支语句允许 case 分支省略 break 语句也没有太大的实际用途，只是增加了出错的可能。

## 6.7　流式编程的陷阱

在传统的编程范式下，程序使用 Iterator 来遍历序列，这种遍历方式通过调用迭代器的 next()方法不断地“拉取”数据；当使用 Stream（及 XxxStream）的编程范式时，Stream 会主动将数据“推送”给消费者——消费者通常可分为两种。

- Function 或 BiFunction：表示“消费数据”之后会产生返回值。与 Function 类似的还有各种 XxxFunction。BiFunction 代表它的“消费方法”（apply()方法）不仅有一个参数表示将要消费的数据，还允许指定另一个额外的参数——比如容器，用于收集这些数据。
- Consumer 或 BiConsumer：表示“消费数据”之后不会产生返回值。与 Consumer 类似的还有各种 XxxConsumer。BiConsumer 代表它的“消费方法”（apply()方法）不仅有一个参数表示将要消费的数据，还允许指定另一个额外的参数——比如容器，用于收集这些数据。

本节并不打算介绍简单的流式编程，而是重点介绍流式编程易犯错、易混淆的内容。

### 6.7.1　map 与 flatMap 的区别

Stream 及 XxxStream 都提供了 map()方法将其“映射”成另一个 Stream。除了通用的 map()方法，还有如下特殊的 mapToXxx()方法。

- DoubleStream mapToDouble(mapper)：将原 Stream“映射”成 DoubleStream。
- IntStream mapToInt(mapper)：将原 Stream“映射”成 IntStream。
- LongStream mapToLong(mapper)：将原 Stream“映射”成 LongStream。

➢ <U> Stream<U> mapToObj(mapper)：将原 Stream“映射”成普通的 Stream，该方法是 IntStream、LongStream、DoubleStream 提供的。

不管是普通的 map()方法，还是 mapToXxx()方法，其本质都是将包含 T 元素的流转换成包含 R 元素的流，而调用 map()或 mapToXxx()方法所需的 mapper 参数其实就是一个转换器——一个 Function 类型的对象，该对象只包含一个 R apply(T t)方法，该方法负责将原来流中的 T 元素逐个转换成 R 元素，所有转换得到的 R 元素组成返回的结果 Stream。

如图 6.7 所示为 map()转换示意图。

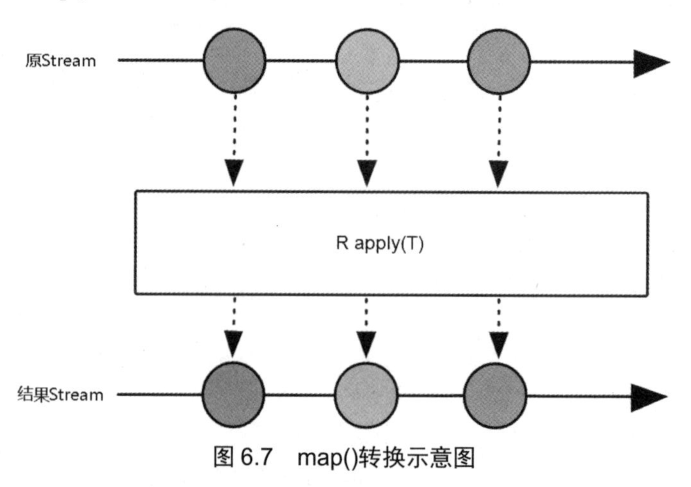


图 6.7　map()转换示意图

从图 6.7 可以看出，Function 参数（转换器）的 apply()方法以 T 对象（原 Stream 中的元素）为参数，返回 R 对象（返回的结果 Stream 中的元素）。因此，如果没有出现异常，原 Stream 中包含几个 T 对象，Function 参数的 apply()方法就会执行几次，返回的结果 Stream 中就包含几个 R 对象。

flatMap()方法也用于将 Stream“映射”成另一个 Stream。除了通用的 flatMap()方法，还有如下特殊的 flatMapToXxx()方法。

➢ DoubleStream flatMapToDouble(mapper)：将原 Stream“映射”成 DoubleStream。

➢ IntStream flatMapToInt(mapper)：将原 Stream“映射”成 IntStream。

➢ LongStream flatMapToLong(mapper)：将原 Stream“映射”成 LongStream。

如果仅从方法参数、功能上看，难免会把 map()和 flatMap()两个方法混淆，这样在实际开发中就不可避免地导致一些难以觉察的陷阱。

flatMap()（或 flatMapToXxx()）方法同样需要一个 mapper 参数，该参数自然也是充当转换器，但它会将原Stream中的每个元素都转换成一个Stream——记住，每个元素都会被转换成一个Stream，这意味着：假如原 Stream 中包含 $N$ 个元素，那么就会转换得到 $N$ 个 Stream，而 flatMap()方法最后会将这 $N$ 个 Stream 中的元素合并成一个 Stream，该方法返回的就是该 Stream。

如图 6.8 所示为 flatMap()转换示意图。

从图 6.8 可以看出，Function 参数（转换器）的 apply()方法以 T 对象（原 Stream 中的元素）为参数，返回 Stream<R>流。因此，如果没有出现异常，原 Stream 中包含几个 T 对象，Function 参数的 apply()方法就会执行几次，转换之后就会得到几个 Stream<R>流，但 flatMap()方法最后返回的是这几个 Stream 中数据项的总和。

对比图 6.7 和 6.8 可以发现：map()方法比 flatMap()方法要简单一些，而 flatMap()方法不仅需要更复杂的转换器（它要求 mapper 转换器转换之后的结果是 Stream），而且它还需要一个额外的合并动作——将每个元素转换得到的 Stream 合并成最终返回的 Stream。

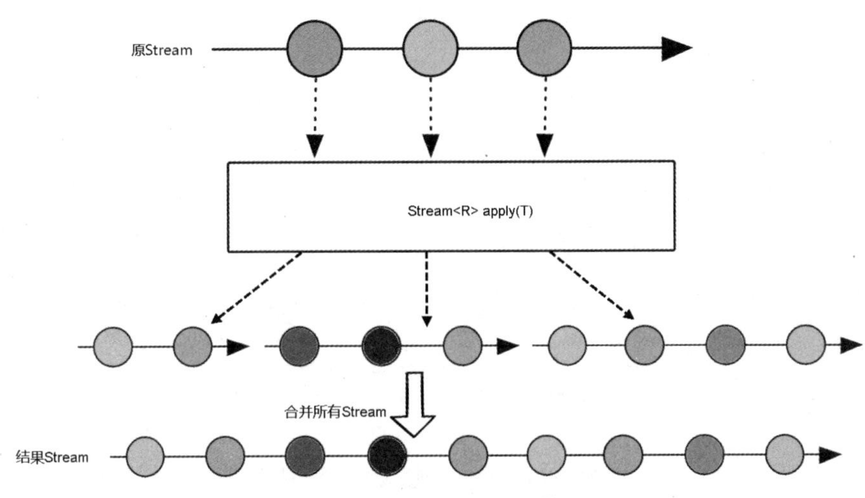


图 6.8　flatMap()转换示意图

下面程序示范了 Stream 的 map()方法的用法。

**程序清单：codes\06\6.7\StreamMapTest.java**

```
class Book
{
    private String name;
    private Integer price;
    public Book(String name, Integer price)
    {
        this.name = name;
        this.price = price;
    }
    @Override
    public String toString()
    {
        return "Book[name=" + this.name + ", price=" + this.price + "]";
    }
}
public class StreamMapTest
{
    public static void main(String[] args)
    {
        int[] tmp = new int[]{0};
        Stream<String> ss1 = Stream.of("Java", "Python", "Kotlin");
        // 将 Stream<String>映射成 Stream<Book>
        // map()方法的参数就是一个转换器，负责将 String 转换成 Book
        // 原 Stream<String>包含几个元素，得到的 Stream<Book>也包含几个元素
        Stream<Book> bs = ss1.map(s ->
            new Book("疯狂" + s + "讲义", 100 + (tmp[0] += 10)));
        // 遍历 Stream 中的元素
        bs.forEach(System.out::println);
    }
}
```

上面程序先创建了一个 Stream<String>流，该流中的所有元素都是 String 对象，接下来的粗体字代码调用 map()方法将 Stream<String>流转换成 Stream<Book>流，注意调用 map()方法的参数：

```
s -> new Book("疯狂" + s + "讲义", 100 + (tmp[0] += 10))
```

这个 Lambda 表达式负责将 s（代表原 Stream<String>流中的 String 元素）转换成 Book 对象，这样 map()方法返回的将是一个包含 3 个元素的 Stream<Book>流。

运行上面程序，将会看到如下输出：

```
Book[name=疯狂 Java 讲义, price=110]
Book[name=疯狂 Python 讲义, price=120]
Book[name=疯狂 Kotlin 讲义, price=130]
```

现在来看看 flatMap()的用法。下面代码示范了 flatMap()与 map()的区别（程序清单同上）。

```
Stream<String> ss2  = Stream.of("Java", "Python", "Kotlin");
int[] temp = new int[]{0};
// 将 Stream<String>映射成 Stream<Book>
// flatMap()方法的参数就是一个转换器，负责将 String 转换成 Stream<Book>
bs = ss2.flatMap(s -> Stream.of(
    new Book("疯狂" + s + "讲义", 100 + (temp[0] += 10)),
    new Book("21 天精通" + s, 50 + temp[0])));
bs.forEach(System.out::println);
```

上面程序同样先创建了一个 Stream<String>流，接下来的粗体字代码调用 flatMap()方法将 Stream<String>流转换成 Stream<Book>流，注意调用 flatMap()方法的参数：

```
s -> Stream.of(
    new Book("疯狂" + s + "讲义", 100 + (temp[0] += 10)),
    new Book("21 天精通" + s, 50 + temp[0]))
```

这个 Lambda 表达式负责将 s（代表原 Stream<String>流中的 String 元素）转换成一个 Stream，该 Stream 中包含两个 Book 对象，flatMap()最后会将这 3 个 Stream 中的元素合并成最后的结果 Stream。

对于代码，由于原 Stream<String>流中包含 3 个元素，而 flatMapper()方法的 mapper 参数会将每个 String 参数都转换成一个包含 2 个 Book 的 Stream<Book>流，因此 flatMap()方法最后返回的 Stream 将包含 6 个 Book 对象。

运行上面代码，将会看到输出如下 6 个 Book 对象。

```
Book[name=疯狂 Java 讲义, price=110]
Book[name=21 天精通 Java, price=60]
Book[name=疯狂 Python 讲义, price=120]
Book[name=21 天精通 Python, price=70]
Book[name=疯狂 Kotlin 讲义, price=130]
Book[name=21 天精通 Kotlin, price=80]
```

通过对比可以看到，Stream 的 flatMap()方法比普通的 map()方法更灵活——因为 flatMap()可以将 Stream 中的每个元素都“转换”成 Stream，所以 flatMap()返回的 Stream 可以比原 Stream 包含更多的元素。

### 6.7.2 collect 与 map 的区别

Stream 的 collect()方法更加灵活，它可以将 Stream 中元素“收集”到任意可变的容器（如 ArrayList 或 HashMap 等）中，至于具体收集到哪种容器中，以及容器如何存放 Stream 中元素，这些都由 collect()方法的参数来决定。

collect()方法的方法签名如下：

```
<R> R collect(Supplier<R> supplier, BiConsumer<R,? super T> accumulator,
    BiConsumer<R,R> combiner)
```

该方法需要指定 3 个参数。

- supplier：它是一个 Supplier 对象（通常会用一个 Lambda 表达式来代表），collect 会调用该对象的 get()方法来得到可变的容器对象。

- accumulator：它是一个 BiConsumer 对象（通常也是 Lambda 表达式），该对象的 apply() 方法负责将 Stream 中元素添加到可变容器中，该方法的第一个参数就是 supplier 参数的 get() 方法的返回值，第二个参数则依次代表 Stream 中的每个元素。
- combiner：该参数代表一个组合器。当对流使用并发处理时（一个流被分解成多个子流，每个子流由一个线程处理），多个线程会得到多个可变容器，combiner 参数则决定如何对多个子流收集得到的可变容器进行汇总。

在没有并发处理的情况下，collect()方法可用如下伪码来表示：

```
R result = supplier.get();
for (T element : this stream)
    accumulator.accept(result, element);
return result;
```

从上面的伪码可以看出，在没有并发处理的情况下，由于只有一个线程来“收集”流中的数据，因此也只得到了一个可变容器。所以 collect()方法其实用不到 combiner 参数。

假设在两个线程并发的情况下，collect()方法则可用如下伪码来表示：

```
A a2 = supplier.get();
accumulator.accept(a2, t1);
// 处理第一个子流
for (T element : this stream.sub1)
    accumulator.accept(a3, t2);
A a3 = supplier.get();
// 处理第二个子流
for (T element : this stream.sub2)
    accumulator.accept(a3, t2);
// 合并可变容器
R r = combiner.apply(a2, a3);
return r
```

从上面的伪码不难看出，collect()方法显然更灵活，因为该方法只相当于“组合”的作用，真正起作用的是 supplier、accumulator 和 combiner 这 3 个参数。

- supplier 参数：负责创建容器，你希望 collect()方法返回哪种容器，该参数就创建哪种容器。
- accumulator 参数：负责将 Stream 中元素添加到容器中，你希望怎么添加都行，完全由你做主。
- combiner：负责对容器进行汇总。

假如有系列 Book 对象，程序要按 Book 的 category 属性进行分类，也就是要将 Stream 中的 Book 对象收集到 Map 集合中进行分类，此时用 collect()方法就很方便。例如如下程序。

**程序清单：codes\06\6.7\StreamCollectTest.java**

```
class Book
{
    private String name;
    private String category;
    private Integer price;
    public Book(String name, String category, Integer price)
    {
        this.name = name;
        this.category = category;
        this.price = price;
    }
    // 省略 getter、setter 方法
    ...
    @Override
    public String toString()
```

```
    {
        return "Book[name = " + this.name + ", category = " + this.category
              + ", price = " + this.price+ "]";
    }
}

public class StreamCollectTest
{
    public static void main(String[] args)
    {
        var bookList = List.of(new Book("疯狂 Java 讲义", "Java", 128),
              new Book("疯狂 Android 讲义", "Java", 88),
              new Book("轻量级 Java Web 企业应用实战", "Java", 118),
              new Book("疯狂 Python 讲义", "Python", 98));
        Map<String, List<Book>> result = bookList.stream()
            .collect(HashMap::new, (map, book) -> {
            // 从 map 中获取 Stream 中当前 Book 的 category 属性对应的 List<Book>
            // 如果该 List<Book>为 null，则返回一个新创建的 ArrayList 集合
            List<Book> categoryList = Optional.ofNullable(map.get(book.getCategory()))
                  .orElseGet(() -> {
                      List<Book> tmpList = new ArrayList<>();
                      map.put(book.getCategory(), tmpList);
                      return tmpList;
                  });
            // 将 Stream 中当前 Book 添加到 List 集合中
            categoryList.add(book);
        }, HashMap::putAll);
        System.out.println(result);
    }
}
```

上面粗体字代码就是调用了 Stream 的 collect()方法，调用该方法的 supplier 参数很简单：HashMap::new，这是一个构造器引用的 Lambda 表达式，表示创建一个 HashMap 对象；调用该方法的 combiner 参数也很简单：HashMap::putAll，这也是一个方法引用的 Lambda 表达式，表示调用 HashMap 的 putAll()方法将两个 Map 合并到一起。

上面调用 collect()方法的 accumulator 参数比较复杂——因为该参数决定怎样将 Stream 中的 Book 对象放入 HashMap 集合中。下面专门看代表参数的 Lambda 表达式：

```
(map, book) -> {
        // 从 map 中获取 Stream 中当前 Book 的 category 属性对应的 List<Book>
        // 如果该 List<Book>为 null，则返回一个新创建的 ArrayList 集合
        List<Book> categoryList = Optional.ofNullable(map.get(book.getCategory()))
              .orElseGet(() -> {
                  List<Book> tmpList = new ArrayList<>();
                  map.put(book.getCategory(), tmpList);
                  return tmpList;
              });
        // 将 Stream 中当前 Book 添加到 List 集合中
        categoryList.add(book);
}
```

该程序采用 Map 的 key 来保存 Book 对象的 category，相同 category 的图书统一用一个 List 集合来保存，因此该 Lambda 表达式中的粗体字代码先获取 Map 中当前 Book 的 category 所对应的 List 集合（若该 List 集合为 null，则创建一个全新的 ArrayList，并以该 category 为 key 放入 Map 中），然后将当前 Book 添加到 List 集合中——由于该 List 集合属于 Map 集合，因此相当于该 Book 也被添加到 Map 集合中。

运行该程序，可以看到如下输出：

```
{Java=[Book[name = 疯狂 Java 讲义, category = Java, price = 128], Book[name = 疯狂 Android 讲义, category = Java, price = 88], Book[name = 轻量级 Java Web 企业应用实战, category = Java, price = 118]], Python=[Book[name = 疯狂 Python 讲义, category = Python, price = 98]]}
```

实际上 Java 内置了 Collectors 工具类，它可以非常方便地生成 Collector 对象。Collector 对象完全就是一个组合器，它组合了如下 4 个参数。

- supplier：由 Collector 对象的 supplier()方法返回。
- accumulator：由 Collector 对象的 accumulator()方法返回。
- combiner：由 Collector 对象的 combiner()方法返回。
- finisher：由 Collector 对象的 finisher()方法返回。

可以发现，Collector 对象除了组合 collect()方法所需的 supplier、accumulator、combiner 这 3 个参数，还多了一个 finisher——其实它的作用很简单——最后对集合进行一次转换后返回。

因此，在调用 Stream 的 collect()方法时，直接传入一个由 Collectors 创建的 Collector 对象即可（当然，开发者也可选择用匿名内部类创建 Collector 对象）。例如如下代码（程序清单同上）：

```
// 对 Stream 中的 Book 按 category 分类
Map<String, List<Book>> result2 = bookList.stream()
    .collect(Collectors.groupingBy(Book::getCategory));
System.out.println(result2);

// 将 Stream 中 Book 的价格大于 100 的分为 true 类，其他的分为 false 类
Map<Boolean, List<Book>> result3 = bookList.stream()
    .collect(Collectors.partitioningBy(b -> b.getPrice() > 100));
System.out.println(result3);

// 将 Stream 中所有 Book 的价格求和
Integer sum = bookList.stream().collect(
    Collectors.summingInt(Book::getPrice));
System.out.println("总和：" + sum);

// 对 Stream 中所有 Book 的价格生成统计信息
IntSummaryStatistics summary = bookList.stream().collect(
    Collectors.summarizingInt(Book::getPrice));
System.out.println("最高价格：" + summary.getMax());
System.out.println("最低价格：" + summary.getMin());
System.out.println("平均价格：" + summary.getAverage());
System.out.println("价格数量：" + summary.getCount());
```

上面代码分别示范了 Collectors 的 groupingBy()、partitioningBy()、summingInt()、summarizingInt()方法来生成 Collector，其中 groupingBy()方法生成的 Collector 就类似于组合了前面第一次调用 collect()方法时传入的 supplier、accumulator 和 combiner。

partitioningBy()与 groupingBy()有点相似，只不过 groupingBy()生成的 Collector 可以将 Stream 中元素分成多类，而 partitioningBy()只是将 Stream 中元素分成 true 和 false 两类。

Collectors 的 summingInt()方法（还有 summingLong()、summingDouble()）用于生成计算总和的 Collector 对象。

Collectors 的 summarizingInt()方法（还有 summarizingLong()、summarizingDouble()）用于生成计算统计信息的 Collector 对象。

可见，Stream 的 collect()方法比 map()方法更加灵活，这种灵活是由开发者自行决定的，开发者可自行提供 supplier、accumulator、combiner 参数，因此可以自行决定 collect()方法要返回怎样的容器，以及如何将 Stream 中元素添加到容器中——一切都由开发者做主。

## 6.8 本章小结

本章主要介绍了 Java 程序中与流程控制相关的陷阱，包括分支结构、循环结构及流式编程中可能存在的陷阱。在介绍分支结构时讲解了 switch 语句和 if 语句中可能存在的错误。switch 语句和 if 语句中的错误都具有很好的隐蔽性，一般不容易被发现。在介绍循环结构时主要讲解了 for 循环、foreach 循环可能存在的错误，尤其要注意，改变循环的循环计数器是一件非常危险的事情，很容易给程序增加额外的风险。本章最后详细介绍了分辨流式编程中容易混淆的地方，这种地方也是极容易导致错误的点。

CHAPTER

7

# 第7章 面向对象的陷阱

## 引言

面试官面无表情地看着手中的简历，简历上赫然写着“精通 C/C++；精通 Java……”，这种动辄“精通 XXX”的简历实在太多了，面试官克制着自己的烦腻，耐心地说：

“介绍一下 Java 中 static 关键字的作用吧。”

“static 关键字是静态的意思，多个实例的静态变量共享同一块内存空间。”面试者自信地回答。

面试官微微颔首，对这个答案还算基本满意，不过他并不满足于此，于是问：“还有呢？static 关键字可修饰什么？使用 static 的基本规则是什么？”

“static 可以修饰变量，使之成为静态变量；可以修饰方法，使之成为静态方法……”面试者嗫嚅起来。

“static 可以修饰同步方法吗？知道静态内部类和非静态内部类吗？它们的区别何在？静态内部类的适用性广一些，还是非静态内部类的适应性广一些？”面试官眉头皱了起来，一连提出多个关于 static 关键字的问题。

“……”面试者无辜地看着面试官，心里越发没底了。

过了一会儿，沮丧的面试者走了出来，心里开始重新思考：Java 语言中关于面向对象的语法，我是不是真的全部懂了？

## 本章要点

- instanceof 运算符的陷阱
- 构造器只是初始化对象
- 区分重载的方法
- 包访问权限的方法也可能无法重写
- 非静态内部类不能拥有静态成员
- 静态内部类不能访问外部类的非静态成员
- 构造器不能使用 void 声明返回值
- 避免无限递归的构造器
- private 方法不能被重写
- 非静态内部类的构造器必须传入外部类的实例
- static 关键字的作用
- native 方法跨平台时可能有问题

Java是一门纯粹的面向对象的编程语言。面向对象特性是Java语言基础之中的基础，《疯狂Java讲义》的第5章、第6章详细介绍了Java面向对象的各种语法规则，这些语法规则详细而烦琐，想完全记住它们有点困难。

面向对象是Java语言的重点，其他所有知识几乎都是以面向对象特征为基础的，而且面向对象特征本身的语法规则就非常多，而且非常细，因此这些都需要初学者花大量的时间来学习、记忆。如果开始掌握得不够全面，往往导致开发中遇到相关问题会不明所以，到时候依然要花时间来掌握它们。

本章不会详细介绍Java面向对象的种种特征，而是重点介绍Java面向对象中容易出现错误的地方。这些错误部分来自笔者早年曾经犯过的错误，部分来自笔者的学生，这些错误也是他们很难绕过去的陷阱。

## 7.1 instanceof运算符的陷阱

instanceof是一个非常简单的运算符。instanceof运算符的前一个操作数通常是一个引用类型的变量，后一个操作数通常是一个类（也可以是接口，可以把接口理解成一种特殊的类），它用于判断前面的对象是否是后面的类或其子类、实现类的实例。如果是，则返回true；否则，返回false。

如果仅从instanceof运算符的介绍来看，这个运算符的用法看似很简单，实际上使用该运算符往往并不简单，先看如下程序。

**程序清单：codes\07\7.1\InstanceofTest.java**

```
public class InstanceofTest
{
    public static void main(String[] args)
    {
        // 声明hello时使用Object类，则hello的编译时类型是Object
        // Object是所有类的父类，但hello变量的实际类型是String
        Object hello = "Hello";
        // String是Object类的子类，所以可以进行instanceof运算。返回true
        System.out.println("字符串是否是Object类的实例："
            + (hello instanceof Object));
        // 返回true
        System.out.println("字符串是否是String类的实例："
            + (hello instanceof String));
        // Math是Object类的子类，所以可以进行instanceof运算
        // 返回false
        System.out.println("字符串是否是Math类的实例："
            + (hello instanceof Math));
        // String实现了Comparable接口，所以返回true
        System.out.println("字符串是否是Comparable接口的实例："
            + (hello instanceof Comparable));
        // 声明str时使用了String类，则str的编译时类型是String类型
        String str = "Hello";
        // String类（编译时类型）既不是Math类，也不是Math类的父、子类
        // 所以下面代码编译无法通过
        System.out.println("字符串是否是Math类的实例："
            + (str instanceof Math));
        // String类（编译时类型）不是Serializable类，但它是Serializable类的子类
        // 因此下面代码可以编译成功，输出true
        System.out.println("字符串是否是Serializable类的实例："
            + (str instanceof java.io.Serializable));
    }
}
```

上面程序中的粗体字代码无法通过编译，如果尝试编译上面的 Java 程序，将看到编译器提示如下编译错误。

```
InstanceofTest.java:38: 错误: 不兼容的类型: String 无法转换为Math
            + (str instanceof Math));
               ^
```

很明显，该程序的这个地方并不能使用 instanceof 运算符。根据 Java 语言规范，使用 instanceof 运算符有一个限制：instanceof 运算符前面操作数的编译时类型必须是如下三种情况。

- 要么与后面的类相同。
- 要么是后面类的父类。
- 要么是后面类的子类。

如果前面操作数的编译时类型与后面的类型没有任何关系，程序将没法通过编译。因此，当使用 instanceof 运算符的时候，应尽量从编译、运行两个阶段来考虑它——如果 instanceof 运算符使用不当，程序编译时就会报错；当使用 instanceof 运算符通过编译后，才能考虑它的运算结果是 true，还是 false。

一旦 instanceof 运算符通过了编译，程序就会进入运行阶段。instanceof 运算返回的结果与前一个操作数（引用变量）实际引用的对象的类型有关，如果它实际引用的对象是第二个操作数的实例，或者是第二个操作数的子类、实现类的实例，那么 instanceof 运算的结果返回 true，否则返回 false。

在极端情况下，instanceof 前一个操作数所引用对象的实际类型就是后面的类型，但只要它的编译时类型既不是第二个操作数的类型，也不是第二个操作数的父类、子类，程序就没法通过编译。示例如下。

**程序清单：codes\07\7.1\InstanceofTest2.java**

```
public class InstanceofTest2
{
    public static void main(String[] args)
    {
        Object str = "疯狂 Java 讲义";
        // 执行强制类型转换
        // 让 math 引用原来 str 引用的对象
        Math math = (Math) str;          // ①
        System.out.println("字符串是否是 String 的实例: "
            + (math instanceof String));// ②
    }
}
```

粗看之下，可能会得到一个结论：这个程序不能通过编译，编译器应该在①号代码处提示编译错误，因为①号代码尝试把一个 String 强制转型为 Math。

尝试编译该程序，发现编译器提示如下错误。

```
InstanceofTest2.java:22: 错误: 不兼容的类型: Math 无法转换为String
            + (math instanceof String));// ②
               ^
```

从上面的编译错误来看，编译器并没有提示①号代码出现错误，反而提示②号代码有编译错误。这看上去有点不可思议：math 实际引用的就是 String 对象，程序用 instanceof 判断它的类型应该输出 true——没错，如果程序可以通过编译，②号代码确实应该输出 true。

问题是，当编译器编译 Java 程序时，编译器无法检查引用变量实际引用对象的类型，它只检查该变量的编译时类型。对于②号代码而言，math 的编译时类型是 Math，Math 既不是 String 类型，也不是 String 类型的父类，还不是 String 类型的子类，因此程序没法通过编译。至于 math 实际引用对象的类型是什么，编译器并不关心，编译阶段也没法关心。

至于①号代码为何没有出现编译错误，这和强制转型的机制有关。对于 Java 的强制转型而言，也可以分为编译、运行两个阶段来分析它。

➢ 在编译阶段，强制转型要求被转型变量的编译时类型必须是如下三种情况之一。
  • 被转型变量的编译时类型与目标类型相同。
  • 被转型变量的编译时类型是目标类型父类。
  • 被转型变量的编译时类型是目标类型子类。在这种情况下可以自动向上转型，无须强制转换。

  如果被转型变量的编译时类型与目标类型没有任何继承关系，编译器将提示编译错误。通过上面分析可以看出，强制转型的编译阶段只关心引用变量的编译时类型，至于该引用变量实际引用对象的类型，编译器并不关心，也没法关心。

➢ 在运行阶段，被转型变量所引用对象的实际类型必须是目标类型的实例，或者是目标类型的子类、实现类的实例，否则在运行时将引发 ClassCastException 异常。

从上面分析可以看出，对于程序中①号代码，程序编译时不会出现错误，因为 str 引用变量的编译时类型是 Object，它是 Math 类的父类。至于 str 所引用对象的实际类型是什么，编译器并不会关心。因此，这行代码完全可以通过编译，但运行这行代码将引发 ClassCastException 异常。

**程序清单：codes\07\7.1\ConversionTest.java**

```
public class ConversionTest
{
    public static void main(String[] args)
    {
        Object obj = "Hello";
        // obj 变量的编译时类型为 Object，是 String 类型的父类
        // 可以强制类型转换，而且 obj 变量实际上引用的也是 String 对象
        // 所以运行时也正常
        String objStr = (String) obj;    // ①
        System.out.println(objStr);
        // 定义一个 objPri 变量，编译时类型为 Object，实际类型为 Integer
        Object objPri = new Integer(5);
        // objPri 变量的编译时类型为 Object，是 String 类型的父类
        // 可以强制类型转换，但 obj 变量实际上引用的是 Integer 对象
        // 所以下面代码运行时引发 ClassCastException 异常
        String str = (String) objPri;    // ②
        String s = "疯狂 Java 讲义";
        // 因为 s 的编译时类型是 String，String 不是 Math 类型
        // String 也不是 Math 的子类，还不是 Math 的父类
        // 所以下面代码导致编译错误
        Math m = (Math) s;           // ③
    }
}
```

上面程序中①号代码一切正常，可以通过编译，运行时也没有问题。因为 obj 的编译时类型是 Object，它是 String 的父类，因此可以通过编译；obj 所引用的对象实际上就是一个 String 对象，因此将它转换为 String 类型没有任何问题。

②号代码可以通过编译，但会引发 ClassCastException 异常：因为 objPri 的编译时类型是 Object，它是 String 的父类，所以可以通过编译；但 objPri 所引用的对象实际上是 Integer 对象，因此尝试将它转换为 String 会引发 ClassCastException 异常。

③号代码将导致编译错误，因为 s 的编译时类型是 String，该类型既不是 Math 类型，也不是

Math 的父类，还不是 Math 的子类，因此无法通过编译。

关于 instanceof 还有一个比较隐蔽的陷阱，示例如下。

**程序清单：codes\07\7.1\NullInstanceof.java**

```
public class NullInstanceof
{
    public static void main(String[] args)
    {
        String s = null;
        System.out.println("null 是否是 String 类的的实例："
            + (s instanceof String));
    }
}
```

上面程序定义了一个 String 类型的 s 变量，该 s 变量引用一个 null 对象。接着程序判断 s instanceof String 结果，该程序是否可以通过编译？运行时输出 true 还是 false？

尝试编译该程序，一切正常，这表明该程序完全可以通过编译。尝试运行该程序，程序输出 false。虽然 null 可以作为所有引用类型变量的值，但对于 s 引用变量而言，它实际上并未引用一个真正的 String 对象，因此程序输出 false。

使 null 调用 instanceof 运算符时返回 false 是非常有用的行为，因为 intanceof 运算符有了一个额外的功能：它可以保证第一个操作数所引用的对象不是 null。如果 instanceof 告知一个引用变量是某个特定类型的实例，那么就可以将其转型为该类型，并调用该类型的方法，而不用担心会抛出 ClassCastException 或 NullPointerException 异常。

**注意**

instanceof 运算符除了可以保证某个引用变量是特定类型的实例，还可以保证该变量没有引用一个 null。这样就可以将该引用变量转型为该类型，并调用该类型的方法，而不用担心会引发 ClassCastException 或 NullPointerException 异常。

## 7.2　构造器的陷阱

构造器是 Java 每个类都会提供的一个“特殊方法”。构造器负责对 Java 对象执行初始化操作，不管是定义实例变量时指定的初始值，还是在非静态初始化块中所执行的操作，实际上都会被提取到构造器中来执行。

构造器是 Java 面向对象特征中最基础也是最早要接触的知识，但构造器也存在一些小陷阱，开发者需要小心地绕开它们。

### 7.2.1　构造器之前的 void

关于构造器是否有返回值，很多资料都争论不休，笔者倾向于认为构造器是有返回值的，构造器返回它初始化的 Java 对象（用 new 调用构造器就可以看到构造器的返回值）。也就是说，构造器的返回值类型总是当前类。

即使不讨论关于构造器是否有返回值的问题，也有一点是可以确定的：构造器不能声明返回值类型，也不能使用 void 声明构造器没有返回值。

找找下面程序的问题。

程序清单：codes\07\7.2\Cat.java

```
public class Cat
{
    private String name;
    private double weight;
    private String color;
    public void Cat()
    {
        this.name = "Garfield";
        this.weight = 20;
        this.color = "orange";
    }
    public void say()
    {
        System.out.println("体重：" + weight
            + ", 毛色：" + color);
        System.out.println(name + "要有了三个愿望：'第一个是要猪肉卷，"
            + "第二个还是猪肉卷，第三个，哦，你错啦，"
            + "我想要更多的愿望，那样我就能得到更多的猪肉卷啦。'");
    }
    public static void main(String[] args)
    {
        Cat c = new Cat();      // ①
        c.say();
    }
}
```

上面程序看上去没有任何问题，程序为 Cat 提供了一个构造器用于初始化它的三个实例变量，程序的 main()方法创建了一个 Cat 对象，并调用该 Cat 对象的 say()方法。

尝试编译这个程序，一切正常；再尝试运行这个程序，将发现程序并没有输出 Garfield 的名字、体重和毛色，或者说它的这三个实例属性的值都是 null。

之所以出现这种情况，关键是因为程序中定义 Cat 类的构造器时不小心添加了 void。这个 void 用于声明该方法没有返回值，于是这个“构造器定义”就变成了一个普通方法，而不是构造器。

**注意**

当为构造器声明添加任何返回值类型声明，或者添加 void 声明该构造器没有返回值时，编译器并不会提示这个构造器有错误，只是系统会把这个所谓的“构造器”当成普通方法处理。

因为上面程序中定义的 Cat“构造器”使用了 void 声明，也就是它变成了一个普通方法，而不是构造器，所以编译器会为 Cat 类提供一个默认的构造器。这个默认的构造器无须参数，也不会执行任何自定义的初始化操作，因此 Cat 的三个实例属性依然保持为 null 或 0。

程序在①号代码处并没有调用程序定义的构造器，而是调用系统提供的默认构造器。

要让上面程序正常，将 Cat 构造器声明之前的 void 声明去掉即可。

### 7.2.2 构造器创建对象吗

大部分 Java 书籍、资料都笼统地说：通过构造器来创建一个 Java 对象。这样很容易给人一种感觉，构造器负责创建 Java 对象。但实际上构造器并不会创建 Java 对象，构造器只是负责执行初始化，在构造器执行之前，Java 对象所需要的内存空间，应该说是由 new 关键字申请出来的。

绝大部分时候，程序使用 new 关键字为一个 Java 对象申请空间之后，都需要使用构造器为这个对象执行初始化。但在某些时候，程序创建 Java 对象无须调用构造器，以下面两种方式创建的 Java 对象无须使用构造器。

- 使用反序列化的方式恢复 Java 对象。
- 使用 clone 方法复制 Java 对象。

上面两种方式都无须调用构造器对 Java 对象执行初始化。下面程序使用反序列化机制来恢复一个 Java 对象。

程序清单：codes\07\7.2\SerializableTest.java

```
class Wolf implements Serializable
{
    private String name;
    public Wolf(String name)
    {
        System.out.println("调用有参数的构造器");
        this.name = name;
    }
    public boolean equals(Object obj)
    {
        if (this == obj)
        {
            return true;
        }
        if (obj.getClass() == Wolf.class)
        {
            Wolf target = (Wolf) obj;
            return target.name.equals(this.name);
        }
        return false;
    }
    public int hashCode()
    {
        return name.hashCode();
    }
}
public class SerializableTest
{
    public static void main(String[] args)
        throws Exception
    {
        var w = new Wolf("灰太狼");
        System.out.println("Wolf 对象创建完成~");
        Wolf w2 = null;
        try(
            // 创建对象输出流
            var oos = new ObjectOutputStream(
                new FileOutputStream("a.bin"));
            // 创建对象输入流
            var ois = new ObjectInputStream(
                new FileInputStream("a.bin"));
        )
        {
            // 序列化输出 Java 对象
            oos.writeObject(w);
            oos.flush();
            // 反序列化恢复 Java 对象
            w2 = (Wolf) ois.readObject();
            // 两个对象的实例变量值完全相等，下面输出 true
            System.out.println(w.equals(w2));
```

```
            // 两个对象不相同，下面输出 false
            System.out.println(w == w2);
        }
    }
}
```

上面程序中的粗体字代码采用反序列化机制恢复得到了一个 Wolf 对象，程序恢复这个 Wolf 对象时无须调用它的构造器执行初始化。运行上面程序，将看到如图 7.1 所示的效果。

```
调用有参数的构造器
Wolf对象创建完成～
true
false
```

图 7.1　使用反序列化机制恢复 Java 对象

正如从上面程序中所看到的，当创建 Wolf 对象时，程序调用了相应的构造器来对该对象执行初始化；当程序通过反序列化机制恢复 Java 对象时，系统无须再调用构造器来执行初始化。

通过反序列化机制恢复出来的 Wolf 对象当然和原来的 Wolf 对象具有完全相同的实例变量值，但系统中将会产生两个 Wolf 对象。

**注意**

可能有读者对自己以前写的某些单例类感到害怕，以前那些通过把构造器私有来保证只产生一个实例的类真的不会产生多个实例吗？如果程序使用反序列化机制不是可以获取多个实例吗？没错，程序完全通过这种反序列化机制确实会破坏单例类的规则。当然，大部分时候也不会主动使用反序列化机制去破坏单例类的规则。如果真的想保证反序列化时也不会产生多个 Java 实例，则应该为单例类提供 readResolve()方法，该方法保证反序列化时得到已有的 Java 实例。

如下单例类提供了 readResolve()方法，因此即使通过反序列化机制来恢复 Java 实例，也依然可以保证程序中只有一个 Java 实例。

**程序清单：codes\07\7.2\SingletonTest.java**

```
class Singleton implements Serializable
{
    private static Singleton instance;
    private String name;
    private Singleton(String name)
    {
        System.out.println("调用有参数的构造器");
        this.name = name;
    }
    public static Singleton getInstance()
    {
        // 只有当 instance 为 null 时才创建该对象
        if (instance == null)
        {
            instance = new Singleton("灰太狼");
        }
        return instance;
    }
    // 提供 readResolve()方法
    private Object readResolve()
        throws ObjectStreamException
```

```
        {
            // 得到已有的 instance 实例
            return getInstance();
        }
    }
    public class SingletonTest
    {
        public static void main(String[] args)
            throws Exception
        {
            // 调用静态方法来获取 Wolf 实例
            var s = Singleton.getInstance();
            System.out.println("Wolf 对象创建完成~");
            Singleton s2 = null;
            try(
                // 创建对象输出流
                var oos = new ObjectOutputStream(
                    new FileOutputStream("b.bin"));
                // 创建对象输入流
                var ois = new ObjectInputStream(
                    new FileInputStream("b.bin"));
            )
            {
                // 序列化输出 Java 对象
                oos.writeObject(s);
                oos.flush();
                // 反序列化恢复 Java 对象
                s2 = (Singleton) ois.readObject();
                // 两个对象相同，下面输出 true
                System.out.println(s == s2);
                System.out.println(s2);
            }
        }
    }
```

上面程序为 Singleton 类提供了 readResolve()方法，当 JVM 反序列化地恢复一个新对象时，系统会自动调用这个 readResolve()方法返回指定好的对象，从而保证系统通过反序列化机制不会产生多个 Java 对象。

运行上面程序，程序判断 s == s2 是否相同将输出 true，这表明反序列化机制恢复出来的 Java 对象依然是原有的 Java 对象。通过这种方式可保证反序列化时 Singleton 依然是单例类。

除了使用反序列化机制恢复 Java 对象无须构造器，使用 clone()方法复制 Java 对象也无须调用构造器。如果希望某个 Java 类的实例是可复制的，则对该 Java 类有如下两个要求。

➢ 让该 Java 类实现 Cloneable 接口。

➢ 为该 Java 类提供 clone()方法，该方法负责进行复制。

下面程序中的 Dog 实例就可直接调用 clone()方法来复制自己。

**程序清单：codes\07\7.2\CloneTest.java**

```
// 实现 Cloneable 接口
class Dog implements Cloneable
{
    private String name;
    private double weight;
    public Dog(String name, double weight)
    {
        System.out.println("调用有参数的构造器");
        this.name = name;
```

```
        this.weight = weight;
    }
    // 重写 Object 类的 clone 方法
    public Object clone()
    {
        Dog dog = null;
        try
        {
            // 调用 Object 类的 clone 方法完成复制
            dog = (Dog) super.clone();
        }
        catch (CloneNotSupportedException e)
        {
            e.printStackTrace();
        }
        return dog;
    }
    public boolean equals(Object obj)
    {
        if (this == obj)
        {
            return true;
        }
        if (obj.getClass() == Dog.class)
        {
            Dog target = (Dog)obj;
            return target.name.equals(this.name)
                && target.weight == this.weight;
        }
        return false;
    }
    public int hashCode()
    {
        return name.hashCode() * 31
            + (int) weight;
    }
}
public class CloneTest
{
    public static void main(String[] args)
    {
        var dog = new Dog("Blot", 9.8);
        System.out.println("Dog 对象创建完成～");
        // 采用 clone()方法复制一个新的 Java 对象。
        Dog dog2 = (Dog) dog.clone();    // ①
        // 两个对象的实例变量值完全相同，下面输出 true
        System.out.println(dog.equals(dog));
        // 两个对象不相同，下面输出 false
        System.out.println(dog == dog2);
    }
}
```

上面程序中①号代码采用 clone()方法复制了一个 Dog 对象，复制这个 Dog 对象时无须调用它的构造器执行初始化。运行上面程序，将看到如图 7.2 所示的效果。

图 7.2　使用 clone()方法复制对象

正如从上面程序中所看到的，当创建 Dog 对象时，程序调用了相应的构造器来对该对象执行初始化，构造器被调用了一次；当程序通过 clone()方法复制 Java 对象时，系统无须再调用构造器来执行初始化。

通过 clone()方法复制出来的 Dog 对象当然和原来的 Dog 对象具有完全相同的实例变量值，但系统中将会产生两个 Dog 对象，因此程序判断 dog == dog2 时将输出 false。

### 7.2.3　无限递归的构造器

在一些情况下，程序可能导致构造器进行无限递归。示例如下。

**程序清单：codes\07\7.2\ConstrucorRecursion.java**

```
public class ConstrucorRecursion
{
    ConstrucorRecursion rc;
    {
        rc = new ConstrucorRecursion();
    }
    public ConstrucorRecursion()
    {
        System.out.println("程序执行无参数的构造器");
    }
    public static void main(String[] args)
    {
        var rc = new ConstrucorRecursion();
    }
}
```

从表面上看，上面程序没有任何问题，ConstrucorRecursion 类的构造器中没有任何代码，它的构造器中只有一行简单的输出代码。但不要忘记了，不管是定义实例变量时指定的初始值，还是在非静态初始化块中执行的初始化操作，最终都将被提取到构造器中执行。如果用 javap 工具来分析上面的 ConstrucorRecursion 类，将看到如图 7.3 所示的结果。

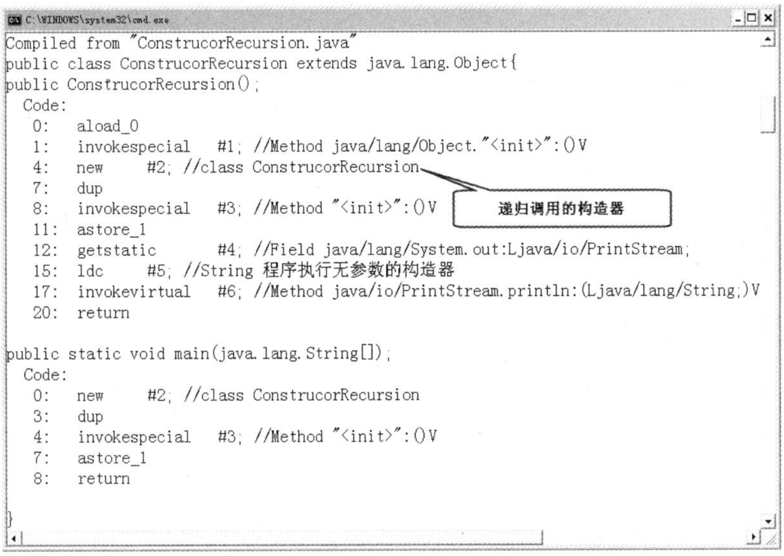

```
C:\WINDOWS\system32\cmd.exe
Compiled from "ConstrucorRecursion.java"
public class ConstrucorRecursion extends java.lang.Object{
public ConstrucorRecursion();
  Code:
   0:   aload_0
   1:   invokespecial   #1; //Method java/lang/Object."<init>":()V
   4:   new     #2; //class ConstrucorRecursion
   7:   dup
   8:   invokespecial   #3; //Method "<init>":()V
   11:  astore_1
   12:  getstatic       #4; //Field java/lang/System.out:Ljava/io/PrintStream;
   15:  ldc     #5; //String 程序执行无参数的构造器
   17:  invokevirtual   #6; //Method java/io/PrintStream.println:(Ljava/lang/String;)V
   20:  return

public static void main(java.lang.String[]);
  Code:
   0:   new     #2; //class ConstrucorRecursion
   3:   dup
   4:   invokespecial   #3; //Method "<init>":()V
   7:   astore_1
   8:   return

}
```

递归调用的构造器

图 7.3　递归调用构造器

因为上面代码递归调用了 ConstrucorRecursion 类的构造器，所以实际运行该程序将导致出现 java.lang.StackOverflowError 异常。

这个程序给出的教训是，无论如何都不要导致构造器产生递归调用。也就是说，应该：

- 尽量不要在定义实例变量时指定实例变量的值为当前类的实例。
- 尽量不要在初始化块中创建当前类的实例。
- 尽量不要在构造器内调用本构造器创建 Java 对象。

## 7.3 持有当前类的实例

从上一节的程序可以看出，当构造器递归调用当前构造器时，程序运行时将会引发 StackOverflowError 异常。前面程序已经指出，定义实例变量时指定实例变量的值为当前类的实例很容易导致构造器递归调用。

也就是说，当某个类的对象持有当前类的实例时，某个实例递归地引用当前类的实例很容易导致构造器递归调用。不过，在一些特定的情况下，程序必须让某个类的一个实例持有当前类的另一个实例，例如链表，每个节点都持有一个引用，该引用指向下一个链表节点。

对于一个 Java 类而言，它的一个实例变量持有当前类的另一个实例是被允许的，只要程序初始化它所持有当前类的实例时不会引起构造器递归就行。示例如下。

**程序清单：codes\07\7.3\InstanceTest.java**

```
public class InstanceTest
{
    private String name;
    // 持有当前类的实例
    private InstanceTest instance;
    // 定义一个无参数的构造器
    public InstanceTest()
    {
    }
    // 定义有参数的构造器
    public InstanceTest(String name)
    {
        // 调用无参数的构造器初始化 instance 实例
        instance = new InstanceTest();
        instance.name = name;
    }
    // 重写 toString()方法
    public String toString()
    {
        return "InstanceTest[instance = "
            + instance + "]";
    }
    public static void main(String[] args)
    {
        var in = new InstanceTest();
        var in2 = new InstanceTest("测试 name");
        System.out.println(in);
        System.out.println(in2);
    }
}
```

上面程序中定义了一个 InstanceTest 类。该类的实例持有另一个 InstanceTest 对象，程序只要不在 InstanceTest 构造器的初始化代码里形成递归调用，这个类就是安全的。上面程序创建了两个 InstanceTest 对象，其中一个持有的 instance 属性为 null，另一个持有的 instance 是有效的。

虽然上面程序是安全的，但一个类的实例持有当前类的另一个实例总是有风险的，即使避免了构造器的递归调用，上面程序的 toString()方法也是有危险的。把程序中 in 和 in2 两个对象设置为相互引用，也就是将 main()方法改为如下形式。

```
public static void main(String[] args)
{
    var in = new InstanceTest();
    var in2 = new InstanceTest("测试 name");
    // 让两个对象相互引用
    in.instance = in2;
    in2.instance = in;
    System.out.println(in);
    System.out.println(in2);
}
```

当 in2 和 in 两个对象形成嵌套引用后，程序为 InstanceTest 提供的 toString()方法就会产生无穷递归了。再次运行程序，将看到如图 7.4 所示的结果。

```
C:\WINDOWS\system32\cmd.exe
        at java.lang.String.valueOf(String.java:2826)
        at java.lang.StringBuilder.append(StringBuilder.
        at InstanceTest.toString(InstanceTest.java:32)
        at java.lang.String.valueOf(String.java:2826)
请按任意键继续. . .
```

图 7.4　toString()方法产生递归

总之，如果一个类的实例持有当前类的其他实例时需要特别小心，因为程序很容易形成递归调用。

## 7.4　到底调用哪个重载的方法

先看一个简单的程序。

**程序清单：codes\07\7.4\OverrideTest.java**

```
public class OverrideTest
{
    public void info(String name, double count)
    {
        System.out.println("name 参数为：" + name);
        System.out.println("count 参数为：" + count);
    }
    public static void main(String[] args)
    {
        var ot = new OverrideTest();
        // 试图调用 ot 的 info 方法
        ot.info("crazyit.org", 5);
    }
}
```

需重点注意程序中的粗体字代码，程序试图调用 OverrideTest 对象的 info()方法，但传入的参数与该对象中的 info()方法所需的参数并不匹配。在这种情况下，程序会出现怎样的情况呢？

编译、运行上面程序，发现一切正常，程序输出如下。

```
name 参数为：crazyit.org
count 参数为：5.0
```

之所以出现上面所示的情况，很明显是因为程序会将实参 5 自动转换为 5.0，以使之匹配 info(String, double)方法的要求。

通过上面介绍可以发现，Java虚拟机在识别方法时具有一定的“智能”，它可以对调用方法的实参进行向上转型，使之适合被调方法的需要。

调用方法时传入的实际参数可能被向上转型，通过这种向上转型可以使之符合被调方法的实际需要。

下面程序的OverrideTest2类里包含了两个重载的info()方法。

程序清单：codes\07\7.4\OverrideTest2.java

```
public class OverrideTest2
{
    public void info(String name, double count)   // ①
    {
        System.out.println("name 参数为: " + name);
        System.out.println("count 参数为: " + count);
    }
    public void info(String name, int count)     // ②
    {
        System.out.println("name 参数为: " + name);
        System.out.println("整型的 count 参数为: " + count);
    }
    public static void main(String[] args)
    {
        var ot = new OverrideTest2();
        // 试图调用 ot 的 info 方法
        ot.info("crazyit.org", 5);
    }
}
```

上面程序中的粗体字代码调用了OverrideTest2对象的info()方法。根据前面介绍不难发现，此时的调用既可匹配①号代码处声明的方法，也可匹配②号代码处声明的方法，虚拟机到底调用哪个方法呢？

根据这个分析来看，虚拟机应该无法确定到底调用哪个info()方法，因此此处应该无法通过编译。尝试编译、运行这个程序，发现一切正常，运行该程序得到如下输出。

```
name 参数为: crazyit.org
整型的 count 参数为: 5
```

这表明虚拟机可以准确地识别到调用②号代码处声明的方法，而不是①号代码处声明的方法，这是为什么？

很明显，虚拟机比我们想象的更加聪明，Java的重载解析过程分成以下两个阶段。

- 第一阶段JVM将会选取所有可获得并匹配调用的方法或构造器，在这个阶段里，粗体字代码的调用将把①号代码处的方法、②号代码处的方法都选取出来。
- 第二阶段决定到底要调用哪个方法，此时JVM会在第一阶段所选取的方法或构造器中再次选取最精确匹配的那一个。对于上面程序来说，ot.info("crazyit.org", 5);很明显更匹配info(String, int)方法，而不是更匹配info(String, double)方法。

掌握了上面的理论之后，再来判断下面程序到底调用了哪个方法。

程序清单：codes\07\7.4\OverrideTest3.java

```
public class OverrideTest3
{
```

```
    public void info(Object obj, double count)   // ①
    {
        System.out.println("obj 参数为: " + obj);
        System.out.println("count 参数为: " + count);
    }
    public void info(Object[] objs, double count)  // ②
    {
        System.out.println("objs 参数为: " + objs);
        System.out.println("count 参数为: " + count);
    }
    public static void main(String[] args)
    {
        OverrideTest3 ot = new OverrideTest3();
        // 试图调用 ot 的 info 方法
        ot.info(null, 5);
    }
}
```

上面程序中的粗体字代码调用了 OverrideTest3 对象的 info()方法。但此处调用 info()方法时传入的第一个参数是 null，它既可匹配第一个 info(Object, double)方法，也可匹配第一个 info(Object[], double)方法。问题是，此时到底调用哪个方法呢？

根据精确匹配的原则，当实际调用时传入的实参同时满足多个方法时，如果某个方法的形参要求参数范围越小，那么这个方法就越精确。很明显，Object[]可看成 Object 的子类，info(Object[], int)方法匹配得更精确。执行上面程序，将看到如下输出。

```
objs 参数为: null
count 参数为: 5.0
```

最后看一个极端的例子。

程序清单：codes\07\7.4\OverrideTest4.java

```
public class OverrideTest4
{
    public void info(Object obj, int count)  // ①
    {
        System.out.println("obj 参数为: " + obj);
        System.out.println("count 参数为: " + count);
    }
    public void info(Object[] objs, double count)  // ②
    {
        System.out.println("objs 参数为: " + objs);
        System.out.println("count 参数为: " + count);
    }
    public static void main(String[] args)
    {
        var ot = new OverrideTest4();
        //试图调用 ot 的 info 方法
        ot.info(null, 5);
    }
}
```

上面程序中的粗体字代码同样试图调用 OverrideTest4 对象的 info()方法，但此时的情况更复杂。程序调用 info()方法的第一个参数是 null，它与②号代码处声明的 info()方法匹配得更精确；但调用 info()方法的第二个参数是 5，它与①号代码处声明的 info()方法匹配得更精确。到底选择哪个？

尝试编译、运行上面程序，编译时提示如下错误信息。

```
OverrideTest4.java:29: 错误: 对 info 的引用不明确
        ot.info(null, 5);
```

```
^
OverrideTest4 中的方法 info(Object,int)和 OverrideTest4 中的方法 info(Object[],double)
都匹配
```

从上面的运行结果可以看出，在这种复杂的情况下，JVM 无法断定哪个方法更匹配实际调用，程序将会导致编译错误。

## 7.5 方法重写的陷阱

Java 方法重写也是很常见的现象，当子类需要改变从父类继承得到的方法的行为时，子类就可以重写父类的方法。

### 7.5.1 重写 private 方法

对于使用 private 修饰符修饰的方法，只能在当前类中访问该方法，子类无法访问父类中定义的 private 方法。既然子类无法访问父类的 private 方法，当然也就无法重写该方法。

如果子类中定义了一个与父类的 private 方法具有相同的方法名、相同的形参列表、相同的返回值类型的方法，依然不是重写，只是子类中重新定义了一个新方法。例如，下面程序是完全正确的。

**程序清单：**codes\07\7.5\Sub.java

```
class Base
{
    // test 方法是 private 访问权限，子类不可访问该方法
    private void test()
    {
        System.out.println("父类的 test 方法");
    }
}
public class Sub extends Base
{
    // 此处并不是方法重写
    public void test()
    {
        System.out.println("子类定义的 test 方法");
    }
}
```

上面程序的 Base 类中定义了一个 test()方法，并使用了 private 修饰符来修饰该 test()方法，这表明该方法只能在本类中被访问。接着，程序以 Base 为基类派生了一个 Sub 类，该 Sub 类中也定义了一个 test()方法。该方法和父类的 test()方法有相同的方法名、相同的形参列表，但并不是重写，只是子类重新定义了一个新方法而已。

为了证明 Sub 类中的 test()方法没有重写父类的方法，可以使用@Override 来修饰 Sub 类中的 test()方法。再次尝试编译该程序，将看到如下错误提示。

```
Sub.java:24: 错误: 方法不会覆盖或实现超类型的方法
    @Override
    ^
```

由此可见，父类中定义的 private 方法不可能被子类重写。

### 7.5.2 重写其他访问权限的方法

上一节介绍了父类中定义的 private 方法不可能被子类重写，其关键原因就是子类不可能访问

父类的 private 方法。还有一种情况，如果父类中定义了使用默认访问控制符（也就是不使用访问控制符）修饰的方法，这个方法同样可能无法被重写。

对于不使用访问控制符修饰的方法，它只能被与当前类处于同一个包中的其他类访问，其他包中的子类依然无法访问该方法。下面程序在父类里定义了一个 run()方法，该方法不使用任何访问控制符修饰，表明它是包访问控制权限。这意味着，只有与当前类处于同一个包中的其他类才能访问该方法。

程序清单：codes\07\7.5\Animal.java

```
package lee;
public class Animal
{
    void run()
    {
        System.out.println("Animal 的 run 方法");
    }
}
```

上面 Animal 类中的 run()方法可能被重写：若其子类与该类处于同一个包中，子类就可以重写父类的方法；否则，子类将不能重写父类的方法。下面程序中子类 Wolf 与 Animal 不是处于同一个包里，因此无法重写父类的 run()方法。

程序清单：codes\07\7.5\Wolf.java

```
public class Wolf extends lee.Animal
{
    // 重新定义一个 run 方法，并非重写父类的方法
    private void run()
    {
        System.out.println("Animal 的 run 方法");
    }
}
```

上面程序中定义 Wolf 类继承了前面的 lee.Animal 类，但因为 Wolf 类和 lee.Animal 类不是位于同一个包内，所以 Wolf 类不能访问 lee.Animal 中定义的 run()方法。由此不难发现，虽然 Wolf 类中定义了一个访问权限更小（private）的 run()方法，但这只是 Wolf 类重新定义了一个新的 run()方法，与父类 lee.Animal 的 run()方法无关。

## 7.6 非静态内部类的陷阱

内部类也是 Java 提供的一个常用语法。内部类能提供更好的封装，而且它可以直接访问外部类的 private 成员，因此在一些特殊场合下更常用。但使用内部类时也有几个容易出错的陷阱，本节将详细分析这些陷阱。

### 7.6.1 非静态内部类的构造器

下面程序定义了一个非静态内部类，还为该非静态内部类创建了实例。

程序清单：codes\07\7.6\Outer.java

```
public class Outer
{
    public static void main(String[] args)
        throws Exception
    {
```

```
        new Outer().test();
    }
    private void test()
        throws Exception
    {
        // 创建非静态内部类的对象
        System.out.println(new Inner());        // ①
        // 使用反射方式来创建 Inner 对象
        System.out.println(Inner.class.getConstructor().newInstance()); // ②
    }
    // 定义一个非静态内部类
    public class Inner
    {
        public String toString()
        {
            return "Inner 对象";
        }
    }
}
```

上面程序在 Outer 类里定义了一个 Inner 类，通过两种方式来创建 Inner 类的实例，①号代码直接通过 new 调用 Inner 无参数的构造器来创建实例，②号代码则通过反射来调用 Inner 无参数的构造器创建实例。

尝试编译、运行上面程序，发现程序抛出如下运行时异常。

```
Inner 对象
Exception in thread "main" java.lang.NoSuchMethodException: Outer$Inner.<init>()
        at java.base/java.lang.Class.getConstructor0(Class.java:3349)
        at java.base/java.lang.Class.getConstructor(Class.java:2151)
        at Outer.test(Outer.java:26)
        at Outer.main(Outer.java:18)
```

通过上面的运行结果可以看出，程序在①号代码处创建 Inner 对象完全正常，而在②号代码处通过反射来创建 Inner 对象时则抛出异常。这是什么原因呢？

下面使用 javap 工具来分析这个 Inner 类，在命令行窗口运行如下命令：

```
javap -c Outer.Inner
```

可以看到如图 7.5 所示的输出结果。

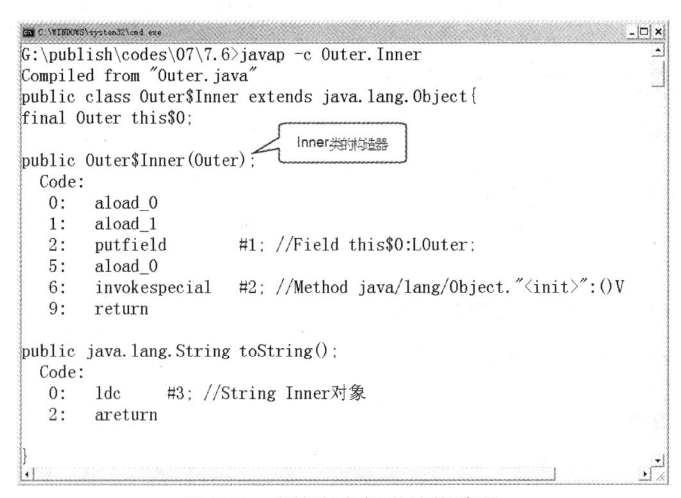


图 7.5　非静态内部类的构造器

从图 7.5 可以看出，非静态内部类 Inner 并没有无参数的构造器，它的构造器需要一个 Outer

参数。这符合非静态内部类的规则：非静态内部类必须寄生在外部类的实例中，没有外部类的对象，就不可能产生非静态内部类的对象。因此，非静态内部类不可能有无参数的构造器——即使系统为非静态内部类提供一个默认的构造器，这个默认的构造器也需要一个外部类形参。

对于上面程序中的①号代码，程序表面上调用 Inner 无参数的构造器创建实例，实际上虚拟机底层会将 this（代表当前默认的 Outer 对象）作为实参传入 Inner 构造器。至于程序②号代码的效果则不同，程序通过反射指定调用 Inner 类无参数的构造器，所以引发了运行时异常。

为了证实非静态内部类的构造器总是需要一个 Outer 对象作为参数，可以为 Inner 类增加两个构造器，如下所示。

**程序清单：codes\07\7.6\Outer.java**

```
public Inner()
{
    System.out.println("Inner 无参数的构造器");
}
public Inner(String name)
{
    System.out.println("Inner 构造器的：" + name);
}
```

再次使用 javap 工具来分析这个 Inner 类，会看到如图 7.6 所示的输出结果。

```
C:\WINDOWS\system32\cmd.exe
G:\publish\codes\07\7.6>javap -c Outer.Inner
Compiled from "Outer.java"
public class Outer$Inner extends java.lang.Object{
final Outer this$0;

public Outer$Inner(Outer);        原本无参数的构造器
  Code:
   0:   aload_0
   1:   aload_1
   2:   putfield        #1; //Field this$0:LOuter;
   5:   aload_0
   6:   invokespecial   #2; //Method java/lang/Object."<init>":()V
   9:   getstatic       #3; //Field java/lang/System.out:Ljava/io/Pri
   12:  ldc     #4; //String Inner无参数的构造器
   14:  invokevirtual   #5; //Method java/io/PrintStream.println:(Lja
ing;)V
   17:  return                    原本有一个字符串参数的构造器

public Outer$Inner(Outer, java.lang.String);
  Code:
   0:   aload_0
   1:   aload_1
```

图 7.6　非静态内部类的构造器

从图 7.6 可以看出，如果程序员为非静态内部类定义一个无参数的构造器，编译器将为之生成对应的需要外部类参数的构造器；程序员为它定义一个带 String 参数的构造器，编译器将为之生成对应的构造器增加了一个 Outer 参数。由此可见，系统在编译阶段总会为非静态内部类的构造器增加一个参数，非静态内部类的构造器的第一个形参类型总是外部类。

系统在编译阶段总会为非静态内部类的构造器增加一个参数，非静态内部类的构造器的第一个形参总是外部类。因此调用非静态内部类的构造器时必须传入一个外部类对象作为参数，否则程序将会引发运行时异常。

## 7.6.2 非静态内部类不能拥有静态成员

对于非静态内部类而言，由于它本身就是一个非静态的上下文环境，因此非静态内部类不允许拥有静态成员。示例如下。

**程序清单：codes\07\7.6\OuterTest.java**

```
public class OuterTest
{
    class ErrorInner
    {
        static int staticField = 20;
    }
}
```

上面程序非常简单，尝试编译该程序，将提示如下编译错误。

```
OuterTest.java:17: 错误: 内部类OuterTest.ErrorInner中的静态声明非法
        static int staticField = 20;
                   ^
  修饰符 'static' 仅允许在常量变量声明中使用
```

从上面的错误提示可以看出，非静态内部类是不允许拥有静态声明的，在非静态内部类中声明静态常量（同时使用 static 和 final 修饰，且在定义时就指定初始值的成员变量）除外。

## 7.6.3 非静态内部类的子类

由于非静态内部类没有无参数的构造器，因此通过非静态内部类派生子类时也可能存在一些陷阱。示例如下。

**程序清单：codes\07\7.6\OutTest.java**

```
class Out
{
    class In
    {
        public void test()
        {
            System.out.println("In的test方法");
        }
    }
    // 定义类A继承In类
    class A extends In
    {
    }
}
// 定义类OutTest继承In类
public class OutTest extends Out.In
{
    public static void main(String[] args)
    {
        System.out.println("Hello World!");
    }
}
```

上面程序在 Out 类之内定义了一个非静态内部类 In，接着从这个 In 类派生了两个子类：A 和 OutTest。其中，派生类 A 也是作为 Out 的内部类，而类 OutTest 则与 Out 没有任何关系。尝试编译上面程序，将看到如下错误提示。

```
OutTest.java:28: 错误: 需要包含Out.In的封闭实例
public class OutTest extends Out.In
       ^
```

上面程序错误的关键在于，由于非静态内部类 In 必须寄生在 Out 对象之内，因此父类 Out.In 根本没有无参数的构造器。而程序定义其子类 Out.In 时，也没有定义构造器，那么系统会为它提供一个无参数的构造器。在 OutTest 无参数的构造器内，编译器会增加代码 super()——子类总会调用父类的构造器。对于这个 super()调用，指定调用父类 Out.In 无参数的构造器，必然导致编译错误。为了解决这个问题，应该为 OutTest 显式定义一个构造器，在该构造器中显式调用 Out.In 父类对应的构造器。也就是将 OutTest 类的代码改为如下形式。

程序清单：codes\07\7.6\OutTest.java

```
public class OutTest extends Out.In
{
    public OutTest()
    {
        // 因为 Out.In 没有无参数的构造器
        // 显式调用父类指定的构造器
        new Out().super();
    }
    ...
}
```

从上面程序可以看出，程序为 OutTest 定义的构造器通过显式的方式调用了父类的构造器。在调用父类构造器时，使用 new Out()作为主调——即以一个 Out 对象作为主调，其实这个主调会作为参数传入 super()，也就是传给 In 类带一个 Out 参数的构造器。

但对于 In 的另一个子类 A 而言，由于它本身就是 Out 的内部类，因此系统在编译它时也会为它的构造器增加一个 Out 形参，这个 Out 形参就可以解决调用 In 类的构造器的问题。也就是说，对于类 A 而言，编译器会为之增加如下构造器。

```
A(Out this)
{
    this.super();
}
```

上面粗体字代码中增加的 this 参数是编译器自动增加的。当程序通过 Out 对象创建 A 实例时，该 Out 对象就会被传给这个 this 引用。

通过上面介绍似乎可以发现，非静态内部类在外部类的内部派生子类是安全的。

总之，由于非静态内部类必须寄生在外部类的实例之中，程序创建非静态内部类对象的实例，派生非静态内部类的子类时都必须特别小心，否则很容易引入陷阱。

如果条件允许，推荐多使用静态内部类，而不是非静态内部类。对于静态内部类来说，外部类相当于它的一个包，因此静态内部类的用法就简单多了，限制也少多了。

## 7.7 static 关键字

static 是一个常见的修饰符，它只能用于修饰在类里定义的成员：Field、方法、内部类、初始化块、内部枚举类。static 的作用就是把类里定义的成员变成静态成员，也就是所谓的类成员。

### 7.7.1 静态方法属于类

被 static 关键字修饰的成员（Field、方法、内部类、初始化块、内部枚举类）属于类本身，而不是单个的 Java 对象。具体到静态方法也是如此，静态方法属于类，而不是属于 Java 对象。

首先看一个简单的程序。

程序清单：codes\07\7.7\NullInvocation.java

```
public class NullInvocation
{
    public static void info()
    {
        System.out.println("静态的info方法");
    }
    public static void main(String[] args)
    {
        // 声明一个NullInvocation变量，并将一个null赋值给该变量
        NullInvocation ni = null;
        ni.info();
    }
}
```

上面Java程序中的NullInvocation类包含了一个info()静态方法，该静态方法属于NullInvocation类，而不是属于NullInvocation对象。程序在main()方法里定义了一个NullInvocation变量，即使这个变量的值是null，也没有关系，程序一样可以调用它的静态方法。

尝试编译、运行上面程序，发现一切正常，程序可以输出 info()中输出的内容。这就是因为，info()方法是静态方法，它并不是NullInvocation对象，而是属于NullInvocation类，虽然程序中使用了ni变量来调用这个info()方法，但实际上底层依然是使用NullInvocation类作为主调来调用该方法，因此可以看到程序能正常输出。

理解了上面的程序之后，再来看下面一个程序。

程序清单：codes\07\7.7\Wolf.java

```
class Animal
{
    public static void info()
    {
        System.out.println("Animal的Info方法");
    }
}
public class Wolf extends Animal
{
    public static void info()
    {
        System.out.println("Wolf的Info方法");
    }
    public static void main(String[] args)
    {
        // 定义第一个Animal变量，引用到一个Animal实例
        Animal a1 = new Animal();
        a1.info();
        // 定义第二个Animal变量，引用到一个Wolf实例
        Animal a2 = new Wolf();
        a2.info();
    }
}
```

上面程序中先定义了一个Animal类，其中包含了一个info()方法，接着从Animal派生了一个Wolf子类，Wolf子类也定义了一个与父类同名的info()方法。

上面程序中定义了两个Animal变量a1和a2，分别将Animal对象和Wolf对象赋给a1和a2。粗略地看上去，很容易想当然地认为：当a1调用info()方法时，应该表现出Animal里info()方法的行为；当a2调用info()方法时，应该表现出Wolf里info()方法的行为。

但不要忘记，上面的info()方法是静态方法，静态方法属于类，而不是属于对象。因此当程序

通过 a1、a2 来调用 info()方法时，实际上都会委托声明 a1、a2 的类来执行。也就是说，不管是通过 a1 调用 info()方法，还是通过 a2 调用 info()方法，实际上都是通过 Animal 类来调用，因此两次调用 info()方法的结果完全相同。运行上面程序，将看到如下运行结果。

```
Animal 的 Info 方法
Animal 的 Info 方法
```

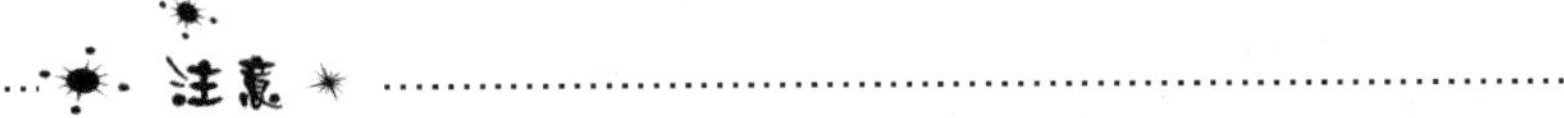

static 修饰的方法属于类，而不是属于实例，因此父类的 static 方法不允许被子类重写。

## 7.7.2　静态内部类的限制

前面介绍内部类时已经指出，当程序需要使用内部类时，应尽量考虑使用静态内部类，而不是非静态内部类。当程序使用静态内部类时，外部类相当于静态内部类的一个包，因此使用起来比较方便；但另一方面，这也给静态内部类增加了一个限制——静态内部类不能访问外部类的非静态成员。示例如下。

**程序清单：codes\07\7.7\InnerTest.java**

```java
class Outer
{
    private String name;
    private static int staticField = 20;
    public static class Inner
    {
        public void info()
        {
            // 分别访问外部类中静态的 field 和非静态的 field
            System.out.println("外部类的 staticField 为："
                + staticField);   // ①
            System.out.println("外部类的 name 为：" + name);  // ②
        }
    }
}
public class InnerTest
{
    public static void main(String[] args)
    {
        // 声明并创建 Inner 内部类的实例
        Outer.Inner in = new Outer.Inner();
        in.info();
    }
}
```

从上面的粗体字代码来看，如果把 Outer 当成 Inner 类的包，这行代码是很好理解的，而且在外部类以外的地方使用静态内部类也没有太多的限制，用起来非常方便。

静态内部类的 info()方法在①号代码处访问了其外部类的静态 Field——staticField，这没有任何问题；但 info()方法在②号代码处访问其外部类的非静态 Field——name 时，这将引起编译错误：无法从静态上下文中引用非静态变量 name。

## 7.8 native方法的陷阱

在Java方法定义中有一类特殊的方法：native方法。对于native方法而言，Java程序不会为该方法提供实现体。示例如下。

**程序清单：codes\07\7.8\NativeTest.java**

```
public class NativeTest
{
    public native void info();
}
```

上面的粗体字代码为NativeTest类定义了一个native方法。这个方法就像一个“抽象方法”，只有方法签名，没有方法体，这就是native方法。从这个意义上来看，native关键字和abstract关键字有点像。

不过，native方法通常需要借助C语言来完成，即需要使用C语言为Java方法提供实现。其实现步骤如下。

① 使用-h选项的javac命令编译该Java程序，生成一个.class文件和一个.h头文件。

② 写一个.cpp文件实现native方法，其中需要包含第1步产生的.h文件（.h文件中又包含了JDK带的jni.h文件）。

③ 将第2步的.cpp文件编译成动态链接库文件。

④ 在Java中用System的loadLibrary()方法或Runtime的loadLibrary()方法加载第3步产生的动态链接库文件，就可以在Java程序中调用这个native方法了。

这里就产生了一个问题：在第3步编译.cpp文件时，将会使得该程序依赖于当前的编译平台。也就是说，native方法做不到跨平台，它在不同平台上可能表现出不同的行为。为了说明这一点，请看如下程序。

**程序清单：codes\07\7.8\SleepTest.java**

```
public class SleepTest
{
    public static void main(String[] args)
        throws Exception
    {
        long start = System.currentTimeMillis();
        // 让当前程序暂停2ms
        Thread.sleep(2);
        System.out.println(System.currentTimeMillis() - start);
    }
}
```

上面程序非常简单，程序运行开始获取系统开始运行时间start，接着暂停2ms，然后拿结束时的时间减去start，输出两个时间的差值。应该输出多少？大部分读者会毫不犹豫地回答输出2。

尝试编译、运行上面程序，如果读者也是使用Windows XP操作系统，将会发现上面程序大部分时候都输出0，而不是2，还有极少数机会输出16，但也不是2。

这个运行结果看上去十分奇怪，仔细查看JDK关于Thread.sleep()方法的介绍，发现有如下一段文字：

“Causes the currently executing thread to sleep (temporarily cease execution) for the specified number of milliseconds, subject to the precision and accuracy of system timers and schedulers.”

这段英文的意思是：让当前执行的线程sleep（暂停）指定的毫秒数，具体暂停多少毫秒则取决于系统计时器的精度。也就是说，Thread 的 sleep()方法其实是一个 native 方法，这个方法的具体实现需要依赖于它所在的平台。

由于 Windows XP 的计时器精度没有精确到 1ms，因此程序尝试暂停 1ms 也是做不到的。如果将上面程序中的 Thread.sleep(2)改为 Thread.sleep(10)，将会有更多机会看到输出 16。

这个程序给出的教训是，千万不要过度相信 JDK 所提供的方法。虽然 Java 语言本身是跨平台的，但 Java 的 native 方法还是要依赖于具体的平台，尤其是 JDK 所提供的方法，更是包含了大量的 native 方法。使用这些方法时，要注意它们在不同平台上可能存在的差异。

## 7.9 本章小结

本章主要介绍了 Java 面向对象编程中可能出现的错误，包括使用 instanceof 运算符可能引起的错误；很多开发者对 Java 构造器存在的误解，例如，构造器到底是否创建对象等。本章还介绍了 JVM 如何区分多个重载的方法，native 方法跨平台可能有问题，private 访问权限的方法不能被重写，包访问权限的方法也可能无法被重写等有关方法的陷阱。

本章另一个重点讲解的内容是 static 关键字，包括 static 的作用是将类中定义的成员变成静态成员，使用非静态内部类的诸多限制，以及使用静态内部类的限制等。

CHAPTER

8

# 第8章 异常处理的陷阱

## 引言

安静的笔试现场，几个人埋头认真做着笔试题。

小胡却对着一道异常处理的笔试题犹豫不决：当系统执行到程序中 catch 块代码里的 return;语句时，系统是否还会执行对应的 finally 块？

A．是

B．否

到底选哪个呢？小胡挺犯迷糊的。后来他想起在哪里看过：finally 块总是会得到执行；但他转头又想起：程序执行到 return;语句就会结束该方法。到底选择哪个呢？最后他心一横，选了 A。

面试结束后，小胡通过查阅资料发现自己选对了。但他依然觉得心里不踏实：当系统执行到程序中 catch 块代码里的 return;语句时，依然会去执行对应的 finally 块；如果系统执行时遇到 System.exit(0);或 Runtime.getRuntime().exit(0);是否还会执行对应的 finally 块呢？

由于这种不踏实，小胡决定再次系统地重新学习 Java 的异常处理机制，并打算归纳出异常处理流程中可能遭遇的“陷阱”……

## 本章要点

- 使用 finally 正确地关闭资源
- finally 遇到 return 的处理
- finally 遇到 System.exit()的处理
- catch 块只能先捕获子类异常
- catch 块不能代替流程控制
- 只应 catch 可能抛出的异常
- catch 块内应做实际的修复
- 只能声明抛出所实现方法允许声明抛出异常的交集

异常处理机制是 Java 语言的特色之一，尤其是 Java 语言的 Checked 异常，更是体现了 Java 语言的严谨性：没有完善错误处理的代码根本就不会被执行。对于 Checked 异常，Java 程序要么声明抛出，要么使用 try...catch 进行捕获。

每个进行 Java 开发的程序员都无法回避异常处理，而 Java 的异常处理同样也存在一些容易让人迷糊的地方。例如，finally 块的执行规则到底是怎样的？程序遇到 return 语句后是否还会执行 finally 块？程序遇到 System.exit()语句后是否还会执行 finally 块？除此之外，使用 catch 块捕获异常不当时也可能导致程序错误，这些问题都值得每个开发者认真对待。

本章将会逐项介绍笔者早年在开发过程中收集的，以及后来在教学过程中从学生那里收集的关于异常处理的各种陷阱，希望读者了解这些陷阱之后可以更好地避开它们。

## 8.1　正确关闭资源的方式

在实际开发中，经常需要在程序中打开一些物理资源，如数据库连接、网络连接、磁盘文件等，打开这些物理资源之后必须显式关闭，否则将会引起资源泄漏。

可能有读者会问，JVM 不是提供了垃圾回收机制吗？JVM 的垃圾回收机制难道不会回收这些资源吗？答案是不会。前面介绍过，垃圾回收机制属于 Java 内存管理的一部分，它只是负责回收堆内存中分配出来的内存，至于程序中打开的物理资源，垃圾回收机制是无能为力的。

### 8.1.1　传统关闭资源的方式

为了正常关闭程序中打开的物理资源，应该使用 finally 块来保证回收。下面程序示范了先通过序列化机制将 Java 对象写入磁盘，然后再通过反序列化机制恢复 Java 对象，程序应该正常关闭对象输入流和对象输出流。

**程序清单：codes\08\8.1\CloseResource.java**

```
class Wolf implements Serializable
{
    private String name;
    public Wolf(String name)
    {
        System.out.println("调用有参数的构造器");
        this.name = name;
    }
    public boolean equals(Object obj)
    {
        if (this == obj)
        {
            return true;
        }
        if (obj.getClass() == Wolf.class)
        {
            Wolf target = (Wolf) obj;
            return target.name.equals(this.name);
        }
        return false;
    }
    public int hashCode()
    {
        return name.hashCode();
    }
}
public class CloseResource
```

```
{
    public static void main(String[] args)
        throws Exception
    {
        var w = new Wolf("灰太狼");
        System.out.println("Wolf 对象创建完成~");
        Wolf w2 = null;
        ObjectOutputStream oos = null;
        ObjectInputStream ois = null;
        try
        {
            // 创建对象输出流
            oos = new ObjectOutputStream(
                new FileOutputStream("a.bin"));
            // 创建对象输入流
            ois = new ObjectInputStream(
                new FileInputStream("a.bin"));
            // 序列化输出 Java 对象
            oos.writeObject(w);
            oos.flush();
            // 反序列化恢复 Java 对象
            w2 = (Wolf) ois.readObject();
        }
        // 使用 finally 块来回收资源
        finally
        {
            oos.close();
            ois.close();
        }
    }
}
```

正如以上代码所示，程序已经使用 finally 块来保证资源被关闭。那么，这个程序的关闭是否安全呢？答案是否定的。因为程序开始时指定 oos = null;，ois = null;，完全有可能在程序运行过程中初始化 oos 之前就引发了异常，那么 oos、ois 还来得及初始化，因此 oos、ois 根本无须关闭。

为了改变这种直接关闭 oos、ois 的代码，将上面程序改为如下形式。

**程序清单：codes\08\8.1\CloseResource2.java**

```
public class CloseResource2
{
    public static void main(String[] args)
        throws Exception
    {
        var w = new Wolf("灰太狼");
        System.out.println("Wolf 对象创建完成~");
        Wolf w2 = null;
        ObjectOutputStream oos = null;
        ObjectInputStream ois = null;
        try
        {
            // 创建对象输出流
            oos = new ObjectOutputStream(
                new FileOutputStream("a.bin"));
            // 创建对象输入流
            ois = new ObjectInputStream(
                new FileInputStream("a.bin"));
            // 序列化输出 Java 对象
            oos.writeObject(w);
            oos.flush();
```

```
            // 反序列化恢复 Java 对象
            w2 = (Wolf) ois.readObject();
        }
        // 使用 finally 块来回收资源
        finally
        {
            if (oos != null)
            {
                oos.close();
            }
            if (ois != null)
            {
                ois.close();
            }
        }
    }
}
```

对上面程序进行一些改进，首先保证 oos 不为 null 才关闭，再保证 ois 不为 null 才关闭 ois。

这样看起来够安全了吧，实际上依然不够安全。假如程序开始已经正常初始化了 oos、ois 两个 IO 流，在关闭 oos 时出现了异常，那么程序将在关闭 oos 时非正常退出，这样就会导致 ois 得不到关闭，从而导致资源泄漏。

为了保证关闭各资源时出现的异常不会相互影响，应该在关闭每个资源时分开使用 try...catch 块来保证关闭操作不会导致程序非正常退出。也就是将程序改为如下形式。

程序清单：codes\08\8.1\CloseResource3.java

```
public class CloseResource3
{
    public static void main(String[] args)
        throws Exception
    {
        var w = new Wolf("灰太狼");
        System.out.println("Wolf 对象创建完成~");
        Wolf w2 = null;
        ObjectOutputStream oos = null;
        ObjectInputStream ois = null;
        try
        {
            // 创建对象输出流
            oos = new ObjectOutputStream(
                new FileOutputStream("a.bin"));
            // 创建对象输入流
            ois = new ObjectInputStream(
                new FileInputStream("a.bin"));
            // 序列化输出 Java 对象
            oos.writeObject(w);
            oos.flush();
            // 反序列化恢复 Java 对象
            w2 = (Wolf) ois.readObject();
        }
        // 使用 finally 块来回收资源
        finally
        {
            if (oos != null)
            {
                try
                {
                    oos.close();
                }
```

```
                catch (Exception ex)
                {
                    ex.printStackTrace();
                }
            }
            if (ois != null)
            {
                try
                {
                    ois.close();
                }
                catch (Exception ex)
                {
                    ex.printStackTrace();
                }
            }
        }
    }
}
```

上面程序所示的资源关闭方式才是比较安全的，这种关闭方式主要保证如下三点。

- 使用 finally 块来关闭物理资源，保证关闭操作总是会被执行。
- 关闭每个资源之前首先保证引用该资源的引用变量不为 null。
- 为每个物理资源使用单独的 try...catch 块来关闭资源，保证关闭资源时引发的异常不会影响其他资源的关闭。

## 8.1.2 使用自动关闭资源的 try 语句

如果按上面介绍的第三种方式来关闭资源，必然导致 finally 块代码十分臃肿，这样的代码必将导致程序的可读性降低。为了解决这个问题，从 Java 7 开始，Java 新增了自动关闭资源的 try 语句——它允许在 try 关键字后紧跟一对圆括号，圆括号可以声明、初始化一个或多个资源，此处的资源指的是那些必须在程序结束时显式关闭的资源（比如数据库连接、网络连接等），try 语句会在该语句结束时自动关闭这些资源。

需要指出的是，为了保证 try 语句可以正常关闭资源，这些资源实现类必须实现 AutoCloseable 或 Closeable 接口，实现这两个接口就必须实现 close()方法。

**提示：**

Closeable 是 AutoCloseable 的子接口，可以被自动关闭的资源类要么实现 AutoCloseable 接口，要么实现 Closeable 接口。Closeable 接口里的 close()方法声明抛出了 IOException，因此它的实现类在实现 close()方法时只能声明抛出 IOException 或其子类；AutoCloseable 接口里的 close()方法声明抛出了 Exception，因此它的实现在实现 close()方法时可以声明抛出任意异常。

下面程序示范了如何使用自动关闭资源的 try 语句。

**程序清单：codes\08\8.1\AutoClose.java**

```
public class AutoClose
{
    public static void main(String[] args)
        throws IOException,ClassNotFoundException
    {
        var w = new Wolf("灰太狼");
        System.out.println("Wolf 对象创建完成~");
```

```
        Wolf w2 = null;
        try(
            var oos = new ObjectOutputStream(
                new FileOutputStream("a.bin"));
            var ois = new ObjectInputStream(
                new FileInputStream("a.bin"));
            )
        {
            // 序列化输出 Java 对象
            oos.writeObject(w);
            oos.flush();
            // 反序列化恢复 Java 对象
            w2 = (Wolf) ois.readObject();
        }
    }
}
```

上面程序中的粗体字代码分别声明、初始化了两个 IO 流，由于 BufferedReader、PrintStream 都实现了 Closeable 接口，而且它们放在 try 语句中声明、初始化，所以 try 语句会自动关闭它们，因此上面程序是安全的。

**提示：**

几乎所有的“资源类”（包括文件 IO 的各种类，JDBC 编程的 Connection、Statement 等接口……）都实现了 AutoCloseable 或 Closeable 接口。

自动关闭资源的 try 语句相当于包含了隐式的 finally 块（这个 finally 块用于关闭资源），因此这个 try 语句可以既没有 catch 块，也没有 finally 块。

需要指出的是，使用自动关闭资源的 try 语句有两个注意点。

- 被自动关闭的资源必须实现 Closeable 或 AutoCloseable 接口。
- 被自动关闭的资源必须放在 try 语句后的圆括号中声明、初始化。

如果程序需要，自动关闭资源的 try 语句后也可以带多个 catch 块和一个 finally 块。

**提示：**

为节省篇幅，本书后面的示例程序都将采用自动关闭资源的 try 语句来关闭资源。

## 8.2　finally 块的陷阱

前面已经介绍了，finally 块代表总是会被执行的代码块，因此通常总是使用 finally 块来关闭物理资源，从而保证程序物理资源总能被正常关闭。

### 8.2.1　finally 的执行规则

前面介绍说，finally 块代表总是会被执行的代码块，但有一种情况例外。下面程序尝试打开了一个磁盘输出流，然后使用 finally 块来关闭这个磁盘输出流。

程序清单：codes\08\8.2\ExitFinally.java

```
public class ExitFinally
{
    public static void main(String[] args)
        throws IOException
    {
        FileOutputStream fos = null;
```

```
        try
        {
            fos = new FileOutputStream("a.bin");
            System.out.println("程序打开物理资源！");
            System.exit(0);
        }
        finally
        {
            // 使用finally块关闭资源
            if (fos != null)
            {
                try
                {
                    fos.close();
                }
                catch (Exception ex)
                {
                    ex.printStackTrace();
                }
            }
            System.out.println("程序关闭了物理资源！");
        }
    }
}
```

这个程序与前面程序略有不同的是，程序的 try 块中增加了 System.exit(0)来退出程序。程序在执行 System.exit(0)后，finally 块是否还会得到执行的机会？尝试运行上面程序，会看到程序有时并不会执行 finally 块的代码。

不论 try 块是正常结束，还是中途非正常退出，finally 块确实都会执行。然而在这个程序中，try 语句块根本就没有结束其执行过程，System.exit(0);将停止当前线程和所有其他当场死亡的线程。finally 块并不能让已经停止的线程继续执行。

当 System.exit(0)被调用时，虚拟机退出前要执行两项清理工作。

- 执行系统中注册的所有关闭钩子。
- 如果程序调用了 System.runFinalizerOnExit(true);，那么 JVM 会对所有还未结束的对象调用 Finalizer。

第二种方式已经被证明是极度危险的，因此 JDK API 文档中说明第二种方式已经过时了，因此实际开发中不应该使用这种危险行为。

第一种方式则是一种安全的操作，程序可以将关闭资源的操作注册成为关闭钩子。在 JVM 退出之前，这些关闭钩子将会被调用，从而保证物理资源被正常关闭。

可以将上面程序改为如下形式。

程序清单：codes\08\8.2\ExitHook.java

```
public class ExitHook
{
    public static void main(String[] args)
        throws IOException
    {
        var fos = new FileOutputStream("a.bin");
        System.out.println("程序打开物理资源！");
        // 为系统注册关闭钩子
        Runtime.getRuntime().addShutdownHook(
            new Thread()
            {
                public void run()
                {
```

```
                // 使用关闭钩子来关闭资源
                if (fos != null)
                {
                    try
                    {
                        fos.close();
                    }
                    catch (Exception ex)
                    {
                        ex.printStackTrace();
                    }
                }
                System.out.println("程序关闭了物理资源！");
            }
        });
        System.exit(0);
    }
}
```

上面程序中的粗体字代码为系统注册了一个关闭钩子，关闭钩子负责在程序退出时回收系统资源。运行上面程序，将可以看到系统可以正常关闭物理资源。

## 8.2.2　finally 块和方法返回值

通过上面介绍可以看出，只要 Java 虚拟机不退出，不管 try 块是正常结束，还是遇到异常非正常退出，finally 块总会获得执行的机会。示例如下。

**程序清单：codes\08\8.2\FinallyFlowTest.java**

```
public class FinallyFlowTest
{
    public static void main(String[] args)
    {
        int a = test();
        System.out.println(a);
    }
    public static int test()
    {
        var count = 5;
        try
        {
            // 因为 finally 块中包含了 return 语句
            // 所以下面的 return 语句不会立即返回
            return count++;
        }
        finally
        {
            System.out.println("finally 块被执行");
            return ++count;
        }
    }
}
```

上面程序的 try 块里是 return count++，而 finally 块里则是 return ++count，那么 test()方法的返回值到底是多少呢？

运行上面程序，可以发现程序输出 7，这表明 test()方法的返回值是 7；程序也输出了“finally 块被执行”字符串，这表明 finally 块被执行了，也就是说，finally 块中的 return ++count 被执行了，但 test()方法返回值是 7，表明该代码立即返回了，没有退回 try 块中再次执行 return count++;。

当 Java 程序执行 try 块、catch 块时遇到了 return 语句，return 语句会导致该方法立即结束。系统执行完return语句之后，并不会立即结束该方法，而是去寻找该异常处理流程中是否包含finally块，如果没有finally块，则方法终止，返回相应的返回值；如果有finally块，系统会立即开始执行finally块——只有当finally块执行完成后，系统才会再次跳回来根据return语句结束方法。如果finally块里使用了return语句来导致方法结束，则finally块已经结束了方法，系统将不会跳回去执行try块、catch块里的任何代码。

下面还有一个比较难以判断的程序。

程序清单：codes\08\8.2\FinallyFlowTest2.java

```
public class FinallyFlowTest2
{
    public static void main(String[] args)
    {
        int a = test();
        System.out.println(a);
    }
    public static int test()
    {
        var count = 5;
        try
        {
            // 因为finally块中包含了return语句
            // 所以下面的异常不能立即中止方法
            var a = 20 / 0;
        }
        finally
        {
            System.out.println("finally块被执行");
            return count;
        }
    }
}
```

上面程序的try块中代码必然抛出RuntimeException异常，程序并未使用catch块来捕获这个异常。在正常情况下，这个异常应该导致test()方法非正常中止，test()方法应该没有返回值。

实际情况是怎样的呢？运行上面程序，可以发现test()方法完全可以正常结束，而且test()方法返回了5，看起来程序中粗体字代码完全失去了作用。

这也是符合finally块执行流程的，当程序执行try块、catch块遇到throw语句时，throw语句会导致该方法立即结束，系统执行throw语句时并不会立即抛出异常，而是去寻找该异常处理流程中是否包含finally块。如果没有finally块，程序立即抛出异常、中止方法；如果有finally块，系统立即开始执行finally块——只有当finally块执行完成后，系统才会再次跳回来抛出异常、中止。如果finally块里使用return语句来结束方法，系统将不会跳回try块去抛出异常、中止方法。

## 8.3 catch块的用法

Java语法规定，对于非自动关闭资源的try语句，每个try块至少需要一个catch块或一个finally块，绝不能只有单独一个孤零零的try块。一个try块不仅可以对应一个catch块，还可以对应多个catch块。

### 8.3.1 catch块的顺序

当Java运行时环境接收到异常对象时，系统会根据catch(XxxException e)语句决定使用哪个异常分支来处理程序引发的异常。

当程序进入负责异常处理的 catch 块时，系统生成的异常对象 ex 将会被传给 catch (XxxException e)语句的异常形参，从而允许 catch 块通过该对象来访问异常的详细信息。

每个 try 块后可以有多个 catch 块，不同的 catch 块针对不同异常类提供相应的异常处理方式。当发生不同的意外情况时，系统会生成不同的异常对象，这样可保证 Java 程序能根据该异常对象所属的异常类来决定使用哪个 catch 块处理该异常。

通过在 try 块后提供多个 catch 块，可以无须在异常处理块中使用 if、switch 判断异常类型，但依然可以针对不同的异常类型提供相应的处理逻辑，从而提供更细致、更有条理的异常处理逻辑。

在通常情况下，如果 try 块被执行一次，则 try 块后只有一个 catch 块会被执行，绝不可能有多个 catch 块被执行。除非在循环中使用了 continue 开始下一次循环，下一次循环又重新运行了 try 块，才可能导致多个 catch 块被执行。

由于异常处理机制中排在前面的 catch(XxxException ex)块总是会优先获得执行的机会，因此 Java 对 try 块后的多个 catch 块的排列顺序是有要求的。示例如下。

程序清单：codes\08\8.3\CatchSequenceTest.java

```
public class CatchSequenceTest
{
    public static void main(String[] args)
        throws Exception
    {
        FileInputStream fis = null;
        try
        {
            fis = new FileInputStream("a.bin");
            fis.read();
        }
        // 捕获 IOExcetion 异常
        catch (IOException ex)
        {
            ex.printStackTrace();
        }
        // 捕获 FileNotFoundException 异常
        catch (FileNotFoundException fex)        // ①
        {
            fex.printStackTrace();
        }
        finally
        {
            // 以简单方式关闭资源
            if (fis != null)
            {
                fis.close();
            }
        }
    }
}
```

上面程序看上去没有什么问题，尝试编译这个程序，将看到编译器提示如下编译错误。

```
CatchSequenceTest.java:30: 错误: 已捕获到异常错误 FileNotFoundException
        catch (FileNotFoundException fex)
        ^
```

程序提示①号粗体字代码处有编译错误，编译器不允许程序在第 30 行捕获 FileNotFoundException 异常，这是为什么呢？

因为 Java 的异常有非常严格的继承体系，许多异常类之间有严格的父子关系，比如，程序 FileNotFoundException 异常就是 IOException 的子类。根据 Java 继承的特性，子类其实是一种特殊的父类，也就是说，FileNotFoundException 只是一种特殊的 IOException。程序前面的 catch 块已经捕获了 IOException，这意味着 FileNotFoundException 作为子类已经被捕获过了，因此程序在后面再次试图捕获 FileNotFoundException 纯属多此一举。

经过上面分析可以看出，在 try 块后使用 catch 块来捕获多个异常时，程序应该小心多个 catch 块之间的顺序：捕获父类异常的 catch 块都应该排在捕获子类异常的 catch 块之后（简称为，先处理小异常，再处理大异常），否则将出现编译错误。

上面这条规则和前面介绍的 if...else 分支语句的处理规则基本相似：if...else 分支语句应该先处理范围小的条件，后处理范围大的条件，否则将会导致 if...else 分支语句后面的分支得不到执行的机会。try...catch 语句的处理规则也是如此：try...catch 语句的多个 catch 块应该先捕获子类异常（子类代表的范围较小），后捕获父类异常（父类代表的范围较大），否则编译器会提示编译错误。

由于 Exception 是所有异常类的根父类，因此 try...catch 块应该把捕获 Exception 的 catch 块排在所有 catch 块的最后面；否则，Java 运行时将直接进入捕获 Exception 的 catch 块（因为所有的异常对象都是 Exception 或其子类的实例），而排在它后面的 catch 块将永远也不会获得执行的机会。当然，编译器还是比较智能的，当检测到程序员试图做这样一件“蠢事”时，编译器会直接提示编译错误，阻止这样的代码获得执行。

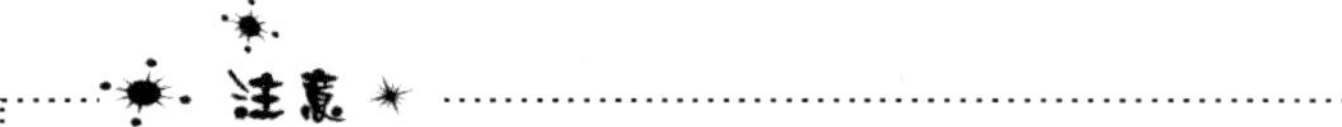


在进行异常捕获时，一定要记住先捕获小异常，再捕获大异常。

## 8.3.2 不要用 catch 代替流程控制

下面程序先定义了一个字符串数组，然后“别出心裁”地使用了一种新的方式来遍历数组。程序并没有遍历到数组索引的最大处就结束遍历，而是使用异常控制来捕获 IndexOutOfBoundsException 异常，当捕获到这个异常之后再结束遍历。

**程序清单：codes\08\8.3\ExceptionFlowTest.java**

```
public class ExceptionFlowTest
{
    public static void main(String[] args)
    {
        String[] books = {
            "疯狂 Java 讲义",
            "轻量级 Java EE 企业应用实战",
            "疯狂 Ajax 讲义"
        };
        var i = 0;
        while (true)
        {
            try
            {
                System.out.println(books[i++]);
            }
            catch (IndexOutOfBoundsException ex)
            {
                // 结束循环
```

```
                break;
            }
        }
    }
}
```

程序使用“死循环”来遍历数组，当遍历数组产生“数组越界”异常时，catch 块会捕获该异常，并跳出死循环。程序看上去没有任何问题，尝试运行该程序，确实可以完全遍历该字符串数组里的每个字符串。

看来这个“别出心裁”的主意还不错，完全可以使用这种方式来遍历数组。问题是，这种做法真的好吗？实际上，这种遍历数组的方式不仅难以阅读，而且运行速度还非常慢。

切记：千万不要使用异常来进行流程控制。异常机制不是为流程控制而准备的，而是为程序的意外情况准备的，因此程序只应该为异常情况使用异常机制。所以，不要使用这种“别出心裁”的方法来遍历数组。

不要在程序中过度使用异常机制，千万不要使用异常处理机制来代替流程控制。对于程序中各种能够预知的情况，应该尽量进行处理，不要盲目地使用异常捕获来代替流程控制。

## 8.3.3　应该只 catch 可能抛出的异常

在前面大部分程序中，程序通常直接调用 catch(Exception ex)来捕获所有的异常，这个 catch 块可以捕获所有的程序异常。下面几个程序试图捕获其他异常。

程序清单：codes\08\8.3\CatchTest.java

```
public class CatchTest
{
    public static void main(String[] args)
    {
        test1();
        test2();
        test3();
        test4();
        test5();
    }
    public static void test1()
    {
        try
        {
            System.out.println("www.crazyit.org");
        }
        catch (IndexOutOfBoundsException ex)
        {
            ex.printStackTrace();
        }
    }
    public static void test2()
    {
        try
        {
            System.out.println("www.crazyit.org");
        }
        catch (NullPointerException ex)
```

```
        {
            ex.printStackTrace();
        }
    }
    public static void test3()
    {
        try
        {
            System.out.println("www.crazyit.org");
        }
        catch (IOException ex)     // ①
        {
            ex.printStackTrace();
        }
    }
    public static void test4()
    {
        try
        {
            System.out.println("www.crazyit.org");
        }
        catch (ClassNotFoundException ex)    // ②
        {
            ex.printStackTrace();
        }
    }
    public static void test5()
    {
        try
        {
            System.out.println("www.crazyit.org");
        }
        catch (Exception ex)
        {
            ex.printStackTrace();
        }
    }
}
```

上面程序中定义了5个简单的方法。这5个方法所包含的代码非常简单，它们只有一条简单的输出语句，程序试图捕获这条输出语句可能引发的5种异常，如下所示。

- IndexOutOfBoundsException
- NullPointerException
- IOException
- ClassNotFoundException
- Exception

那么，这个程序会有什么问题呢？尝试编译该程序，发现编译器提示如下编译错误。

```
CatchTest.java:51: 错误: 在相应的 try 语句主体中不能抛出异常错误 IOException
        catch (IOException ex)     // ①
        ^
CatchTest.java:62: 错误: 在相应的 try 语句主体中不能抛出异常错误ClassNotFoundException
        catch (ClassNotFoundException ex)   // ②
        ^
2 个错误
```

编译器提示程序在①、②号代码处试图捕获IOException、ClassNotFoundException两个异常出现错误，编译器认为System.out.println("www.crazyit.org");语句不可能抛出这两个异常，因此试图捕获这两个异常是有错的。

但上面程序中，test1()、test2()两个方法试图捕获 IndexOutOfBoundsException、NullPointer Exception 异常却没有任何错误。很明显，IndexOutOfBoundsException、NullPointerException 这两个异常和 IOException、ClassNotFoundException 这两个异常存在区别。

实际情况也是如此，IndexOutOfBoundsException、NullPointerException 两个异常类都是 RuntimeException 的子类，因此它们都属于运行时异常，而 IOException、ClassNotFoundException 异常则属于 Checked 异常。

根据 Java 语言规范，如果一个 catch 块试图捕获一个类型为 XxxException 的 Checked 异常，那么它对应的 try 块必须有可能抛出 XxxException 或其子类的异常，否则编译器将提示该程序具有编译错误——但在所有 Checked 异常中，Exception 是一个异类，无论 try 块是怎样的代码，catch(Exception ex)总是正确的。

RuntimeException 类及其子类的实例被称为 Runtime 异常，不是 RuntimeException 类及其子类的异常实例则被称为 Checked 异常，只要愿意，程序总可以使用 catch(XxxException ex)来捕获运行时异常。

Runtime 异常是一种非常灵活的异常，它无须显式声明抛出，只要程序有需要，即可以在任何有需要的地方使用 try...catch 块来捕获 Runtime 异常。

前面提到，如果一个 catch 子句试图捕获一个类型为 XxxException 的 Checked 异常，那么它对应的 try 子句则必须有可能抛出 XxxException 或其子类的异常。这里有一个问题，如何确定 try 子句可能抛出哪些异常呢？

看如下示例。

程序清单：codes\08\8.3\CatchTest2.java

```
public class CatchTest2
{
    public static void main(String[] args)
    {
        test1();
        test2();
    }
    public static void test1()
    {
        try(
            // 打开文件输入流
            var fis = new FileInputStream("a.bin");
            )
        {
            System.out.println("www.crazyit.org");
        }
        catch (IOException ex)
        {
            ex.printStackTrace();
        }
    }
    public static void test2()
    {
        try
        {
            // 加载一个类
            Class.forName("org.crazyit.learning.Student");
```

```
            System.out.println("www.crazyit.org");
        }
        catch (ClassNotFoundException ex)
        {
            ex.printStackTrace();
        }
    }
}
```

上面程序中，test1()方法也尝试捕获 IOException 异常，test2()方法也尝试捕获 ClassNotFoundExcepion，但程序并未产生任何问题。这就是因为，test1()方法中 try 块里的代码可能抛出 IOException 异常，test2()方法中 try 块里的代码可能抛出 ClassNotFoundException 异常。

为什么 test1()方法的 try 块可能抛出 IOException 异常？该 try 块中有如下一行代码：

```
var fis = new FileInputStream("a.bin");
```

这行代码调用了 FileInputStream 类的构造器来创建一个文件输入流。该构造器声明如下：

```
public FileInputStream(String name)
    throws FileNotFoundException
```

从上面的方法声明可以看出，FileInputStream 类的构造器声明抛出了一个 FileNotFoundException 异常（它是 IOException 的子类），也就是程序调用该构造器创建输入流可能抛出该异常。在这样的情况下，test1()方法中的 try 块对应的 catch 块才可以试图捕获 IOException 异常。

对于 test2()方法而言，Class 的 forName()方法的签名如下：

```
public static Class<?> forName(String className)
    throws ClassNotFoundException
```

上面的方法签名同样声明抛出了 ClassNotFoundException 异常。

实际上，如果一段代码可能抛出某个 Checked 异常（这段代码调用的某个方法、构造器声明抛出了该 Checked 异常），那么程序必须处理这个 Checked 异常。对于 Checked 异常的处理方式有两种。

- 当前方法明确知道如何处理该异常，程序应该使用 try...catch 块来捕获该异常，然后在对应的 catch 块中修复该异常。
- 当前方法不知道如何处理这种异常，应该在定义该方法时声明抛出该异常。

总之，程序使用 catch 块捕获异常时，其实并不能随心所欲地捕获所有异常。程序可以在任意想捕获的地方捕获 RuntimeException 异常，但对于其他 Checked 异常，只有当 try 块可能抛出该异常时（try 块中调用的某个方法声明抛出了该 Checked 异常），catch 块才能捕获该 Checked 异常。

### 8.3.4 做点实际的修复

对于前面介绍的绝大部分程序，程序的 catch 块里并未提供太多有效的修复操作，catch 块内只有一行简单的 ex.printStackTrace();代码。其实这行代码并没有太多的存在价值，只是打印了异常的跟踪栈信息而已。

即使程序不捕获该异常，不使用 ex.printStackTrace()输出异常的跟踪栈信息，JVM 遇到异常时也会自动中止程序，并打印异常的跟踪栈信息。

如果程序知道应该如何修复指定的异常，则应该在 catch 块内尽量修复该异常，当该异常情况被修复后，可以再次调用该方法；如果程序不知道如何修复该异常，也没有进行任何修复，则千万不要再次调用可能导致该异常的方法。示例如下。

**程序清单：codes\08\8.3\DoFixThing.java**

```
public class DoFixThing
{
    public static void main(String[] args)
```

```
    {
        test();
    }
    public static void test()
    {
        try
        {
            // 加载一个类
            Class.forName("org.crazyit.learning.Student");
            System.out.println("www.crazyit.org");
        }
        catch (ClassNotFoundException ex)
        {
            // 不做任何修复，试图再次调用 test()方法
            test();
        }
    }
}
```

上面程序的 test()方法使用 try...catch 执行 Class.forName("org.crazyit.learning.Student");代码，这行代码可能引发 ClassNotFoundException 异常。当程序捕获到该异常时，并未进行任何修复操作，只是简单地试图再次调用 test()方法。这样做的后果很严重：程序再次调用 test()方法时将再次引发 ClassNotFoundException 异常，该异常将再次被对应的 catch 块捕获到……这样就形成了无限递归，程序最终将因为 java.lang.StackOverflowError 错误而非正常结束。

在最坏的情况下，程序使用 finally 块再次调用可能引发异常的方法，这也会导致程序一直进行无限递归，甚至不会由于 StackOverflowError 错误而导致中止——因为无论是正常结束，还是非正常中止，程序都会执行 finally 块的代码。示例如下。

**程序清单：codes\08\8.3\DoFixThing2.java**

```
public class DoFixThing2
{
    public static void main(String[] args)
        throws Exception
    {
        test();
    }
    public static void test()
        throws ClassNotFoundException
    {
        try
        {
            // 加载一个类
            Class.forName("org.crazyit.learning.Student");
            System.out.println("www.crazyit.org");
        }
        finally
        {
            test();
        }
    }
}
```

上面程序更极端，它不可能抛出异常。因为根据 finally 的执行流程，每当程序试图调用 throw 语句抛出异常时，程序总会先执行 finally 块中的代码，这就导致程序进行无限递归，即使程序实际已经发生了 StackOverflowError 错误，也依然不会非正常退出。

运行上面程序，将看到程序直接进入“挂起”状态，程序永远不会结束，甚至会导致整个操作

系统的运行都非常缓慢，只有通过强行结束 java.exe 进程来结束该程序。

这个程序给出的教训是，无论如何不要在 finally 块中递归调用可能引起异常的方法，因为这将导致该方法的异常不能被正常抛出，甚至 StackOverflowError 错误也不能中止程序，只能采用强行结束 java.exe 进程的方式来中止程序的运行。

##  8.4 继承得到的异常

Java 语言规定，子类重写父类的方法时，不能声明抛出比父类方法类型更多、范围更大的异常。也就是说，子类重写父类的方法时，子类方法只能声明抛出父类方法所声明抛出的异常的子类。

掌握这个规则后，看下面一个简单的程序。

**程序清单：codes\08\8.4\Test.java**

```
// 定义第一个接口
interface Type1
{
    void test() throws ClassNotFoundException;
}
// 定义第二个接口
interface Type2
{
    void test() throws NoSuchMethodException;
}
// 该 Test 类实现 Type1、Type2 两个接口
public class Test implements Type1, Type2
{
    // 实现 Type1、Type2 接口里声明的抽象方法
    public void test()
        throws NoSuchMethodException, ClassNotFoundException
    {
        System.out.println("www.crazyit.org");
    }
    public static void main(String[] args)
    {
        var t = new Test();
        t.test();
    }
}
```

上面程序中定义了 Type1、Type2 两个接口，这两个接口里都定义了一个 test()方法，只是它们抛出的异常不同而已。接着，程序定义了 Test 类，该 Test 类实现了 Type1、Type2 两个接口，因此 Test 类应该实现这两个接口里定义的 test()方法。Test 类实现 test()方法时声明抛出了 Type1、Type2 两个接口里 test()方法中声明抛出的异常。

尝试编译上面程序，将看到编译器提示如下编译错误。

```
Test.java:27: 错误: Test 中的 test()无法实现 Type1 中的 test()
    public void test()
                ^
  被覆盖的方法未抛出 NoSuchMethodException
```

编译器提示 Test 中的 test()方法不能声明抛出 NoSuchMethodException 异常。删除 test()方法声明抛出的 NoSuchMethodException 异常，再尝试编译该程序，将看到编译器提示如下编译错误。

```
Test.java:27: 错误: Test 中的 test()无法实现 Type2 中的 test()
    public void test()
                ^
```

```
被覆盖的方法未抛出 ClassNotFoundException
```

编译器提示 Test 中的 test()方法不能声明抛出 ClassNotFoundException 异常，只有删除 Test 类里 test()方法声明抛出的所有异常之后，再次编译该程序，才看到编译完成。

通过上面介绍可以发现，Test 类实现了 Type1 接口，实现 Type1 接口里的 test()方法时可以声明抛出 ClassNotFoundException 异常或该异常的子类，或者不声明抛出；Test 类实现了 Type2 接口，实现 Type2 接口里的 test()方法时可以声明抛出 NoSuchMethodException 异常或该异常的子类，或者不声明抛出。由于 Test 类同时实现了 Type1、Type2 两个接口，因此需要同时实现两个接口中的 test()方法。只能是上面两种声明抛出的交集，不能声明抛出任何异常。

也就是说，只能将上面的 Test 类改为如下形式。

```
// 该 Test 类实现 Type1、Type2 两个接口
public class Test implements Type1, Type2
{
    // 实现 Type1、Type2 接口里声明的抽象方法
    public void test()
    {
        System.out.println("www.crazyit.org");
    }
    public static void main(String[] args)
    {
        var t = new Test();
        t.test();
    }
}
```

将程序改为上面形式之后，Test 类即可正常通过编译。

## 8.5　本章小结

本章详细介绍了异常处理中可能遇到的陷阱，这些问题是大部分 Java 开发者经常遇到，却又非常容易犯错的场景。例如，如何正确地关闭物理资源，异常处理中使用 finally 块的问题，try...catch 流程中 catch 块处理不当引起的错误等。希望读者能重视这些问题，在实际开发中避开它们。

CHAPTER

9

# 第9章 线性表

## 引言

小邓从事软件开发有3年多时间了，在编程技术、经验上都颇有心得。

某日，几个好朋友围在一起边喝咖啡，边聊天，有人谈起Java集合框架中的List，突然有人提出一个怪问题：你们为什么会用List集合呢？

“啊？List代表一种集合元素允许重复、有序的集合，因此我们可以根据索引来访问List集合的元素啊，这非常方便啊。”小邓的基本功还算扎实。

“这些我知道，我的问题是：在怎样的情形下我们会考虑使用List集合?”

气氛安静下来，大家陷入了思考中。

过了一会儿，小邓慢慢地说：“如果有一组数据节点，多个数据节点之间有松散的一对一关系，类似于A数据节点之后是B数据节点这种关系，我想应该使用List集合来保存它们。”

“嗯，没错。”有人表示同意。

“换一个角度来看，这种存在松散一对一关系的多个数据节点就是典型的线性结构，应该使用线性表来保存它们。”小邓接着补充。

“确实如此。”有人表示赞同：“Java的List集合本身就是线性表的实现，其中ArrayList是线性表的顺序存储实现；而LinkedList则是线性表的链式存储实现。”

“原来如此！”有人恍然大悟：“看来我们实际编程时经常在使用数据结构啊，只是我们直接用了别人的实现，因此感觉不到而已。”

“也怪自己大学里学习数据结构时没有深入学习。”有人表示懊悔。

“其实这也难怪，当初大学教数据结构的老师只是一个刚毕业的研究生，每次上课就对着书念，既不给我们写点代码，也不示范线性表的实际用途，我们也很难深入学习啊。”小邓感慨道：“不过没关系，现在知道线性表的实际用途后，回头再找些资料研究一下。”

## 本章要点

- 线性表的基本概念
- 线性表应该提供的基本操作
- 顺序线性表的实现
- 链式线性表的实现
- 单链表
- 循环链表
- 双向链表
- 不同线性表的实现差异
- 线性表的基本功能
- Java提供的线性表的实现

曾经有一个问题：IT、IT，到底是 I 重要，还是 T 重要？答案是 I。其中，I 代表 IT 技术的终极目标 Information（信息），而 T（Technology）只是存储和管理 Information 的手段。

换句话说，编程的本质就是对数据（信息以数据的形式而存在）的处理，在实际编程中不得不处理大量数据，因此在实际动手编码之前必须先分析处理这些数据，以及处理数据之间存在的关系。

由于现实的数据元素之间存在着纷繁芜杂的逻辑关系，应用程序需要分析这些数据的逻辑结构，采用合适的物理结构来存储（在内存中存储，并非数据库存储）这些数据，并以此为基础对这些数据进行相应的操作。当然，还要分析各种数据结构在时间开销、空间开销上的优劣。这种专门研究应用程序中数据之间的逻辑关系、存储方式及其操作的学问就是所谓的数据结构。

从数据的逻辑结构来分，数据元素之间存在的关联关系被称为数据的逻辑结构。归纳起来，应用程序中的数据大致有如下四种基本的逻辑结构。

- 集合：数据元素之间只有“同属于一个集合”的关系。
- 线性结构：数据元素之间存在一对一的关系。
- 树形结构：数据元素之间存在一对多的关系。
- 图状结构或网状结构：数据元素之间存在多对多的关系。

对于数据不同的逻辑结构，在底层通常有两种物理存储结构。

- 顺序存储结构。
- 链式存储结构。

本书将重点介绍两种常用的逻辑数据结构：线性结构和树形结构。此外，本书将以 Java 语言来实现这些数据结构，并结合 Java 集合类来分析这些数据结构的功能。

## 9.1 线性表概述

对于常用的数据结构，可以将其简单地分为线性结构和非线性结构，其中线性结构主要是线性表，而非线性结构则主要是树和图。

### 9.1.1 线性表的定义及逻辑结构

线性表（Linear List）是由 $n$（$n \geqslant 0$）个数据元素（节点）$a_1, a_2, a_3, \cdots, a_n$ 组成的有限序列。

线性表中每个元素都必须具有相同的结构（即拥有相同的数据项）。线性表是线性结构中最常用而又最简单的一种数据结构。很多读者容易把线性表的数据元素理解成简单的数据值，其实不然，如表 9.1 所示的数据表其实也是一个线性表。

表 9.1 员工信息表

| 员工编号 | 姓名 | 年龄 | 学历 |
|---|---|---|---|
| 0001 | 孙悟空 | 500 | 专科 |
| 0002 | 猪八戒 | 400 | 本科 |
| 0003 | 沙僧 | 350 | 本科 |
| 0004 | 唐僧 | 21 | 博士 |
| ... | ... | ... | ... |

对于表 9.1 所示的数据而言，它本质上依然是线性表，只是它的每个数据元素都是一个“复合”的员工对象，每个数据元素包含四个数据项（也被称为 Field）：员工编号、姓名、年龄和学历。

也就是说，线性表中每个数据元素其实还可包含若干个数据项，例如，使用 $a_i$ 来代表线性表中的第 $i$ 个元素，其中 $a_i$ 元素可以包含若干个数据项。关于线性表还可以有如下定义。

➢ 线性表中包含的数据元素个数 $n$ 被称为表的长度，当线性表的长度为 0 时，该表也被称为“空表”。
➢ 当 $n>0$ 时，表可表示为（$a_1, a_2, a_3, \cdots, a_n$）。

对于一个非空、有限的线性表而言，它总具有如下基本特征。

➢ 总存在唯一的“第一个”数据元素。
➢ 总存在唯一的“最后一个”数据元素。
➢ 除第一个数据元素外，集合中的每一个数据元素都只有一个前驱的数据元素。
➢ 除最后一个数据元素外，集合中的每一个数据元素都只有一个后继的数据元素。

### 9.1.2 线性表的基本操作

如果需要实现一个线性表，程序首先需要确定该线性表的每个数据元素。接下来，应该为该线性表实现如下基本操作。

➢ 初始化：通常是一个构造器，用于创建一个空的线性表。
➢ 返回线性表的长度：该方法用于返回线性表中数据元素的个数。
➢ 获取指定索引处的元素：根据索引返回线性表中的数据元素。
➢ 按值查找数据元素的位置：如果线性表中存在一个或多个与查找值相等的数据元素，那么该方法返回第一个搜索到的值相等的数据元素的索引，否则返回−1。
➢ 直接插入数据元素：向线性表的头部插入一个数据元素，线性表长度+1。
➢ 向指定位置插入数据元素：向线性表的指定索引处插入一个数据元素，线性表长度+1。
➢ 直接删除数据元素：删除线性表头部的数据元素，线性表长度−1。
➢ 删除线性表中指定位置的数据元素：删除线性表中指定索引处的数据元素，线性表长度−1。
➢ 判断线性表是否为空：该方法判断线性表是否为空，如果线性表为空，则返回 true，否则返回 false。
➢ 清空线性表：将线性表清空。

简单了解这些关于线性表的基础知识之后，接下来将使用 Java 工具分别实现顺序存储结构的线性表和链式存储结构的线性表。

## 9.2 顺序存储结构

线性表的顺序存储结构是指用一组地址连续的存储单元依次存放线性表的元素。当程序采用顺序存储结构来实现线性表时，线性表中相邻元素的两个元素 $a_i$ 和 $a_{i+1}$ 对应的存储地址 $loc(a_i)$和$loc(a_{i+1})$也是相邻的。

换句话说，顺序结构线性表中数据元素的物理关系和逻辑关系是一致的，线性表中数据元素的存储地址可按如下公式计算。

$$loc(a_i) = loc(a_0) + i * b \quad (0 < i < n)$$

上面公式中 $b$ 代表每个数据元素存储单元的大小。从上面公式可以看出，程序获取线性表中每个元素的存储起始地址的时间相同，读取表中数据元素的时间也相同。而且顺序表中每个元素都可随机存取，因此顺序存储的线性表是一种随机存取的存储结构。

为了使用顺序结构实现线性表，程序通常会采用数组来保存线性表中的数据元素。

当使用数组来保存线性表中的元素时，程序可以很容易地实现线性表中所包含的方法，但当试图向线性表的指定位置添加元素时，系统实现该方法则稍微有些复杂。

线性表的插入运算是指在表的第 $i$（$0 \leqslant i < n$）个位置插入一个新的数据元素 $x$，使长度为 $n$ 的线性表：

$$a_0,\ \cdots,\ a_{i-1},\ a_i,\cdots,\ a_{n-1}$$

变成长度为 $n$+1 的线性表：

$$a_0,\ \cdots a_{i-1},\ x,\ a_i,\ \cdots,\ a_{n-1}$$

向顺序结构的线性表中插入元素，如图 9.1 所示。

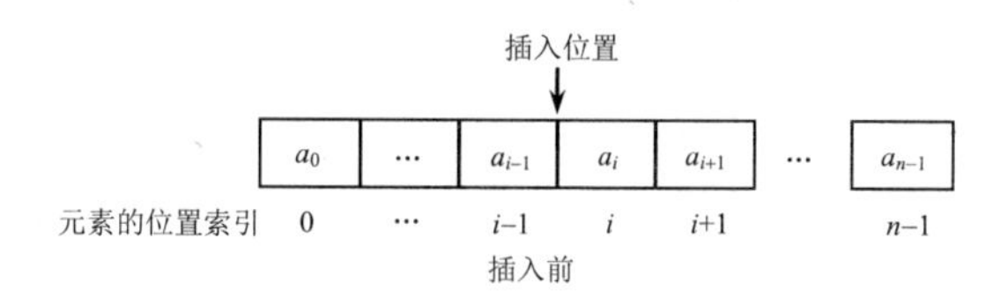


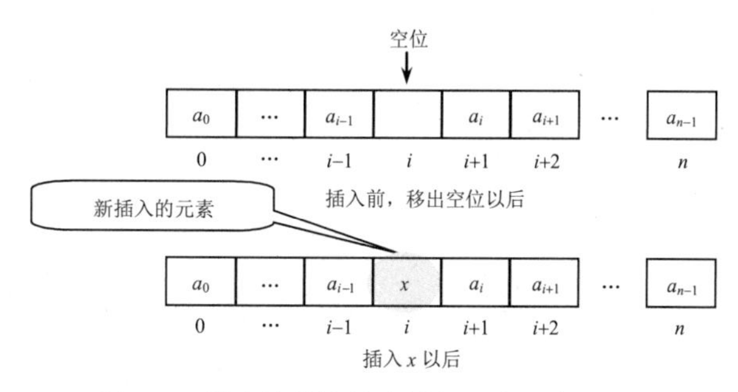


图 9.1　顺序结构线性表插入元素示意图

对于这个插入操作示意图，还有一个必须考虑的问题：由于顺序结构线性表底层采用数组来存储数据元素，因此插入数据元素时必须保证不会超出底层数组的容量。如果线性表中元素的个数超出了底层数组的长度，那么就必须为该线性表扩充底层数组的长度。

线性表的删除运算是指将表的第 $i$($0 \leqslant i < n$)个位置的数据元素删除，使长度为 $n$ 的线性表：

$$a_0,\ \cdots,\ a_{i-1},\ a_i,\ a_{i+1},\ \cdots,\ a_{n-1}$$

变成长度为 $n$−1 的线性表：

$$a_0,\ \cdots,\ a_{i-1},\ a_{i+1},\ \cdots,\ a_{n-1}$$

从顺序结构的线性表中删除元素，如图 9.2 所示。

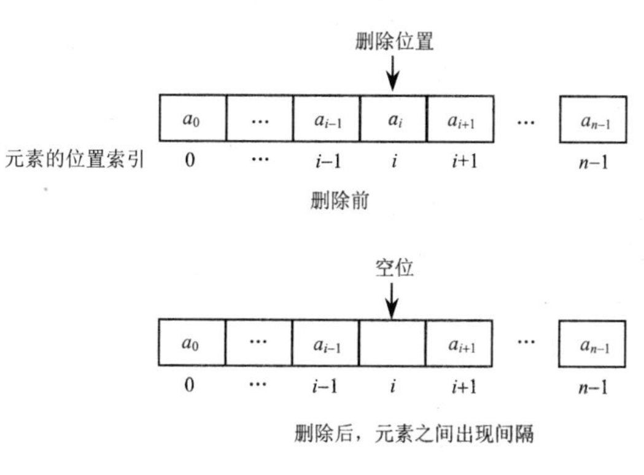


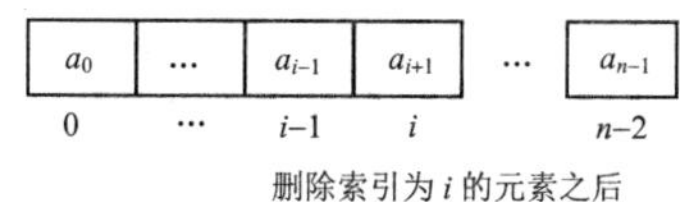


图 9.2　顺序结构线性表删除元素示意图

掌握上面的示意图之后，接下来就可以采用数组来实现顺序结构线性表了。下面程序是一个简单的顺序结构线性表的源代码。

**程序清单：codes\09\9.2\SequenceList.java**

```
public class SequenceList<T>
{
    private int DEFAULT_SIZE = 16;
    // 保存数组的长度
    private int capacity;
    // 定义一个数组用于保存顺序线性表的元素
    private Object[] elementData;
    // 保存顺序线性表中元素的当前个数
    private int size = 0;
    // 以默认数组长度创建空顺序线性表
    public SequenceList()
    {
        capacity = DEFAULT_SIZE;
        elementData = new Object[capacity];
    }
    // 以一个初始化元素来创建顺序线性表
    public SequenceList(T element)
    {
        this();
        elementData[0] = element;
        size++;
    }
    /**
     * 以指定长度的数组来创建顺序线性表
     * @param element 指定顺序线性表中第一个元素
     * @param initSize 指定顺序线性表底层数组的长度
     */
    public SequenceList(T element, int initSize)
    {
        capacity = 1;
        // 把capacity设为大于initSize的最小的2的n次方
        while (capacity < initSize)
        {
            capacity <<= 1;
        }
        elementData = new Object[capacity];
        elementData[0] = element;
        size++;
    }
    // 获取顺序线性表的大小
    public int length()
    {
        return size;
    }
    // 获取顺序线性表中索引为i处的元素
    @SuppressWarnings("unchecked")
    public T get(int i)
    {
        if (i < 0 || i > size - 1)
        {
            throw new IndexOutOfBoundsException("线性表索引越界");
        }
        return (T) elementData[i];
    }
    // 查找顺序线性表中指定元素的索引
    public int locate(T element)
```

```
{
    for (var i = 0; i < size; i++)
    {
        if (elementData[i].equals(element))
        {
            return i;
        }
    }
    return -1;
}
// 向顺序线性表的指定位置插入一个元素
public void insert(T element, int index)
{
    if (index < 0 || index > size)
    {
        throw new IndexOutOfBoundsException("线性表索引越界");
    }
    ensureCapacity(size + 1);
    // 将index处以后的所有元素向后移动一格
    System.arraycopy(elementData, index, elementData,
        index + 1, size - index);
    elementData[index] = element;
    size++;
}
// 在线性顺序表的开始处添加一个元素
public void add(T element)
{
    insert(element, size);
}
// 扩充底层数组长度，很麻烦，而且性能很差
private void ensureCapacity(int minCapacity)
{
    // 如果数组的原有长度小于目前所需的长度
    if (minCapacity > capacity)
    {
        // 不断地将capacity * 2，直到capacity大于minCapacity为止
        while (capacity < minCapacity)
        {
            capacity <<= 1;
        }
        elementData = Arrays.copyOf(elementData, capacity);
    }
}
// 删除顺序线性表中指定索引处的元素
@SuppressWarnings("unchecked")
public T delete(int index)
{
    if (index < 0 || index > size - 1)
    {
        throw new IndexOutOfBoundsException("线性表索引越界");
    }
    T oldValue = (T) elementData[index];
    int numMoved = size - index - 1;
    if (numMoved > 0)
    {
        System.arraycopy(elementData, index+1,
            elementData, index, numMoved);
    }
    // 清空最后一个元素
    elementData[--size] = null;
    return oldValue;
```

```
    }
    // 删除顺序线性表中最后一个元素
    public T remove()
    {
        return delete(size - 1);
    }
    // 判断顺序线性表是否为空表
    public boolean empty()
    {
        return size == 0;
    }
    // 清空线性表
    public void clear()
    {
        // 将底层数组的所有元素赋值为null
        Arrays.fill(elementData, null);
        size = 0;
    }
    public String toString()
    {
        if (size == 0)
        {
            return "[]";
        }
        else
        {
            var sb = new StringBuilder("[");
            for (var i = 0; i < size; i++)
            {
                sb.append(elementData[i].toString() + ", ");
            }
            int len = sb.length();
            return sb.delete(len - 2, len).append("]").toString();
        }
    }
}
```

上面程序采用数组实现了一个顺序线性表，可以向这个顺序线性表中添加元素、删除元素等。下面程序简单示范了对顺序线性表的操作。

程序清单：codes\09\9.2\SequenceListTest.java

```
public class SequenceListTest
{
    public static void main(String[] args)
    {
        SequenceList<String> list = new SequenceList<>();
        list.add("aaaa");
        list.add("bbbb");
        list.add("cccc");
        // 在索引为1处插入一个新元素
        list.insert("dddd", 1);
        // 输出顺序线性表的元素
        System.out.println(list);
        // 删除索引为2处的元素
        list.delete(2);
        System.out.println(list);
        // 获取cccc字符串在顺序线性表中的位置
        System.out.println("cccc在顺序线性表中的位置：" +
            list.locate("cccc"));
    }
}
```

上面程序简单测试了 SequenceList 顺序线性表的用法，运行该程序将看到如图 9.3 所示的结果。

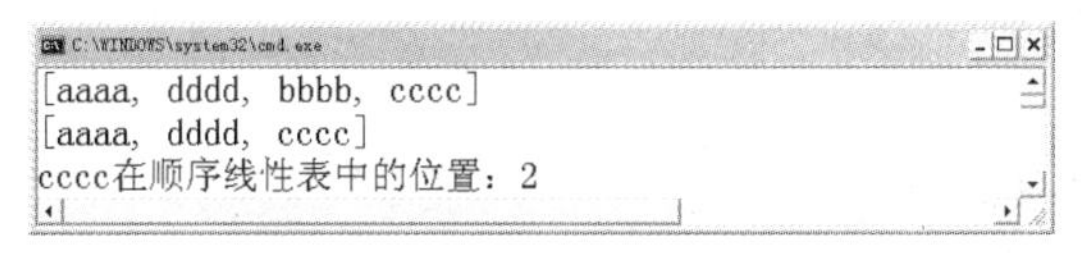


图 9.3 测试顺序线性表

从图 9.3 所示的运行结果可以看出，这个 SequenceList 类部分实现了 ArrayList 的功能，或者说，它其实是一个简单版本的 ArrayList。

实际上，线性表的英文单词就是 List，ArrayList 就是 JDK 为线性表所提供的顺序实现。关于 JDK 提供的线性表分析，请参考 9.4 节。

本节所实现的 SequenceList 类也是线程不安全的，在单线程环境下这个类可以正常工作，但如果放在多线程环境下，这个工具类可能引起线程安全问题。

## 9.3 链式存储结构

链式存储结构的线性表（简称“链表”）将采用一组地址任意的存储单元存放线性表中的数据元素。链式存储结构的线性表不会按线性的逻辑顺序来保存数据元素，它需要在每一个数据元素里保存一个引用下一个数据元素的引用（或者叫指针）。

由于不是必须按顺序存储，链表在插入、删除数据元素时比顺序线性表快得多，但是查找一个节点或者访问特定编号的节点则比顺序线性表慢很多。

使用链表结构可以克服顺序线性表（基于数组）需要预先知道数据大小的缺点，链表结构可以充分利用计算机的内存空间，实现灵活的内存动态管理。但是链表结构失去了数组随机存取的优点，同时链表由于增加了节点的指针域，空间开销比较大。

对于链式存储结构的线性表而言，它的每个节点都必须包含数据元素本身和一个或两个用来引用上一个/下一个节点的引用。也就是说，有如下公式：

节点 = 数据元素 + 引用下一个节点的引用 + 引用上一个节点的引用

如图 9.4 所示为双向链表节点示意图，其中每个节点中的 prev 代表对前一个节点的引用，只有双向链表的节点才存在 prev 引用。

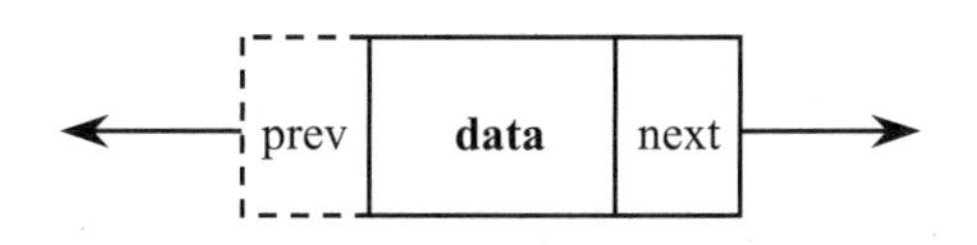


图 9.4 双向链表节点示意图

链表是多个相互引用的节点的集合，整个链表总是从头节点开始，然后依次向后指向每个节点。空链表就是头节点为 null 的链表。

### 9.3.1 单链表上的基本运算

单链表指的是每个节点只保留一个引用，该引用指向当前节点的下一个节点，没有引用指向头节点，尾节点的 next 引用为 null。如图 9.5 所示为单链表示意图。

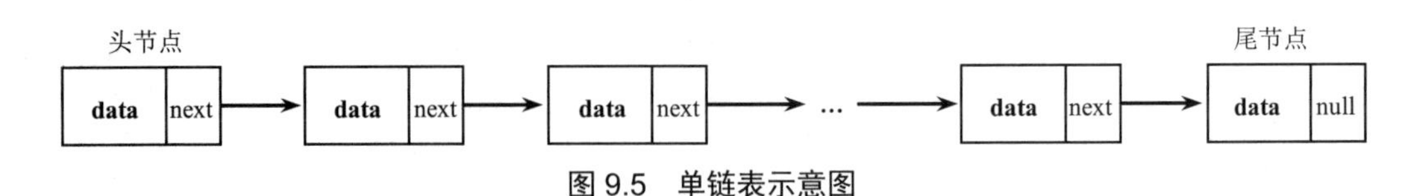


图 9.5　单链表示意图

对于单链表，系统建立单链表的过程就是不断添加节点的过程。动态建立单链表有以下两种方式。

- 头插法建表：该方法从一个空表开始，不断地创建新节点，将数据元素存入节点的 data 域中，然后不断地以新节点为头节点，让新节点指向原有的头节点。
- 尾插法建表：该方法是将新节点插入到当前链表的表尾上，因此需要为链表定义一个引用变量来保存链表的最后一个节点。

头插法建立链表虽然算法简单，但生成的链表中节点的次序和输入的顺序相反；若希望二者次序一致，则应该采用尾插法来建立链表。

对于单链表而言，常用的操作有：

- 查找
- 插入
- 删除

### 1．查找操作

单链表的查找操作可以分为以下两种。

- 按序号查找第 index 个节点：从 header 节点依次向下在单链表中查找第 index 个节点。算法为，设 header 为头，current 为当前节点（初始时 current 从 header 开始），0 为头节点序号，i 为计数器，则可使 current 依次下移寻找节点，并使 i 同时递增记录节点序号，直到返回指定节点。
- 在链表中查找指定的 element 元素：查找是否有等于给定值 element 的节点。若有，则返回首次找到的其值为 element 的节点的索引；否则，返回-1。查找过程从开始节点出发，顺着链表逐个将节点的值和给定值 element 做比较。

### 2．插入操作

插入操作是将值为 element 的新节点插入到链表的第 index 个节点的位置上。因此，首先找到索引为 index-1 的节点，然后生成一个数据域为 element 的新节点 newNode，并令 index-1 处节点的 next 引用新节点，新节点的 next 引用原来 index 处的节点。

如图 9.6 所示是向 $i$ 索引处插入节点的示意图。

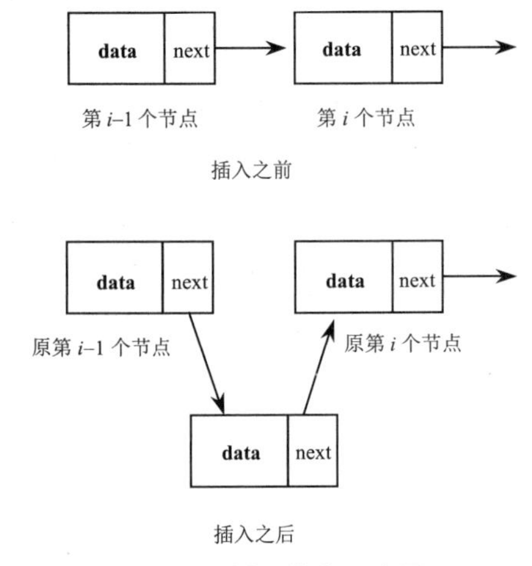


图 9.6　插入节点示意图

### 3．删除操作

删除操作是将链表的第 index 个节点删去。因为在单链表中，第 index 个节点是由 index−1 处的节点引用的，因此删除 index 处的节点将先获取 index−1 处节点，然后让 index−1 处节点的 next 引用到原 index+1 处的节点，并释放 index 处节点即可。

如图 9.7 所示是删除 *i* 索引处节点的示意图。

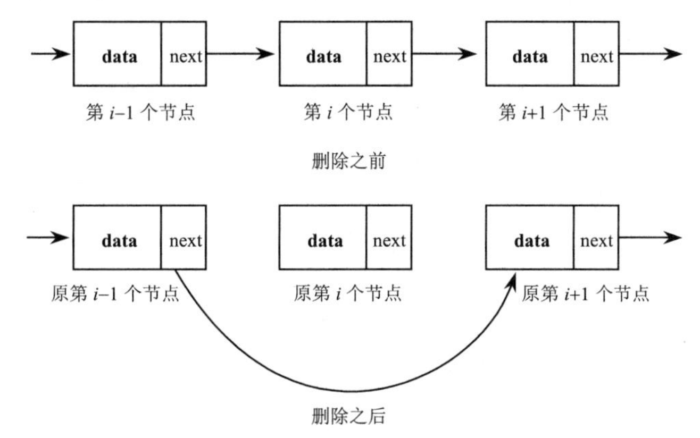


**图 9.7　删除节点示意图**

掌握了实现上面方法的思路之后，下面根据该思路采用 Java 语言来实现一个单链表。

**程序清单：codes\09\9.3\LinkList.java**

```
public class LinkList<T>
{
    // 定义一个内部类 Node，Node 实例代表链表的节点
    private class Node
    {
        // 保存节点的数据
        private T data;
        // 指向下一个节点的引用
        private Node next;
        // 无参数的构造器
        public Node()
        {
        }
        // 初始化全部属性的构造器
        public Node(T data, Node next)
        {
            this.data = data;
            this.next = next;
        }
    }
    // 保存该链表的头节点
    private Node header;
    // 保存该链表的尾节点
    private Node tail;
    // 保存该链表中已包含的节点数
    private int size;
    // 创建空链表
    public LinkList()
    {
        // 空链表，header 和 tail 都是 null
        header = null;
        tail = null;
    }
```

```
// 以指定数据元素来创建链表，该链表只有一个元素
public LinkList(T element)
{
    header = new Node(element, null);
    // 只有一个节点，header、tail 都指向该节点
    tail = header;
    size++;
}
// 返回链表的长度
public int length()
{
    return size;
}
// 获取链式线性表中索引为 index 处的元素
public T get(int index)
{
    return getNodeByIndex(index).data;
}
// 根据索引 index 获取指定位置的节点
private Node getNodeByIndex(int index)
{
    if (index < 0 || index > size - 1)
    {
        throw new IndexOutOfBoundsException("线性表索引越界");
    }
    // 从 header 节点开始
    Node current = header;
    for (var i = 0; i < size && current != null;
        i++, current = current.next)
    {
        if (i == index)
        {
            return current;
        }
    }
    return null;
}
// 查找链式线性表中指定元素的索引
public int locate(T element)
{
    // 从头节点开始搜索
    Node current = header;
    for (var i = 0; i < size && current != null;
        i++, current = current.next)
    {
        if (current.data.equals(element))
        {
            return i;
        }
    }
    return -1;
}
// 向链式线性表的指定位置插入一个元素
public void insert(T element, int index)
{
    if (index < 0 || index > size)
    {
        throw new IndexOutOfBoundsException("线性表索引越界");
    }
    // 如果还是空链表
    if (header == null)
```

```
        {
            add(element);
        }
        else
        {
            // 当 index 为 0 时，也就是在链表头处插入
            if (index == 0)
            {
                addAtHeader(element);
            }
            else
            {
                // 获取插入点的前一个节点
                Node prev = getNodeByIndex(index - 1);
                // 让 prev 的 next 指向新节点
                // 让新节点的 next 引用指向原来 prev 的下一个节点
                prev.next = new Node(element, prev.next);
                size++;
            }
        }
    }
    // 采用尾插法为链表添加新节点
    public void add(T element)
    {
        // 如果该链表还是空链表
        if (header == null)
        {
            header = new Node(element, null);
            // 只有一个节点，header、tail 都指向该节点
            tail = header;
        }
        else
        {
            // 创建新节点
            Node newNode = new Node(element, null);
            // 让尾节点的 next 指向新增的节点
            tail.next = newNode;
            // 以新节点作为新的尾节点
            tail = newNode;
        }
        size++;
    }
    // 采用头插法为链表添加新节点
    public void addAtHeader(T element)
    {
        // 创建新节点，让新节点的 next 指向原来的 header
        // 并以新节点作为新的 header
        header = new Node(element, header);
        // 如果插入之前是空链表
        if (tail == null)
        {
            tail = header;
        }
        size++;
    }
    // 删除链式线性表中指定索引处的元素
    public T delete(int index)
    {
        if (index < 0 || index > size - 1)
        {
            throw new IndexOutOfBoundsException("线性表索引越界");
```

```
        }
        Node del = null;
        // 如果被删除的是header节点
        if (index == 0)
        {
            del = header;
            header = header.next;
        }
        else
        {
            // 获取删除点的前一个节点
            Node prev = getNodeByIndex(index - 1);
            // 获取将要被删除的节点
            del = prev.next;
            // 让被删除节点的next指向被删除节点的下一个节点
            prev.next = del.next;
            // 将被删除节点的next引用赋值为null
            del.next = null;
        }
        size--;
        return del.data;
    }
    // 删除链式线性表中最后一个元素
    public T remove()
    {
        return delete(size - 1);
    }
    // 判断链式线性表是否为空表
    public boolean empty()
    {
        return size == 0;
    }
    // 清空线性表
    public void clear()
    {
        // header、tail赋值为null
        header = null;
        tail = null;
        size = 0;
    }
    public String toString()
    {
        // 链表为空链表时
        if (empty())
        {
            return "[]";
        }
        else
        {
            var sb = new StringBuilder("[");
            for (Node current = header; current != null;
                current = current.next)
            {
                sb.append(current.data.toString() + ", ");
            }
            int len = sb.length();
            return sb.delete(len - 2, len).append("]").toString();
        }
    }
}
```

提供上面的 LinkList 类时，程序一样可以将其当成线性表来用。下面程序测试了 LinkList 类的用法。

**程序清单：codes\09\9.3\LinkListTest.java**

```
public class LinkListTest
{
    public static void main(String[] args)
    {
        LinkList<String> list = new LinkList<>();
        list.insert("aaaa", 0);
        list.add("bbbb");
        list.add("cccc");
        // 在索引为 1 处插入一个新元素
        list.insert("dddd", 1);
        // 输出顺序线性表的元素
        System.out.println(list);
        // 删除索引为 2 处的元素
        list.delete(2);
        System.out.println(list);
        // 获取 cccc 字符串在链表中的位置
        System.out.println("cccc 在链表中的位置：" +
            list.locate("cccc"));
        System.out.println("链表中索引 2 处的元素：" +
            list.get(2));
    }
}
```

运行上面程序，可以看到与图 9.3 所示相似的效果。

对于链表而言，它的功能与前面介绍的顺序线性表基本相同，因为它们都是线性表，只是底层实现不同而已。因此，链表和顺序表只是性能上的差异：顺序表在随机存取时性能很好，但插入、删除时性能就不如链表；链表在插入、删除时性能很好，但随机存取时性能就不如顺序表。

## 9.3.2　循环链表

循环链表是一种首尾相接的链表。将单链表的尾节点 next 指针改为引用单链表 header 节点，这个单链表就成了循环链表。

循环链表具有一个显著特征：从链表的任一节点出发均可找到表中的其他所有节点，因此循环链表可以被视为“无头无尾”，如图 9.8 所示。

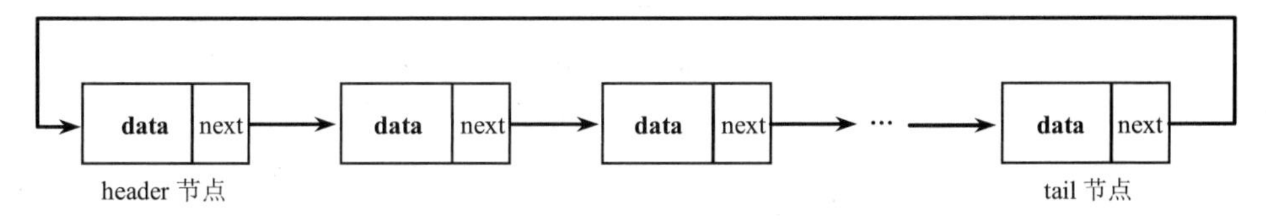


图 9.8　循环链表示意图

循环链表中的第一个节点之前就是最后一个节点，反之亦然。循环链表的无边界使得它实现许多方法时会更容易，在这样的链表上设计算法会比普通链表更加容易。

新加入的节点应该是在第一个节点之前（采用头插法插入），还是最后一个节点之后（采用尾插法插入），可以根据实际要求灵活处理，具体的实现区别不大。

就程序实现来说，循环链表与普通单链表差别并不大，保证链表中 tail.next = header 即可，因此此处不再给出循环链表的代码。

此外，还有一种伪循环链表，就是在访问到最后一个节点之后的时候，手动跳转到第一个节点，访问到第一个节点之前的时候也一样。这样也可以实现循环链表的功能，当直接用循环链表比较麻烦或者可能有问题时，可以考虑使用这种伪循环链表。

### 9.3.3 双向链表

如果为每个节点保留两个引用 prev 和 next，让 prev 指向当前节点的上一个节点，让 next 指向当前节点的下一个节点，此时的链表既可以向后依次访问每个节点，也可以向前依次访问每个节点，这种形式的链表被称为双向链表。双向链表的节点示意图如图 9.9 所示。

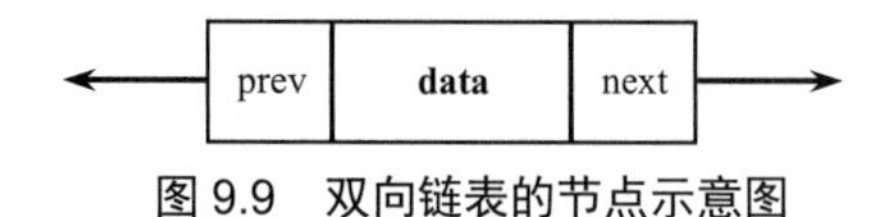


图 9.9　双向链表的节点示意图

双向链表是一种对称结构，它克服了单链表上指针单向性的缺点，其中每个节点既可以向前引用，也可以向后引用，这样可以更方便地插入、删除数据元素。

与单链表类似的是，如果将链表的 header 节点与 tail 节点链在一起就构成了双向循环链表。

#### 1. 双向链表的查找

由于双向链表既可以从 header 节点开始依次向后搜索每个节点，也可以从 tail 节点开始依次向前搜索每个节点，因此当程序试图从双向链表中搜索指定索引处的节点时，既可以从该链表的 header 节点开始搜索，也可以从该链表的 tail 节点开始搜索。至于到底应该从 header 开始搜索，还是应该从 tail 开始搜索，则取决于被搜索节点是更靠近 header，还是更靠近 tail。

一般来说，可以通过被搜索 index 的值来判断它更靠近 header，还是更靠近 tail。如果 index < size/2，则可判断该位置更靠近 header，应从 header 开始搜索；反之，则可判断该位置更靠近 tail，那就应从 tail 开始搜索。

#### 2. 双向链表的插入

双向链表的插入操作更复杂，向双向链表中插入一个新节点必须同时修改两个方向的指针（即引用）。图 9.10 示范了双向链表的插入操作。

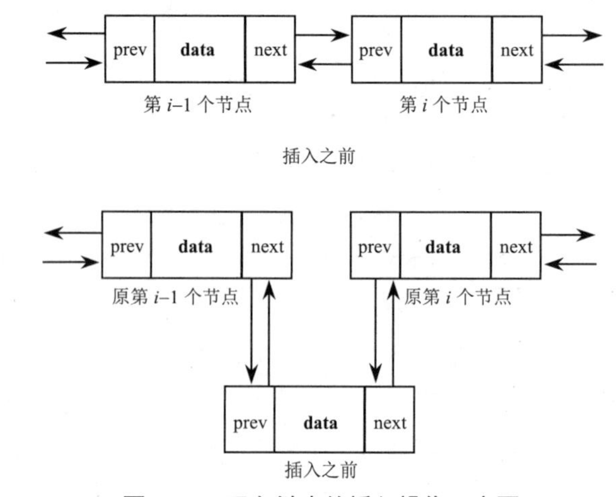


图 9.10　双向链表的插入操作示意图

#### 3. 双向链表的删除

在双向链表中，删除一个节点也需要同时修改两个方向的指针，双向链表中删除节点的操作如图 9.11 所示。

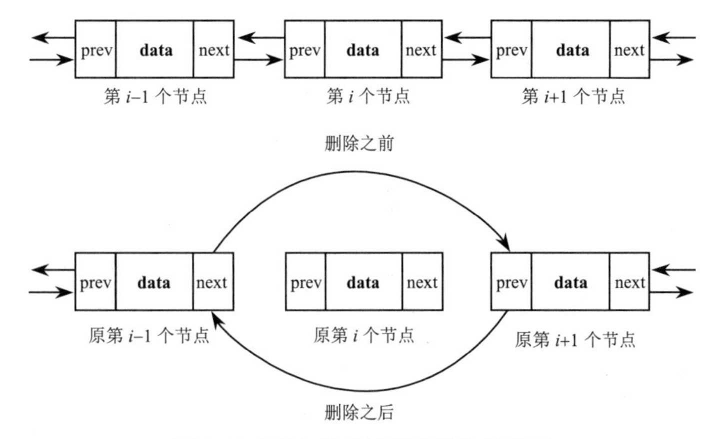


图 9.11　双向链表的删除操作示意图

掌握了上面的理论之后，可以使用 Java 语言来实现一个双向链表，因为双向链表需要维护两个方向的指针，因此程序在添加节点、删除节点时都比维护普通的单链表更复杂。示例如下。

程序清单：codes\09\9.3\DuLinkList.java

```
public class DuLinkList<T>
{
    // 定义一个内部类 Node，Node 实例代表链表的节点
    private class Node
    {
        // 保存节点的数据
        private T data;
        // 指向上一个节点的引用
        private Node prev;
        // 指向下一个节点的引用
        private Node next;
        // 无参数的构造器
        public Node()
        {
        }
        // 初始化全部属性的构造器
        public Node(T data, Node prev, Node next)
        {
            this.data = data;
            this.prev = prev;
            this.next = next;
        }
    }
    // 保存该链表的头节点
    private Node header;
    // 保存该链表的尾节点
    private Node tail;
    // 保存该链表中已包含的节点数
    private int size;
    // 创建空链表
    public DuLinkList()
    {
        // 空链表，header 和 tail 都是 null
        header = null;
        tail = null;
    }
    // 以指定数据元素来创建链表，该链表只有一个元素
    public DuLinkList(T element)
```

```
{
    header = new Node(element, null, null);
    // 只有一个节点，header、tail 都指向该节点
    tail = header;
    size++;
}
// 返回链表的长度
public int length()
{
    return size;
}
// 获取链式线性表中索引为 index 处的元素
public T get(int index)
{
    return getNodeByIndex(index).data;
}
// 根据索引 index 获取指定位置的节点
private Node getNodeByIndex(int index)
{
    if (index < 0 || index > size - 1)
    {
        throw new IndexOutOfBoundsException("线性表索引越界");
    }
    if (index <= size / 2)
    {
        // 从 header 节点开始
        Node current = header;
        for (var i = 0; i <= size / 2 && current != null;
            i++, current = current.next)
        {
            if (i == index)
            {
                return current;
            }
        }
    }
    else
    {
        // 从 tail 节点开始搜索
        Node current = tail;
        for (var i = size - 1; i > size / 2 && current != null;
            i++, current = current.prev)
        {
            if (i == index)
            {
                return current;
            }
        }
    }
    return null;
}
// 查找链式线性表中指定元素的索引
public int locate(T element)
{
    // 从头节点开始搜索
    Node current = header;
    for (var i = 0; i < size && current != null;
        i++, current = current.next)
    {
        if (current.data.equals(element))
        {
            return i;
```

```
        }
    }
    return -1;
}
// 向链式线性表的指定位置插入一个元素
public void insert(T element, int index)
{
    if (index < 0 || index > size)
    {
        throw new IndexOutOfBoundsException("线性表索引越界");
    }
    // 如果还是空链表
    if (header == null)
    {
        add(element);
    }
    else
    {
        // 当 index 为 0 时，也就是在链表头处插入
        if (index == 0)
        {
            addAtHeader(element);
        }
        else
        {
            // 获取插入点的前一个节点
            Node prev = getNodeByIndex(index - 1);
            // 获取插入点的节点
            Node next = prev.next;
            // 让新节点的 next 引用指向 next 节点，prev 引用指向 prev 节点
            Node newNode = new Node(element, prev, next);
            // 让 prev 的 next 指向新节点
            prev.next = newNode;
            // 让 prev 的下一个节点的 prev 指向新节点
            next.prev = newNode;
            size++;
        }
    }
}
// 采用尾插法为链表添加新节点
public void add(T element)
{
    // 如果该链表还是空链表
    if (header == null)
    {
        header = new Node(element, null, null);
        // 只有一个节点，header、tail 都指向该节点
        tail = header;
    }
    else
    {
        // 创建新节点，新节点的 pre 引用指向原 tail 节点
        Node newNode = new Node(element, tail, null);
        // 让尾节点的 next 指向新增的节点
        tail.next = newNode;
        // 以新节点作为新的尾节点
        tail = newNode;
    }
    size++;
}
// 采用头插法为链表添加新节点
```

```
    public void addAtHeader(T element)
    {
        // 创建新节点，让新节点的 next 指向原来的 header
        // 并以新节点作为新的 header
        header = new Node(element, null, header);
        // 如果插入之前是空链表
        if (tail == null)
        {
            tail = header;
        }
        size++;
    }
    // 删除链式线性表中指定索引处的元素
    public T delete(int index)
    {
        if (index < 0 || index > size - 1)
        {
            throw new IndexOutOfBoundsException("线性表索引越界");
        }
        Node del = null;
        // 如果被删除的是 header 节点
        if (index == 0)
        {
            del = header;
            header = header.next;
            // 释放新的 header 节点的 prev 引用
            header.prev = null;
        }
        else
        {
            // 获取删除点的前一个节点
            Node prev = getNodeByIndex(index - 1);
            // 获取将要被删除的节点
            del = prev.next;
            // 让被删除节点的 next 指向被删除节点的下一个节点
            prev.next = del.next;
            // 让被删除节点的下一个节点的 prev 指向 prev 节点
            if (del.next != null)
            {
                del.next.prev = prev;
            }
            // 将被删除节点的 prev、next 引用赋值为 null
            del.prev = null;
            del.next = null;
        }
        size--;
        return del.data;
    }
    // 删除链式线性表中最后一个元素
    public T remove()
    {
        return delete(size - 1);
    }
    // 判断链式线性表是否为空链表
    public boolean empty()
    {
        return size == 0;
    }
    // 清空线性表
    public void clear()
    {
```

```
        // 将底层数组的所有元素赋值为null
        header = null;
        tail = null;
        size = 0;
    }
    public String toString()
    {
        // 链表为空链表时
        if (empty())
        {
            return "[]";
        }
        else
        {
            var sb = new StringBuilder("[");
            for (Node current = header; current != null;
                current = current.next)
            {
                sb.append(current.data.toString() + ", ");
            }
            int len = sb.length();
            return sb.delete(len - 2, len).append("]").toString();
        }
    }
    public String reverseToString()
    {
        // 链表为空链表时
        if (empty())
        {
            return "[]";
        }
        else
        {
            var sb = new StringBuilder("[");
            for (Node current = tail; current != null;
                current = current.prev)
            {
                sb.append(current.data.toString() + ", ");
            }
            int len = sb.length();
            return sb.delete(len - 2, len).append("]").toString();
        }
    }
}
```

从上面程序可以看出，由于双向链表需要同时维护两个方向的指针，因此添加节点、删除节点时的指针维护成本更大；但双向链表具有两个方向的指针，因此可以向两个方向搜索节点，因此双向链表在搜索节点、删除指定索引处的节点时具有较好的性能。下面程序简单测试了 DuLinkList 的功能。

**程序清单：codes\09\9.3\DuLinkListTest.java**

```
public class DuLinkListTest
{
    public static void main(String[] args)
    {
        DuLinkList<String> list = new DuLinkList<String>();
        list.insert("aaaa", 0);
        list.add("bbbb");
        list.insert("cccc", 0);
        // 在索引为1处插入一个新元素
```

```
        list.insert("dddd", 1);
        // 输出顺序线性表的元素
        System.out.println(list);
        // 删除索引为 2 处的元素
        list.delete(2);
        System.out.println(list);
        System.out.println(list.reverseToString());
        // 获取 cccc 字符串在顺序线性表中的位置
        System.out.println("cccc 在顺序线性表中的位置: " +
            list.locate("cccc"));
        System.out.println("链表中索引 1 处的元素: " +
            list.get(1));
        list.remove();
        System.out.println("调用 remove 方法后的链表:" + list);
        list.delete(0);
        System.out.println("调用 delete(0)后的链表:" + list);
    }
}
```

运行上面程序，可以看到如图 9.12 所示的结果。

```
[cccc, dddd, aaaa, bbbb]
[cccc, dddd, bbbb]
[bbbb, dddd, cccc]
cccc在顺序线性表中的位置：0
链表中索引1处的元素：dddd
调用remove方法后的链表:[cccc, dddd]
```

图 9.12　使用双向链表

从图 9.12 可以看出，双向链表依然是一个线性表，它依然可以“盛装”多个具有线性结构的数据元素。

## 9.4　线性表的分析

前面介绍了线性表的相关概念，并介绍了线性表的两种具体实现：顺序实现和链式实现。接下来，将对线性表的实现和功能做进一步的分析。

### 9.4.1　线性表的实现分析

线性表的顺序和链式两种实现各有优势，具体对比如表 9.2 所示。

表 9.2　线性表的两种实现对比

| | 顺 序 表 | 链　表 |
|---|---|---|
| 空间性能 | 顺序表的存储空间是静态分布的，因此需要一个长度固定的数组，因此总有部分数组元素被浪费 | 链表的存储空间是动态分布的，因此空间不会被浪费。但由于链表需要额外的空间来为每个节点保存指针，因此也要牺牲一部分空间 |
| 时间性能 | 顺序表中元素的逻辑顺序与物理存储顺序保持一致，而且支持随机存取，因此顺序表在查找、读取时性能很好 | 链表采用链式结构来保存表内元素，因此在插入、删除元素时性能较好 |

### 9.4.2　线性表的功能

经过前面介绍不难发现，线性表本质上是一个充当容器的工具类，当程序有一组结构相同的数据元素需要保存时，就可以考虑使用线性表来保存它们。

从某种程度来看，线性表是数组的加强，线性表比数组多了如下几个功能。

➢ 线性表的长度可以动态改变，而 Java 数组的长度是固定的。
➢ 线性表可以插入元素，而数组无法插入元素。
➢ 线性表可以删除元素，而数组无法删除元素，数组只能将指定元素赋值为 null，但各种元素依然存在。
➢ 线性表提供方法来搜索指定元素的位置，而数组一般不提供该方法。
➢ 线性表提供方法来清空所有元素，而数组一般不提供类似方法。

从上面线性表的实现能发现线性表比数组功能强大的理由是，顺序结构的线性表可以说是包装过的数组，自然会提供更多额外的方法来简化操作。

对于大部分 Java 程序员来说，其实经常在使用线性表 List。Java 的 List 接口就代表了线性表，线性表的两种实现分别是 ArrayList 和 LinkedList，其中 LinkedList 还是一个双向链表。JDK 提供的线性表有如图 9.13 所示的类图。

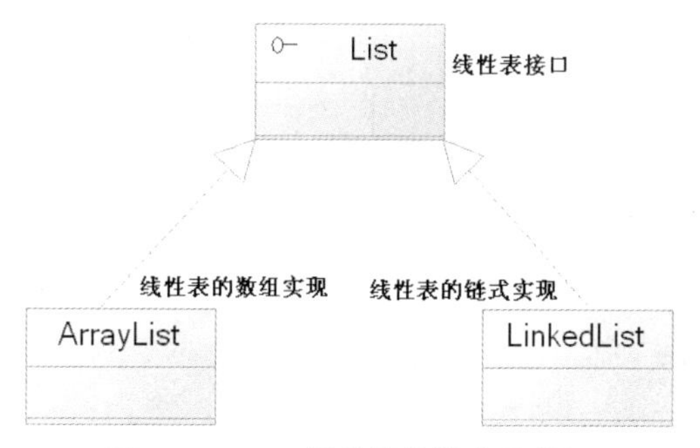


图 9.13　JDK 提供的线性表的类图

通过图 9.13 可以看出，虽然线性表对于编程非常重要，但对于 Java 程序员而言，想使用线性表的哪种实现就使用哪种实现——只需要选择使用 ArrayList，还是 LinkedList。

这一点在前面也提到过，虽然掌握数据结构是程序员的基本功，但对于 Java 初学者而言，开始时没必要人为地给自己设置难题——一定要先自己实现线性表，然后再开始编程。完全可以先使用 JDK 提供的线性表，等编程功底更扎实了，代码编写也更熟练了，再回过头来掌握线性表的实现。

## 9.5　本章小结

本章主要介绍了线性表这种数据结构的相关知识。线性表是一种非常常用的数据结构，几乎所有的实际编程中都需要使用线性结构来保存程序数据，Java 干脆提供了 ArrayList 和 LinkedList 两种线性表实现类。本章还详细介绍了线性表的基本概念和操作，包括线性表所能包含的操作，顺序线性表的代码实现及其方法实现，链式线性表的代码实现及其方法实现，单链表、循环链表和双向链表等。最后，还分析了不同线性表实现的不同适用场景。

CHAPTER

10

# 第10章 栈和队列

## 引言

上次见面讨论了关于Java线性表的知识之后，几个好朋友已经有两个多礼拜没见面了，都宅在家里啃"线性表"。

"线性表搞得怎样了？"再次聚在一起后，小邓首先说话了。

"线性表其实挺简单，参考JDK里ArrayList、LinkedList源代码，自己来实现线性表也挺简单的。"有人说。

"是的。以前因为很少关注，而且没有体会到线性表在实际开发中的作用，所以对线性表感受不是很深，现在感受不同了，"小邓总结道，"而且我发现两种特殊的线性表：栈和队列，它们在一些特殊的场景下也非常有用。"

"比如呢？"

"比如，你想采用广度优先的方法来遍历二叉树，那么需要一个队列来保存节点；你想自己实现递归计算，那么就需要一个栈……"小邓谈性一起，口若悬河。

"我也发现了，"有人表示同意，"从功能上看，栈和队列都是一种功能弱化的线性表；但从实际用途来看，栈和队列也是必不可少的。"

## 本章要点

- 栈的基本概念
- 栈提供的基本方法
- 顺序栈的实现和方法实现
- 链式栈的实现和方法实现
- Java集合框架提供的栈
- 队列的基本概念
- 队列提供的基本方法
- 顺序队列的实现和方法实现
- 循环队列
- 链队列的实现和方法实现
- Java集合框架提供的队列
- 双端队列

第 9 章介绍了普通线性表的相关知识，并详细介绍了普通线性表的两种实现：顺序实现和链式实现。对于普通线性表而言，它的作用是一个容器，用于“盛装”具有相似结构的数据。

如果对线性表增加一些额外的限制和约束，例如，去除普通线性表中通过索引访问数据元素的功能，去除普通线性表中查询某个元素在表中位置的功能，去除普通线性表中可以在任意位置随意增加、删除元素的功能，改为只允许在线性表的某端添加、删除元素，这时候普通线性表就会变成另外两种特殊的线性表：栈和队列。

从逻辑上看，栈和队列其实是由普通线性表发展而来的，为普通线性表增加一些特殊的限制就可以得到栈和队列了。从功能上看，栈和队列比普通线性表的功能相对弱一些，但在一些特殊的场合下，使用栈和队列会更有利。例如，编译器实现函数调用时需要使用栈来存储断点，实现递归算法时也需要使用栈来存储。

## 10.1 栈

栈的英文是 Stack，它代表一种特殊的线性表，这种线性表只能在固定一端（通常认为是线性表的尾端）进行插入、删除操作。

### 10.1.1 栈的基本定义

栈是一种数据结构，它代表只能在某一端进行插入、删除操作的特殊线性表，通常就是在线性表的尾端进行插入、删除操作。

对于栈而言，允许进行插入、删除操作的一端被称为栈顶(top)，另一端则被称为栈底(bottom)。

如果一个栈不包含任何元素，那么这个栈就被称为空栈。

从栈顶插入一个元素被称为进栈，将一个元素插入栈顶被称为“压入栈”，对应的英文说法为 push。

从栈顶删除一个元素被称为出栈，将一个元素从栈顶删除被称为“弹出栈”，对应的英文说法为 pop。如图 10.1 所示为栈的操作示意图。

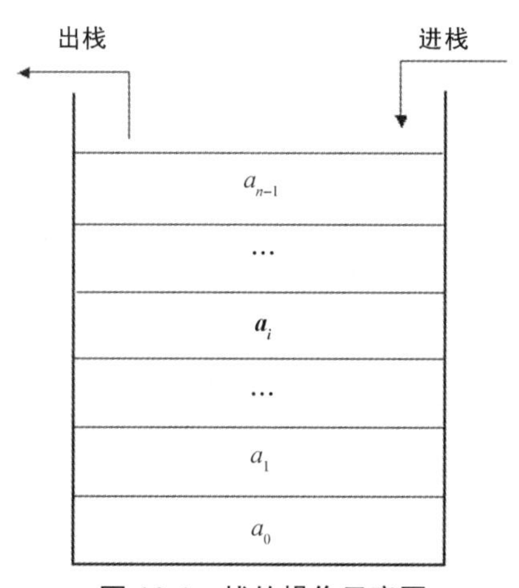


图 10.1　栈的操作示意图

对于元素为 $a_0, a_1, \cdots, a_{n-1}$ 的栈，假设栈中元素按 $a_0, a_1, \cdots, a_{n-1}$ 的次序进栈，那么 $a_0$ 为栈底元素，$a_{n-1}$ 为栈顶元素。出栈时第一个被弹出的元素应为栈顶元素，也就是 $a_{n-1}$。也就是说，栈中元素的修改是按后进先出（LIFO）的原则进行的。

归纳起来，可以再对栈下一个定义：栈就是一种后进先出（LIFO）的线性表。

### 10.1.2 栈的常用操作

栈是一种被限制过的线性表，通常不应该提供线性表中的如下方法。

- 获取指定索引处的元素。
- 按值查找数据元素的位置。
- 向指定索引处插入数据元素。
- 删除指定索引处的数据元素。

从上面这些方法可以看出，栈不应该提供从中间任意位置访问元素的方法。也就是说，栈只允许在栈顶插入、删除元素。

栈的常用操作如下。

- 初始化：通常是一个构造器，用于创建一个空栈。
- 返回栈的长度：该方法用于返回栈中数据元素的个数。
- **入栈**：向栈的栈顶插入一个数据元素，栈的长度加 1。
- **出栈**：从栈的栈顶删除一个数据元素，栈的长度减 1，该方法通常返回被删除的元素。
- **访问栈顶元素**：返回栈顶的数据元素，但不删除栈顶元素。
- 判断栈是否为空：该方法判断栈是否为空，如果栈为空则返回 true，否则返回 false。
- 清空栈：将栈清空。

对于栈这种数据结构而言，上面三个用粗体字标出的方法就是栈的标志性方法。

类似于线性表既可采用顺序存储的方式来实现，也可使用链式结构来实现，栈同样既可采用顺序结构来存储栈内元素，也可采用链式结构来存储栈内元素。

### 10.1.3 栈的顺序存储结构及实现

顺序存储结构的栈简称为顺序栈，它利用一组地址连续的存储单元依次存放从栈底到栈顶的数据元素。栈底位置固定不变，它的栈顶元素可以直接通过顺序栈底层数组的数组元素 arr[size-1]来访问。顺序栈的存储示意图如图 10.2 所示。

从图 10.2 可以看出，顺序栈中数据元素的物理关系和逻辑关系是一致的，先进栈的元素位于栈底，栈底元素的存储位置相对也比较小。

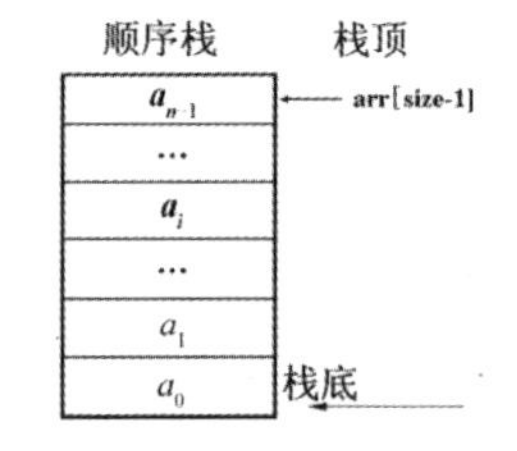

图 10.2 顺序栈的存储示意图

#### 1. 进栈

对于顺序栈的进栈操作而言，只需将新的数据元素存入栈内，然后让记录栈内元素个数的变量加 1，程序即可再次通过 arr[size-1]重新访问新的栈顶元素。进栈操作示意图如图 10.3 所示。

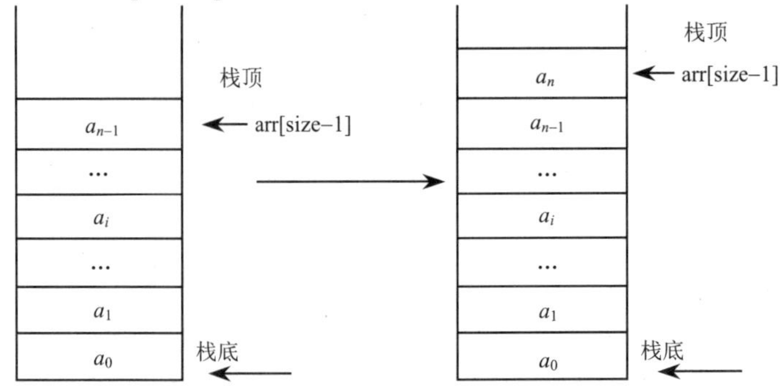

图 10.3 顺序栈的进栈操作示意图

由于顺序栈底层通常会采用数组来保存数据元素，因此可能出现的情况是：当程序试图让一个数据元素进栈时，底层数组已满，那么就必须扩充底层数组的长度来容纳新进栈的数据元素。

### 2. 出栈

对于顺序栈的出栈操作而言，需要将栈顶元素弹出栈，程序要做如下两件事情。

➢ 让记录栈内元素个数的变量减 1。

➢ 释放数组对栈顶元素的引用。

出栈操作示意图如图 10.4 所示。

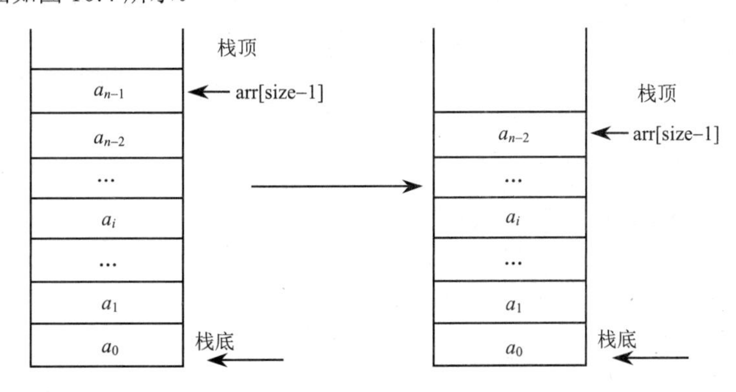


图 10.4　顺序栈的出栈操作示意图

对于删除操作来说，只要让记录栈内元素个数的 size 减 1，程序即可通过 arr[size−1]访问到新的栈顶元素。但不要忘记释放原来栈顶元素的数组引用，否则会引起内存泄漏。

下面程序实现了一个顺序栈。

**程序清单：codes\10\10.1\SequenceStack.java**

```
public class SequenceStack<T>
{
    private int DEFAULT_SIZE = 10;
    // 保存数组的长度
    private int capacity;
    // 定义当底层数组容量不够时，程序每次增加的数组长度
    private int capacityIncrement = 0;
    // 定义一个数组用于保存顺序栈的元素
    private Object[] elementData;
    // 保存顺序栈中元素的当前个数
    private int size = 0;
    // 以默认数组长度创建空顺序栈
    public SequenceStack()
    {
        capacity = DEFAULT_SIZE;
        elementData = new Object[capacity];
    }
    // 以一个初始化元素来创建顺序栈
    public SequenceStack(T element)
    {
        this();
        elementData[0] = element;
        size++;
    }
    /**
     * 以指定长度的数组来创建顺序栈
     * @param element 指定顺序栈中第一个元素
```

```
     * @param initSize 指定顺序栈底层数组的长度
     */
    public SequenceStack(T element, int initSize)
    {
        this.capacity = initSize;
        elementData = new Object[capacity];
        elementData[0] = element;
        size++;
    }
    /**
     * 以指定长度的数组来创建顺序栈
     * @param element 指定顺序栈中第一个元素
     * @param initSize 指定顺序栈底层数组的长度
     * @param capacityIncrement 指定当顺序栈的底层数组的长度不够时，底层数组每次增加的长度
     */
    public SequenceStack(T element, int initSize,
        int capacityIncrement)
    {
        this.capacity = initSize;
        this.capacityIncrement = capacityIncrement;
        elementData = new Object[capacity];
        elementData[0] = element;
        size++;
    }
    // 获取顺序栈的大小
    public int length()
    {
        return size;
    }
    // 入栈
    public void push(T element)
    {
        ensureCapacity(size + 1);
        elementData[size++] = element;
    }
    // 很麻烦，而且性能很差
    private void ensureCapacity(int minCapacity)
    {
        // 如果数组的原有长度小于目前所需的长度
        if (minCapacity > capacity)
        {
            if (capacityIncrement > 0)
            {
                while (capacity < minCapacity)
                {
                    // 不断地将 capacity 长度加 capacityIncrement
                    // 直到 capacity 大于 minCapacity 为止
                    capacity += capacityIncrement;
                }
            }
            else
            {
                // 不断地将 capacity 乘以 2，直到 capacity 大于 minCapacity 为止
                while (capacity < minCapacity)
                {
                    capacity <<= 1;
                }
            }
            elementData = Arrays.copyOf(elementData, capacity);
        }
    }
```

```
    // 出栈
    @SuppressWarnings("unchecked")
    public T pop()
    {
        T oldValue = (T) elementData[size - 1];
        // 释放栈顶元素
        elementData[--size] = null;
        return oldValue;
    }
    // 返回栈顶元素，但不删除栈顶元素
    @SuppressWarnings("unchecked")
    public T peek()
    {
        return (T) elementData[size - 1];
    }
    // 判断顺序栈是否为空栈
    public boolean empty()
    {
        return size == 0;
    }
    // 清空顺序栈
    public void clear()
    {
        // 将底层数组的所有元素赋值为null
        Arrays.fill(elementData, null);
        size = 0;
    }
    public String toString()
    {
        if (size == 0)
        {
            return "[]";
        }
        else
        {
            var sb = new StringBuilder("[");
            for (var i = size - 1; i > -1; i--)
            {
                sb.append(elementData[i].toString() + ", ");
            }
            int len = sb.length();
            return sb.delete(len - 2, len).append("]").toString();
        }
    }
}
```

从上面程序可以看出，当采用基于数组的方式来实现顺序栈时，程序比实现普通线性表更简单。这符合前面的介绍：从功能上来看，栈比普通线性表的功能更弱；栈是一种被限制过的线性表，只能从栈顶插入、删除数据元素。

下面程序简单测试了上面的顺序栈。

**程序清单：codes\10\10.1\SequenceStackTest.java**

```
public class SequenceStackTest
{
    public static void main(String[] args)
    {
        SequenceStack<String> stack = new SequenceStack<>();
        // 不断地入栈
        stack.push("aaaa");
        stack.push("bbbb");
```

```
        stack.push("cccc");
        stack.push("dddd");
        System.out.println(stack);
        // 访问栈顶元素
        System.out.println("访问栈顶元素：" + stack.peek());
        // 弹出一个元素
        System.out.println("第一次弹出栈顶元素：" + stack.pop());
        // 再次弹出一个元素
        System.out.println("第二次弹出栈顶元素：" + stack.pop());
        System.out.println("两次 pop 之后的栈：" + stack);
    }
}
```

运行上面程序，会看到如图 10.5 所示的结果。

[dddd, cccc, bbbb, aaaa]
访问栈顶元素：dddd
第一次弹出栈顶元素：dddd
第二次弹出栈顶元素：cccc
两次pop之后的栈：[bbbb, aaaa]

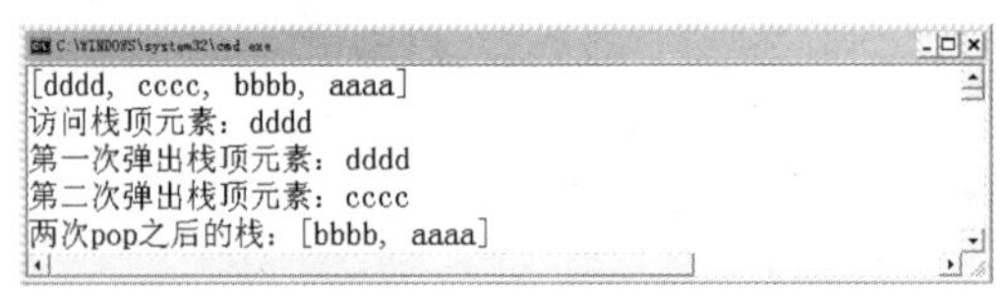

图 10.5 测试顺序栈

从图 10.5 可以看出，当程序依次向栈中压入“aaaa”“bbbb”“cccc”“dddd”这四个元素后，此时“dddd”元素位于栈顶，因此程序访问栈顶元素看到输出“dddd”。接着，程序两次调用 pop() 方法弹出栈顶元素，看到依次输出“dddd”“cccc”，这也是符合栈的操作规则的。

## 10.1.4 栈的链式存储结构及实现

类似地，程序可以采用单链表来保存栈中的所有元素，这种链式结构的栈也被称为链栈。对于链栈而言，栈顶元素不断地改变，程序只要使用一个 top 引用来记录当前的栈顶元素即可。top 引用变量永远引用栈顶元素，再使用一个 size 变量记录当前栈中包含多少个元素即可。

如图 10.6 所示是链栈示意图。

### 1. 进栈

对于链栈的进栈操作，程序只需要做如下两件事情。

- 让 top 引用指向新添加的元素，新元素的 next 引用指向原来的栈顶元素。
- 让记录栈内元素个数的 size 变量加 1。

进栈操作示意图如图 10.7 所示。

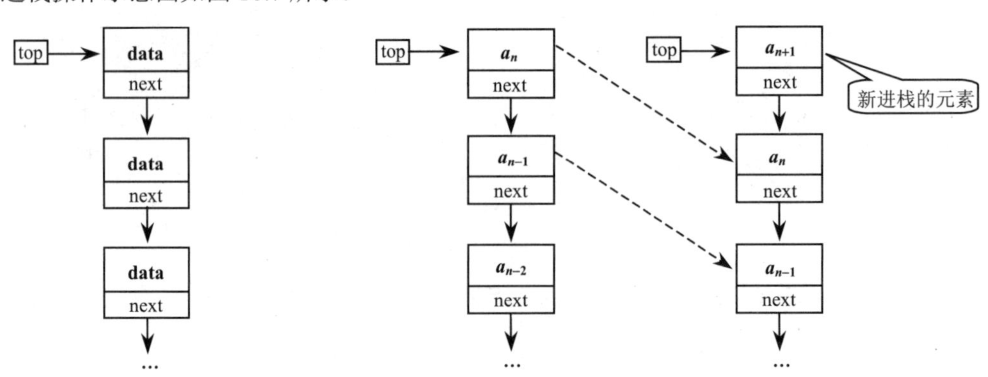

图 10.6 链栈示意图

图 10.7 链栈的进栈操作示意图

### 2. 出栈

对于链栈的出栈操作，需要将栈顶元素弹出栈，程序需要做两件事情。

➢ 让 top 引用指向原栈顶元素的下一个元素，并释放原来的栈顶元素。
➢ 让记录栈内元素个数的 size 变量减 1。

出栈操作示意图如图 10.8 所示。

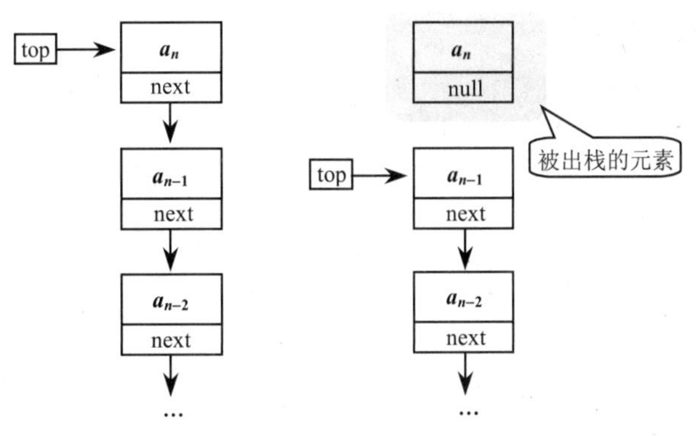


图 10.8　链栈的出栈操作示意图

下面程序实现了一个链栈。

程序清单：codes\10\10.1\LinkStack.java

```
public class LinkStack<T>
{
    // 定义一个内部类 Node，Node 实例代表链栈的节点
    private class Node
    {
        // 保存节点的数据
        private T data;
        // 指向下一个节点的引用
        private Node next;
        // 无参数的构造器
        public Node()
        {
        }
        // 初始化全部属性的构造器
        public Node(T data, Node next)
        {
            this.data = data;
            this.next = next;
        }
    }
    // 保存该链栈的栈顶元素
    private Node top;
    // 保存该链栈中已包含的节点数
    private int size;
    // 创建空链栈
    public LinkStack()
    {
        // 空链栈，top 的值为 null
        top = null;
    }
    // 以指定数据元素来创建链栈，该链栈只有一个元素
    public LinkStack(T element)
    {
        top = new Node(element, null);
        size++;
    }
    // 返回链栈的长度
```

```
    public int length()
    {
        return size;
    }
    // 进栈
    public void push(T element)
    {
        // 让top指向新创建的元素，新元素的next引用指向原来的栈顶元素
        top = new Node(element, top);
        size++;
    }
    // 出栈
    public T pop()
    {
        Node oldTop = top;
        // 让top引用指向原栈顶元素的下一个元素
        top = top.next;
        // 释放原栈顶元素的next引用
        oldTop.next = null;
        size--;
        return oldTop.data;
    }
    // 访问栈顶元素，但不删除栈顶元素
    public T peek()
    {
        return top.data;
    }
    // 判断链栈是否为空栈
    public boolean empty()
    {
        return size == 0;
    }
    // 清空链栈
    public void clear()
    {
        // 将底层数组的所有元素赋值为null
        top = null;
        size = 0;
    }
    public String toString()
    {
        // 链栈为空链栈时
        if (empty())
        {
            return "[]";
        }
        else
        {
            var sb = new StringBuilder("[");
            for (var current = top; current != null;
                current = current.next)
            {
                sb.append(current.data.toString() + ", ");
            }
            int len = sb.length();
            return sb.delete(len - 2, len).append("]").toString();
        }
    }
}
```

采用类似单链表的方式来实现链栈也比较容易。下面程序简单测试了上面链栈的功能。

程序清单：codes\10\10.1\LinkStackTest.java

```
public class LinkStackTest
{
    public static void main(String[] args)
    {
        var stack = new LinkStack<String>();
        // 不断地入栈
        stack.push("aaaa");
        stack.push("bbbb");
        stack.push("cccc");
        stack.push("dddd");
        System.out.println(stack);
        // 访问栈顶元素
        System.out.println("访问栈顶元素：" + stack.peek());
        // 弹出一个元素
        System.out.println("第一次弹出栈顶元素：" + stack.pop());
        // 再次弹出一个元素
        System.out.println("第二次弹出栈顶元素：" + stack.pop());
        System.out.println("两次 pop 之后的栈：" + stack);
    }
}
```

运行上面程序，LinkStack 通常可以正常工作，将看到与图 10.5 所示完全相同的结果。

经过上面介绍可以看出，为了实现栈这种数据结构，程序有两种实现选择：顺序栈和链栈。由于栈不需要实现随机存取的功能，它只需从栈顶插入、删除元素，因此顺序结构所提供的高效存取就没有太大的价值了，即使采用链式结构的实现，元素同样可以高效地出栈、入栈。

对于链栈而言，栈内包含几个元素，底层链式结构就只需保存几个节点，每个节点需要额外添加一个 next 引用，这会引起部分空间的浪费。但对于顺序栈来说，程序一开始就需要在底层为它开辟一块连续的内存（数组），这种空间浪费其实更大。从空间利用率的角度来看，链栈的空间利用率比顺序栈的空间利用率要高一些。

### 10.1.5　Java 集合中的栈

栈也是一种常用的数据结构，因此 Java 集合框架也提供了栈来供开发者使用。对于 Java 集合而言，它并未专门提供一个 Stack 接口，再为该接口提供顺序栈、链栈两种实现。

但 Java 集合实际上提供了以下三种栈供开发者使用。

- java.util.Stack：它就是一个最普通的顺序栈，底层基于数组实现。这个 Stack 类是线程安全的，在多线程环境下也可放心使用。
- java.util.LinkedList：第 9 章已介绍过，LinkedList 是一个双端链表；此外，LinkedList 还可作为栈使用，查看该类的 API 将会发现，它同样提供了 push()、pop()、peek()等方法，这表明 LinkedList 其实还可以当成栈来使用。LinkedList 代表栈的链式实现，但它是线程不安全的，如果需要在多线程环境下使用，则应该使用 Collections 类的工具方法将其“改造”成线程安全的类。
- java.utill.ArrayDeque：ArrayDeque 和 LinkedList 一样，也实现了 Deque 接口，因此它也是一个双端队列。它同样提供了 push()、pop()、peek()等方法，这表明它可作为栈来使用。ArrayDeque 作为栈的数组实现，同样也是数组不安全的。实际上，Java 推荐使用 ArrayDeque 来代替 Stack，即使在线程安全的环境下，程序也可考虑使用 Collections 将 ArrayDeque 包装成线程安全的栈，从而更好地代替 Stack。

## 10.2 队列

队列（Queue）是另一种被限制过的线性表，它使用固定的一端来插入数据元素，另一端只用于删除元素。也就是说，队列中元素的移动方向总是固定的，就像排队购物一样：先进入队伍的顾客先获得服务，队伍中的顾客总是按固定方向移动，只有当排在自己前面的所有顾客获得服务之后，当前顾客才会获得服务。

### 10.2.1 队列的基本定义

队列是一种特殊的线性表，它只允许在表的前端（front）进行删除操作，只允许在表的后端（rear）进行插入操作。进行插入操作的端称为队尾，进行删除操作的端称为队头。

如果队列中不包含任何元素，该队列就被称为空队列。

对于一个队列来说，每个元素总是从队列的 rear 端进入队列，然后等待该元素之前的所有元素出队之后，当前元素才能出队。因此，把队列简称为先进先出（FIFO）的线性表。

队列示意图如图 10.9 所示。

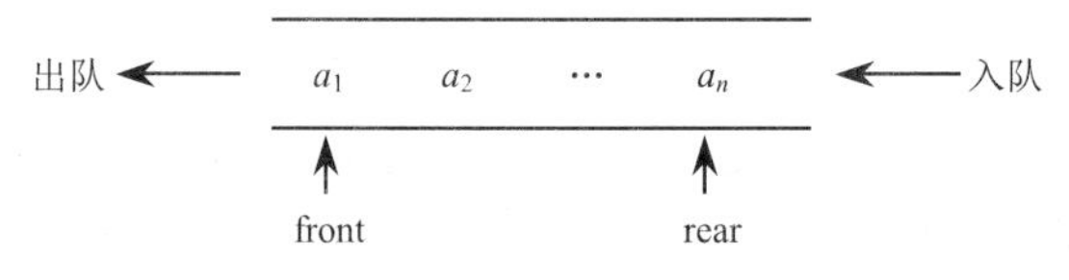


图 10.9　队列示意图

### 10.2.2 队列的常用操作

队列同样是一种被限制过的线性表，通常不应该提供线性表中的如下方法。

- 获取指定索引处的元素。
- 按值查找数据元素的位置。
- 向指定索引处插入数据元素。
- 删除指定索引处的数据元素。

从上面这些方法可以看出，队列不应该提供从中间任意位置访问元素的方法。也就是说，队列只允许在队列的前端（front）删除元素，只允许在队列的后端（rear）插入元素。

队列的常用操作如下。

- 初始化：通常是一个构造器，用于创建一个空队列。
- 返回队列的长度：该方法用于返回队列中数据元素的个数。
- **入队**：向队列的 rear 端插入一个数据元素，队列的长度加 1。
- **出队**：从队列的 front 端删除一个数据元素，队列的长度减 1，该方法通常返回被删除的元素。
- **访问队列前端的元素**：返回队列的 front 端的数据元素，但不删除该元素。
- 判断队列是否为空：该方法判断队列是否为空，如果队列为空则返回 true，否则返回 false。
- 清空队列：将队列清空。

对于队列这种数据结构，上面三个粗体字标出的方法就是队列的标志性方法。

类似于线性表既可采用顺序存储的方式来实现，也可采用链式结构来实现，队列同样既可采用顺序结构来存储队列元素，也可采用链式结构来存储队列元素。

## 10.2.3　队列的顺序存储结构及实现

系统采用一组地址连续的存储单元依次存放队列中从 rear 端到 front 端的所有数据元素，程序只需用 front 和 rear 两个整型变量来记录队列 front 端的元素索引、rear 端的元素索引。

顺序存储结构的队列简称顺序队列，如图 10.10 所示为顺序队列的存储示意图。

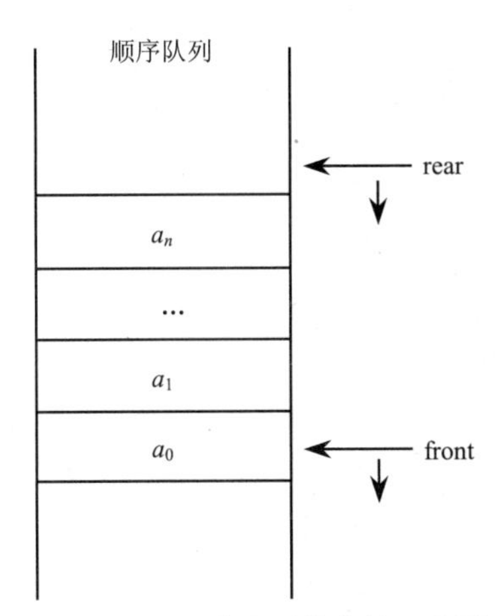


图 10.10　顺序队列的存储示意图

从图 10.10 可以看出，顺序队列的 front 总是保存着队列中即将出队列的元素的索引；顺序队列中的 rear 总是保存着下一个即将进入队列的元素的索引。队列中元素的个数为 rear－front。

对于顺序队列而言，队列底层将采用数组来保存队列元素，每个队列元素在数组中的位置是固定不变的，变的只是 rear 和 front 两个整型变量。当有元素进入队列时，rear 变量的值加 1；当有元素从队列中移除时，front 变量的值加 1。

下面程序实现了一个简单的顺序队列。

程序清单：codes\10\10.2\SequenceQueue.java

```
public class SequenceQueue<T>
{
    private int DEFAULT_SIZE = 10;
    // 保存数组的长度
    private int capacity;
    // 定义一个数组用于保存顺序队列的元素
    private Object[] elementData;
    // 保存顺序队列中元素的当前个数
    private int front = 0;
    private int rear = 0;
    // 以默认数组长度创建空顺序队列
    public SequenceQueue()
    {
        capacity = DEFAULT_SIZE;
        elementData = new Object[capacity];
    }
    // 以一个初始化元素来创建顺序队列
    public SequenceQueue(T element)
    {
        this();
        elementData[0] = element;
        rear++;
    }
    /**
     * 以指定长度的数组来创建顺序队列
```

```
     * @param element 指定顺序队列中第一个元素
     * @param initSize 指定顺序队列底层数组的长度
     */
    public SequenceQueue(T element, int initSize)
    {
        this.capacity = initSize;
        elementData = new Object[capacity];
        elementData[0] = element;
        rear++;
    }
    // 获取顺序队列的大小
    public int length()
    {
        return rear - front;
    }
    // 插入队列
    public void add(T element)
    {
        if (rear > capacity - 1)
        {
            throw new IndexOutOfBoundsException("队列已满的异常");
        }
        elementData[rear++] = element;
    }
    // 移出队列
    @SuppressWarnings("unchecked")
    public T remove()
    {
        if (empty())
        {
            throw new IndexOutOfBoundsException("空队列异常");
        }
        // 保留队列的 front 端元素的值
        T oldValue = (T) elementData[front];
        // 释放队列的 front 端元素
        elementData[front++] = null;
        return oldValue;
    }
    // 返回队列顶元素，但不删除队列顶元素
    @SuppressWarnings("unchecked")
    public T element()
    {
        if (empty())
        {
            throw new IndexOutOfBoundsException("空队列异常");
        }
        return (T) elementData[front];
    }
    // 判断顺序队列是否为空队列
    public boolean empty()
    {
        return rear == front;
    }
    // 清空顺序队列
    public void clear()
    {
        // 将底层数组的所有元素赋值为null
        Arrays.fill(elementData, null);
        front = 0;
        rear = 0;
    }
```

```
    public String toString()
    {
        if (empty())
        {
            return "[]";
        }
        else
        {
            var sb = new StringBuilder("[");
            for (var i = front; i < rear; i++)
            {
                sb.append(elementData[i].toString() + ", ");
            }
            int len = sb.length();
            return sb.delete(len - 2, len).append("]").toString();
        }
    }
}
```

上面程序使用一个固定长度的数组来实现队列，队列元素在 elementData 中的位置不会改变，改变的是 front、rear 两个变量。使用下面程序来测试上面的队列类。

**程序清单：codes\10\10.2\SequenceQueueTest.java**

```
public class SequenceQueueTest
{
    public static void main(String[] args)
    {
        var queue = new SequenceQueue<String>();
        // 依次将 4 个元素加入队列
        queue.add("aaaa");
        queue.add("bbbb");
        queue.add("cccc");
        queue.add("dddd");
        System.out.println(queue);
        System.out.println("访问队列的 front 端元素:" +
            queue.element());
        System.out.println("移除队列的 front 端元素:" +
            queue.remove());
        System.out.println("移除队列的 front 端元素:" +
            queue.remove());
        System.out.println("两次调用 remove 方法后的队列: " +
            queue);
    }
}
```

运行上面程序，将看到如图 10.11 所示的结果。

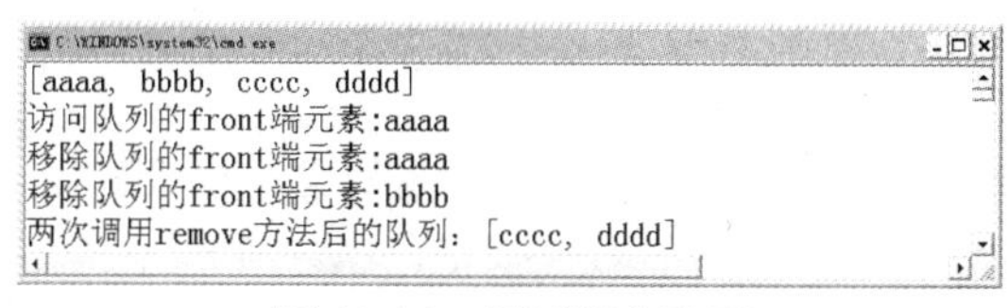


图 10.11　测试顺序队列

从图 10.11 可以看出，SequenceQueue 可作为队列正常使用，数据元素“aaaa”“bbbb”“cccc”“dddd”依次进入队列，程序调用队列的 remove()方法时，元素也会按照“aaaa”“bbbb”“cccc”“dddd”的顺序出队列。

对于上面的顺序队列的实现，数据元素在底层数组中的位置是固定的，改变的只是 rear、front 两个整型变量的值。这个队列可能出现如图 10.12 所示的现象。

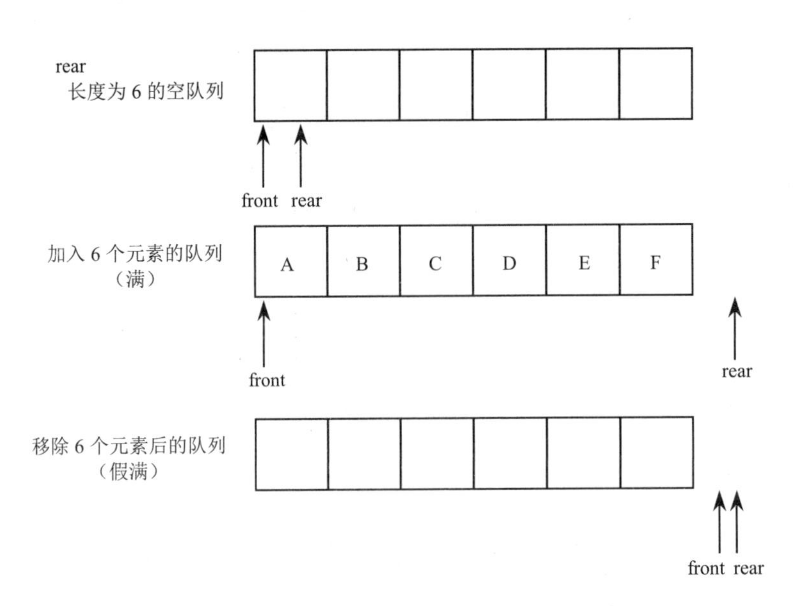


图 10.12　简单顺序队列出现的“假满”现象

从图 10.12 中第 3 个队列可以看出，此时 rear 等于该队列底层数组的容量 capacity，如果此时试图向队列里添加元素，将会引起“队列已满”的异常。这其实是一种“假满”的现象，此时该队列的底层数组依然有 6 个空位可存储元素，但元素已经加不进去了。

对于“假满”问题，程序有如下解决方法。

- 每次将元素移出队列时都将队列中的所有元素向 front 端移动一位，这种方式下，front 值永远为 0，有元素插入队列时 rear 值加 1，有元素移出队列时 rear 值减 1。但这种方式非常浪费时间，因为每次将元素从队列中移除都需要进行“整体搬家”。
- 将数组存储区看成一个首尾相接的环形区域，当存放到数组的最大地址之后，rear 值再次变为 0。采用这种技巧存储的队列称为循环队列。

## 10.2.4　循环队列

为了重新利用顺序队列底层数组中已删除元素所占用的空间，避免可能出现的“假满”现象，可以将顺序队列改进为循环队列。

循环队列是首尾相连的队列：当 front、rear 变量值达到底层数组的 capacity – 1 之后，再前进一位就自动变成 0。如图 10.13 所示为循环队列示意图。

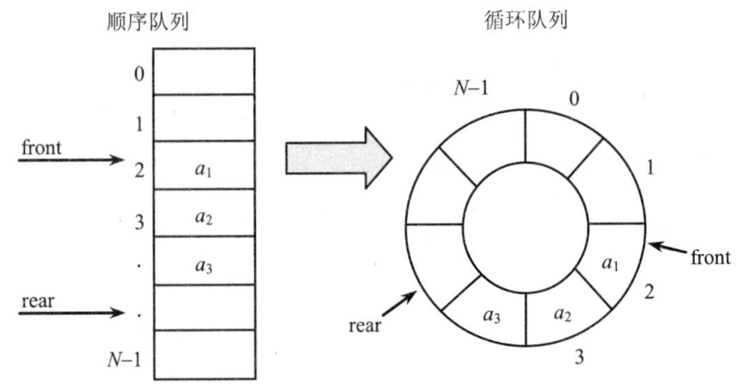


图 10.13　循环队列示意图

对于图 10.13 右边的循环队列，不管队列是空还是满，都有可能出现一种情况：front==rear。

如果底层数组中 elementData[front] == null，则表明此时队列为空，否则表明该队列已满。

掌握了上面的理论之后，下面用 Java 程序来实现一个循环队列。

程序清单：codes\10\10.2\LoopQueue.java

```
public class LoopQueue<T>
{
    private int DEFAULT_SIZE = 10;
    // 保存数组的长度
    private int capacity;
    // 定义一个数组用于保存循环队列的元素
    private Object[] elementData;
    // 保存循环队列中元素的当前个数
    private int front = 0;
    private int rear = 0;
    // 以默认数组长度创建空循环队列
    public LoopQueue()
    {
        capacity = DEFAULT_SIZE;
        elementData = new Object[capacity];
    }
    // 以一个初始化元素来创建循环队列
    public LoopQueue(T element)
    {
        this();
        elementData[0] = element;
        rear++;
    }
    /**
     * 以指定长度的数组来创建循环队列
     * @param element 指定循环队列中第一个元素
     * @param initSize 指定循环队列底层数组的长度
     */
    public LoopQueue(T element, int initSize)
    {
        this.capacity = initSize;
        elementData = new Object[capacity];
        elementData[0] = element;
        rear++;
    }
    // 获取循环队列的大小
    public int length()
    {
        if (empty())
        {
            return 0;
        }
        return rear > front ? rear - front
            : capacity - (front - rear);
    }
    // 插入队列
    public void add(T element)
    {
        if (rear == front
            && elementData[front] != null)
        {
            throw new IndexOutOfBoundsException("队列已满的异常");
        }
        elementData[rear++] = element;
        // 如果 rear 已经到头，那就转头
        rear = rear == capacity ? 0 : rear;
```

```
    }
    // 移出队列
    @SuppressWarnings("unchecked")
    public T remove()
    {
        if (empty())
        {
            throw new IndexOutOfBoundsException("空队列异常");
        }
        // 保留队列的front端元素的值
        T oldValue = (T) elementData[front];
        // 释放队列的front端元素
        elementData[front++] = null;
        // 如果front已经到头，那就转头
        front = front == capacity ? 0 : front;
        return oldValue;
    }
    // 返回队列顶元素，但不删除队列顶元素
    @SuppressWarnings("unchecked")
    public T element()
    {
        if (empty())
        {
            throw new IndexOutOfBoundsException("空队列异常");
        }
        return (T) elementData[front];
    }
    // 判断循环队列是否为空队列
    public boolean empty()
    {
        // rear==front且rear处的元素为null
        return rear == front
            && elementData[rear] == null;
    }
    // 清空循环队列
    public void clear()
    {
        // 将底层数组的所有元素赋值为null
        Arrays.fill(elementData, null);
        front = 0;
        rear = 0;
    }
    public String toString()
    {
        if (empty())
        {
            return "[]";
        }
        else
        {
            // 如果front < rear，那么有效元素就是front和rear之间的元素
            if (front < rear)
            {
                var sb = new StringBuilder("[");
                for (var i = front; i < rear; i++)
                {
                    sb.append(elementData[i].toString() + ", ");
                }
                int len = sb.length();
                return sb.delete(len - 2, len).append("]").toString();
            }
```

```
            // 如果 front>=rear,那么有效元素为 front 与 capacity 之间和 0 与 front 之间的元素
            else
            {
                var sb = new StringBuilder("[");
                for (var i = front; i < capacity; i++)
                {
                    sb.append(elementData[i].toString() + ", ");
                }
                for (var i = 0; i < rear; i++)
                {
                    sb.append(elementData[i].toString() + ", ");
                }
                int len = sb.length();
                return sb.delete(len - 2, len).append("]").toString();
            }
        }
    }
}
```

上面程序中的两行粗体字代码是将普通顺序队列升级为循环队列的关键代码。程序控制 front、rear 的值到了 capacity 之后就自动回到 0，从而实现将顺序队列升级为循环队列的功能。下面程序测试了上面的循环队列。

**程序清单：codes\10\10.2\LoopQueueTest.java**

```
public class LoopQueueTest
{
    public static void main(String[] args)
    {
        var queue = new LoopQueue<String>("aaaa", 3);
        // 添加两个元素
        queue.add("bbbb");
        queue.add("cccc");
        // 此时队列已满
        System.out.println(queue);
        // 删除一个元素后，队列可以再多加一个元素
        queue.remove();
        System.out.println("删除一个元素后的队列：" + queue);
        // 再次添加一个元素，此时队列又满
        queue.add("dddd");
        System.out.println(queue);
        System.out.println("队列满时的长度：" + queue.length());
        // 删除一个元素后，队列可以再多加一个元素
        queue.remove();
        // 再次加入一个元素，此时队列又满
        queue.add("eeee");
        System.out.println(queue);
    }
}
```

上面程序创建了一个底层数组长度为 3 的队列，因此向队列中添加 3 个元素之后队列就处于“满”的状态，此时再向队列中添加元素将引发异常。当调用队列的 remove()方法将 front 端的一个元素从队列中移除后，多出来的空间将可以循环使用，可以再次添加新的数据元素。图 10.14 显示了上面程序的运行效果。

```
C:\WINDOWS\system32\cmd.exe
[aaaa, bbbb, cccc]
删除一个元素后的队列：[bbbb, cccc]
[bbbb, cccc, dddd]
队列满时的长度：3
[cccc, dddd, eeee]
```

图 10.14　循环队列的运行效果

## 10.2.5 队列的链式存储结构及实现

类似于使用链式结构保存线性表，也可以采用链式结构来存储队列的各元素，采用链式存储结构的队列也被称为“链队列”。

对于链队列而言，由于程序需要从 rear 端添加元素，然后从 front 端移除元素，因此考虑对链队列增加 front、rear 两个引用变量，使它们分别指向链队列的头、尾两个节点。链队列示意图如图 10.15 所示。

由于链队列采用链式结构来保存队列中的所有元素，该队列允许添加无限多个数据元素，因此链队列无队列满的问题。

### 1. 入队

对于链队列而言，插入操作的实现非常简单，只要创建一个新节点，让原 rear 节点的 next 引用指向新的节点，再让 rear 引用指向该新节点即可。如图 10.16 所示为链队列的插入操作示意图。

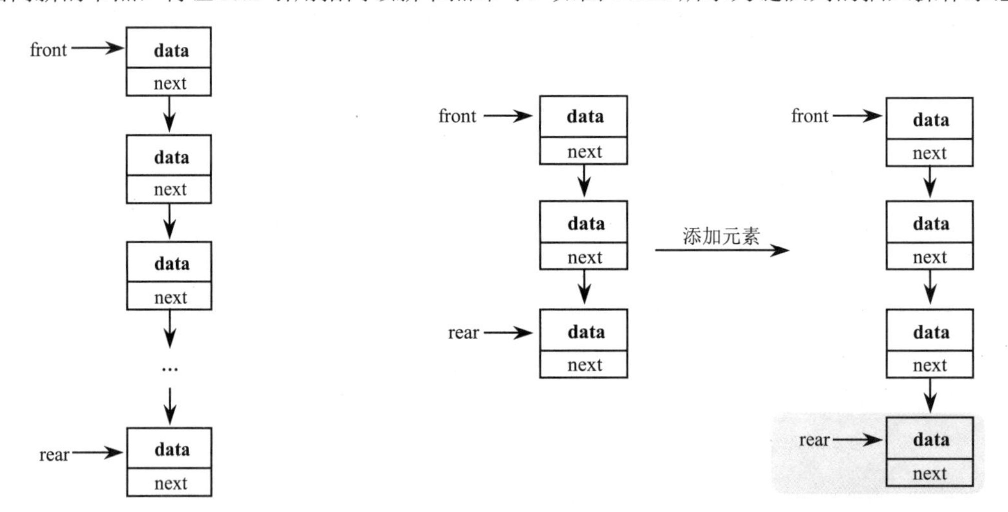


图 10.15 链队列示意图

图 10.16 链队列的插入操作示意图

### 2. 出队

对于链队列而言，移除操作的实现也非常简单，只要让 front 引用指向原 front 所引用节点的下一个节点即可。当然，不要忘记释放原 front 节点的引用。如图 10.17 所示为链队列的移除操作示意图。

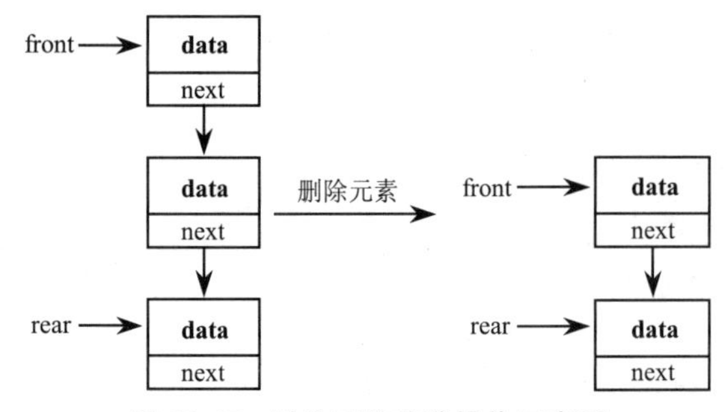


图 10.17 链队列的移除操作示意图

掌握了上面的理论后，接下来使用 Java 程序实现一个简单的链队列。

程序清单：codes\10\10.2\LinkQueue.java

```
public class LinkQueue<T>
{
    // 定义一个内部类Node，Node实例代表链队列的节点
    private class Node
    {
        // 保存节点的数据
        private T data;
        // 指向下一个节点的引用
        private Node next;
        // 无参数的构造器
        public Node()
        {
        }
        // 初始化全部属性的构造器
        public Node(T data,  Node next)
        {
            this.data = data;
            this.next = next;
        }
    }
    // 保存该链队列的头节点
    private Node front;
    // 保存该链队列的尾节点
    private Node rear;
    // 保存该链队列中已包含的节点数
    private int size;
    // 创建空链队列
    public LinkQueue()
    {
        // 空链队列，front和rear都是null
        front = null;
        rear = null;
    }
    // 以指定数据元素来创建链队列，该链队列只有一个元素
    public LinkQueue(T element)
    {
        front = new Node(element, null);
        // 只有一个节点，front、rear都指向该节点
        rear = front;
        size++;
    }
    // 返回链队列的长度
    public int length()
    {
        return size;
    }
    // 将新元素加入队列
    public void add(T element)
    {
        // 如果该链队列还是空链队列
        if (front == null)
        {
            front = new Node(element, null);
            // 只有一个节点，front、rear都指向该节点
            rear = front;
        }
        else
        {
            // 创建新节点
```

```
            Node newNode = new Node(element, null);
            // 让尾节点的next指向新增的节点
            rear.next = newNode;
            // 以新节点作为新的尾节点
            rear = newNode;
        }
        size++;
    }
    // 删除队列front端的元素
    public T remove()
    {
        Node oldFront = front;
        front = front.next;
        oldFront.next = null;
        size--;
        return oldFront.data;
    }
    // 访问链队列中最后一个元素
    public T element()
    {
        return rear.data;
    }
    // 判断链队列是否为空队列
    public boolean empty()
    {
        return size == 0;
    }
    // 清空链队列
    public void clear()
    {
        // 将front、rear两个节点赋值为null
        front = null;
        rear = null;
        size = 0;
    }
    public String toString()
    {
        // 链队列为空链队列时
        if (empty())
        {
            return "[]";
        }
        else
        {
            var sb = new StringBuilder("[");
            for (var current = front; current != null;
                current = current.next)
            {
                sb.append(current.data.toString() + ", ");
            }
            int len = sb.length();
            return sb.delete(len - 2, len).append("]").toString();
        }
    }
}
```

上面程序中的粗体字代码是实现链队列插入元素、删除元素的关键代码：插入元素的关键就是在rear端添加一个节点，删除元素的关键就是在front端移除一个节点。下面程序测试了上面的链队列。

程序清单：codes\10\10.2\LinkQueueTest.java

```
public class LinkQueueTest
{
    public static void main(String[] args)
    {
        var queue = new LinkQueue<String>("aaaa");
        // 添加两个元素
        queue.add("bbbb");
        queue.add("cccc");
        System.out.println(queue);
        // 删除一个元素后
        queue.remove();
        System.out.println("删除一个元素后的队列：" + queue);
        // 再次添加一个元素
        queue.add("dddd");
        System.out.println("再次添加元素后的队列：" + queue);
        // 删除一个元素后，队列可以再加入一个元素
        queue.remove();
        // 再次加入一个元素
        queue.add("eeee");
        System.out.println(queue);
    }
}
```

上面程序创建了一个链队列，链队列不会出现队列“满”的情形，因此程序可以不受任何限制地向链队列中添加元素。该程序的运行效果与图 10.14 所示的运行效果完全相同。

### 10.2.6　Java 集合中的队列

从 JDK 1.5 开始，Java 的集合框架中提供了一个 Queue 接口，该接口代表了一个队列，实现该接口的类可以当成队列使用。Queue 里包含了 6 个方法，用于代表队列所包含的 3 个标志性方法，如下所示。

- 入队（offer）：在队列的 rear 端插入元素。
- 出队（poll）：在队列的 front 端删除元素。
- 访问（peek）：访问队列的 front 端元素。

Java 为上面每个方法都提供了两个版本：具有特殊返回值的版本和抛出异常的版本，这样就产生了 6 个方法。关于 Queue 接口里定义的 6 个方法的说明如表 10.1 所示。

表 10.1　Queue 接口里定义的方法

| | 抛出异常的版本 | 具有特殊返回值的版本 |
|---|---|---|
| 插入 | add(e) | offer(e) |
| 移除 | remove() | poll() |
| 访问 | element() | peek() |

Java 还为 Queue 提供了一个子接口：Deque，这个接口代表另一种特殊的队列——双端队列。

## 10.3　双端队列

双端队列（用英文单词 Deque 表示）代表一种特殊的队列，它可以在两端同时进行插入、删除操作，如图 10.18 所示。

对于双端队列，由于它可以从两端分别进入插入、删除操作，如果程序将所有的插入、删除操

作固定在一端进行，这个双端队列就变成前面介绍的栈。由此可见，Deque 和 Queue、Stack 之间的关系如图 10.19 所示。

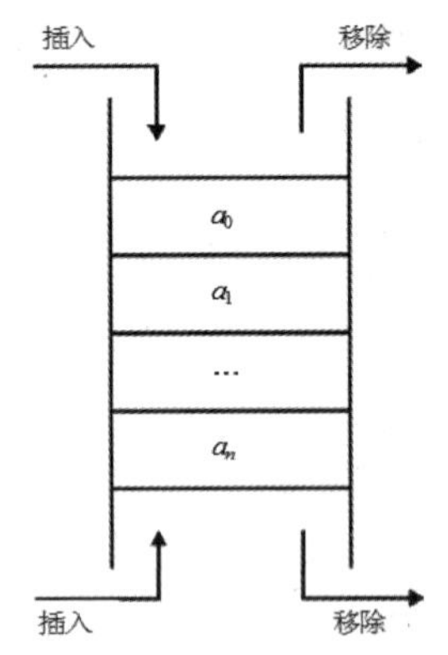

图 10.18　双端队列示意图

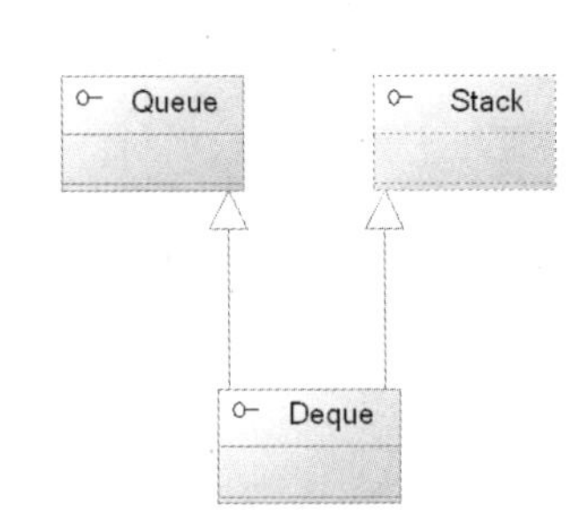


图 10.19　Deque 和 Queue、Stack 之间的关系

从图 10.19 可以看出，双端队列（Deque）既可说是 Queue 的子接口，也可说是 Stack（JDK 并未提供这个接口）的子接口。因此，Deque 既可当成队列使用，也可当成栈使用。

由此可见，Deque 其实就是 Queue 和 Stack 混合而成的一种特殊的线性表，完全可以参考前面的 Queue、Stack 的实现类来实现 Deque，此处不再赘述。

**提示：**

虽然 JDK 提供了一个古老的 Stack 类，但现在已经不再推荐开发者使用这个古老的“栈”实现，而是推荐使用 Deque 实现类作为“栈”使用。

JDK 为 Deque 提供了 ArrayDeque、LinkedList 两个常见的实现类。其中，ArrayDeque 代表顺序存储结构的双端队列，LinkedList 则代表链式存储结构的双端队列。

第 9 章还提到，LinkedList 代表一种双向、链式存储结构的循环线性表，这里又提到 LinkedList 代表线程安全的、链式结构的双端队列，由此可见，LinkedList 实在是一个功能非常强大的集合类。事实上，LinkedList 几乎是 Java 集合框架中方法最多的类。

关于 JDK 提供的线性表、队列、栈的类图，如图 10.20 所示。

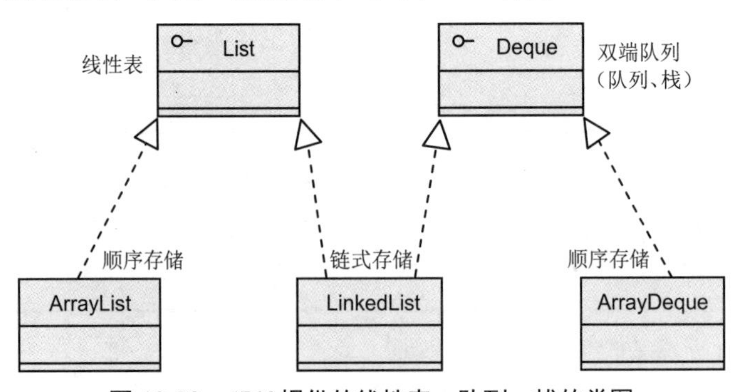


图 10.20　JDK 提供的线性表、队列、栈的类图

从图 10.20 可以看出，JDK 提供的工具类确实非常强大，它分别为线性表、队列、栈三种数据结构提供了两种实现：顺序结构和链式结构。虽然 LinkedList 工具类的功能非常强大，它既可当成线性表使用，也可当成栈使用，还可当成队列使用，但对大部分程序而言，使用 ArrayList、ArrayDeque 的性能比 LinkedList 更好。

##  10.4　本章小结

本章主要介绍了两种常用的线性表：栈和队列。其中，栈代表只能在一端进行插入、删除操作的线性表，具有先进后出（FILO）的特征；队列代表一端只能进行插入、另一端只能进行删除的线性表，具有先进先出（FIFO）的特征。本章还介绍了栈的基本概念和操作，其中重点介绍了栈的顺序存储和链式存储，以及队列的基本概念和操作，其中重点介绍了队列的顺序存储和链式存储。

CHAPTER

11

# 第 11 章 树和二叉树

## 引言

第 3 章提到的面试者面试失败后，回家“闭关”了一段时间，专门细致地研究了 JDK 中常用类的源代码实现。

后来他发现了一个事实：JDK 里 TreeMap 本身就是一棵“红黑树”，而“红黑树”又是一种特殊的排序二叉树。原来二叉树就在我们手边，也许天天都在使用 TreeMap，但很少有人想过 TreeMap 的底层实现。

受到 TreeMap 的启发，他又开始重新学习以前学过的“树和二叉树”。

由于已经有了不少编程经验，再次看树和二叉树时完全有了不同的感受：树代表一种非线性的数据结构，如果一组数据节点之间存在复杂的一对多关联，程序就可以考虑使用树来保存这组数据了。考虑到这一点后，他发现在实际编程中可能经常需要使用树这种数据结构，只是以前写代码时直接使用了前人的实现，自己完全没有深究。

“如果一直停留在‘用’类库的层次，而不想提升到‘开发’类库的层次，树和二叉树这些结构可能没有太大的用处；但如果一个程序员想突破自己，进入一个更高的层次，掌握这些经典的数据结构就是必需的。”想明白这层之后，他终于有了一种豁然开朗的感觉。

## 本章要点

- 树的概念和基本术语
- 树的基本操作
- 树的父节点存储实现
- 树的子节点链表示法
- 二叉树的定义和基本概念
- 二叉树的基本操作
- 二叉树的顺序存储的实现
- 二叉树的二叉链表存储的实现
- 先序遍历二叉树
- 中序遍历二叉树
- 后序遍历二叉树
- 广度优先遍历二叉树
- 森林、树和二叉树之间的转换
- 树的链表存储
- 哈夫曼树的概念和用途
- 创建哈夫曼树
- 哈夫曼编码
- 排序二叉树的概念和实现
- 红黑树的概念和实现

前面介绍的数据结构——线性表、栈和队列都是线性的数据结构，这种数据结构之内的元素只存在一对一的关系，存储、处理起来相对比较简单。本章将要介绍的树则是一种更复杂的数据结构，这种结构内的元素存在一对多的关系，例如，一个父节点可以包含多个子节点。

树也是一种非常常用的数据结构，尤其是二叉树的应用更是广泛，哈夫曼树及哈夫曼编码就是二叉树的重要用途，排序二叉树、平衡二叉树、红黑树在实际编程中都有极为广泛的用途。例如，Java 集合框架的 TreeMap 本质上就是红黑树的实现。

本章将详细介绍树这种数据结构的实现，包括树的三种存储结构：父节点表示法、子节点链表示法、链表存储。本章将会重点介绍二叉树，包括二叉树的各种遍历方式，以及三种深度优先遍历和广度优先遍历，还会介绍哈夫曼树、排序二叉树和红黑树等。

## 11.1　树的概述

树也是一种非常常用的数据结构，树与前面介绍的线性表、栈、队列等线性结构不同，树是一种非线性结构。

### 11.1.1　树的定义和基本术语

计算机世界里的树，是从自然界中实际的树抽象而来的，它指的是 $N$ 个有父子关系的节点的有限集合。对于这个有限的节点集合而言，它满足如下条件。

- 当 $N=0$ 时，该节点集合为空，这棵树也被称为“空树”。
- 在任意的非空树中，有且仅有一个根（root）节点。
- 当 $N>1$ 时，除根节点以外的其余节点可分为 $M$ 个互为相交的有限集合 $T_1, T_2, \cdots, T_m$，其中的每个集合本身又是一棵树，并称其为根的子树（subtree）。

从上面定义可以发现树的递归特性：一棵树由根和若干棵子树组成，而每棵子树又由若干棵更小的子树组成。

树中任一节点可以有 0 或多个子节点，但只能有一个父节点。根节点是一个特例，根节点没有父节点，叶子节点没有子节点。树中每个节点既可以是其上一级节点的子节点，也可以是下一级节点的父节点，因此同一个节点既可以是父节点，也可以是子节点（类似于一个人——他既是他儿子的父亲，又是他父亲的儿子）。

很显然，父子关系是一种非线性关系，所以树结构是非线性结构。

如果按节点是否包含子节点来分，节点可分成以下两种。

- 普通节点：包含子节点的节点。
- 叶子节点：没有子节点的节点，因此叶子节点不可作为父节点。

如果按节点是否具有唯一的父节点来分，节点又可分为如下两种。

- 根节点：没有父节点的节点，根节点不可作为子节点。
- 普通节点：具有唯一父节点的节点。

一棵树只能有一个根节点，如果一棵树有了多个根节点，那么它已经不再是一棵树了，而是多棵树的集合，有时也被称为森林。图 11.1 显示了计算机世界里树的一些专业术语。

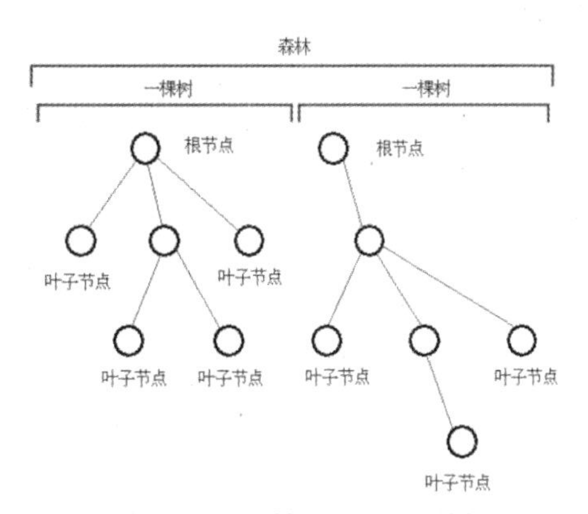


图 11.1　计算机世界里的树

与树有关的术语有如下一些。

- 节点：树的最基本组成单元，通常包括一个数据元素及若干指针用于指向其他节点。
- 节点的度：节点拥有的子树的个数被称为节点的度（degree）。
- 树的度：树中所有节点的度的最大值就是该树的度。
- 叶子节点：度为 0 的节点被称为叶子节点或终端节点。
- 分支节点：度不为 0 的节点被称分支节点或非终端节点。
- 子节点、父节点、兄弟节点：节点的子树的根被称为该节点的子节点，而该节点称为子节点的父节点（parent）。具有相同父节点的子节点之间互称为兄弟节点（sibling）。
- 节点的层次（level）：节点的层次从根开始算起，根的层次值为 1，其余节点的层次值为父节点层次值加 1。
- 树的深度（depth）：树中节点的最大层次值被称为树的深度或高度。
- 有序树与无序树：如果将树中节点的各棵子树看成从左到右是有序的（即不能互换），则称该树为有序树，否则称之为无序树。
- 祖先节点（ancestor）：从根到该节点所经分支上的所有节点。
- 后代节点（descendant）：以某节点为根的子树中任一节点都被称为该节点的后代节点。
- 森林（forest）：森林是两棵或两棵以上互不相交的树的集合，删去一棵树的根，就得到一个森林。

### 11.1.2 树的基本操作

如果需要实现一棵树，程序不仅要以合适的方式保存该树的所有节点，还要记录节点与节点之间的父子关系。接下来，还应该为树实现如下基本操作。

- 初始化：通常是一个构造器，用于创建一棵空树，或者以指定节点为根来创建树。
- 为指定节点添加子节点。
- 判断树是否为空。
- 返回根节点。
- 返回指定节点（非根节点）的父节点。
- 返回指定节点（非叶子节点）的所有子节点。
- 返回指定节点（非叶子节点）的第 $i$ 个子节点。
- 返回该树的深度。
- 返回指定节点的位置。

为了实现树这种数据结构，程序必须能记录节点与节点之间的父子关系，为此有以下两种选择。

- 父节点表示法：每个子节点都记录它的父节点。
- 子节点链表示法：每个非叶子节点通过一个链表来记录它所有的子节点。

掌握了上面的理论之后，即可以使用 Java 程序来实现树这种数据结构。

### 11.1.3 父节点表示法

通过前面的介绍可以发现，树中除根节点之外的每个节点都有一个父节点。为了记录树中节点与节点之间的父子关系，可以为每个节点增加一个 parent 成员变量，用以记录该节点的父节点。

对于图 11.2 所示的树，用表 11.1 所示的结构来保存它即可。

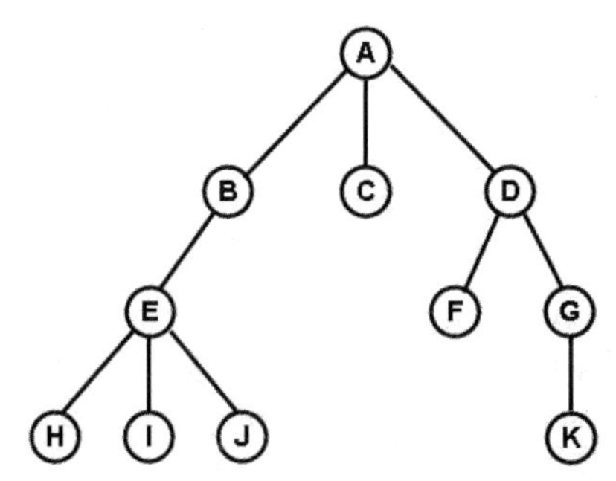


图 11.2　示范树

表 11.1　记录示范树

| 数组索引 | data | parent |
|---|---|---|
| 0 | A | -1 |
| 1 | B | 0 |
| 2 | C | 0 |
| 3 | D | 0 |
| 4 | E | 1 |
| 5 | F | 3 |
| 6 | G | 3 |
| 7 | H | 4 |
| 8 | I | 4 |
| 9 | J | 4 |
| 10 | K | 6 |
| … | … | … |

由此可见，只要用一个节点数组来保存树里的每个节点，并让每个节点记录其父节点在数组中的索引即可。下面程序采用父节点表示法实现了一棵树。

程序清单：codes\11\11.1\TreeParent.java

```
public class TreeParent<E>
{
    public static class Node<T>
    {
        T data;
        // 记录其父节点的位置
        int parent;
        public Node()
        {
        }
        public Node(T data)
        {
            this.data = data;
        }
        public Node(T data, int parent)
        {
            this.data = data;
            this.parent = parent;
        }
        public String toString()
        {
            return "TreeParent$Node{data=" + data +
                ", parent=" + parent + "}";
        }
    }
```

```
    private final int DEFAULT_TREE_SIZE = 100;
    private int treeSize = 0;
    // 使用一个 Node<E>[]数组来记录该树里的所有节点
    private Node<E>[] nodes;
    // 记录节点数
    private int nodeNums;
    // 以指定根节点创建树
    @SuppressWarnings("unchecked")
    public TreeParent(E data)
    {
        treeSize = DEFAULT_TREE_SIZE;
        nodes = new Node[treeSize];
        nodes[0] = new Node<E>(data, -1);
        nodeNums++;
    }
    // 以指定根节点、指定 treeSize 创建树
    @SuppressWarnings("unchecked")
    public TreeParent(E data, int treeSize)
    {
        this.treeSize = treeSize;
        nodes = new Node[treeSize];
        nodes[0] = new Node<E>(data, -1);
        nodeNums++;
    }
    // 为指定节点添加子节点
    public void addNode(E data, Node parent)
    {
        for (var i = 0; i < treeSize; i++)
        {
            // 找到数组中第一个为 null 的元素，该元素保存新节点
            if (nodes[i] == null)
            {
                // 创建新节点，并用指定的数组元素保存它
                nodes[i] = new Node<E>(data, pos(parent));
                nodeNums++;
                return;
            }
        }
        throw new RuntimeException("该树已满，无法添加新节点");
    }
    // 判断树是否为空
    public boolean empty()
    {
        // 根节点是否为 null
        return nodes[0] == null;
    }
    // 返回根节点
    public Node<E> root()
    {
        // 返回根节点
        return nodes[0];
    }
    // 返回指定节点（非根节点）的父节点
    public Node<E> parent(Node node)
    {
        // 每个节点的 parent 记录了其父节点的位置
        return nodes[node.parent];
    }
    // 返回指定节点（非叶子节点）的所有子节点
    public List<Node<E>> children(Node parent)
    {
```

```
        List<Node<E>> list = new ArrayList<Node<E>>();
        for (var i = 0; i < treeSize; i++)
        {
            // 如果当前节点的父节点的位置等于 parent 节点的位置
            if (nodes[i] != null &&
                nodes[i].parent == pos(parent))
            {
                list.add(nodes[i]);
            }
        }
        return list;
    }
    // 返回该树的深度
    public int deep()
    {
        // 用于记录节点的最大深度
        int max = 0;
        for(var i = 0; i < treeSize && nodes[i] != null; i++)
        {
            // 初始化本节点的深度
            var def = 1;
            // m 记录当前节点的父节点的位置
            int m = nodes[i].parent;
            // 如果其父节点存在
            while (m != -1 && nodes[m] != null)
            {
                // 向上继续搜索父节点
                m = nodes[m].parent;
                def++;
            }
            if (max < def)
            {
                max = def;
            }
        }
        // 返回最大深度
        return max;
    }
    // 返回包含指定值的节点
    public int pos(Node node)
    {
        for (var i = 0; i < treeSize; i++)
        {
            // 找到指定节点
            if (nodes[i] == node)
            {
                return i;
            }
        }
        return -1;
    }
}
```

从上面程序中的粗体字代码可以看出，定义树节点时增加了一个 parent 变量。该 parent 变量用于保存该节点的父节点在数组中的位置索引，通过这种方式即可记录树中各节点之间的父子关系。

使用这种父节点表示法来存储树时，添加节点时将新节点的 parent 变量的值设为其父节点在数组中的索引即可。下面程序简单测试了上面的 TreeParent 类。

程序清单：codes\11\11.1\TreeParentTest.java

```
public class TreeParentTest
{
    public static void main(String[] args)
    {
        var tp = new TreeParent<String>("root");
        TreeParent.Node root = tp.root();
        System.out.println(root);
        tp.addNode("节点1", root);
        System.out.println("此树的深度:" + tp.deep());
        tp.addNode("节点2", root);
        // 获取根节点的所有子节点
        List<TreeParent.Node<String>> nodes = tp.children(root);
        System.out.println("根节点的第一个子节点：" + nodes.get(0));
        // 为根节点的第一个子节点新增一个子节点
        tp.addNode("节点3", nodes.get(0));
        System.out.println("此树的深度:" + tp.deep());
    }
}
```

通过上面的介绍可以发现，父节点表示法的特点是，每个节点都可以快速找到它的父节点。但如果要找某个节点的所有子节点就比较麻烦，程序要遍历整个节点数组。

### 11.1.4　子节点链表示法

父节点表示法的思想是让每个节点“记住”它的父节点的索引，父节点表示法是从子节点着手的；反过来，还有另外一种方式，让父节点“记住”它的所有子节点。在这种方式下，由于每个父节点需要记住多个子节点，因此必须采用“子节点链”表示法。

在这种方式下，对于图11.2所示的示范树，程序需要采用图11.3所示的结构来保存这棵树。

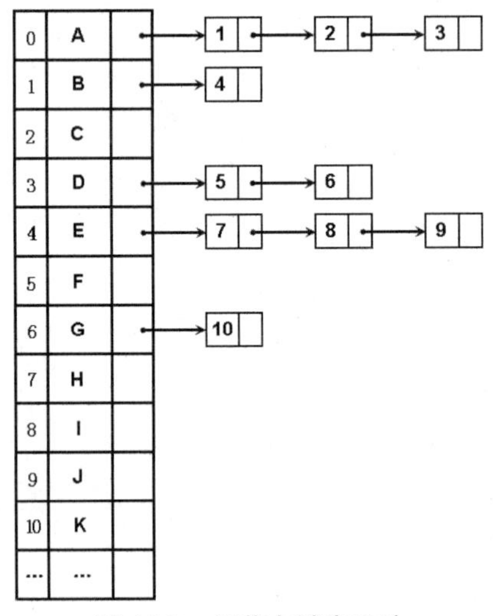


图11.3　子节点链表示法

从图11.3可以看出，采用子节点链表示法来记录树时，需要为每个节点维护一个子节点链，通过该子节点链来记录该节点的所有子节点。下面程序示范了这种采用子节点链表示法的树。

程序清单：codes\11\11.1\TreeChild.java

```
public class TreeChild<E>
{
    private static class SonNode
```

```
    {
        // 记录当前节点的位置
        private int pos;
        private SonNode next;
        public SonNode(int pos, SonNode next)
        {
            this.pos = pos;
            this.next = next;
        }
    }
    public static class Node<T>
    {
        T data;
        // 记录第一个子节点
        SonNode first;
        public Node(T data)
        {
            this.data = data;
            this.first = null;
        }
        public String toString()
        {
            if (first != null)
            {
                return "TreeChild$Node{data=" + data +
                    ", first=" + first.pos + "}";
            }
            else
            {
                return "TreeChild$Node{data=" + data + ", first=-1}";
            }
        }
    }
    private final int DEFAULT_TREE_SIZE = 100;
    private int treeSize = 0;
    // 使用一个 Node<E>[]数组来记录该树里的所有节点
    private Node<E>[] nodes;
    // 记录节点数
    private int nodeNums;
    // 以指定根节点创建树
    @SuppressWarnings("unchecked")
    public TreeChild(E data)
    {
        treeSize = DEFAULT_TREE_SIZE;
        nodes = new Node[treeSize];
        nodes[0] = new Node<E>(data);
        nodeNums++;
    }
    // 以指定根节点、指定 treeSize 创建树
    @SuppressWarnings("unchecked")
    public TreeChild(E data, int treeSize)
    {
        this.treeSize = treeSize;
        nodes = new Node[treeSize];
        nodes[0] = new Node<E>(data);
        nodeNums++;
    }
    // 为指定节点添加子节点
    public void addNode(E data, Node parent)
    {
        for (var i = 0; i < treeSize; i++)
```

```
    {
        // 找到数组中第一个为null的元素，该元素保存新节点
        if (nodes[i] == null)
        {
            // 创建新节点，并用指定数组元素来保存它
            nodes[i] = new Node<E>(data);
            if (parent.first == null)
            {
                parent.first = new SonNode(i, null);
            }
            else
            {
                SonNode next = parent.first;
                while (next.next != null)
                {
                    next = next.next;
                }
                next.next = new SonNode(i, null);
            }
            nodeNums++;
            return;
        }
    }
    throw new RuntimeException("该树已满，无法添加新节点");
}
// 判断树是否为空
public boolean empty()
{
    // 根节点是否为null
    return nodes[0] == null;
}
// 返回根节点
public Node<E> root()
{
    // 返回根节点
    return nodes[0];
}
// 返回指定节点（非叶子节点）的所有子节点
public List<Node<E>> children(Node parent)
{
    List<Node<E>> list = new ArrayList<>();
    // 获取parent节点的第一个子节点
    SonNode next = parent.first;
    // 沿着孩子链不断搜索下一个孩子节点
    while (next != null)
    {
        // 添加孩子链中的节点
        list.add(nodes[next.pos]);
        next = next.next;
    }
    return list;
}
// 返回指定节点（非叶子节点）的第index个子节点
public Node<E> child(Node parent, int index)
{
    // 获取parent节点的第一个子节点
    SonNode next = parent.first;
    // 沿着孩子链不断搜索下一个孩子节点
    for (var i = 0; next != null; i++)
    {
        if (index == i)
```

```
            {
                return nodes[next.pos];
            }
            next = next.next;
        }
        return null;
    }
    // 返回该树的深度
    public int deep()
    {
        // 获取该树的深度
        return deep(root());
    }
    // 这是一个递归方法：每棵子树的深度为其所有子树的最大深度 + 1
    private int deep(Node node)
    {
        if (node.first == null)
        {
            return 1;
        }
        else
        {
            // 记录其所有子树的最大深度
            int max = 0;
            SonNode next = node.first;
            // 沿着孩子链不断搜索下一个孩子节点
            while (next != null)
            {
                // 获取以其子节点为根的子树的深度
                int tmp = deep(nodes[next.pos]);
                if (tmp > max)
                {
                    max = tmp;
                }
                next = next.next;
            }
            // 最后返回其所有子树的最大深度 + 1
            return max + 1;
        }
    }
    // 返回包含指定值的节点
    public int pos(Node node)
    {
        for (var i = 0; i < treeSize; i++)
        {
            // 找到指定节点
            if (nodes[i] == node)
            {
                return i;
            }
        }
        return -1;
    }
}
```

从上面程序中的粗体字代码可以看出，定义树节点时增加了一个 next 变量。该 next 变量用于保存对该节点的子节点链的引用，通过这种方式即可记录树中节点之间的父子关系。

使用这种子节点链表示法来存储树时，添加节点时只需找到指定父节点的子节点链的最后节点，并让它指向新增的节点即可。下面程序简单测试了上面的 TreeChild 类。

程序清单：codes\11\11.1\TreeChildTest.java

```
public class TreeChildTest
{
    public static void main(String[] args)
    {
        var tp = new TreeChild<String>("root");
        TreeChild.Node root = tp.root();
        System.out.println("根节点: " + root);
        tp.addNode("节点1", root);
        tp.addNode("节点2", root);
        tp.addNode("节点3", root);
        System.out.println("添加子节点后的根节点: " + root);
        System.out.println("此树的深度:" + tp.deep());
        // 获取根节点的所有子节点
        List<TreeChild.Node<String>> nodes = tp.children(root);
        System.out.println("根节点的第一个子节点: " + nodes.get(0));
        // 为根节点的第一个子节点新增一个子节点
        tp.addNode("节点4", nodes.get(0));
        System.out.println("根节点的第一个子节点: " + nodes.get(0));
        System.out.println("此树的深度:" + tp.deep());
    }
}
```

通过上面介绍可知，子节点链表示法的特点是，每个节点都可以快速找到它的所有子节点。但如果要找某个节点的父节点则比较麻烦，程序要遍历整个节点数组。

## 11.2 二叉树

对于普通树来说，由于它需要遵循的规律太少，程序控制起来反而更加复杂，因此限制了它在实际应用中的使用。如果对普通树增加一些限制，让一棵树中每个节点最多只能包含两个子节点，而且严格区分左子节点、右子节点（左、右子节点的位置不能交换），这棵树就变成了二叉树。

### 11.2.1 二叉树的定义和基本概念

二叉树指的是每个节点最多只能有两个子树的有序树。通常左边的子树被称作“左子树”（left subtree），右边的子树被称作“右子树”（right subtree）。由此可见，二叉树依然是树，它是一种特殊的树。

二叉树的每个节点最多只有两棵子树（不存在度大于2的节点），二叉树的子树有左、右之分，次序不能颠倒。

树和二叉树的两个重要区别如下。

- 树中节点的最大度数没有限制，而二叉树节点的最大度数为2，也就是说，二叉树是节点的最大度数为2的树。
- 无序树的节点无左、右之分，而二叉树的节点有左、右之分，也就是说，二叉树是有序树。

一棵深度为 $k$ 的二叉树，如果它包含了 $2k-1$ 个节点，就把这棵二叉树称为满二叉树。满二叉树的特点是，每一层上的节点数都是最大节点数，即各层节点数分别为1, 2, 4, 8, 16, …, $2^{k-1}$。满二叉树如图11.4所示。

一棵有 $n$ 个节点的二叉树，按满二叉树的编号方式对它进行编号，若树中所有节点和满二叉树1~$n$ 编号完全一致，则称该树为完全二叉树。也就是说，如果一棵二叉树除最后一层外，其余层的所有节点都是满的，并且最后一层要么是满的，要么仅在右边缺少若干连续的节点，则此二叉树就是完全二叉树。图 11.5 显示了一棵完全二叉树。

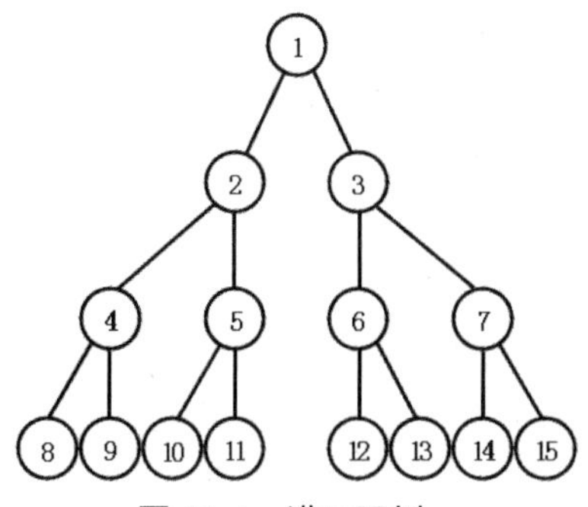

图 11.4　满二叉树

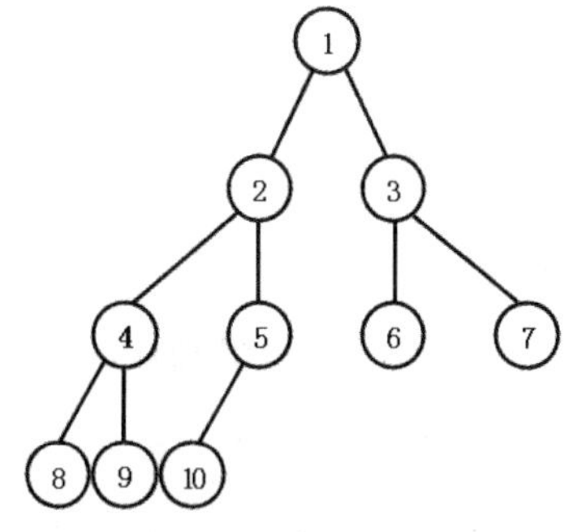

图 11.5　完全二叉树

满二叉树是一种特殊的完全二叉树。当完全二叉树最后一层的所有节点都是满的时，这棵完全二叉树就变成了满二叉树。

综上所述，二叉树大致有如下几个性质。

- 二叉树第 $i$ 层上的节点数目至多为 $2^{i-1}$（$i \geqslant 1$）。
- 深度为 $k$ 的二叉树至多有 $2^k - 1$ 个节点。满二叉树的每层节点的数量依次为 1, 2, 4, 8, …，因此深度为 $k$ 的满二叉树包含的节点数是公比为 2 的等比数列的前 $k$ 项总和，即 $2^k - 1$。
- 在任何一棵二叉树中，如果其叶子节点的数量为 $n_0$，度为 2 的子节点数量为 $n_2$，则 $n_0 = n_2 + 1$。这是因为：如果为任意叶子节点增加一个子节点，则原有叶子节点变成非叶子节点，新增节点变成叶子节点，上述等式不变；如果为任意叶子节点增加两个子节点，则原有叶子节点变成度为 2 的非叶子节点，新增的两个节点变成叶子节点，上述等式依然不变。
- 具有 $n$ 个节点的完全二叉树的深度为 $\log_2(n + 1)$。

对于一棵具有 $n$ 个节点的完全二叉树的节点按层自左向右编号，则对任一编号为 $i$（$n \geqslant i \geqslant 1$）的节点有下列性质。

- 当 $i$ ==1 时，节点 $i$ 是二叉树的根；若 $i$ >1，则节点的父节点是 $i/2$。
- 若 $2i \leqslant n$，则节点 $i$ 有左子节点，左子节点的编号是 $2i$；否则，节点无左子节点，并且是叶子节点。
- 若 $2i + 1 \leqslant n$，则节点 $i$ 有右子节点，右子节点的编号是 $2i + 1$；否则，节点无右子节点。
- 1~$n/2$ 范围的节点都是有子节点的非叶子节点，其余的节点全部都是叶子节点。编号为 $n/2$ 的节点可能只有左子节点，也可能既有左子节点，又有右子节点。

## 11.2.2　二叉树的基本操作

二叉树记录其节点之间的父子关系更加简单，因为二叉树中的每个节点最多只能保存两个子节点。接下来，程序也需要为二叉树实现如下基本操作。

- 初始化：通常是一个构造器，用于创建一棵空树，或者以指定节点为根来创建二叉树。
- 为指定节点添加子节点。
- 判断二叉树是否为空。
- 返回根节点。
- 返回指定节点（非根节点）的父节点。
- 返回指定节点（非叶子节点）的左子节点。
- 返回指定节点（非叶子节点）的右子节点。
- 返回该二叉树的深度。

➢ 返回指定节点的位置。

要实现二叉树这种数据结构，有以下三种选择。

➢ 顺序存储：采用数组来记录二叉树的所有节点。
➢ 二叉链表存储：每个节点保留一个 left、right 字段，分别指向其左、右子节点。
➢ 三叉链表存储：每个节点保留一个 left、right、parent 字段，分别指向其左、右子节点和父节点。

## 11.2.3 二叉树的顺序存储

顺序存储指的是充分利用满二叉树的特性：每层的节点数分别为 1, 2, 4, 8, …, $2^{i-1}$，一棵深度为 $i$ 的二叉树最多只能包含 $2^i-1$ 个节点，因此只要定义一个长度为 $2^i-1$ 的数组即可存储这棵二叉树。

对于普通二叉树（不是满二叉树），那些空出来的节点对应的数组元素留空就可以了。由此可见，二叉树采用顺序存储会造成一定的空间浪费。对于图 11.6 所示的二叉树（完全二叉树），采用图 11.7 所示的数组来保存即可。

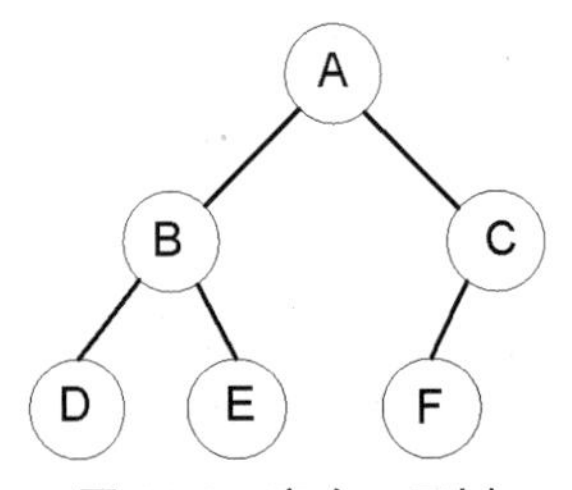


图 11.6 完全二叉树

| A | B | C | D | E | F |
|---|---|---|---|---|---|

图 11.7 二叉树的顺序存储

对于图 11.8 所示的二叉树，需使用图 11.9 所示的数组来保存。

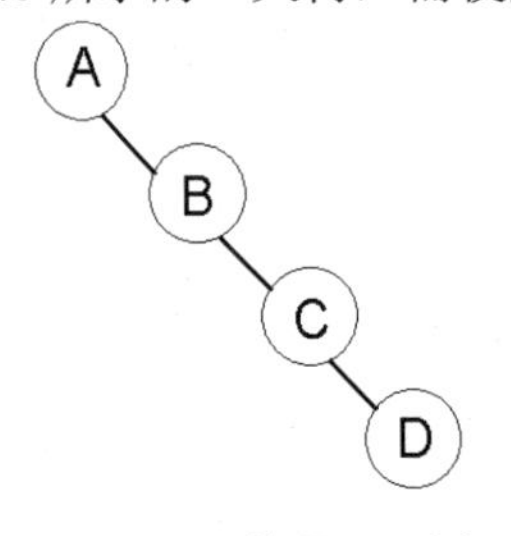


图 11.8 普通二叉树

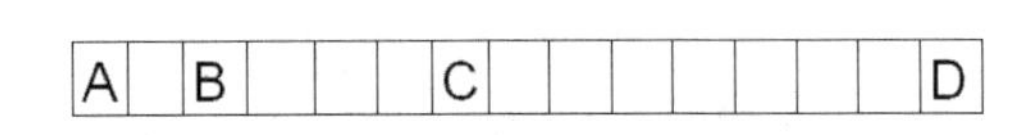


图 11.9 二叉树的顺序存储

当使用数组来存储二叉树的所有节点时可能会产生一定的空间浪费，如果该二叉树是完全二叉树，就不会有任何空间浪费了；但如果该二叉树的所有节点都只有右子节点，那么就会产生相当大的空间浪费，如图 11.9 所示。

掌握了上面的理论之后，可以使用如下代码来实现一个顺序存储的二叉树。

程序清单：codes\11\11.2\ArrayBinTree.java

```
public class ArrayBinTree<T>
{
    // 使用数组来记录该树的所有节点
    private Object[] datas;
    private int DEFAULT_DEEP = 8;
    // 保存该树的深度
    private int deep;
    private int arraySize;
    // 以默认的深度来创建二叉树
```

```
public ArrayBinTree()
{
    this.deep = DEFAULT_DEEP;
    this.arraySize = (1 << deep) - 1;
    datas = new Object[arraySize];
}
// 以指定深度来创建二叉树
public ArrayBinTree(int deep)
{
    this.deep = deep;
    this.arraySize = (1 << deep) - 1;
    datas = new Object[arraySize];
}
// 以指定深度、指定根节点创建二叉树
public ArrayBinTree(int deep, T data)
{
    this.deep = deep;
    this.arraySize = (1 << deep) - 1;
    datas = new Object[arraySize];
    datas[0] = data;
}
/**
 * 为指定节点添加子节点
 * @param index 需要添加子节点的父节点的索引
 * @param data 新子节点的数据
 * @param left 是否为左子节点
 */
public void add(int index, T data, boolean left)
{
    if (datas[index] == null)
    {
        throw new RuntimeException(index + "处节点为空，无法添加子节点");
    }
    if (2 * index + 1 >= arraySize)
    {
        throw new RuntimeException("树底层的数组已满，树越界异常");
    }
    // 添加左子节点
    if (left)
    {
        datas[2 * index + 1] = data;
    }
    else
    {
        datas[2 * index + 2] = data;
    }
}
// 判断二叉树是否为空
public boolean empty()
{
    // 根据根元素来判断二叉树是否为空
    return datas[0] == null;
}
// 返回根节点
@SuppressWarnings("unchecked")
public T root()
{
    return (T) datas[0];
}
```

```
    // 返回指定节点（非根节点）的父节点
    @SuppressWarnings("unchecked")
    public T parent(int index)
    {
        return (T) datas[(index - 1) / 2];
    }
    // 返回指定节点（非叶子）的左子节点
    // 当左子节点不存在时返回 null
    @SuppressWarnings("unchecked")
    public T left(int index)
    {
        if (2 * index + 1 >= arraySize)
        {
            throw new RuntimeException("该节点为叶子节点，无子节点");
        }
        return (T) datas[index * 2 + 1];
    }
    // 返回指定节点（非叶子）的右子节点
    // 当右子节点不存在时返回 null
    @SuppressWarnings("unchecked")
    public T right(int index)
    {
        if (2 * index + 1 >= arraySize)
        {
            throw new RuntimeException("该节点为叶子节点，无子节点");
        }
        return (T) datas[index * 2 + 2];
    }
    // 返回该二叉树的深度
    public int deep(int index)
    {
        return deep;
    }
    // 返回指定节点的位置
    public int pos(T data)
    {
        // 该循环实际上就是按广度遍历来搜索每个节点
        for (var i = 0; i < arraySize; i++)
        {
            if (datas[i].equals(data))
            {
                return i;
            }
        }
        return -1;
    }
    public String toString()
    {
        return java.util.Arrays.toString(datas);
    }
}
```

从上面介绍可以看出，顺序存储二叉树的思想就是将树中不同的节点存入数组的不同位置。例如，根节点，永远使用数组的第 1 个元素来保存；第 2 层的第 2 个节点，永远使用数组的第 3 个元素来保存；第 3 层最右边的节点，永远使用数组的第 7 个元素来保存……依此类推。

对于这种顺序存储的二叉树，不管是遍历树中节点，还是查找树中节点，都可以非常高效地完成，唯一的缺点是空间浪费很大。例如下面的测试程序，虽然只为该二叉树保存了 4 个节点，但一样需要使用长度为 15 的数组。

程序清单：codes\11\11.2\ArrayBinTreeTest.java

```
public class ArrayBinTreeTest
{
    public static void main(String[] args)
    {
        var binTree = new ArrayBinTree<String>(4, "根");
        binTree.add(0, "第二层右子节点", false);
        binTree.add(2, "第三层右子节点", false);
        binTree.add(6, "第四层右子节点", false);
        System.out.println(binTree);
    }
}
```

上面程序中的二叉树只有 4 个节点，它们都是每层最右边的节点，因此程序依然需要长度为 15 的数组来保存该二叉树，而且底层数组最后一个数组元素也有值。运行上面程序，可以看到如下输出。

```
[根, null, 第二层右子节点, null, null, null, 第三层右子节点, null, null, null,
 null, null, null, null, 第四层右子节点]
```

上面的输出结果和图 11.9 的说明是完全一致的。

## 11.2.4 二叉树的二叉链表存储

二叉链表存储的思想是让每个节点都能“记住”它的左、右两个子节点。为每个节点增加 left、right 两个指针，分别引用该节点的左、右两个子节点，因此二叉链表存储的每个节点有如图 11.10 所示的结构。

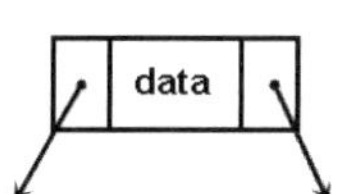


图 11.10 二叉链表存储的树节点

二叉链表存储的二叉树的节点大致有如下定义。

```
class Node<E>
{
    E data;
    Node<E> left;
    Node<E> right;
}
```

对于这种二叉链表存储的二叉树，如果程序需要，为指定节点添加子节点也非常容易，让父节点的 left 或 right 引用指向新节点即可。下面程序以二叉链表实现了二叉树。

程序清单：codes\11\11.2\TwoLinkBinTree.java

```
public class TwoLinkBinTree<E>
{
    public static class TreeNode<T>
    {
        T data;
        TreeNode<T> left;
        TreeNode<T> right;
        public TreeNode()
        {
        }
```

```
    public TreeNode(T data)
    {
        this.data = data;
    }
    public TreeNode(T data, TreeNode<T> left,
        TreeNode<T> right)
    {
        this.data = data;
        this.left = left;
        this.right = right;
    }
}
private TreeNode<E> root;
// 以默认的构造器来创建二叉树
public TwoLinkBinTree()
{
    this.root = new TreeNode<>();
}
// 以指定根元素来创建二叉树
public TwoLinkBinTree(E data)
{
    this.root = new TreeNode<>(data);
}
/**
 * 为指定节点添加子节点
 * @param index 需要添加子节点的父节点的索引
 * @param data 新子节点的数据
 * @param isLeft 是否为左子节点
 * @return 新增的节点
 */
public TreeNode<E> addNode(TreeNode<E> parent, E data,
    boolean isLeft)
{
    if (parent == null)
    {
        throw new RuntimeException(parent +
            "节点为null，无法添加子节点");
    }
    if (isLeft && parent.left != null)
    {
        throw new RuntimeException(parent +
            "节点已有左子节点，无法添加左子节点");
    }
    if (!isLeft && parent.right != null)
    {
        throw new RuntimeException(parent +
            "节点已有右子节点，无法添加右子节点");
    }
    var newNode = new TreeNode<E>(data);
    if (isLeft)
    {
        // 让父节点的left引用指向新节点
        parent.left = newNode;
    }
    else
    {
        // 让父节点的right引用指向新节点
        parent.right = newNode;
    }
```

```
        return newNode;
    }
    // 判断二叉树是否为空
    public boolean empty()
    {
        // 根据根元素来判断二叉树是否为空
        return root.data == null;
    }
    // 返回根节点
    public TreeNode<E> root()
    {
        if (empty())
        {
            throw new RuntimeException("树为空，无法访问根节点");
        }
        return root;
    }
    // 返回指定节点（非根节点）的父节点
    public E parent(TreeNode<E> node)
    {
        // 对于二叉链表存储法，如果要访问指定节点的父节点，则必须遍历二叉树
        return null;
    }
    // 返回指定节点（非叶子）的左子节点，当左子节点不存在时返回 null
    public E leftChild(TreeNode<E> parent)
    {
        if (parent == null)
        {
            throw new RuntimeException(parent +
                "当前节点为null，无法获取左子节点");
        }
        return parent.left == null ? null : parent.left.data;
    }
    // 返回指定节点（非叶子）的右子节点，当右子节点不存在时返回 null
    public E rightChild(TreeNode<E> parent)
    {
        if (parent == null)
        {
            throw new RuntimeException(parent +
                "当前节点为null，无法获取右子节点");
        }
        return parent.right == null ? null : parent.right.data;
    }
    // 返回该二叉树的深度
    public int deep()
    {
        // 获取该树的深度
        return deep(root);
    }
    // 这是一个递归方法：每棵子树的深度为其所有子树的最大深度 + 1
    private int deep(TreeNode<E> node)
    {
        if (node == null)
        {
            return 0;
        }
        // 没有子树
        if (node.left == null
            && node.right == null)
```

```
            {
                return 1;
            }
            else
            {
                int leftDeep = deep(node.left);
                int rightDeep = deep(node.right);
                // 记录其所有左、右子树中较大的深度
                int max = leftDeep > rightDeep ?
                    leftDeep : rightDeep;
                // 返回其左、右子树中较大的深度 + 1
                return max + 1;
            }
        }
    }
```

上面程序中的粗体字代码就是二叉链表的关键，二叉树中每个节点保留 left、right 两个引用，分别指向该节点的左、右两个子节点。通过这种方式，即可建立二叉树各节点之间的父子引用关系。下面程序测试了上面的二叉树。

程序清单：codes\11\11.2\TwoLinkBinTreeTest.java

```
public class TwoLinkBinTreeTest
{
    public static void main(String[] args)
    {
        var binTree = new TwoLinkBinTree<>("根节点");
        // 依次添加节点
        TwoLinkBinTree.TreeNode<String> tn1 = binTree.addNode(binTree.root(),
            "第二层左节点", true);
        TwoLinkBinTree.TreeNode<String> tn2 = binTree.addNode(binTree.root(),
            "第二层右节点", false);
        TwoLinkBinTree.TreeNode<String> tn3 = binTree.addNode(tn2,
            "第三层左节点", true);
        TwoLinkBinTree.TreeNode<String> tn4 = binTree.addNode(tn2,
            "第三层右节点", false);
        TwoLinkBinTree.TreeNode<String> tn5 = binTree.addNode(tn3,
            "第四层左节点", true);
        System.out.println("tn2 的左子节点：" + binTree.leftChild(tn2));
        System.out.println("tn2 的右子节点：" + binTree.rightChild(tn2));
        System.out.println(binTree.deep());
    }
}
```

对于这种二叉链表的二叉树，因为程序采用链表来记录树中的所有节点，所以添加节点没有限制，而且不会像顺序存储那样产生大量的空间浪费。当然，这种二叉链表的存储方式在遍历树节点时效率不高，在指定节点访问其父节点时也比较困难，程序必须采用遍历二叉树的方式来搜索其父节点。

为了克服二叉链表存储方式中访问父节点不方便的问题，可以将二叉链表扩展成三叉链表。

### 11.2.5 二叉树的三叉链表存储

三叉链表存储的思想是让每个节点不仅“记住”它的左、右两个子节点，还要“记住”它的父节点，因此需要为每个节点增加 left、right 和 parent 三个指针，分别引用该节点的左、右两个子节点和父节点。因此，三叉链表存储的每个节点有如图 11.11 所示的结构。

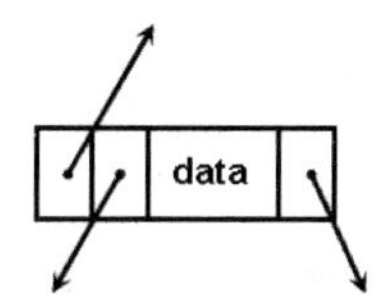


图 11.11　三叉链表存储的树节点

二叉链表存储和三叉链表存储都是根据该二叉树的节点特征来划分的。对于二叉链表存储而言，二叉树的每个节点需要两个“分叉”，分别记录该节点的左、右两个子节点；对于三叉链表存储而言，二叉树的每个节点需要三个“分叉”，分别记录该节点的左、右两个子节点和父节点。

因此，三叉链表存储的二叉树的节点大致有如下定义。

```
class Node<E>
{
    E data;
    Node<E> left;
    Node<E> right;
    Node<E> parent;
}
```

对于这种三叉链表存储的二叉树，如果程序需要，为指定节点添加子节点也非常容易，除了要维护父节点的 left、right 引用，还要维护新增节点的 parent 引用。下面程序以三叉链表实现了二叉树。

**程序清单：codes\11\11.2\ThreeLinkBinTree.java**

```
public class ThreeLinkBinTree<E>
{
    public static class TreeNode<T>
    {
        T data;
        TreeNode<T> left;
        TreeNode<T> right;
        TreeNode<T> parent;
        public TreeNode()
        {
        }
        public TreeNode(T data)
        {
            this.data = data;
        }
        public TreeNode(T data, TreeNode<T> left,
            TreeNode<T> right, TreeNode<T> parent)
        {
            this.data = data;
            this.left = left;
            this.right = right;
            this.parent = parent;
        }
    }
    private TreeNode<E> root;
    // 以默认的构造器来创建二叉树
    public ThreeLinkBinTree()
    {
        this.root = new TreeNode<>();
    }
    // 以指定根元素来创建二叉树
    public ThreeLinkBinTree(E data)
    {
```

```
        this.root = new TreeNode<>(data);
    }
    /**
     * 为指定节点添加子节点
     * @param index 需要添加子节点的父节点的索引
     * @param data 新子节点的数据
     * @param isLeft 是否为左子节点
     * @return 新增的节点
     */
    public TreeNode<E> addNode(TreeNode<E> parent, E data,
        boolean isLeft)
    {
        if (parent == null)
        {
            throw new RuntimeException(parent +
                "节点为null，无法添加子节点");
        }
        if (isLeft && parent.left != null)
        {
            throw new RuntimeException(parent +
                "节点已有左子节点，无法添加左子节点");
        }
        if (!isLeft && parent.right != null)
        {
            throw new RuntimeException(parent +
                "节点已有右子节点，无法添加右子节点");
        }
        var newNode = new TreeNode<E>(data);
        if (isLeft)
        {
            // 让父节点的 left 引用指向新节点
            parent.left = newNode;
        }
        else
        {
            // 让父节点的 right 引用指向新节点
            parent.right = newNode;
        }
        // 让新节点的parent 引用到parent 节点
        newNode.parent = parent;
        return newNode;
    }
    // 判断二叉树是否为空
    public boolean empty()
    {
        // 根据根元素来判断二叉树是否为空
        return root.data == null;
    }
    // 返回根节点
    public TreeNode<E> root()
    {
        if (empty())
        {
            throw new RuntimeException("树为空，无法访问根节点");
        }
        return root;
    }
    // 返回指定节点（非根节点）的父节点
    public E parent(TreeNode<E> node)
```

```
    {
        if (node == null)
        {
            throw new RuntimeException(node +
                "当前节点为null，无法访问其父节点");
        }
        return (E) node.parent.data;
    }
    // 返回指定节点（非叶子）的左子节点，当左子节点不存在时返回null
    public E leftChild(TreeNode<E> parent)
    {
        if (parent == null)
        {
            throw new RuntimeException(parent +
                "当前节点为null，无法获取左子节点");
        }
        return parent.left == null ? null : parent.left.data;
    }
    // 返回指定节点（非叶子）的右子节点，当右子节点不存在时返回null
    public E rightChild(TreeNode<E> parent)
    {
        if (parent == null)
        {
            throw new RuntimeException(parent +
                "当前节点为null，无法获取右子节点");
        }
        return parent.right == null ? null : parent.right.data;
    }
    // 返回该二叉树的深度
    public int deep()
    {
        // 获取该树的深度
        return deep(root);
    }
    // 这是一个递归方法：每棵子树的深度为其所有子树的最大深度 + 1
    private int deep(TreeNode<E> node)
    {
        if (node == null)
        {
            return 0;
        }
        // 没有子树
        if (node.left == null
            && node.right == null)
        {
            return 1;
        }
        else
        {
            int leftDeep = deep(node.left);
            int rightDeep = deep(node.right);
            // 记录其所有左、右子树中较大的深度
            int max = leftDeep > rightDeep ?
                leftDeep : rightDeep;
            // 返回其左、右子树中较大的深度 + 1
            return max + 1;
        }
    }
}
```

从上面的粗体字代码可以看出，三叉链表存储方式是对二叉链表的一种改进，通过为树节点增加一个 parent 引用，可以让每个节点都能非常方便地访问其父节点。三叉链表存储的二叉树既可方便地向下访问节点，也可方便地向上访问节点。

## 11.3 遍历二叉树

遍历二叉树指的是按某种规律依次访问二叉树的每个节点，对二叉树的遍历过程就是将非线性结构的二叉树中的节点排列成线性序列的过程。

如果采用顺序结构来保存二叉树，程序遍历二叉树将非常容易，无须进行任何思考，直接遍历底层数组即可。如果采用链表来保存二叉树的节点，则有以下两种遍历方式。

- 深度优先遍历：这种遍历算法将先访问到树中最深层次的节点。
- 广度优先遍历：这种遍历算法将逐层访问每层的节点，先访问根（第一层）节点，然后访问第二层的节点……依此类推。因此，广度优先遍历方法又被称为按层遍历。

对于深度优先遍历算法而言，它又可分为以下三种。

- 先（前）序遍历二叉树。
- 中序遍历二叉树。
- 后序遍历二叉树。

如果 L、D、R 表示左子树、根、右子树，习惯上总是必须先遍历左子树，后遍历右子树，根据遍历根节点的顺序不同，上面三种算法可表示如下。

- DLR：先序遍历。
- LDR：中序遍历。
- LRD：后序遍历。

深度遍历的先序遍历、中序遍历、后序遍历这三种遍历方式的名称都是针对根节点（D）而言的。先处理根节点（D）时就称之为先序遍历，其次处理根节点（D）时就称之为中序遍历；最后处理根节点（D）时就称之为后序遍历。

因为二叉树的定义本身就有“递归性”，所以深度优先遍历时能非常方便地利用递归来遍历每个节点：一棵非空二叉树由树根、左子树和右子树组成，依次遍历这三部分，就可以遍历整棵二叉树。

### 11.3.1 先序遍历

先序遍历指先处理根节点，其处理顺序如下。

1. 访问根节点。
2. 递归遍历左子树。
3. 递归遍历右子树。

实现先序遍历的方法如下。

程序清单：codes\11\11.3\ThreeLinkBinTree.java

```
// 实现先序遍历
public List<TreeNode<E>> preIterator()
{
    return preIterator(root);
}
private List<TreeNode<E>> preIterator(TreeNode<E> node)
{
    var list = new ArrayList<TreeNode<E>>();
```

```
    // 处理根节点
    list.add(node);
    // 递归处理左子树
    if (node.left != null)
    {
        list.addAll(preIterator(node.left));
    }
    // 递归处理右子树
    if (node.right != null)
    {
        list.addAll(preIterator(node.right));
    }
    return list;
}
```

## 11.3.2　中序遍历

中序遍历指其次处理根节点，其处理顺序如下。

1. 递归遍历左子树。
2. 访问根节点。
3. 递归遍历右子树。

实现中序遍历的方法如下。

**程序清单：codes\11\11.3\ThreeLinkBinTree.java**

```
// 实现中序遍历
public List<TreeNode<E>> inIterator()
{
    return inIterator(root);
}
private List<TreeNode<E>> inIterator(TreeNode<E> node)
{
    var list = new ArrayList<TreeNode<E>>();
    // 递归处理左子树
    if (node.left != null)
    {
        list.addAll(inIterator(node.left));
    }
    // 处理根节点
    list.add(node);
    // 递归处理右子树
    if (node.right != null)
    {
        list.addAll(inIterator(node.right));
    }
    return list;
}
```

## 11.3.3　后序遍历

后序遍历指最后处理根节点，其处理顺序如下。

1. 递归遍历左子树。
2. 递归遍历右子树。
3. 访问根节点。

实现后序遍历的方法如下。

程序清单：codes\11\11.3\ThreeLinkBinTree.java

```
public List<TreeNode<E>> postIterator()
{
    return postIterator(root);
}
// 实现后序遍历
private List<TreeNode<E>> postIterator(TreeNode<E> node)
{
    var list = new ArrayList<TreeNode<E>>();
    // 递归处理左子树
    if (node.left != null)
    {
        list.addAll(postIterator(node.left));
    }
    // 递归处理右子树
    if (node.right != null)
    {
        list.addAll(postIterator(node.right));
    }
    // 处理根节点
    list.add(node);
    return list;
}
```

### 11.3.4 广度优先（按层）遍历

广度优先遍历又称为按层遍历，整个遍历算法是先遍历二叉树的第一层（根节点），再遍历根节点的两个子节点（第二层）……依此类推，逐层遍历二叉树的所有节点。

为了实现广度优先遍历，可以借助具有FIFO特征的队列来实现，如下所示。

① 建一个队列（先进先出），把树的根节点压入队列。

② 从队列中弹出一个节点（第一次弹出的就是根节点），然后把该节点的左、右子节点压入队列，如果没有子节点，则说明已经到达叶子节点了。

③ 用循环重复执行第2步，直到队列为空。当队列为空时，说明所有的叶子节点（深度最深的层）都已经经过了队列，也就完成了遍历。

基于上面给定的思想，可以用如下程序来实现广度优先遍历。

程序清单：codes\11\11.3\ThreeLinkBinTree.java

```
// 广度优先遍历
public List<TreeNode<E>> breadthFirst()
{
    Queue<TreeNode<E>> queue = new ArrayDeque<>();
    List<TreeNode<E>> list = new ArrayList<>();
    if (root != null)
    {
        // 将根元素入“队列”
        queue.offer(root);
    }
    while (!queue.isEmpty())
    {
        // 将该队列的“头部”元素添加到List中
        list.add(queue.peek());
        // 将该队列的“头部”元素移出队列
        TreeNode<E> p = queue.poll();
        // 如果左子节点不为null，将它入“队列”
        if (p.left != null)
```

```
            {
                queue.offer(p.left);
            }
            // 如果右子节点不为null，将它入"队列"
            if (p.right != null)
            {
                queue.offer(p.right);
            }
        }
        return list;
    }
```

从上面的粗体字代码可以看出，为了实现二叉树的广度遍历，程序借助一个 Queue 对象，这是 JDK 1.5 提供的一个队列接口。通过这个队列接口，可以非常方便地对二叉树实现广度优先遍历。

## 11.4　转换方法

由于二叉树是一种更“确定”（它的每个节点最多只有两个子节点）的数据结构，因此不管是存储、增加、删除节点，还是遍历节点，程序都可以更简单、方便地实现。反之，由于树的每个节点具有个数不确定的子节点，因此程序实现起来更复杂。

为了充分利用二叉树的简单易用性，可以将普通树转换为二叉树，以二叉树的形式来保存普通树，当程序需要树时，再将二叉树转换为普通树。

森林其实更简单，如果将一棵普通树的根节点去掉，这棵树就变成了森林。或者可以转换一下思维，森林其实就是有多个根节点的树。

### 11.4.1　森林、树和二叉树的转换

有序树、森林和二叉树之间有一一映射的关系，可以进行相互转换。

多叉树向二叉树转换的方法如下。

1. 加虚线：同一个父节点的相邻兄弟节点之间加虚线。
2. 抹实线：每个节点只保留它与最左子节点之间的连线，与其他子节点之间的连线都被抹掉。
3. 虚改实：虚线改为实线。

例如，如图 11.12 所示就是多叉树向二叉树转换的结果。

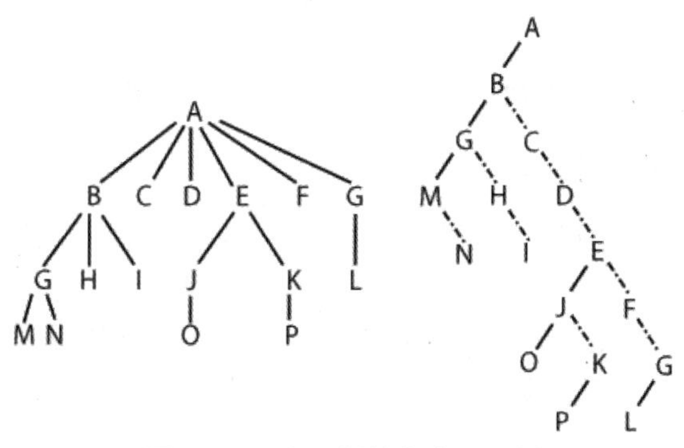


图 11.12　多叉树转换为二叉树

图 11.12 右图中的虚线就是新增的“父子”关系。从这个转换结果来看，多叉树转换为二叉树的方法的关键思想就是：所有子节点只保留左子节点，其他子节点转为左子节点的右子节点链。

按照这种转换思路，森林也可转换为二叉树——只要把森林当成一棵根节点被删除的多叉树即可。图 11.13 示范了将森林转换为二叉树的结果。

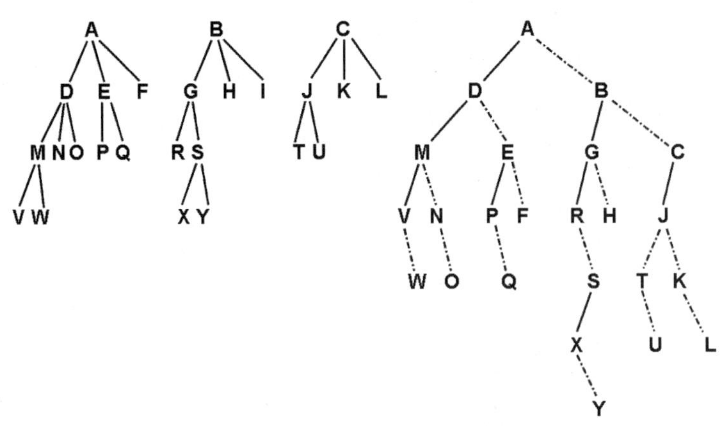

图 11.13　森林转换为二叉树

反过来，二叉树也可恢复出对应的多叉树、森林，恢复方法如下。

① 加虚线：若某节点 I 是父节点的左子节点，则为该节点 I 的右孩子链中的所有节点分别与节点 I 的父节点之间添加连线。

② 抹线：把有虚线的节点与原父节点之间的连线抹去。

③ 整理：虚改实并按层排列。

如图 11.14 所示为把二叉树转换为多叉树。

如果二叉树的根节点有右子节点——右子节点就代表根节点的兄弟节点，这种情况会转换得到森林。

如果二叉树的根节点的右子节点链只有一个节点，那么转换出来的森林将有两棵树；如果二叉树的根节点的右子节点链有 $N$ 个节点，那么转换出来的森林将有 $N$+1 棵树。

如图 11.15 所示为把二叉树转换为森林。

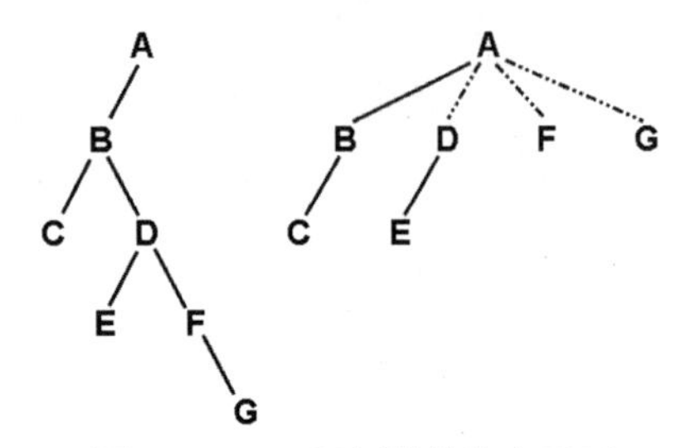

图 11.14　二叉树转换为多叉树

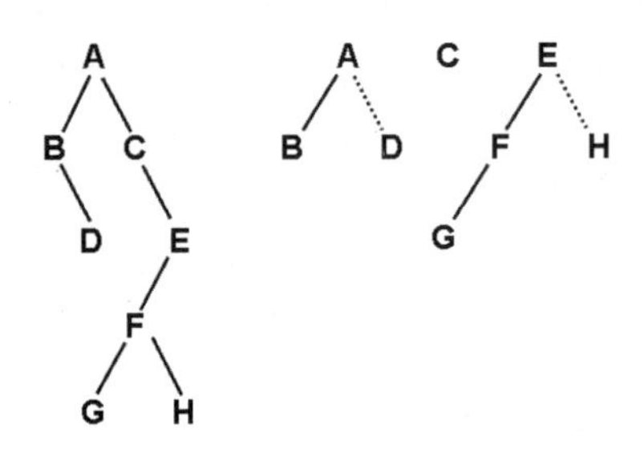

图 11.15　二叉树转换为森林

### 11.4.2　树的链表存储

根据上面介绍的理论，二叉树可以和多叉树之间进行自由转换，因此可以得到普通树的另外一种保存方式：以二叉树的形式保存多叉树，实际需要的时候再将二叉树转换为普通树。

至于到底以哪种方式来保存二叉树，完全是自由的。通常会选择使用三叉链表存储方式来保存二叉树，这样得到的二叉树操作起来更方便，进行二叉树和多叉树之间转换时也更方便。

## 11.5　哈夫曼树

哈夫曼树又被称为最优二叉树，是一种带权路径最短的二叉树。哈夫曼树是二叉树的一种应用，在信息检索中很常用。

### 11.5.1　哈夫曼树的定义和基本概念

在介绍哈夫曼树之前先来介绍一些相关的概念。

- 节点之间的路径长度：从一个节点到另一个节点之间的分支数量称为两个节点之间的路径长度。
- 树的路径长度：从根节点到树中每一个节点的路径长度之和。

对于图 11.16 所示的二叉树，该树的路径长度为 17，即 0 + 1 + 2 + 2 + 3 + 4 + 5 = 17。

- 节点的带权路径长度：从该节点到根节点之间的路径长度与节点的权的乘积。
- 树的带权路径长度：树中所有叶子节点的带权路径长度之和。

对于图 11.16 所示的二叉树，其带权路径如图 11.17 所示。

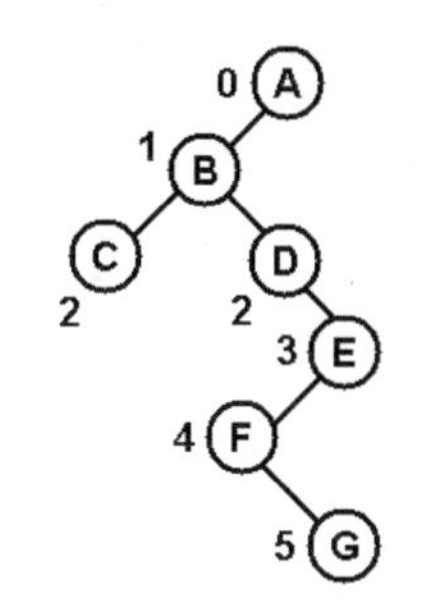

图 11.16　二叉树的路径长度

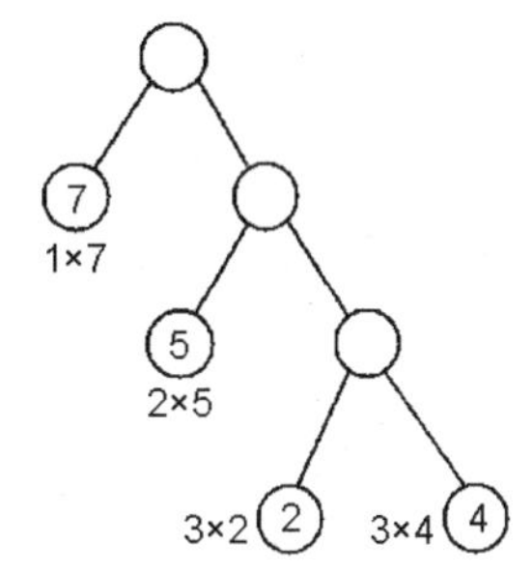

图 11.17　树的带权路径长度

带权路径最小的二叉树被称为哈夫曼树或最优二叉树。

对于哈夫曼树，有一个很重要的定理：对于具有 $n$ 个叶子节点的哈夫曼树，一共需要 $2n-1$ 个节点。因为对于二叉树来说，有三种类型节点，即度数为 2 的节点、度数为 1 的节点和度数为 0 的叶子节点，而哈夫曼树的非叶子节点都是由两个节点合并产生的，所以不会出现度数为 1 的节点。而生成的非叶子节点的个数为叶子节点个数减 1，因此有 $n$ 个叶子节点的哈夫曼树，一共需要 $2n-1$ 个节点。

### 11.5.2　创建哈夫曼树

创建哈夫曼树，可以按如下步骤进行。

1. 根据给定的 $n$ 个权值 $\{w_1, w_2,\cdots, w_n\}$ 构造 $n$ 棵二叉树的集合 $F = \{T_1, T_2, \cdots, T_n\}$，$F$ 集合中每棵二叉树都只有一个根节点。
2. 选取 $F$ 集合中两棵根节点的权值最小的树作为左、右子树以构造一棵新的二叉树，且将新的二叉树的根节点的权值设为左、右子树上根节点的权值之和。
3. 将新的二叉树加入 $F$ 集合中，并删除第 2 步中被选中的两棵树。
4. 重复第 2 步和第 3 步，直到 $F$ 集合中只剩下一棵树，这棵树就是哈夫曼树。

图 11.18 显示了创建哈夫曼树的过程。

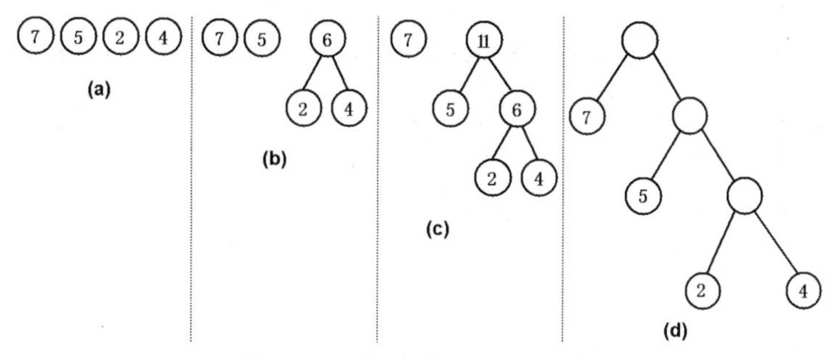

图 11.18　创建哈夫曼树的过程

基于上面的思想，对指定节点集合创建哈夫曼树，示例如下。

程序清单：codes\11\11.5\HuffmanTree.java

```
public class HuffmanTree
{
    public static class Node<E>
    {
        E data;
        double weight;
        Node<E> leftChild;
        Node<E> rightChild;
        public Node(E data, double weight)
        {
            this.data = data;
            this.weight = weight;
        }
        public String toString()
        {
            return "Node{data=" + data +
                ", weight=" + weight + "}";
        }
    }
    public static void main(String[] args)
    {
        List<Node<String>> nodes = new ArrayList<>();
        nodes.add(new Node<String>("A", 40.0));
        nodes.add(new Node<String>("B", 7.0));
        nodes.add(new Node<String>("C", 10.0));
        nodes.add(new Node<String>("D", 30.0));
        nodes.add(new Node<String>("E", 12.0));
        nodes.add(new Node<String>("F", 2.0));
        Node<String> root = HuffmanTree.createTree(nodes);
        System.out.println(breadthFirst(root));
    }
    /**
     * 构造哈夫曼树
     * @param nodes 节点集合
     * @return 构造出来的哈夫曼树的根节点
     */
    private static <E> Node<E> createTree(List<Node<E>> nodes)
    {
        // 只要 nodes 数组中还有两个以上的节点
        while (nodes.size() > 1)
        {
            quickSort(nodes);
            // 获取权值最小的两个节点
            Node<E> left = nodes.get(nodes.size() - 1);
            Node<E> right = nodes.get(nodes.size() - 2);
            // 生成新节点，新节点的权值为两个子节点的权值之和
            Node<E> parent = new Node<>(null, left.weight + right.weight);
            // 让新节点作为权值最小的两个节点的父节点
            parent.leftChild = left;
            parent.rightChild = right;
            // 删除权值最小的两个节点
            nodes.remove(nodes.size() - 1);
            nodes.remove(nodes.size() - 1);
            // 将新生成的父节点添加到集合中
            nodes.add(parent);
        }
        // 返回 nodes 集合中唯一的节点，也就是根节点
```

```
        return nodes.get(0);
    }
    // 将指定数组的 i 和 j 索引处的元素交换
    private static <E> void swap(List<Node<E>> nodes, int i, int j)
    {
        Node<E> tmp;
        tmp = nodes.get(i);
        nodes.set(i, nodes.get(j));
        nodes.set(j, tmp);
    }
    // 实现快速排序算法，用于对节点进行排序
    private static <E> void subSort(List<Node<E>> nodes,
        int start, int end)
    {
        // 如果需要排序
        if (start < end)
        {
            // 以第一个元素作为分界值
            Node base = nodes.get(start);
            // i 从左边搜索，搜索大于分界值的元素的索引
            int i = start;
            // j 从右边开始搜索，搜索小于分界值的元素的索引
            int j = end + 1;
            while (true)
            {
                // 找到大于分界值的元素的索引，或 i 已经到了 end 处
                while (i < end && nodes.get(++i).weight >= base.weight);
                // 找到小于分界值的元素的索引，或 j 已经到了 start 处
                while (j > start && nodes.get(--j).weight <= base.weight);
                if (i < j)
                {
                    swap(nodes, i, j);
                }
                else
                {
                    break;
                }
            }
            swap(nodes, start, j);
            // 递归左边子序列
            subSort(nodes, start, j - 1);
            // 递归右边子序列
            subSort(nodes, j + 1, end);
        }
    }
    public static <E> void quickSort(List<Node<E>> nodes)
    {
        subSort(nodes, 0, nodes.size() - 1);
    }
    // 广度优先遍历
    public static List<Node> breadthFirst(Node root)
    {
        Queue<Node> queue = new ArrayDeque<>();
        List<Node> list = new ArrayList<>();
        if (root != null)
        {
            // 将根元素入“队列”
            queue.offer(root);
        }
        while (!queue.isEmpty())
        {
```

```
                // 将该队列的"队尾"元素添加到 List 中
                list.add(queue.peek());
                Node p = queue.poll();
                // 如果左子节点不为null，将它入"队列"
                if (p.leftChild != null)
                {
                    queue.offer(p.leftChild);
                }
                // 如果右子节点不为null，将它入"队列"
                if (p.rightChild != null)
                {
                    queue.offer(p.rightChild);
                }
            }
            return list;
        }
    }
```

上面程序中创建哈夫曼树的关键代码就是粗体字代码。这些粗体字代码完成了如下事情。

① 对 List 集合中的所有节点进行排序。

② 找出 List 集合中权值最小的两个节点。

③ 以权值最小的两个节点作为子节点创建新节点。

④ 从 List 集合中删除权值最小的两个节点，将新节点添加到 List 集合中。

程序采用循环不断地执行上面的第 1~4 步，直到 List 集合中只剩下一个节点，最后剩下的这个节点就是哈夫曼树的根节点。

上面程序中用到了快速排序的算法，关于快速排序的详细介绍请参考第 12 章。

### 11.5.3 哈夫曼编码

根据哈夫曼树可以解决报文编码问题。假设需要对一个字符串如"abcdabcaba"进行编码，将它转换为唯一的二进制码，但要求转换出来的二进制码的长度最小。

假设每个字符在字符串中出现的频率为 $W$，其编码长度为 $L$，编码字符有 $n$ 个，则编码后二进制码的总长度为 $W_1L_1 + W_2L_2 + W_3L_3 + \cdots + W_nL_n$，这正好符合哈夫曼树的处理原则。因此可采用哈夫曼树的原理构造二进制编码，并使电文总长最短。

对于"abcdabcaba"字符串，总共只有 a、b、c、d 四个字符，它们出现的次数分别是 4、3、2、1 次——这相当于它们的权值。于是，将 a、b、c、d 四个字符以出现次数为权值构造哈夫曼树，得到图 11.19 所示的结果。

从哈夫曼树根节点开始，对左子树分配代码"0"，对右子树分配代码"1"，一直到达叶子节点。然后，将从树根沿每条路径到达叶子节点的代码排列起来，便得到了每个叶子节点的哈夫曼编码。图 11.20 显示了对 a、b、c、d 四个字符编码得到的哈夫曼编码。

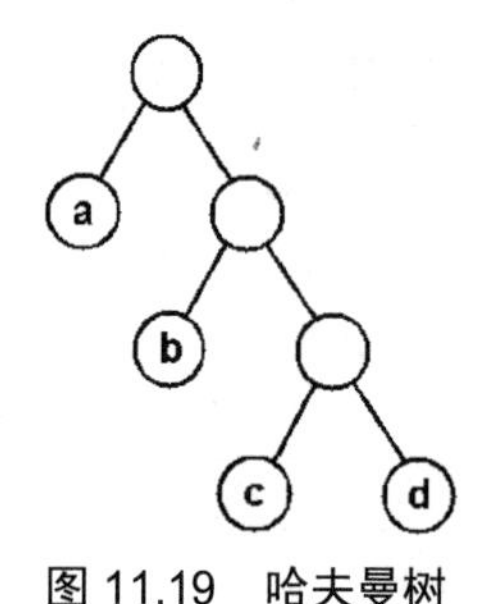


图 11.19　哈夫曼树

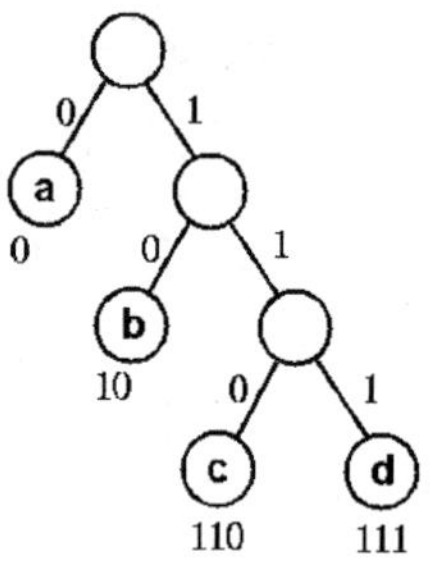

图 11.20　哈夫曼编码

从上面的介绍可以看出，a 的哈夫曼编码为 0，b 的哈夫曼编码为 10，c 的哈夫曼编码为 110，d 的哈夫曼编码为 111。然后将“abcdabcaba”这个字符串转换为对应的二进制码 0101101110101100100，长度仅为 19。这就是该字符串的最短二进制编码，也被称为哈夫曼编码。

根据上面介绍的规律不难发现，哈夫曼编码有一个规律：假设有 $N$ 个叶子节点需要编码，最终得到的哈夫曼树一定有 $N$ 层，哈夫曼编码得到的二进制码的最大长度为 $N-1$。

程序将 $N$ 个叶子节点按权值由小到大排列，这些叶子节点对应的哈夫曼编码依次为 0、10、110、1110、11110、…、11…10、11…11（一共有 $N-1$ 位）。

## 11.6　排序二叉树

排序二叉树是一种特殊结构的二叉树，通过它可以非常方便地对树中的所有节点进行排序和检索。

排序二叉树要么是一棵空二叉树，要么是具有下列性质的二叉树。

- 若它的左子树不空，则左子树上所有节点的值均小于它的根节点的值。
- 若它的右子树不空，则右子树上所有节点的值均大于它的根节点的值。
- 它的左、右子树也分别为排序二叉树。

图 11.21 显示了一棵排序二叉树。

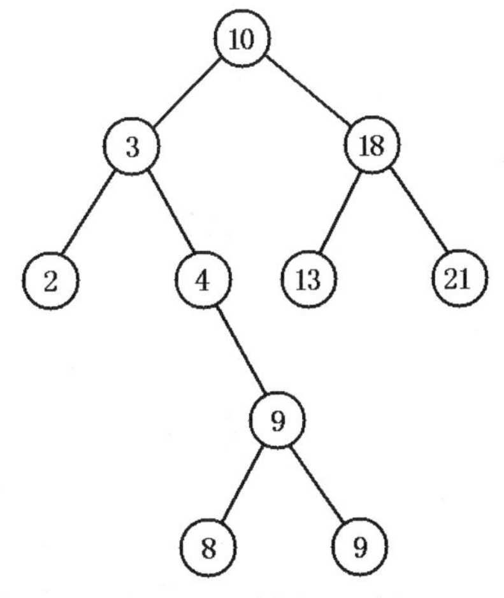


图 11.21　排序二叉树

对于排序二叉树，若按中序遍历就可以得到由小到大的有序序列。比如图 11.21，中序遍历得：

{2, 3, 4, 8, 9, 9, 10, 13, 15, 18}

创建排序二叉树的步骤，就是不断地向排序二叉树添加节点的过程，具体如下。

1. 以根节点为当前节点开始搜索。
2. 拿新节点的值和当前节点的值比较。
3. 如果新节点的值更大，则以当前节点的右子节点作为新的当前节点；如果新节点的值更小，则以当前节点的左子节点作为新的当前节点。
4. 重复第 2 步和第 3 步，直到搜索到合适的叶子节点。
5. 将新节点添加为第 4 步找到的叶子节点的子节点，如果新节点更大，则添加为右子节点；否则，添加为左子节点。

当程序从排序二叉树中删除一个节点之后，为了让它依然保持为排序二叉树，必须对该排序二叉树进行维护。维护可分为如下几种情况。

- 被删除节点是叶子节点，只需将它从其父节点中删除。
- 被删除节点 p 只有左子树或只有右子树，如果 p 是它的父节点的左子节点，则将 p 的左子树或右子树添加成 p 节点的父节点的左子节点即可；如果 p 是它的父节点的右子节点，则将 p 的左子树或右子树添加成 p 节点的父节点的右子节点即可。简单来说，如果要删除的节点只有一个子节点，即可用它的子节点来代替要删除的节点。

  如图 11.22 所示为被删除节点只有左子树的情况。

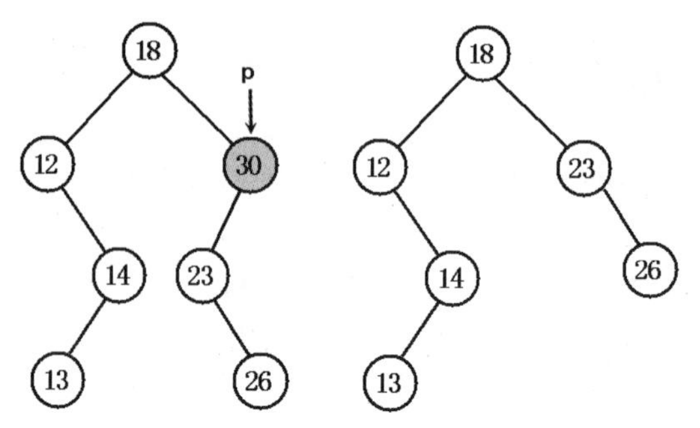


图 11.22　被删除节点只有左子树

  如图 11.23 所示为被删除节点只有右子树的情况。

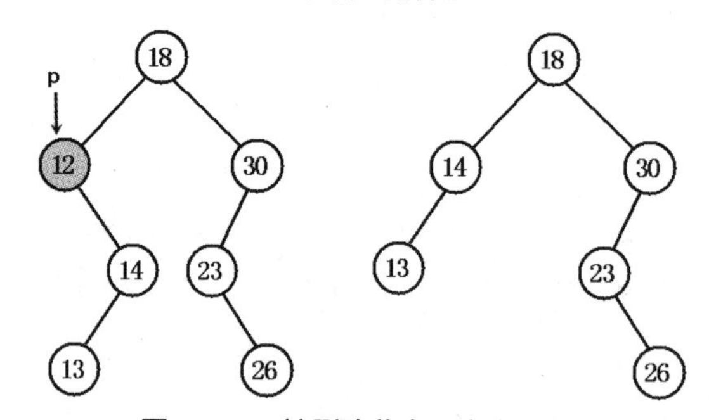


图 11.23　被删除节点只有右子树

- 若被删除节点 p 的左、右子树均非空，则有以下两种做法。
  - 将 pL 设为 p 的父节点 q 的左或右子节点（取决于 p 是其父节点 q 的左、右子节点），将 pR 设为 p 节点的中序前趋节点 s 的右子节点（s 是 pL 最右下的节点，也就是 pL 子树中最大的节点）。采用这种方式删除节点的示意图如图 11.24 所示。

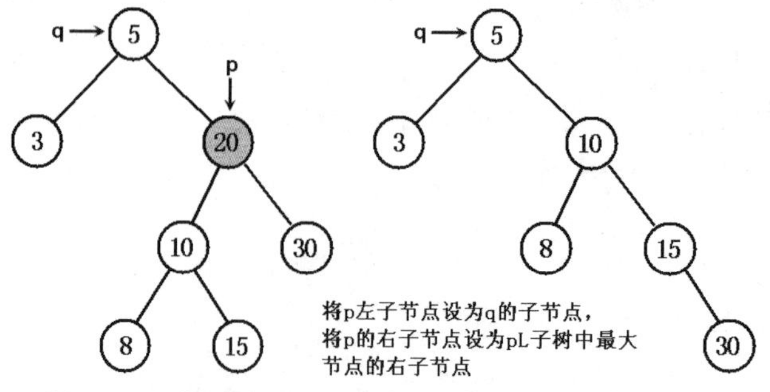


图 11.24　被删除节点既有左子树，又有右子树（1）

  - 以 p 节点的中序前趋或后继替代 p 所指节点，然后从原排序二叉树中删除中序前趋或后继节点。**简单来说，就是用大于 p 的最小节点或小于 p 的最大节点代替 p 节点。**采用这种方式删除节点的示意图如图 11.25 所示。

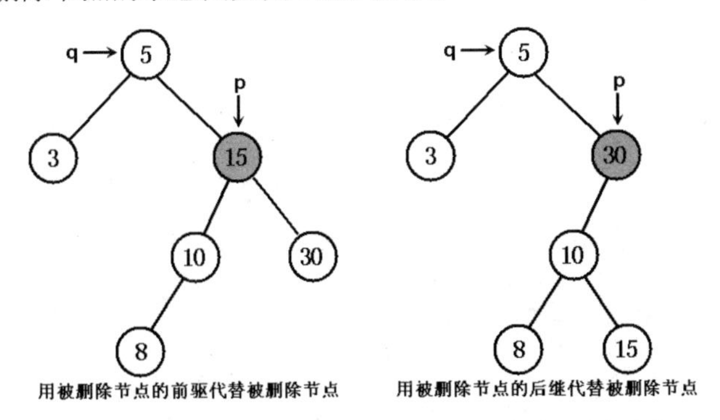


图 11.25　被删除节点既有左子树，又有右子树（2）

掌握了上面的理论之后，使用如下 Java 程序来实现排序二叉树。实现排序二叉树的删除节点时采用图 11.25 中左图所示的情形进行维护，也就是用被删除节点的左子树中最大节点与被删除节点交换的方式进行维护。

程序清单：codes\11\11.6\SortedBinTree.java

```
public class SortedBinTree<E extends Comparable>
{
    static class Node<T>
    {
        T data;
        Node<T> parent;
        Node<T> left;
        Node<T> right;
        public Node(T data, Node<T> parent,
            Node<T> left, Node<T> right)
        {
            this.data = data;
            this.parent = parent;
            this.left = left;
            this.right = right;
        }
        public String toString()
        {
            return "{data=" + data + "}";
        }
        public boolean equals(Object obj)
        {
            if (this == obj)
            {
                return true;
            }
            if (obj.getClass() == Node.class)
            {
                @SuppressWarnings("unchecked")
                Node<T> target = (Node<T>) obj;
                return data.equals(target.data)
                    && left == target.left
                    && right == target.right
                    && parent == target.parent;
            }
            return false;
        }
    }
    private Node<E> root;
```

```
// 两个构造器用于创建排序二叉树
public SortedBinTree()
{
    root = null;
}
public SortedBinTree(E o)
{
    root = new Node<>(o, null, null, null);
}
// 添加节点
@SuppressWarnings("unchecked")
public void add(E ele)
{
    // 如果根节点为null
    if (root == null)
    {
        root = new Node<>(ele, null, null, null);
    }
    else
    {
        Node<E> current = root;
        Node<E> parent = null;
        int cmp = 0;
        // 搜索合适的叶子节点，以该叶子节点作为父节点添加新节点
        do
        {
            parent = current;
            cmp = ele.compareTo(current.data);
            // 如果新节点的值大于当前节点的值
            if (cmp > 0)
            {
                // 以右子节点作为当前节点
                current = current.right;
            }
            // 如果新节点的值小于当前节点的值
            else
            {
                // 以左子节点作为当前节点
                current = current.left;
            }
        } while (current != null);
        // 创建新节点
        var newNode = new Node<>(ele, parent, null, null);
        // 如果新节点的值大于父节点的值
        if (cmp > 0)
        {
            // 新节点作为父节点的右子节点
            parent.right = newNode;
        }
        // 如果新节点的值小于父节点的值
        else
        {
            // 新节点作为父节点的左子节点
            parent.left = newNode;
        }
    }
}
// 删除节点
public void remove(E ele)
{
    // 获取要删除的节点
```

```
Node<E> target = getNode(ele);
// 如果要删除的节点为null，则直接返回
if (target == null)
{
    return;
}
// 如果要删除节点的左、右子树为空
if (target.left == null
    && target.right == null)
{
    // 如果要删除节点是根节点
    if (target == root)
    {
        root = null;
    }
    else
    {
        // 要删除节点是父节点的左子节点
        if (target == target.parent.left)
        {
            // 将target的父节点的left设为null
            target.parent.left = null;
        }
        // 要删除节点是父节点的左子节点
        else
        {
            // 将target的父节点的right设为null
            target.parent.right = null;
        }
        target.parent = null;
    }
}
// 如果要删除节点只有右子树
else if (target.left == null
    && target.right != null)
{
    // 如果要删除节点是根节点
    if (target == root)
    {
        root = target.right;
    }
    else
    {
        // 如果要删除节点是父节点的左子节点
        if (target == target.parent.left)
        {
            // 让target的父节点的left指向target的右子树
            target.parent.left = target.right;
        }
        // 如果要删除节点是父节点的右子节点
        else
        {
            // 让target的父节点的right指向target的右子树
            target.parent.right = target.right;
        }
        // 让target的右子树的parent指向target的parent
        target.right.parent = target.parent;
    }
}
// 如果要删除节点只有左子树
else if(target.left != null
```

```
        && target.right == null)
    {
        // 被删除节点是根节点
        if (target == root)
        {
            root = target.left;
        }
        else
        {
            // 被删除节点是父节点的左子节点
            if (target == target.parent.left)
            {
                // 让 target 的父节点的 left 指向 target 的左子树
                target.parent.left = target.left;
            }
            else
            {
                // 让 target 的父节点的 right 指向 target 的左子树
                target.parent.right = target.left;
            }
            // 让 target 的左子树的 parent 指向 target 的 parent
            target.left.parent = target.parent;
        }
    }
    // 如果要删除节点既有左子树，又有右子树
    else
    {
        // leftMaxNode 用于保存 target 节点的左子树中值最大的节点
        Node<E> leftMaxNode = target.left;
        // 搜索 target 节点的左子树中值最大的节点
        while (leftMaxNode.right != null)
        {
            leftMaxNode = leftMaxNode.right;
        }
        // 从原来的子树中删除 leftMaxNode 节点
        leftMaxNode.parent.right = null;
        // 让 leftMaxNode 的 parent 指向 target 的 parent
        leftMaxNode.parent = target.parent;
        // 要删除节点是父节点的左子节点
        if (target == target.parent.left)
        {
            // 让 target 的父节点的 left 指向 leftMaxNode
            target.parent.left = leftMaxNode;
        }
        // 要删除节点是父节点的右子节点
        else
        {
            // 让 target 的父节点的 right 指向 leftMaxNode
            target.parent.right = leftMaxNode;
        }
        leftMaxNode.left = target.left;
        leftMaxNode.right = target.right;
        target.parent = target.left = target.right = null;
    }
}
// 根据给定的值搜索节点
public Node<E> getNode(E ele)
{
    // 从根节点开始搜索
    Node<E> p = root;
    while (p != null)
```

```
        {
            @SuppressWarnings("unchecked")
            int cmp = ele.compareTo(p.data);
            // 如果搜索的值小于当前 p 节点的值
            if (cmp < 0)
            {
                // 向左子树搜索
                p = p.left;
            }
            // 如果搜索的值大于当前 p 节点的值
            else if (cmp > 0)
            {
                // 向右子树搜索
                p = p.right;
            }
            else
            {
                return p;
            }
        }
        return null;
    }
    // 广度优先遍历
    public List<Node<E>> breadthFirst()
    {
        Queue<Node<E>> queue = new ArrayDeque<>();
        List<Node<E>> list = new ArrayList<>();
        if (root != null)
        {
            // 将根元素入"队列"
            queue.offer(root);
        }
        while (!queue.isEmpty())
        {
            // 将该队列的"队尾"元素添加到 List 中
            list.add(queue.peek());
            Node<E> p = queue.poll();
            // 如果左子节点不为 null，将它入"队列"
            if (p.left != null)
            {
                queue.offer(p.left);
            }
            // 如果右子节点不为 null，将它入"队列"
            if (p.right != null)
            {
                queue.offer(p.right);
            }
        }
        return list;
    }
}
```

上面程序为排序二叉树提供了一个广度优先的遍历方法，通过该方法可以更好地看出二叉树的内部结构。下面程序测试了上面排序二叉树的添加、删除节点。

**程序清单：codes\11\11.6\SortedBinTreeTest.java**

```
public class SortedBinTreeTest
{
    public static void main(String[] args)
    {
        var tree = new SortedBinTree<Integer>();
```

```
        // 添加节点
        tree.add(5);
        tree.add(20);
        tree.add(10);
        tree.add(3);
        tree.add(8);
        tree.add(15);
        tree.add(30);
        System.out.println(tree.breadthFirst());
        // 删除节点
        tree.remove(20);
        System.out.println(tree.breadthFirst());
    }
}
```

运行上面程序，将看到如图 11.26 所示的结果。

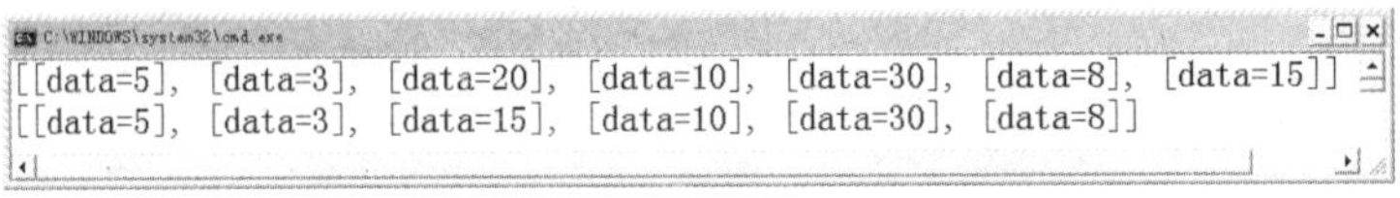

```
[[data=5], [data=3], [data=20], [data=10], [data=30], [data=8], [data=15]]
[[data=5], [data=3], [data=15], [data=10], [data=30], [data=8]]
```

图 11.26 排序二叉树的运行结果

图 11.26 显示的运行结果和图 11.24 中左图、图 11.25 中左图的排序二叉树结构关系是完全对应的。当然，采用广度优先法则来遍历排序二叉树得到的不是有序序列，采用中序遍历来遍历排序二叉树时才可以得到有序序列。

## 11.7 红黑树

虽然排序二叉树可以快速检索，但在最坏的情况下，如果插入的节点集本身就是有序的，要么是由小到大排列，要么是由大到小排列，那么最后得到的排序二叉树将变成链表：所有节点只有左节点（如果插入节点集合本身是由大到小排列的），或者所有节点只有右节点（如果插入节点集合本身是由小到大排列的）。在这种情况下，排序二叉树就变成了普通链表，其检索效率就会很低。

为了改变排序二叉树存在的不足，Rudolf Bayer 于 1972 年发明了另一种改进后的排序二叉树——红黑树，他将这种排序二叉树称为“对称二叉 B 树”，而“红黑树”这个名字则由 Leo J. Guibas 和 Robert Sedgewick 于 1978 年首次提出。

红黑树是一个更高效的检索二叉树，因此常常用来实现关联数组。典型的，JDK 提供的集合类 TreeMap 本身就是一棵红黑树的实现。

红黑树在原有的排序二叉树上增加了如下几个要求。

- 性质 1：每个节点要么是红色，要么是黑色。
- 性质 2：根节点永远是黑色的。
- 性质 3：所有的叶子节点都是空节点（即 null），并且是黑色的。
- 性质 4：每个红色节点的两个子节点都是黑色的。（从每个叶子到根的路径上不会有两个连续的红色节点。）
- 性质 5：从任一节点到其子树中每个叶子节点的路径都包含相同数量的黑色节点。

**注意**

上面的“性质 3”中指定红黑树的每个叶子节点都是空节点，而且叶子节点都是黑色，但 Java 实现的红黑树将使用 null 来代表空节点，因此遍历红黑树时将看不到黑色的叶子节点，反而看到每个叶子节点都是红色的。

Java 中实现的红黑树可能有如图 11.27 所示的结构。

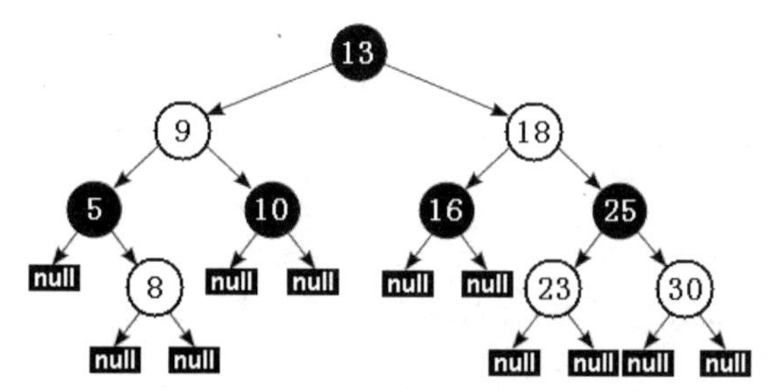


图 11.27　Java 中实现的红黑树示意图

**备注：** 由于本书没有采用彩色印刷，红色节点无法表示，所以图 11.27 中的白色节点代表红色节点，黑色节点还是用黑色表示。

根据“性质 5”，红黑树从根节点到每个叶子节点的路径都包含相同数量的黑色节点，因此从根节点到叶子节点的路径中包含的黑色节点数被称为树的“黑色高度（black-height）”。

“性质 4”则保证了从根节点到叶子节点的最长路径的长度不会超过任何其他路径的 2 倍。假如有一棵黑色高度为 3 的红黑树，从根节点到叶子节点的最短路径长度是 2，该路径上全是黑色节点（黑色节点—黑色节点—黑色节点）。最长路径也只可能为 4，在每个黑色节点之间插入一个红色节点（黑色节点—红色节点—黑色节点—红色节点—黑色节点），“性质 4”保证绝不可能插入更多的红色节点。由此可见，红黑树中最长的路径就是一条红黑交替的路径。

由此可以得出结论：对于给定的黑色高度为 $N$ 的红黑树，从根到叶子节点的最短路径长度为 $N-1$，最长路径长度为 $2*(N-1)$。

**提示：**

排序二叉树的深度直接影响了检索的性能。正如前面指出的，当插入节点本身就是由小到大排列时，排序二叉树将变成一个链表，这种排序二叉树的检索性能最低：$N$ 个节点的二叉树深度就是 $N-1$。

红黑树通过上面这种限制来保证它大致是平衡的——因为红黑树的高度不会无限增高，这样能保证红黑树在最坏的情况下都是高效的，不会出现普通排序二叉树的情况。

**注意**

红黑树并不是真正的平衡二叉树，但在实际应用中，红黑树的统计性能要高于平衡二叉树，但在极端情况下性能略差。

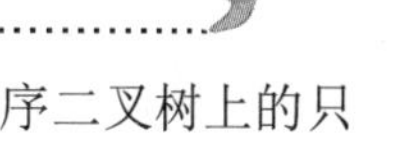

由于红黑树只是一棵特殊的排序二叉树，因此对红黑树上的只读操作与普通排序二叉树上的只读操作完全相同，只是红黑树保持了大致平衡，因此检索性能更好。

但在红黑树上进行插入操作和删除操作会导致树不再符合红黑树的特征，因此插入操作和删除操作都需要进行一定的维护，以保证插入节点、删除节点后的树依然是红黑树。

### 11.7.1　插入操作

插入操作按如下步骤进行。

① 以排序二叉树的方法插入新节点，并将它设为红色。

提示：

如果设为黑色，就会导致根节点到叶子节点的路径上多了一个额外的黑色节点，这样将会导致很难调整。但是设为红色节点后，可能会导致出现两个连续的红色节点，再通过颜色调换和树旋转来调整即可。

② 进行颜色调换和树旋转。

这种颜色调换和树旋转就比较复杂了，下面将分情形进行介绍。在介绍中，把新插入的节点定义为N节点，把N节点的父节点定义为P节点，把P节点的兄弟节点定义为U节点，把P节点的父节点定义为G节点。

在插入操作中，红黑树的“性质1”和“性质3”永远不会发生改变，因此无须考虑红黑树的这两个特性。

**情形1：**新节点N是树的根节点，没有父节点。

在这种情形下，直接将它设置为黑色以满足“性质2”。

**情形2：**新节点的父节点P是黑色的。

在这种情形下，新插入的节点是红色的，因此依然满足“性质4”。而且因为新节点N有两个黑色叶子节点，但是由于新节点N是红色的，通过它的每个子节点的路径依然保持相同的黑色节点数，因此依然满足“性质5”。

**情形3：**父节点P和父节点的兄弟节点U都是红色的。

在这种情形下，程序应该将P节点、U节点都设置为黑色，并将P节点的父节点设置为红色（用来保持“性质5”）。现在，新节点N有了一个黑色的父节点P。由于从P节点、U节点到根节点的任何路径都必须通过G节点，这些路径上的黑色节点数目没有改变（原来有叶子和G节点两个黑色节点，现在有叶子和P节点两个黑色节点）。

经过上面处理后，红色的G节点的父节点也有可能是红色的，这就违反了“性质4”，因此还需要对G节点递归地进行整个过程（把G节点当成新插入的节点进行处理）。

图11.28显示了这种处理过程。

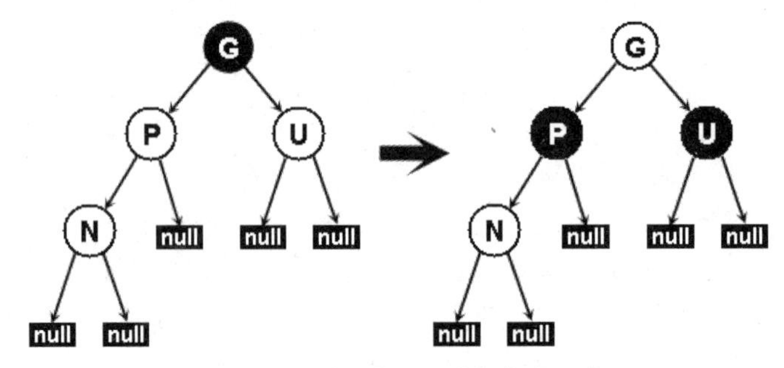


图11.28 插入节点后进行颜色调换

提示：

虽然图11.28中绘制的是新节点N作为父节点P左子节点的情形，但其实新节点N作为父节点P右子节点的情形与图11.28完全相同。

**情形4：**父节点P是红色的，而其兄弟节点U是黑色的或缺少；且新节点N是父节点P的右子节点，而父节点 P 又是其父节点 G 的左子节点。

在这种情形下，对新节点和其父节点进行一次左旋转。接着，按“情形 5”处理以前的父节点 P（也就是把 P 当成新插入的节点）。这将导致某些路径通过它们以前不通过的新节点 N 或父节点 P 其中之一，但是这两个节点都是红色的，因此不会影响“性质 5”。

图 11.29 显示了对“情形 4”的处理。

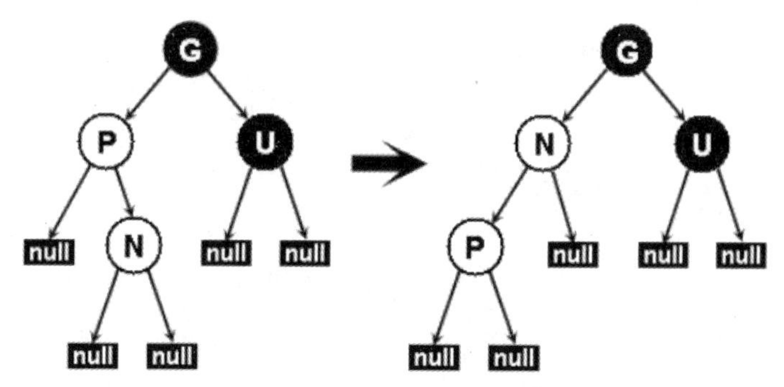


图 11.29　插入节点后的树旋转

**提示：**

图 11.29 中 P 节点是 G 节点的左子节点，如果 P 节点是其父节点 G 的右子节点，那么上面的处理情况应该左、右对调一下。

**情形 5：**父节点 P 是红色的，而其兄弟节点 U 是黑色的或缺少；且新节点 N 是其父节点的左子节点，而父节点 P 又是其父节点 G 的左子节点。

在这种情形下，需要对节点 G 进行一次右旋转。在旋转产生的树中，以前的父节点 P 现在是新节点 N 和节点 G 的父节点。由于以前的节点 G 是黑色的（否则父节点 P 就不可能是红色的），切换以前的父节点 P 和节点 G 的颜色，使之满足“性质 4”。“性质 5”也仍然保持满足，因为通过这三个节点中任何一个的所有路径以前都通过节点 G，现在它们都通过以前的父节点 P。在各自的情形下，这都是三个节点中唯一的黑色节点。

图 11.30 显示了“情形 5”的处理过程。

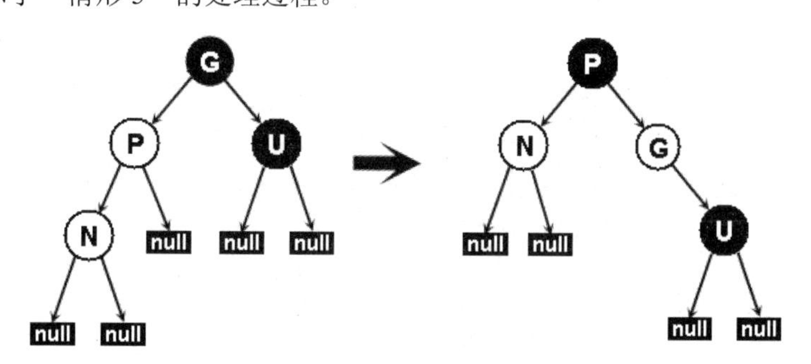


图 11.30　插入节点后的颜色调换、树旋转

**提示：**

图 11.30 中 P 节点是 G 节点的左子节点，如果 P 节点是其父节点 G 的右子节点，那么上面的处理情况应该左、右对调一下。

## 11.7.2　删除操作

红黑树的删除操作比插入操作要稍微复杂一些，实际上也可按如下步骤进行。

① 以排序二叉树的方法删除指定节点。

② 进行颜色调换和树旋转，使之满足红黑树特征。

关于删除节点后要进行的颜色调换和树旋转中各种情况的处理，可以参考插入操作的介绍，此处不再一一列举。

下面给出一棵红黑树的 Java 实现。

程序清单：codes\11\11.7\RedBlackTree.java

```
public class RedBlackTree<T extends Comparable>
{
    // 定义红黑树的颜色
    private static final boolean RED   = false;
    private static final boolean BLACK = true;
    static class Node<E>
    {
        E data;
        Node<E> parent;
        Node<E> left;
        Node<E> right;
        // 节点的默认颜色是黑色
        boolean color = BLACK;
        public Node(E data, Node<E> parent,
            Node<E> left, Node<E> right)
        {
            this.data = data;
            this.parent = parent;
            this.left = left;
            this.right = right;
        }
        public String toString()
        {
            return "{data=" + data +
                ", color=" + color + "}";
        }
        public boolean equals(Object obj)
        {
            if (this == obj)
            {
                return true;
            }
            if (obj.getClass() == Node.class)
            {
                Node target = (Node) obj;
                return data.equals(target.data)
                    && color == target.color
                    && left == target.left
                    && right == target.right
                    && parent == target.parent;
            }
            return false;
        }
    }
    private Node<T> root;
    // 两个构造器用于创建排序二叉树
    public RedBlackTree()
    {
        root = null;
    }
    public RedBlackTree(T o)
    {
```

```
        root = new Node<>(o, null, null, null);
    }
    // 添加节点
    @SuppressWarnings("unchecked")
    public void add(T ele)
    {
        // 如果根节点为null
        if (root == null)
        {
            root = new Node<>(ele, null, null, null);
        }
        else
        {
            Node<T> current = root;
            Node<T> parent = null;
            int cmp = 0;
            // 搜索合适的叶子节点，以该叶子节点作为父节点添加新节点
            do
            {
                parent = current;
                cmp = ele.compareTo(current.data);
                // 如果新节点的值大于当前节点的值
                if (cmp > 0)
                {
                    // 以右子节点作为当前节点
                    current = current.right;
                }
                // 如果新节点的值小于当前节点的值
                else
                {
                    // 以左子节点作为当前节点
                    current = current.left;
                }
            } while (current != null);
            // 创建新节点
            Node<T> newNode = new Node<>(ele, parent, null, null);
            // 如果新节点的值大于父节点的值
            if (cmp > 0)
            {
                // 新节点作为父节点的右子节点
                parent.right = newNode;
            }
            // 如果新节点的值小于父节点的值
            else
            {
                // 新节点作为父节点的左子节点
                parent.left = newNode;
            }
            // 维护红黑树
            fixAfterInsertion(newNode);
        }
    }
    // 删除节点
    public void remove(T ele)
    {
        // 获取要删除的节点
        Node<T> target = getNode(ele);
        // 如果要删除节点的左子树、右子树都不为空
        if (target.left != null && target.right != null)
        {
            // 找到target节点中序遍历的前一个节点
```

```
        // s用于保存target节点的左子树中值最大的节点
        Node<T> s = target.left;
        // 搜索target节点的左子树中值最大的节点
        while (s.right != null)
        {
            s = s.right;
        }
        // 用s节点来代替p节点
        target.data = s.data;
        target = s;
    }
    // 开始修复它的替换节点，如果该替换节点不为null
    Node<T> replacement = (target.left != null ?
        target.left : target.right);
    if (replacement != null)
    {
        // 让replacement的parent指向target的parent
        replacement.parent = target.parent;
        // 如果target的parent为null，则表明target本身是根节点
        if (target.parent == null)
        {
            root = replacement;
        }
        // 如果target是其父节点的左子节点
        else if (target == target.parent.left)
        {
            // 让target的父节点left指向replacement
            target.parent.left  = replacement;
        }
        // 如果target是其父节点的右子节点
        else
        {
            // 让target的父节点right指向replacement
            target.parent.right = replacement;
        }
        // 彻底删除target节点
        target.left = target.right = target.parent = null;

        // 修复红黑树
        if (target.color == BLACK)
        {
            fixAfterDeletion(replacement);
        }
    }
    // target本身是根节点
    else if (target.parent == null)
    {
        root = null;
    }
    else
    {
        // target没有子节点，把它当成虚的替换节点
        // 修复红黑树
        if (target.color == BLACK)
        {
            fixAfterDeletion(target);
        }
        if (target.parent != null)
        {
            // 如果target是其父节点的左子节点
            if (target == target.parent.left)
```

```
                {
                    // 将 target 的父节点 left 设为 null
                    target.parent.left = null;
                }
                // 如果 target 是其父节点的右子节点
                else if (target == target.parent.right)
                {
                    // 将 target 的父节点 right 设为 null
                    target.parent.right = null;
                }
                // 将 target 的 parent 设为 null
                target.parent = null;
            }
        }
    }
    // 根据给定的值搜索节点
    public Node<T> getNode(T ele)
    {
        // 从根节点开始搜索
        Node<T> p = root;
        while (p != null)
        {
            @SuppressWarnings("unchecked")
            int cmp = ele.compareTo(p.data);
            // 如果搜索的值小于当前 p 节点的值
            if (cmp < 0)
            {
                // 向左子树搜索
                p = p.left;
            }
            // 如果搜索的值大于当前 p 节点的值
            else if (cmp > 0)
            {
                // 向右子树搜索
                p = p.right;
            }
            else
            {
                return p;
            }
        }
        return null;
    }
    // 广度优先遍历
    public List<Node<T>> breadthFirst()
    {
        Queue<Node<T>> queue = new ArrayDeque<>();
        List<Node<T>> list = new ArrayList<>();
        if (root != null)
        {
            // 将根元素入“队列”
            queue.offer(root);
        }
        while (!queue.isEmpty())
        {
            // 将该队列的“队尾”元素添加到 List 中
            list.add(queue.peek());
            Node<T> p = queue.poll();
            // 如果左子节点不为 null，将它入“队列”
            if (p.left != null)
            {
```

```
                queue.offer(p.left);
            }
            // 如果右子节点不为null，将它入“队列”
            if (p.right != null)
            {
                queue.offer(p.right);
            }
        }
        return list;
    }
    // 插入节点后修复红黑树
    private void fixAfterInsertion(Node<T> x)
    {
        x.color = RED;
        // 直到x节点的父节点不是根，且x的父节点不是红色
        while (x != null && x != root
            && x.parent.color == RED)
        {
            // 如果x的父节点是其父节点的左子节点
            if (parentOf(x) == leftOf(parentOf(parentOf(x))))
            {
                // 获取x的父节点的兄弟节点
                Node<T> y = rightOf(parentOf(parentOf(x)));
                // 如果x的父节点的兄弟节点是红色
                if (colorOf(y) == RED)
                {
                    // 将x的父节点设为黑色
                    setColor(parentOf(x), BLACK);
                    // 将x的父节点的兄弟节点设为黑色
                    setColor(y, BLACK);
                    // 将x的父节点的父节点设为红色
                    setColor(parentOf(parentOf(x)), RED);
                    x = parentOf(parentOf(x));
                }
                // 如果x的父节点的兄弟节点是黑色
                else
                {
                    // 如果x是其父节点的右子节点
                    if (x == rightOf(parentOf(x)))
                    {
                        // 将x的父节点设为x
                        x = parentOf(x);
                        rotateLeft(x);
                    }
                    // 把x的父节点设为黑色
                    setColor(parentOf(x), BLACK);
                    // 把x的父节点的父节点设为红色
                    setColor(parentOf(parentOf(x)), RED);
                    rotateRight(parentOf(parentOf(x)));
                }
            }
            // 如果x的父节点是其父节点的右子节点
            else
            {
                // 获取x的父节点的兄弟节点
                Node<T> y = leftOf(parentOf(parentOf(x)));
                // 如果x的父节点的兄弟节点是红色
                if (colorOf(y) == RED)
                {
                    // 将x的父节点设为黑色
                    setColor(parentOf(x), BLACK);
```

```
                // 将x的父节点的兄弟节点设为黑色
                setColor(y, BLACK);
                // 将x的父节点的父节点设为红色
                setColor(parentOf(parentOf(x)), RED);
                // 将x设为x的父节点的节点
                x = parentOf(parentOf(x));
            }
            // 如果x的父节点的兄弟节点是黑色
            else
            {
                // 如果x是其父节点的左子节点
                if (x == leftOf(parentOf(x)))
                {
                    // 将x的父节点设为x
                    x = parentOf(x);
                    rotateRight(x);
                }
                // 把x的父节点设为黑色
                setColor(parentOf(x), BLACK);
                // 把x的父节点的父节点设为红色
                setColor(parentOf(parentOf(x)), RED);
                rotateLeft(parentOf(parentOf(x)));
            }
        }
    }
    // 将根节点设为黑色
    root.color = BLACK;
}
// 删除节点后修复红黑树
private void fixAfterDeletion(Node<T> x)
{
    // 直到x不是根节点，且x的颜色是黑色
    while (x != root && colorOf(x) == BLACK)
    {
        // 如果x是其父节点的左子节点
        if (x == leftOf(parentOf(x)))
        {
            // 获取x节点的兄弟节点
            Node<T> sib = rightOf(parentOf(x));
            // 如果sib节点是红色
            if (colorOf(sib) == RED)
            {
                // 将sib节点设为黑色
                setColor(sib, BLACK);
                // 将x的父节点设为红色
                setColor(parentOf(x), RED);
                rotateLeft(parentOf(x));
                // 再次将sib设为x的父节点的右子节点
                sib = rightOf(parentOf(x));
            }
            // 如果sib的两个子节点都是黑色
            if (colorOf(leftOf(sib)) == BLACK
                && colorOf(rightOf(sib)) == BLACK)
            {
                // 将sib设为红色
                setColor(sib, RED);
                // 让x等于x的父节点
                x = parentOf(x);
            }
            else
```

```
        {
            // 如果sib只有右子节点是黑色
            if (colorOf(rightOf(sib)) == BLACK)
            {
                // 将sib的左子节点也设为黑色
                setColor(leftOf(sib), BLACK);
                // 将sib设为红色
                setColor(sib, RED);
                rotateRight(sib);
                sib = rightOf(parentOf(x));
            }
            // 设置sib的颜色与x的父节点的颜色相同
            setColor(sib, colorOf(parentOf(x)));
            // 将x的父节点设为黑色
            setColor(parentOf(x), BLACK);
            // 将sib的右子节点设为黑色
            setColor(rightOf(sib), BLACK);
            rotateLeft(parentOf(x));
            x = root;
        }
    }
// 如果x是其父节点的右子节点
else
{
    // 获取x节点的兄弟节点
    Node<T> sib = leftOf(parentOf(x));
    // 如果sib的颜色是红色
    if (colorOf(sib) == RED)
    {
        // 将sib的颜色设为黑色
        setColor(sib, BLACK);
        // 将sib的父节点设为红色
        setColor(parentOf(x), RED);
        rotateRight(parentOf(x));
        sib = leftOf(parentOf(x));
    }
    // 如果sib的两个子节点都是黑色
    if (colorOf(rightOf(sib)) == BLACK
        && colorOf(leftOf(sib)) == BLACK)
    {
        // 将sib设为红色
        setColor(sib, RED);
        // 让x等于x的父节点
        x = parentOf(x);
    }
    else
    {
        // 如果sib只有左子节点是黑色
        if (colorOf(leftOf(sib)) == BLACK)
        {
            // 将sib的右子节点也设为黑色
            setColor(rightOf(sib), BLACK);
            // 将sib设为红色
            setColor(sib, RED);
            rotateLeft(sib);
            sib = leftOf(parentOf(x));
        }
        // 将sib的颜色设为与x的父节点颜色相同
        setColor(sib, colorOf(parentOf(x)));
        // 将x的父节点设为黑色
```

```
                setColor(parentOf(x), BLACK);
                // 将 sib 的左子节点设为黑色
                setColor(leftOf(sib), BLACK);
                rotateRight(parentOf(x));
                x = root;
            }
        }
    }
    setColor(x, BLACK);
}
// 获取指定节点的颜色
private boolean colorOf(Node<T> p)
{
    return (p == null ? BLACK : p.color);
}
// 获取指定节点的父节点
private Node<T> parentOf(Node<T> p)
{
    return (p == null ? null: p.parent);
}
// 为指定节点设置颜色
private void setColor(Node<T> p, boolean c)
{
    if (p != null)
    {
        p.color = c;
    }
}
// 获取指定节点的左子节点
private Node<T> leftOf(Node<T> p)
{
    return (p == null) ? null: p.left;
}
// 获取指定节点的右子节点
private Node<T> rightOf(Node<T> p)
{
    return (p == null) ? null: p.right;
}
/**
 * 执行如下转换
 *  p         r
 *      r   p
 *  q         q
 */
private void rotateLeft(Node<T> p)
{
    if (p != null)
    {
        // 取得 p 的右子节点
        Node<T> r = p.right;
        Node<T> q = r.left;
        // 将 r 的左子节点链到 p 的右节点链上
        p.right = q;
        // 让 r 的左子节点的 parent 指向 p 节点
        if (q != null)
        {
            q.parent = p;
        }
        r.parent = p.parent;
        // 如果 p 已经是根节点
        if (p.parent == null)
```

```
            {
                root = r;
            }
            // 如果p是其父节点的左子节点
            else if (p.parent.left == p)
            {
                // 将r设为p的父节点的左子节点
                p.parent.left = r;
            }
            else
            {
                // 将r设为p的父节点的右子节点
                p.parent.right = r;
            }
            r.left = p;
            p.parent = r;
        }
    }
    /**
     * 执行如下转换
     *     p       l
     *  l              p
     *     q       q
     */
    private void rotateRight(Node<T> p)
    {
        if (p != null)
        {
            // 取得p的左子节点
            Node<T> l = p.left;
            Node<T> q = l.right;
            // 将l的右子节点链到p的左节点链上
            p.left = q;
            // 让l的右子节点的parent指向p节点
            if (q != null)
            {
                q.parent = p;
            }
            l.parent = p.parent;
            // 如果p已经是根节点
            if (p.parent == null)
            {
                root = l;
            }
            // 如果p是其父节点的右子节点
            else if (p.parent.right == p)
            {
                // 将l设为p的父节点的右子节点
                p.parent.right = l;
            }
            else
            {
                // 将l设为p的父节点的左子节点
                p.parent.left = l;
            }
            l.right = p;
            p.parent = l;
        }
    }
    // 实现中序遍历
    public List<Node<T>> inIterator()
```

```
    {
        return inIterator(root);
    }
    private List<Node<T>> inIterator(Node<T> node)
    {
        List<Node<T>> list = new ArrayList<>();
        // 递归处理左子树
        if (node.left != null)
        {
            list.addAll(inIterator(node.left));
        }
        // 处理根节点
        list.add(node);
        // 递归处理右子树
        if (node.right != null)
        {
            list.addAll(inIterator(node.right));
        }
        return list;
    }
}
```

## 11.8　本章小结

本章主要介绍了树和二叉树这两种在实际开发中十分常用的数据结构。虽然大部分 Java 开发者可能感觉不到自己和树、二叉树有关联，但实际上，使用 TreeMap 就是在使用 Java 提供的红黑树实现。

本章还介绍了树的基本概念和操作，以及树的父节点存储方式和子节点链存储机制；重点介绍了二叉树的相关知识，包括二叉树的顺序存储、二叉链表存储、三叉链表存储、遍历二叉树等内容。除此之外，本章还介绍了二叉树的一些实际应用，包括哈夫曼树和哈夫曼编码、排序二叉树和红黑树。

CHAPTER

12

# 第12章 常见的内部排序

## 引言

“排序，又是排序！”小江望着面试题上一道关于快速排序的试题发怵。

虽然上大学时学过各种常见的排序算法，但是大学老师照着书念的多，动手写代码的少，考试也就是背背概念就行了。因此，虽然小江对快速排序的概念、理论算法比较熟悉，但真要自己动手写，依然毫无头绪。

“不知道怎么搞的，现在的公司笔试动不动就考排序算法，不是快速排序，就是Shell排序，好像实际开发时也很少需要自己实现排序啊？”面试失败的晚上，小江无比愤懑地在网络上向同学诉苦。

“很正常啊，很多大型的软件公司都喜欢考排序。我进公司时还考了归并排序呢！”同学不仅没有安慰小江，反而站在公司一边。

“啊？在实际开发中不太需要自己实现排序吧？”小江问。

“公司面试考排序可能有两个考虑吧，一是排序算法是程序员非常重要的基本功之一；二是即使在实际编程中，我们也可能需要自己实现排序，比如进行JavaScript编程时，你别把自己局限在Java里啊！”

“那看来还是得好好学习一下经典的排序算法啦？”小江感慨地说。

“嗯，而且学习这些经典的排序算法对培养编程思维也有很好的帮助呢！”小江的同学继续介绍。

看到自己的同学也这样劝说，小江下定决心要重新系统地学习各种经典的排序算法。

## 本章要点

- 排序的概念和作用
- 内部排序的分类
- 直接选择排序的概念和实现
- 堆排序的概念和实现
- 冒泡排序的概念和实现
- 快速排序的概念和实现
- 直接插入排序的概念和实现
- 折半插入排序的概念和实现
- Shell排序的概念和实现
- 归并排序的概念和实现
- 桶式排序的概念和实现
- 基数排序的概念和实现

前面介绍的线性表、栈、队列、树等都属于数据结构的范围，它们的主要作用是用来保存数据。接下来介绍的内容属于算法领域：排序。排序的作用是对一组数据元素（或记录）按某个关键字进行排序，排序完成的序列可用于快速查找相关记录。

排序算法的发展历史几乎和计算机的发展历史一样悠久，而且直到今天，世界范围内依然有计算机科学家正在研究着排序算法，由此可见排序算法的强大魅力。本章介绍的排序算法都是前人研究的经典成果，具有极高的学习价值和借鉴意义。

排序算法属于算法的一种，而且是覆盖范围极小的一种。虽然排序算法是计算机科学里古老且研究人数相当多的一种算法，但千万不要把排序算法和广义的计算机算法等同起来。掌握排序算法对程序开发、程序思维的培养都有很大的帮助，但掌握排序算法绝不等于掌握了计算机编程算法的全部。广义的算法包括客观世界运行的规律。

## 12.1 排序的基本概念

在计算机程序开发过程中，经常需要对一组数据元素（或记录）按某个关键字进行排序，排序完成的序列可用于快速查找相关记录。

### 12.1.1 排序概述

排序是程序开发中一种非常常见的操作，对一组任意的数据元素（或记录）经过排序操作后，就可以把它们变成一组按关键字排序的有序序列。

假设含有 $n$ 个记录的序列为$\{R_1, R_2, \cdots, R_n\}$，其相应的关键字序列为$\{K_1, K_2, \cdots, K_n\}$。将这些记录重新排序为$\{R_{i1}, R_{i2}, \cdots, R_{in}\}$，使得相应的关键字值满足条件 $K_{i1} \leqslant K_{i2} \leqslant \cdots \leqslant K_{in}$，这样的一种操作称为“排序”。

一旦将一组杂乱无章的记录重排成一组有序记录，就能快速地从这组记录中找到目标记录。因此通常来说，排序的目的是快速查找。

对于一个排序算法来说，一般从如下三个方面来衡量算法的优劣。

- 时间复杂度：主要是分析关键字的比较次数和记录的移动次数。
- 空间复杂度：分析排序算法中需要多少辅助内存。
- 稳定性：若两个记录 A 和 B 的关键字值相等，但排序后 A、B 的先后次序保持不变，则称这种排序算法是稳定的；反之，就是不稳定的。

就现有的排序算法来看，排序大致可分为内部排序和外部排序。如果整个排序过程不需要借助于外部存储器（如磁盘等），所有排序操作都在内存中完成，这种排序就被称为“内部排序”。

如果参与排序的数据元素非常多，数据量非常大，计算机无法把整个排序过程放在内存中完成，必须借助于外部存储器（如磁盘等），这种排序就被称为“外部排序”。

外部排序最常用的算法是多路归并排序，即将原文件分解成多个能够一次性装入内存的部分，分别把每一部分调入内存完成排序，接下来再对多个有序的子文件进行归并排序。

外部排序包括以下两个步骤。

① 把要排序的文件中的一组记录读入内存的排序区，对读入的记录按上面讲到的内部排序法进行排序，排序之后输出到外部存储器。不断重复这一过程，每次读取一组记录，直到原文件的所有记录被处理完毕。

② 将上一步分组排序好的记录两组两组地合并排序。在内存容量允许的条件下，每组中包含的记录越大越好，这样可减少合并的次数。

对于外部排序来说，程序必须将数据分批调入内存来排序，中间结果还要及时放入外存，显然外部排序要比内部排序更复杂。实际上，也可认为外部排序是由多次内部排序组成的。

常说的排序都是指内部排序，而不是外部排序。

### 12.1.2 内部排序的分类

就内部排序来说，可以使用非常简单的排序算法来完成，如直接选择、直接插入等，但也有一些非常优秀、复杂的排序算法，如快速排序、基数排序等。就常用的内部排序算法来说，可以分为如下几类。

- 选择排序（直接选择排序、堆排序）。
- 交换排序（冒泡排序、快速排序）。
- 插入排序（直接插入排序、折半插入排序、Shell 排序）。
- 归并排序。
- 桶式排序。
- 基数排序。

上面这些内部排序方法大致有如图 12.1 所示的分类。

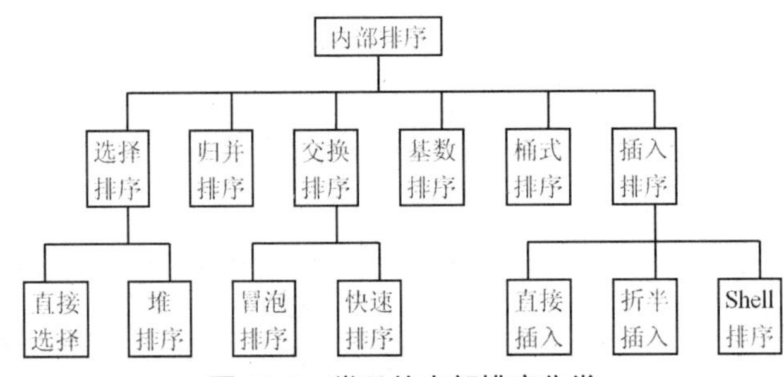


图 12.1 常见的内部排序分类

从图 12.1 可以看出，常见的内部排序大致可分为 6 大类，具体有 10 种排序方法，本章将详细介绍这 10 种排序方法。

## 12.2 选择排序法

常用的选择排序方法有两种：直接选择排序和堆排序。直接选择排序简单直观，但性能略差；堆排序是一种较为高效的选择排序方法，但实现起来略微复杂。

### 12.2.1 直接选择排序

直接选择排序的思路很简单，它需要经过 $n$-1 趟比较。

第 1 趟比较：程序将记录定位在第 1 个数据上，拿第 1 个数据依次和它后面的每个数据进行比较，如果第 1 个数据大于后面某个数据，就交换它们……依此类推。经过第 1 趟比较，这组数据中最小的数据被选出，它被排在第 1 位。

第 2 趟比较：程序将记录定位在第 2 个数据上，拿第 2 个数据依次和它后面的每个数据进行比较，如果第 2 个数据大于后面某个数据，就交换它们……依此类推。经过第 2 趟比较，这组数据中第 2 小的数据被选出，它被排在第 2 位。

……

按此规则一共进行 $n$-1 趟比较，这组数据中第 $n$-1 小（第 2 大）的数据被选出，被排在第 $n$-1 位（倒数第 1 位）；剩下的就是最大的数据，它排在最后。

直接选择排序的优点是算法简单，容易实现。

直接选择排序的缺点是每趟只能确定一个元素，$n$ 个数据需要进行 $n-1$ 趟比较。

假设有如下一组数据：

21, 30, 49, 30*, 16, 9

如果对它使用直接选择排序，因为上面这组数据包含 6 个数据，所以要经过 5 趟比较，如下所示。

第 1 趟比较后：9, 30, 49, 30*, 21, 16

第 2 趟比较后：9, 16, 49, 30*, 30, 21

第 3 趟比较后：9, 16, 21, 49, 30, 30*

第 4 趟比较后：9, 16, 21, 30, 49, 30*

第 5 趟比较后：9, 16, 21, 30, 30*, 49

基于上面思路，用 Java 程序实现上面的直接选择排序，如下所示。

**程序清单：codes\12\12.2\SelectSort.java**

```
// 定义一个数据包装类
class DataWrap<T extends Comparable> implements Comparable<DataWrap<T>>
{
    T data;
    String flag;
    public DataWrap(T data, String flag)
    {
        this.data = data;
        this.flag = flag;
    }
    public String toString()
    {
        return data + flag;
    }
    // 根据 data 实例变量来决定两个 DataWrap 的大小
    @SuppressWarnings("unchecked")
    public int compareTo(DataWrap<T> dw)
    {
        return this.data.compareTo(dw.data);
    }
}
public class SelectSort
{
    public static <T extends Comparable> void selectSort(
            DataWrap<T>[] data)
    {
        System.out.println("开始排序");
        int arrayLength = data.length;
        // 依次进行 n-1 趟比较，第 i 趟比较将第 i 大的值选出放在 i 位置上
        for (var i = 0; i < arrayLength - 1; i++)
        {
            // 第 i 个数据只需和它后面的数据比较
            for (var j = i + 1; j < arrayLength; j++)
            {
                // 如果 i 位置的数据大于 j 位置的数据，就交换它们
                if (data[i].compareTo(data[j]) > 0)
                {
                    DataWrap<T> tmp = data[i];
                    data[i] = data[j];
                    data[j] = tmp;
```

```
                }
            }
            System.out.println(java.util.Arrays.toString(data));
        }
    }
    public static void main(String[] args)
    {
        @SuppressWarnings("unchecked")
        DataWrap<Integer>[] data = (DataWrap<Integer>[])
                new DataWrap[]{new DataWrap<>(21, ""),
                        new DataWrap<>(30, ""),
                        new DataWrap<>(49, ""),
                        new DataWrap<>(30, "*"),
                        new DataWrap<>(16, ""),
                        new DataWrap<>(9, "")
                };
        System.out.println("排序之前：\n" + Arrays.toString(data));
        selectSort(data);
        System.out.println("排序之后：\n" + Arrays.toString(data));
    }
}
```

运行上面程序，将看到如图 12.2 所示的排序结果。

```
排序之前：
[21, 30, 49, 30*, 16, 9]
开始排序
[9, 30, 49, 30*, 21, 16]
[9, 16, 49, 30*, 30, 21]
[9, 16, 21, 49, 30, 30*]
[9, 16, 21, 30, 49, 30*]
[9, 16, 21, 30, 30*, 49]
排序之后：
[9, 16, 21, 30, 30*, 49]
```

**图 12.2　直接选择排序结果**

从上面的直接选择排序算法可以看出，直接选择排序算法的关键就是 $n$-1 趟比较，每趟比较的目的就是选择出本趟比较中最小的数据，并将该数据放在本趟比较的第 1 位。从这里的描述不难发现，其实直接选择排序的每趟比较最多只需交换一次就够：只要找到本趟比较中最小的数据，然后拿它和本趟比较中第 1 位的数据交换。

对于上面的算法实现，其实有一个很大的问题：在每趟比较过程中，程序一旦发现某个数据比第 1 位的数据小，就立即交换它们。这保证了在每趟比较的所有比较过的数据中，第 1 位的数据永远是最小的，但这没有太大必要，反而增加了交换的次数，导致算法效率降低。

对上面的直接选择排序算法进行改进，改进后的直接选择排序算法如下所示。

**程序清单：codes\12\12.2\SelectSort2.java**

```
public class SelectSort2
{
    public static <T extends Comparable> void selectSort(
            DataWrap<T>[] data)
    {
        System.out.println("开始排序");
        int arrayLength = data.length;
        // 依次进行 n-1 趟比较，第 i 趟比较将第 i 大的值选出放在 i 位置上
        for (var i = 0; i < arrayLength - 1; i++)
        {
            // minIndex 永远保留本趟比较中最小值的索引
            var minIndex = i;
```

```
            // 第 i 个数据只需和它后面的数据比较
            for (var j = i + 1; j < arrayLength; j++)
            {
                // 如果 minIndex 位置的数据大于 j 位置的数据
                if (data[minIndex].compareTo(data[j]) > 0)
                {
                    // 将 j 的值赋给 minIndex
                    minIndex = j;
                }
            }
            // 每趟比较最多交换一次
            if (minIndex != i)
            {
                DataWrap<T> tmp = data[i];
                data[i] = data[minIndex];
                data[minIndex] = tmp;
            }
            System.out.println(Arrays.toString(data));
        }
    }
    public static void main(String[] args)
    {
        @SuppressWarnings("unchecked")
        DataWrap<Integer>[] data = (DataWrap<Integer>[])
            new DataWrap[]{new DataWrap<>(21, ""),
                new DataWrap<>(30, ""),
                new DataWrap<>(49, ""),
                new DataWrap<>(30, "*"),
                new DataWrap<>(16, ""),
                new DataWrap<>(9, "")
            };
        System.out.println("排序之前: \n" + Arrays.toString(data));
        selectSort(data);
        System.out.println("排序之后: \n" + Arrays.toString(data));
    }
}
```

从上面的粗体字代码可以看出，在这种排序算法规则下，每趟比较的目的只是找出本趟比较中最小数据的索引，也就是上面程序中 minIndex 变量所保存的值。当本趟比较的第 1 位（由 i 变量保存）与 minIndex 不相等时，交换 i 和 minIndex 两处的数据。

运行上面程序，将看到如图 12.3 所示的运行结果。

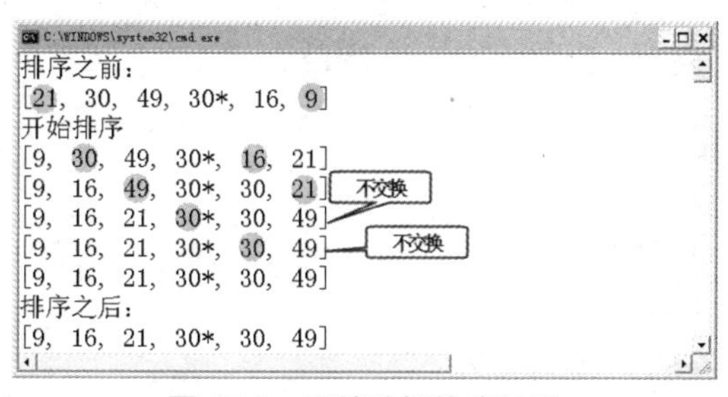


图 12.3 直接选择排序结果

从图 12.3 可以看出，直接选择排序的第 $n$ 趟比较至多交换一次，永远总是拿 $n$-1 位的数据和中间某个数据（本趟比较中最小的数据）进行交换。如果本趟比较时第 $n$-1 位（本趟比较的第 1 位）的数据已经是最小的，那就无须交换。

对于直接选择排序算法而言，假设有 $n$ 个数据，数据交换的次数最多有 $n$-1 次，但程序比较的次数较多。总体来说，其时间效率为 $O(n^2)$。

直接选择排序算法的空间效率很高，它只需要一个附加程序单元用于交换，其空间效率为$O(1)$。

从上面程序中两个 data 为 30 的 DataWrap 的排序结果来看，直接选择排序是不稳定的。

## 12.2.2 堆排序

在介绍堆排序之前，先来介绍一下与堆有关的概念。

假设有 $n$ 个数据元素的序列 $k_0, k_1, \cdots, k_{n-1}$，当且仅当满足如下关系时，可以将这组数据称为**小顶堆（小根堆）**。

$k_i \leqslant k_{2i+1}$ 且 $k_i \leqslant k_{2i+2}$（其中 $i=0, 2, \cdots, (n-1)/2$）。

或者，满足如下关系时，可以将这组数据称为**大顶堆（大根堆）**。

$k_i \geqslant k_{2i+1}$ 且 $k_i \geqslant k_{2i+2}$（其中 $i=0, 2, \cdots, (n-1)/2$）。

对于满足小顶堆的数据序列 $k_0, k_1, \cdots, k_{n-1}$，如果将它们顺序排成一棵完全二叉树，则此树的特点是，树中所有节点的值都小于其左、右子节点的值，此树的根节点的值必然最小。反之，对于满足大顶堆的数据序列 $k_0, k_1, \cdots, k_{n-1}$，如果将它们顺序排成一棵完全二叉树，则此树的特点是，树中所有节点的值都大于其左、右子节点的值，此树的根节点的值必然最大。

通过上面的介绍不难发现一点，小顶堆的任意子树也是小顶堆，大顶堆的任意子树还是大顶堆。

**提示：**

关于完全二叉树的顺序存储结构，请参考第 11 章的介绍。对于一棵顺序结构的完全二叉树而言，对于索引为 $k$ 的节点，它的两个子节点的索引分别为 $2k+1$、$2k+2$；反过来，对于索引为 $k$ 的节点，其父节点的索引为$(k-1)/2$。

比如，判断数据序列：

9, 30, 49, 46, 58, 79

是否为堆，将其转换为一棵完全二叉树，则有如图 12.4 所示的二叉树。

图 12.4 中每个节点上的灰色数字代表该节点数据在底层数组中的索引。图 12.4 所示的完全二叉树完全满足小顶堆的要求，每个父节点的值总是小于等于它的左、右子节点的值。

再比如，判断数据序列：

93, 82, 76, 63, 58, 67, 55

是否为堆，将其转换为一棵完全二叉树，则有如图 12.5 所示的二叉树。

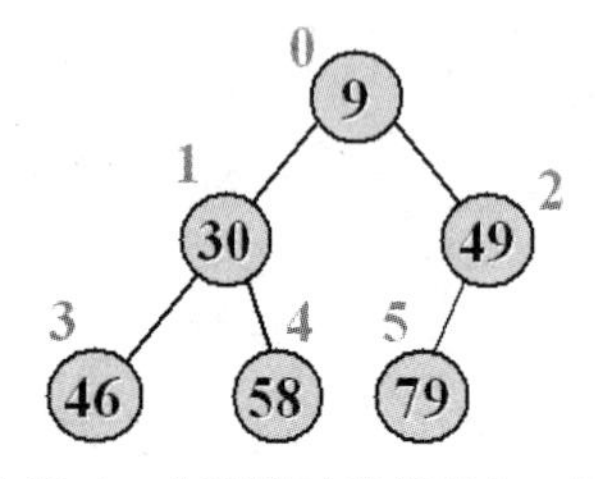


图 12.4 小顶堆对应的完全二叉树

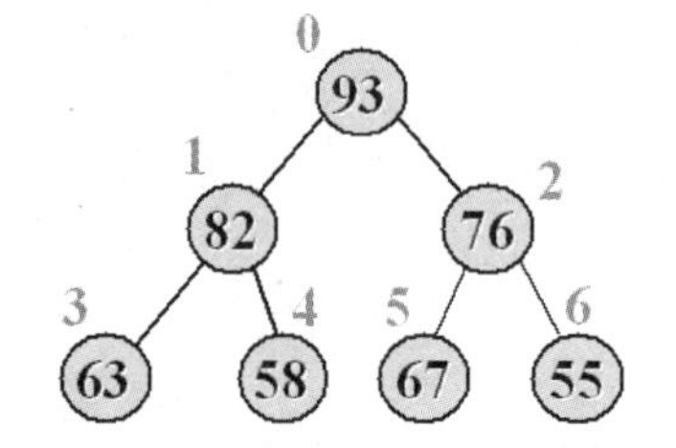


图 12.5 大顶堆对应的完全二叉树

图 12.5 所示的完全二叉树完全满足大顶堆的要求：每个父节点的值总是大于等于它的左、右子节点的值。

经过上面的介绍不难发现一点，大顶堆的根节点一定是这组数据中值最大的节点。也就是说，如果需要对一组数据进行排序，只需先将这组数据建成大顶堆，就选择出了这组数据的最大值。

堆排序的关键在于建堆，它按如下步骤完成排序。

第 1 趟：将索引 0~(*n*−1)处的全部数据建成大顶（或小顶）堆，就可以选择出这组数据中的最大（或最小）值。

将上一步所建的大顶（或小顶）堆的根节点与这组数据的最后一个节点交换，就使得这组数据中的最大（或最小）值排在最后。

第 2 趟：将索引 0~(*n*−2)处的全部数据建成大顶（或小顶）堆，就可以选择出这组数据中的最大（或最小）值。

将上一步所建的大顶（或小顶）堆的根节点与这组数据的倒数第 2 个节点交换，就使得这组数据中的最大（或最小）值排在倒数第 2 位。

……

第 *k* 趟：将索引 0~(*n*−*k*)处的全部数据建成大顶（或小顶）堆，就可以选择出这组数据中的最大（或最小）值。

将上一步所建的大顶（或小顶）堆的根节点与这组数据的倒数第 *k* 个节点交换，使得这组数据中的最大（或最小）值排在倒数第 *k* 位。

通过上面的介绍不难发现，堆排序的步骤就是重复执行以下两步。

① 建堆。

② 拿堆的根节点和最后一个节点交换。

由此可见，对于包含 *n* 个数据元素的数据组而言，堆排序需要经过 *n*−1 次建堆，每次建堆的作用就是选出该堆的最大值或最小值。堆排序本质上依然是一种选择排序。

堆排序与直接选择排序的差别在于，堆排序可通过树形结构保存部分比较结果，可减少比较次数。对于直接选择排序而言，为了从 $a_0, a_1, a_2, a_3, \cdots, a_{n-1}$ 中选出最小的数据，必须进行 *n*−1 次比较；然后在 $a_1, a_2, a_3, \cdots, a_{n-1}$ 中选出关键字最小的记录，又需要做 *n*−2 次比较。事实上，在后面的 *n*−2 次比较中，有许多比较可能在前面的 *n*−1 次比较中已经做过，但由于前一趟排序时未保留这些比较结果，所以后一趟排序时又重复执行了这些比较操作。堆排序可通过树形结构保存前面的部分比较结果，从而提高效率。

接下来的关键就是建堆的过程。建堆其实比较简单，不断地重复如下步骤即可（以建大顶堆为例）。

从最后一个非叶子节点开始，比较该节点和它两个子节点的值；如果某个子节点的值大于父节点的值，就把父节点和较大的子节点交换。

向前逐步调整直到根节点，即保证每个父节点的值都大于等于其左、右子节点的值，建堆完成。

例如，有如下数据组：

9, 79, 46, 30, 58, 49

下面逐步介绍对其建堆的过程。

① 先将其转换为完全二叉树，转换得到的完全二叉树如图 12.6 所示。

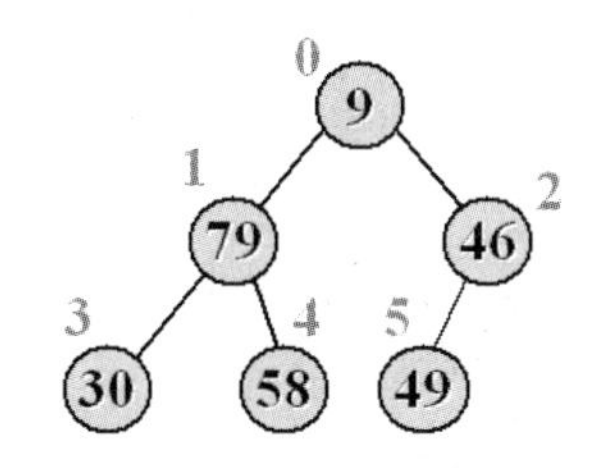


图 12.6　将一组数据转换为完全二叉树

② 完全二叉树的最后一个非叶子节点，也就是最后一个节点的父节点。最后一个节点的索引为数组长度减 1，也就是 len−1，那么最后一个非叶子节点的索引应该为(len−2)/2。也就是从索引为 2 的节点开始，如果其子节点的值大于它本身的值，则把它和较大的子节点进行交换，即将索引为 2 的节点和索引为 5 的元素交换，交换后的结果如图 12.7 所示。

**提示：**

建堆从最后一个非叶子节点开始即可，因为只要保证每个非叶子节点的值大于等于其左、右子节点的值就行。

③ 向前处理前一个非叶子节点（索引为(len−2)/2−1），也就是处理索引为 1 的节点，此时 79>30、79>58，因此无须交换。

④ 向前处理前一个非叶子节点，也就是处理索引为 0 的节点，此时 9<79，因此需要交换。应该拿索引为 0 的节点和索引为 1 的节点交换（在 9 的两个子节点中，索引为 1 的节点的值较大），交换后的完全二叉树如图 12.8 所示。

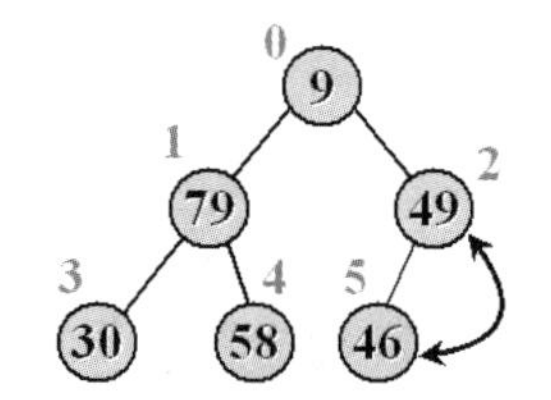

图 12.7 交换一次后的完全二叉树

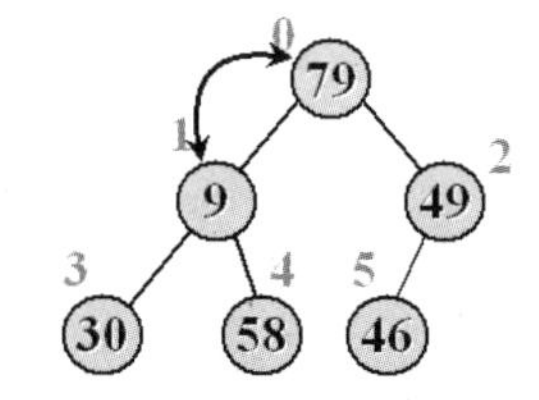

图 12.8 交换两次后的完全二叉树

⑤ 如果某个节点和它的某个子节点交换后，该子节点又有子节点，那么系统还需要再次对该子节点进行判断。例如，图 12.8 中索引为 0 的节点和索引为 1 的节点交换后，索引为 1 的节点还有子节点，因此程序必须再次保证索引为 1 的节点的值大于等于其左、右子节点的值。因此还需要交换一次，交换后的大顶堆如图 12.9 所示。

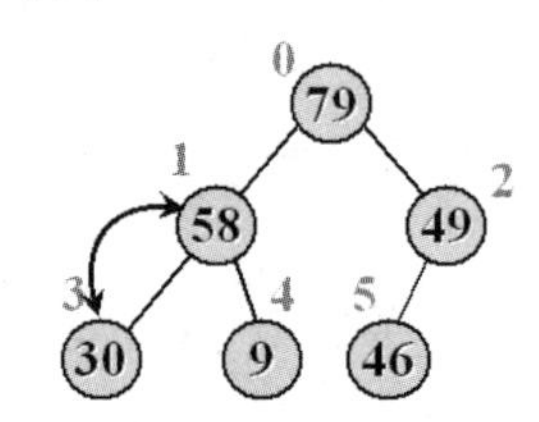

图 12.9 大顶堆建立完成

下面程序实现了一个堆排序。

程序清单：codes\12\12.2\HeapSort.java

```
public class HeapSort
{
    public static <T extends Comparable> void heapSort(
          DataWrap<T>[] data)
    {
        System.out.println("开始排序");
        int arrayLength = data.length;
        // 循环建堆
        for (var i = 0; i < arrayLength - 1; i++)
        {
            // 建堆
            builMaxdHeap(data, arrayLength - 1 - i);
            // 交换堆顶和最后一个元素
```

```
            swap(data, 0, arrayLength - 1 - i);
            System.out.println(Arrays.toString(data));
        }
    }
    // 对data数组从0到lastIndex建大顶堆
    private static <T extends Comparable> void builMaxdHeap(
            DataWrap<T>[] data, int lastIndex)
    {
        // 从lastIndex处节点（最后一个节点）的父节点开始
        for (var i = (lastIndex - 1) / 2; i >= 0; i--)
        {
            // k保存当前正在判断的节点
            var k = i;
            // 如果当前k节点的子节点存在
            while (k * 2 + 1 <= lastIndex)
            {
                // k节点的左子节点的索引
                int biggerIndex = 2 * k + 1;
                // 如果biggerIndex小于lastIndex，即biggerIndex + 1
                // 代表k节点的右子节点存在
                if (biggerIndex < lastIndex)
                {
                    // 如果右子节点的值较大
                    if (data[biggerIndex].compareTo(data[biggerIndex + 1]) < 0)
                    {
                        // biggerIndex总是记录较大子节点的索引
                        biggerIndex++;
                    }
                }
                // 如果k节点的值小于其较大子节点的值
                if (data[k].compareTo(data[biggerIndex]) < 0)
                {
                    // 交换它们
                    swap(data, k, biggerIndex);
                    // 将biggerIndex赋给k，开始while循环的下一次循环
                    // 重新保证k节点的值大于其左、右子节点的值
                    k = biggerIndex;
                }
                else
                {
                    break;
                }
            }
        }
    }
    // 交换data数组中i、j两个索引处的元素
    private static <T extends Comparable> void swap(
            DataWrap<T>[] data, int i, int j)
    {
        DataWrap<T> tmp = data[i];
        data[i] = data[j];
        data[j] = tmp;
    }
    public static void main(String[] args)
    {
        @SuppressWarnings("unchecked")
        DataWrap<Integer>[] data = (DataWrap<Integer>[])
                new DataWrap[]{
                        new DataWrap<>(21, ""),
                        new DataWrap<>(30, ""),
                        new DataWrap<>(49, ""),
```

```
                    new DataWrap<>(30, "*"),
                    new DataWrap<>(21, "*"),
                    new DataWrap<>(16, ""),
                    new DataWrap<>(9, "")
                };
        System.out.println("排序之前：\n" + Arrays.toString(data));
        heapSort(data);
        System.out.println("排序之后：\n" + Arrays.toString(data));
    }
}
```

上面堆排序的关键在于 buildMaxHeap()方法。该方法用于对 data 数组从 0 到 lastIndex 索引范围内的元素建大顶堆，这样就选择出数组索引从 0 到 lastIndex 范围的最大元素。采用循环不断地重复上面过程即可完成堆排序。运行上面程序，将看到如图 12.10 所示的效果。

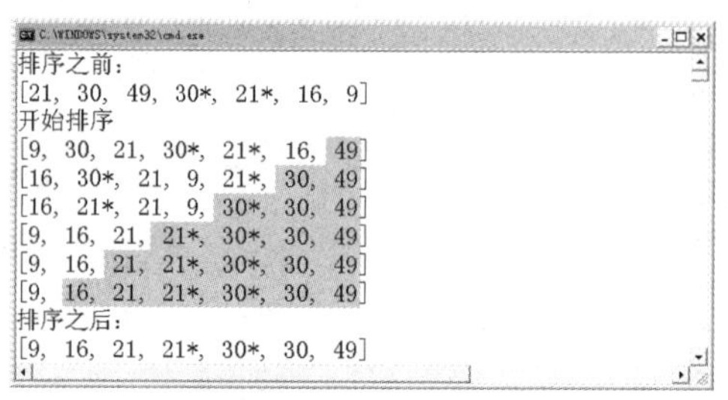


图 12.10　堆排序结果

对于堆排序算法而言，假设有 $n$ 个数据，需要进行 $n$-1 次建堆，每次建堆本身耗时为 $\log_2 n$，则其时间效率为 $O(n*\log_2 n)$。

堆排序算法的空间效率很高，它只需要一个附加程序单元用于交换，其空间效率为 $O(1)$。

从图 12.10 所示的运行结果不难看出，堆排序是不稳定的。

## 12.3　交换排序

交换排序的主体操作是对数据组中的数据不断地进行交换操作。交换排序主要有冒泡排序和快速排序，这两种排序都是广为人知且应用极广的排序算法。

**提示：**

有学员曾经提出，所有排序算法都应该称为交换排序，因为几乎所有的排序算法里都会包含前面的 swap()方法或其中代码。这个说法有一半是对的，既然要对数据进行排序，就肯定要进行数据交换，但并不代表所有的排序都是交换排序。交换排序的绝大部分操作都是交换，但对于前面的直接选择排序、堆排序而言，它们的主要操作是不断地选择，所以将它们归为选择排序。

### 12.3.1　冒泡排序

冒泡排序是最广为人知的交换排序之一，它具有算法思路简单、容易实现的特点。

对于包含 $n$ 个数据的一组记录，在最坏的情况下，冒泡排序需要进行 $n$−1 趟比较。

第 1 趟：依次比较 0 和 1、1 和 2、2 和 3、…、$n$−2 和 $n$−1 索引处的元素，如果发现第一个数据大于后一个数据，则交换它们。经过第 1 趟比较，最大的元素排到了最后。

第 2 趟：依次比较 0 和 1、1 和 2、2 和 3、…、$n$−3 和 $n$−2 索引处的元素，如果发现第一个数据大于后一个数据，则交换它们。经过第 2 趟比较，第 2 大的元素排到了倒数第 2 位。

……

第 $n$-1 趟：依次比较 0 和 1 元素，如果发现第一个数据大于后一个数据，则交换它们。经过第 $n$-1 趟比较，第 2 小（第 $n$-1 大）的元素排到了第 2 位。

实际上，冒泡排序的每趟交换结束后，不仅能将当前最大值挤出最后面位置，还能部分理顺前面的其他元素；一旦某趟没有交换发生，即可提前结束排序。

假设有如下数据序列：

9, 16, 21*, 23, 30, 49, 21, 30*

只需要经过如下几趟排序。

第 1 趟：9, 16, 21*, 23, 30, 21, 30*, 49

第 2 趟：9, 16, 21*, 23, 21, 30, 30*, 49

第 3 趟：9, 16, 21*, 21, 23, 30, 30*, 49

第 4 趟：9, 16, 21*, 21, 23, 30, 30*, 49

从上面的排序过程可以看出，虽然该组数据包含 8 个元素，但采用冒泡排序只需要经过 4 趟比较。因为经过第 3 趟排序后，这组数据已经处于有序状态，第 4 趟将不会发生交换，因此可以提前结束循环。

冒泡排序的示例程序如下。

**程序清单：codes\12\12.3\BubbleSort.java**

```java
public class BubbleSort
{
    public static <T extends Comparable> void bubbleSort(
          DataWrap<T>[] data)
    {
        System.out.println("开始排序");
        int arrayLength = data.length;
        for (var i = 0; i < arrayLength - 1; i++)
        {
            boolean flag = false;
            for (var j = 0; j < arrayLength - 1 - i; j++)
            {
                // 如果j索引处的元素大于j+1索引处的元素
                if (data[j].compareTo(data[j + 1]) > 0)
                {
                    // 交换它们
                    DataWrap<T> tmp = data[j + 1];
                    data[j + 1] = data[j];
                    data[j] = tmp;
                    flag = true;
                }
            }
            System.out.println(Arrays.toString(data));
            // 如果某趟没有发生交换，则表明已处于有序状态
            if (!flag)
            {
                break;
            }
        }
    }
    public static void main(String[] args)
    {
        @SuppressWarnings("unchecked")
        DataWrap<Integer>[] data = (DataWrap<Integer>[])
              new DataWrap[]{
```

```
            new DataWrap<>(9, ""),
            new DataWrap<>(16, ""),
            new DataWrap<>(21, "*"),
            new DataWrap<>(23, ""),
            new DataWrap<>(30, ""),
            new DataWrap<>(49, ""),
            new DataWrap<>(21, ""),
            new DataWrap<>(30, "*")
        };
        System.out.println("排序之前：\n" + Arrays.toString(data));
        bubbleSort(data);
        System.out.println("排序之后：\n" + Arrays.toString(data));
    }
}
```

运行上面程序，将看到如图12.11所示的排序过程。

```
排序之前：
[9, 16, 21*, 23, 30, 49, 21, 30*]
开始排序
[9, 16, 21*, 23, 30, 21, 30*, 49]
[9, 16, 21*, 23, 21, 30, 30*, 49]
[9, 16, 21*, 21, 23, 30, 30*, 49]
[9, 16, 21*, 21, 23, 30, 30*, 49]
排序之后：
[9, 16, 21*, 21, 23, 30, 30*, 49]
```

图12.11 冒泡排序

冒泡排序算法的时间效率是不确定的，在最好的情况下，初始数据序列已经处于有序状态，执行1趟冒泡即可，做$n-1$次比较，无须进行任何交换；但在最坏的情况下，初始数据序列处于完全逆序状态，算法要执行$n-1$趟冒泡，第$i$趟（$1<i<n$）做了$n-i$次比较，执行$n-i-1$次对象交换。此时的比较总次数为$n*(n-1)/2$，记录移动总次数为$n*(n-1)*3/2$。

冒泡排序算法的空间效率很高，它只需要一个附加程序单元用于交换，其空间效率为$O(1)$。

冒泡排序是稳定的。

### 12.3.2 快速排序

快速排序是一个速度非常快的交换排序方法，它的基本思路很简单：从待排序的数据序列中任取一个数据（如第一个数据）作为分界值，所有比它小的数据元素一律放在左边，所有比它大的数据元素一律放在右边。经过这样一趟下来，该序列形成左、右两个子序列，左边序列中数据元素的值都比分界值小，右边序列中数据元素的值都比分界值大。

接下来对左、右两个子序列进行递归，对两个子序列重新选择中心元素并依此规则调整，直到每个子序列的元素只剩一个，排序完成。

从上面的算法分析可以看出，实现快速排序的关键在于第一趟要做的事情，如下所示。

① 选出指定的分界值——这个容易完成。

② 将所有比分界值小的数据元素放在左边。

③ 将所有比分界值大的数据元素放在右边。

现在的问题是，如何实现上面的第2步和第3步？这时就要用到交换了，思路如下。

① 定义一个$i$变量，$i$变量从左边第一个索引开始，找大于分界值的元素的索引，并用$i$来记录它。

② 定义一个$j$变量，$j$变量从右边第一个索引开始，找小于分界值的元素的索引，并用$j$来记录它。

③ 如果 $i<j$，则交换 $i$、$j$ 两个索引处的元素。

重复执行以上步骤，直到 $i \geqslant j$，可以判断 $j$ 左边的数据元素都小于分界值，$j$ 右边的数据元素都大于分界值，最后将分界值和 $j$ 索引处的元素交换即可。

图 12.12 显示了快速排序一趟操作的详细过程。

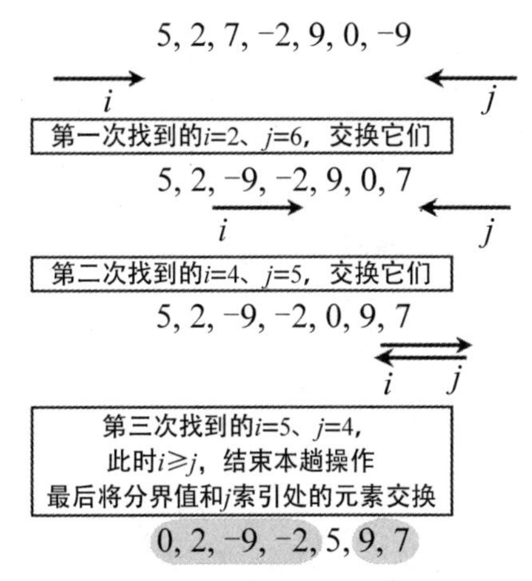


图 12.12　快速排序的一趟操作

从图 12.12 可以看出，快速排序的速度确实很快，只要经过两次交换，即可让分界值左边的数据都小于分界值，分界值右边的数据都大于分界值。

接下来实现快速排序，程序如下。

程序清单：codes\12\12.3\QuickSort.java

```
public class QuickSort
{
    // 将指定数组的 i 和 j 索引处的元素交换
    private static <T extends Comparable> void swap(
            DataWrap<T>[] data, int i, int j)
    {
        DataWrap<T> tmp;
        tmp = data[i];
        data[i] = data[j];
        data[j] = tmp;
    }
    // 对 data 数组中 start~end 索引范围的子序列进行处理
    // 使之满足所有小于分界值的放在左边，所有大于分界值的放在右边
    private static <T extends Comparable> void subSort(
            DataWrap<T>[] data, int start, int end)
    {
        // 需要排序
        if (start < end)
        {
            // 以第一个元素作为分界值
            DataWrap<T> base = data[start];
            // i 从左边开始搜索，搜索大于分界值的元素的索引
            int i = start;
            // j 从右边开始搜索，搜索小于分界值的元素的索引
            int j = end + 1;
            while (true)
            {
                // 找到大于分界值的元素的索引，或 i 已经到了 end 处
                while (i < end && data[++i].compareTo(base) <= 0);
```

```
                // 找到小于分界值的元素的索引，或j已经到了start处
                while (j > start && data[--j].compareTo(base) >= 0);
                if (i < j)
                {
                    swap(data, i, j);
                }
                else
                {
                    break;
                }
            }
            swap(data, start, j);
            // 递归左边子序列
            subSort(data, start, j - 1);
            // 递归右边子序列
            subSort(data, j + 1, end);
        }
    }
    public static <T extends Comparable> void quickSort(
        DataWrap<T>[] data)
    {
        subSort(data, 0, data.length - 1);
    }
    public static void main(String[] args)
    {
        @SuppressWarnings("unchecked")
        DataWrap<Integer>[] data = (DataWrap<Integer>[])
                new DataWrap[]{
                new DataWrap<>(9, ""),
                new DataWrap<>(-16, ""),
                new DataWrap<>(21, "*"),
                new DataWrap<>(23, ""),
                new DataWrap<>(13, ""),
                new DataWrap<>(30, ""),
                new DataWrap<>(-30, ""),
                new DataWrap<>(-49, ""),
                new DataWrap<>(21, ""),
                new DataWrap<>(30, "*"),
                new DataWrap<>(13, "*")
        };
        System.out.println("排序之前：\n" + Arrays.toString(data));
        quickSort(data);
        System.out.println("排序之后：\n" + Arrays.toString(data));
    }
}
```

快速排序的时间效率很好，因为它每趟能确定的元素呈指数增长。

快速排序需要使用递归，而递归使用栈，因此它的空间效率为 $O(\log_2 n)$。

快速排序中包含跳跃式交换，因此是不稳定的排序算法。

## 12.4 插入排序

插入排序也是一类非常常见的排序方法，它主要包含直接插入排序、Shell 排序和折半插入排序等几种常见的排序方法。

### 12.4.1 直接插入排序

直接插入排序的思路非常简单：依次将待排序的数据元素按其关键字值的大小插入前面的有序

序列。

细化来说，对于一个有 $n$ 个元素的数据序列，排序需要进行 $n$-1 趟插入操作，如下所示。

第 1 趟插入：将第 2 个元素插入前面的有序子序列中，此时前面只有一个元素，当然是有序的。

第 2 趟插入：将第 3 个元素插入前面的有序子序列中，此时前面 2 个元素是有序的。

……

第 $n$-1 趟插入：将第 $n$ 个元素插入前面的有序子序列中，此时前面 $n$-1 个元素是有序的。

掌握了上面的排序思路之后，如下程序实现了直接插入排序。

**程序清单：codes\12\12.4\InsertSort.java**

```
public class InsertSort
{
    public static <T extends Comparable> void insertSort(DataWrap<T>[] data)
    {
        System.out.println("开始排序：\n");
        int arrayLength = data.length;
        for (var i = 1; i < arrayLength; i++)
        {
            // 当整体后移时，保证data[i]的值不会丢失
            DataWrap<T> tmp = data[i];
            // i索引处的值已经比前面所有值都大，表明已经有序，无须插入
            // （i-1索引之前的数据已经有序，i-1索引处元素的值就是最大值）
            if (data[i].compareTo(data[i - 1]) < 0)
            {
                int j = i - 1;
                // 整体后移一格
                for ( ; j >= 0 && data[j].compareTo(tmp) > 0; j--)
                {
                    data[j + 1] = data[j];
                }
                // 最后将tmp的值插入合适位置
                data[j + 1] = tmp;
            }
            System.out.println(Arrays.toString(data));
        }
    }
    public static void main(String[] args)
    {
        @SuppressWarnings("unchecked")
        DataWrap<Integer>[] data = (DataWrap<Integer>[])
                new DataWrap[]{
                new DataWrap(9, ""),
                new DataWrap(-16, ""),
                new DataWrap(21, "*"),
                new DataWrap(23, ""),
                new DataWrap(-30, ""),
                new DataWrap(-49, ""),
                new DataWrap(21, ""),
                new DataWrap(30, "*"),
                new DataWrap(30, "")
        };
        System.out.println("排序之前：\n" + Arrays.toString(data));
        insertSort(data);
        System.out.println("排序之后：\n" + Arrays.toString(data));
    }
}
```

运行上面程序，图 12.13 显示了直接插入排序的执行过程。

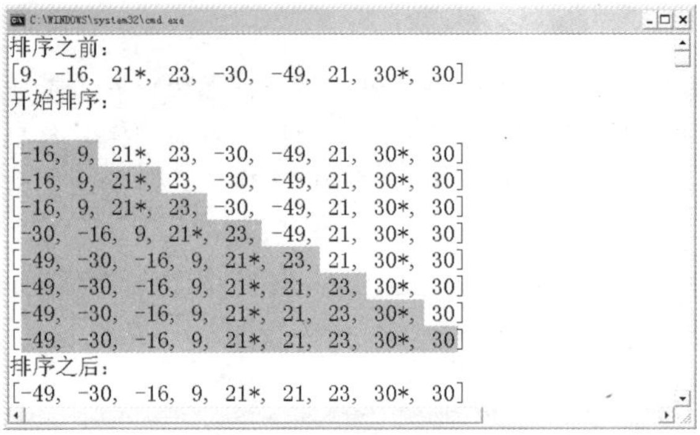

```
C:\WINDOWS\system32\cmd.exe
排序之前：
[9, -16, 21*, 23, -30, -49, 21, 30*, 30]
开始排序：

[-16, 9, 21*, 23, -30, -49, 21, 30*, 30]
[-16, 9, 21*, 23, -30, -49, 21, 30*, 30]
[-16, 9, 21*, 23, -30, -49, 21, 30*, 30]
[-30, -16, 9, 21*, 23, -49, 21, 30*, 30]
[-49, -30, -16, 9, 21*, 23, 21, 30*, 30]
[-49, -30, -16, 9, 21*, 21, 23, 30*, 30]
[-49, -30, -16, 9, 21*, 21, 23, 30*, 30]
[-49, -30, -16, 9, 21*, 21, 23, 30*, 30]
排序之后：
[-49, -30, -16, 9, 21*, 21, 23, 30*, 30]
```

图 12.13　直接插入排序

直接插入排序的时间效率并不高，在最坏的情况下，所有元素的比较次数总和为(0+1+⋯+$n$−1)=$O(n^2)$；在其他情况下，也要考虑移动元素的次数，故时间复杂度为$O(n^2)$。

直接插入排序的空间效率很好，它只需要一个缓存数据单元，也就是说，空间效率为$O(1)$。

直接插入排序是稳定的。

## 12.4.2　折半插入排序

折半插入排序是对直接插入排序的简单改进。对于直接插入排序而言，当第$i$–1趟需要将第$i$个元素插入前面的0~($i$–1)个元素序列中时，它总是从$i$-1个元素开始，逐个比较每个元素，直到找到它的位置。这显然没有利用前面0~($i$–1)个元素已经有序这个特点，而折半插入排序则改进了这一点。

对于折半插入排序而言，当第$i$-1趟需要将第$i$个元素插入前面的0~($i$–1)个元素序列中时，它不会直接从$i$-1个元素开始逐个比较每个元素。折半插入排序的做法如下。

① 计算0~($i$–1)索引的中间点，也就是用$i$索引处的元素和(0+$i$–1)/2索引处的元素进行比较，如果$i$索引处的元素大，就直接在(0+$i$–1)/2~($i$–1)半个范围内搜索；反之，就在0~(0+$i$–1)/2半个范围内搜索，这就是所谓的折半。

② 在半个范围内搜索时，再按第1步方法进行折半搜索。总是不断地折半，这样就可以将搜索范围缩小到1/2、1/4、1/8，从而快速确定第$i$个元素的插入位置。

**提示：**

此处介绍的折半插入，其实就是通过不断地折半来快速确定第$i$个元素的插入位置，这实际上是一种查找算法：折半查找。Java的Arrays类里有一个binarySearch()方法，它就是一个折半查找的实现，用于从指定数组（或数组的一部分）中查找指定元素，前提是该数组（或者数组的一部分）已经处于有序状态。

③ 一旦确定了第$i$个元素的插入位置，剩下的事情就简单了。程序将该位置以后的元素整体后移一位，然后将第$i$个元素放入该位置。

下面程序实现了一个折半插入排序。

程序清单：codes\12\12.4\BinaryInsertSort.java

```
public class BinaryInsertSort
{
   public static <T extends Comparable> void binaryInsertSort(
         DataWrap<T>[] data)
   {
      System.out.println("开始排序：\n");
```

```
        int arrayLength = data.length;
        for (var i = 1; i < arrayLength; i++)
        {
            // 当整体后移时，保证data[i]的值不会丢失
            DataWrap<T> tmp = data[i];
            int low = 0;
            int high = i - 1;
            while (low <= high)
            {
                // 找出low、high中间的索引
                int mid = (low + high) / 2;
                // 如果tmp值大于low、high中间元素的值
                if (tmp.compareTo(data[mid]) > 0)
                {
                    // 限制在索引大于mid的那一半中搜索
                    low = mid + 1;
                }
                else
                {
                    // 限制在索引小于mid的那一半中搜索
                    high = mid - 1;
                }
            }
            // 将low到i处的所有元素向后整体移一位
            for (var j = i; j > low; j--)
            {
                data[j] = data[j - 1];
            }
            // 最后将tmp的值插入合适位置
            data[low] = tmp;
            System.out.println(Arrays.toString(data));
        }
    }
    public static void main(String[] args)
    {
        @SuppressWarnings("unchecked")
        DataWrap<Integer>[] data = (DataWrap<Integer>[])
                new DataWrap[]{
                new DataWrap<>(9, ""),
                new DataWrap<>(-16, ""),
                new DataWrap<>(21, "*"),
                new DataWrap<>(23, ""),
                new DataWrap<>(-30, ""),
                new DataWrap<>(-49, ""),
                new DataWrap<>(21, ""),
                new DataWrap<>(30, "*"),
                new DataWrap<>(30, "")
        };
        System.out.println("排序之前：\n" + Arrays.toString(data));
        binaryInsertSort(data);
        System.out.println("排序之后：\n" + Arrays.toString(data));
    }
}
```

上面程序中的粗体字代码就是折半插入排序的关键代码。程序会拿 tmp 的值和 mid 索引（就是中间索引）处的值进行比较，如果 tmp 大于 mid 索引处的元素，则将 low（搜索范围的下限）设置为 mid+1，即表明在 mid+1 到原 high 范围内搜索；反之，将 high（搜索范围的上限）设置为 mid-1，即表明在原 low 至 mid-1 范围内搜索。

上面程序的排序效果与直接插入排序的效果基本相同，只是更快一些，因为折半插入排序可以

更快地确定第 $i$ 个元素的插入位置。

### 12.4.3 Shell 排序

Shell 排序由 Donald L. Shell 于 1959 年发现，该排序算法是以其名字命名的。

对于直接插入排序而言，当插入排序执行到一半时，待插值左边的所有数据都已经处于有序状态，直接插入排序将待插值存储在一个临时变量里。然后，从待插值左边第一个数据单元开始，只要该数据单元的值大于待插值，该数据单元就右移一格，直到找到第一个小于待插值的数据单元。接下来，将临时变量里的值放入小于待插值的数据单元之后（前面的所有数据都右移过一格，因此该数据单元有一个空格）。

从上面算法可以发现一个问题：如果一个很小的数据单元位于很靠近右端的位置上，为了把这个数据单元移动到左边正确的位置上，中间所有的数据单元都需要向右移动一格。这个步骤对每一个数据项都执行了近 $n$ 次的复制。虽然不是所有数据项都必须移动 $n$ 个位置，但平均下来，每个数据项都会移动 $n/2$ 格，总共是 $n^2/2$ 次复制。因此，插入排序的执行效率是 $O(n^2)$。

Shell 排序对直接插入排序进行了简单改进：它通过加大插入排序中元素之间的间隔，并在这些有间隔的元素中进行插入排序，从而使数据项大跨度地移动。当这些数据项排过一趟序后，Shell 排序算法减小数据项的间隔再进行排序，依此进行下去。这些进行排序的数据项之间的间隔被称为增量，习惯上用 $h$ 来表示这个增量。

下面以如下数据序列为例，进行说明。

9, -16, 21*, 23, -30, -49, 21, 30*, 30

如果采用直接插入排序算法，第 $i$ 趟插入会将第 $i$+1 个元素插入前面的有序序列中，将看到：

-16, 9, 21*, 23, -30, -49, 21, 30*, 30——第 1 趟，将第 2 个元素插入，前两个元素有序。

-16, 9, 21*, 23, -30, -49, 21, 30*, 30——第 2 趟，将第 3 个元素插入，前三个元素有序。

……

Shell 排序就不这样了。假设本次 Shell 排序的 $h$ 为 4，其插入操作如下。

**-30**, -16, 21*, 23, **9**, -49, 21, 30*, **30**

-30, **-49**, 21*, 23, 9, **-16**, 21, 30*, 30

-30, -49, **21***, 23, 9, -16, **21**, 30*, 30

-30, -49, 21*, **23**, 9, -16, 21, **30***, 30

-30, -49, 21*, 23, **9**, -16, 21, 30*, **30**

注意上面排序过程中的粗体字数据。

当 $h$ 增量为 4 时，第 1 趟将保证索引为 0、4、8 的数据元素已经有序。第 1 趟完成后，算法向右移一步，对索引为 1、5 的数据元素进行排序。这个排序过程持续进行，直到所有的数据项都已经完成了以 4 为增量的排序。也就是说，所有间隔为 4 的数据项之间都已经排列有序。

当完成以 4 为增量的 Shell 排序后，所有元素离它在最终有序序列中的位置相差不到两个单元，这就是数组“基本有序”的含义，也正是 Shell 排序的奥秘所在。通过创建这种交错的内部有序的数据项集合，就可以减少直接插入排序中数据项“整体搬家”的工作量。

上面已经演示了以 4 为增量的 Shell 排序，接下来应该减少增量，直到完成以 1 为增量的 Shell 排序，此时数据序列将会变为有序序列。

**注意**

通过上面的介绍不难发现，可以认为直接插入排序是 Shell 排序的一种特例——直接使用增量为 1 的 Shell 排序就是直接插入排序。

从上面介绍可知，最终确定 Shell 排序算法的关键就在于确定 $h$ 序列的值。常用的 $h$ 序列由 Knuth 提出，该序列从 1 开始，通过如下公式产生。

$$h = 3 * h + 1$$

上面公式用于从 1 开始计算这个序列，可以看到 $h$ 序列为 1, 4, 13, 40……反过来，程序中还需要反向计算 $h$ 序列，那么应该使用如下公式。

$$h = (h - 1)/3$$

上面公式从最大的 $h$ 开始计算，假设 $h$ 从 40 开始，可以看到 $h$ 序列为 40, 13, 4, 1。

Shell 排序比插入排序快很多，因为当 $h$ 增大时，数据项每一趟排序需要移动元素的个数很少，但数据项移动的距离很长，这是非常有效率的。当 $h$ 减小时，每一趟排序需要移动的元素的个数增多，但是此时数据项已经接近于它们排序后最终的位置，这对于插入排序可以更有效率。正是这两种情况的结合才使 Shell 排序效率这么高。

下面程序实现了一个简单的 Shell 排序。

程序清单：codes\12\12.4\ShellSort.java

```
public class ShellSort
{
    public static <T extends Comparable> void shellSort(
            DataWrap<T>[] data)
    {
        System.out.println("开始排序：");
        int arrayLength = data.length;
        // h 变量保存可变增量
        var h = 1;
        // 按 h * 3 + 1 得到增量序列的最大值
        while (h <= arrayLength / 3)
        {
            h = h * 3 + 1;
        }
        while (h > 0)
        {
            System.out.println("===h 的值:" + h + "===");
            for (var i = h; i < arrayLength; i++)
            {
                // 当整体后移时，保证 data[i]的值不会丢失
                DataWrap<T> tmp = data[i];
                // i 索引处的值已经比前面所有值都大，表明已经有序，无须插入
                // （i-1 索引之前的数据已经有序，i-1 索引处元素的值就是最大值）
                if (data[i].compareTo(data[i - h]) < 0)
                {
                    int j = i - h;
                    System.out.println(i + "~~~" + j + "~~~" + tmp);
                    // 整体后移 h 格
                    for ( ; j >= 0 && data[j].compareTo(tmp) > 0; j -= h)
                    {
                        data[j + h] = data[j];
                    }
```

```
                // 最后将 tmp 的值插入合适位置
                data[j + h] = tmp;
            }
            System.out.println(Arrays.toString(data));
        }
        h = (h - 1) / 3;
    }
}
public static void main(String[] args)
{
    @SuppressWarnings("unchecked")
    DataWrap<Integer>[] data = (DataWrap<Integer>[])
            new DataWrap[]{
            new DataWrap<>(9, ""),
            new DataWrap<>(-16, ""),
            new DataWrap<>(21, "*"),
            new DataWrap<>(23, ""),
            new DataWrap<>(-30, ""),
            new DataWrap<>(-49, ""),
            new DataWrap<>(21, ""),
            new DataWrap<>(30, "*"),
            new DataWrap<>(8, ""),
    };
    System.out.println("排序之前：\n" + Arrays.toString(data));
    shellSort(data);
    System.out.println("排序之后：\n" + Arrays.toString(data));
  }
}
```

仔细观察上面 Shell 排序中的粗体字代码，其与直接插入排序的差别在于：直接插入排序中的 *h* 会用 1 代替。这也证明了前面的结论：直接插入排序是直接以 1 为增量的 Shell 排序。

运行上面程序，将看到如图 12.14 所示的排序过程。

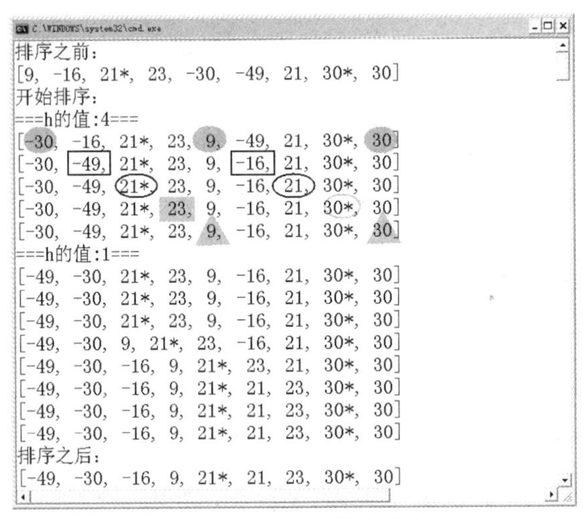


图 12.14　Shell 排序过程

Shell 排序是直接插入排序的改进版，但在不同的插入过程中，相等的元素可能在各自的插入排序中被移动，因此它是不稳定的，它的空间开销也是 $O(1)$，时间开销估计在 $O(n^{3/2})$~$O(n^{7/6})$之间。

## 12.5　归并排序

归并的基本思想是将两个（或以上）有序的序列合并成一个新的有序序列。当然，此处介绍的归并排序主要是将两个有序的数据序列合并成一个新的有序序列。

细化来说，归并排序先将长度为 $n$ 的无序序列看成是 $n$ 个长度为 1 的有序子序列，首先做两两合并，得到 $n/2$ 个长度为 2 的有序子序列，再做两两合并……不断地重复这个过程，最终可以得到一个长度为 $n$ 的有序序列。

**提示：**

"归并"这个名字也是早期由计算机"专家"翻译出来的，可以说它其实是一个生造词，往往给初学者制造很大的障碍。"归并"由 merge 翻译而来，merge 一般翻译为合并。从这个角度来说，归并排序应该翻译为"合并排序"，因为这种排序方法的关键就在于合并。

假设有如下数据序列：

21, 30, 49, 30*, 97, 62, 72, 08, 37, 16, 54

程序对其不断合并的过程如图 12.15 所示。

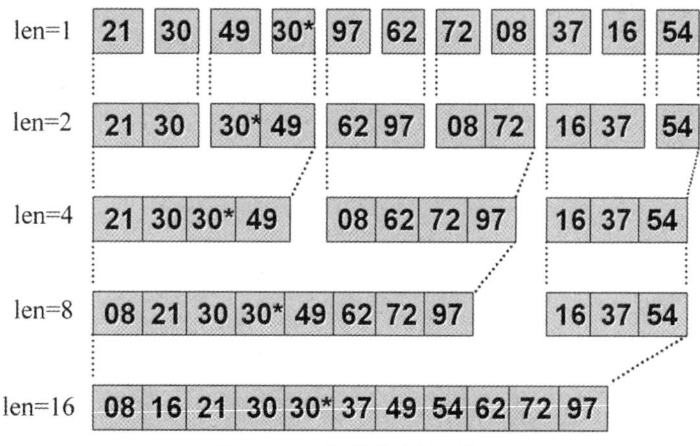


图 12.15　归并排序的过程

从图 12.15 可以看出，长度为 16 的数据序列，只需经过 4 次合并。也就是说，对于长度为 $n$ 的数据序列，只需经过 $\log_2 n$ 次合并。

对于归并排序而言，其算法关键就在于"合并"。那么，如何将两个有序的数据序列合并成一个新的有序序列？合并算法的具体步骤如下。

1. 定义变量 $i$，$i$ 从 0 开始，依次等于 A 序列中每个元素的索引。
2. 定义变量 $j$，$j$ 从 0 开始，依次等于 B 序列中每个元素的索引。
3. 拿 A 序列中 $i$ 索引处的元素和 B 序列中 $j$ 索引处的元素进行比较，将较小的复制到一个临时数组中。
4. 如果 $i$ 索引处的元素小，则 $i$++；如果 $j$ 索引处的元素小，则 $j$++。

不断地重复上面 4 个步骤，即可将 A、B 两个序列中的数据元素复制到临时数组中，直到其中一个数组中的所有元素都被复制到临时数组中。最后，将另一个数组中多出来的元素全部复制到临时数组中，合并即完成，再将临时数组中的数据复制回去即可。

图 12.16 显示了归并排序算法合并操作的实现细节。

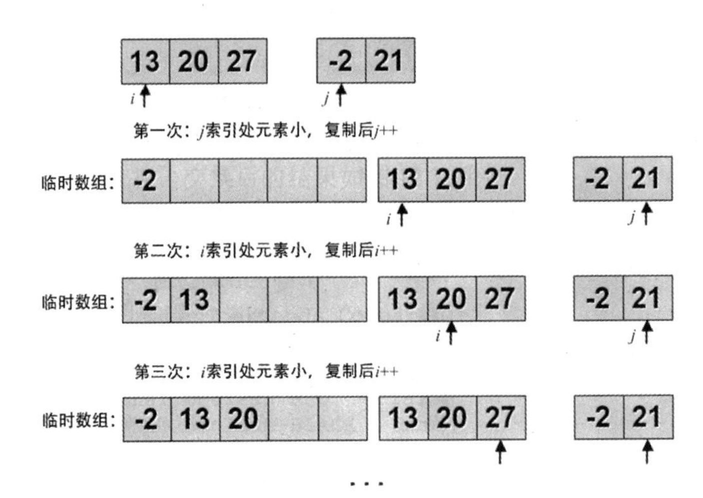


图 12.16　合并操作的实现细节

掌握了归并排序的理论之后，接下来使用如下 Java 程序来实现归并排序。

程序清单：codes\12\12.5\MergeSort.java

```
public class MergeSort
{
    // 利用归并排序算法对数组 data 进行排序
    public static <T extends Comparable> void mergeSort(
            DataWrap<T>[] data)
    {
        // 归并排序
        sort(data, 0, data.length - 1);
    }
    /**
     * 将索引从 left 到 right 范围的数组元素进行归并排序
     *
     * @param data 待排序数组
     * @param left 待排序数组的第一个元素的索引
     * @param right 待排序数组的最后一个元素的索引
     */
    private static <T extends Comparable> void sort(
            DataWrap<T>[] data, int left, int right)
    {
        if (left < right)
        {
            // 找出中间索引
            int center = (left + right) / 2;
            // 对左边数组进行递归
            sort(data, left, center);
            // 对右边数组进行递归
            sort(data, center + 1, right);
            // 合并
            merge(data, left, center, right);
        }
    }
    /**
     * 将两个数组进行归并，归并前两个数组已经有序，归并后依然有序
     *
     * @param data 数组对象
     * @param left 左数组的第一个元素的索引
     * @param center 左数组的最后一个元素的索引，center+1 是右数组的第一个元素的索引
     * @param right 右数组的最后一个元素的索引
```

```
     */
    private static <T extends Comparable> void merge(
            DataWrap<T>[] data, int left, int center, int right)
    {
        // 定义一个与待排序序列长度相同的临时数组
        @SuppressWarnings("unchecked")
        DataWrap<T>[] tmpArr = new DataWrap[data.length];
        int mid = center + 1;
        // third 记录中间数组的索引
        int third = left;
        int tmp = left;
        while (left <= center && mid <= right)
        {
            // 从两个数组中取出小的放入中间数组
            if (data[left].compareTo(data[mid]) <= 0)
            {
                tmpArr[third++] = data[left++];
            }
            else
            {
                tmpArr[third++] = data[mid++];
            }
        }
        // 剩余部分依次放入中间数组
        while (mid <= right)
        {
            tmpArr[third++] = data[mid++];
        }
        while (left <= center)
        {
            tmpArr[third++] = data[left++];
        }
        // 将中间数组中的内容复制回原数组
        //（将原 left~right 范围的内容复制回原数组）
        while (tmp <= right)
        {
            data[tmp] = tmpArr[tmp++];
        }
    }
    public static void main(String[] args)
    {
        @SuppressWarnings("unchecked")
        DataWrap<Integer>[] data = (DataWrap<Integer>[])
                new DataWrap[]{
                new DataWrap<>(9, ""),
                new DataWrap<>(-16, ""),
                new DataWrap<>(21, "*"),
                new DataWrap<>(23, ""),
                new DataWrap<>(-30, ""),
                new DataWrap<>(-49, ""),
                new DataWrap<>(21, ""),
                new DataWrap<>(30, "*"),
                new DataWrap<>(30, "")
        };
        System.out.println("排序之前：\n" + Arrays.toString(data));
        mergeSort(data);
        System.out.println("排序之后：\n" + Arrays.toString(data));
    }
}
```

从上面的算法实现可以看出，归并算法需要递归地进行分解、合并，每进行一趟归并排序需要调用 merge()方法一次，每次执行 merge()方法需要比较 $n$ 次，因此归并排序算法的时间复杂度为 $O(n*\log_2 n)$。

归并排序算法的空间效率较差，它需要一个与原始序列同样大小的辅助序列。

归并排序算法是稳定的。

## 12.6 桶式排序

桶式排序不再是一种基于比较的排序方法，它是一种非常巧妙的排序方式，但这种排序方式需要待排序列满足如下两个特征。

- 待排序列的所有值处于一个可枚举范围内。
- 待排序列所在的这个可枚举范围不应该太大，否则排序开销太大。

下面介绍桶式排序的详细过程，以如下待排序列为例。

5, 4, 2, 4, 1

这个待排序列处于 0, 1, 2, 3, 4, 5 这个可枚举范围内，而且这个范围很小，正是桶式排序大派用场之时。

具体步骤如下。

① 对这个可枚举范围构建一个 buckets 数组，用于记录“落入”每个桶中的元素的个数，于是可以得到如图 12.17 所示的 buckets 数组。

| | 0 | 1 | 2 | 3 | 4 | 5 |
|---|---|---|---|---|---|---|
| buckets数组： | 0 | 1 | 1 | 0 | 2 | 1 |

图 12.17　统计每个元素出现次数的 buckets 数组

② 按如下公式对图 12.17 所示的 buckets 数组的元素进行重新计算。

buckets[$i$] = buckets[$i$]+buckets[$i-1$]（其中 $1\leqslant i\leqslant$buckets.length）

即可得到如图 12.18 所示的 buckets 数组。

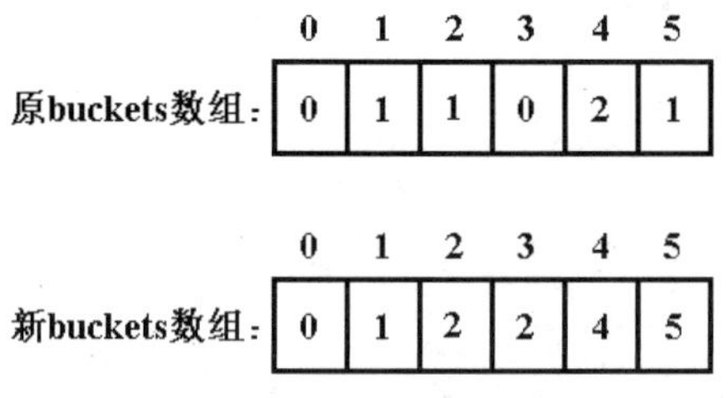


图 12.18　重新计算后的 buckets 数组

桶式排序的巧妙之处如图 12.18 所示。重新计算后的 buckets 数组元素保存了“落入”当前桶和“落入”前面所有桶中元素的总数目，而且定义的桶本身就是从小到大排列的，也就是说，“落入”前面桶中的元素肯定小于“落入”当前桶中的元素。综合上面两点，得到了一个结论：每个 buckets 数组元素的值小于、等于“落入”当前桶中元素的个数。也就是说，“落入”当前桶中的元素在有序序列中应该排在 buckets 数组元素值所确定的位置。

上面的理论有点抽象，这里举个例子。以待排序列中最后一个元素 1 为例，找到新 buckets 数组中元素 1 对应桶的值，该值为 1，这表明元素 1 就应该排在第 1 位；再以待排序列中倒数第 2 个元素 4 为例，找到新 buckets 数组中元素 4 对应桶的值，该值为 4，这表明元素 4 就应该排在第 4

位……依此类推。

下面程序实现了桶式排序。

程序清单：codes\12\12.6\BucketSort.java

```
public class BucketSort
{
    public static void bucketSort(DataWrap[] data
         , int min, int max)
    {
        System.out.println("开始排序：");
        // arrayLength 记录待排序数组的长度
        int arrayLength = data.length;
        var tmp = new DataWrap[arrayLength];
        // buckets 数组相当于定义了 max - min 个桶
        // buckets 数组用于记录待排序元素的信息
        var buckets = new int[max - min];
        // 计算每个元素在序列中出现的次数
        for (var i = 0; i < arrayLength; i++)
        {
            // buckets 数组记录了 DataWrap 出现的次数
            buckets[data[i].data - min]++;
        }
        System.out.println(Arrays.toString(buckets));
        // 计算“落入”各桶内的元素在有序序列中的位置
        for (var i = 1; i < max - min; i++)
        {
            // 前一个 bucket 的值 + 当前 bucket 的值 -> 当前 bucket 新的值
            buckets[i] = buckets[i] + buckets[i - 1];
        }
        // 循环结束后，buckets 数组元素记录了“落入”前面所有桶和
        // “落入”当前 buckets 中元素的总数
        // 也就是说，buckets 数组元素的值代表了“落入”当前桶中的元素在有序序列中的位置
        System.out.println(Arrays.toString(buckets));
        // 将 data 数组中数据完全复制到 tmp 数组中缓存起来
        System.arraycopy(data, 0, tmp, 0, arrayLength);
        // 根据 buckets 数组中的信息将待排序列的各元素放入相应的位置
        for (var k = arrayLength - 1; k >= 0; k--)
        {
            data[--buckets[tmp[k].data - min]] = tmp[k];
        }
    }
    public static void main(String[] args)
    {
        DataWrap[] data = {
                new DataWrap(9, ""),
                new DataWrap(5, ""),
                new DataWrap(-1, ""),
                new DataWrap(8, ""),
                new DataWrap(5, "*"),
                new DataWrap(7, ""),
                new DataWrap(3, ""),
                new DataWrap(-3, ""),
                new DataWrap(1, ""),
                new DataWrap(3, "*")
        };
        System.out.println("排序之前：\n" + Arrays.toString(data));
        bucketSort(data, -3, 10);
        System.out.println("排序之后：\n" + Arrays.toString(data));
    }
}
```

桶式排序的关键在于上面程序中的粗体字代码，即计算得到获取“落入”该桶中元素在有序序列中的位置。运行上面程序，可以看到如图 12.19 所示的排序过程。

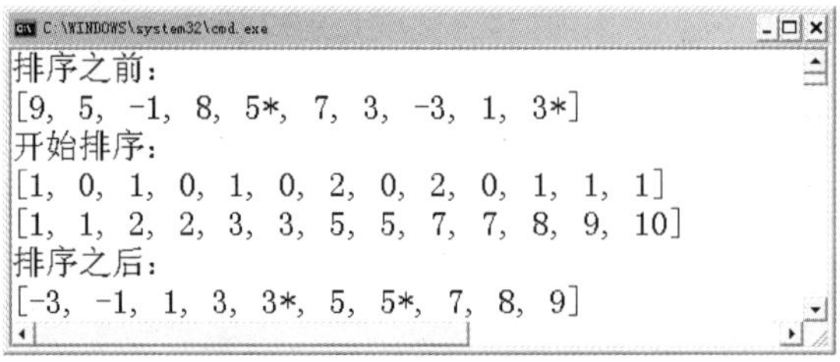

```
C:\WINDOWS\system32\cmd.exe
排序之前：
[9, 5, -1, 8, 5*, 7, 3, -3, 1, 3*]
开始排序：
[1, 0, 1, 0, 1, 0, 2, 0, 2, 0, 1, 1, 1]
[1, 1, 2, 2, 3, 3, 5, 5, 7, 7, 8, 9, 10]
排序之后：
[-3, -1, 1, 3, 3*, 5, 5*, 7, 8, 9]
```

图 12.19　桶式排序过程

桶式排序是一种非常优秀的排序算法，时间效率极高，它只需经过两轮遍历：第 1 轮遍历待排数据，统计每个待排数据“落入”各桶中的个数；第 2 轮遍历用于重新计算每个 buckets 数组元素的值。两轮遍历后就可得到每个待排数据在有序序列中的位置，然后将各个数据项依次放入指定位置即可。

桶式排序的空间开销较大，它需要两个数组：第 1 个 buckets 数组用于记录“落入”各桶中元素的个数，进而保存各元素在有序序列中的位置；第 2 个数组用于缓存待排数据。

桶式排序是稳定的。

## 12.7　基数排序

基数排序已经不再是一种常规的排序方法，它更多地像是一种排序方法的应用，基数排序必须依赖于另外的排序方法。基数排序的总体思路就是将待排数据拆分成多个关键字进行排序，也就是说，基数排序的实质是多关键字排序。

多关键字排序的思路是将待排数据里的排序关键字拆分成多个排序关键字：第 1 个子关键字、第 2 个子关键字、第 3 个子关键字……然后，根据子关键字对待排数据进行排序。

在进行多关键字排序时有两种解决方案。

- 最高位优先法 MSD（Most Significant Digit first）。
- 最低位优先法 LSD（Least Significant Digit first）。

例如，对如下数据序列进行排序：

192, 221, 13, 23

可以观察到它的每个数据至多只有3位，因此可以将每个数据拆分成3个关键字：百位（高位）、十位、个位（低位）。

如果按照习惯思维，会先比较百位，百位大的数据大；百位相同的再比较十位，十位大的数据大；最后再比较个位。人的习惯思维是最高位优先方式。

如果按照人的思维方式，计算机实现起来有一定困难，当开始比较十位时，程序还需要判断它们的百位是否相同——这就人为地增加了难度。计算机通常会选择最低位优先法，如下所示。

第 1 轮先比较个位，对个位关键字排序后得到序列为：

221, 192, 13, 23

第 2 轮再比较十位，对十位关键字排序后得到序列为：

13, 23, 221, 192

第 3 轮再比较百位，对百位关键字排序后得到序列为：

13, 23, 192, 221

从上面介绍可以看出，基数排序方法对任一个子关键字排序时必须借助于另一种排序方法，而且这种排序方法必须是稳定的。

如果这种排序算法不稳定，比如上面排序过程中，经过第 2 轮十位排序后，13 位于 23 之前，在第 3 轮百位排序时，如果该排序算法是稳定的，那么 13 依然位于 23 之前；如果该算法不稳定，那么可能 13 跑到 23 之后，这将导致排序失败。

现在的问题是，对子关键字排序时，到底选择哪种排序方式更合适呢？答案是桶式排序。回顾桶式排序的两个要求：

- 待排序列的所有值处于一个可枚举范围内。
- 待排序列所在的这个可枚举范围不应该太大。

对于多关键字拆分出来的子关键字，它们一定位于 0~9 这个可枚举范围内，这个范围也不大，因此用桶式排序效率非常高。

下面以桶式排序为基础来实现多关键字基数排序。

**程序清单：codes\12\12.7\MultiKeyRadixSort.java**

```
public class MultiKeyRadixSort
{
    /**
     * @param data 待排序数组
     * @param radix 指定关键字拆分的进制。如 radix=10，表明按十进制拆分
     * @param d 指定将关键字拆分成几个子关键字
     */
    public static void radixSort(int[] data, int radix, int d)
    {
        System.out.println("开始排序：");
        int arrayLength = data.length;
        // 需要一个临时数组
        var tmp = new int[arrayLength];
        // buckets 数组是桶式排序必需的
        var buckets = new int[radix];
        // 依次从最高位的子关键字对待排序数据进行排序
        // 下面循环中 rate 用于保存当前计算的位（比如十位时 rate=10）
        for (var i = 0, rate = 1; i < d; i++)
        {
            // 重置 count 数组，开始统计第二个关键字
            Arrays.fill(buckets, 0);
            // 将 data 数组的元素复制到 tmp 数组中进行缓存
            System.arraycopy(data, 0, tmp, 0, arrayLength);
            // 计算每个待排序数据的子关键字
            for (var j = 0; j < arrayLength; j++)
            {
                // 计算数据指定位上的子关键字
                int subKey = (tmp[j] / rate) % radix;
                buckets[subKey]++;
            }
            for (var j = 1; j < radix; j++)
            {
                buckets[j] = buckets[j] + buckets[j - 1];
            }
            // 按子关键字对指定数据进行排序
            for (var m = arrayLength - 1; m >= 0; m--)
            {
```

```
                int subKey = (tmp[m] / rate) % radix;
                data[--buckets[subKey]] = tmp[m];
            }
            System.out.println("对" + rate + "位上子关键字排序: "
                + java.util.Arrays.toString(data));
            rate *= radix;
        }
    }
    public static void main(String[] args)
    {
        int[] data = {1100, 192, 221, 12, 13};
        System.out.println("排序之前: \n" + Arrays.toString(data));
        radixSort(data, 10, 4);
        System.out.println("排序之后: \n" + Arrays.toString(data));
    }
}
```

上面的基数排序其实就是多轮桶式排序，程序从最低位关键字到最高位关键字依次对待排数据进行排序，最后即可得到有序序列。

运行上面程序，可以看到如图 12.20 所示的排序结果。

```
C:\WINDOWS\system32\cmd.exe
排序之前:
[1100, 192, 221, 12, 13]
开始排序:
对1位上子关键字排序: [1100, 221, 192, 12, 13]
对10位上子关键字排序: [1100, 12, 13, 221, 192]
对100位上子关键字排序: [12, 13, 1100, 192, 221]
对1000位上子关键字排序: [12, 13, 192, 221, 1100]
排序之后:
[12, 13, 192, 221, 1100]
```

图 12.20　多关键字基数排序结果

**提示：**

对于多关键字排序来说，程序将待排数据拆分成多个子关键字后，对子关键字排序既可使用桶式排序，也可使用任何一种稳定的排序方法。

## 12.8　本章小结

本章主要介绍了计算机内部排序的相关知识。首先，简要讲解了计算机排序算法的基本概念和作用，并简单说明了排序算法的分类。然后，重点介绍了 10 种经典的内部排序算法，包括直接选择排序、堆排序、冒泡排序、快速排序、直接插入排序、折半插入排序、Shell 排序、归并排序、桶式排序和基数排序这些经典算法。学习这些排序算法时，应该先从逻辑上理解排序算法的理论，再结合书中的代码实现来掌握它们。

CHAPTER

13

# 第 13 章
# 程序开发经验谈

## 引言

“老师，每次你给我们布置一个项目后，总要告诉我们项目开发的思路，那以后我们毕业了怎么办？难道还要回来找你吗？”初入职场的程序员们热切地询问讲师。

“你们想要学一种项目开发的总纲思路，就像武侠小说中独孤九剑那样的，对吗？”

“是的，没错！”“就是，我们想学一种总纲算法。”“我觉得软件算法，甚至比编程语法更重要呢！”程序员们反应很热烈，七嘴八舌地说着。

“你们说得很对，软件算法比语法重要多了，也复杂得多！”讲师同意了学生的看法，接着他话锋一转：“但你们想学的总纲算法，我也不会！所以教不了你们。”

“啊？”

“软件算法是属于业务逻辑领域的，广义地说，算法是客观世界里所有事物的运行规律，远非一个程序员所能掌握的！比如你要开发一套股票行情预测软件，那么你就需要了解股票行情的运行规律，但这些规律的复杂度，远远超出了程序员可以掌握的范围。”

“那为什么每次你给我们布置一个项目之后，总是可以告诉我们开发思路呢？”程序员们依然不死心。

“两个理由：一是这些项目很早以前我就做过了；二是因为我掌握了一些程序开发的通用方法。”

“通用方法？”程序员们有些疑惑：“程序开发不是掌握编程语言的语法就够了吗？”

“其实软件开发总有一些比较通用的方法，或者说是规律，按照通用的方法进行程序开发，往往会更顺畅。当然，前提是你要知道实现软件的算法——算法往往不是来自程序员，而是来自业务专家。”老师微微点下头：“程序员要关心的是，如何将已有的算法用程序实现出来。接下来我给大家讲一下程序开发的基本方法……”

## 本章要点

- 合格开发者的基本功
- 开发之前建立软件的数据模型
- 弄清系统内人机交互的实现方式
- 为实际开发绘制建模图、流程图
- 为系统编写伪码实现
- 开发之前分析软件的组件模型
- 弄清软件系统内各组件的通信机制
- 分析系统内的复杂算法
- 为实际开发提供简要说明
- 合格开发者的正确心态

软件开发并不是一件简单的事情。向高层次归纳，软件开发是一种创造性劳动，软件将会建立一个虚拟的平台、社会，让软件用户按这个虚拟平台、社会的规则去活动。软件开发也是一种高价值的脑力密集型劳动，无须过多的生产资料，却可以创造大量的世界财富，例如全球范围内存在的大量软件公司。

软件开发是一项吸引人的工作，但有时候也是一种折磨人的工作，尤其是对于一个编程初学者而言，往往显得更加艰难。这也是由软件开发本身的特性所决定的，软件开发的发展历史并不长，因此可借鉴的经验并不多，虽然软件工程领域的各种新方法、新理论层出不穷，但实际上软件开发依然困难重重。

虽然如此，但软件开发总有一些基本规律可循。例如，在开发之前，应该先从物理模型、算法逻辑上搞清楚这个程序到底是怎么回事，完成该程序到底需要哪些步骤，然后把这些事情告诉计算机去做。本章不会从软件工程的角度去讲软件开发的庞大理论，这超出了本书范围。本章主要介绍笔者在实际开发过程中遇到的，以及在教学过程中从学生那里总结的一些经验和心得。

## 13.1 扎实的基本功

经常有初学者，甚至初入职场的程序员问：写程序的时候，总感觉找不到思路，感觉无从下手，这种情况怎样才能改变呢？每次笔者都会苦口婆心地说：首先要端正心态，不要太浮躁；然后多花时间写一些简单的程序，基本功扎实了才会慢慢获得思路。

的确，如果连基本功都不扎实，那怎么能通过基本功来启发思维，打开思路呢？

编程并不难，但也并不简单。经常看到有些书籍、资料上写着“21 天精通 XXX”“10 天精通 XXX”，这种书籍、资料不过是满足了一部分人浮躁的心态：希望找到一种“武林秘籍”，能在短时间内精通某种技能。但实际上，这种“武林秘籍”本身并不存在。

### 13.1.1 快速的输入能力

关于快速的输入能力，很多程序员可能不以为然，他们觉得：我是程序员，又不是打字员，打字速度与编程能力有什么关系？实际上，打字速度是一个程序员的基本功。

试想：在实际开发中，你获得了一些编程的想法，这些想法可能是对的，也可能是错的，如何来检验它们？把想法转变成代码是最好的途径，此时就需要快速的输入能力作为基础。

对输入能力的基本要求是：“盲打”。键盘输入速度比用笔写更快，这样基本可以满足要求了——当大脑中有某些编程想法时，手指的动作可以自然地将这些想法转换为对应的代码。

此外，具有快速的输入能力还能避免编程懒惰。

有过编程经验的人都知道，如果要真正掌握编程，光看书是不行的。编程最大的奥秘在于编码，没有几十万行甚至上百万行代码作为基础，想真正掌握编程纯属痴人说梦。

如果输入速度太慢，很多人往往容易陷入“光看不练”的危险境地，因为他们往往会觉得输入那些代码太浪费时间了，看着书上的代码，完全理解它们不就可以了吗？但实际上真的不行，只有把这些代码输入计算机中，通过编译器编译，然后运行它们，才能更好地理解每行代码的作用。

当拥有足够的输入能力之后，可能会考虑将所有的代码输入计算机中运行。即使照着书上的代码向计算机中敲入一遍，也是有意义的。

比如照着书上的代码输入，比较理想的输入方式应该是：

1. 先整体看看程序，试图理解这个程序要达到的目的和实现方式。
2. 将完整的程序分成几个小段落。

③ 逐段地理解程序，再将其输入计算机中。

在这种方式下，如果想将某段代码输入计算机中，必然要先试着理解，然后才可能记住这段代码，这样就可用于验证是否真正理解了这段代码。

根据笔者的编程、教学经验，学习过程可分成如下三个阶段。

第 1 阶段：**吸收阶段**。该阶段的学习以接受外界知识为主，包括听老师讲解、看书、阅读网络资料等，如图 13.1 所示。

第 2 阶段：**归纳、整理阶段**。该阶段的学习以理解第 1 阶段所吸收的知识为主，在这个阶段中大脑会以归纳、类比的方式将新知识整理得条理化、细致化，如图 13.2 所示。

图 13.1 知识吸收阶段

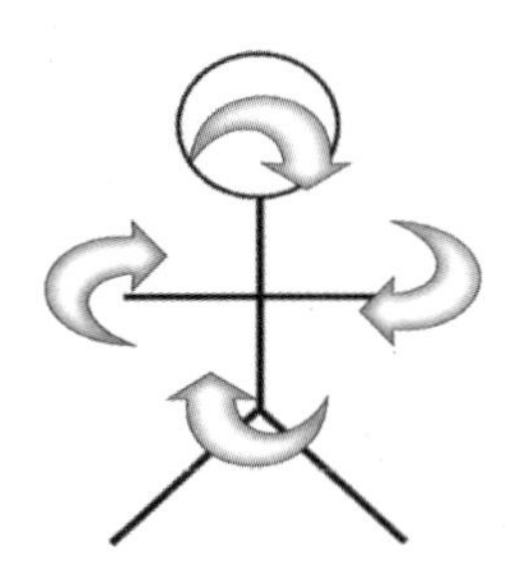

图 13.2 知识归纳、整理阶段

即使到了第 2 阶段，你的知识也依然处于“内循环”，此时的知识依然停留在高度“依赖”外部知识的层次。

第 3 阶段：**输出阶段**。该阶段可以将之前整理的知识以系统、条例化的方式输出，这里的输出包括输出成文档、程序等，也包括向其他人讲解、传授等。该阶段的示意图如图 13.3 所示。

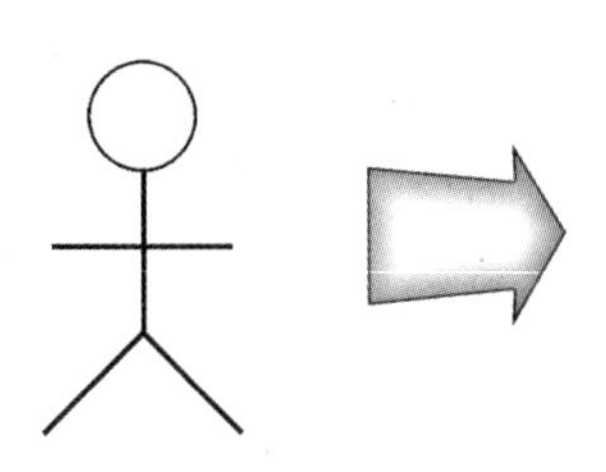

图 13.3 知识输出阶段

只有当你将知识掌握到第 3 阶段时，才能算得上熟练掌握了这门知识，才不容易出现“用过就忘”的尴尬情形。

有些学生或初学者对编程知识有一个误区，以为用某个框架、某种技术开发了一个或两个项目，他就掌握了这个框架或这种技术。但实际上，这是一个极大的误区，主要有两方面的原因：

- 开发一个项目往往用不到某个框架或某种技术的全部内容，因此他熟悉的往往只是其用到的那部分。
- 开发时常常满足于项目功能的实现，往往会直接对现有代码、知识进行生搬硬套，因此这个层次其实依然停留在第 1 阶段或第 2 阶段。

对某个庞大的知识体系而言，如果能按这三个阶段将其进行系统的归纳、整理，并按自己整理的条例输出它们，那么对这门知识的掌握也算比较到位了。

就某个小的知识来看，上面介绍的三个学习阶段依然是适合的，即使只是理解一小段程序。

① 看书、理解某段小程序仅仅停留在第 1 阶段。

② 合上书，在大脑中能有条理地整理出在第 1 阶段所理解的那段程序，并能将这段程序熟练

地输出到计算机中，这大致进入了第 2 阶段。

③ 真正理解这段程序的逻辑，能做到举一反三、随心所欲地修改这段程序，并能随手写出类似功能的代码，这勉强可以算得上第 3 阶段。

就像想学会游泳，站在岸上看再多的游泳理论都是隔靴搔痒，要想学会编程，就从编码开始吧。为了避免对编码产生畏难情绪，请保证打字速度足够快。

### 13.1.2 编程实现能力

此处的编程实现能力用于指导比较初级的阶段，是指将伪码翻译成语言代码的能力。

对于一些真正有经验的程序员来说，编程语言只是一种工具，编程的难点在于算法，这一点绝对正确。但对于大部分编程学习者而言，掌握编程实现能力则是更紧迫的事情：当有一段现成的伪码摆在面前时，是否可以准确地将它翻译成熟悉的机器代码？

还是前面那个规律：不要梦想着凭空获得优秀的编程思路、编程算法，有了熟练的编程实现能力之后，编程实现能力反而会给开发者一定的启发。

同样，编程实现能力也不可能凭空产生，归根到底还是需要进行大量的编码。

在教学过程中笔者曾经遇到过一些学生，给他们简单的程序，他们认为这些程序看上去太简单了，因此不愿意去编写；给他们一些复杂的程序，他们又认为无从下手，也不愿意去编写。最后的结果是，没有值得他们动手的程序。这是非常危险的事情。即使再简单的程序，也至少可以从以下两个方面来学习。

- 尝试着注释、修改它的部分代码，看看修改后的程序与预期是否相符。
- 尝试着完善这个程序，为它增加一些新功能，看看是否可以满足要求。

反过来，对于看上去复杂的程序，则需要勇于下手去做，多尝试，即使每次能多增加一个小功能，离成功也就更近了一步。

**提示：**

不要觉得有些代码太简单，当不断地编写这些代码，再将它们以合适的方式进行组合时，它们也可以变成很不错的程序。

### 13.1.3 快速排错

每个人都会经过这个阶段：对代码中出现的错误感到害怕，不愿意去面对、去排除程序中出现的错误。有时候甚至认为：只有技术不合格的人写程序才会出现错误。

但稍微有点编程经验的人都知道，写程序不出错的人只有一种：从不写程序的人。只要写程序，就一定会出现错误。

没有排错能力的程序员是还不入门的程序员。

对于一个基本功扎实的程序员来说，快速排错是必要的，如果连一个简单的语法错误都要折腾一个小时，那么如何去实现程序的功能？一个基本功扎实的程序员，对于绝大部分常见错误，应该能根据错误提示准确地定位错误位置，并快速排除错误，只有这样才能保证开发工作的正常完成。

## 13.2 程序开发之前

开发一个程序不等同于编码。在动手开始写一个程序之前，先把准备工作做好了，写程序时往往可以事半功倍。

### 13.2.1　分析软件的组件模型

不管要开发一个多么简单的程序，如果你一直站在“外行”的角度来看热闹，则将无法动手开发它。你必须转换一种思维，用计算机能理解的方式来看这件事情。

笔者刚接触编程时遇到一道简单到极点的编程题：有两个变量各自有值，请写一段伪码完成将它们的值交换的步骤。

当年笔者对这道题感到无所适从：交换不就是交换吗？还要什么步骤？还要什么伪码？

后来有人解释：即使对于简单的交换，也必须让计算机按指定步骤进行，就像一个瓶子装着水，一个瓶子装着醋，为了实现它们的交换，通常需要准备第 3 个空瓶子，具体步骤如下。

1. 先将装水的瓶子中的水倒入第 3 个空瓶子。
2. 再将装醋的瓶子中的醋倒入原来装水的瓶子。
3. 最后将第 3 个瓶子中的水倒入原来装醋的瓶子。

上面这个过程才是计算机能理解的过程。计算机的变量往往对应于一块内存区，这块内存区可用于“盛装”各种各样的值。

经过这件事情之后才慢慢明白：分析程序的实现过程是非常重要的，而且这个实现过程必须是计算机可实现的。

计算机能做到的事情其实很简单。

- 定义多个变量来记录程序的运行状态。
- 利用程序中的变量进行复杂的运算，再将运算结果赋值给指定变量，从而改变这些变量的值。
- 获取用户输入的数据。
- 输出程序的计算结果。

上面这些只是所有编程语言都能完成的基本功能，而一门实际的高级编程语言往往还提供如下功能。

- 丰富的基础工具函数（类）库。
- 丰富的人机交互界面函数（类）库。
- 丰富的输入/输出函数（类）库。

在理解了计算机能做的事情之后，接下来分析软件的实现过程时就要充分利用计算机能做到的事情，让它帮助完成实际需要的程序。

**提示：**

计算机是一个非常忠实、听话的仆人，当你要完成某件事情时，一定要自己先弄明白这件事情的实现步骤，然后再告诉计算机去完成。另外，计算机又是非常愚蠢的仆人，它只会严格地按照告诉它的步骤去做。因此，要开发一个程序，如果自己都不知道这个程序的实现步骤，那么就不要指望通过编程来实现了。

下面以开发一个简单的五子棋游戏为例来分析软件的实现过程。

首先要对五子棋游戏有一个简单的认识。五子棋游戏的规则很简单，游戏双方在一个纵横相交的棋盘上轮流下黑棋、白棋，游戏的哪一方有 5 颗棋子连成一条直线，这一方就算获得了胜利。如图 13.4 所示为五子棋游戏界面。

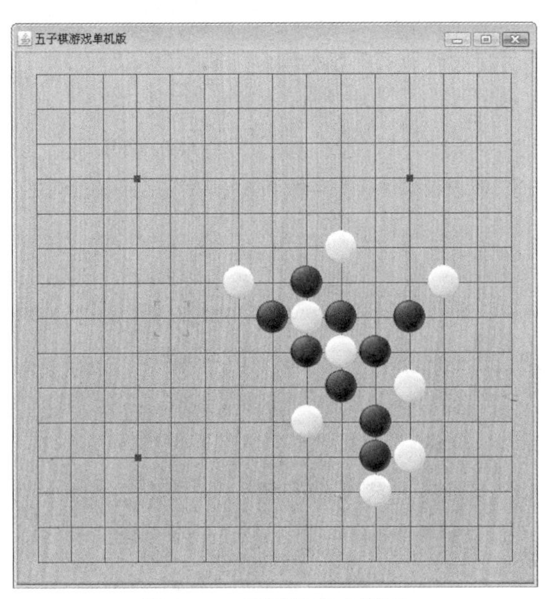

图 13.4　五子棋游戏界面

对于这个五子棋游戏，如果只是站在游戏者的角度，那么将永远无法开发出这个游戏。我们要从计算机的角度来分析这个游戏的实现过程，如下所示。

1. 五子棋游戏界面主要由 4 部分组成：棋盘、黑棋、白棋和光标当前位置指示框。
2. 把棋盘、黑棋、白棋和光标当前位置指示框转换为计算机能表示的形式。

- 棋盘：其实它只是一张图片——既可以是从硬盘读取的位图，也可以是程序临时绘制的纵横相交的网格。总之，这个棋盘应该有如图 13.5 所示的大致外观。
- 黑棋、白棋：它们也分别是一张图片。类似地，该图片既可以是从硬盘上读取的两个位图，也可以是程序临时绘制的两个圆形，实心圆可作为黑棋，空心圆可作为白棋。
- 光标当前位置指示框：它也是一张图片。

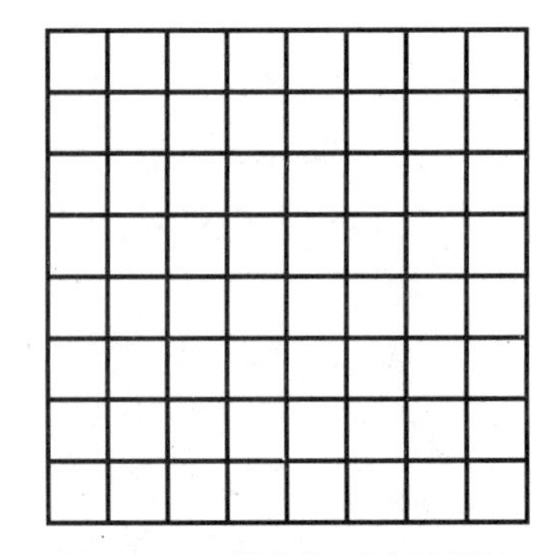
图 13.5　“棋盘”对应的图片

经过上面分析，已经将五子棋游戏界面进行了“肢解”。经过这种“肢解”，程序中每个部分都变成了计算机可实现的内容。

**提示：**

为什么不将棋盘中的每条横线、纵线都当成一个部分单独处理呢？其实这是没有必要的。因为这些横线、纵线都是五子棋游戏背景，而且它们的位置从开始到结束永远都是固定的，无须任何改变，所以可以把它们当成一个整体进行处理。基本上有一个大致的规律——如果一个程序中的某几个部分之间的关系相对比较固定，那么就可以把它们当成一个整体来处理。

现在已经确定了棋盘、黑棋、白棋和光标当前位置指示框都是图片，接下来需要找到编程语言中图片的表示方式。此时可能有以下两种方式。

- 对于简单、底层的编程语言，它们可能没有丰富的图形支持，程序只能借助简单的点、线来绘制这些图形。

➢ 对于高级的编程语言，如 Java 等，它提供了丰富的图形界面支持，直接用它的类库就可以。

以 Java 为例，JDK 提供了一个 Image 抽象类来代表图片，并为这个 Image 抽象类提供了一个 BufferedImage 实现类。

**注意**

从 Java 语言中能想到使用 Image、BufferedImage 来表示棋盘、黑棋、白棋和光标当前位置指示框，就需要前面提到的基本功了。甚至前面的分析过程，也是靠基本功的——为什么将棋盘、黑棋、白棋和光标当前位置指示框当成图片，而不是其他呢？其实这也来自潜意识中基本功的启发。当基本功练得足够扎实之后，其会帮助开发者打开编程思维。

为了初始化棋盘，程序有以下两种实现方式。

① 使用硬盘上的位图。

该位图应该已经画好了纵横相交的网格，还可填充一定的背景纹理使之美观，总之越漂亮的图片越好。为了使用位图作为棋盘，采用 JDK 提供的 ImageIO 读取这张图片即可，代码如下：

```
// 其中 images/board.jpg 就是棋盘的背景图
BufferedImage board = ImageIO.read(new File("images/board.jpg"));
```

② 临时在程序中绘制棋盘。

这依然需要借助于 BufferedImage。此外，还要借助于 JDK 提供的 Graphics 类，它可用于绘制直线、矩形等几何图形，代码如下：

```
board = new BufferedImage(TABLE_WIDTH, TABLE_HETGHT,
    BufferedImage.TYPE_INT_RGB);
Graphics g = board.getGraphics();
g.fillRect(0, 0, 535, 536);
g.setColor(new Color(0, 0, 0));
// 绘制 15 条竖线
for (var i = 0; i <15; i++)
{
    g.drawLine(21+i * 35, 6, 21+i * 35, 536 - 6);
}
// 绘制 15 条横线
for (var i = 0; i <15; i++)
{
    g.drawLine(5, 21+i * 35, 535 - 5, 21+i * 35);
}
```

粗看上去，上面两段代码有些差别，但本质上没有任何差别，它们的目的都是初始化五子棋的棋盘。两种方式没有孰优孰劣之分，它们各有适用的场景：如果编程语言本身有较好的图形支持，则建议使用第一种方式；如果编程语言没有提供图形支持，则只能使用第二种方式。

对于像 Java 这种提供了丰富图形支持的高级语言来说，使用第一种方式无疑会更简单，且有如下好处。

➢ 避免程序采用循环来绘制棋盘，从而降低系统开销。

➢ 可以事先让美工人员绘制美观的棋盘，增加游戏的趣味性。

分析出上面的组件模型之后，接下来可以开始考虑实现下棋过程了。在实现下棋过程之前，还需要建立软件的数据模型。

### 13.2.2 建立软件的数据模型

数据模型往往是一个软件的灵魂，因为软件的本质是一种工具，这种工具的作用就是处理信息，而信息则以数据的形态存在。从这个意义上说，不管是大的软件系统，如大型企业信息化平台，还是小的软件系统，如此处介绍的五子棋游戏，其本质都是一种数据处理工具。

要建立软件的数据模型，需要先弄清如下几个问题。

- 记录程序状态的信息量大不大？
- 程序状态是否需要持久化保存？持久化保存的信息量大不大？
- 记录程序状态的信息到底需要哪些数据项？每个数据项之间存在怎样的关系？

如果记录程序状态的信息量较大，则可以考虑使用数据库来记录这些信息，毕竟数据库本身就是一个专门的数据管理平台。借助于数据库来管理软件系统中大量的信息，可以降低软件开发中数据管理的难度。随着软件中信息量的加大，程序还需要进行专门的数据库建模操作。

如果记录程序状态的信息量并不大，那么通常没必要启用数据库。

对于此处的五子棋游戏而言，很明显记录程序状态的信息量并不大，只要记录棋盘上每个下棋位置是否有棋子，以及是黑棋还是白棋就行。

如果程序状态的信息需要持久化保存（所谓持久化保存，通常意味着要将程序运行状态写入硬盘保存，这样即使在运行过程中突然中断，程序也依然可以恢复），且程序需要持久化保存的信息量很大，则通常会借助于数据库；如果需要持久化保存的信息量不大，则可以考虑使用普通文件保存。

对于这个简单的五子棋游戏，持久化记录游戏的状态信息并没有太大的意义。即使考虑记录游戏的状态信息，这些信息的数据量也不大，因此无须使用数据库。

对于五子棋游戏，程序需要记录的就是每个下棋点的状态。

- 没棋子。
- 有黑棋。
- 有白棋。

总共也就 15*15 个点的状态，而且这 255 个下棋点的数据项非常类似，因此可以考虑使用一个二维数组来记录程序的状态。而且，每个下棋点只有三种状态，因此每个下棋点用一个 byte 变量记录状态。

- 0：代表没棋子。
- 1：代表有黑棋。
- 2：代表有白棋。

要记录五子棋游戏的游戏状态，程序只要定义如下一个二维数组就行。

```
byte[][] boardStatus = new byte[15][15];
```

在默认状态下，上面 byte[][]数组的每个数组元素的值都是 0，正好代表棋盘上没有任何棋子的开始状态。

## 13.3 厘清程序的实现流程

现在，已经将一个软件系统“肢解”成各个小部分，而且提炼了软件系统底层的数据模型，通过这种数据模型可以很好地记录软件的运行状态。

前面已经指出，软件系统本质上是一个信息处理系统，如果这个信息处理系统中的信息（也就是数据）永远都是静止的，那么还需要一个软件来进行处理吗？答案是否定的。软件系统处理的信息通常总是动态改变的，而信息改变的诱因可以来自多个方面。

➢ 软件系统以外的诱因，如用户的鼠标动作、键盘输入等。

➢ 软件系统内组件之间的通信。

➢ 软件系统内任务调度器的调度。

……

接下来，需要搞清楚软件系统内数据的改变方式、改变细节，也就是厘清软件系统的具体实现。

## 13.3.1　各组件如何通信

对于复杂系统而言，可能需要将系统分解成多个组件来完成不同的功能，各组件之间通常以方法调用的形式进行通信，这种调用是改变组件状态的重要方式。

对于各组件之间复杂的通信过程，可以借助于 UML 中的顺序图来细化这种交互过程。顺序图不仅能准确刻画各组件之间的交互关系，还可以准确表现各种调用之间的时间先后顺序、各组件的激活期等。图 13.6 显示了用户登录的顺序图。

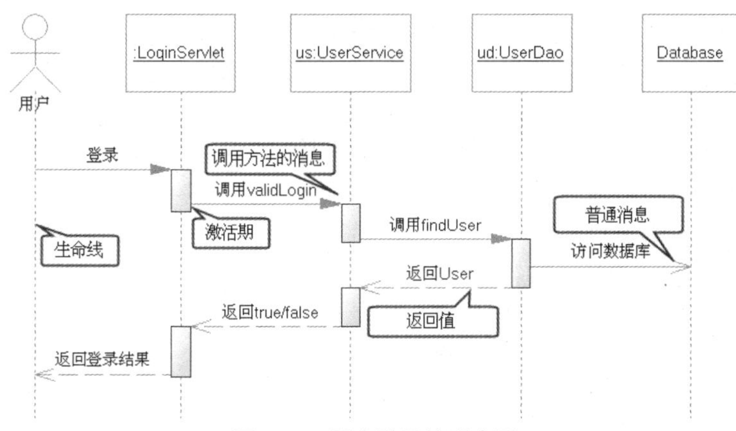


图 13.6　用户登录的顺序图

**提示：**如果已经掌握了顺序图的相关知识，则可以充分利用这种图形表示法来帮助自己分析各组件之间的调用关系。如果需要了解更多 UML（顺序图是 UML 的一种）的知识，则可以参考《疯狂 Java 讲义》的第 2 章。

对于这个五子棋游戏而言，程序中几乎不存在功能性组件，因此几乎可以避开这一步骤，但要完成一件事情：将程序内部的游戏状态以可视化方式表现出来。记录程序状态的是一个二维数组，但呈现给用户的应该是一个可视化的游戏界面，也就是完成图 13.7 所示的转换。

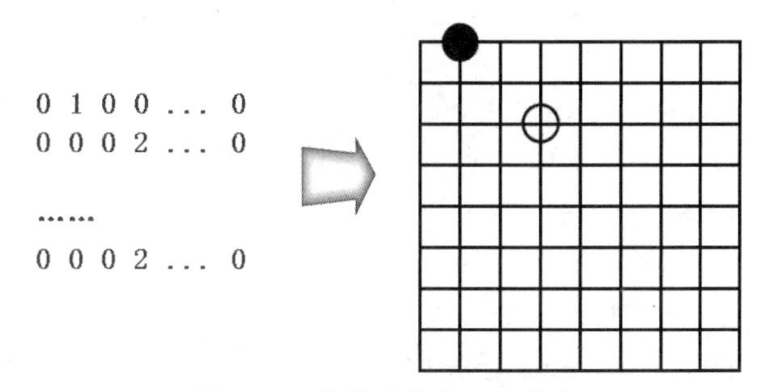


图 13.7　将游戏状态呈现出来

图 13.7 所示的呈现过程并不难，借助于 JDK 提供的绘图功能可以轻松实现。程序依次遍历左边的二维数组的每个元素：当数组元素的值为 0 时，程序直接跳过（代表没有棋子）；当数组元素的值为 1 时，程序绘制实心圆（代表黑棋）；当数组元素的值为 2 时，程序绘制空心圆（代表白棋）。

具体的绘制过程大致如下面的代码所示。

```
// 遍历数组，绘制棋子
for (var i = 0; i < BOARD_SIZE; i++)
{
    for (var j = 0; j < BOARD_SIZE; j++)
    {
        // 绘制黑棋
        if (table[i][j] == BLACK_CHESS)
        {
            g.drawImage(black, i * RATE + X_OFFSET, j * RATE+Y_OFFSET, null);
        }
        // 绘制白棋
        if (table[i][j] == WHITE_CHESS)
        {
            g.drawImage(white, i * RATE + X_OFFSET, j * RATE +Y_OFFSET, null);
        }
    }
}
```

上面程序中的 BOARD_SIZE、BLACK_CHESS、WHITE_CHESS 是一些记录游戏信息的常量，其中 BLACK_CHESS 代表黑棋，WHITE_CHESS 代表白棋。

## 13.3.2 人机交互的实现

无论怎样的软件系统，人机交互都是一个重要的方面。软件本质上是一个信息处理工具，但信息来自哪里？绝大部分信息还是来自用户操作。

不管是大型企业信息化平台，还是此处介绍的五子棋游戏，总是不可避免地涉及人机交互，外部用户的操作往往是系统内部状态改变的重要诱因。

为了很好地处理人机交互的问题，有一个很值得学习的模式需要掌握，这就是 MVC。MVC 模式示意图如图 13.8 所示。

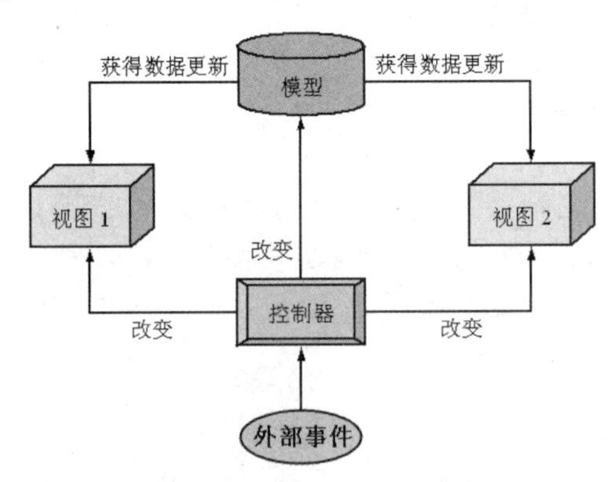


图 13.8 MVC 模式示意图

图 13.8 中的外部事件通常来自外部用户的操作，用户操作将被交由控制器（Controller）负责处理。控制器是整个应用的桥梁，它主要负责两方面的工作。

- 调用底层模型（Model）的方法来改变程序运行状态。
- 当程序运行状态改变之后，控制器再通知程序的视图（View）组件更新自己，视图将负责呈现程序状态。

很多做 Java B/S 开发的程序员往往容易把 MVC 和 Spring MVC、JSF 等框架等同起来，或者把 MVC 和 Web 应用等同起来，这其实是一个误解。形成这个误解的原因是，现在 B/S 结构的开发是一种主流。

对于一个 Web 应用，它的 MVC 模式示意图如图 13.9 所示。

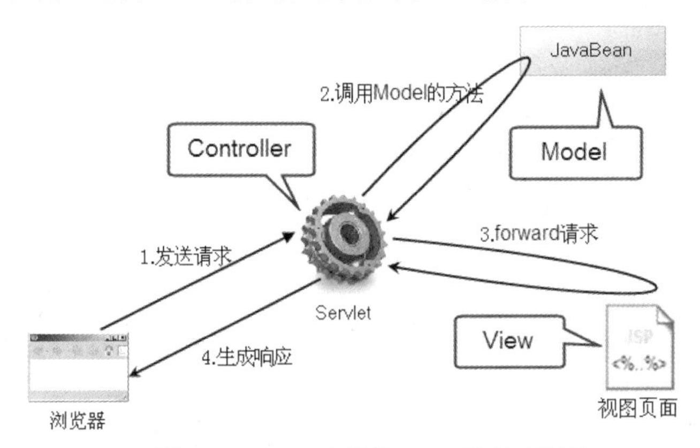


图 13.9　Web 应用的 MVC 模式示意图

从图 13.9 可以看出，对于 Web 应用来说，与用户动作交互（用户动作通过浏览器请求的方式产生）的 Controller（控制器）由 Servlet 充当，呈现系统状态的 View（视图）由 JSP 或其他视图技术充当。

对于一个非 Web 应用，比如此处的五子棋游戏，它的 MVC 模式示意图如图 13.10 所示。

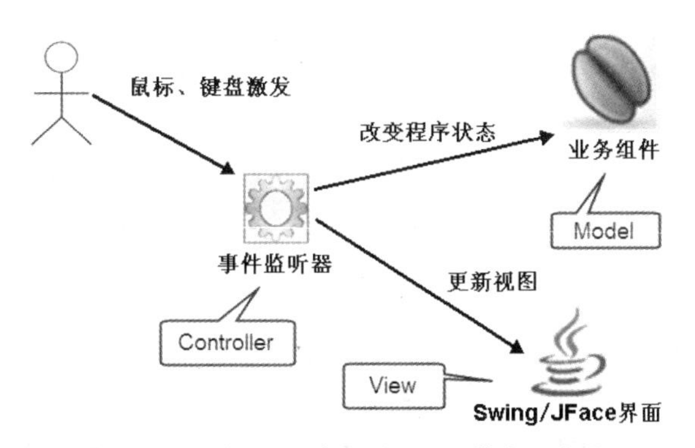


图 13.10　非 Web 应用的 MVC 模式示意图

将图 13.9 和图 13.10 放在一起进行对比，不难发现两个图如此相似，只要将图 13.9 中的 Servlet 换成图 13.10 中的事件监听器，将图 13.9 中的视图页面换成图 13.10 中的 Swing/JFace 界面，两个 MVC 模式示意图就基本相似了。

由此可见，实现人机交互的关键就是提供控制器。当然，控制器本质上只是各组件之间的枢纽，它并不需要提供太多的功能，因此提供控制器并不难。

对于这个五子棋游戏来说，为了监测用户的下棋动作，应该为整个棋盘添加一个鼠标动作监听器。该监听器负责获取鼠标动作发生的坐标，并调用业务组件的方法来改变系统状态，最后还要通知视图组件重绘游戏状态。

此外，这个五子棋游戏还需要监听鼠标的移动动作：当光标在棋盘上移动时，程序会通过一个光标指示框来显示光标的当前位置，这也需要实现用户交互，因此需要再为棋盘增加一个事件监听器。

另外，当光标退出棋盘后，程序应该重置光标指示框的位置，即将它重置到一个显示不出来的位置。

综合上面要求，整个游戏大致需要实现三个动作交互，为此，让控制器实现 MouseListener、MouseMotionListener 两个接口。下面是控制器的大致代码。

```
class GobangController implements MouseListener, MouseMotionListener
{
    public void mouseClicked(MouseEvent e)
    {
        // 将用户鼠标事件的坐标转换成棋子数组的坐标
        var xPos = (int) ((e.getX() - X_OFFSET) / RATE);
        var yPos = (int) ((e.getY() - Y_OFFSET ) / RATE);
        // 调用业务组件方法进行处理
        ...
        // 通知视图组件重新呈现程序状态
        board.repaint();
    }
    // 当鼠标退出棋盘区后，复位光标指示框的坐标
    public void mouseExited(MouseEvent e)
    {
        selectedX = -1;
        selectedY = -1;
        chessBoard.repaint();
    }
    // 当鼠标移动时，改变光标指示框的坐标
    public void mouseMoved(MouseEvent e)
    {
        // 将用户鼠标事件的坐标转换成棋子数组的坐标
        selectedX = (int) ((e.getX() - X_OFFSET) / RATE);
        selectedY = (int) ((e.getY() - Y_OFFSET) / RATE);
        board.repaint();
    }
    ...
}
```

因为本应用需要实现的人机交互非常简单，所以此处将所有的控制器动作（每个动作对应一个方法）都定义在一个控制器类里。随着应用程序的增大，可能需要提供多个控制器才能满足要求。

总之，程序应该为每个人机交互动作都提供一个控制器动作，这个控制器动作负责处理人机交互。

为系统实现了监听器之后，还需要让这些监听器负责处理对应的用户动作。

- 对于一个 Web 应用来说，可以通过配置 Servlet 的方式来注册控制器。
- 对于一个非 Web 应用来说，可以通过添加监听器的方式来注册控制器。

使用如下两行代码即可为整个应用注册监听器。

```
board.addMouseListener(new GobangController());
board.addMouseMotionListener(new GobangController());
```

### 13.3.3 复杂算法的分析

现在已经到了程序开发的关键了——既是程序开发的重点，也是程序开发的灵魂。

当程序的控制器负责处理用户动作时，其中有一步重要代码就是调用业务组件方法进行处理，这些业务逻辑方法就是整个系统功能的核心。

对于大型企业级应用来说，实现这些业务逻辑方法绝非一件容易的事情。仅就 Java 领域开发而言，不仅有商业软件公司提供大量收费的中间件来简化业务逻辑的实现，还有大量的开源软件，如 Hibernate、MyBatis、Spring 全家桶等，都用于提高业务逻辑方法的开发效率。

对于一些需要实现特定算法功能的软件系统来说，实现这些业务功能就更难了，甚至可能涉及复杂的数学计算，这已经远远超出程序员所能掌握的范围了。

对于一个过于复杂的业务功能，依靠程序员是绝对不够的，即使让程序员勉强开发出来，估计也是“牛头不对马嘴”。在这种背景下，实现业务功能至少需要两个方面的专家。

- 行业内的业务专家，他们用自然语言来表述业务功能的算法。
- 专业程序员，他们对业务专家描述的算法进行梳理、设计，最后实现可运行的软件。

还是一句老话，千万不要把计算机当成智能的，任何一头猪、一条狗都比计算机智能多了。计算机只是一个忠实的执行者，它会按设定的步骤干活，既不会多，也不会少。

如果自己还没有弄清楚一件事情的运行规律，就希望让计算机来做，至少在笔者看来是不可能的。

对于本章分析的五子棋游戏，程序需要实现的业务功能大致有如下三个。

- 用户下棋。
- 计算机下棋。
- 判断输赢。

用户下棋这个业务功能最简单，以用户执黑棋为例，每次用户在指定坐标处下棋，实际上只是改变指定下棋点的状态而已：将原来的无棋状态（由 0 表示）改为有黑棋状态（由 1 表示）。当然，在修改之前，程序应该先判断该下棋点的状态是否为 0，如果此处状态不为 0，则表明此处已经有棋子，应该以某种方式通知用户重下。

对于计算机下棋就比较复杂了，计算机下棋的总体要求是，系统传入当前的游戏状态（一个 byte[][]数组），结果可以返回 *X*、*Y* 两个坐标值，也就是实现图 13.11 所示的功能。

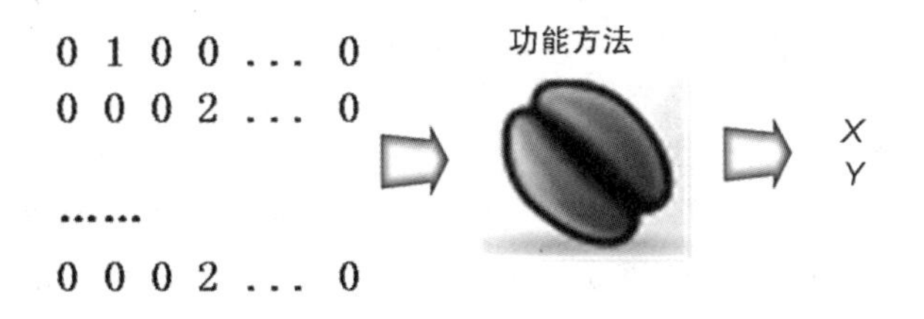


图 13.11　计算计算机下棋的坐标

正如图 13.11 所示，计算计算机下棋的坐标的功能方法接收一个二维数组作为参数，执行该方法后将会返回两个 int 整数，作为计算机下棋的坐标。

要实现这个方法，最简单的做法就是让计算机随机生成两个数字作为下棋的 *X*、*Y* 坐标，只要这个坐标点的状态为 0（代表没有棋子）即可。

如果希望让游戏更有趣味性，则需要借助于一些五子棋的智能算法，让计算机可以根据现有的下棋状态来自动防守、攻击。至于为五子棋设计智能算法的功能，已经超出了程序员的职责，这大概应该属于业务专家做的事情。不过好在五子棋的游戏规则足够简单，为这个游戏增加一些简单的人工智能并不难，因此大部分程序员都可以自己完成。

接下来还要实现判断输赢的功能。五子棋的游戏规则已经足够清晰了，只要横、竖、斜任意方向上有 5 颗棋子连在一起即可判断游戏结束。如果黑棋相连，那就是执黑棋的玩家胜利；如果白棋相连，那就是执白棋的玩家胜利。总之，每次不管是计算机还是用户下棋之后，程序都应该执行一次判断输赢。

判断输赢的功能方法与图 13.11 所示的大致相似，该方法也接收一个二维数组作为参数，只是执行该方法后将会有一个标识，用来标记到底是黑棋方胜利，还是白棋方胜利，抑或是双方都没有胜利。

为了能让游戏判断输赢，程序需要检测 4 个方向（横、竖、左斜、右斜）是否有“5 子相连”，如果发现“5子相连”，即可判断某方胜利。

先看横线上的“5子相连”扫描，横向扫描如图13.12所示。

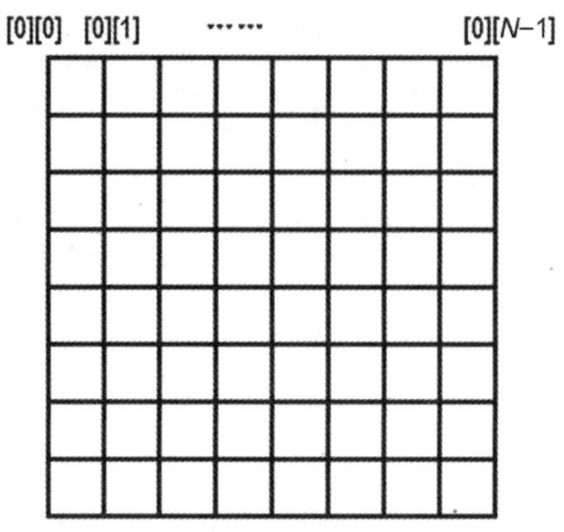


图13.12 横向扫描是否有“5子相连”

从图13.12可以看出，对于横向每条线，其数组的第一个坐标是固定的。比如，第1条线上每个下棋点的状态依次为board[0][0], board[0][1], board[0][2], …, board[0][N]，第2条线上每个下棋点的状态依次为board[1][0], board[1][1], board[1][2], …, board[1][N]……很明显，通过一个嵌套循环就可以依次将横向每条线上下棋点的状态累加成一个字符串。

在累加过程中加入一点小技巧：假设该点的状态为1，对应黑棋，将其状态转换为字符串“1”；假设该点的状态为2，对应白棋，将其状态转换为字符串“2”；假设该点的状态为0，对应无棋子，将其状态转换为字符串“0”；最后扫描每条线上下棋点的状态累加得到一个形如“112220000”的字符串，如果该字符串中包含“11111”或“22222”子串，即可判断出现了“5子相连”。

竖线扫描与此类似。比如，第1条线上每个下棋点的状态依次为board[0][0], board[1][0], board[2][0], …, board[N][0]，第2条线上每个下棋点的状态依次为board[0][1], board[1][1], board[2][1], …, board[N][1]……

正斜线的扫描稍微复杂一点，从左上角的斜线依次到右下角的斜线，有一个规律：从左上角的正斜线开始，每条线上下棋点的X坐标、Y坐标的总和依次等于0, 1, 2, …, 2*N，如图13.13所示。找出该规律后，一样可以通过嵌套循环进行扫描。

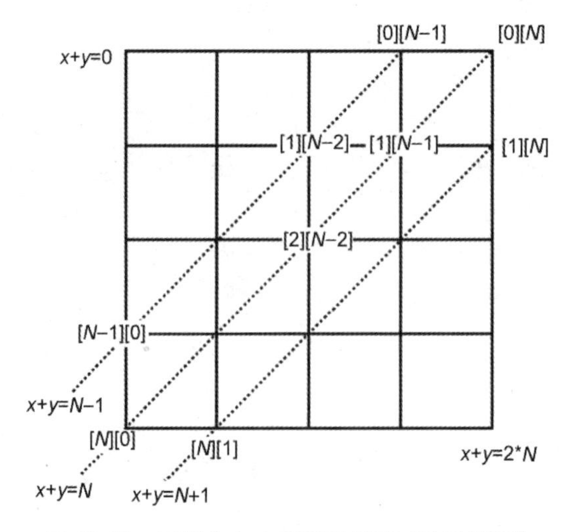


图13.13 正斜方向上扫描是否有“5子相连”

反斜线的扫描也是有一定规律的：从右上角的斜线依次到左下角的斜线，从右上角的反斜线开始，每条线上下棋点的 $X$ 坐标、$Y$ 坐标之间的差值依次等于$-N$, $1-N$, $2-N$, …, 0, 1, …, $N$，如图 13.14 所示。找出该规律后，一样可以通过嵌套循环进行扫描。

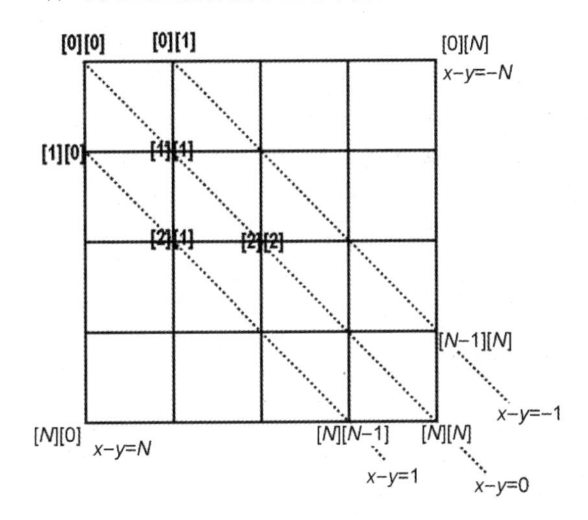


图 13.14 反斜方向上扫描是否有“5 子相连”

可能有些读者会觉得此时判断输赢的算法实现非常简单，直接开始编码就可以了，完全无须进行这些分析；但也可能有些读者即使看了此处的介绍，也依然感觉有些迷糊，甚至希望有更进一步的讲解。

其实此处讲解五子棋判断输赢的算法只是举一个例子，借此向读者传递一个概念：在理解了业务规则后，最终一定要将这些业务规则翻译成计算机能理解的代码，才可放入计算机内执行。对于计算机的代码执行流程来说，通常只有三种：

- 顺序
- 分支
- 循环

与前面介绍编程实现能力时提到的完全相似，这里分析出来的复杂算法，应该尽量接近“计算机思维”方式，这样才可方便地翻译成程序代码。

## 13.4 编写开发文档

经过上面“漫长”的过程，接下来能开始动手编码了吧？答案是依然不能。如果没有经过编写开发文档这一步，前面辛辛苦苦做的工作可能会白干。本节介绍的工作与上一节的工作同步进行会更合适。

### 13.4.1 绘制建模图、流程图

从分析软件系统开始，总会有一些“成果”需要记录。对于很多初学者而言，他们总是习惯借助于大脑来记住这些分析成果，但使用大脑记住分析成果至少有如下两个坏处。

- 大脑并不可靠，曾经记住的东西随时可能遗忘。
- 仅使用大脑记住的东西不利于交流。

出于上面两个理由，还是推荐大家将前面分析的结果用图形、文字等方式记录下来。

相对于文字记录方式，图形化的记录方式具有直观、形象的特点，尤其是 UML 语言的流行，

更是大大增加了图形表示法的吸引力。

提示：

有些人会把UML想象成非常高深、难以掌握的知识，其实UML远没有那么难以接近，它是非常容易使用的，充其量是一种图形表示法。如果对UML各种表示方法了解得多，则可以在UML图形中多加一些图形符号；如果对UML了解得不太全，则也可以在UML图形中少加一些图形符号。它既可用于辅助分析，也可用于记录分析结果。不要把UML当成一门深奥的知识，把它当成一种图形表示方法即可，想使用多少图形符号都可以。熟悉它的功能之后，会发现已经很难离开它了。绘制UML图形，并不一定需要Rose、PowerDesigner、Together等工具，直接在稿纸上绘制一些“粗糙”的示意图也是允许的。

对各种UML图形的大致用途说明如下。

### 1. 用例图

用例图通常用于表达系统或系统范畴的高级功能，它描述了系统提供的系列功能，而每个用例则代表系统的一个功能模块。

用例图主要在需求分析阶段使用，它可以帮助开发者明白一个问题：这个软件开发出来到底要实现哪些功能？用例图的主要目的是帮助开发团队以一种可视化的方式理解系统的需求功能，它对系统的实现不做任何说明，而仅仅是系统功能的描述。因此，不要指望用例图和系统内部的各个类之间有任何联系。

建议不要把用例做得过多，过多的用例将导致难以阅读和理解，而且应该为用例图配有一定的文字说明。

### 2. 类图

如果采用面向对象的方式来开发软件，系统必然要求开发大量的类，使用类图可以更好地了解系统需要开发哪些类，每个类应该实现哪些功能，类与类之间的关系是怎样的。

对于面向对象的分析来说，类图是使用最广泛的UML图形，可以很好地描述系统的静态结构，对实际开发的帮助也很大。

### 3. 组件图

组件图的使用场景可能会相对少一些，但它对大型的应用程序比较有用。当一个大型的应用程序由一个或多个可部署的组件组成时，可以使用组件图来描述系统的物理视图。组件图可以在一个非常高的层次上显示，从而仅显示粗粒度的组件，也可以在组件包层次上显示。

组件图可以显示系统中各组件之间的依赖关系，也可以显示本系统中各组件对其他系统组件（如库函数）的依赖关系。

### 4. 顺序图

用顺序图来描述一个业务功能的实现流程是非常方便的。顺序图提供了垂直维度来描述各组件之间消息发生的时间顺序，还提供了水平维度来显示消息在各对象之间的交互关系。

顺序图可以精确地表现具体用例（或用例的一部分）的详细流程，并且显示了流程中不同对象之间的调用关系，还可以很详细地显示对不同对象的不同调用。因此对于复杂的业务逻辑，尤其是需要跨越多个组件的业务逻辑，使用顺序图来辅助分析再恰当不过了。绘制顺序图可以让开发者对某个业务的内部执行更加清晰。

当需要考察某个用例内部若干对象的行为时，应使用顺序图。顺序图擅长表现对象之间的协作顺序，不擅长表现行为的精确定义。

5. 活动图

活动图就是对传统流程图的改进，只是在传统流程图的基础上增加了并行活动。由此可见，对于那些需要描述过程原理、业务逻辑及工作流的场景，使用活动图就比较合适。

活动图通常可用于分析执行步骤、业务流程，即用于进行过程建模。

上面介绍的 UML 图形是比较常用的，UML 2.0 又新增了一些图形，有兴趣的读者可以去了解它们。但千万不要把使用 UML 的目的搞错了：不是为了使用 UML 而学习 UML，而是为了简化软件分析、记录分析结果才需要掌握 UML 这种图形表示法的。

### 13.4.2　提供简要说明

对于小团队开发而言，使用 UML 进行辅助分析，并使用 UML 图形记录分析结果之后，绝大部分情况都可以通过图形获得比较形象、直观的认识。但在一些更复杂的情况下，还应该提供文字进行辅助说明。

对于更规范的大型软件开发团队来说，就不是提供简要说明这么简单了，在软件开发之前往往需要一整套开发文档。通常开发文档大致包括：

- 技术可行性报告
- 需求分析说明书
- 系统功能描述书
- 项目开发计划书
- 总体设计说明书
- 详细设计说明书

这些文档都会有比较固定的格式和模板，各公司可能会有本公司内部的文档模板规范，但写好这些文档的难点在于文档的内容——必须先有一个成熟的分析结果，然后才可以得到一份成功的文档。

### 13.4.3　编写伪码实现

编写伪码实现这个过程是可选的，现在愿意编写伪码的人似乎不多了，这也是正确的。对于一个熟悉语法、打字够快的程序员来说，与其花时间编写伪码，还不如直接编写程序代码，并可以立即编译、运行自己实现的代码，再用运行结果来印证脑中的设计。

但对于一些复杂的设计，还是应该编写一些伪码，而不是直接编写程序代码，这主要有如下考虑。

- 伪码无须考虑语法细节，可以更突出业务实现。
- 伪码更接近自然语言，描述业务功能具有更好的可读性。
- 伪码可以省略简单部分，重点更加突出。
- 伪码是具体语言无关的，方便转换成各种编程语言。

虽然伪码对进行详细设计具有很大的作用，但不得不承认，编写伪码也是要有时间开销的。因此，没必要为所有的方法都提供伪码，只有那些业务逻辑确实比较复杂，或者处理流程比较烦琐的功能，才需要考虑编写伪码。

## 13.5　编码实现和开发心态

接下来真正开始进行编码实现了，具体的编码实现要靠开发者对编程语言的熟悉程度，以及所积累的代码量。编码实现的细节这里就不赘述了，接下来将对开发心态进行介绍。

### 13.5.1 开发是复杂的

必须承认的是，软件开发是一件复杂的事情，软件开发需要面临的问题很多。例如：

- 编程语言本身烦琐的语法细节。
- 软件本身的复杂度。
- 开发人员之间的沟通。
- 不断变更的需求。
- 时间的压力。
- 开发文档的不规范、不细致。
- 软件开发工具的制约等。

类似上面这些问题随便“一抓”就是一堆，当准备开发程序时，不应该把开发过程想得过于简单，以为能毫无障碍地完成软件开发。

对于很多初学者而言，开始学习时总是抱着十二分热情，满怀信心，但往往因为对软件开发的困难估计不足，在开发程序过程中一旦遇到问题，就很容易产生放弃的念头——就是由于对软件开发的复杂性估计不足造成的。

当一个学习者打算选择软件开发作为职业时，就应该意识到软件开发是复杂的；当开发第一个软件时——即使是一个非常简单的学习型小软件，学习者也要意识到开发它是复杂的。只有抱着这种心态，才就在遇到问题时坚持下来，不会浅尝辄止。

### 13.5.2 开发过程是漫长的

软件开发是复杂的，因而开发过程无疑是漫长的。

随着项目规模的增大，软件开发周期将会变得越来越长，短则几个月，长则一两年也很正常；有些软件项目甚至会随着需求的变化不断地改进，不断地添加新的功能，这将导致开发过程一直在持续，很难真正完成一个项目。

很多选择软件开发的程序员，都是“喜欢做事”的人，这也是程序员身上的优点。但程序员往往喜欢看到一件事情真正做完，这样就可以打开窗口，长舒一口气，略带满足地说：终于做完了。当一个软件项目的开发完成看上去遥遥无期时，他们就很容易产生懈怠的情绪。

为了克服漫长的开发过程带来的懈怠情绪，这需要程序员自己调节心情，转换看法。不要想着软件真正做完才是“完成”，其实每次为软件新增一个模块，甚至新增一个小功能，都可以当成一种“完成”。这样就可以在漫长的软件开发过程中不断地获得“完成”的成就感，从而能饱含激情地去开发新的模块、新的功能。

## 13.6 本章小结

本章主要介绍了关于软件开发的一些经验和心得。建议在准备开发之前先打下扎实的基本功，这是成为一个合格程序员的首要条件。接着，按软件开发过程介绍了在软件开发之前应先分析软件的组件模型，建立软件的数据模型，在软件设计阶段应搞清楚系统组件通信的方式、人机交互的实现机制、复杂算法的逻辑实现等，并为接下来的开发绘制各种图形，提供简要说明，等等。如果在软件开发过程中这些工作做得比较充分，接下来只要抱着良好的心态，编码应该不会太难。

当然，在软件开发过程中会不断地遇到错误、缺陷需要解决，这需要开发者细心地调试、排错。关于程序调试、排错的内容，请参看第 14 章。

CHAPTER 14

# 第14章 程序调试经验谈

## 引言

“记住要看错误提示！你别一下子就把错误控制台最小化，这样我没法判断错误啊！”技术经理正在帮一个程序员排错：“严禁一下子就把错误控制台最小化，以后我发现有人完全不看错误控制台就罚款5元。”

“这一大堆英文我看得很费力啊！”程序员委屈地说。

“以前就跟你们说过了，编程至少包含两个部分：写代码和调试。编程不仅需要学习各种基本语法，更需要学习程序调试。如果你想有效地调试、排错，阅读系统的错误提示信息是最简单、最有效的。不要被这些错误信息吓着了，更不要因为它们是英文就害怕，其实它们都非常简单，你们只要多看看就会明白的。”

“难道不看错误信息就不能调试、排错吗？”看来这个程序员真有英文恐惧症。

“可以！”技术经理肯定地说。

“那太好了，你教我那种方法吧！”

“好的，会教你的。但是——” 技术经理话锋一转：“不看错误提示的调试比看错误提示的调试复杂得多，而且调试效率也低得多！只有当实在没有错误提示时，实在不得已时我们才会采用那些调试方法。根据错误提示来调试、排错是一件幸福的事情，没有错误提示的错误才更让人头疼。”

“看来程序调试、排错也是一件复杂的事情？”

“既不像你想的那么简单，也不像你想的那么复杂，只要你坚持按规律去做，学会享受程序调试，慢慢地你就掌握它了。”

## 本章要点

- 增加注释来提高程序的可调试性
- 使用日志来提高程序的可调试性
- 借助编译器和IDE工具审查编译错误
- 使用断点调试、单步调试来跟踪程序执行流程
- 隔离部分代码进行调试
- 重现错误信息
- 常见异常对应的错误原因
- 常见运行时异常对应的错误原因
- 分段调试的整体思路
- 分模块调试的整体思路
- 不要害怕调试
- 准备在调试上投入时间

第13章已经略微提到了程序排错的重要性，其实程序排错与程序开发是一个不可分割的整体，或者说，广义的程序开发就包括程序排错。但对于很多初学者而言，他们更愿意花时间去记住编程语言的语法，当然这些语法是进行软件开发的基础，但并不是全部。对于软件开发来说，仅仅掌握编程语言的语法绝对不够，在开发过程中还需要进行大量的调试。

编程语言的语法规则和程序调试的关系非常紧密，掌握编程语言的语法规则是进行软件开发的基础，但在开发过程中还需要进行调试，而且调试时也需要掌握语法规则。程序调试除了需要掌握基本的语法规则，还应该系统地学习一些程序调试的方法，掌握这些方法才能更有效地排错。

本章将专门系统地介绍程序调试的各种常规方法、技巧，掌握它们能让开发者快速排错，提高开发效率。

## 14.1 程序的可调试性

程序调试本身并不容易，甚至可能比软件开发更复杂。为了降低程序调试的难度，应该从程序开发阶段就做好准备，尽量使程序代码具有较好的可调试性，这样可以降低后期程序调试的难度。

### 14.1.1 增加注释

注释是保证程序具有较好可读性的重要手段之一，在一些软件规范里，为程序添加合适的注释甚至是被强制执行的。

你可以通过注释来说明某段代码的作用，或者说明某个类的用途、某个方法的功能，以及该方法的参数和返回值的数据类型及意义等。很多初学者愿意努力地写程序，但不大会注意添加注释，他们往往认为添加注释是一件浪费时间且没有意义的事情。

但只要继续开发，几乎所有人就都会慢慢改变这种想法：当程序代码越来越多时，如果想回头去修改前面写过的源代码，则会发现理解原来写的代码非常困难，也很难理解原有的编程思路。他们需要再花时间才能找回当初的编程思路，才能很好地理解之前的程序。这个时候花去的时间可能比当初写注释的时间要更多。

与此类似的是，程序调试不可避免地也会遇到此问题，如果不能理解程序的开发思路，程序调试就没法继续。为了在程序调试时尽快找回编程思路，合理地添加注释是一个不错的选择。

一般来说，关于源代码中的注释有一个大致的硬性规则：源代码中的注释占到代码总量的1/3比较合适。

### 14.1.2 使用日志

有过实际Java开发经验的读者可能对System.out.println()这样的语句非常熟悉。在实际开发中，经常需要借助于这条语句来辅助调试，这既是一种古老的调试方法，也是一种比较有效的调试方法。

但使用System.out.println()来辅助调试也有很大的不足。当程序调试结束后，将这个程序产品化时，往往需要消除System.out.println()的输出，这时候可能需要逐行删除这些输出语句——这个工作量是很大的。

有没有一种更好的方式来辅助调试呢？它既可以在调试阶段执行输出，也可以在程序开发到产品化阶段时整体关闭输出。

JDK本身自带了提供最小功能的日志API。此外，Java领域还有Log4j、SLF4J、Logback等开源日志框架，它们都提供了更强大的日志支持。

通常来说，所有日志系统都提供了如下5个级别的日志：

TRACE < DEBUG < INFO < WARN < ERROR

通过日志级别可对日志进行整体打开或关闭，因为所有日志系统都有一条规则：只有当日志输出的级别高于或等于日志系统本身设置的级别时，这条日志输出才会生成真正的输出。

举例来说，在调试程序时，程序中大量使用 DEBUG 或 INFO 级别的日志输出。

- 在系统开发阶段，只要将项目的日志系统本身的级别设置为 DEBUG 或 INFO，这样在程序调试中 DEBUG 或 INFO 级别的日志就会正常生成日志输出。
- 到了项目发布阶段，只要将项目的日志系统本身的级别设置为 ERROR，这样在调试中 DEBUG 或 INFO 级别的日志就会被忽略。

由此可见，通过日志系统可以非常方便地整体切换日志“开关”，这样就避免了到项目发布时还要逐行删除 System.out.println()输出语句。

上面介绍的 4 个日志级别是最通用的级别，实际上还有不同的日志系统可能提供了更丰富的日志级别。例如，Java 自带的日志系统提供了如下 7 个日志级别：

ALL < TRACE < DEBUG < INFO < WARNING < ERROR < OFF

其中，ALL 代表输出全部日志，OFF 代表关闭全部日志输出。

而 Log4j 的日志还增加了一个 FATAL 级别，代表“致命错误”，因此它提供了 8 个日志级别：

ALL < TRACE < DEBUG < INFO < WARNING < ERROR < FATAL < OFF

其中，FATAL 代表只输出“致命错误”级别的日志。其详细介绍可参考 http://logging.apache.org/log4j/2.x/manual/architecture.html 页面。

## 14.2　程序调试的基本方法

通过为程序添加注释、增加日志可以很好地提高程序的可调试性，为接下来的程序调试提供了便利。接着开始实际的调试工作。

### 14.2.1　借助于编译器的代码审查

使用 Java、C 语言写成的程序都需要用编译器进行编译，这种语言被统称为“编译型语言”。使用编译型语言写成的程序会更加健壮，主要就是因为编译器可以对程序进行代码检查。

写过 Java 程序的开发者都清楚，当一个程序开发完成后，接下来就需要对该程序进行编译。基本上，只要是一个真正的程序，就几乎没有人把它一次性写对，这就必然导致编译器编译时会提示大量的错误信息，这种调试、排错的方式就是借助于编译器的代码审查。

例如，尝试开发如下一个简单的 Stack 工具类。

**程序清单：codes\14\14.2\Stack.java**

```
public class Stack<T>
{
    // 存放栈内元素的数组
    private T[] elementData;
    // 记录栈内元素的个数
    private int size = 0;
    private int capacityIncrement;
    // 以指定的初始化容量创建一个 Stack
    public Stack(int initialCapacity)
    {
        elementData = new T[initialCapacity];
    }
    public Stack(int initialCapacity, int capacityIncrement)
```

```
    {
        this(initialCapacity);
        this.capacityIncrement = capacityIncrment;
    }
    // 向“栈”顶压入一个元素
    public void push(T object)
    {
        ensureCapacity();
        elementData[size++] = object;
    }
    public T pop()
    {
        if (size == 0)
        {
            throw new RuntimeException("空栈异常");
        }
        return elementData[--size];
    }
    public int size()
    {
        return size;
    }
    // 保证底层数组能容纳栈内所有元素
    private void ensureCapacity()
    {
        // 增加堆栈的容量
        if (elementData.length == size)
        {
            Object[] oldElements = elementData;
            int newLength = 0;
            // 已经设置 capacityIncrement
            if (capacityIncrement > 0)
            {
                newLength = elementData.length + capacityIncrement;
            }
            else
            {
                // 将长度扩充到原来的 1.5 倍
                newLength = elementData.length * 1.5;
            }
            elementData = new T[newLength];
            // 将原数组的元素复制到新数组中
            System.arraycopy(oldElements, 0,
                elementData, 0, size);
        }
    }
}
```

这是一个比较简单的Java程序，但如果使用Java编译器来编译它，将看到如图14.1所示的界面。

即便如此简单的一个Java程序，当第一次编写完成后也依然存在4个编译错误。其中有两个是创建泛型数组的错误，有一个是由于表达式类型自动提升导致的错误，还有一个是简单拼写错误。对于开发者而言，这些错误都是很常见的编译错误。

对于这种使用编译器就可以检查出来的错误，基本上都是由程序中的代码与编程语言规范不符合导致的。对于这种错误，开发者应该一眼就能发现其中存在的问题，并迅速排除该错误；否则，说明开发者对这门语言的语法规则尚不熟悉。

如果借助于专业的IDE工具如IntelliJ IDEA、Eclipse等，甚至可以在开发时看到实时的错误提示。如果在IntelliJ IDEA中开发Java程序，将可以看到如图14.2所示的错误提示。

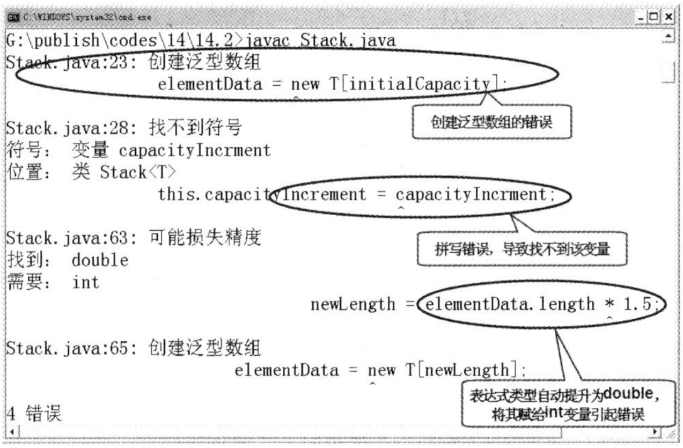

```
G:\publish\codes\14\14.2>javac Stack.java
Stack.java:23: 创建泛型数组
                elementData = new T[initialCapacity];

Stack.java:28: 找不到符号
符号： 变量 capacityIncrment
位置： 类 Stack<T>
                this.capacityIncrement = capacityIncrment;

Stack.java:63: 可能损失精度
找到： double
需要： int
                        newLength = elementData.length * 1.5;

Stack.java:65: 创建泛型数组
                    elementData = new T[newLength];

4 错误
```

创建泛型数组的错误

拼写错误，导致找不到该变量

表达式类型自动提升为double，将其赋给int变量引起错误

图 14.1　编译器的错误提示

```
15      private T[] elementData;
16      // 记录栈内元素的个数
17      private int size = 0;
18      private int capacityIncrement;
19
20      // 以指定的初始化容量创建一个Stack
21      public Stack(int initialCapacity)
22      {
23          elementData = new T[initialCapacity];
24      }
25
26      public Stack(int initialCapacity, int capacityIncrement)
27      {
28          this(initialCapacity);
29          this.capacityIncrement = capacityIncrment;
30      }
31
32      // 向"栈"顶压入一个元素
33      public void push(T object)
34      {
35          ensureCapacity();
36          elementData[size++] = object;
37      }
38
39      public T pop()
```

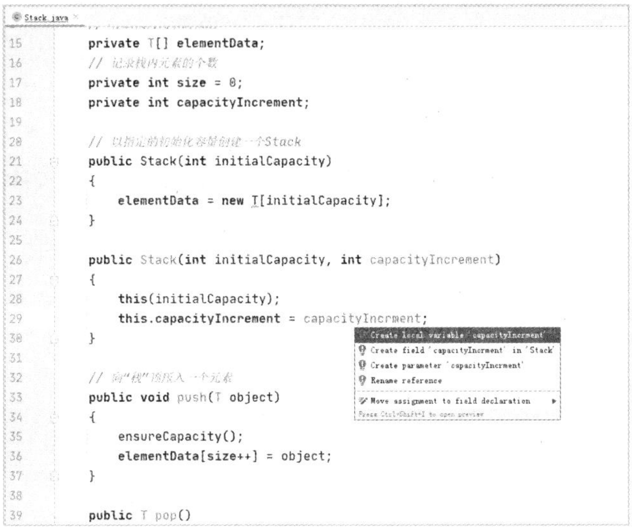

图 14.2　IntelliJ IDEA 提供的实时错误提示

从图 14.2 可以看出，IntelliJ IDEA 工具比普通的 JDK 编译器显得更加人性化——它不仅显示了错误提示，甚至提供了修复建议。

图 14.3 显示了使用 Eclipse 开发 Stack.java 程序时看到的实时错误提示。

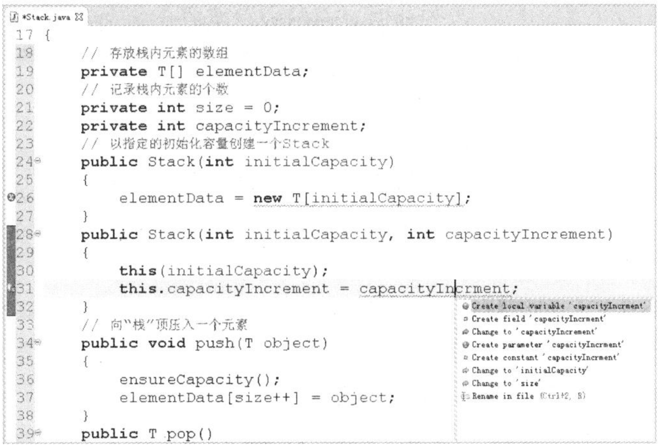

```
17 {
18      // 存放栈内元素的数组
19      private T[] elementData;
20      // 记录栈内元素的个数
21      private int size = 0;
22      private int capacityIncrement;
23      // 以指定的初始化容量创建一个Stack
24      public Stack(int initialCapacity)
25      {
26          elementData = new T[initialCapacity];
27      }
28      public Stack(int initialCapacity, int capacityIncrement)
29      {
30          this(initialCapacity);
31          this.capacityIncrement = capacityIncrment;
32      }
33      // 向"栈"顶压入一个元素
34      public void push(T object)
35      {
36          ensureCapacity();
37          elementData[size++] = object;
38      }
39      public T pop()
```

图 14.3　Eclipse 提供的实时错误提示

### 14.2.2 跟踪程序执行流程

很多初学者往往满足于程序编译通过，以为程序编译通过就等于程序开发完成，编译通过就万事大吉了，实际上这只是程序调试最基本、最简单的一步。

大部分程序出错的可能情况是，程序完全可以通过编译，只是运行结果与预期结果不匹配，这种错误就比前面的编译错误更难排除。示例如下。

**程序清单：codes\14\14.2\ForTest.java**

```
public class ForTest
{
    public static void main(String[] args)
    {
        // 计划该循环执行 10 次
        for (var i = 0; i < 10; i++)
        {
            i *= 2;     // ①
            System.out.println(i);
        }
    }
}
```

上面程序是一个非常简单的循环，计划这个程序执行 10 次，每次执行循环时都输出 i * 2 的结果。尝试编译这个程序，程序可以通过编译，一切正常，但这并不表示这个程序开发完成。尝试运行这个程序，可以看到输出如下运行结果。

```
0
2
6
14
```

很明显，程序的循环执行了 4 次，而不是 10 次，这不是预期得到的结果。为了排除这个程序存在的错误，可以采用跟踪程序执行流程的方式，步骤如下。

① 循环以 i = 0 为初始值，本次循环开始 i =0，程序执行①号代码 i *= 2 后，i 变量的值变为 0。程序第 1 次输出 0。

② 程序执行循环之后的迭代语句 i++，执行完成后 i 变量的值变为 1。

③ 程序开始第 2 次循环，本次循环开始 i =1，程序执行①号代码 i *= 2 后，i 变量的值变为 2。程序第 2 次输出 2。

④ 程序执行循环之后的迭代语句 i++，执行完成后 i 变量的值变为 3。

⑤ 程序开始第 3 次循环，本次循环开始 i = 3，程序执行①号代码 i *= 2 后，i 变量的值变为 6。程序第 3 次输出 6。

……

通过上面分析，可知为何上面循环只执行了 4 次，而不是执行 10 次。

通过跟踪程序执行流程，可以非常方便地跟踪到程序中每个变量的改变，相当于用人脑模拟了计算机的执行过程，这样当然可以非常容易地找出程序中存在的缺陷。

大部分 IDE 工具都提供了这种跟踪程序执行流程的功能，IDE 工具将这种功能称为“单步调试”。单步调试指的是，当开发中进入单步调试后，程序每次只执行一条语句，并提供一个变量监控窗口，让开发者实时监控程序中每个变量的值。

通过单步调试，可以让开发者更方便地跟踪程序执行流程，从而发现程序中存在的缺陷。关于如何使用 IDE 进行单步调试，可以参考第 15 章。

### 14.2.3　断点调试

断点调试是所有开发者使用最多的调试方法，从广义的角度来讲，Java 开发者常常使用的 System.out.println()语句本质上就是模拟断点调试的工具。

看如下示例程序。

程序清单：codes\14\14.2\BreakPointTest.java

```
public class BreakPointTest
{
    public static void main(String[] args)
    {
        var a = 5;
        var b = 12;
        // 模拟一次复杂的计算
        var c = a << 2 * 3 + b - 20;      // ①
        System.out.println(c);
        // 下面还要继续进行计算
        // ...
    }
}
```

假设上面程序中希望将 a 左移两位，然后乘以 3，再加上 12 后减去 20，但程序的运行结果可能与预期不符。此时可以借助于断点调试来观察程序执行到①号代码时变量 c 的值是否正确。

**提示：**

习惯上所说的断点调试，通常指借助于 IDE 工具的断点调试。可以使用 IDE 工具控制程序执行到①号代码处停止——在①号代码处添加一个断点（BreakPoint）。当程序停止在①号代码后，IDE 会提供一个变量监视窗口来观测程序中每个变量的值。关于如何使用 IDE 工具进行断点调试，请参考第 15 章。

如果没有 IDE 的断点调试支持，就会借助 log 工具或 System.out.println()语句来观察每个变量的值，如果变量的值与预期相符，则表明程序在该断点之前是正确的；否则，开发者还需要对该断点之前的代码进行调整。

例如，上面程序使用 System.out.println()输出变量 c 的值时，看到此处输出的值与预期并不匹配，这表明该断点之前的代码存在错误，因此考虑将①号代码调整为如下形式。

```
var c = (a << 2) * 3 + b - 20;
```

如果读者经常使用 System.out.println()进行断点调试，那么显然忽略了 Java 的 assert 关键字。与 System.out.println()相比，assert 关键字的两大优势在于：

- assert 不仅可以输出指定变量值，而且可以判断指定变量与预期值之间的关系。
- 如果 assert 判断的结果为 false，程序将会在 assert 处中断。

**提示：**

assert 是 Java 的一个关键字，主要用于在没有 IDE 的环境下进行断点调试。

assert 的两个基本用法如下。

- assert logicExp;：直接进行断言，通常用于判断某个变量与预期值之间的关系。
- asert logicExp : expr;：也是进行断言，但当断言失败时显示 expr 信息。

如下程序示范了使用 assert 关键字进行断点调试。

程序清单：codes\14\14.2\AssertTest.java

```
public class AssertTest
{
    public static void main(String[] args)
    {
        var a = 5;
        var b = 12;
        // 模拟一次复杂的计算
        var c = (a << 2) * 3 + b - 20;
        // 断言 c > 3
        assert c > 3;
        // 断言 c == 52
        assert c == 52;
        // 断言 c < 52，否则显示："c 不小于 52，且 c 的值为：" + c
        assert c < 52 : "c 不小于 52，且 c 的值为：" + c;
        System.out.println("==断言之后==");
    }
}
```

上面程序中的三行粗体字代码就是使用 assert 进行调试的示例用法。

有一点需要指出，早期版本的 java.exe 命令默认不启动 assert 支持。如果希望在运行 Java 程序时支持 assert 关键字，则应该在运行 Java 程序时增加额外的选项。

- 为了启动用户 assert，应该在运行 java.exe 命令时增加-ea（Enable Assert）选项。
- 为了启动系统 assert，应该在运行 java.exe 命令时增加-esa（Enable System Assert）选项。

使用 java -ea AssertTest 命令运行上面的程序，将看到如图 14.4 所示的效果。

```
C:\WINDOWS\system32\cmd.exe
G:\publish\codes\14\14.2>java -ea AssertTest
Exception in thread "main" java.lang.AssertionError: c不小于52，且c的值为：52
        at AssertTest.main(AssertTest.java:26)
```

图 14.4　使用 assert 关键字辅助调试

## 14.2.4　隔离调试

前面介绍的跟踪程序执行流程，通常适于对代码量不大的方法、代码块进行调试。如果代码量太大，当程序员试图跟踪程序执行流程时，那将是一件工程量非常大的事情。

对于代码量非常大的方法、代码块，可以考虑使用代码隔离的方式进行调试。所谓代码隔离，指的是使用整段注释的方式将程序中某段代码注释掉，这样就可以将这段代码隔离起来，然后对剩下的代码（代码量不多）采用跟踪程序执行流程、断点调试等方法进行调试。

当一段代码调试、排错完成后，接下来取消一部分代码的注释——也就是将隔离代码的范围缩小一点，然后对剩下的代码进行调试。当调试、排错完成后，再次缩小隔离代码的范围……不断地重复这个过程，直至没有被隔离的代码为止。

代码隔离需要对整段代码进行注释，很多人以为进行整段注释就是用多行注释，但实际上使用多行注释很容易出现问题。示例如下。

程序清单：codes\14\14.2\MultiLineComment.java

```
public class MultiLineComment
{
    public static void main(String[] args)
    {
        /*
        System.out.println("crazyit.org*/");
        System.out.println("疯狂 Java 联盟/");
```

```
        */
        System.out.println("剩下的内容");
    }
}
```

上面程序的运行结果是什么？乍一看，很容易以为程序会输出"剩下的内容"这个字符串，但尝试编译这个程序，不难发现：程序无法通过编译。

再仔细查看程序的多行注释内容，程序中第一条 System.out.println 语句的字符串为"crazyit.org*/"，此处的“*/”将不再被当成字符串内容处理，而是被当成多行注释的结束标记——很明显，程序不能通过编译。

当需要进行整段注释时怎么办呢？答案是不用多行注释，还是使用单行注释。几乎所有的 IDE 工具甚至连 EditPlus、Notepad++等文本编辑器都提供了对整段代码整体进行单行注释的支持。以 EditPlus 为例，如果需要启用它的对整段代码进行单行注释的支持，则可按如下步骤进行。

1. 单击“工具”菜单里的“参数”菜单项，系统弹出“参数选择”对话框。
2. 选中“参数选择”对话框左边导航树中的“快捷键”节点。
3. 选中“参数选择”对话框中间列表框中的“编辑”列表项。
4. 选中“参数选择”对话框右边列表框中的“添加注释”列表项。
5. 将输入焦点移动到中间的单行文本框内，按下行注释的快捷键，将看到如图 14.5 所示的对话框。

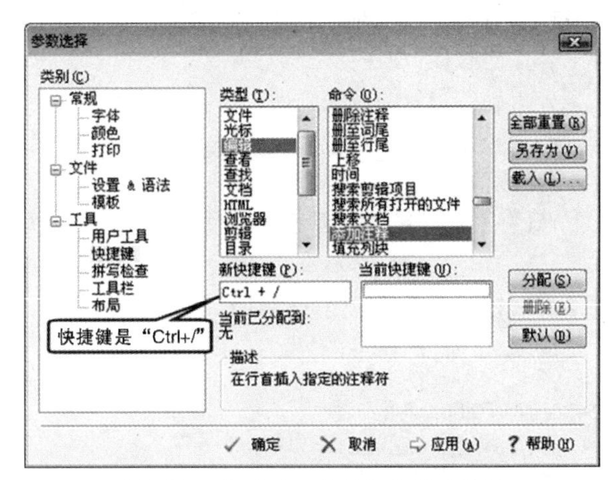


图 14.5　为“添加注释”分配快捷键

6. 单击右边的“分配”按钮，EditPlus 将会把“添加注释”的快捷键设为“Ctrl + /”。

经过上面设置之后，如果需要对某段代码整体进行单行注释，只要选中那段代码，再按下“Ctrl + /”快捷键即可。

取消 EditPlus 启用的行注释的配置方式与上面的配置过程基本相似，只要在右边的列表框中找到“取消行注释”列表项，并为之分配快捷键即可。

如果使用 IntelliJ IDEA、Eclipse 等工具，它们对某段代码整体进行单行注释的快捷键默认就是“Ctrl + /”(取消行注释的快捷键也是它)。例如，IntelliJ IDEA 对某段代码整体进行单行注释，可以看到如图 14.6 所示的效果。

Eclipse 工具对整段代码整体进行单行注释的快捷键、注释效果与图 14.6 所示的都极为相似，故此处不再赘述。

使用单行注释比多行注释更安全，借助于各种编辑器的支持，整段注释、取消注释也极为方便，因此进行隔离调试时通常总是采用单行注释。

```
Stack.java
12  public class Stack<T>
13  {
14      // 存放栈内元素的数组
15      private T[] elementData;
16      // 记录栈内元素的个数
17      private int size = 0;
18      private int capacityIncrement;
19
20  //  // 以指定的初始化容量创建一个Stack
21  //  public Stack(int initialCapacity)
22  //  {
23  //      elementData = new T[initialCapacity];
24  //  }
25  //
26  //  public Stack(int initialCapacity, int capacityIncrement)
27  //  {
28  //      this(initialCapacity);
29  //      this.capacityIncrement = capacityIncrement;
30  //  }
```

图 14.6　IntelliJ IDEA 对某段代码整体进行单行注释

## 14.2.5　错误重现

在以往的警匪电影中，有一个经常出现的场景：为了抓住某个贼，警察往往会预先做好埋伏，然后派另一个人伪装成普通人到犯罪地点去，当贼再次实施抢劫、偷盗时，警察就可以把这个贼逮个正着。

上面这种手法在程序员排错过程中也有对应策略，这种方式被称为“错误重现”。

程序的大部分错误都缺乏“隐蔽性”，往往每次运行这个程序时，某个错误总是会出现，这时就可以根据错误提示信息来分析导致错误的原因。

但在某些情况下，程序错误极具“隐蔽性”，并不是程序每次运行时错误都会出现。也许程序运行了 100 次甚至 10000 次，错误才会出现 1 次。对于这种错误，如果想要看到错误的详细提示信息，就不得不构造一个条件，只有当满足错误出现的条件时，错误才能再次出现，这就是所谓的“错误重现”。

需要开发者创造条件来重现错误最多的场景是多线程编程。多线程编程由于线程调度的不确定性，程序执行往往具有一定的随机性，这样可能导致错误具有很好的“隐蔽性”。示例如下。

**程序清单：codes\14\14.2\ErrorRecur.java**

```
class CountThread implements Runnable
{
    private int count;
    public CountThread(int count)
    {
        this.count = count;
    }
    public void run()
    {
        // 如果 count < 10，将 count 扩大一倍
        if (count < 10)
        {        // ①
            count <<= 1;
            System.out.println("增加一倍的 count 为：" + count);
        }
        else
        {
            System.out.println("count 已经大于 10，无须执行相乘");
        }
    }
}
```

```
public class ErrorRecur
{
    public static void main(String[] args)
    {
        var ct = new CountThread(8);
        // 启动两条线程
        new Thread(ct).start();
        new Thread(ct).start();
    }
}
```

上面程序启动两条线程对变量 count 进行操作，当 count 小于 10 时，将 count 的值扩大一倍。粗略地看，这个程序没有任何问题。

尝试编译、运行这个程序，也会发现一切正常，但只要运行这个程序足够多次，就会发现这个程序出现如图 14.7 所示的错误。

图 14.7　“偶然”出现的错误

很明显，上面程序的运行结果出现了问题：虽然 count 的值已经到了 16，也就是大于 10 了，但程序再次将 count 扩大了一倍。

对多线程编程比较熟悉的读者应该可以发现上面程序的问题，这主要是由于多线程调度的不确定性引起的，在线程执行到①号代码后切换为执行另一条线程将会导致上面的错误。

为了证实以上猜测，可以在①号代码处添加如下代码。

```
try
{
    Thread.sleep(1);
}
catch (Exception ex){ }
```

上面代码的关键是让当前执行的线程暂停 1ms，从而让另一条线程获得执行的机会，也就是显式控制线程执行到此处时切换为执行另一条线程。

增加这样一段代码之后，即可看到每次运行该程序都会出现上面的错误，也就是错误重现了。通过使用这种错误重现的方法，可以发现导致程序出现错误的原因：当程序进入 run()方法执行后，如果执行到①号代码处切换为执行另一条线程将会导致错误。

找到这个问题后，接下来就可以对症下药了。为了保证程序进入 run()方法执行之后不会切换去执行另一条线程，可以考虑使用 synchronized 来保证线程安全。关于线程安全编程的详细步骤，可以参考疯狂 Java 体系的《疯狂 Java 讲义》一书。

## 14.3　记录常见错误

前面介绍了程序调试的一些常用方法，通过使用这些方法可以很好地进行程序调试、排错。但光掌握这些方法还不够，开发者还需要把常见异常、错误信息记录下来——就像记录编程语法一样。这样，当实际调试时一旦遇到该问题，马上就可根据异常、错误信息找出原因，准确排错。

### 14.3.1　常见异常可能的错误原因

Java 程序的异常机制非常强大，当虚拟机捕获到未处理的异常时，程序将会非正常结束，并在结束之前打印引起异常的详细跟踪栈（StackTrace）信息。

Java 的异常设计是非常严谨的，每个异常对象都可以通过如下三个方面对外提供信息。

- 异常类名：Java 的异常类也包含了简明、直观的信息。后来的许多语言、开源项目都放弃了异常使用类名来提供信息。
- 异常对象的 message 信息：Java 异常对象包含一个 getMessage()方法，该方法即可返回异常对象的 message 信息。
- 异常跟踪栈信息：异常跟踪栈可以获得引发异常的最详细信息。

对于一个有经验的 Java 开发者而言，必须记住常见异常的错误原因，这样就可以根据异常类名快速确定错误原因，从而有效排除错误。

下面是 Java 中各种常见异常可能的错误原因。

- AWTException：AWT 程序出现错误时将引发该异常，使用 AWT 编写的用户界面、事件监听等程序发生异常时都会引发该异常。
- ClassNotFoundException：找不到指定类的异常。通常程序试图通过字符串来加载某个类时可能引发该异常，Java 提供的通过字符串加载类的方法有如下三个。
  - 调用 Class 的 forName()方法加载。
  - 调用 ClassLoader 的 findSystemClass()方法加载。
  - 调用 ClassLoader 的 loadClass()方法加载。
- CloneNotSupportedException：试图调用某个 Java 对象的 clone()方法复制该对象，但该对象的类没有实现 Cloneable 接口时将引发该异常。
- IllegalAccessException：当程序试图通过反射来创建对象、访问（修改或读取）某个对象的 Field 或者调用某个对象的方法，但这种调用违反 Java 访问控制符权限控制时将引发该异常。
- InstantiationException：当程序试图通过 Class 的 newInstance()方法创建该类的对象，但程序无法通过该构造器来创建该对象时就会引发该异常。创建对象失败的原因有很多，通常有如下原因。
  - Class 对象表示一个抽象类、接口、数组类、基本类型等。
  - 该 Class 表示的类没有对应的构造器。
- InterruptedException：线程中断异常。当线程在活动之前或活动期间处于正在等待、休眠或占用状态且被中断时就会抛出该异常。
- IOException：I/O 异常。当应用程序发生某种 I/O 异常即引发该异常。该异常还包含如下常见的异常子类。
  - CharacterCodingException：当程序对字符进行编码或解码时出现错误就会抛出该异常。
  - ClosedChannelException：当试图对一个已关闭的 Channel 进行读/写操作时都会引发该异常，当试图对一个半开 Channel 进行它所不支持的读/写操作时也会引发该异常。例如，试图对一个已经关闭写的 Channel 进行写操作就会引发该异常。
  - EOFException：当程序在输入过程中遇到文件或流的结尾时将引发此异常。因此，这个异常通常也被用于检查是否到达文件或流的结尾。
  - FileNotFoundException：当程序试图打开一个不存在的文件进行读/写操作时将会引发该异常。该异常由 FileInputStream、FileOutputStream 和 RandomAccessFile 的构造器声明抛出。即使被操作的文件存在，但是由于某些原因不可访问，比如试图打开一个只读文件进行写入，这些构造方法也仍然会引发该异常。
  - InterruptedIOException：当程序在读/写过程中遇到 I/O 中断时将引发该异常。该异常还有一个直接子类 SocketTimeoutException，如果程序试图读取或接收 Socket 中的数据发生超时就会引发该异常。

- InvalidPropertiesFormatException：当使用 Properties 文件读取属性文件或 XML 文件内容，但该属性文件、XML 文件内容不符合格式要求时将引发该异常。
- ObjectStreamException：当程序进行序列化或反序列化遇到错误时就会抛出该异常。该类包含多个子类用于表示更详细的错误。
- SocketException：当程序通过 Socket 通信遇到错误时就会引发该异常。
- UnsupportedDataTypeException：当请求操作不支持请求的数据类型时将引发该异常。

➢ NoSuchFieldException：当程序试图通过反射来创建对象、访问（修改或读取）某个 Field，但该 Field 并不存在时就会引发该异常。

➢ NoSuchMethodException：当程序试图通过反射来创建对象、访问（修改或读取）某个方法，但该方法并不存在时就会引发该异常。

➢ SQLException：当程序进行 JDBC 数据库访问时出现异常就会引发该异常。该异常还有一个常见的子类 BatchUpdateException，当程序进行批量更新时出现异常将会引发该异常。

## 14.3.2　常见运行时异常可能的错误原因

所有 RuntimeException 的实例及其子类的实例都可称为运行时异常。使用运行时异常是比较省事的方式，虽然某段代码可能抛出运行时异常，但 Java 程序依然不强制开发者必须处理该运行时异常。开发者也可以使用 try...catch 块来捕获运行时异常。

使用运行时异常既可以享受“正常代码和错误处理代码分离”“保证程序具有较好的健壮性”的优势，又可以避免因为使用 Checked 异常带来的编程烦琐性。因此，C#、Ruby、Python 等语言没有所谓的 Checked 异常，所有的异常都是 Runtime 异常。

下面是 Java 中各种常见运行时异常可能的错误原因。

➢ ArithmeticException：算术异常。当算术运算出现异常条件时将引发该异常，比如除数为 0 的异常。

➢ ArrayStoreException：数组存储异常。当试图将类型不兼容的对象存入一个 Object[]数组时将引发该异常。例如，如下代码将引发该异常。

```
Object x[] = new String[3];
x[0] = 2;
```

➢ BufferOverflowException：当程序向指定 Buffer 调用 put 方法输出的内容超过该 Buffer 的限制时将引发该异常。

➢ BufferUnderflowException：当程序向指定 Buffer 调用 get 方法读取的内容超过该 Buffer 的限制时将引发异常。

➢ ClassCastException：类型转换异常。当试图对某个对象强制执行向下转型，但该对象又不可转换为其子类的实例时将引发该异常。例如，如下代码将引发该异常。

```
Object x = 2;
String str = (String) x;
```

➢ ConcurrentModificationException：并发修改异常。当程序试图对某个对象进行并发修改，而该对象又不允许这种并发修改时将引发该异常。

➢ EmptyStackException：空栈异常。当程序试图对一个 Stack 执行出栈操作，但这个 Stack 内已没有元素时将引发该异常。

➢ EnumConstantNotPresentException：当程序试图访问那些不存在的枚举常量时将引发该异常。

- IllegalArgumentException：参数非法异常。当程序试图调用某个方法，但传入的方法不符合要求时将引发该异常。该类包含大量子类，用于表示更详细的参数非法异常。
- IllegalStateException：状态非法异常。当程序试图在某种不符合要求的情况下调用某个方法时将引发该异常。该异常包含很多子类，用于表示更多状态非法的异常。
- IndexOutOfBoundsException：索引越界异常。当程序试图通过索引访问数组元素、字符串中的某个字符、List 集合的某个元素，但指定的索引值大于或等于该数组长度、字符串长度、List 集合长度时将引发该异常。该类有两个子类，即 ArrayIndexOutOfBounds-Exception 和 StringIndexOutOfBoundsException，前者是数组索引越界异常，后者是字符串索引越界异常。
- NegativeArraySizeException：当程序试图创建长度为负数的数组时将引发该异常。
- NoSuchElementException：当调用 Enumeration 的 nextElement()方法访问下一个元素，但该 Enumeration 中已经没有更多的元素时将引发该异常。
- NullPointerException：空指针异常。当程序试图通过一个指向 null 的引用变量来调用方法或者访问 Field 时将引发该异常。通过一个指向 null 的数组变量来访问数组长度、指定数组元素也会引发该异常。
- TypeNotPresentException：该异常与 ClassNotFoundException 很相似，只是该异常是一个运行时异常。这个异常由 JDK 1.5 引入。
- UnsupportedOperationException：当程序调用集合对象的某个方法来操作该集合对象，但该集合对象底层的实现类又不支持该方法时将引发该异常。例如，如下代码将引发该异常。

```
var strs = new String[] {
    "疯狂 Java 讲义",
    "轻量级 Java EE 企业应用实战",
    "疯狂 Python 讲义",
    "疯狂 Android 讲义"
};
List list = Arrays.asList(strs);
list.remove(0);
```

## 14.4 程序调试的整体思路

前面介绍了程序调试的各种小技巧，这些小技巧对于小范围的程序排错非常有效，但对于大型的软件系统，当程序包含多个组件协同运行时，还需要从整体上把握程序调试的思路，然后在大局观的思路指导下，使用前面介绍的技巧进行调试。

### 14.4.1 分段调试

当程序编译、运行有错误提示或异常信息时，可以按前面介绍的各种调试技巧来调试；但如果程序编译、运行没有错误提示或异常信息，则程序调试、排错会更加复杂。

所有的初学者开始学习编程时，在编译时看到大量的错误往往就会害怕：这么多错误怎么排错？

编程多了，对这些编译错误也就熟悉了，调试程序的技巧也逐渐增加了，因此不再害怕这些编译错误了。而且，编译错误往往都是很容易排除的，因此通常可以快速、准确地“消灭”这些编译错误。

接下来面临的错误是，当程序开始运行后，运行到中途因为开始设计时考虑不周全，一些边界值条件的出现、用户的非预期输入、物理设备的改变……各种原因导致程序中断，这种错误往往比编译错误更难处理。这时候可能需要使用如下技巧。

- 跟踪程序执行流程。
- 断点调试。
- 隔离调试。

找出程序中的缺陷，进而排除程序的错误。

再后来，会遇到一种更难排除的错误：没有错误的错误，例如如下情况。

- 程序不再提示任何错误、异常信息，但程序运行结果就是不对。
- 程序运行结果是对的，但是性能、效率低得难以忍受。

这两种错误的本质是一样的，它们基本具备如下两个特征。

- 程序逻辑复杂，往往涉及多个程序组件协同工作。
- 运行程序没有错误、异常提示，开发者无法发现其中的问题。

这种错误是比较难以解决的。实际上，程序中的错误类型按难易程度依次为：

编译错误 < 运行错误 < 没有错误的错误

并不是错误越多就越难调试，当一次编译多个 Java 文件时，开始往往可以看到几十个错误，但这种错误来得快，去得也快，因为引起错误的原因很简单。最难的错误是“没有错误的错误”，程序运行时看不到任何异常、错误信息，但程序运行就是不正常。这一点 JavaScript 开发者可能比较有感触——JavaScript 通常由浏览器执行，但浏览器往往不能提供错误提示，因此 JavaScript 的调试难度很大。

对于这种没有错误的错误，可以采用分段调试的方式进行排错。所谓分段调试，指的是将程序划分成几“段”，然后对每“段”进行分开调试，逐个击破。

由于程序本身没有错误，只是运行结果与预期不符，或者运行性能非常低下，所以调试的第一步是发现程序中潜在的问题，第二步是针对问题对症下药。

假设将程序划分为如图 14.8 所示的几段。

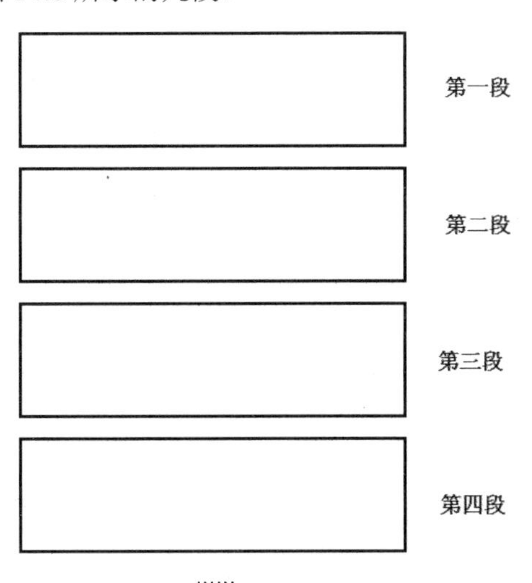


图 14.8　分段示意图

图 14.8 所示的分段只是一种示意图，至于程序到底需要分为几段，每段到底包含多少代码，这完全是自由的，取决于开发者自己的经验。

对于图 14.8 所示的分段示意图，程序先对“第一段”采用 log 来跟踪程序执行流程，并记录程序每次开始的时间（使用 System.currentTimeMillis()方法将当前时间精确到毫秒），并记录程序结束的时间；然后用程序的结束时间减去开始时间，就可记录程序执行第一段代码所需要的运行时间，如果运行时间在合理范围内，即可认为这段代码对程序的性能影响不大。

除了可以使用 log 记录程序运行时间，还可以使用 log 来记录该段代码结束时关键变量的值，或者使用 assert 来断言关键变量的值与预期值是否匹配。

如果希望程序运行结果正确，则光守着程序运行结果是不够的。由于程序没有异常、错误提示，因此无法直接看出引起程序错误的关键代码，为此需要逐段地保证程序的运行结果符合要求。

如果一段代码通过下面两方面的检查：

- 运行时间符合要求。
- 退出该段代码时关键变量的值符合预期。

接下来就可以使用相同的方式来处理下一段代码。如果有任何一方面不符合要求，即可断定这段代码包含了错误，可以使用跟踪程序执行流程、断点调试等方法来调试这段代码。

### 14.4.2 分模块调试

分模块调试是分段调试的扩大化，当程序规模更大且程序包含多个模块时，可以按照程序本身的模块来进行调试，对各个模块分开调试、排错。

一个程序被分成多个物理或逻辑上的模块，每个模块本身就是一个独立的软件系统，完全可以把它当成一个独立的系统进行调试。

## 14.5 调试心态

程序调试并不简单，甚至是一件很“折磨”人的事情，因此在调试程序开始时就要摆正心态，不要指望很快、很轻松地完成程序调试。

### 14.5.1 谁都会出错

写过程序的人都知道，写程序不出错的人只有一种：从来不写程序的人。

从准备动手写程序开始，就要有心理准备：程序一定会出现错误，写完程序一定需要调试、排错。

**提示：** 写程序和调试程序本身是一个整体，没有通过调试的程序就是一堆废品。

既然每个人写程序都会出错，那么程序出错就没有什么值得害怕的。可怕的是，程序出错了，开发者却一筹莫展地望着它，不知道怎么调试程序、排错。

至于程序调试的技巧、方法、经验，一方面需要记住前面所介绍的调试理论；另一方面就是来自平时开发的积累了。总之，多编码，多调试，慢慢地就会好起来。一分耕耘，一分收获，没有太多的捷径可走。

### 14.5.2 调试比写程序更费时

不要以为写完程序代码就是完成了软件开发的大部分工作，很多时候，调试程序比写程序更费时，尤其是遇到那种难以处理的错误时，程序调试将变得冗长而琐碎。

无论是谁，在开发过程中总会遇到一些费解的问题，如果所有的调试总是可以轻松地完成，那么只能说明你所从事的开发的流程非常简单，你已经对这种开发比较熟悉了。

很多开发者在调试程序时难免会产生烦躁的情绪，这时你可以尝试：

➢ 出去找个安静的绿地走一走，放松一下。
➢ 找几个开发的朋友讨论一下，集思广益。
➢ 找个地方去吃点东西，让口腹的愉悦来释放思维。

从直观上看，写程序是“创造性”的劳动，伴随着你的键盘敲击，代码在屏幕上不断出现，一个项目或模块从无到有、从粗糙到精细，这个过程本身就让人充满愉悦；但调试程序则不然，你没法享受连续敲击键盘的快感，你所做的只是一些“修修补补”的工作，本身的快乐自然就少了许多。

因此，只有当你接受了“调试比写程序更费时”这一基本常识之后，你才能在调试程序时不至于过于烦躁。能享受编程的人很多，但能享受调试程序的人很少。

程序调试本身是一件“细活”，并不是靠蛮力坚持就可以完成的，必须保持清醒的大脑、细致的分析才能进行更好的调试。如果一个问题已经调试了 2~3 个小时，不如先暂时中断一下，积累更多的脑力、精力来开始下一阶段的调试，往往效果更好。

总之，不要认为程序调试是一件轻松的事情。对于开发而言，只要程序实现逻辑已经确定，写程序的时间就是可估计的；但对于程序调试而言，如果在调试过程中遇到一个非常古怪且难于处理的问题，那么调试时间往往难以估计。

## 14.6　本章小结

本章主要介绍了程序调试的相关知识。其实程序调试和程序开发是息息相关的，没有程序调试就不会有真正的程序开发。本章还介绍了提高程序可调试性的两种方法：为程序增加注释和使用日志。接下来重点介绍了程序调试的几种基本方法，包括借助于编译器的代码审查、借助于断点调试的跟踪程序执行流程，以及隔离调试和错误重现等。此外，本章还归纳了 Java 编程中常见异常的引发原因，最后介绍了程序调试的两种整体思路：分段调试和分模块调试。

CHAPTER

15

# 第 15 章 IDE 工具心法谈

## 引言

一个“老程序员”正在大学里做演讲，介绍自己多年的编程心得。

“您好，我毕业以后打算做一个 Java 程序员，那我现在是应该学习 Eclipse，还是学习 IntelliJ IDEA 呢？”演讲结束后，一个学生虚心地向“老程序员”提问。

“什么都不要学！”“老程序员”肯定地说。

“啊？”这个学生有些吃惊：“我看过一些 Java 程序员的招聘广告，上面往往写着要求精通 IntelliJ IDEA，或者要求精通 Eclipse、MyEclipse 等，我知道 MyEclipse 是一个 Eclipse 插件。”

“嗯。”“老程序员”微微点头：“看来你已经花了一些精力，这很好。但你要明白——”“老程序员”话锋一转：“虽然现在 IntelliJ IDEA 是最流行的 IDE 工具，但并不代表明天它依然流行。你今天把 IntelliJ IDEA 用得再熟练，可能它明天就已经过时了。IDE 工具只是一种工具，它只是一种辅助开发的工具，你要学习的是 Java 编程，而不是任何 IDE 工具。”

“我明白了。”提问者若有所得地回答，接着他又问：“那我真的不需要学习 IDE 工具了吗？”

“需要的。当你掌握了 Java 编程之后，当你可以用任何简陋的文本编辑器编程之后，你就可以尝试着去使用各种 IDE 工具，你会发现它们之间有很多相通之处，其功能大致上是相似的，只是菜单条，菜单、按钮这些界面组件的文字和位置有所差别而已。”“老程序员”谆谆而言：“当你发现各种 IDE 工具的通用功能、相通之处之后，你就不会担心 IDE 工具的改变了，即使给你一个从未使用的 IDE 工具，你也可以在一天之内就用熟它。”

提问者面露欣喜之色，对这种状态的向往溢于言表：“那么会不会有一款 IDE 工具故意设计得与众不同、上手极难呢？”

“哈哈……”“老程序员”笑了：“那一定是这款 IDE 工具的设计者犯傻了，设计一款工具的原则是，尽量简单！尽量符合用户原有的习惯！这也符合软件设计的原则之一——最小惊喜法则。如果有一款工具的用法违背了绝大部分用户的原有习惯，它就会被大部分用户所淘汰，那你为什么还要学习它呢？”

“明白了！”提问者满意地回答。

## 本章要点

- 掌握编程后才能使用 IDE 工具
- IDE 工具的基本功能
- 各种主流的 Java IDE 工具
- 使用 IDE 工具建立项目
- 使用 IDE 工具编译项目
- 使用 IDE 工具部署项目、运行项目
- 使用代码向导来生成代码
- IDE 工具提供的代码生成器
- IDE 代码编辑提供的自动代码补齐
- IDE 代码编辑提供的实时错误提示
- 使用 IDE 工具进行断点调试
- 使用 IDE 工具进行单步调试
- 使用 IDE 工具进行步入、步出调试
- 使用 IDE 工具作为团队协作工具的客户端

目前所有的主流开发语言都有功能非常强大的 IDE 工具，这些 IDE 工具对于提高开发效率及团队协作开发都有很大的帮助。而且这些工具做得非常人性化，具有简单、易用的特征（既然是工具，那么当然要简单、易用了），因此所有企业都会选择一种适合自己团队的 IDE 工具。

但对于很多初学者而言却很难选择，当他们开始学习时，往往会四处询问：现在什么 IDE 工具最流行？得到一个答案后，他们就使用该工具开始学习了。但 IDE 工具的更新往往很快，有的地方使用 IntelliJ IDEA 工具，有的地方使用 Eclipse 工具，有的地方使用 NetBeans，还有的地方使用 WSAD，这样难免让人觉得无法取舍，那么初学者到底应该学习哪些呢？

如果一味地迎合 IDE 工具的变化，忘记了使用 IDE 工具的"心法"，则难免流于盲目跟风。在学习任何 IDE 工具之前，都需要在心中把握一点：IDE 工具的作用是什么？IDE 工具能帮我做什么？记住这个根本目的之后，这个 IDE 工具为这些功能提供相应的菜单、列表框、按钮即可。接下来用得多了，自然就熟悉了。

**提示：**

使用 IDE 工具和使用汽车的原理是相似的，要记住使用汽车的目的是快速移动，因此只要找到使用挡位、离合、油门的方法，就可以开动汽车（不过要奉劝各位还是先在无人处练习）。记住使用 IDE 工具能做到的事情，然后找到提供相应功能的 GUI 控件，就可以开始使用这个 IDE 工具了。

本章将会从整体上分析、归纳绝大部分 IDE 工具的通用功能，并结合 IntelliJ IDEA 和 Eclipse 两大主流工具来介绍这些功能的使用。通过学习本章知识，读者应该可以在掌握 Java 开发的基础上，轻松上手任何一种 IDE 工具，而不是局限于某种 IDE 工具。

## 15.1 何时开始利用 IDE 工具

虽然使用 IDE 工具开发是必需的，但建议开发者不要从学习一开始就使用 IDE 工具，举两个简单的例子来说明。

如果开始学习 Java 编程就使用 IntelliJ IDEA、Eclipse 等工具，在开发了一个简单的 HelloWorld 程序之后，只要单击一个按钮，这个程序就运行起来了。这样开发者可能就错过了一个 Java 程序需要先经过编译，然后才能运行这个步骤，甚至可能连 javac.exe 和 java.exe 这两个命令都不知道。

如果开始学习 Java Web 开发就使用 IntelliJ IDEA、Eclipse 等工具，只要单击一个菜单项、几个"下一步"按钮之后就得到了一个 Web 应用，再单击一个按钮这个 Web 应用就运行起来了。这样开发者将无从知道 Web 应用的文件结构，不知道 web.xml 文件的作用，不知道 Web 服务器是什么，不知道开发者还要部署 Web 应用……这对一个程序员的成长是不利的。

**注意**

虽然很多书籍、网络上的很多资料每提到 Java 学习，言必称 IntelliJ IDEA、Eclipse 等，但关键在于学习者自己希望成长为怎样的程序员。如果只是想成为一个 IntelliJ IDEA 的使用者，总是依赖于 IntelliJ IDEA 来进行开发，那么也可以直接从它开始学习，完全不去理会 IntelliJ IDEA 底层做了些什么；但如果想成为一个 Java 程序员，一个不依赖于任何 IDE 工具的程序员，那么就不应该从 IntelliJ IDEA 开始学习。

那么，什么时候可以使用 IDE 工具呢？答案很简单：把 IDE 工具只是当成工具，真正编程的是开发者，而不是 IDE 工具；是开发者在驱使 IDE 工具干活，而不是 IDE 工具带着开发者编程。

如果十分清楚IDE工具在底层做了哪些事情，那么就可以算是开发者在驱使IDE工具干活。换句话说，在单击IDE工具的每个菜单项、每个按钮之前，应对IDE到底会修改哪些文件、做怎样的修改、对项目有哪些改变等这些细节非常清楚，这就是在驱使IDE工具干活；否则，如果对单击一个菜单项、单击一个按钮后对代码产生的影响一无所知，甚至连接下来的最终效果都不确定，这就是一直停留在IDE工具的级别上调试。

还有更可笑的事情，有一次看到一个培训机构的培训老师教学生排错，他说：如果程序有错误，你只要把光标移动到红色波浪线标识的错误处，IntelliJ IDEA就会提示修复错误的方法，你可以逐个地试，总会有一个修复方法可以把这个程序修复正确。

姑且不论这种方法到底是程序员在编程，还是IntelliJ IDEA在编程，其实这种方法是否可以真正修复程序Bug？笔者表示怀疑。如果IntelliJ IDEA真有这么厉害，那还需要程序员干什么？

就像前面提到的，程序开发必然会出现各种各样的问题，必然要对程序进行排错。如果程序排错一直停留在IDE工具层次进行，那是相当可怕的事情，而且也不能进行真正有效的排错。

对于一个合格的Java程序员来说，使用IDE工具进行开发时，要知道IDE工具的每次操作、IDE工具对程序源代码级别的修改有哪些，以及所有的修改细节；在进行程序调试时，除了要借助于IDE工具的调试，还要越过IDE工具直接修改源代码，进行源代码级别的调试。

**提示：**

有些程序员的行为很矛盾，他们说要学习框架源代码、学习Java源代码，但实际上让他们脱离IDE工具进行一点简单的“白板编程”都做不到，他们甚至在各种场合下为自己的行为找借口：开发都是要用IDE工具的，没必要自己折腾了。我们的要求并不高：只要真正理解IDE工具辅助你“生成”的每一行代码（不借助于IDE也能自己轻松实现）就行，如果连这一点都做不到，还谈什么学习XXX的源代码，咱就别自欺欺人了！

当满足了上面的要求之后，就可以使用任何IDE工具来编程了。在这样的情况下，是开发者在驱使IDE工具干活，而不是IDE带着开发者编程；开发者不会依赖于任何IDE工具，可以随意切换到任何IDE工具，只有顺手和不顺手的区别。

**提示：**

这里只是要求开发者从源代码级别对程序进行调试，实际上在一些极个别的场景下，甚至要用javap工具去分析比源代码更底层的级别，这样可以更好地理解程序的运行细节，也能更有效地进行程序调试、排错。

## 15.2 IDE工具概述

下面将会简要归纳IDE工具的基本功能，这些功能甚至不局限于Java IDE工具，其他编程语言的IDE工具大致也是如此。

### 15.2.1 IDE工具的基本功能

除有些IDE工具可能会提供一些具有自己特色的功能之外，绝大部分IDE工具所提供的功能都是通用的。当打算开始用一种全新的IDE工具时，首先应该着手学习这些功能的用法，找到IDE工具对这些功能的支持。

IDE 工具大致支持如下常用功能。

#### 1. 项目管理

现在的 IDE 工具大部分都以项目（project）的形式来组织开发，IDE 工具负责维护项目中所有的源文件、生成的二进制文件等。

此外，如果用户建立的是 Web 应用、EJB 应用等，IDE 工具还会自动为该项目创建相应的文件结构。比如，对于 Web 应用，IDE 工具会为之建立 WEB-INF 文件夹，并在该文件夹下建立 web.xml 文件。

#### 2. 向导式的代码生成

大部分 IDE 工具在开发某些程序或者进行某些配置时，总会提供一个或多个对话框，开发者可以通过不断地单击“下一步”按钮在对话框中输入程序、配置必需的信息，而 IDE 工具则在底层为之生成对应的代码和配置文件。

#### 3. 自动代码补齐

大部分 IDE 工具都提供了自动代码补齐功能。比如，开发者输入一个左边的双引号，IDE 工具会自动添加一个右边的双引号；开发者输入一个左括号，IDE 工具会自动添加一个右括号；在编辑 XML 文档时，开发者输入一个开始标签，IDE 工具会为之自动添加一个结束标签。

总之，当 IDE 工具检测到开发者输入的某个内容总有固定的、与之配对的内容时，就会自动添加与之配对的内容，这种方式可以减少开发者的字符输入量，从而提高开发效率。

#### 4. 代码生成

为了提高开发者的开发效率，大部分 IDE 工具都会提供代码生成功能。这里的代码生成包含的范围很广泛，最基本的如所有的 IDE 工具都可为 Java 类生成构造器，为每个成员变量生成对应的 setter 和 getter 方法。

除上面那些基本的代码生成之外，更高级、更智能的代码甚至包括直接生成项目必需的许多 Java 文件，比如根据底层数据库结构生成 MyBatis Mapper 组件、Hibernate 持久化类和 DAO 组件，根据底层数据库结构生成实体 EJB，根据页面的表单设计生成所需的 Action……在开发中能以 IDE 工具生成的这些 Java 源代码为基础进行修改，而不是自己从头开始编写这些文件，从而可以大大提高实际开发效率。

#### 5. 代码提示

IDE 工具会为开发者提供一种人性化的选择。当开发者输入某个类、某个对象后，可能不记得这个类、这个对象到底包含哪些方法、成员变量了，这时就可以输入一个点（.）之后稍做等待，IDE 工具通常会以下拉列表的方式提示开发者该类、该对象到底包含哪些可用的方法、成员变量，开发者直接选择所需的方法、成员变量即可。

#### 6. 实时错误提示

当开发者在 IDE 工具的代码编辑窗口编写程序源代码时，往往会因为不小心、手误或其他原因引起一些编译错误，IDE 工具可以立即进行实时错误提示，以便开发者发现这些编译错误。

有些更加人性化的 IDE 工具，如 IntelliJ IDEA、Eclipse，其不仅会实时提示源代码中的编译错误，甚至还可以提供一些修复建议，供用户选择，但开发者不应该完全依赖于 IDE 工具的修复建议来排错。

在有些情况下，开发者编写的源代码也许并没有错误，只是因为还在继续编写源代码——也就是程序还没有写完，所以源代码看上去有些错误，而 IDE 工具不会理会这些，它依然会固执地提醒：源代码有错，甚至会提供一些莫名其妙的修复建议。如果你不喜欢 IDE 工具的实时错误提示，则可以选择关闭它。

还有些情况是，由于所用技术比较小众，或者所用技术的版本比较新，而 IDE 工具对这些技术并未提供良好的支持，所以 IDE 工具可能会出现“虚假”报错的情形，只要你清楚地知道自己的代码是正确的，你就可以直接忽略 IDE 工具的报错。

#### 7. 自动编译、部署、运行

前面已经提到，如果选择使用 IDE 工具开始学习 Java，那么不需要知道 javac.exe、java.exe 等命令，只要写好 Java 源代码，单击 IDE 工具的“运行”按钮，程序就可以运行起来。而这些就得益于 IDE 工具的自动编译功能。

对于 Web 应用项目，IDE 工具不仅可以自动编译该项目，还可以自动将该项目部署到 Web 服务器上，并启动 Web 服务器。对于一些需要打包成 JAR 包的项目，IDE 工具也可以自动编译，并将它们打包成 JAR 文件。

#### 8. debug 支持

debug 支持是 IDE 工具的强项，也是许多开发者使用 IDE 工具最常用的功能之一。借助于 IDE 工具的 debug 支持，开发者可以在程序指定位置设置断点，从而进行断点调试；可以通过单步调试来跟踪程序的执行流程；也可以通过 step in（步入）调试进入被调用的方法，从而进一步跟踪被调用方法的执行流程。

#### 9. 团队协作支持

绝大部分 IDE 工具都提供了基本的团队协作支持，例如提供了 SVN 客户端、Git 客户端功能等，这样就允许开发者直接使用 IDE 工具参与团队协作开发。

此外，还有些 IDE 工具甚至提供了线上即时通信功能，并支持远程结对编程。

#### 10. 内置或外接项目管理工具

大型项目的生成、构建通常需要使用 Maven、Gradle 等专业的构建工具，主流的 IDE 工具（如 IntelliJ IDEA、Eclipse 等）都会内置这些项目构建工具，同时允许开发者选择外接独立安装的 Maven 或 Gradle，选择独立安装的构建工具可使用这些工具的自定义版本（如最新版本）。

此外，主流的 IDE 工具可能还内置了主流的 Bug 管理工具，或者提供了接口来外接第三方 Bug 管理工具，以方便开发人员与测试人员的沟通。

### 15.2.2 常见的 Java IDE 工具

Java 语言从 2000 年以来一直是所有编程语言中市场占有率最大的，这一点催生了 Java IDE 工具的蓬勃发展。Java IDE 工具的兴衰更替也很快，不断地有新的 IDE 工具出现，也不断地有老的 IDE 工具没落。

从世界范围来看，Java IDE 工具数不胜数，一些小团队的产品往往不为人所知。下面仅简单介绍常见的 Java IDE 工具。

#### 1. IntelliJ IDEA

IntelliJ IDEA 是由 JetBrains 公司开发的一套商业 Java IDE 工具，它是目前所有 Java IDE 工具中开发速度最快、开发效率最高的 IDE 工具，而且对 Java 的各种规范及各种开源框架都有很好的支持。

IntelliJ IDEA 有一个特色：非常重视开发者的键盘功能，允许开发者不用鼠标即可完成要做的绝大部分工作。如果开发者非常熟悉 IntelliJ IDEA 的快捷键，则将可以最大限度地加快开发。

从 IntelliJ IDEA 9 开始，IntelliJ IDEA 分化为两个版本：免费的社区版（Community Edition）和商业的终极版（Ultimate Edition）。但社区版支持的功能比较少，估计是 JetBrains 公司的一种市场策略：让大家通过社区版感受 IntelliJ IDEA 的魅力，如果真要使用 IntelliJ IDEA 进行开发，则需要使用付费的商业版本。

目前 IntelliJ IDEA 在国内的应用越来越广泛，有些人言必称 IntelliJ IDEA，甚至由于 IntelliJ IDEA 而对老牌主流 IDE 工具——Eclipse 百般鄙视。

### 2. Eclipse

Eclipse 平台是 IBM 向开源社区捐赠的开发框架，IBM 宣称为开发 Eclipse 投入了 4000 万美元，这种巨大的投入开发出了一个成熟、精心设计、可扩展的开发工具。Eclipse 允许增加新工具来扩充 Eclipse 的功能，这些新工具就是 Eclipse 插件。

对于许多开发者而言，Eclipse 是一个简单、易用且免费的开发工具。但实际上，纯净的 Eclipse 功能非常有限，只有借助于各种插件才可以真正发挥 Eclipse 的功能。由于为 Eclipse 选择各种各样的插件琐碎且难以控制，所以一些商业公司专门为 Eclipse 提供了一站式插件——安装该插件就可以把 Eclipse 变成一个功能非常强大的开发平台，其中最广为人知的插件就是 MyEclipse。

最后造成一个可笑的结果：虽然 Eclipse 本身是开源、免费的，但如果真正想使用 Eclipse 进行实际开发，恐怕得花钱购买 Eclipse 插件。

鉴于这种结果，Eclipse 后来又提供了一个 Eclipse IDE for Java EE Developers 版本（即 Eclipse-JEE-juno 版本），这个版本的 Eclipse 在纯净的 Eclipse 上增加了一些插件，用于支持 Java Web 开发及各种开源框架。

使用 Eclipse 最烦人的一点就是：它几乎是一个空壳子，当你希望它能支持某种技术时，往往需要你自行选择、安装插件，而 Eclipse 平台的插件又多如牛毛，这就给初学者带来了很大的选择困难。

**提示：** 实际上 IntelliJ IDEA 的存在历史很长，但以前它的存在感一直不高，别说干不过 Eclipse，市场占有率甚至连 NetBeans 都不如。后来由于 Google 官方力推免费的 Android Studio（基于 IntelliJ IDEA）作为 Android 开发工具，这才使得 IntelliJ IDEA 真正走向大众。毫不夸张地说，JetBrains“捐出”免费的 Android Studio 是其最成功的一步棋。当大部分人（主要都是“菜鸟”）习惯了 Android Studio 的操作之后，自然就觉得 IntelliJ IDEA 也顺手了，于是就跟着咋咋呼呼起来。

**备注：** 群体永远漫游在无意识的领地，会随时听命于一切暗示，表现出对理性的影响无动于衷的生物所特有的激情，它们失去了一切判断能力。——引自：古斯塔夫·勒庞的《乌合之众》

从 IntelliJ IDEA 取代 Eclipse 的事实就能看出：把自己的编程捆绑在某个 IDE 工具上是多么的危险——几年前绝大部分公司都要求开发人员使用 Eclipse，但今天已变成要求使用 IntelliJ IDEA，那你能怎么办？如果你今天高度依赖于 IntelliJ IDEA，焉知 IntelliJ IDEA 明天不会被另一个 IDE 工具所取代？所以请记住：你编程用的是 Java 本身，而不是任何 IDE 工具，不要依赖于任何 IDE 工具。

### 3．NetBeans

NetBeans是一个全功能的开源IDE工具，可以帮助开发人员编写、编译、调试和部署Java应用，这款IDE工具由Sun公司（已被Oracle公司收购）维护。

它最初由一个捷克学生于1996年发起，目的是希望开发出一套类似于Delphi的Java IDE工具。它现已成为Apache开源组织下著名的开源项目。

NetBeans的官方站点是https://netbeans.apache.org，开发者可以通过该站点下载、使用NetBeans。

### 4．WSAD

WSAD是IBM开发的一个Java IDE工具，其英文全称是WebSphere Studio Application Developer。WSAD内置了IBM WebSphere应用服务器，其本质依然以Eclipse为基础。

目前WSAD已经升级为IBM旗下的另一个IDE工具——RAD（Rational Application Developer），RAD的核心依然是基于Eclipse的。

### 5．JDeveloper

JDeveloper是Oracle开发的Java IDE工具，它也是一个专业的Java EE开发环境，但目前在国内使用的开发人员并不多。

### 6．JBuilder

这是一个逝去的王者，它是由Borland公司开发的一个Java IDE工具。以前它在Java开发群中具有绝对的市场占有率，后来随着Eclipse的兴起而逐渐被市场所遗忘。

从JBuilder 2006开始，JBuilder干脆改为以Eclipse为基础，也就是将JBuilder作为Eclipse的一个插件来运行。不过，在国内使用该工具的人似乎并不太多。

### 7．Workshop

Workshop以前是Bea公司的一个Java IDE工具，与Bea公司的WebLogic Server在一起整合开发非常便捷。随着Bea被并入Oracle旗下，WebLogic Server和Workshop现已归属Oracle。

不过，由于长期以来Workshop的市场占有率并不是很高，后来Workshop也改为基于Eclipse，也就变成了一种商业的Eclipse插件。

### 8．Visual Cafe

这也是一个逝去的IDE工具。Visual Cafe最初由Symantec公司开发，之后该公司将原有的程序开发工具部门独立出来，成立了一家新的独立公司WebGain，而Visual Cafe就是该公司的旗舰产品。在全盛时期，Visual Cafe分为标准版（Standard Edition）、企业套餐（Enterprise Suite）、专家版（Expert Edition）、专业版（Professional Edition）及开发版（Development Edition）。

后来WebGain公司也收并数项技术，其中包括著名的ORM技术TopLink。到了2002年，在停止营运前，WebGain公司将TopLink转售给Oracle，而Visual Cafe则没有找到合适的买主，就此湮没。

上面介绍的这些IDE工具，有些在国内拥有的开发者并不多，有些已经基本趋于消亡。下面将以Eclipse-jee（2020-09版）、IntelliJ IDEA（2020.2.3版）作为示范来介绍IDE工具的通用功能。

下载和安装Eclipse请按如下步骤进行。

① 登录Eclipse官方站点下载Eclipse-jee的最新稳定版本，本书成书之时，Eclipse的最新稳定版本是2020-09版。

② 下载完成后得到一个eclipse-jee-2020-09-R-win32-x86_64.zip文件。

3 将上一步下载得到的 zip 压缩文件解压缩到任意路径，然后双击解压缩路径下的 eclipse.exe 文件，即可看到 Eclipse 的启动界面，表明 Eclipse 已经安装成功。

下载和安装 IntelliJ IDEA 请按如下步骤进行。

1 登录 IntelliJ IDEA 官方站点下载 IntelliJ IDEA 的最新稳定商业版本，本书成书之时，IntelliJ IDEA 的最新稳定商业版本是 2020.2.3 版。

2 下载完成后得到一个 ideaIU-2020.2.3.exe 安装文件。

3 单击上一步下载得到的安装文件，程序开始安装 IntelliJ IDEA。IntelliJ IDEA 的安装过程与其他普通 Windows 程序的安装过程没有任何区别，此处不再赘述。

安装完成后你有 30 天的试用时间，试用结束后你需要付费才能继续使用，如果你真的喜欢使用它，则建议付费购买。

## 15.3　项目管理

现在主流的 IDE 工具都是以一个项目的方法来组织开发的，开发者在编写 Java 源代码、XML 源代码等之前都应该先创建一个项目，IDE 工具会为不同的项目建立不同的文件结构，并可以自动编译、运行该项目。

### 15.3.1　建立项目

Eclipse 同样支持建立多种类型的项目，安装了其他插件的 Eclipse 可能支持建立更多类型的项目。不管怎样，在 Eclipse 中建立项目的方式都是通用的。

在 Eclipse 中建立项目按如下步骤进行。

1 单击"File"菜单，选择"New"菜单项，Eclipse 将显示如图 15.1 所示的二级菜单。

2 如果想建立普通的 Java 项目，则单击图 15.1 所示二级菜单中的"Java Project"菜单项；如果想建立其他项目，如 Gradle 项目、Maven 项目、Java Web 项目、JPA 项目等，则单击图 15.1 所示二级菜单中的"Project..."菜单项，Eclipse 将弹出如图 15.2 所示的窗口。

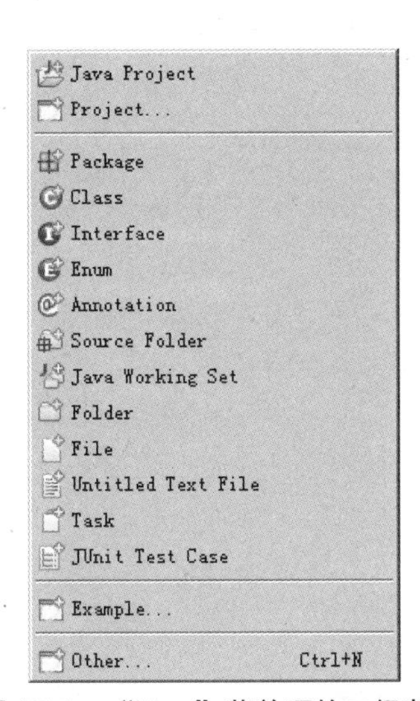


图 15.1　"New"菜单项的二级菜单

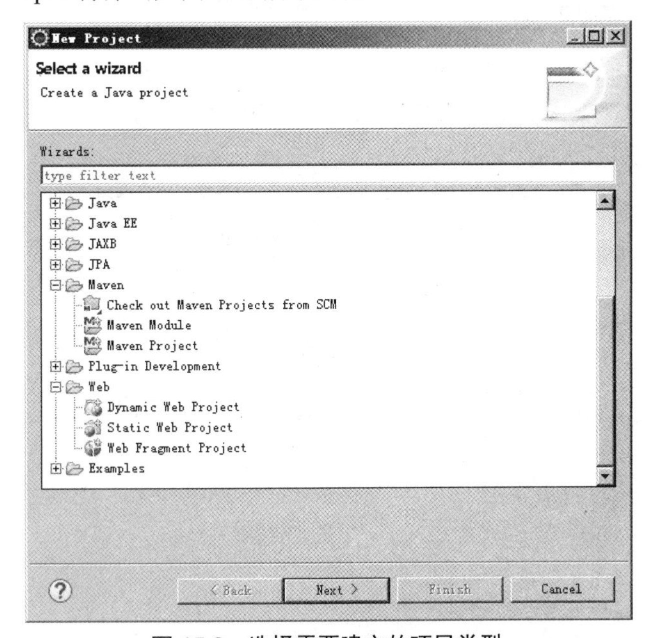


图 15.2　选择需要建立的项目类型

③ 选择需要建立的项目类型。这里以建立一个 Web 应用为例，选择图 15.2 所示窗口中的“Dynamic Web Project”项，单击“Next”按钮，Eclipse 将显示如图 15.3 所示的窗口。

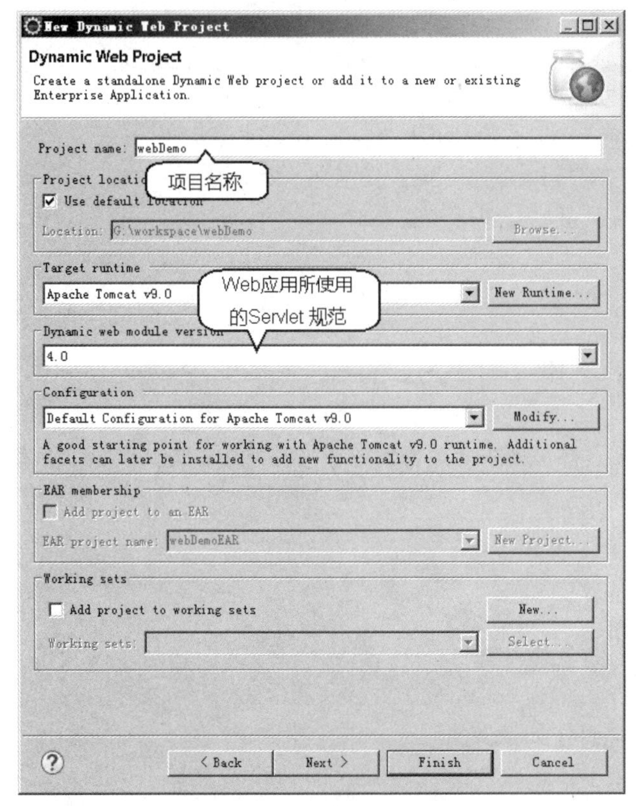


图 15.3 为项目填写必要的信息

**提示：**

通常建立的 Java Web 应用都需要包含动态页面，因此需要建立动态的 Web 项目。若想建立一个只包含静态 HTML 页面的项目，则选择“Static Web Project”项。

④ 为项目填写必要的信息，单击“Next”按钮，可以继续采用向导式的方式来填写更多的信息。如果信息填写完成，或者开发者觉得这种“下一步”的方式实在太烦人了，则可以单击图 15.3 所示窗口中的“Finish”按钮，Eclipse 完成项目创建。

创建项目完成后，Eclipse 为 Web 项目建立了对应的文件结构，可以在项目的保存位置找到如下文件结构。

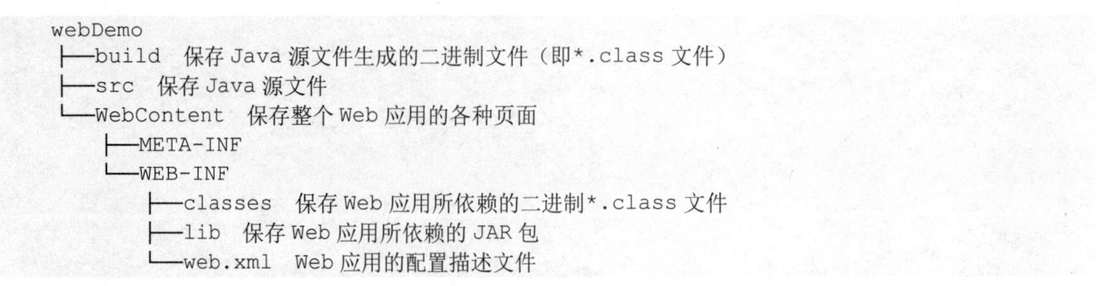

```
webDemo
 ├─build  保存 Java 源文件生成的二进制文件（即*.class 文件）
 ├─src  保存 Java 源文件
 └─WebContent  保存整个 Web 应用的各种页面
     ├─META-INF
     └─WEB-INF
         ├─classes  保存 Web 应用所依赖的二进制*.class 文件
         ├─lib  保存 Web 应用所依赖的 JAR 包
         └─web.xml  Web 应用的配置描述文件
```

这就是 Eclipse 建立项目的作用，它会为开发者自动建立整个 Web 应用所需要的文件结构，从而简化开发。

在 IntelliJ IDEA 中建立项目按如下步骤进行。

① 单击“File”菜单，选择“New”菜单项，IntelliJ IDEA 将显示如图 15.4 所示的二级菜单。

② 将图 15.1 与图 15.4 进行对比，不难发现二者其实大同小异，只是 IntelliJ IDEA 的“New”二级菜单提供了更多创建不同文件的菜单项。如果要创建项目（不管要创建哪种项目），则单击图 15.4 所示二级菜单中的“Project...”菜单项，IntelliJ IDEA 将弹出如图 15.5 所示的对话框。

③ 选择需要创建的项目类型。这里以创建一个 Web 应用为例，开发者应选择左边的“Java Enterprise”节点，并在右边选择合适的编译工具（Build Tool）：Maven 或 Gradle，以及选择合适的单元测试框架：JUnit（第 16 章详细介绍）或 TestNG，然后单击“Next”按钮，IntelliJ IDEA 将弹出如图 15.6 所示的对话框。

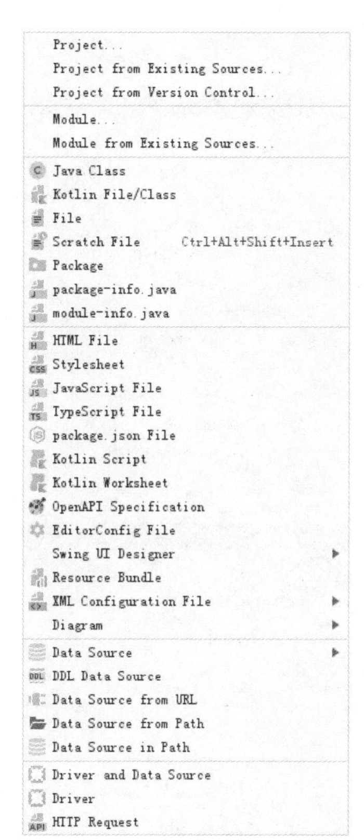


图 15.4　“New”菜单项的二级菜单

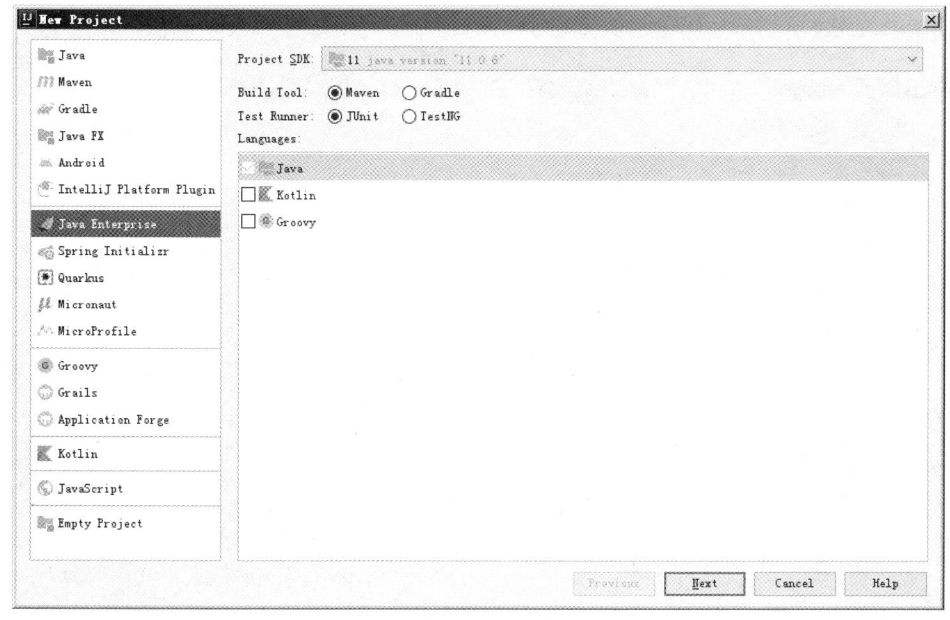


图 15.5　选择需要创建的项目类型

**提示：**

其实 Java Web 所用的 Servlet、JSF、CDI 等规范都属于 Java EE 规范，因此 IntelliJ IDEA 直接使用 Java EE 项目来代替 Java Web 项目。

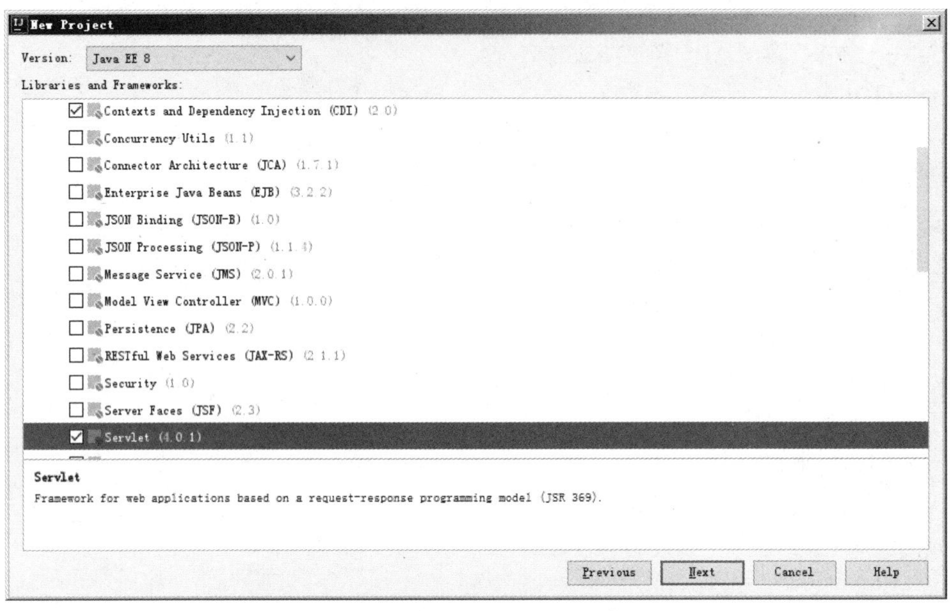


图 15.6　选择所需的 Java EE 规范

④ 选择所需的 Java EE 规范。本书仅用到 Java Web 的最小子集，因此只需勾选 Servlet 规范和 CDI（容器依赖注入）规范即可。在实际开发时，项目需要用到 JSF，就勾选 JSF 规范；项目需要用到 JPA，就勾选 JPA 规范。不过，即使此处勾选错了也没有关系，此处的勾选只是在项目生成工具的生成文件中添加对应的依赖，因此完全可以通过修改生成文件来改变此处的选择。单击“Next”按钮，IntelliJ IDEA 将显示如图 15.7 所示的对话框。

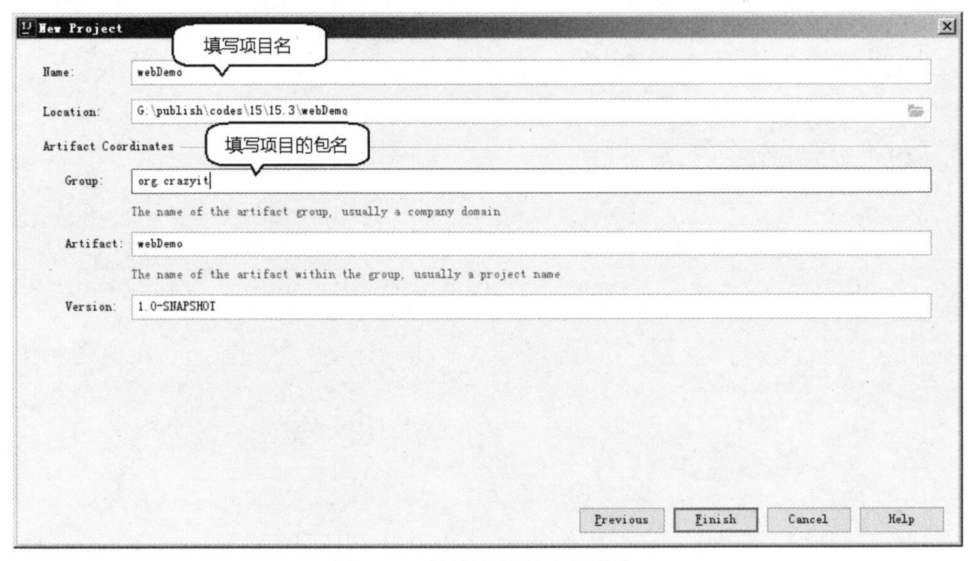


图 15.7　填写项目的必需信息

⑤ 填写项目名、项目的包名等基本信息，然后单击“Finish”按钮，即可完成项目的创建。创建项目完成后，IntelliJ IDEA 会为这个 Web 项目创建如下文件结构。

```
webDemo
├─pom.xml  项目生成文件
└─src
    ├─main  保存主项目使用的所有文件
    │  ├─java  保存项目使用的 Java 源文件
    │  ├─resources  保存项目使用的各种资源
    │  └─webapp  保存整个 Web 应用的各种页面
    │      └─WEB-INF
    │            └─web.xml  Web 应用的配置描述文件
    └─test  保存测试使用的所有文件
        ├─java  保存各种测试用例
        └─resources  保存测试用到的各种资源
```

由于 IntelliJ IDEA 使用了 Maven 作为项目生成工具，因此它自动按 Maven 项目创建了对应的文件结构。这种文件结构与 Eclipse 项目的文件结构略有差异，所以这就需要开发者真正掌握 Java 语言、Java 相关规范的本质。

对于 Web 应用而言，它总需要包含一个 WEB-INF 文件夹，而该文件夹下通常有一个 web.xml 作为配置描述文件。当你掌握了这个知识后，就不难发现其实 Eclipse 项目中的 WebContent 目录就类似于 IntelliJ IDEA 项目中的 webapp 目录。只不过 IntelliJ IDEA 将项目资源分成了主项目资源和测试资源两大类，分别放在 src 的 main 和 test 目录下。当你明白了这些之后，就会发现：虽然不同 IDE 工具所创建的项目结构可能千变万化，但万变不离其宗。

对于 Java IDE 工具而言，由于涉及 Web 开发，因此通常必须为 IDE 工具配置 Web 服务器。为 IntelliJ IDEA 配置 Web 服务器按如下步骤进行。

① 单击 IntelliJ IDEA 主界面中工具条上运行按钮（灰色的三角箭头）左边的“Add Configuration”下拉按钮，IntelliJ IDEA 将显示如图 15.8 所示的对话框。

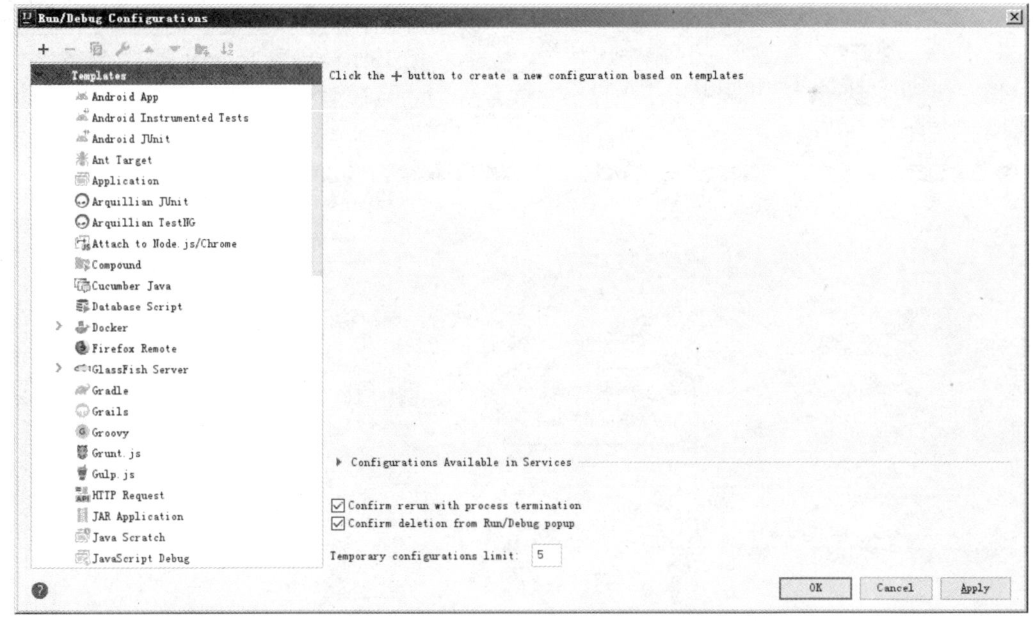


图 15.8　为 IntelliJ IDEA 添加运行配置

② 在左边的导航树中选择所需的运行模板。由于本例使用的是 Web 应用，因此需要选择运行 Web 服务器，此处以 Tomcat 为例，选择“Tomcat Server”→“Local”节点，IntelliJ IDEA 将显示如图 15.9 所示的对话框。

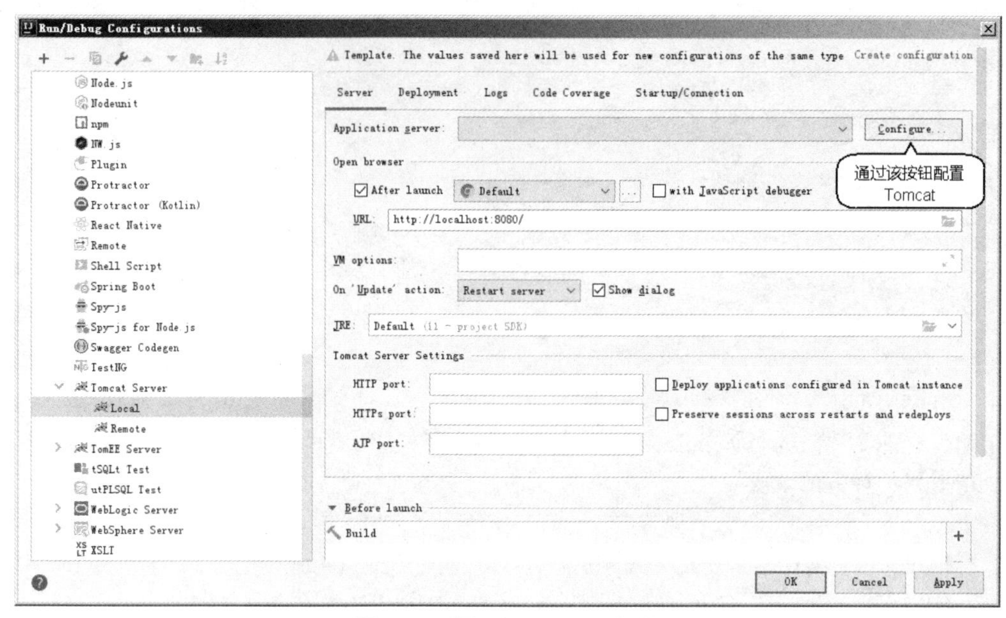


图 15.9　配置 Tomcat 服务器

③ 单击“Configure...”按钮，IntelliJ IDEA 将显示如图 15.10 所示的对话框，用于设置 Tomcat 的安装路径。

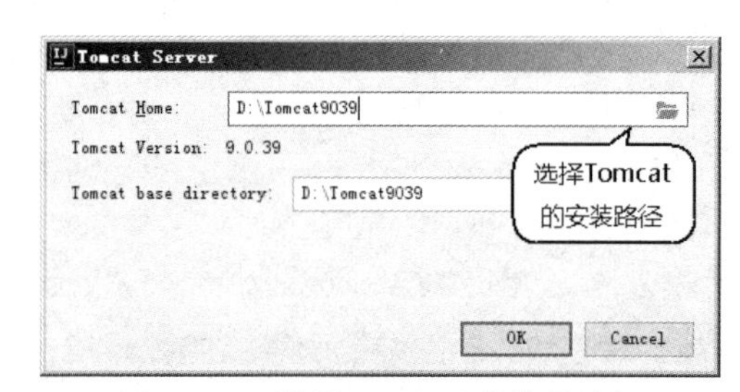


图 15.10　设置 Tomcat 的安装路径

选择 Tomcat 的安装路径之后，单击“OK”按钮，IntelliJ IDEA 将返回图 15.9 所示的对话框，此时该对话框中已有了 Tomcat 相关信息。

④ 完成“Server”标签页的配置之后，单击“Deployment”标签页，IntelliJ IDEA 将显示如图 15.11 所示的对话框。

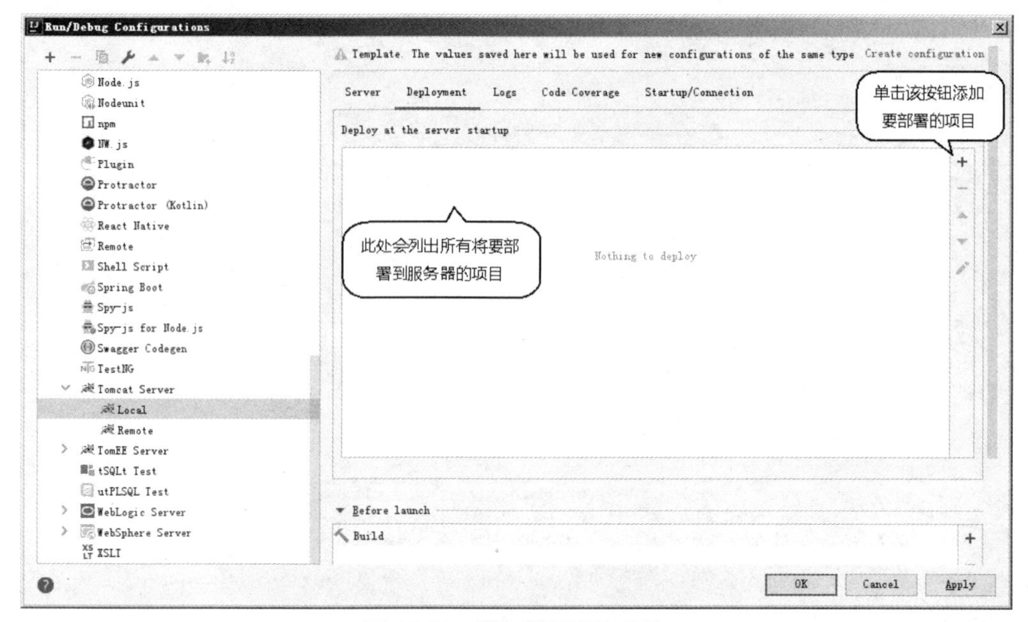


图 15.11　添加要部署的项目

5 单击右边的“+”按钮，在该按钮的弹出菜单中选择“Artifact...”菜单项，IntelliJ IDEA 将显示如图 15.12 所示的对话框。

图 15.12 显示了 Web 项目的两种部署方式。

- war：将整个 Web 应用直接复制到 Tomcat 的 webapps 目录下。
- war exploded：通过增加配置文件来部署。

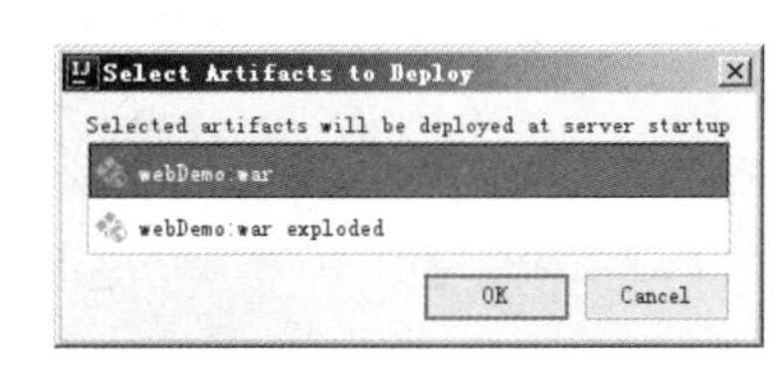


图 15.12　选择要部署的项目

开发者可根据自己喜好选择合适的部署方式。例如，简单地选择 war 部署，对应地，在图 15.12 所示对话框中选择“webDemo: war”列表项，然后单击“OK”按钮，返回图 15.11 所示的对话框，此时该对话框中将会列出刚刚添加的要部署的 Web 项目。单击图 15.11 所示对话框中的“OK”按钮，返回 IntelliJ IDEA 主界面，此时可以看到 IntelliJ IDEA 工具条上绿色的运行按钮已处于可用状态，开发者只要单击该按钮即可将 Web 应用部署到 Tomcat 服务器，并启动 Tomcat 服务器。

**提示：**

关于如何下载和安装 Tomcat 服务器，可以参考疯狂 Java 体系的《轻量级 Java Web 企业应用实战》，该书中有关于 Tomcat 9.0 安装的详细介绍。

为 Eclipse 配置服务器也很简单，按如下步骤进行即可。

**提示：**

Eclipse 使用不同插件时差异较大，此处介绍的并非使用 MyEclipse 插件时配置服务器的步骤，这里是以 Eclipse-jee（2020-09 版）为例进行介绍的。

1 单击 Eclipse 的“Window”主菜单，选择“Preferences”菜单项，Eclipse 将弹出“Preferences”窗口。

2 单击左边树形结构中的“Server”→“Runtime Environments”节点，系统将显示如图 15.13 所示的窗口。

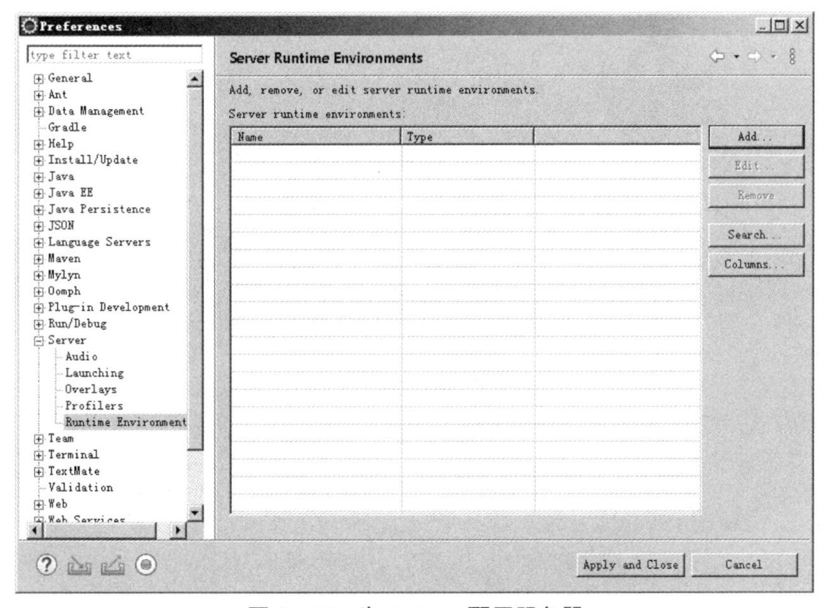


图 15.13　为 Eclipse 配置服务器

③ 单击右边的“Add...”按钮，Eclipse将弹出如图15.14所示的窗口。

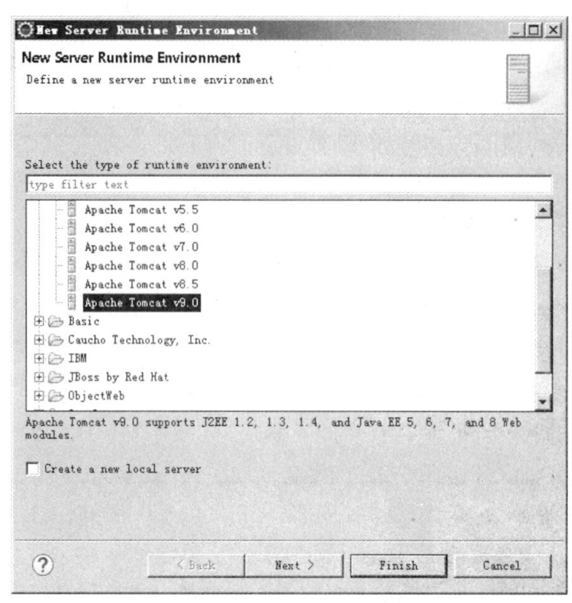


图15.14　选择合适的服务器

④ 在服务器列表中选择本机已经成功安装的服务器。这里以Tomcat 9.0为例，就应该选择“Apache Tomcat v9.0”列表项，然后单击“Next”按钮，Eclipse将弹出如图15.15所示的窗口。

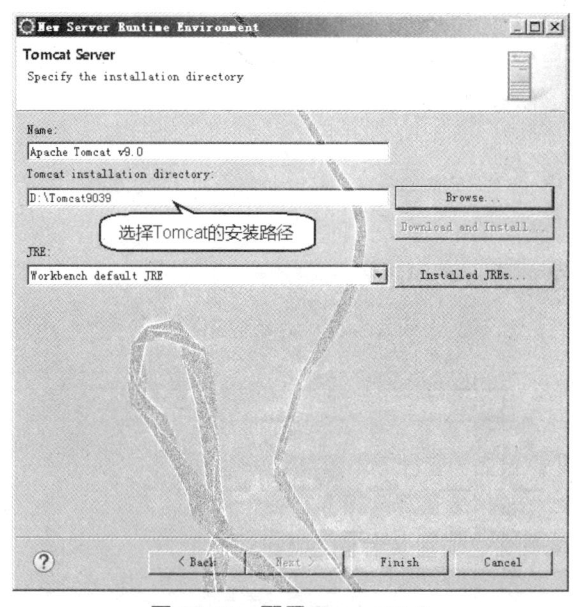


图15.15　配置Tomcat 9.0

经过上面的步骤后，即可为Eclipse增加对Tomcat 9.0的支持，以后开发者就可以在Eclipse中使用Tomcat 9.0作为Web服务器了。

## 15.3.2　自动编译

不管是Eclipse还是IntelliJ IDEA，都提供了自动编译、运行的功能，开发者只要编写Java源文件，IDE工具就会自动编译Java源文件，并将生成的二进制*.class文件复制到相应的文件夹下。

以 Eclipse 为例，当为前面的 Web 应用增加一个 Cat.java 源文件（位于 org.crazyit 包下）之后，Eclipse 将会自动编译这个 Cat.java 文件，并将编译得到的 Cat.class 文件放在 build 路径的 classes\org\crazyit 子路径下。

以 IntelliJ IDEA 为例，当为前面的 Web 应用增加一个 Cat.java 源文件（位于 org.crazyit 包下）之后，单击 IntelliJ IDEA 工具条上绿色的运行按钮，IntelliJ IDEA 将会自动编译这个 Cat.java 文件，并将编译得到的 Cat.class 文件放在 target 路径的 classes\org\crazyit 子路径下，当该 Web 应用被部署到 Tomcat 的 webapps 目录下时，整个 classes 目录会被复制到 Web 应用的 WEB-INF 目录下。

实际上，IntelliJ IDEA 会将打包生成的整个 Web 应用都放在 target 路径下，查看 IntelliJ IDEA 的 target 路径，可以看到如图 15.16 所示的文件。

classes 文件夹
generated-sources 文件夹
generated-test-sources 文件夹
test-classes 文件夹
webDemo-1.0-SNAPSHOT 文件夹
webDemo-1.0-SNAPSHOT.war zip压缩包 1.85 KB

图 15.16　IntelliJ IDEA 自动编译生成的文件

## 15.3.3　自动部署、运行

这里的自动部署包含两方面内容。

➢ 开发一个项目后，首次部署该项目可能需要单击几个“下一步”之类的按钮。

➢ 以后为该项目添加任何文件都会被自动部署。

从上面介绍可以看出，使用 IDE 工具开发项目时，只有首次部署才需要人工干预，在后面的开发过程中编写源代码即可，IDE 工具将会自动编译、部署，完全不需要开发者干预。

以 Eclipse 为例，右击需要运行的项目，在弹出的快捷菜单中单击“Run As”菜单项，Eclipse 将显示如图 15.17 所示的菜单，用于选择项目的运行方式。

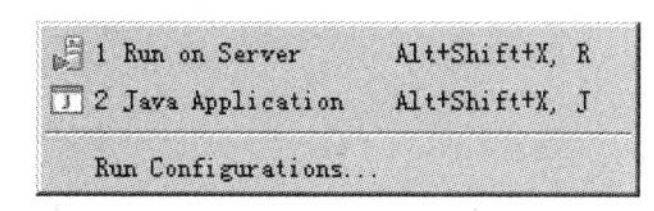


图 15.17　选择项目的运行方式

由于此处运行的是 Java Web 项目，因此单击第一个菜单项“Run on Server”，Eclipse 将弹出如图 15.18 所示的选择部署的服务器窗口。

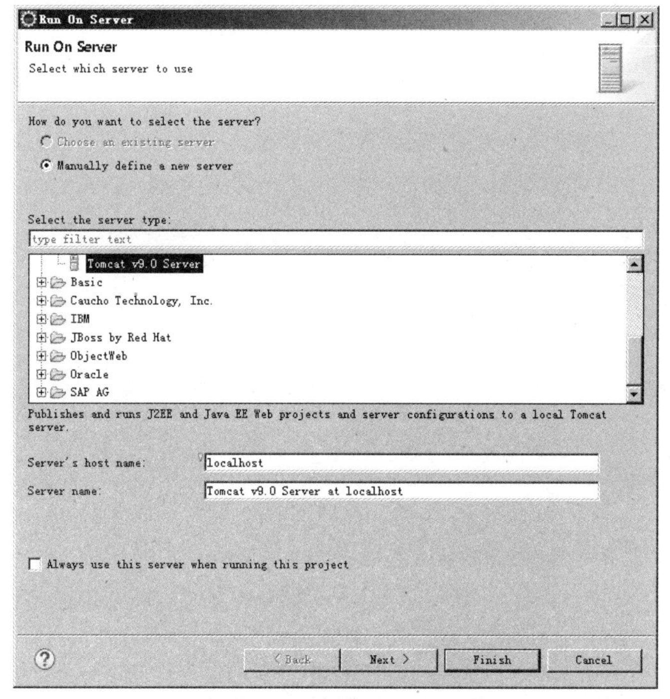


图 15.18　选择部署的服务器

这里选择前面已经配置好的 Web 服务器，单击“Finish”按钮，即可将该项目部署到指定服务器中。一旦完成了首次部署，以后为该项目添加任何文件就都会被 Eclipse 自动部署到项目中，无须开发者干预。

以 IntelliJ IDEA 为例，只要单击 IntelliJ IDEA 工具条上的运行按钮即可开始运行项目。这是由于前面已经为该 Web 项目添加了运行配置。

一旦完成了首次部署，以后为该项目添加任何文件就都会被 IntelliJ IDEA 自动部署到项目中，无须开发者干预。

## 15.4 代码管理

IDE 工具还提供了很强大的代码管理功能，该功能可以为开发者自动生成大量“公式化”的代码（具有某种规律的代码）。通过自动生成代码，IDE 工具可以将开发者从简单的代码输入中解放出来，大大地提高了开发效率。

### 15.4.1 代码生成器

除前面提到的以向导式的方式生成代码之外，所有的 IDE 工具都会提供基本的代码生成器，最简单的如为 Java 类中的各成员变量生成 setter 和 getter 方法。例如，在 Eclipse 中编写如下简单的 Java 源代码。

```
package org.crazyit;
public class Cat {
    private String name;
    private int age;
    private double weight;

}
```

如果需要为该 Cat 类的 name、age、weight 等成员变量提供 setter 和 getter 方法，则可以借助于 Eclipse 提供的代码生成器，而不是自己手动编写。

在 Eclipse 中生成 setter 和 getter 方法按如下步骤进行。

① 在代码编辑窗口中按下“Alt+Shift+S”快捷键，Eclipse 将弹出如图 15.19 所示的菜单。

| | |
|---|---|
| Toggle Comment | Ctrl+7 |
| Remove Block Comment | Ctrl+Shift+\ |
| Generate Element Comment | Alt+Shift+J |
| Correct Indentation | Ctrl+I |
| Format | Ctrl+Shift+F |
| Format Element | |
| Add Import | Ctrl+Shift+M |
| Organize Imports | Ctrl+Shift+O |
| Sort Members... | |
| Clean Up... | |
| Override/Implement Methods... | |
| Generate Getters and Setters... | |
| Generate Delegate Methods... | |
| Generate hashCode() and equals()... | |
| Generate toString()... | |
| Generate Constructor using Fields... | |
| Generate Constructors from Superclass... | |
| Externalize Strings... | |

图 15.19 自动生成代码的菜单

② 单击“Generate Getters and Setters...”菜单项，Eclipse 将弹出如图 15.20 所示的窗口。

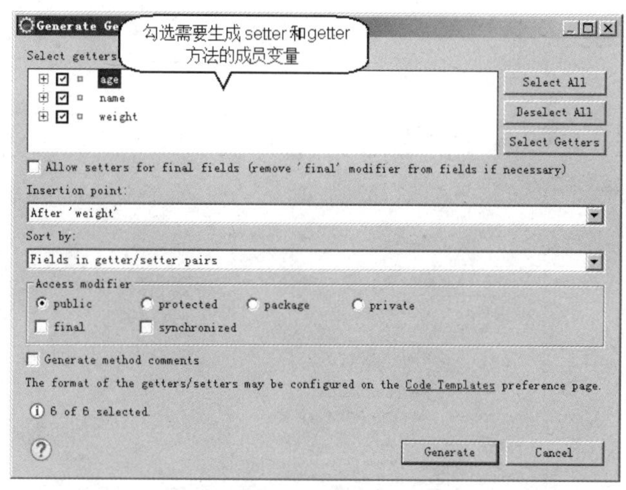


图 15.20　设置 Eclipse 生成 setter 和 getter 方法

③ 勾选需要生成 setter 和 getter 方法的成员变量，然后填写一些必要的基本信息，单击“OK”按钮，Eclipse 将会为 Cat 类中被勾选的成员变量生成 setter 和 getter 方法。

IntelliJ IDEA 也提供了与此类似的功能，在 IntelliJ IDEA 中使用代码生成器的步骤基本与此相似，只不过 IntelliJ IDEA 触发代码生成的默认快捷键是“Alt+Insert”，其他大同小异，故此处不再赘述。

## 15.4.2　代码提示

所有的 IDE 工具都会提供代码提示功能。当开发者输入某个类、某个对象后忘记了该类、该对象所包含的方法时，可以等到 IDE 工具的代码提示列出所有可用的方法后选择合适的方法。

例如，在 Eclipse 中编写代码时，当开发者输入一个英文点号后，默认等待 200ms 即可看到方法提示，如图 15.21 所示。

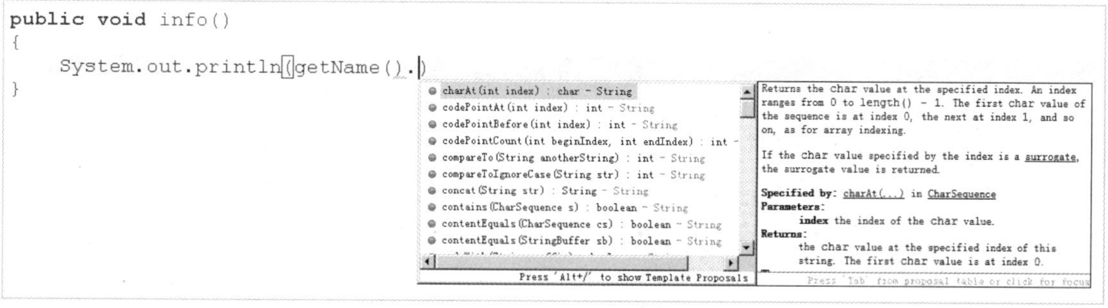

```
public void info()
{
    System.out.println(getName().)
}
```

图 15.21　Eclipse 的代码提示

由于图 15.21 中 getName()方法返回了一个 String 对象，因此 Eclipse 立即提示了 String 对象的所有可用的方法。

对于熟练的代码编写者而言，总是实时地显示代码提示既烦人，又会降低 IDE 的运行速度。若要关闭 Eclipse 的代码提示，通过“Window”→“Preferences”→“Java”→“Editor”→“Content Assist”，即可进入如图 15.22 所示的窗口。

在关闭了 Eclipse 自动代码提示的情况下，如果想得到 Eclipse 的代码提示，则按下“Alt + /”快捷键（默认）即可显示代码提示。

Preferences
Content Assist
Insertion
Completion inserts
Completion overwrites
Press 'Ctrl' to toggle while content assist is active
Insert single proposals automatically
Insert common prefixes automatically
Disable insertion triggers except 'Enter'
Add import instead of qualified name
Use static imports (only 1.5 or higher)
Fill method arguments and show guessed arguments
Insert parameter names
Insert best guessed arguments
Sorting and Filtering
Types along with their members can be filtered using type filters.
Sort proposals
by relevance
Show camel case matches
Show subword matches
勾选该复选框才会
自动出现提示框
Auto Activation
Enable auto activation
Auto activation delay (ms):
Auto activation triggers for Java:
Auto activation triggers for Javadoc:
Apply and Close
Cancel

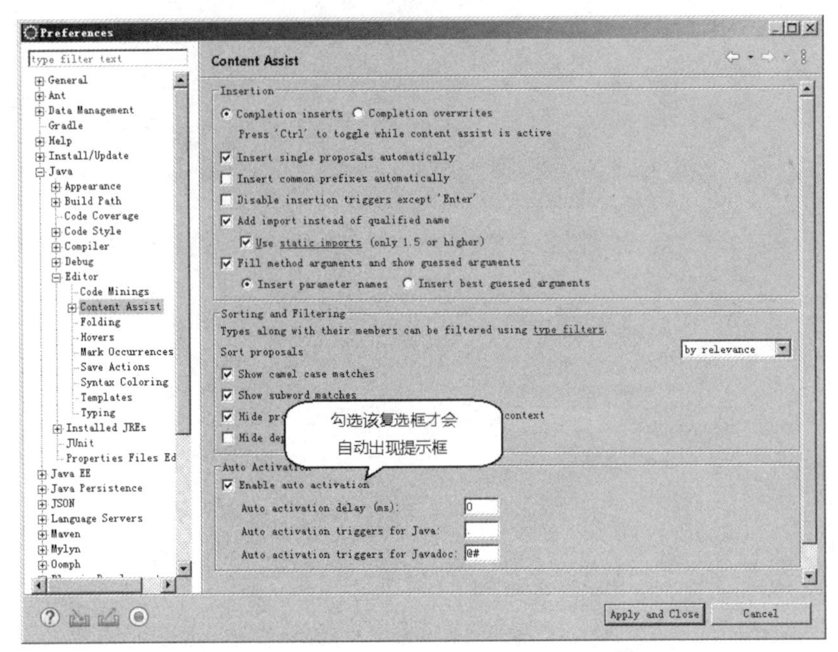

图 15.22　关闭或打开 Eclipse 的自动代码提示

类似地，IntelliJ IDEA 也有相似的代码提示功能，如图 15.23 所示。

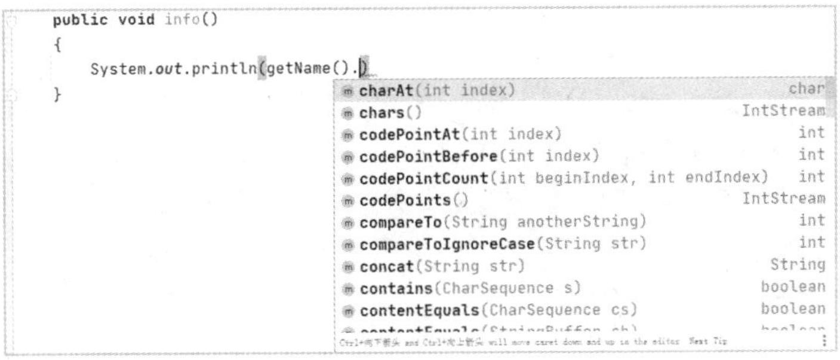

public void info()
{
System.out.println(getName().)
}
charAt(int index) char
chars() IntStream
codePointAt(int index) int
codePointBefore(int index) int
codePointCount(int beginIndex, int endIndex) int
codePoints() IntStream
compareTo(String anotherString) int
compareToIgnoreCase(String str) int
concat(String str) String
contains(CharSequence s) boolean
contentEquals(CharSequence cs) boolean

图 15.23　IntelliJ IDEA 的自动代码提示

## 15.4.3　自动代码补齐

自动代码补齐通常不需要开发者干预，当输入未完成的部分代码后，如果 IDE 工具检测到开发者已输入的部分代码总需要和其他部分代码进行配对，就会为开发者自动补齐缺失的代码。

例如，开发者输入一个左边的双引号，IDE 工具会自动添加一个右边的双引号；开发者输入一个左括号，IDE 工具会自动添加一个右括号；在编辑 XML 文档时开发者输入一个开始标签，IDE 工具会为之自动添加一个结束标签。

由于自动代码补齐非常简单，而且无须开发者手动干预，故此处不再给出详细的示例，读者可以亲自使用 IDE 工具来感受一下自动代码补齐功能。

## 15.4.4　实时错误提示

当使用 IntelliJ IDEA、Eclipse 编写 Java 代码时，如果由于手误或其他原因导致输入的源代码中包含错误，IDE 工具可以实时提示这些编译错误，无须等到编译时就可发现程序中的错误，从而可以即时更正这些错误。

例如，当在 Eclipse 中编写代码时产生了错误，即可看到如图 15.24 所示的错误提示。

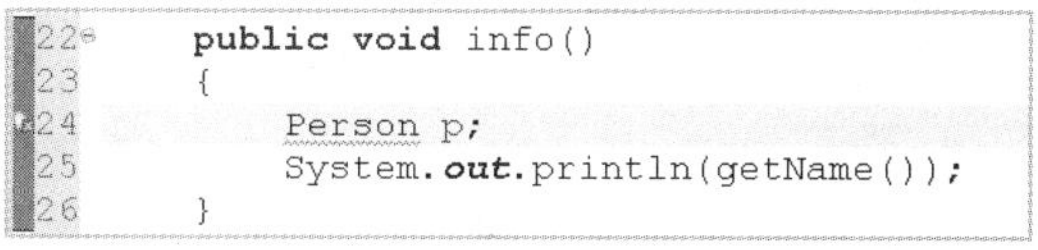

```
22  public void info()
23  {
24      Person p;
25      System.out.println(getName());
26  }
```

图 15.24　实时错误提示

对于 Eclipse 而言，它还提供了一个人性化的功能：为这些错误提供修复建议供开发者参考。将光标移动到指定错误所在处，按“Ctrl + 1”快捷键，即可看到如图 15.25 所示的修复建议。

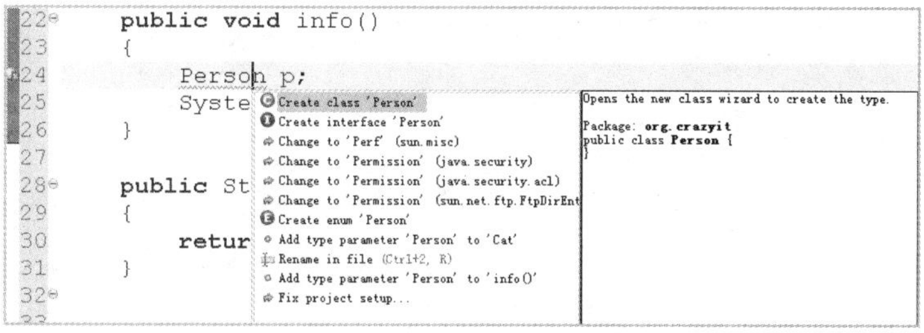

```
22  public void info()
23  {
24      Person p;
25      Syste   Create class 'Person'
26  }           Create interface 'Person'
27              Change to 'Perf' (sun.misc)
28  public St   Change to 'Permission' (java.security)
29  {           Change to 'Permission' (java.security.acl)
30      retur   Change to 'Permission' (sun.net.ftp.FtpDirEnt
31  }           Create enum 'Person'
32              Add type parameter 'Person' to 'Cat'
                Rename in file (Ctrl+2, R)
                Add type parameter 'Person' to 'info()'
                Fix project setup...

Opens the new class wizard to create the type.

Package: org.crazyit
public class Person {
}
```

图 15.25　Eclipse 为错误提供的修复建议

IntelliJ IDEA 也提供了实时错误提示功能，如果开发者输入的代码中包含编译错误，IntelliJ IDEA 会实时提供如图 15.26 所示的错误提示。

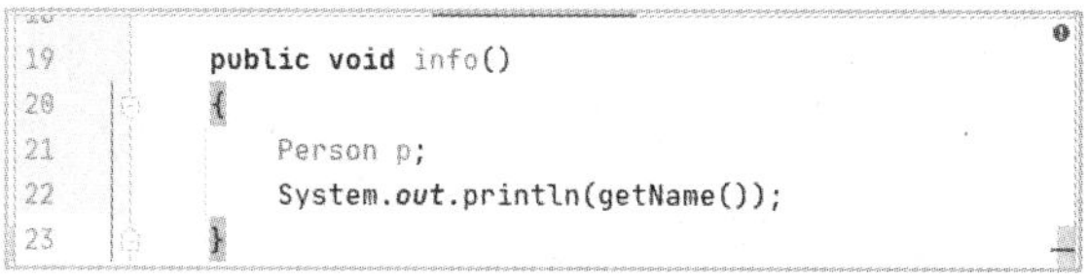

```
19  public void info()
20  {
21      Person p;
22      System.out.println(getName());
23  }
```

图 15.26　IntelliJ IDEA 的实时错误提示

IntelliJ IDEA 同样为错误提供了修复建议，将光标移动到指定错误所在处，按“Alt + Enter”快捷键（所有 IDE 工具都大同小异，只是快捷键有所不同而已），即可看到如图 15.27 所示的修复建议。

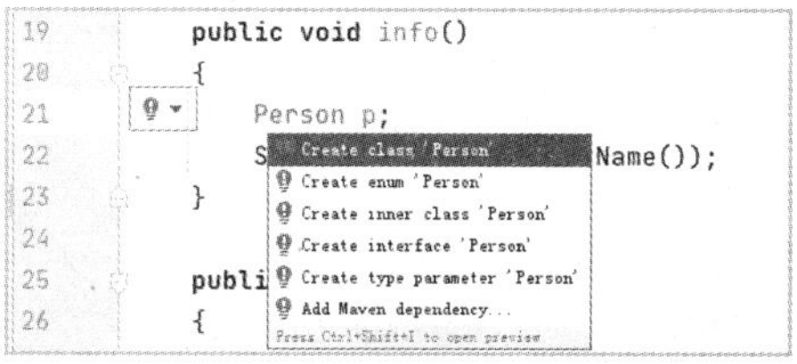

```
19  public void info()
20  {
21      Person p;
22      S   Create class 'Person'           Name());
23  }       Create enum 'Person'
24          Create inner class 'Person'
25  publi   Create interface 'Person'
26  {       Create type parameter 'Person'
            Add Maven dependency...
            Press Ctrl+Shift+I to open preview
```

图 15.27　IntelliJ IDEA 为错误提供的修复建议

## 15.5　项目调试

项目调试是 IDE 工具提供的一个便捷利器，借助于 IDE 工具的辅助支持，开发者可以非常方便地完成第 14 章介绍的跟踪程序执行流程、断点调试等。

### 15.5.1　设置断点

IDE 工具提供的断点调试功能可以取代原来用于调试的 System.out.println()语句，而且 IDE 工具提供的变量监视窗口可以同时监控多个变量的值，非常方便。

在 IDE 工具中设置断点也是非常简单的，通常只要用鼠标单击即可。

以 Eclipse 为例，开发者可以在代码编辑面板左边的蓝色条内双击鼠标左键添加（或取消）一个断点，添加断点后的效果如图 15.28 所示。

```
BreakPointTest.java
1  package org.crazyit;
2
3  public class BreakPointTest
4  {
5      public static void main(String[] args)
6      {
7          var str = "疯狂Java讲义";
8          var b = 20;
9          var c = (b >> 2) + 12;
10         String result = str + b + c;
11         var d = (int) (Math.random() * 10);
12         int e = Integer.parseInt(result) + d;
13     }
14 }
15
```

图 15.28　在 Eclipse 中添加断点

添加断点之后，开发者即可开始断点调试。单击 Eclipse 工具条上的 Debug 按钮（虫子图标的按钮）即可进入调试状态，程序运行到第一个断点处会自动停止，状态如图 15.29 所示。

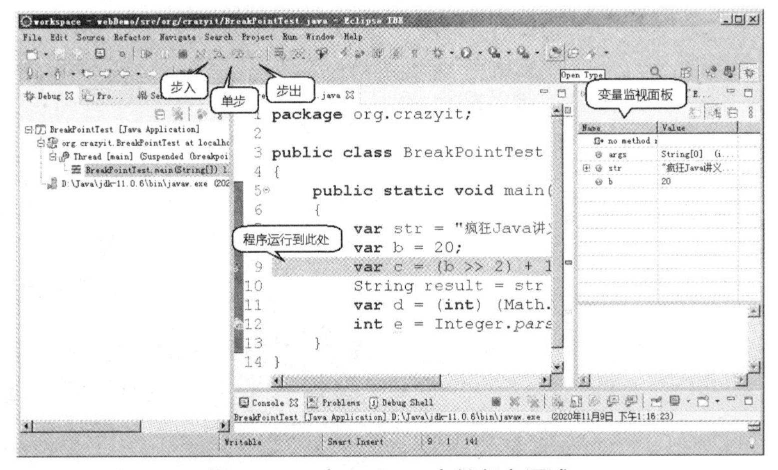


图 15.29　在 Eclipse 中做断点调试

从图 15.29 所示窗口的右上角可以看到当前程序中所有变量的值，这样可以非常方便地跟踪程序的运行状态。

在图 15.29 所示窗口的工具条上有三个调试按钮：步入（F5 键）、单步（F6 键）、步出（F7 键）。这三个按钮是 Eclipse 用于跟踪程序执行流程的重要按钮。

以 IntelliJ IDEA 为例，开发者可以在代码编辑面板左边的灰色条内单击鼠标左键添加（或取消）一个断点，添加断点后的效果如图 15.30 所示。

```
BreakPointTest.java
1   package org.crazyit;
2
3   public class BreakPointTest
4   {
5       public static void main(String[] args)
6       {
7           var str = "疯狂Java讲义";
8           var b = 20;
9           var c = (b >> 2) + 12;
10          String result = str + b + c;
11          var d : int  = (int) (Math.random() * 10);
12          int e = Integer.parseInt(result) + d;
13      }
14  }
```

图 15.30　在 IntelliJ IDEA 中添加断点

添加断点之后，开发者即可开始断点调试。单击 IntelliJ IDEA 工具条上的 Debug 按钮（虫子图标的按钮）即可进入调试状态，程序运行到第一个断点处会自动停止，状态如图 15.31 所示。

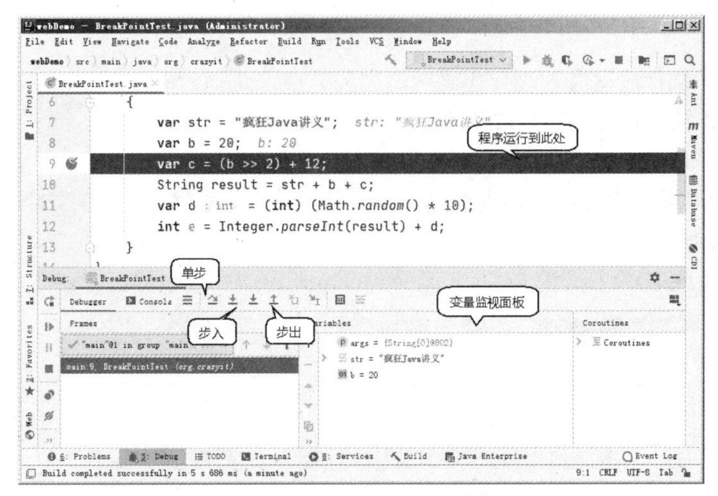


图 15.31　在 IntelliJ IDEA 中做断点调试

对比图 15.29 和图 15.31，可以发现 Eclipse 与 IntelliJ IDEA 的断点调试只是布局不同而已，基本的功能大同小异。

实际上，这也是所有 IDE 工具都应该提供的通用的调试功能。此处掌握了 Eclipse 和 IntelliJ IDEA 两个工具的调试功能之后，以后也应该可以使用其他 IDE 工具的断点调试功能。

## 15.5.2　单步调试

在 IDE 工具中进入调试状态，并且在调试时设置了断点之后，程序运行到第一个断点处会自动停止，此时可以使用 IDE 工具的单步调试来跟踪程序执行流程。

图 15.29 中显示了 Eclipse 的“单步调试”按钮，不过在实际调试时大都通过 F6 键来进行单步调试。

图 15.31 中显示了 IntelliJ IDEA 的“单步调试”按钮，不过在实际调试时大都通过 F8 键来进行单步调试。

在调试状态下每单击一次“单步调试”按钮，或者按一次“单步调试”的快捷键，都可看到程序向下执行一行，通过这种方式可以跟踪到程序依次执行了哪些代码，从而可以非常清楚地跟踪程序执行流程。

例如，对于图 15.31 所示的状态按两次 F8 键（“单步调试”的快捷键），可以看到程序向下执行了两行代码，如图 15.32 所示。

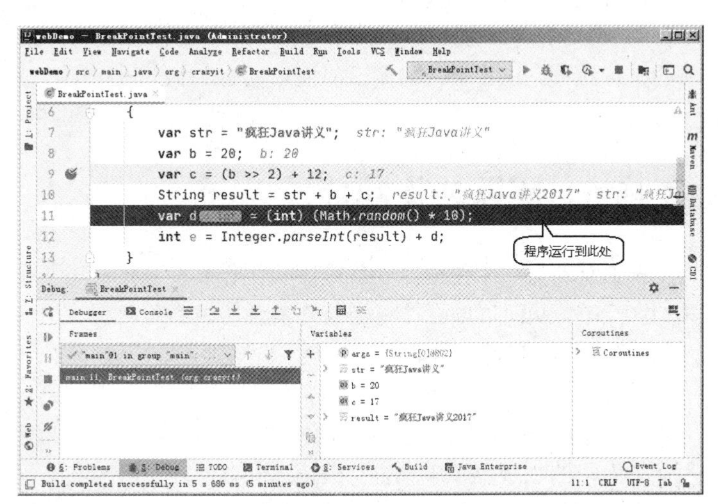


图 15.32　单步调试

使用 Eclipse 进行单步调试的效果与此相似，一样可以看到程序逐行向下执行的效果，此处不再赘述。

### 15.5.3 步入、步出

使用 IDE 工具除了可以进行单步调试，还可以使用步入（Step In）和步出（Step Return）来进行调试。

➢ 步入：程序执行流程进入该行代码所调用的方法，进而跟踪被调用方法的执行流程。

➢ 步出：进入被调用方法后，如果不想再逐行跟踪被调用方法的执行流程，则可以用步出功能来结束该方法。

使用步入功能可以非常方便地进入程序中的被调用方法，了解被调用方法的执行过程，从而对程序的执行有更清晰的把握。例如，在图 15.32 所示界面中按“Alt+Shift+F7”快捷键（“强制步入”的快捷键），即可看到 IDE 工具进入 Math 类的 random()方法的调试界面，如图 15.33 所示。

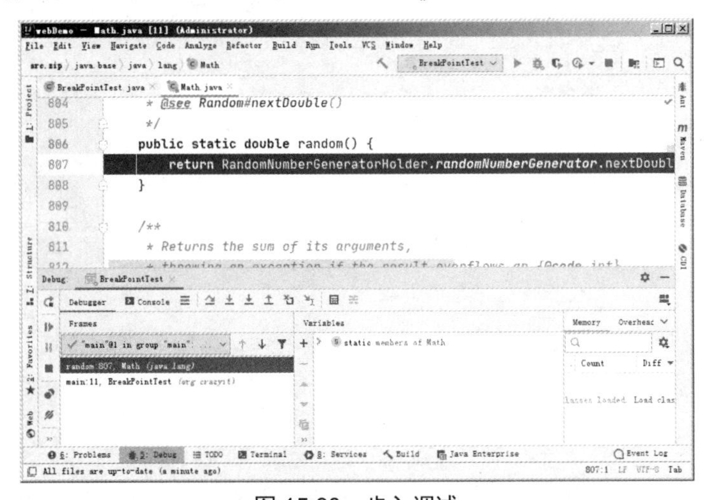


图 15.33 步入调试

Eclipse 的步入调试效果与图 15.33 所示的相似，此处不再赘述。

IDE 工具进入被调用方法调试之后，一样可以使用单步调试来跟踪被调用方法的执行流程，如果开发者找到了被调用方法执行流程的关键部分，对后面的执行流程不再感兴趣，则可以使用步出功能跳出该方法。

当使用步入功能进入被调用方法之后，被调用方法可能再次调用了其他方法，如果有需要，开发者可以再次使用步入功能进入被调用方法来调试。

在图 15.33 所示界面中按“Shift + F8”快捷键（步出），IDE 工具不再跟踪 Math 类的 random()方法的执行流程，IDE 工具的调试界面返回 BreakPointTest 类进行调试。

Eclipse 工具提供的步出功能与此非常相似，故此处不再赘述。

## 15.6 团队协作功能

IDE 工具的另一个便捷之处就是团队协作支持。IDE 工具可以直接作为 SVN、Git 等版本控制工具的客户端，从而可以直接将当前开发者所做的修改提交到 SVN、Git 服务器，也可以将 SVN、Git 服务器上的修改同步到本地。

如果开发者希望将现有的项目全部发布到 Git 资源库，则可以按如下步骤进行。

① 右击 Eclipse 左边项目导航面板中指定的项目，在弹出的快捷菜单中单击“Team”菜单项，在接下来出现的二级菜单中单击“Share Project ...”菜单项。

如果是第一次使用 Eclipse 作为 Git 客户端，Eclipse 将弹出如图 15.34 所示的窗口；如果以前使用过 Eclipse 作为 Git 客户端，则直接选择已有的 Git 资源库即可。

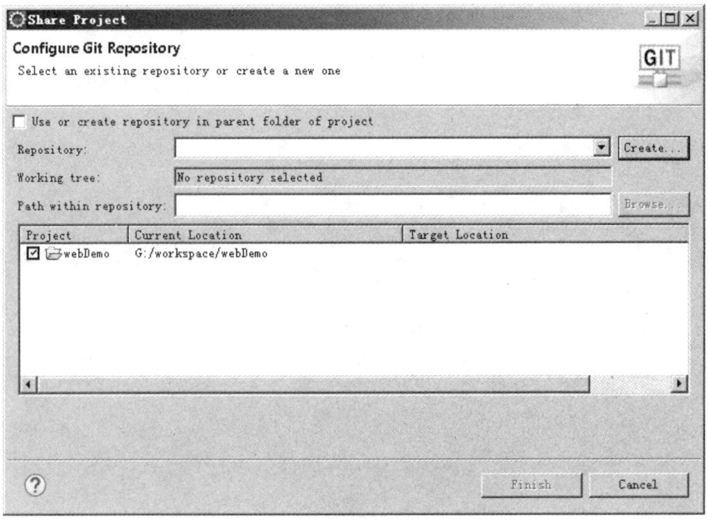

图 15.34 将项目上传到 Git 资源库

② 在图 15.34 所示窗口中输入连接 Git 的必要信息，如果输入正确，接下来即可将该项目上传到 Git 资源库。

将项目提交到本地 Git 资源库之后，Eclipse 会允许开发者将本地资源库的内容 Push 到远程服务器的资源库。

使用 Eclipse 从 Git 资源库中下载项目请按如下步骤进行。

① 单击“File”主菜单中的“Import...”菜单项，系统将弹出如图 15.35 所示的导入项目窗口。

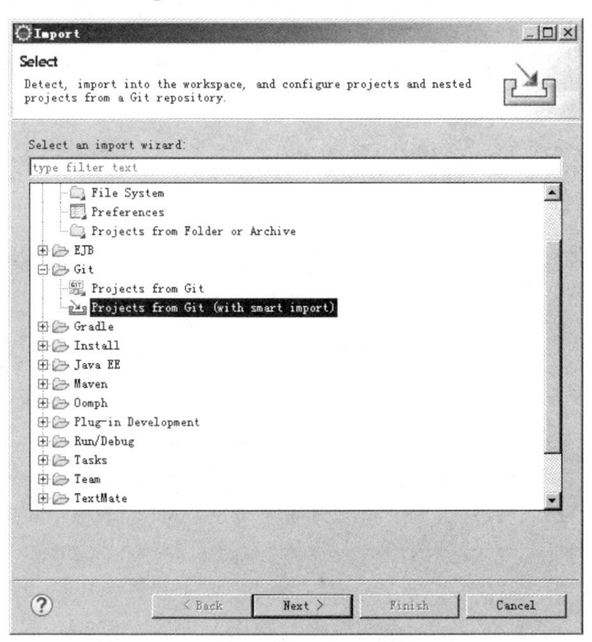


图 15.35 选择从 Git 资源库导入项目

② 单击“Git”节点下的“Projects from Git”或“Projects from Git（with smart import）”子节点，表明希望从 Git 资源库中导入项目。单击“Next”按钮，系统将显示如图 15.36 所示的选择 Git 资源库窗口。

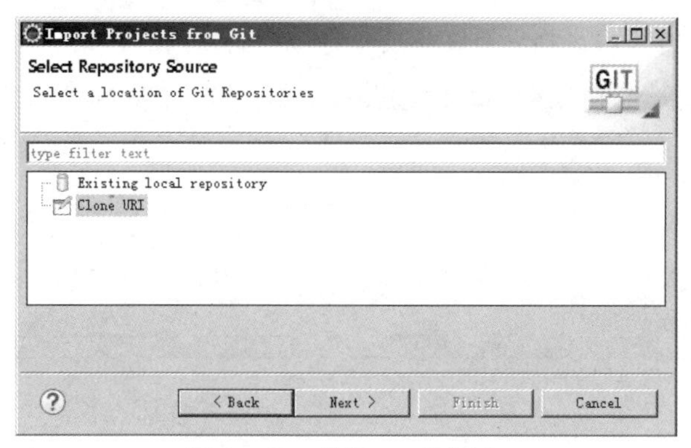


图 15.36　选择 Git 资源库

③ 如果只是从本地 Git 资源库中导入项目，则选择“Existing local repository”节点；如果要从远程 Git 资源库中导入项目，则选择“Clone URI”节点。

以从远程 Git 资源库中导入项目为例，选择“Clone URI”节点，然后单击“Next”按钮，系统将显示如图 15.37 所示的窗口。

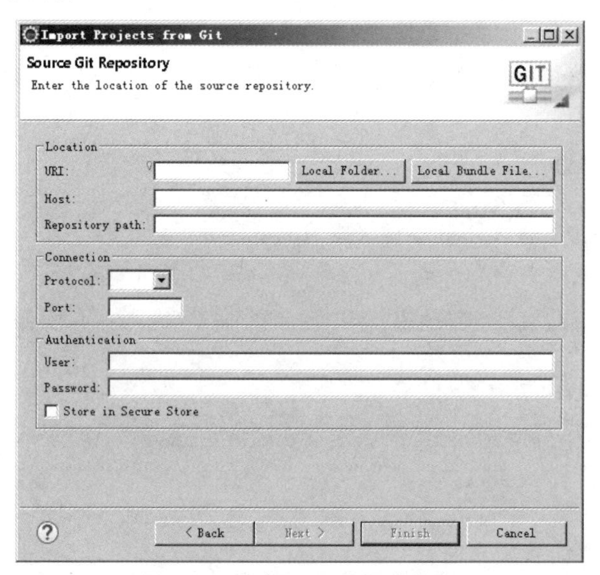


图 15.37　填写 Git 资源库信息

填写好 Git 资源库信息之后，单击“Next”按钮，系统将会开始将远程 Git 资源库中的项目下载到本地。

**提示：**

由于使用 Eclipse 作为 Git 客户端时需要访问网络，所以如果机器上安装了防火墙，一定要记得关闭防火墙，或者设置防火墙允许 Eclipse 访问网络。

要将 IntelliJ IDEA 中的项目导入 Gitu 资源库，可按如下步骤进行。

① 在 IntelliJ IDEA 右边的项目管理面板中选中指定项目，然后单击 IntelliJ IDEA 的主菜单“VCS”→“Import into Version Control”，IntelliJ IDEA 将会显示如图 15.38 所示的菜单。

② 选择“Create Git Repository...”菜单项，系统将弹出对话框用于创建本地 Git 资源库；如果选择“Share Project on GitHub”菜单项，则用于将项目上传到远程的 GitHub 资源库。

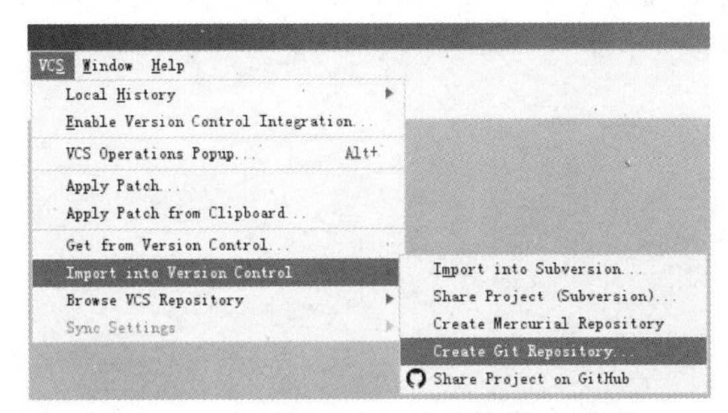


图 15.38　将项目导入 Git 资源库的菜单

将项目提交到本地 Git 资源库之后，IntelliJ IDEA 就会允许开发者将本地资源库的内容 Push 到远程服务器的资源库。

不难发现，不管是使用 Eclipse，还是使用 IntelliJ IDEA，其实只是在对话框形式上存在一些差异，而实质没有任何改变。只要真正掌握了 Git、SVN 等版本控制工具的用法，使用哪个 IDE 工具来充当客户端其实都差不多。

**提示：**

如果需要详细了解 Git 版本控制工具的用法，请参考疯狂 Java 体系的《轻量级 Java EE 企业应用实战》一书。

至于使用 IntelliJ IDEA 作为 Git 客户端的其他操作，例如，从资源库中下载项目、把本地所做的修改提交到资源库、将资源库的修改同步到本地等与在 Eclipse 中的操作大同小异，故此处不再赘述。

## 15.7　本章小结

本章主要归纳了各种 IDE 工具对实际开发的帮助。首先介绍了 IDE 工具对实际开发的帮助，并讲解了初学者对 IDE 工具应抱有怎样的态度。本章以 Eclipse、IntelliJ IDEA 这两种 IDE 工具为主，详细介绍了 IDE 工具提供的项目管理、代码管理、项目调试、团队协作支持等几大方面的功能。学习本章时需要牢记 IDE 工具能辅助开发者完成的通用功能，在熟练使用 Eclipse、IntelliJ IDEA 的基础上，举一反三，尝试使用其他 IDE 工具。

CHAPTER

16

# 第 16 章 软件测试经验谈

## 引言

“你看，那帮家伙又在挑我这些无关紧要的错误了，哈哈。”小华无奈地指着 Bugzilla 上的一堆错误提示向旁边的小温说。

小华和小温是两个进公司不到一年的初级程序员，两人技术差不多，两个年轻人很谈得来，私下里关系相当好。小温侧过头看了下小华的屏幕，对小华深表同情：“测试组那帮家伙整天啥都干不了，只知道鸡蛋里挑骨头，给我们没事找事，真不知道公司养着这帮家伙干什么。”

“是啊，你看这里，这个页面颜色稍微调整一下就行了，他们也将其作为一个 Bug 提交上来了。”

“……”

“讨论什么呢？这么热烈！”项目经理估计是出去抽烟，刚好从他们旁边经过，热情地向小华和小温打招呼。

“经理，我们觉得测试组有些吹毛求疵呢，你看这些问题……”小华接着跟项目经理诉苦。

项目经理俯下身稍微看了下，慢慢地问小华：“软件的价值在哪里？”

“……”小华和小温没有答话。

“软件的价值在于向我们的客户提供服务，只有向客户提供更贴心、更人性化的服务，我们的软件才会更有价值。通俗地说，客户才会付钱给我们，我们大家才会领到工资。”项目经理一口气说完这段话，意犹未尽：“为了向客户提供更好的服务，我们必须先自行检查软件中可能存在的缺陷，而测试人员的职责就是尽可能找出各种缺陷。”

“所以他们总是故意挑我们的刺？”小温还有些不服气。

“并不是挑刺，其实测试组和开发组的目标完全一致：尽量向客户提供更完善的系统。而测试组的任务是发现问题，开发组的任务是解决问题。如果测试组漏掉一个严重的问题，而这个问题最后被客户发现了，对我们公司的形象、对我们软件的形象将是非常不利的。”项目经理继续解释。

“明白啦。”小温和小华异口同声地说：“问题还是宁愿让自己人找到，而不要搞到被客户发现，否则就糗大了。看来我们也应该学习一些软件测试的基础知识，这样也可以用更专业的眼光来审查自己写的代码。”

“哈哈，听到你们这么说，我就放心多了。”项目经理笑着走出了办公室。

## 本章要点

- 软件测试的相关概念
- 软件测试的分类
- 常见的 Bug 管理工具
- 单元测试的概念和作用
- 单元测试的逻辑覆盖
- 单元测试和 JUnit 框架
- JUnit 的用法
- 系统测试的概念和意义
- 自动化测试的作用
- 常用的自动化测试工具
- 性能测试的作用
- 性能测试、压力测试和负载测试
- 常见的性能测试工具

经过前面漫长的软件开发、调试过程，开发人员终于得到了一个完成后的软件产品，但谁也没法保证这个软件产品是否满足实际要求。为了检验开发出来的软件产品是否能满足实际需要，必须对软件产品进行测试。

软件测试通常应该由另一组人员进行，而不应该是开发人员，因此软件测试的目标不是为了修复软件，不是为了证明软件是满足要求的、可用的，而是找出软件系统中存在的缺陷，然后将这些缺陷提交给 Bug 管理系统（如 Bugzilla 等）。剩下的修复工作与软件测试人员无关，应该由软件开发人员来搞定。

在传统的软件开发流程（如瀑布模型）中，习惯上将软件测试放在软件开发之后，也就是等软件开发完成后再进行软件测试；但就目前实际的软件开发流程来看，软件开发和软件测试往往是同步进行的。开发人员不断地为系统开发新功能，而测试人员则不断地测试它们，找出这些新功能中可能存在的缺陷，并提交给 Bug 管理系统，开发者再修复这些缺陷。在一些更激进的开发流程（如测试驱动开发流程）中，甚至倡导先进行测试——也就是先提供测试用例，然后再去开发满足测试要求的软件。总之，软件测试已经成为软件工程中重要的一环，不可分割。

## 16.1 软件测试概述

软件测试是软件质量保证的重要手段之一，虽然软件开发和软件测试通常由不同的人员来进行，软件开发人员较少直接参与软件测试（在其他人员缺乏的环境中，也可让软件开发人员直接参与测试，让软件开发人员测试另一组开发人员开发的软件），但他们对软件测试也应该有一定的了解。

软件测试的工作量通常占软件开发总工作量的 40%，在某些极端的情况下，比如那些关系到生命、财产安全的软件所花费的成本，可能相当于软件工程其他开发步骤的 3~5 倍。

### 16.1.1 软件测试的概念和目的

从广义的角度来看，软件测试包括软件产品生存周期内所有的检查、评审和确认活动，如设计评审、系统测试等。从狭义的角度来看，软件测试包含的范围要小得多，它单指对软件产品质量所进行的测试。

关于软件测试，IEEE 给出如下定义。

“测试是使用人工和自动手段来运行或检测某个系统的过程，其目的在于检验系统是否满足规定的需求，或者弄清预期结果与实际结果之间的差别。”

此外，Glen Myers（梅尔斯）提出的定义也曾被许多人所接受。

- 软件测试是为了发现软件隐藏的缺陷。
- 一次成功的软件测试是发现了尚未被发现的缺陷。
- 软件测试并不能保证软件没有缺陷。

不同的人员对待软件测试具有不同的态度。对于用户来说，他们希望通过软件测试来发现软件中潜在的缺陷和问题，以考虑是否需要接受该软件产品；对于开发人员来说，他们希望测试成为软件产品中不存在缺陷和问题的证明过程，从而表明该软件产品已能满足用户的需求。

软件测试并不是软件质量保证。前者从“破坏”的角度出发，力图找出软件的缺陷；后者从“建设”的角度出发，监督和改进过程，尽量减少软件的缺陷。软件质量保证的过程贯穿整个软件开发，从需求分析开始，到最后的系统上线，软件质量保证贯穿全部过程。

总体来说，软件测试的目标是以最少的时间和人力，系统地找出软件中潜在的各种错误和缺陷。

软件质量保证期望尽可能早地发现并纠正软件中的所有缺陷，但实际上这是不可能的。这是由于软件本身的复杂性，以及引起软件缺陷的来源又如此之多。

- 编程错误：只要是程序员，就有可能犯错误。
- 软件的复杂度：软件的复杂性随软件的规模以指数级增长，软件的分布式应用、数据通信、多线程处理等都增加了软件的复杂度。
- 不断变更的需求：软件的需求定义总是滞后于实际的需求，如果实际的需求变更太快，软件就难以成功。
- 时间的压力：为了追上需求的变更，软件的时间安排非常紧张，随着最后期限的到来，缺陷被大量引入。
- 开发平台本身的缺陷：类库、编译器、链接器本身也是程序，它们也可能存在缺陷，新开发的系统也就无法幸免。

软件开发过程的质量保证无法保证软件没有缺陷。即使进行了软件测试，甚至是十万、百万次的测试，也依然不能保证软件没有缺陷。

软件测试是不可穷举的，因此软件测试是在成本与效果之间的平衡选择。软件测试在软件生命周期中横跨两个阶段：通常在编写出每个模块之后，程序开发者应该完成必要的测试，这种测试称为“单元测试”；在各个阶段结束后，还必须对软件系统进行各种综合测试，这部分的测试通常由测试人员完成。

测试的目的并不是证明程序是正确的，而是为了发现程序的缺陷。与传统的观点——成功的测试是没有发现缺陷的测试——恰恰相反，成功的测试是发现了软件缺陷的测试。测试只能找出软件中的缺陷，并不能证明软件没有缺陷。

从软件测试的目的来分析，软件测试不应该由软件开发人员来完成。俗语说“自己的孩子自己爱”，软件系统是开发人员的心血，让开发人员来找软件的缺陷，是一件很困难的事情，因为这意味着开发人员要“破坏”自己的系统，从心理上就难以接受。因此，软件测试通常应由其他人员组成测试小组进行测试。

关于软件测试有以下几条基本原则。

- 应该尽早并不断地进行软件测试。
- 测试用例应由测试输入数据和对应的预期输出结果这两部分组成。
- 开发人员避免测试自己的程序。
- 在设计测试用例时，至少应该包括合理的输入和不合理的输入两种。
- 应该充分注意测试中的群集现象，经验表明，测试后程序中残存的错误数目与该程序中已发现的错误数目呈正比。
- 严格执行测试计划，避免测试的随意性。
- 应当对每一个测试结果都做全面检查。
- 妥善保存测试计划、测试用例、出错统计和最终分析报告，为维护提供方便。

### 16.1.2 软件测试的分类

按照不同的标准，软件测试可以有不同的分类。

从对软件工程的总体把握来分，软件测试可分为如下类别。

- 静态测试：针对测试不运行部分的检查和审阅。静态测试又分为如下三类。
  - 代码审阅：检查代码设计的一致性，检查代码的标准性、可读性，包括代码结构的合理性。
  - 代码分析：主要针对程序进行流程分析，包括数据流分析、接口分析和表达式分析等。
  - 文档检查：主要检查各阶段的文档是否完备。

➢ 动态测试：通过运行和试探发现缺陷，也可分为如下两类。
  - 结构测试（白盒）：各种覆盖测试。
  - 功能测试（黑盒）：集成测试、系统测试和用户测试等。

从软件测试工程的大小来分，软件测试又可分为如下类别。

➢ 单元测试：测试中的最小单位，测试特殊的功能和代码模块。由于必须了解内部代码和设计的详细情况，该测试通常由开发者完成，该测试的难易程度与代码设计的好坏直接相关。

➢ 集成测试：测试应用程序结合的部分来确定它们的功能是否正确，主要用于测试功能模块或独立的应用程序，这种测试的难易程度取决于系统的模块粒度。

➢ 系统测试：这是典型的黑盒测试，与应用程序的功能需求紧密相关。这类测试应由测试人员完成。

➢ 用户测试：用户测试分成两种，第一种测试由测试人员模拟最终用户完成，称为 $\alpha$ 测试；第二种测试是由最终用户完成的，该测试在实际使用环境中试用，这种测试称为 $\beta$ 测试。如果软件的功能和性能与用户的合理期望一致，则软件系统有效。

➢ 平行测试：同时运行新开发的系统和即将被取代的旧系统，比较新旧两个系统的运行结果。通过使用平行测试，可以在准生产环境中运行新系统而不冒风险，从而对新系统进行全负荷测试来检验性能指标，为用户熟悉新系统赢得时间，并赢取更多的时间来验证用户指南、使用手册等用户文档。

## 16.1.3　开发活动和测试活动

在实际软件开发过程中，开发活动和测试活动往往是同时进行的，其中软件开发团队由软件开发经理负责，而软件测试团队由软件测试经理负责，两者之间的活动互相补充，并行向前，两个团队的地位完全平等。

比较常规的流程如下。

① 软件开发人员发布一个新功能或新模块，随之一起提交的还有软件开发文档、发布文档（包括新增了哪些功能、改进了哪些功能），以及软件安装、部署等相关文档。

② 软件测试人员按软件开发人员提供的文档安装、部署新功能或新模块。

③ 软件测试人员准备开始进行测试，在测试之前编写详细的测试计划并准备测试用例。

④ 软件测试人员进行实际测试，并编写一些自动化测试脚本，以简化下次的回归测试，然后将测试中发现的 Bug 提交到 Bug 管理系统（如 Bugzilla）。

⑤ 软件开发人员查看 Bug 管理系统，对软件测试人员提交的 Bug 进行修复，提交所做的修改，并在 Bug 管理系统中将该 Bug 设为已修复。

⑥ 软件测试人员针对已修复的 Bug 进行回归测试。如果 Bug 依然存在，则在 Bug 管理系统中将 Bug 重新打开（即将其设为需修复的 Bug）。

重复第 5 步和第 6 步，直到测试没有发现 Bug 为止。图 16.1 显示了开发活动和测试活动。

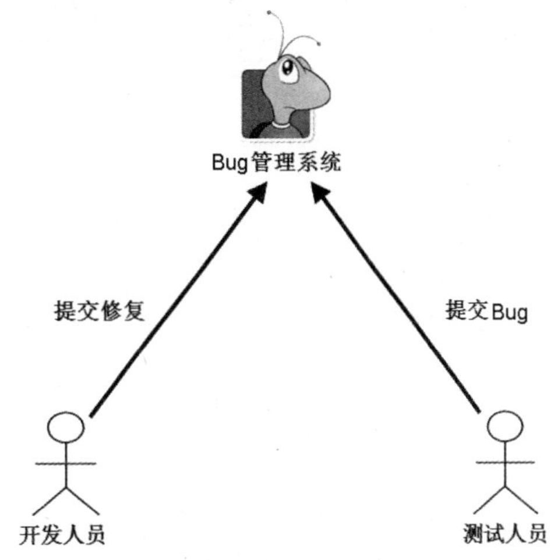


图 16.1　开发活动和测试活动

## 16.1.4　常见的 Bug 管理工具

衔接软件开发活动和软件测试活动的管理系统通常就是 Bug 管理系统，对于一些处于初级阶段的公司来说，它们往往没有采用专业的Bug管理工具，而是采用Excel来管理系统Bug。实际上，使用Excel进行Bug管理远远不够，而一个专业的Bug管理工具会让软件开发和软件测试事半功倍。

对于一个专业的Bug管理工具来说，它至少会包含如下两个功能。

➢ 让软件测试人员和软件开发人员方便地看到每个Bug的处理过程。
➢ 方便地跟踪每个Bug的处理过程。

有些Bug管理工具还可与版本控制工具结合使用，这样可以更方便地整合软件开发和软件测试。

从目前软件行业主流来看，常见的Bug管理工具有如下一些。

➢ JIRA：JIRA是由Atlassian公司提供的一款集项目计划、任务分配、需求管理、Bug跟踪于一体的商业软件。实际上，JIRA已经不再是单纯的Bug管理工具了，它融合了项目管理、任务管理和缺陷管理等多方面的功能。由于Atlassian公司对很多开源项目都免费提供了Bug跟踪服务，因此JIRA在开源领域的认知度比其他产品要高得多。
➢ Bugzilla：一个开源、免费且功能强大的Bug管理工具，只是初次使用时配置、上手稍微复杂了一点。但一旦熟悉，就几乎都会喜欢上这个Bug管理工具。还有一点值得一提，Bugzilla可以与CVS进行整合开发。
➢ 禅道Bug管理（原为BugFree）：中国人自己开发的一个开源、免费的Bug管理工具，是一款B/S架构的Bug管理软件。
➢ MantisBT：一个开源、免费的Bug管理系统，它是一个基于PHP + MySQL（或SQL Server、PostgreSQL）技术开发的B/S结构的Bug管理系统。

## 16.2 单元测试

单元测试是一种比较特别的测试，与其他测试通常由测试人员完成不同，单元测试可以由开发人员来完成。尤其是借助于xUnit测试框架，开发人员往往在进行软件开发的同时也完成了单元测试。

### 16.2.1 单元测试概述

单元测试是一种小粒度的测试，用以测试某个功能或代码块，既可由程序开发者来完成，也可由专业的软件测试人员来完成。由于单元测试属于难度较大的白盒测试，往往需要知道程序内部的设计和编码细节才能进行测试，因此有些公司直接让开发人员进行单元测试；如果需要让软件测试人员来完成单元测试，那么这些软件测试人员必须有一定的编程功底，甚至有编程经验，只有这样才能了解程序内部的设计和编码细节。

单元测试的好处如下。

➢ 提高开发速度：借助于专业的测试框架，单元测试能以自动化方式执行，从而提高开发者开发、测试的执行效率。
➢ 提高软件代码质量：它有利于开发人员实时除错，同时引入系统重构的理念，从而使代码具有更好的可扩展性。
➢ 提升系统的可信赖度：单元测试可作为一种回归测试，支持在修复或更正后进行"再测试"，从而确保代码的正确性。

单元测试的主要被测对象包括：

➢ 结构化编程语言中的函数。
➢ 面向对象编程语言中的接口、类、对象。

单元测试的任务主要包括：

- 被测程序单元的接口测试。
- 被测程序单元的局部数据结构测试。
- 被测程序单元的边界条件测试。
- 被测程序单元中的所有独立执行路径测试。
- 被测程序单元中的各条错误处理路径测试。

被测程序单元的接口测试指的是测试它与其他程序单元的通信接口，比如调用方法的方法名、形参等。接口测试是单元测试的基础，只有在数据能正确输入和输出的前提下，其他测试才有意义。测试接口正确与否应该考虑下列因素。

- 输入的实参与形参的个数、类型是否匹配。
- 调用其他程序单元（如方法）时所传入的实参的个数、类型与被调程序单元的形参的个数、类型是否匹配。
- 是否存在与当前入口点无关的参数引用。
- 是否修改了只读型参数。
- 是否把某些约束也作为参数传入了。

如果被测程序单元还包含来自外部的输入和输出，则还需要考虑如下因素。

- 打开的输入流、输出流是否正确。
- 是否正常打开/关闭了输入流、输出流。
- 格式说明与输入和输出语句是否匹配。
- 缓冲区大小与记录长度是否匹配。
- 文件在使用前是否已经打开。
- 是否处理了文件尾。
- 是否处理了输入和输出错误。

接下来，单元测试应该从被测程序单元的内部进行分析，主要是用来保证被测程序单元内部的局部变量在程序执行过程中是正确的、完整的。局部变量往往是错误的根源，应仔细设计测试用例，力求发现下面几类错误。

- 不合适或不兼容的类型声明。
- 局部变量没有指定初值。
- 局部变量的初值或默认值有错。
- 局部变量名出错（包括手误拼错或不正确地截断）。
- 出现上溢、下溢和地址异常。

除了这些局部变量，如果被测程序单元还与程序中的全局变量耦合（C 语言才有全局变量的概念，Java 语言中的静态变量也可起到全局变量的作用），在进行单元测试时还应该查清全局变量对被测程序单元的影响。

此外，一个健壮的程序单元不仅可以应付各种正确的情形，还应该可以预见各种出错情况，并针对出错情况进行处理（在这一点上，Java 的 Checked 异常做得非常出色，它会强制开发者必须处理 Checked 异常，Checked 异常得不到合适处理的程序根本不会获得执行的机会）。因此软件测试也应该对这些错误处理进行测试，这种测试应着重检查下列问题。

- 输出的出错信息是否易于理解、调试。
- 记录的错误信息与实际遇到的错误是否相符。
- 异常处理是否合适。
- 在错误信息中是否包含足够的出错定位信息。

目前最流行的单元测试工具就是xUnit框架，根据语言不同分为JUnit（Java）、CppUnit（C++）、NUnit（.Net）、PHPUnit（PHP）等。JUnit测试框架是这些测试框架中的第一个，也是最杰出的一个，它由Erich Gamma和Kent Beck共同开发（后面将会介绍JUnit的使用）。

## 16.2.2 单元测试的逻辑覆盖

从单元测试的用例设计来看，最基本、最简单的方法就是边界值分析。之所以要进行边界值分析，是因为大量的测试经验表明，大量的错误都发生在输入和输出范围的边界条件上，而不是某个范围的内部。因此往往针对边界值及其左右设计测试用例，很有可能发现新的缺陷。

接下来的测试可以对被测程序单元的内部执行进行逻辑覆盖，单元测试的逻辑覆盖包括：

- 语句覆盖——保证每条语句都至少执行一次。
- 判定（边）覆盖——每条语句都执行，每个判定的每种可能结果至少执行一次。
- 条件覆盖——每条语句都执行，判定表达式的每种可能都取得各种结果。
- 判定-条件覆盖——既满足判定，又满足条件组合覆盖，每个判定条件的各种可能组合至少出现一次。
- 路径覆盖——程序的每条可能路径至少执行一次。

### 1. 语句覆盖

设计若干测试用例，运行所测程序，使得每条可执行语句至少执行一次。语句覆盖是最弱的逻辑覆盖准则。

下面是一段非常简单的Java代码，其中没有包含变量类型声明（这不是考察的重点）。

```
if (a > 10 && b == 0)
{
    m = a + b;
}
if (a == 20 || m > 15)
{
    m++;
}
```

上面程序的执行流程如图16.2所示。

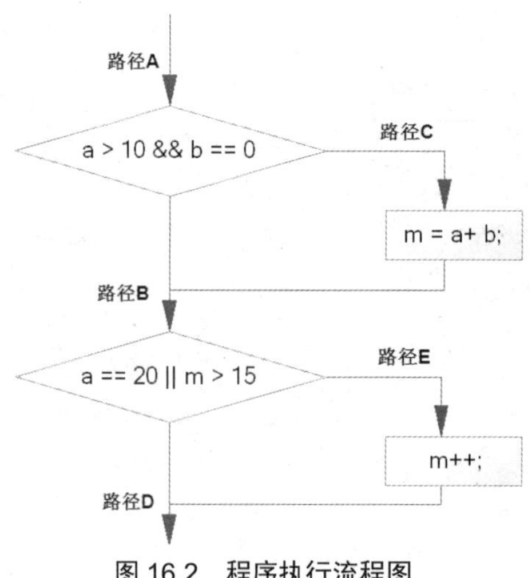


图16.2 程序执行流程图

对于上述程序段，设计如下两个测试用例。

用例1：a = 20, b = 0, m = 3，程序按路径ACE执行，这样该程序段的4条语句均得到执行，从而做到了语句覆盖。

用例 2：a = 20, b = 1, m = 3，程序按路径 ABE 执行，没有做到语句覆盖，因为 m= a + b; 语句没有被执行。

### 2．判定覆盖

设计若干测试用例，运行被测程序，使得程序中每个判定的取真分支和取假分支至少执行一次，即判断的真假值均得到满足。判定覆盖又称为“分支覆盖”。

仍以上述程序段为例，选用的两个测试用例如下所示。

用例 1：a = 20, b = 0, m = 3，通过路径 ACE，也就是让两个判定条件都取真。

用例 2：a = 10, b = 0, m = 3，通过路径 ABD，也就是让两个判定条件都取假，从而使两个判定的 4 个分支 C、E 和 B、D 分别得到覆盖。

选用另外两个测试用例，如下所示。

用例 3：a = 18, b = 0, m = 3，通过路径 ACD。

用例 4：a = 20, b = 1, m = 1，通过路径 ABE，同样也可覆盖 4 个分支。

上述两组测试用例都不仅满足了判定覆盖，还做到了语句覆盖。

### 3．条件覆盖

设计若干测试用例，运行被测程序，使每个判定中每个条件的可能取值至少满足一次。

在上述程序段中，所有条件一共包含如下几种情况。

（1）a > 10，取真值，记为 T1。

（2）a > 10，取假值，即 a <= 10，记为 F1。

（3）b == 0，取真值，记为 T2。

（4）b == 0，取假值，即 b != 0，记为 F2。

（5）a == 20，取真值，记为 T3。

（6）a == 20，取假值，即 a != 20，记为 F3。

（7）m > 15，取真值，记为 T4。

（8）m > 15，取假值，即 m <= 15，记为 F4。

表 16.1 给出了 3 个测试用例。

表 16.1　测试用例

| 测 试 用 例 | a, b, m | 所 走 路 径 | 覆 盖 条 件 |
|---|---|---|---|
| 用例 1 | 20, 0, 1 | ACE | T1, T2, T3, T4 |
| 用例 2 | 5, 0, 2 | ABD | F1, T2, F3, F4 |
| 用例 3 | 20, 1, 5 | ABE | T1, F2, T3, F4 |

从表 16.1 中可以看到，3 个测试用例覆盖 4 个条件的 8 种情况。进一步分析表 16.1 可以发现，3 个测试用例不仅覆盖了 4 个条件的 8 种情况，还把两个判定的 4 个分支 B、C、D 和 E 都覆盖了。这是否意味着做到了条件覆盖，也就必然实现了判定覆盖？

假设选择表 16.2 所示的两个测试用例。

表 16.2　测试用例

| 测 试 用 例 | a, b, m | 所 走 路 径 | 覆 盖 分 支 |
|---|---|---|---|
| 用例 1 | 20, 1, 10 | ABE | B、E |
| 用例 2 | 9, 0, 20 | ABE | B、E |

上面这种覆盖情况表明，满足条件覆盖的测试用例不一定满足判定覆盖。正如从表 16.2 中所看到的，这两个测试用例做到了条件覆盖，但其只覆盖了 4 个分支中的两个。为解决这一矛盾，需要对条件和分支兼顾，这种覆盖被称为“判定-条件覆盖”。

### 4．判定-条件覆盖

判定-条件覆盖要求设计足够多的测试用例，使得判定中每个条件所有可能的组合至少出现一次，并且每个判定本身的判定结果也至少出现一次。示例中两个判定各包含两个条件，如下所示。

（1）a > 10, b == 0，记作 T1, T2。

（2）a > 10, b != 0，记作 T1, F2。

（3）a <= 10, b == 0，记作 F1, T2。

（4）a <= 10, b != 0，记作 F1, F2。

（5）a == 20, m > 1，记作 T3, T4。

（6）a == 20, m <= 1，记作 T3, F4。

（7）a != 20, m > 1，记作 F3, T4。

（8）a != 20, m <= 1，记作 F3, F4。

选择的测试用例如表 16.3 所示。

表 16.3　测试用例

| 测 试 用 例 | a, b, m | 所 走 路 径 | 覆盖组合号 | 覆 盖 条 件 |
|---|---|---|---|---|
| 用例 1 | 20, 0, 3 | ACE | （1）（5） | T1, T2, T3, T4 |
| 用例 2 | 20, 1, 10 | ABC | （2）（6） | T1, F2, T3, F4 |
| 用例 3 | 10, 0, 20 | ABE | （3）（7） | F1, T2, F3, T4 |
| 用例 4 | 1, 2, 3 | ABD | （4）（8） | F1, F2, F3, F4 |

这一程序段共有 4 条路径。以上 4 个测试用例覆盖了条件组合，同时也覆盖了 4 个分支。路径 ACD 没有被测试。

### 5．路径覆盖

路径覆盖要求设计足够多的测试用例，覆盖程序中所有可能的路径。示例中有 4 条可能路径 ACE、ABD、ABE 和 ACD。

下面设计 4 个测试用例，分别覆盖这 4 条路径，如表 16.4 所示。

表 16.4　测试用例

| 测 试 用 例 | a, b, m | 所 走 路 径 |
|---|---|---|
| 用例 1 | 20, 0, 3 | ACE |
| 用例 2 | 5, 0, 2 | ABD |
| 用例 3 | 20, 1, 10 | ABE |
| 用例 4 | 12, 0, 7 | ACD |

由于上面的程序代码非常短，因此其中只有 4 条可能的路径，但在实际测试中要比这个复杂得多。因此，在实际测试中做到路径覆盖的可能性并不大。

通常，在实际测试中基本要求是做到判定覆盖即可，因此随着覆盖级别的提升，软件测试的测试成本也会大幅度提升。实用的测试策略应该是测试效果和测试成本的折中选择。而且，即使选择最严格的测试流程，选择最高级别的覆盖，也不能保证程序的正确性。

测试的目的不是要证明程序的正确性，而是尽可能找出程序中的缺陷。没有完备的测试方法，也就没有完备的测试活动。

### 16.2.3 JUnit 介绍

JUnit 是一个开放源代码的 Java 测试框架，用于编写和运行可重复的测试。JUnit 是 xUnit 体系的一个成员，xUnit 是众多测试框架的总称。JUnit 是 Java 测试框架，它完全使用 Java 实现，主要用于白盒测试、回归测试。

通过 JUnit 可以让测试具有持久性，测试与开发同步进行，测试代码与开发代码一同发布。使用 JUnit 有如下好处。

- 可以使测试代码与产品代码分离。
- 针对某一个类的测试代码，只需较少改动便可应用于另一个类的测试。
- 易于集成到测试人员的构建过程中，JUnit 和 Ant 的结合可以实施增量开发。
- JUnit 是开放源代码的，可以进行二次开发，方便其扩展。

JUnit 是一个简单、易用的测试框架，其具有如下特征。

- 使用断言方法判断期望值和实际值的差异，返回 Boolean 值。
- 测试驱动设备使用共同的初始化变量或实例。
- 测试包结构便于组织和集成运行。

### 16.2.4 JUnit 5.x 的用法

目前 JUnit 最新版本是 JUnit 5 系列，与传统的 JUnit 4 相比，JUnit 5 已变成了一种更通用的测试平台，底层支持在不同的测试引擎之间相互切换，因此 JUnit 5 提供了更好的扩展空间。JUnit 5 大致遵循如图 16.3 所示的架构。

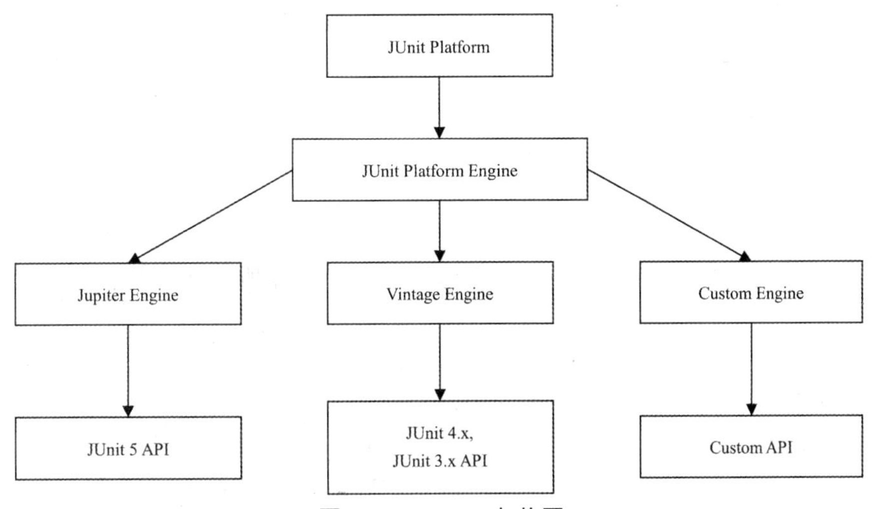


图 16.3 JUnit 5 架构图

从图 16.3 可以看出，其大致可分为两层。

- 平台层：该层由 JUnit Platform（平台）和 JUnit Platform Engine（平台引擎）组成，开发者面向平台 API 编写测试用例。平台层是 JUnit 5 提供的抽象层，它不提供具体的引擎实现，具体的引擎实现由底层的引擎层提供。
- 引擎层：该层负责为上层的平台层提供实现。开发者可根据需要选择不同的实现，比如 Jupiter 就是针对 JUnit 5 API 提供的引擎实现；而 Vintage 则是针对传统的 JUnit 4 或 JUnit

提供的引擎实现。不仅如此，JUnit 5 甚至允许使用自定义测试 API——只要提供对应的测试引擎即可。

大部分时候，引擎层只需选择一个实现即可。比如项目的测试框架打算使用 JUnit 5 API，那么就选择 Jupiter 引擎；如果打算使用传统的 JUnit 4.x 或 JUnit 3.x API，那么就选择 Vintage 引擎。

归纳起来，可得到如下公式：

JUnit 5 = JUnit 平台 + 任意测试引擎（Jupiter、Vintage 等）

所以安装 JUnit 5.x 需要两个部分：平台和测试引擎。本书使用的是 JUnit 5.7，因此需要安装 JUnit Platform 和 Jupiter 两个模块所需的 JAR 包。

如果使用 Maven 构建工具，则只需在 pom.xml 文件中添加如下依赖配置即可。

```
<!-- 添加 JUnit Platform -->
<dependency>
    <groupId>org.junit.platform</groupId>
    <artifactId>junit-platform-launcher</artifactId>
    <version>1.7.0</version>
    <scope>test</scope>
</dependency>
<!-- 添加 Jupiter 引擎 -->
<dependency>
    <groupId>org.junit.jupiter</groupId>
    <artifactId>junit-jupiter</artifactId>
    <version>5.7.0</version>
    <scope>test</scope>
</dependency>
```

上面的依赖配置将会为项目添加如图 16.4 所示的 JAR 包。

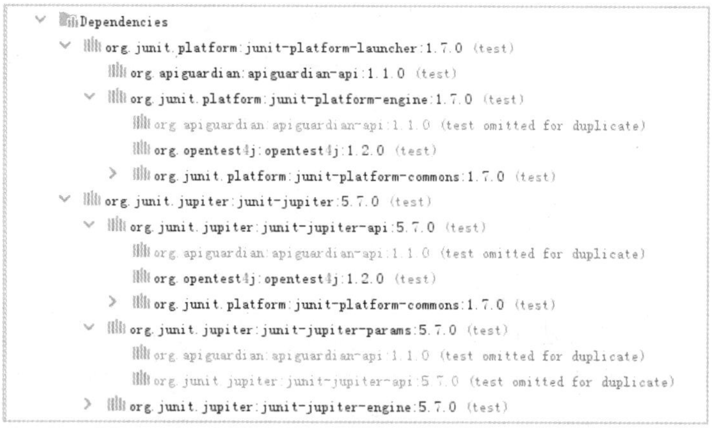

```
Dependencies
  org.junit.platform:junit-platform-launcher:1.7.0 (test)
    org.apiguardian:apiguardian-api:1.1.0 (test)
    org.junit.platform:junit-platform-engine:1.7.0 (test)
      org.apiguardian:apiguardian-api:1.1.0 (test omitted for duplicate)
      org.opentest4j:opentest4j:1.2.0 (test)
      org.junit.platform:junit-platform-commons:1.7.0 (test)
  org.junit.jupiter:junit-jupiter:5.7.0 (test)
    org.junit.jupiter:junit-jupiter-api:5.7.0 (test)
      org.apiguardian:apiguardian-api:1.1.0 (test omitted for duplicate)
      org.opentest4j:opentest4j:1.2.0 (test)
      org.junit.platform:junit-platform-commons:1.7.0 (test)
    org.junit.jupiter:junit-jupiter-params:5.7.0 (test)
      org.apiguardian:apiguardian-api:1.1.0 (test omitted for duplicate)
      org.junit.jupiter:junit-jupiter-api:5.7.0 (test omitted for duplicate)
    org.junit.jupiter:junit-jupiter-engine:5.7.0 (test)
```

图 16.4　使用 Jupiter 引擎的 JUnit 5 所需的 JAR 包

如果使用 Ant 等构建工具，则只需将图 16.4 所示的 JAR 包添加到项目的类加载路径下即可。如果需要在 Web 应用中使用 JUnit，则将图 16.4 所示的 JAR 包复制到 WEB-INF/lib 下。

如果使用 IDE 工具，则将图 16.4 所示的 JAR 包添加到需要使用 JUnit 5.x 的项目的类加载路径下，不同的 IDE 工具有不同的设置。主流的 IDE 工具（如 Eclipse 等）默认已经集成了 JUnit 测试框架，因此无须安装即可使用。

JUnit 5.x 提供了如下常用的注解。

- @Test：所有希望被运行的测试方法都应该使用该注解修饰。
- @BeforeEach：如果希望每次运行测试方法前都先运行指定的初始化方法，则该初始化方法使用@BeforeEach 修饰。其大致等同于 JUnit 4.x 中的@Before 注解。

➢ @AfterEach：如果希望每次运行测试方法后都运行指定的回收资源的方法，则该回收资源的方法使用@AfterEach 修饰。其大致等同于 JUnit 4.x 中的@After 注解。
➢ @BeforeAll：如果希望类初始化完成后，JUnit 立即自动调用某个 static 方法，则可以使用@BeforeAll 修饰该方法。其大致等同于 JUnit 4.x 中的@BeforeClass 注解。
➢ @AfterAll：如果希望所有测试完成后，在销毁该测试类之前自动调用某个 static 方法，则可以使用@AfterAll 修饰该方法。其大致等同于 JUnit 4.x 中的@AfterClass 注解。
➢ @ParameterizedTest：表示对方法执行参数化测试。
➢ @RepeatedTest：表示对方法执行重复测试。
➢ @DisplayName：表示为测试类或测试方法设置展示名称。
➢ @Tag：表示单元测试的标签，其大致等同于 Junit 4 中的@Category 注解。
➢ @Disabled：表示禁用某个测试类或测试方法，其大致等同于 Junit 4 中的@Ignore 注解。
➢ @Timeout：设置如果测试方法运行超过了指定时间，则将返回错误。
➢ @ExtendWith：为测试类或测试方法提供扩展类引用。
➢ @Nested：修饰内部测试类。

**提示：**

拥有 JUnit 3.x 编程经验的读者可能知道，在测试用例中可以包含 setUp()和 tearDown()两个方法。使用@BeforeEach 修饰的方法类似于 JUnit 3.x 中的 setUp()方法，使用@AfterEach 修饰的方法类似于 tearDown()方法。

JUnit 5.x 提供了一个 Assertions 类，代替了 JUnit 4.x 中的 Assert 类，Assertions 类支持更强的断言。

Assertions 类是一系列断言方法的集合。Assertions 类包含了一组静态的断言方法，用于比较期望值和实际值是否匹配，如果匹配，则表明测试通过；否则算测试失败，JUnit 测试框架将测试失败归入 Failure，同时标志为未通过测试。如果在断言方法中指定了字符串形式的失败提示，则该失败提示将作为 Failure 的标识信息，告诉测试人员该失败的详细信息。

Assertions 类提供了大量的断言方法，这些断言方法大致可分为如下几类。

➢ assertAll：断言可以执行一个或多个 Lambda 表达式，如果表达式可成功执行完成，则表明测试通过，否则算测试失败。
➢ assertArrayEquals：断言两个数组相等。如果两个数组相等，则表明测试通过，否则算测试失败。Assertions 为该方法提供了多个重载版本，从而支持各种类型的数组。
➢ assertEquals：断言两个对象（或值）相等。如果两个对象（或值）相等，则表明测试通过，否则算测试失败。Assertions 为该方法提供了多个重载版本，从而支持各种类型的数据。
➢ assertLinesMatch：断言两个多行字符串逐行相等。如果两个多行字符串逐行相等，则表明测试通过，否则算测试失败。
➢ assertNotEquals：断言两个对象（或值）不相等。如果两个对象（或值）不相等，则表明测试通过，否则算测试失败。Assertions 为该方法提供了多个重载版本，从而支持各种类型的数据。
➢ assertSame：断言两个对象（或值）相同。如果两个对象（或值）相同，则表明测试通过，否则算测试失败。Assertions 为该方法提供了多个重载版本，从而支持各种类型的数据。

**提示：**

assertEquals 内部使用 equals()方法，用于判断两个对象的值是否相等；assertSame 内部使用 “==”，用于判断两个对象是否来自同一个引用。

- assertNotSame：断言两个对象（或值）不相同。如果两个对象（或值）不相同，则表明测试通过，否则算测试失败。Assertions 为该方法提供了多个重载版本，从而支持各种类型的数据。
- assertThrows：断言执行某个 Lambda 表达式一定会抛出指定的异常。如果抛出该异常，则表明测试通过，否则算测试失败。
- assertTimeout：断言执行某个 Lambda 表达式不超过指定时间。如果执行该 Lambda 表达式超出了指定时间，则表明测试失败，否则算测试通过。
- assertNotNull：断言某个变量非空。如果该变量不为 null，则表明测试通过，否则算测试失败。
- assertNull：断言某个变量为空。如果该变量为 null，则表明测试通过，否则算测试失败。
- assertFalse：断言某个变量为 false。如果该变量为 false，则表明测试通过，否则算测试失败。
- assertTrue：断言某个变量为 true。如果该变量为 true，则表明测试通过，否则算测试失败。

使用 JUnit 5.x 编写测试用例非常简单，大致只需两步。

① 在测试类中定义一个或多个测试方法，每个测试方法都使用@Test 修饰。如果要在测试方法执行之前调用某些方法来初始化资源，则使用@BeforeEach 修饰这些方法。如果要在测试方法执行之后调用某些方法来回收资源，则使用@AfterEach 修饰这些方法。

② 在测试方法中调用 assertXxx 进行断言。早期版本的断言，通常就是断言被测试组件的某个方法的返回值与期望值相等；JUnit 5 则可断言被测试组件的某个方法不抛出异常，或者断言被测试组件的某个方法不会超时，或者断言可成功执行一个或多个 Lambda 表达式，等等。

### 1. 运行单个测试用例

假设程序中开发了一个简单的数学类，它可以对方程进行求解，其中第一个方法用于求 $a*X + b = 0$ 这种一元一次方程的解，第二个方法用于求 $a*X*X + b*X + c = 0$ 这种一元二次方程的解。下面是该数学类的源代码。

程序清单：codes\16\16.2\junit\src\org\crazyit\tools\MyMath.java

```
public class MyMath
{
    /**
     * 求一元一次方程 a * x + b = 0 的解
     *
     * @param a 方程中变量的系数
     * @param b 方程中的常量
     * @return 方程的解
     */
    public double oneEquation(double a, double b)
    {
        try
        {
            Thread.sleep(100);
        } catch (InterruptedException e){}
        // 如果 a = 0，则方程无法求解
        if (a == 0)
        {
            System.out.println("参数错误");
            throw new ArithmeticException("参数错误");
        }
        // 返回方程的解
```

```
        else
        {
            return -b / a;
        }
    }
    /**
     * 求一元二次方程 a * x * x + b * x + c = 0 的解
     *
     * @param a 方程中变量二次幂的系数
     * @param b 方程中变量的系数
     * @param b 方程中的常量
     * @return 方程的解
     */
    public double[] twoEquation(double a, double b, double c)
    {
        double[] result;
        // 如果 a == 0，则变成一元一次方程
        if (a == 0)
        {
            throw new ArithmeticException("参数错误");
        }
        // 方程在有理数范围内无解
        else if (b * b - 4 * a * c < 0)
        {
            throw new ArithmeticException("方程在有理数范围内无解");
        }
        // 方程有唯一解
        else if (b * b - 4 * a * c == 0)
        {
            System.out.println("方程有唯一解");
            result = new double[1];
            // 使用数组返回方程的解
            result[0] = -b / (2 * a);
            return result;
        }
        // 方程有两个解
        else
        {
            System.out.println("方程有两个解");
            result = new double[2];
            // 使用数组返回方程的两个解
            result[0] = (-b + Math.sqrt(b * b - 4 * a * c)) / 2 / a;
            result[1] = (-b - Math.sqrt(b * b - 4 * a * c)) / 2 / a;
            return result;
        }
    }
}
```

接下来为上面的数学类定义一个测试用例。根据前面介绍的规则可以发现，JUnit 5.x 对测试用例的要求很少，只要该测试用例中每个被测试方法使用@Test 修饰即可。下面是该测试用例的代码。

**程序清单：codes\16\16.2\junit\test\org\crazyit\tools\MyMathTest.java**

```
public class MyMathTest
{
    // 将需要测试的类声明成成员变量
    MyMath math;
    // 每次运行测试用例之前都会运行该方法
    @BeforeEach
    public void setUp()
    {
```

```
        math = new MyMath();
    }
    // 每次运行测试用例之后都会运行该方法
    @AfterEach
    public void tearDown()
    {
        math = null;
    }
    // 测试一元一次方程的求解
    @Test
    public void testOneEquation()
    {
        System.out.println("测试一元方程求解");
        // 断言该方程的解应该为-1.8
        assertEquals(-1.8, math.oneEquation(5, 9), .00001);
        // 断言当 a == 0 时抛出指定的异常
        assertThrows(ArithmeticException.class,
                () -> math.oneEquation(0, 9), "抛出的异常出错");
        // 断言执行 Lambda 表达式时不超过 30ms
        assertTimeout(Duration.ofMillis(30), () -> math.oneEquation(5, 9), "没有出现超时");
    }
    // 测试一元二次方程的求解
    @Test
    public void testTwoEquation()
    {
        double[] tmp = math.twoEquation(1, -3, 2);
        // 断言方程的两个解，一个为 2，另一个为 3
        assertEquals(2, tmp[0], .00001, "第一个解出错：");
        assertEquals(3, tmp[1], .00001, "第二个解出错：");
    }
}
```

上面测试用例中，在测试 oneEquation()方法时传入了三组参数进行测试（如粗体字代码所示）。至于此处到底需要传入几组参数进行测试，关键取决于前面测试者要求达到怎样的逻辑覆盖程度，随着测试要求的提升，此处可能需要传入更多的测试参数。当然，此处只是介绍 JUnit 的用法示例，并未刻意去达到怎样的逻辑覆盖，这一点请务必留意。

**提示：**

测试用例测试某个方法时，如果实际测试要求达到某种覆盖程度，那么在编写测试用例时必须传入多组参数来进行测试，使得测试用例能达到指定的逻辑覆盖。

如果在 IntelliJ IDEA 等 IDE 工具中使用 JUnit 编写测试用例，IntelliJ IDEA 可以自动识别测试方法前面的@Test 注解，在带@Test 修饰的测试方法的左边有一个绿色小箭头，如图 16.5 所示。单击这个绿色小箭头即可运行该测试方法。

各种主流的 IDE 工具，例如 IntelliJ IDEA 可以直接运行该测试类——自动运行测试类中所有的测试方法。为测试类添加@Testable 注解之后，可在该类的左边看到一个绿色小箭头，如图 16.6 所示。

```
// 测试一元一次方程的求解
@Test
public void testOneEquation()
{
```

图 16.5 测试用例方法

```
public class MyMathTest
{
    // 将需要测试的类声明成成员变量
    MyMath math;
```

图 16.6 测试类

通过这个绿色小箭头来运行 MyMathTest 测试类，可以在 IntelliJ IDEA 控制台看到如图 16.7 所示的输出。

图 16.7　测试结果

从图 16.7 可以看出，本次测试运行了两个测试——该测试类只包含两个测试方法（testOneEquation 和 testTwoEquation），而且两个测试都失败了，这是我们故意的，其中 testOneEquation 测试方法的第三组参数导致了超时，而 testTwoEquation 测试方程的第二个解时出错。

如果要脱离 IntelliJ IDEA 等工具，比如使用 Ant 来运行测试用例，则可直接使用 JUnit 提供的 ConsoleLauncher 类，它可自动扫描并识别测试用例。

ConsoleLauncher 本身就是一个可执行的主类，只要在运行该类时添加“-c=测试类”选项，它就可以运行指定的测试类。

ConsoleLauncher 类位于 junit-platform-console-1.7.0.jar 包中，因此除了为项目添加图 16.4 所示的 JAR 包，还需要添加 junit-platform-console-1.7.0.jar 包。

如果使用 Ant 通过 ConsoleLauncher 来运行测试类，则在 build.xml 文件中定义如下 Target 即可。

```
<!-- 运行测试 -->
<target name="run" description="run" depends="compile">
    <!-- 运行 ConsoleLauncher 类 -->
    <java classname="org.junit.platform.console.ConsoleLauncher"
        classpath="classes" fork="true">
        <classpath refid="classpath"/>
        <!-- 指定要运行的测试类 -->
        <arg value="-c=org.crazyit.tools.MyMathTest"/>
    </java>
</target>
```

在控制台运行测试用例，可以看到如图 16.8 所示的结果。

```
C:\Windows\system32\cmd.exe
run:
     [java] 测试一元方程求解
     [java] 参数错误
     [java] 方程有两个解
     [java]
     [java] Thanks for using JUnit! Support its development at https://junit.org/sponsoring
     [java]
     [java] ←[36m.←[0m
     [java] ←[36m'--←[0m ←[36mJUnit Jupiter←[0m ←[32m[OK]←[0m
     [java] ←[36m  '--←[0m ←[36mMyMathTest←[0m ←[32m[OK]←[0m
     [java] ←[36m    +--←[0m ←[31mtestOneEquation()←[0m ←[31m[X]←[0m ←[31m方法超时 ==> execution exceeded timeout of 30
ms by 70 ms←[0m
     [java] ←[36m    '--←[0m ←[31mtestTwoEquation()←[0m ←[31m[X]←[0m ←[31m第二个解出错： ==> expected: <3.0> but was: <1
.0>←[0m
     [java]
     [java] Failures (2):
     [java]   JUnit Jupiter:MyMathTest:testOneEquation()
     [java]     MethodSource [className = 'org.crazyit.tools.MyMathTest', methodName = 'testOneEquation', methodParamete
rTypes = '']
     [java]     => org.opentest4j.AssertionFailedError: 方法超时 ==> execution exceeded timeout of 30 ms by 70 ms
```

图 16.8　JUnit 运行结果

## 2．一次运行多个测试用例

ConsoleLauncher 不仅可运行单个测试类，实际上该类还支持如下两个常用选项。

- -p：该选项指定运行指定包下所有的测试类。这是一个可重复的选项，通过指定多个-p 选项可同时运行多个包下所有的测试类。
- -m：该选项指定运行指定的测试方法，通过该选项可指定要运行的测试方法。这是一个可重复的选项，通过指定多个-m 选项可同时运行多个测试方法。

在 build.xml 文件中定义如下 Target 即可运行指定 org.crazyit.tools 包下所有的测试类。

```
<!-- 运行测试 -->
<target name="run" description="run"  depends="compile">
    <!-- 运行 ConsoleLauncher 类 -->
    <java classname="org.junit.platform.console.ConsoleLauncher"
        classpath="classes" fork="true">
        <classpath refid="classpath"/>
        <!-- 运行指定包下所有的测试类 -->
        <arg value="-p=org.crazyit.tools"/>
    </java>
</target>
```

下面再增加一个简单的目标类以及对应的测试用例。目标类的源代码如下。

**程序清单：codes\16\16.2\junit\src\org\crazyit\tools\HelloWorld.java**

```
public class HelloWorld
{
    // 该方法简单地返回字符串
    public String sayHello()
    {
        return "Hello world.";
    }
    // 计算两个整数的和
    public int add(int nA, int nB)
    {
        return nA + nB;
    }
}
```

上面目标类对应的测试用例代码如下。

**程序清单：codes\16\16.2\junit\test\org\crazyit\tools\HelloWorldTest.java**

```
public class HelloWorldTest
{
    @Test
    public void testSayHello()
    {
        var hello = new HelloWorld();
        assertEquals("Hello world.", hello.sayHello(), "sayHello方法出错：");
    }
    @Test
    public void testAdd()
    {
        var hello = new HelloWorld();
        assertEquals(3, hello.add(1, 2));
    }
}
```

通过为 ConsoleLauncher 指定“-p=org.crazyit.tools”选项来运行 org.crazyit.tools 包下所有的测试类，运行完成看到测试出错的信息依然如图 16.8 所示，这是由于上面两个测试用例都测试通过了。但可在测试报告的结尾看到如图 16.9 所示的信息。

从图 16.9 可以看出，本次运行了 4 个测试（一共 4 个测试方法），其中通过测试的有两个；测试失败的有两个。

```
[java] Test run finished after 460 ms
[java] [         3 containers found      ]
[java] [         0 containers skipped    ]
[java] [         3 containers started    ]
[java] [         0 containers aborted    ]
[java] [         3 containers successful ]
[java] [         0 containers failed     ]
[java] [         4 tests found           ]
[java] [         0 tests skipped         ]
[java] [         4 tests started         ]
[java] [         0 tests aborted         ]
[java] [         2 tests successful      ]
[java] [         2 tests failed          ]
[java]
[java] Java Result: 1
```

图 16.9 测试报告

### 3. 重复测试

在一些涉及多线程的场景下，有些线程错误并不是每次都会出现，这种错误的出现有一定的随机性，此时需要多次重复调用测试方法才可能看到该错误，JUnit 5.x 为这种需求提供了重复测试的@RepeatedTest 注解，使用该注解时可通过 value 属性指定被修饰的方法要重复执行多少次。

如下测试类示范了@RepeatedTest 注解的用法。

程序清单：codes\16\16.2\junit\test\org\crazyit\tools\MyMathRepeatTest.java

```
public class MyMathRepeatTest
{
    @DisplayName("验证重复测试")
    @RepeatedTest(10)  // 执行测试 10 次
    public void testOneEquation()
    {
        var mm = new MyMath();
        assertEquals(-4.0, mm.oneEquation(5, 20), "测试失败");
    }
}
```

上面粗体字代码使用@RepeatedTest 注解修饰了测试方法，并通过该注解指定该测试方法要被执行 10 次。使用 IntelliJ IDEA 执行该测试方法，可以看到如图 16.10 所示的结果。

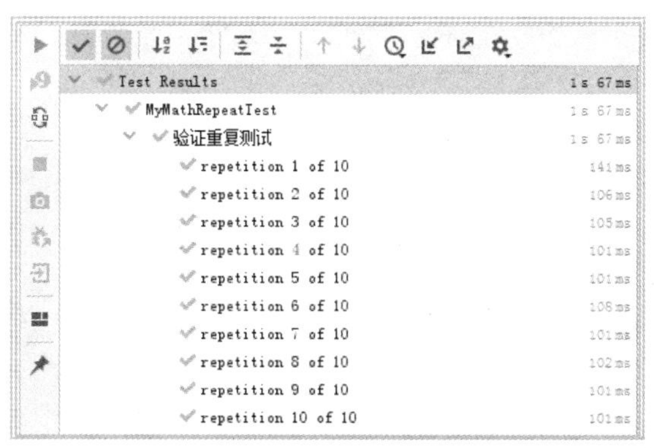


图 16.10 重复测试

通过该示例可以看出，@RepeatedTest 其实相当于@Test 注解的增强版，区别只是@Test 修饰的测试方法只执行一次，而@RepeatedTest 修饰的测试方法要重复执行多次。

### 4. 参数化测试

在 JUnit 4.x 之前，所有测试方法都不允许定义参数，这是因为测试方法皆由 JUnit 负责调用，而 JUnit 并不知道调用方法时传入怎样的参数。

JUnit 5.x 的参数化测试改变了这种现状，参数化测试允许为测试方法定义参数，并使用

@ParameterizedTest 注解修饰该测试方法即可。

为了让 JUnit 5.x 在调用参数化测试时能传入合适的参数，JUnit 5.x 还定义了如下注解。

- @ValueSource：为参数化测试传入标量类型的参数，它支持 8 种基本类型及其包装类、String、Class 等类型。每次只能传入一个参数。
- @CsvSource：它可通过 CSV 格式（comma-separated-values）为参数化测试传入多组、多个标量类型的参数。其中用逗号分隔的一个值代表测试方法的一组参数。该注解相当于 @ValueSource 的增强版。
- @NullSource：为参数化测试传入一个 null 参数。
- @EnumSource：为参数化测试传入一个或多个枚举参数。
- @CsvFileSource：为参数化测试读取指定 CSV 文件内容作为参数。
- @MethodSource：将指定方法的返回值作为调用参数化测试方法的参数。该注解指定的方法必须返回 Stream 对象，且使用 static 修饰。

如下测试类示范了参数化测试的用法。

程序清单：codes\16\16.2\junit\test\org\crazyit\tools\MyMathParamTest.java

```
public class MyMathParamTest
{
    @DisplayName("用 CSV 字符串测试参数化测试")
    @ParameterizedTest
    // 直接使用 CSV 格式的字符串传入多个参数值
    @CsvSource({"3, 12", "2, 8", "5, 20"})
    public void testOneEquation1(Double a, Double b)
    {
        var mm = new MyMath();
        assertEquals(-4.0, mm.oneEquation(a, b), "测试失败");
    }
    @DisplayName("用 CSV 文件测试参数化测试")
    @ParameterizedTest
    // 使用 CSV 文件传入多个参数值
    // resources 指定 CSV 文件的路径，默认以类加载路径为根路径
    @CsvFileSource(resources = "/test.csv")
    public void testOneEquation2(Double a, Double b)
    {
        var mm = new MyMath();
        assertEquals(-4.0, mm.oneEquation(a, b), "测试失败");
    }
    @DisplayName("用方法返回值测试参数化测试")
    @ParameterizedTest
    // 使用方法返回值传入多个参数值
    @MethodSource("getValues")
    public void testOneEquation3(Double a, Double b)
    {
        var mm = new MyMath();
        assertEquals(-4.0, mm.oneEquation(a, b), "测试失败");
    }

    public static Stream<Double[]> getValues()
    {
        return Stream.<Double[]>of(new Double[]{3.0, 12.0},
                new Double[]{2.0, 8.0},
                new Double[]{5.0, 20.0});
    }
}
```

上面测试类中定义了三个参数化测试方法，它们都使用了@ParameterizedTest 修饰，并分别使用了@CsvSource、@CsvFileSource、@MethodSource 为测试方法指定参数。

由于这三个测试方法都需要传入两个参数 ，因此@CsvSource 注解传入的每个数据项都使用逗号分隔成了两个值，代表调用测试方法的两个参数。

@CsvFileSource 注解使用 resources 属性指定了读取类加载路径下的“test.csv”文件内容来作为调用参数，该文件内容如下：

```
-3, -12
-4, -16,
-7, -28
6, 24
```

从文件内容可以看出，此处每一行代表一组调用参数，而每一行中间的逗号则将数据分成两个值，分别代表调用测试方法的两个参数。

@MethodSource("getValues")注解指定了使用 getValues()方法的返回值来调用参数，getValues()方法返回 Stream 对象，Stream 对象中的每个数据项都包含两个值，分别代表调用测试方法的两个参数。

使用 IntelliJ IDEA 执行该测试方法，可以看到如图 16.11 所示的结果。

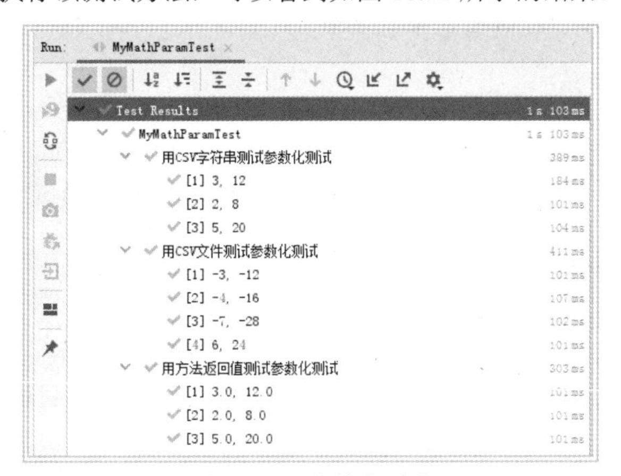


图 16.11　参数化测试

从图 16.11 可以看出，参数化测试其实也属于“重复测试”——不管使用哪种方法为参数化测试指定参数，你指定了几组参数，参数化测试方法就会重复执行几次，每次使用一组参数进行测试。

### 5. 内部测试类

在 JUnit 4.x 之前，所有测试类都必须被定义成外部类，在大部分场景下，这并没有任何问题。但即使被测试类本身就是内部类，JUnit 4.x 也要求它的测试类必须是外部类。此外，有些组件本身具有很强的关联，如果使用内部类将它们的测试类统一定义在一个类里面，则会具有更清晰的逻辑。

JUnit 5.x 则为这种内部测试类提供了@Nested 注解。如下测试类示范了内部测试类的用法。

程序清单：codes\16\16.2\junit\test\org\crazyit\tools\MyNestedTest.java

```
public class MyNestedTest
{
    @DisplayName("外部测试方法")
    @Test
    public void testAdd()
    {
        var hello = new HelloWorld();
        assertEquals(3, hello.add(1, 2));
```

```
    }
    // 内部测试类
    @Nested
    class MyMathTest
    {
        @DisplayName("用 CSV 字符串测试参数化测试")
        @ParameterizedTest
        // 直接使用 CSV 格式的字符串传入多个参数值
        @CsvSource({"3, 12", "2, 8", "5, 20"})
        public void testOneEquation1(Double a, Double b)
        {
            var mm = new MyMath();
            assertEquals(-4.0, mm.oneEquation(a, b), "测试失败");
        }
    }
}
```

上面程序定义了一个 MyNestedTest 测试类，在该测试类中肯定可以定义一个或多个测试方法，这是毫无疑问的，正如上面的 testAdd()方法所示。

上面程序在 MyNestedTest 类中定义了一个 MyMathTest 内部类，在 JUnit 4.x 以前，它是不能被作为测试类的；JUnit 5.x 则提供了一个@Nested 注解修饰该内部类，这样它就变成了一个测试类，在内部测试类中定义测试方法与在普通测试类中定义测试方法没什么区别。

**注意**

非静态内部类不能定义静态成员，这是Java语法规定的，与JUnit没有任何关系。但这意味着在非静态内部测试类中不能定义被@BeforeClass、@AfterClass 修饰的方法，因为它们修饰的方法必须使用 static 修饰。

最后，给出关于使用 JUnit 测试的一些建议。

- 测试与开发同步进行，测试代码与工作代码应同步编译和更新。
- 测试类和测试方法应该有一致的命名方案，例如，总是使用“目标类名+Test”作为测试类名。
- 尽量使用 JUnit 提供的 assertXxx 方法以及异常处理，从而使代码更为简洁。
- 测试应与时间无关，测试效果不要依赖于时间，因为时间是变化的，随着时间的改变，后面的维护将难以重现当时的测试效果。
- 如果软件面向国际市场，在编写测试时则应考虑国际化因素，不要仅用母语的 Locale 进行测试。
- 测试用例要尽可能地小，不要过于复杂，太过复杂的测试，会导致效率下降。
- 尽快升级到 JUnit 5.x！不要拘囿于历史技术故步自封。

## 16.3 系统测试和自动化测试

系统测试也叫作功能测试，它是一种典型的黑盒测试。系统测试主要指在模拟运行的环境下，运用黑盒测试的方法，验证被测系统是否满足需求规格说明书中列出的要求。

### 16.3.1 系统测试概述

系统测试指的是将经过测试的子系统装配成一个完整的系统来进行测试，用于检验系统是否确实能提供需求规格说明书中所要求的功能。系统测试的目的是对最终的软件产品进行全面测试，以确保软件产品能满足用户需求。

**提示：**

前面介绍软件测试分类时提到了测试可分为单元测试、集成测试和系统测试，但由于集成测试是将多个经过测试的程序单元组装成子系统进行测试的过程，因此集成测试既可被当成扩大化的单元测试，也可被当成缩小化的系统测试。因此，在实际开发中往往在单元测试阶段、系统测试阶段分别进行集成测试。

对于一个专业的系统测试小组而言，小组成员可能来自：

- 公司内独立的测试部门。
- 被邀请参与系统测试的其他项目组的开发人员。
- 本项目组的部分开发人员。
- 公司内的质量保证人员。

系统测试小组应当根据项目的特征来确定测试内容。一般来说，系统测试主要包括如下方面的内容。

- 功能测试：测试软件系统的功能是否完备，其依据是需求文档，如《产品需求规格说明书》等。对于一个产品而言，保证其满足客户所需功能是最基本的要求，因此功能测试必不可少。
- 健壮性测试：测试软件系统在异常情况下能否正常运行。健壮性有两层含义，一是系统的容错能力；二是系统的自恢复能力。
- 性能测试：测试软件系统处理事务的速度，尤其是在多用户并发条件下的响应速度。性能测试一方面是为了测试软件性能能否符合需求；另一方面是为了得到某些性能数据供人们参考（例如作为宣传资料）。
- 用户界面测试：主要测试软件系统的易用性和视觉效果等。
- 安全性测试：测试软件系统防止非法入侵的能力。“安全”是相对而言的，一般地，如果黑客为非法入侵花费的代价（考虑时间、费用、危险等因素）高于得到的好处，那么这样的系统可以被认为是安全的。
- 安装与卸载测试。

在系统测试过程中产生的主要文档有：

- 系统测试计划。
- 系统测试用例。
- 系统测试报告。
- 缺陷管理报告。

**提示：**

缺陷管理报告通常由缺陷管理工具（如 Bugzilla）自动生成，专业的 Bug 管理工具基本上都提供了自动生成缺陷管理报告的功能。

### 16.3.2　自动化测试

现代的软件开发流程比较推崇敏捷开发方式，在这种方式下，软件系统每隔一段时间就可得到一个新的、可执行的、可测试的软件版本，这也意味着测试人员必须同步测试每个软件版本。

采用这种开发流程开发出来的软件，每个版本之间的改变、升级可能不是特别大。当软件测试人员对第一个版本进行测试之后，接下来他会发现对后续各个版本的测试基本上大同小异，变化并不大，如果一直使用手工测试，则显得无比烦琐和冗长。

在这样的背景下，软件测试人员开始考虑让工具将第一次测试的测试步骤录制下来，接下来对后续版本的测试就可在第一次测试步骤的基础上进行增加和修改，从而极大地降低软件测试的工作量。采用自动化测试之后，由于软件测试人员总是在不断地“录制”测试脚本，因此当前被测版本和前一个被测版本之间相同的部分，就可直接采用前一次“录制”的测试脚本进行测试，当前被测版本新增或改进的部分，既可重新手动测试来录制脚本，也可直接编写脚本来进行测试。

自动化测试主要用于测试同一软件的新版本及回归测试，因此在测试前要考虑好如何对应用程序进行测试，包括要测试哪些功能、操作步骤、输入数据和期望的输出数据等。

**提示：**

对于大部分自动化测试工具而言，它们都会提供编写测试脚本的功能。编写软件测试脚本就是简单的编程，有些软件测试工具会提供自带的脚本语言，有些软件测试工具则直接使用 Python 等作为脚本语言。

自动化测试通常可分为三步进行。

① 录制自动化测试脚本。

当对软件的第一个版本进行测试时，软件测试人员即可使用自动化工具捕获测试人员与应用程序之间的所有交互，并根据这些交互生成可重用的测试脚本。测试人员在这个阶段需要考虑的一个关键问题就是，自动化测试工具是否有能力在应用程序的环境中捕获所有与应用程序的交互。

② 修改自动化测试脚本。

经过第一个步骤，得到了一份可进行自动化测试的脚本，但在实际测试时可能还需要对这份脚本进行简单修改，以保证满足实际的需要。举例来说，录制了一份测试用户登录的自动化测试脚本，原来输入时使用 crazyit、123 作为用户名和密码来登录；接下来可以对该脚本进行简单修改，改为使用 leegang、456 作为用户名和密码来登录。将这份脚本复制多份，即可让自动化测试工具模拟用户的多次登录请求。

③ 执行自动化测试脚本进行测试。

让自动化测试工具执行测试脚本，自动化测试工具将会按脚本中指定的行为来模拟软件测试人员的交互动作进行测试。

当然，严格意义上的自动化测试还需要包括更多的步骤，例如，在测试之前应该制订测试计划，在测试结束后还应该分析测试结果，提交测试报告等。但这些步骤是所有测试——不管是自动化测试，还是人工测试都需要完成的工作，所以没有把它们作为自动化测试的步骤进行介绍。

### 16.3.3 常见的自动化测试工具

自动化测试通常需要借助自动化测试工具来进行，不过需要指出的是，并不是说使用了自动化测试工具就是有效的自动化测试，是否是有效的自动化测试还与测试人员的测试水平有直接的关系。简而言之，自动化测试工具是自动化测试的必要条件，但不是充分条件。

下面简单介绍在实际企业开发中所使用的自动化测试工具。

#### 1. QTP（QuickTest Professional）

QTP 是 Mercury 公司（现已被 HP 收购）的软件测试工具，无论从哪个角度来看，QTP 都取代了以前的 WinRunner（Mercury 公司早期的一个自动化测试工具）。QTP 对 Java EE 应用、.Net 应用的支持都比 WinRunner 好，因此，如果现在要选择自动化测试工具，QTP 是一个不错的选择。

QTP 支持通过自动捕获、检测和重放用户的交互操作自动执行功能测试，从而可以在同一个软件的新版本测试、回归测试中发现 Bug，进而确保应用程序顺利部署，并且能够维持其长时间的可靠运行。

当原有的软件系统发布了新版本、添加了新功能时，也可借助 QTP 对系统进行自动化测试，从而降低软件测试的人力成本。

QTP 最大的优势在于简单、易用，使用 QTP 录制测试非常方便，软件测试人员只需手动完成一个标准业务流程，比如下一张订单或注册一个新账户，在 QTP 的 GUI（图形用户界面）仅通过单击鼠标即可记录下软件测试流程，因此，即使是技术有限的用户也能完成自动化测试。

对于高级用户而言，软件测试人员也可以直接编辑测试脚本来满足各种复杂的测试需求。QTP 充分支持两种测试创建方式来满足不同层次的用户需求。QTP 使用通用的 VBScript 语言作为测试记录脚本。

#### 2. Selenium

Selenium 是测试 Web 应用的自动化测试工具。Selenium 直接在浏览器中运行，用于模拟用户的手动操作，因此使用 Selenium 进行自动化测试就像软件测试人员手动操作一样。

Selenium 可以在 Firefox、Edge（IE）、Safari、Opera、Google Chrome 等绝大部分主流浏览器中运行，因此它不仅可以对 Web 应用进行功能测试，还可以对 Web 应用进行跨浏览器测试，以保证 Web 应用在这些浏览器上运行良好。

#### 3. Appium

Appium 是一个开源的测试自动化框架，可以同时支持 iOS 和 Android 平台，并且同时支持 Python、Java 作为脚本语言，一套 Python 或 Java 脚本可同时在 iOS 和 Android 平台上运行。

Appium 类库其实就是对标准 Selenium 客户端的封装，它为用户提供所有常见的 JSON 格式的 Selenium 命令，以及额外的移动设备控制相关命令，如多点触控手势和屏幕朝向等。

## 16.4 性能测试

性能测试（Performance Testing）也是系统测试的一种。当软件通过系统测试的功能测试之后，可认为该软件系统的功能是完备的，基本可以满足客户的功能需求，但还需要对软件系统处理事务的响应速度进行测试，在高并发、多用户、大数据量吞吐环境下，测试系统是否可以正常工作，测试响应速度是否依然能满足用户要求。这种在高并发、多用户、大数据量吞吐环境下的性能测试也被称为“压力测试”。

### 16.4.1 性能测试概述

性能测试的目的是测试软件系统的运行性能。从广义的角度来看，从单元测试开始就可以进行性能测试，可以在单元测试阶段通过白盒测试来分析被测单元的运行性能。当然，习惯上所说的性能测试通常指在系统测试阶段所做的性能测试，当整个系统的所有成分都集成到一起之后，性能测试可用于分析系统运行的真正性能。

性能测试的目的不再是发现功能型的 Bug，而是致力于发现系统中的性能瓶颈，因此性能测试的操作实际上就是一个非常细致的测量分析过程。

在进行性能测试之前，软件测试人员需要搞清楚系统运行的物理平台、系统需要处理的数据吞吐量、业务并发等环境，这些是性能测试的前提。此外，软件测试人员还需要掌握系统性能的预期值，否则性能测试是瞎测。

例如，对一个 Web 应用进行性能测试，至少要了解如下三方面的内容。

➢ 系统运行的物理平台，包括 CPU 主频、内存等。
➢ 在系统正常运行下预期处理的并发用户数或 HTTP 连接数。
➢ 系统可接受的响应时间。

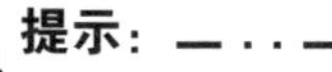

**提示：**

如果不考虑系统运行平台，不考虑系统正常运行需要处理的并发用户数，那么进行性能测试没有任何意义。再强大的应用，用一台 10 年前的计算机，这个应用的性能也好不了。类似地，如果只是一个企业内部 OA 平台，就没必要测试几万人同时并发的场景，这没有意义。

性能测试需要关注系统在正常状态下处理一个任务的耗时长短。例如，从一个用户发送请求开始计时，到服务器响应完成结束计时，这段时间可算系统处理该任务的耗时，这个响应时间越短越好。如果响应时间太长，超过了普通用户可以忍受的程度，就意味着开发者必须对系统进行性能调优。这是一个非常复杂的问题，它往往意味着底层数据库设计有问题、程序算法不好等，这些问题都是非常难以处理的。为了保证系统有较好的性能，在系统设计阶段就需要考虑软件性能问题。

### 16.4.2 性能测试相关概念

与性能测试经常同时出现的还有两个概念：压力测试（Stress Testing）和负载测试（Load Testing）。在很多有关测试的表述中，性能测试、压力测试和负载测试往往混为一谈。就笔者看来，压力测试、负载测试都属于性能测试。

从狭义的角度来看，性能测试主要关注应用程序在正常运行状态下的响应速度、性能指标等。

而压力测试则主要用于确定软件系统的瓶颈或不能接受的性能点，从而获得系统能提供的最大服务级别。例如，对一个 Web 站点不断地增加负载来进行测试，从而发现系统的响应延迟到不可接受的临界点。

例如，对一个 Web 站点进行测试，如果只是模拟 10~50 个并发用户进行常规测试，试图发现系统在正常状态下（10~50 个并发用户）的响应速度、性能指标等，这就是性能测试；如果不断地增加并发用户数量直到上万乃至十万级，那就成了压力测试。

负载测试主要关注系统的负载能力。负载测试是指在系统响应速度满足用户要求的前提下，不断地找出系统能支撑的最大并发用户数、最大任务数等。负载测试有时也会被称为“容量测试”。

负载测试的例子如下。

➢ 编辑一个巨大的文件来测试文字编辑软件。
➢ 通过大量并发用户来测试 Web 站点的容量。

从上面介绍可以看出，压力测试和负载测试非常相似，它们都会通过不断地构造一些超出常规的条件来测试软件系统，但压力测试的主要目的是找出软件系统崩溃的临界点，而负载测试的主要目的则是找出软件系统在正常状态下能支撑的最大负载。

### 16.4.3 常见的性能测试工具

与前面进行功能测试的自动化测试工具一样，性能测试也需要借助测试工具来完成。下面简单介绍几种常见的性能测试工具。

#### 1. LoadRunner

LoadRunner 也是 Mercury 公司开发的一个性能测试工具，它通过模拟上千万的用户并发访问并实时监控性能的方式来确认和查找问题。LoadRunner 能够对整个企业架构进行测试。通过使用 LoadRunner，企业能最大限度地缩短测试时间、优化性能和加速应用系统的发布周期。

LoadRunner 是一个适用于各种体系架构的自动化性能测试工具，它专门用于对整个企业系统进行性能测试。LoadRunner 支持广泛的协议和技术，可以在特殊环境下提供特殊的解决方案。

LoadRunner 提供了一个 Virtual User Generator 来创建虚拟用户，通过它创建的虚拟用户可以模拟真实用户的操作行为。LoadRunner 会先记录下业务流程（如注册新账户或订购图书），然后将其转化为测试脚本。接着，利用 LoadRunner 创建的虚拟用户，测试人员可以在 Windows、UNIX 或 Linux 平台上虚拟出成千上万个用户来并发访问系统，从而模拟在实际运行环境下多用户并发操作。

### 2. JMeter

JMeter 是 Apache 开源软件基金组织下的一个开源的性能测试工具，它采用 100%的纯 Java 实现，因此是一个跨平台的性能测试工具。

JMeter 最早是专门为测试 Web 应用而准备的一个测试工具，其最新版本已经不再局限于测试 Web 应用，也可测试数据库、JMS、Web Services 等多种应用。

JMeter 可以用于测试静态或动态资源的性能（文件、Servlets、Perl 脚本、Java 对象、数据库和查询、FTP 服务器或其他资源等）。JMeter 还用于模拟在服务器、网络或其他对象上施加高负载，以测试它们提供服务的受压能力，或者分析它们提供的服务在不同负载条件下的总性能情况。JMeter 提供的图形化界面可用于分析性能指标，或者在高负载情况下测试服务器、脚本、对象的行为。

## 16.5　本章小结

本章主要介绍了软件测试相关内容。依赖于软件测试工具的测试看上去好像太过简单，但从软件开发的完整性和软件开发的生命周期来看，软件测试是软件开发中不可或缺的一环。尤其是单元测试，很多软件公司的单元测试用例本身就是由程序员来完成的，因为开发者自己写单元测试用例会更清楚程序执行流程，可以更方便地达到项目要求的逻辑覆盖。

本章重点介绍了单元测试的相关概念和单元测试框架 JUnit，还详细介绍了 JUnit 5.x 的功能和用法，并结合实例讲解了如何使用 JUnit 进行单元测试。本章最后介绍了系统测试和性能测试的相关概念，以及系统测试中几种常见的自动化测试工具和性能测试中几种常见的性能测试工具。